技能大赛实战丛书

工业产品设计实例教程
（Inventor 2018）

张吉沅　贾原荣　陈道斌　主编

電子工業出版社
Publishing House of Electronics Industry
北京 · BEIJING

内 容 简 介

Autodesk Inventor 2018 中文版是 Autodesk 公司推出的设计软件，能够完成从二维设计到三维设计的转变，因其易用性和强大的功能，使其在机械、汽车、建筑等方面得到了广泛的应用。

本书紧扣全国职业院校技能大赛“计算机辅助设计（工业产品 CAD）”项目的要求，对大赛中用到的一些方法、技巧采用任务的形式进行详细介绍。对于每一个实例又从任务导入、设计流程、任务实施步骤等几个方面，详细地介绍了实例的制作过程，让读者学习起来更加得心应手。

本书内容包含认识 Inventor 2018、草图设计、零件设计、装配设计、基于多实体的零件设计、表达视图设计、工程图设计、效果图与动画渲染。

本书适合职业院校作为教材和参考书使用，同时也适合工程技术人员学习和参考。

图书在版编目（CIP）数据

工业产品设计实例教程：Inventor 2018 / 张吉沅，贾原荣，陈道斌主编. —北京：电子工业出版社，2019.9

ISBN 978-7-121-36888-2

Ⅰ. ①工… Ⅱ. ①张… ②贾… ③陈… Ⅲ. ①工业产品—产品设计—计算机辅助设计—应用软件—职业教育—教材 Ⅳ. ①TB472-39

中国版本图书馆 CIP 数据核字（2019）第 120106 号

策划编辑：关雅莉
责任编辑：关雅莉
印　　刷：河北鑫兆源印刷有限公司
装　　订：河北鑫兆源印刷有限公司
出版发行：电子工业出版社
　　　　　北京市海淀区万寿路 173 信箱　邮编　100036
开　　本：787×1 092　1/16　印张：25.25　字数：646.4 千字
版　　次：2019 年 9 月第 1 版
印　　次：2024 年 12 月第 12 次印刷
定　　价：49.80 元

凡所购买电子工业出版社图书有缺损问题，请向购买书店调换。若书店售缺，请与本社发行部联系，联系及邮购电话：（010）88254888，88258888。

质量投诉请发邮件至 zlts@phei.com.cn，盗版侵权举报请发邮件至 dbqq@phei.com.cn。

本书咨询联系方式：（010）88254617，luomn@phei.com.cn。

前　言

Preface

“计算机辅助设计（工业产品 CAD）”作为全国职业院校技能大赛的比赛项目，自 2010 年至今已经举办了 8 年（其中 2014 年休赛一年）。从这几年比赛的赛题来看，该项目对接“中国制造 2025”对人才的需求。

本着教学服务于大赛，大赛促进教学的原则，各中、高职院校相继开设了 Inventor 的相关课程。一方面是就业所需，另一方面也为了扩大竞赛的参与面。另外，随着指导老师、参赛选手水平的逐年提高，大赛在赛题的题量、难度方面也逐年加大。教师、选手对教材的要求也越来越高。鉴于此，笔者作为多年的大赛指导教师，结合自己的参赛经验编写了本教材。

本书以设计实例为主线，采用任务教学法，紧跟近几年国赛出题的方向，图文并茂地介绍了 Inventor 2018 软件的建模、装配、表达视图、工程图及动画制作的一些方法及技巧，并辅以编者在备赛指导过程中的经典题目作为练习，让读者比较全面地了解比赛中用到的一些方法及技巧。

本书由张吉沅、贾原荣、陈道斌任主编，庄乾飞、殷海丽参加了编写，其中淄博市工业学校的张吉沅编写第 1、2 章，河北工业大学机械学院的贾原荣编写第 6、8 章，陈道斌编写第 3 章，庄乾飞编写第 4、5 章，殷海丽编写第 7 章。

由于时间仓促，加之编者水平有限，书中难免有不足之处，希望您在选择本书的同时，也能够把对本书的意见告诉我们。

本书建议全为上机课时，参考课时如下：

章　节	课　时	章　节	课　时
第 1 章	3～4 课时	第 5 章	4～6 课时
第 2 章	16～20 课时	第 6 章	4～6 课时
第 3 章	32～40 课时	第 7 章	16～20 课时
第 4 章	8～10 课时	第 8 章	8～10 课时
合计：91～116 课时			

备注：本书所有参考文件，见电子教学参考资料包，可登录华信教育资源网（www.hxedu.com.cn）搜索并下载。

编　者

2019 月 5 月

目　录

Contents

第 1 章 认识 Inventor 2018

【学习目标】

- 熟悉从 Autodesk 官网申请并下载软件的步骤
- 熟悉 Inventor 2018 的安装与卸载步骤
- 熟悉 Inventor 2018 的用户界面
- 掌握 Inventor 2018 的导航工具的使用方法
- 掌握 Inventor 2018 环境中鼠标交互操作的方法

Inventor 是美国 Autodesk 公司推出的一款可视化三维实体设计软件，其广泛应用于机械、汽车、航空等领域。该软件操作方便、简单易学、易于掌握，是一款很实用的机械设计 CAD 软件。本章主要介绍 Inventor 的安装与卸载、基本使用环境等方面的知识。

任务 1　Inventor 2018 概述

学习目标

- 了解 Inventor 2018 的功能及特点
- 熟悉从 Autodesk 官网申请并下载软件的步骤
- 学会 Inventor 2018 的安装与卸载

1. Inventor 2018 的特点

Inventor 作为一款三维实体设计软件，其功能涵盖了产品从草图设计、零件设计、零件装配、视图表达、模具设计、工程图设计等全过程，另外还包含了运动仿真、结构分析、BIM、3D 打印等附加模块。用于帮助用户创建和验证完整的数字样机，使用户在数字样机设计流程中获得极大优势，以便在短时间内生产出更好的产品。

Inventor 具有强大的三维造型能力，一经面世就广受市场关注，与其他主流三维 CAD 软件相比，它具有以下明显特点：

（1）简单易懂的操作界面，采用与 AutoCAD 相似的界面，对于使用 Autodesk 其他产品的用户能够在短期内熟悉使用环境并快速上手。

（2）融入参数化三维特征造型技术，使 Inventor 具有强大的实体造型能力。

（3）部件功能中具有突破性的自适应技术，能够实现基于装配的关联设计，使自顶向下的设计过程在 CAD 软件中变得可行。

（4）支持多种数据格式，Inventor 能够导入、导出多种数据格式，如 IGES、Parasolid、ACIS、STEP、三维 PDF 等，使人们最大限度地利用现有的设计资源。

（5）文件之间可根据设计需要相互关联，如对零件进行了修改，Inventor 可自动将这一变更应用到与该零件相关的部件和工程图、表达视图等文档中，从而有效地减少设计过程中的重复工作。

（6）全方位、智能化的帮助功能和丰富的参考资源可以提升设计人员的设计能力。

（7）3D 打印工作室，设立了专门的 3D 打印环境，它可以让用户定位和修改部件，以适应各种兼容的 3D 打印机。一个模型可被分解成多个子部件，以适应单个打印作业需求。

2. 获取 Inventor 2018

用户可以登录 Autodesk 官方网站（https://www.autodesk.com.cn），注册用户可获得 30 天的免费使用权限。如果您是学生或教师，也可以直接下载并安装 Inventor 2018 教育版，免费使用 3 年，如图 1-1 所示。

注册并登录后，选择要下载的软件版本，系统会自动分配一个序列号和产品密匙，保存序列号和产品密匙。在这里用户既可以选择在线安装，也可以选择下载到本地计算机端后离线安装，如图 1-2 所示。这里我们以下载安装为例进行介绍。

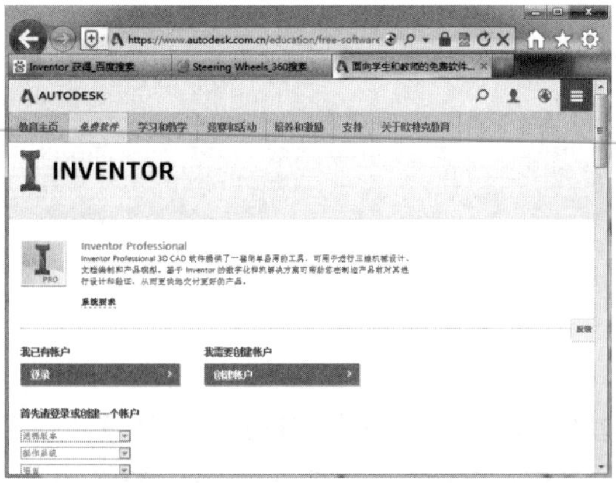

图 1-1　Autodesk 官方网站

图 1-2　选择安装方式

如果您的计算机没有安装“Autodesk 下载管理器”，系统会先下载该管理器，如图 1-3 所示。管理器下载完后系统会自动进行安装，在弹出的用户许可安装窗口中，选择“我同意”单选项，如图 1-4（a）所示。单击“安装”按钮进行安装，如图 1-4（b）所示。

图 1-3　下载管理器

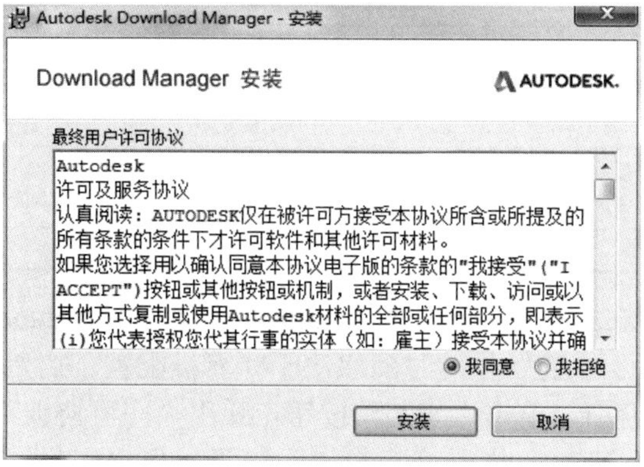

（a）安装窗口 1

（b）安装窗口 2

图 1-4　下载管理器安装窗口

安装完后，打开“Autodesk 下载管理器”开始下载 Inventor 2018，默认保存路径是“C:\Autodesk”，如图 1-5（a）所示。可以通过窗口中的“更改”按钮，来修改保存路径，如图 1-5（b）所示。单击“确定”按钮，开始下载，如图 1-6 所示。由于 Inventor 2018 软件安装包比较大，下载时间长，因此建议用户闲时下载。

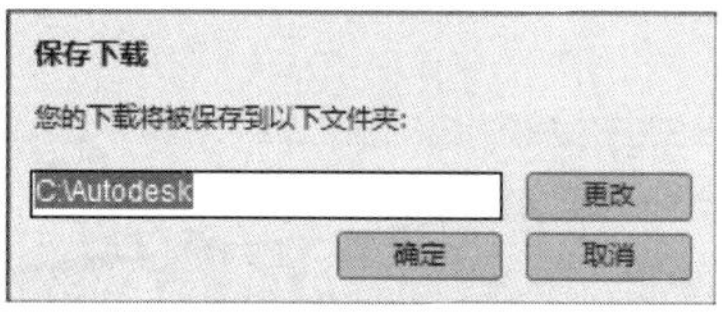

（a）默认下载路径

（b）修改下载路径

图 1-5　保存下载窗口

图 1-6　下载 Inventor 2018

说明　只要是 Autodesk 官网的注册用户，Autodesk 公司的其他软件也可以在官方网站免费获得。

3. Inventor 2018 的安装与卸载

（1）系统要求　安装 Inventor 2018 时要确保计算机有足够的软硬件支持，Inventor 2018 对计算机系统的配置要求可参见表 1-1。

表 1-1　Autodesk Inventor 2018 对系统的配置要求

操作系统	64 位 Microsoft® Windows® 10 64 位 Microsoft Windows 8.1（含更新 KB2919355） 64 位 Microsoft Windows 7 SP1
CPU 类型	建议：Intel® Xeon® E3 或 Core i7 或同等级别内核，3.0 GHz 或更高 最低要求：64 位 Intel 或 AMD，2 GHz 或更高
内　存	建议：20 GB 或更大 RAM 最低要求：8 GB RAM（少于 500 个零部件）
磁盘空间	安装程序及完整安装：40 GB
显　卡	建议：支持 Microsoft Direct3D 11®或更高版本的显卡 最低要求：支持 Microsoft Direct3D 10®或更高版本的显卡
显示器分辨率	1280 像素×1024 像素或更高分辨率

（2）安装 Inventor 2018　打开安装文件包，双击安装应用程序“setup.exe”，弹出 Inventor 2018 的“安装初始化”窗口，如图 1-7（a）所示，初始化的时间取决于计算机配置。初始化完成后，弹出如图 1-7（b）所示的“安装”窗口。单击“安装”按钮，弹出“许可协议”窗口，如图 1-7（c）所示。选择“我接受”单选项，单击“下一步”按钮，弹出产品选择安装窗口，根据个人需要选择安装的产品，这里选择“Autodesk Inventor 2018”，如图 1-7（d）所示。

单击“下一步”按钮，弹出“配置安装”窗口，根据需要筛选安装组件，如图 1-7（e）所示。也可以通过窗口下方的“浏览”按钮，更改软件安装路径。单击“安装”按钮，弹出“安装进度”窗口，并开始安装，如图 1-7（f）所示。在窗口中可以根据剩余产品的个数来估计安装时间。

安装完成后，弹出“安装完成”提示窗口，如图 1-7（g）所示。在该窗口中列出了已安装的产品。单击“完成”按钮，完成产品的安装。

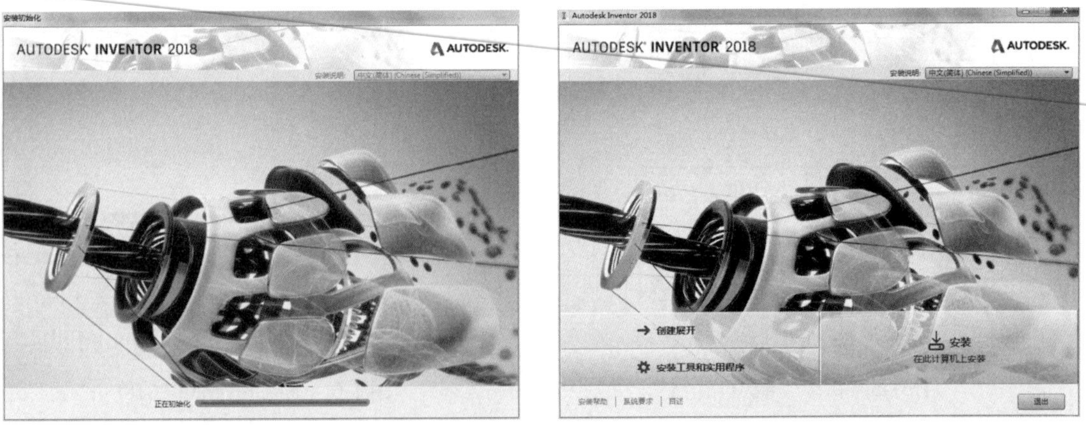

（a）“安装初始化”窗口　　（b）“安装”窗口

图 1-7　Inventor 2018 的安装

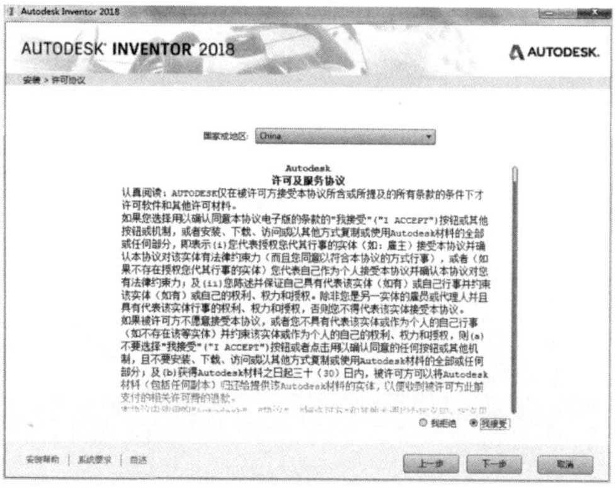

（c）“许可协议”窗口

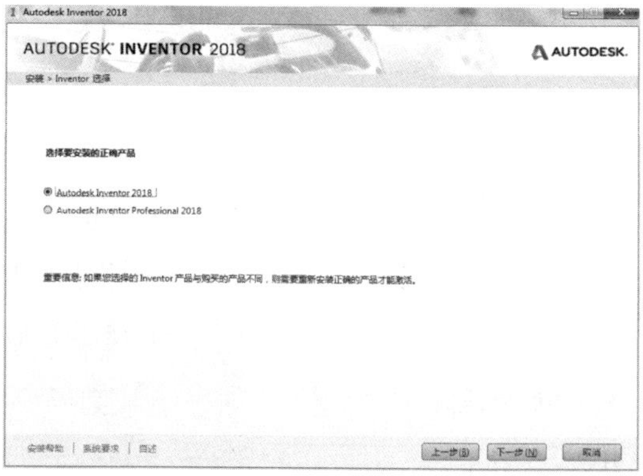

（d）产品选择窗口

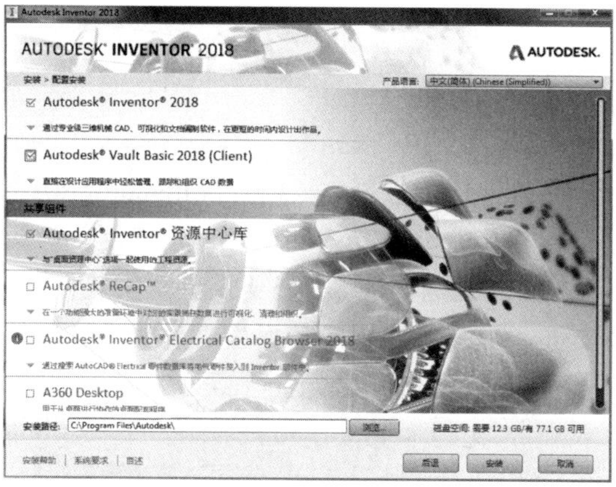

（e）“配置安装”窗口

（f）“安装进度”窗口

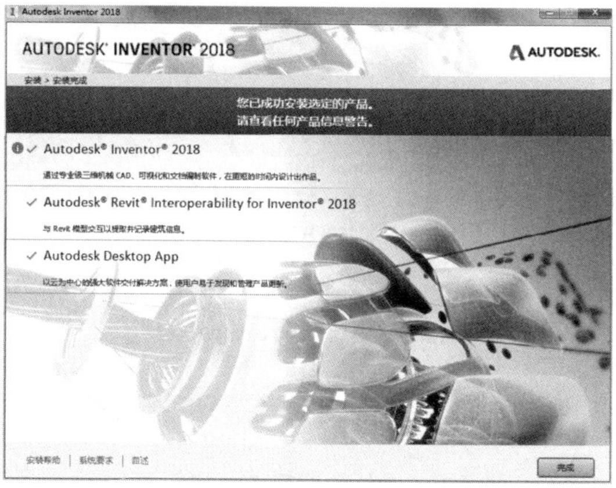

（g）“安装完成”提示窗口

图 1-7　Inventor 2018 的安装（续）

（3）更改或卸载　从 Windows 系统的“开始”菜单中打开“控制面板”，如图 1-8（a）所示。在“控制面板”窗口中，双击“程序和功能”选项，如图 1-8（b）所示。

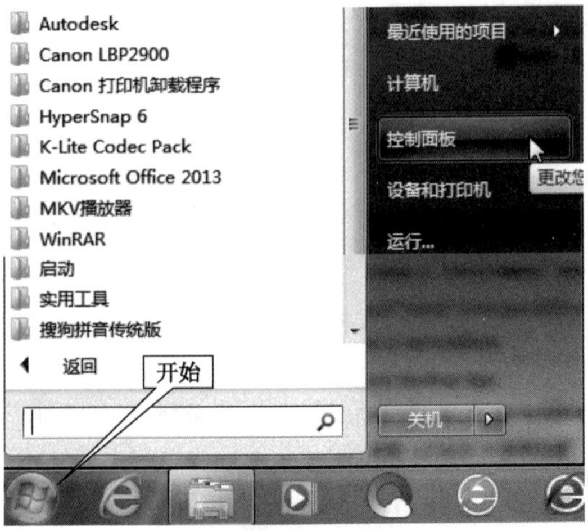

（a）系统“开始”菜单

（b）双击“程序和功能”选项

图 1-8　打开“控制面板”

进入“卸载或更改程序”窗口，如图 1-9 所示，在该窗口中选择“Autodesk Inventor 2018-简体中文”。单击窗口中的“卸载/更改”按钮，弹出“Autodesk Inventor 2018”修复、卸载窗口。在该窗口中，可以对 Inventor 2018 进行“添加或删除功能”“修复或重新安装”“卸载”等操作，如图 1-10 所示。单击相应的选项按钮，即可进行相应的操作。

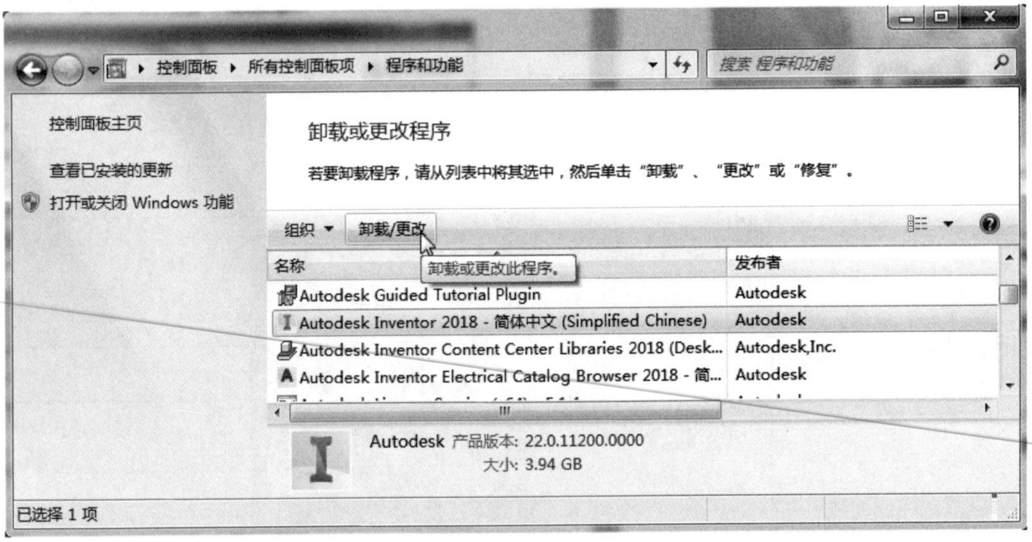

图 1-9　“卸载或更改程序”窗口

4. Inventor 2018 的激活

Inventor 2018 安装完成后，还需要进行激活，激活步骤如下：

（1）双击桌面上的 Autodesk Inventor 2018 快捷方式图标，弹出“选择许可类型”窗口，如图 1-11（a）所示。

图 1-10 Inventor 2018 修复、卸载窗口

（2）选择“输入序列号”许可类型，弹出“产品许可激活”窗口，如图 1-11（b）所示。

（3）在该窗口中，若单击“运行”按钮，用户可以试用 30 天。单击“激活”按钮，弹出“Autodesk 隐私声明”窗口，如图 1-11（c）所示。

（4）在窗口中单击“我同意”按钮，弹出“请输入序列号和产品密钥”窗口，输入序列号和密匙，如图 1-11（d）所示。

（5）在确保计算机联网的情况下，单击“下一步”按钮，即可在线进行激活，并弹出激活完成的提示窗口，表示已经成功激活，如图 1-11（e）所示。最后单击“完成”按钮，完成 Inventor 2018 的激活。

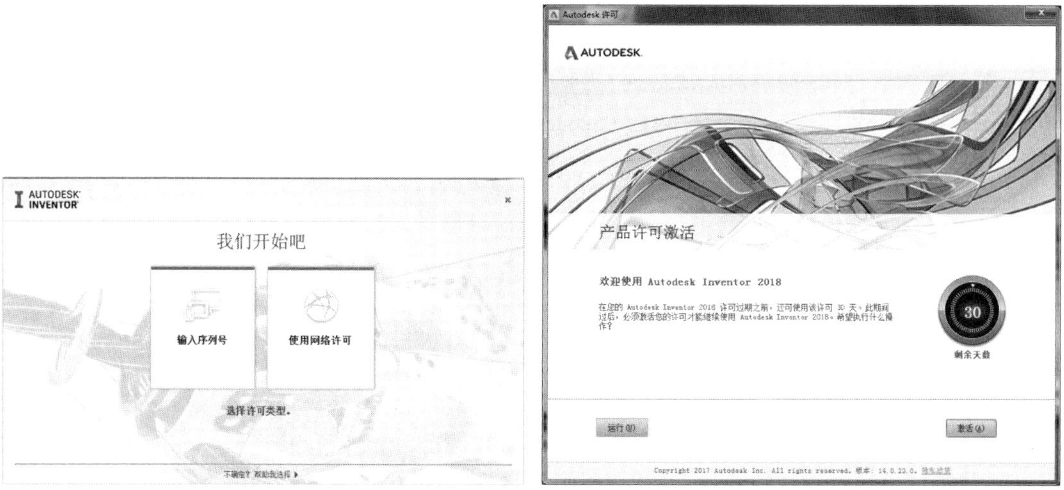

（a）“选择许可类型”窗口　　（b）“许可激活”窗口

图 1-11 Autodesk 许可窗口

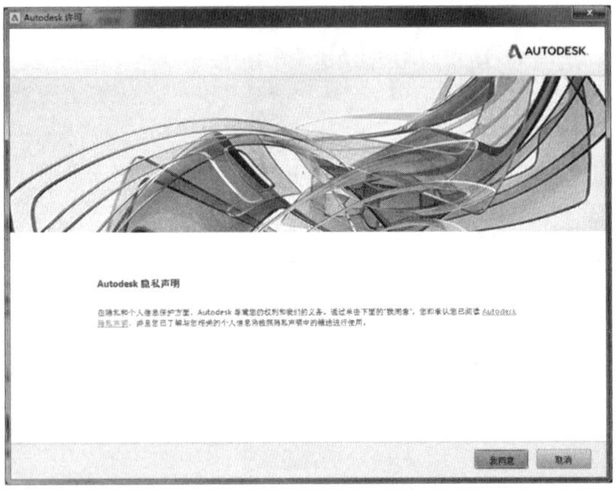

（c）“Autodesk 隐私声明” 窗口

（d）激活选项窗口

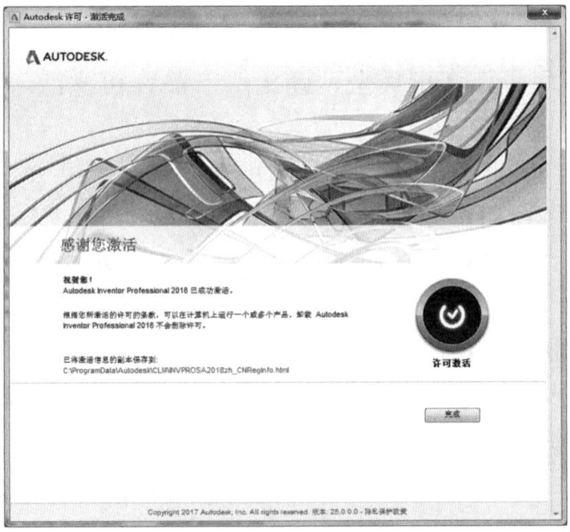

（e）激活完成的提示窗口

图 1-11　Autodesk 许可窗口（续）

激活完成后，进入 Inventor 2018 欢迎界面窗口，如图 1-12 所示。在该窗口中，用户可以通过单击“开始学习”按钮，大致地了解 Inventor 2018 的一些基本功能，也可以单击“开始工作”按钮，进入 Inventor 2018 的工作窗口。

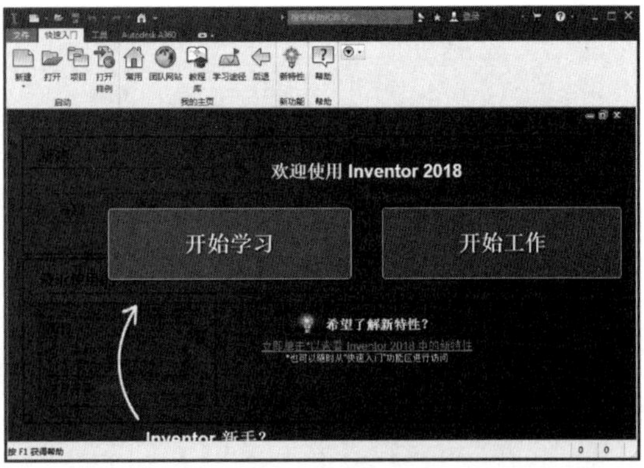

图 1-12　Inventor 2018 欢迎界面

拓展练习 1

进入 Autodesk 官网，用邮箱注册用户，下载 Inventor 2018 并安装激活，如果您已经是官网注册用户，且已经下载并安装了 Inventor 2018。可以进入官网的 Inventor 的产品技术应用讨论区进行学习。

Autodesk 官网的 Inventor 产品技术讨论区网址：https://forums.autodesk.com\t5\inventor-chan-pin-ji-shu-ying-yong-tao-lun-qu\bd-p\915。

任务 2　Inventor 2018 使用环境

学习目标

- ◆ 熟悉 Inventor 2018 的用户界面
- ◆ 熟练应用 Inventor 2018 的导航工具
- ◆ 掌握 Inventor 2018 环境中鼠标交互操作的方法
- ◆ 熟悉 Inventor 2018 的外观和观察工具
- ◆ 掌握自定义快捷键的方法

1. 用户界面

在没有打开任何文件的情况下，Inventor 2018 的用户界面如图 1-13 所示。单击“配置”按钮，可配置模板的“度量单位”和“绘图标准”；在“新建”窗口，选择相应的文件类型，即可进入不同的用户环境。这里以“零件”环境下的用户界面为例介绍 Inventor 2018 的使用环境，如图 1-14 所示。

（1）“快速访问”工具栏　“快速访问”工具栏上各个工具的含义如图 1-15 所示，单击工具栏右侧的自定义箭头，可以对工具栏上的工具选项进行自定义，如图 1-16 所示。

（2）功能区面板　在零件环境下，Inventor 2018 包含“草图”“创建”“修改”等多个功能区面板，用户可以通过功能区面板右侧的“显示面板”箭头，来定义需要显示的工具面板的名称，如图 1-17 所示。

根据需要，用户也可以将面板上的工具定义在“快速访问”工具栏上。方法是在需要添加的工具按钮上，单击鼠标右键，在弹出的右键菜单中选择“添加到快速访问工具栏”选项，如图 1-18 所示；同样也可以从“快速访问”工具栏上删除工具，方法是在要删除的工具按钮的右键菜单中选择“从快速访问工具栏中删除”选项，即可删除，如图 1-19 所示。

（3）导航工具条　导航工具条上各工具选项如图 1-20 所示。单击导航工具条下端的“自定义”箭头，可对导航工具条上的工具选项进行自定义，如图 1-21 所示。

图 1-13 Inventor 2018 用户界面

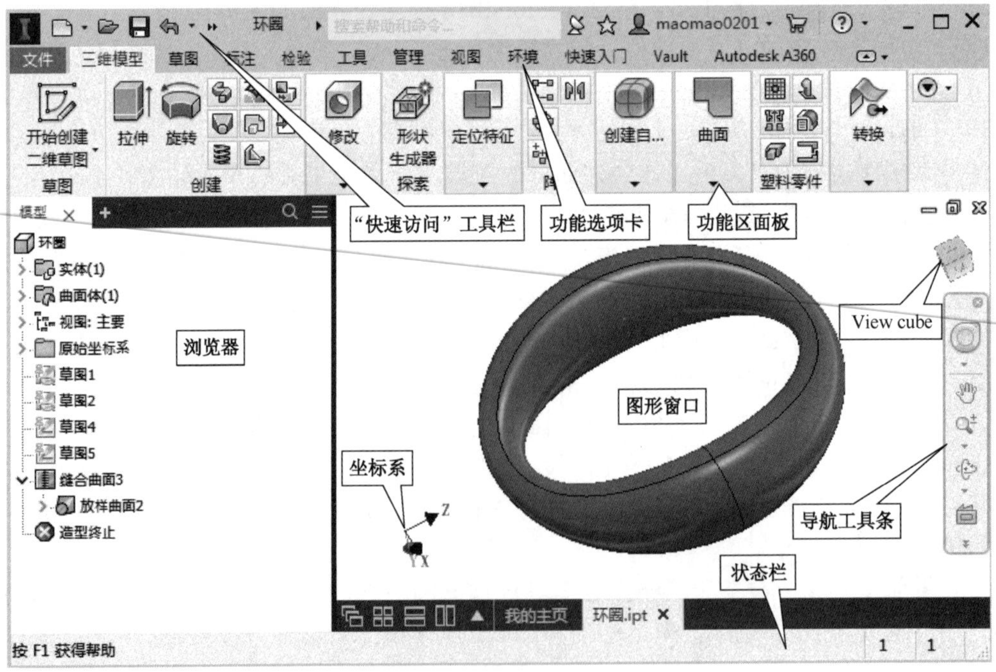

图 1-14 Inventor 2018 零件环境

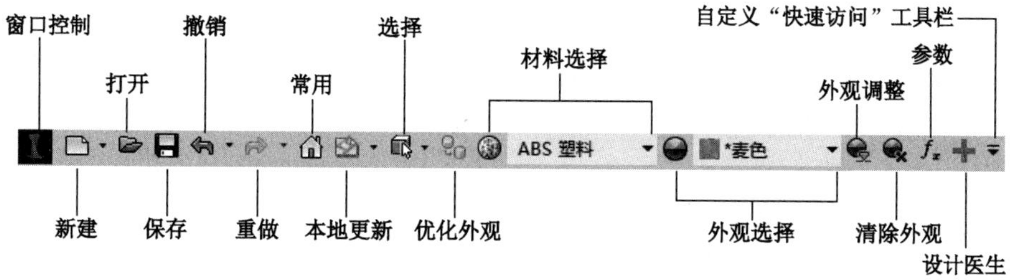

图 1-15 “快速访问”工具栏

图 1-16 自定义“快速访问”工具栏

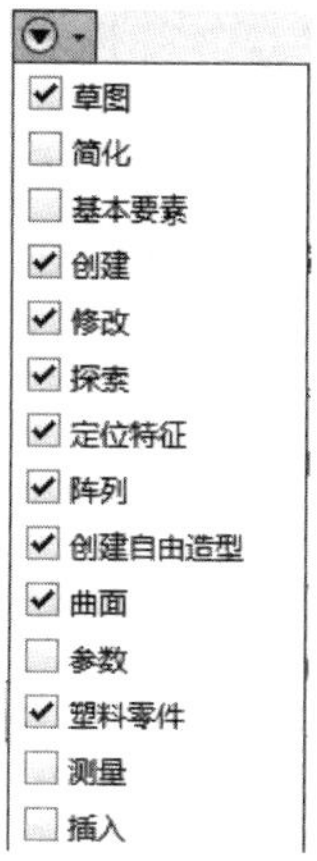

图 1-17 自定义“工具面板”

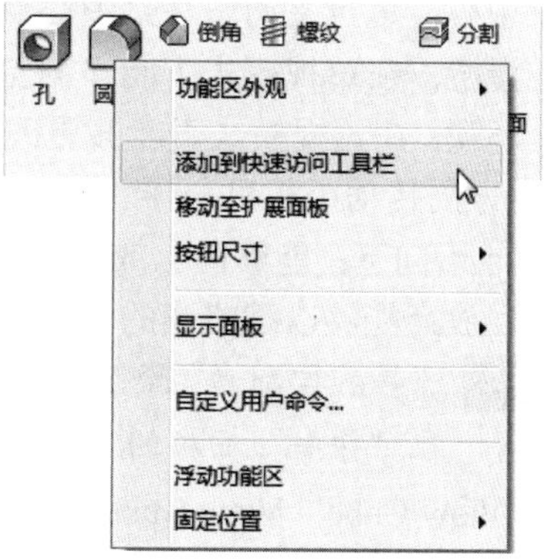

图 1-18 添加到“快速访问”工具栏

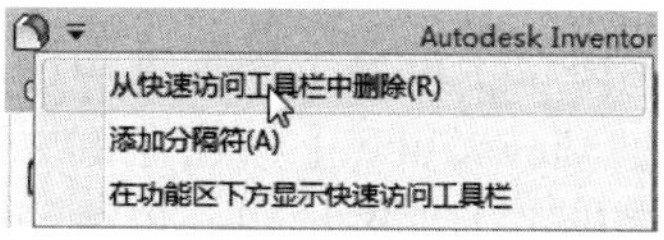

图 1-19 从“快速访问”工具栏中删除

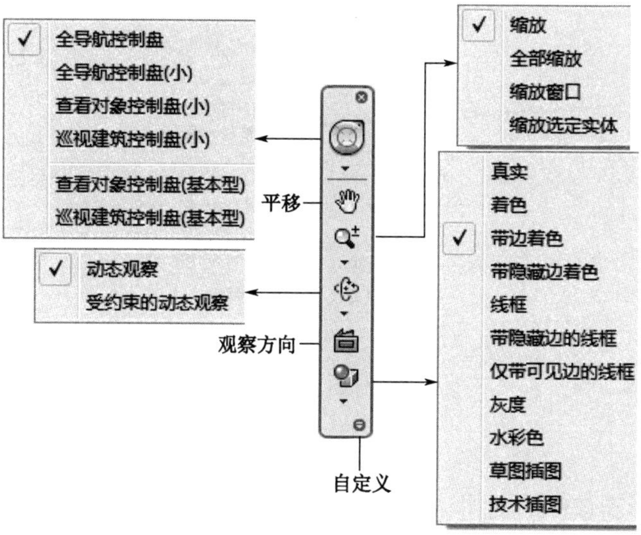

图 1-20 导航工具条

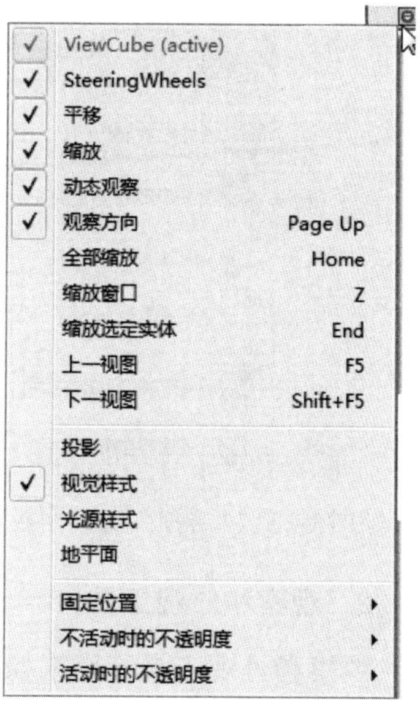

图 1-21 自定义导航工具条

单击导航工具条上的按钮，可激活“导航控制盘”，被激活后的“导航控制盘”会在屏幕上以托盘的形式表现出来，并一直跟随光标，如图 1-22 所示。导航控制盘提供了以下功能。

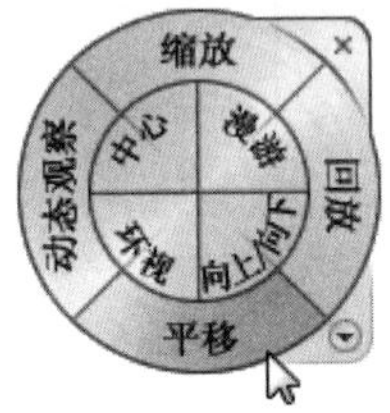

图 1-22 激活后的导航控制盘

① 缩放：用于更改照相机到模型的距离。

② 动态观察：围绕轴心点更改照相机位置。

③ 平移：在屏幕内平移照相机。

④ 中心：重定义动态观察中心点。

⑤ 漫游：在透视模式下能够浏览模型。

⑥ 环视：在透视模式下能够更改观察角度而无须更改照相机位置，如同围绕某一固定点向任意方向转动照相机一样。

⑦ 向上/向下：能够向上或者向下平移照相机，定义的方向垂直于 View Cube 的顶面。

⑧ 回放：能够以缩略图的形式快速选择前面的任意视图或透视模式。

说明 “导航控制盘”除了通过导航工具条来激活以外，还可以进入“视图”选项卡，在“导航”面板的下拉菜单中激活，如图 1-23 所示。

（4）View Cube　View Cube 与“常用视图”类似，如图 1-24 所示。可以通过单击正方体的角、棱、面来改变视图的观察方向；单击正方体四边的箭头，可以翻转视图。View Cube 具有如下几个主要的附加特征。

① 始终位于屏幕上图形窗口的一角。

② 在 View Cube 上按住左键并拖动鼠标可以旋转当前模型，方便用户进行动态观察。

③ 提供了主视图按钮，以便快速返回用户自定义的基础视图。

④ 在平行视图中提供了旋转箭头，使用户能够以 90° 为增量垂直于屏幕旋转照相机。

图 1-23 “导航”工具面板下拉菜单

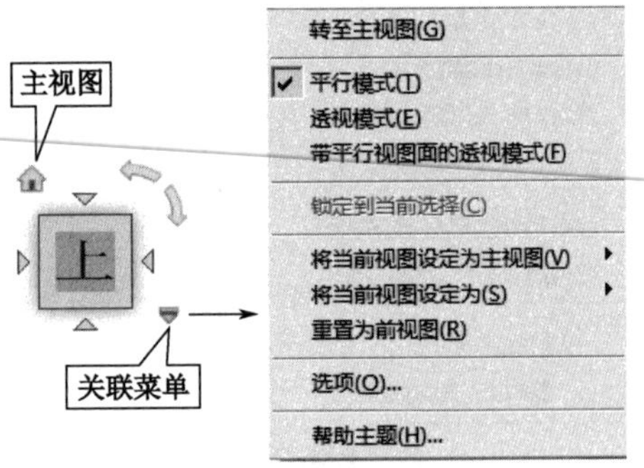

图 1-24 View Cube

2. 观察和外观工具

观察和外观工具可用来操纵图形窗口中的视图。常用的观察和外观工具位于“视图”功能选项卡下的“外观”及“导航”工具面板中，如图 1-25 所示。

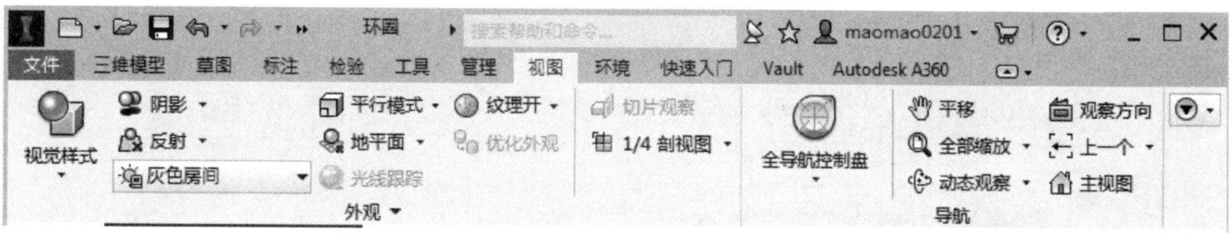

图 1-25 “视图”选项卡下的“外观”和“导航”工具

3. 鼠标的使用

鼠标是计算机外部设备中十分重要的硬件之一，在可视化的操作环境下，用户与 Inventor 的交互操作几乎全部利用鼠标来完成，鼠标使用的熟练程度直接影响用户的设计效率。使用三键鼠标可以完成各种功能，包括选择菜单、旋转视角、物体缩放等。具体使用方法如下：

（1）移动鼠标　鼠标经过某一特征或某一工具按钮时，该特征或该工具按钮会高亮显示。例如鼠标在浏览区的模型树中的某一父特征上悬停时，该父特征用红框突出显示，并且在图形显示区的模型上，相对应的特征会以虚线形式高亮显示，如图 1-26 所示；鼠标在工具面板的某一特征工具按钮上悬停时，会弹出对该特征的介绍窗口，如图 1-27 所示。

图 1-26 鼠标悬停于浏览区中某一特征时的状态

（2）单击鼠标　无论是在三维模型上还是在浏览区中，单击特征时，均会弹出“编辑”按钮，如图 1-28 所示。如果单击该按钮，会弹出编辑该特征的窗口，同时模型上的特征会呈蓝色高亮显示并加注特征方向箭头，如图 1-29 所示。

（3）单击鼠标右键　单击鼠标右键用于弹出选择对象的右键菜单，如在三维模型的某一特征上单击右键，会弹出如图 1-30 所示右键菜单。选择选项时，只需要在选项上单击鼠标，即可选中并执行该选项。

在 Inventor 的各种环境中，很多常用的工具都在右键菜单中。使用右键菜单比单击工具按钮更快捷，可以极大地提高工作效率。

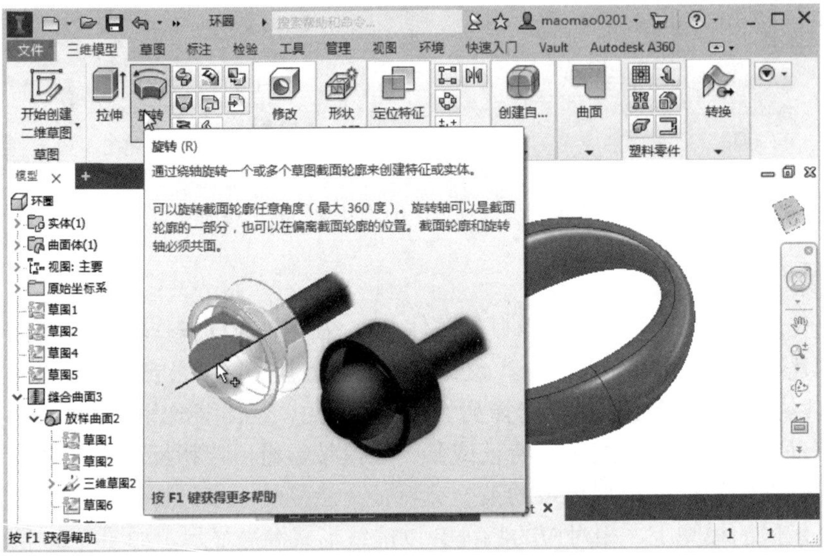

图 1-27　特征介绍窗口

图 1-28　特征“编辑”按钮

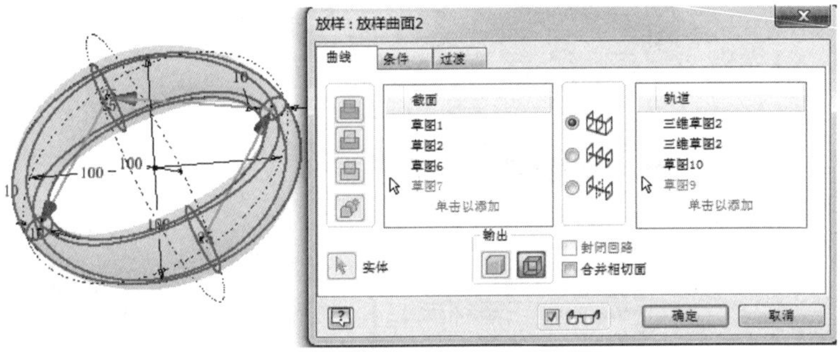

图 1-29　特征编辑窗口

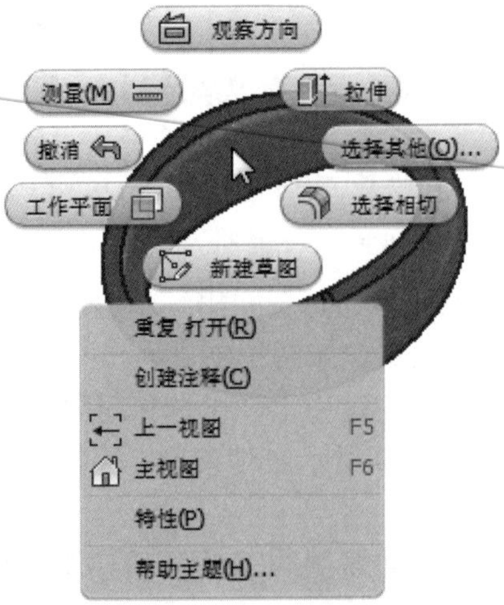

图 1-30　右键菜单

（4）滚轮操作　滚动鼠标滚轮可用于缩放当前视图，向上滚动滚轮时可缩小视图，反之可放大视图。按下滚轮会平移用户界面内的数据模型，此时鼠标变成形状。如果按下 Shift 键的同时再按下滚轮并拖动鼠标则会动态观察当前视图，此时鼠标变成形状。

（5）拖动左键　保持按下 F4 键，在图形显示区的中央会出现轴心器。这时鼠标置于轴心器的不同地方，光标呈现不同形状，可进行不同操作。

① 在轴心器内部按住左键并拖动鼠标可以任意角度动态观察当前视图，此时鼠标变成形状，如图 1-31 所示。

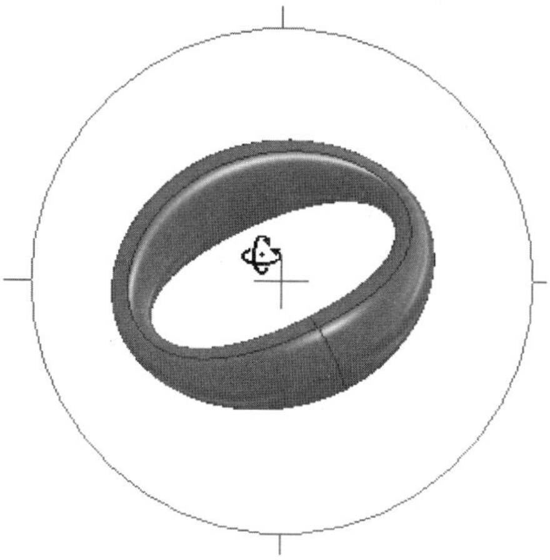

图 1-31　利用轴心器动态观察当前视图

② 在轴心器外侧，靠近轴心器或在轴心器的轴上，按住左键并拖动鼠标，只能绕一个轴旋转动态观察当前视图，此时鼠标变成或形状。

③ 在轴心器外侧且远离轴心器的地方按住鼠标左键则不起作用，此时鼠标变成形状。

4．快捷键

与通过菜单选项或者单击鼠标按键来使用工具相比，使用快捷键更能提高工作效率。Inventor 中预定义了很多快捷键，这里仅列出几个常用的，见表 1-2。例如，当按下 F10 或者 Alt 键时，Inventor 会显示“快速访问”工具栏和功能选项卡的快捷键，如图 1-32 所示。

表 1-2　Inventor 预定义的快捷键（部分）

快捷键	命令操作	快捷键	命令操作	快捷键	命令操作	快捷键	命令操作
F1	帮助	F2	平移	F3	缩放	F4	旋转
F5	上一视图	F6	等轴测视图	F7	切片观察	Alt 或 F10	显示“快速访问”工具栏和功能选项卡的快捷键
Shift+F3	窗口缩放	F9	隐藏约束				

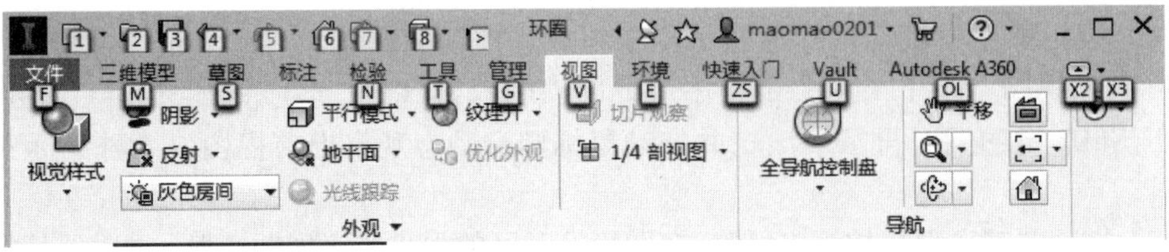

图 1-32　显示“快速访问”工具栏和功能选项卡的快捷键

在 Inventor 中将光标悬停在工具按钮上，工具提示窗口中也会显示该工具的快捷键，如图 1-33 所示。

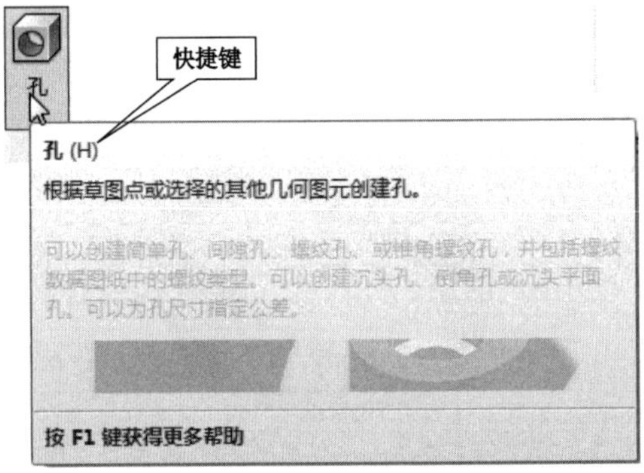

图 1-33　显示工具的快捷键

用户无法重新指定预定义的快捷键，但是可以创建自定义快捷键或修改其他的默认快捷键。具体操作步骤如下：

进入“工具”选项卡，在“选项”工具面板上单击“自定义”工具按钮 自定义 ，如图 1-34 所示。弹出“自定义”窗口，在该窗口的“键盘”选项卡下，用户可以删除原来的快捷键，重新自定义适合自己的快捷键方案，如图 1-35（a）所示。需要注意的是，用户在自定义快捷键时，不要跟 Inventor 默认的快捷键相冲突。

图 1-34　“自定义”工具按钮

用户自定义完快捷键后，可以通过“导出(x)...”按钮，将自定义的快捷键方案保存在计算机上，以备当计算机需要重装软件时，可以直接通过“导入(I)...”按钮，将快捷键方案导入到 Inventor 中，从而节省重设快捷键的时间。

说明 在“自定义”窗口的“功能区”选项卡中，用户还可以将工具自定义到功能选项卡中。例如，将“3D 打印”工具自定义到“零件”环境下的“三维模型”选项卡下，如图 1-35（b）所示，单击“应用”按钮后，回到“零件”环境，可发现在“三维模型”功能选项卡中增加了“3D 打印”用户命令，如图 1-36 所示。

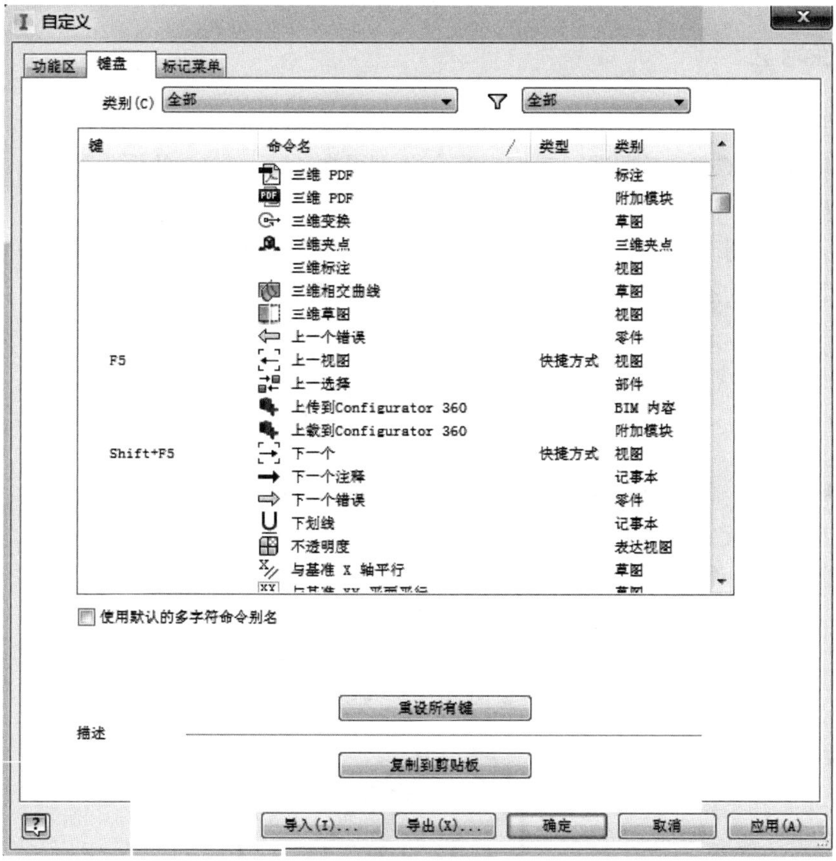

（a）“键盘”选项卡

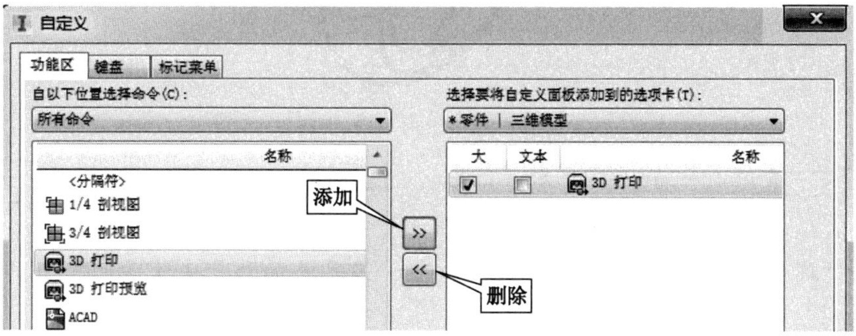

（b）“功能区”选项卡

图 1-35 “自定义”窗口

图 1-36 自定义“3D 打印”用户命令

✍拓展练习 2

打开资料包中“第 1 章\环圈.ipt”文件，完成下列操作：

1. 使用 View Cube 工具进行动态观察，分别单击 View Cube 的面、边、角来从不同角度观察零件模型。

2. 进入“视图”选项卡，在“导航”工具面板上：利用“平移”工具平移模型；利用“动态观察”工具动态观察模型；利用“窗口缩放”工具缩放模型。

思考与练习 1

打开资料包中“第 1 章\盖子.ipt”文件，完成下列操作：

1. 使用 View Cube 工具进行动态观察，观察其主视图、后视图、右视图、轴侧视图，并将右视图逆时针旋转 90° 观察。

2. 分别使用鼠标滚轮动态缩放模型大小。

3. 使用快捷键 F3 缩放模型，使用快捷键 F4 进行动态观察。

4. 使用导航工具条将模型以“草图插图”方式显示，如图 1-37 所示。

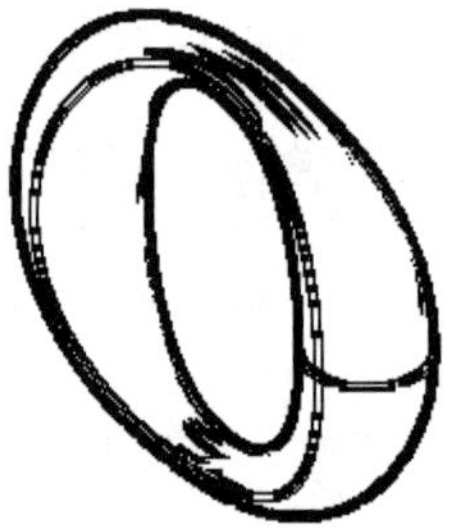

图 1-37　思考与练习 1

5. 在“三维模型”功能选项卡下，设定“分割”工具的快捷键为“F+G”，并进行校验。

6. 将“环境”功能选项卡下的“3D 打印”工具添加到“快速访问”工具栏上。

02

第 2 章 草图设计

【学习目标】

- 熟悉 Inventor 2018 的草图环境
- 能够熟练应用草图环境中的创建工具绘制图形
- 能够熟练应用草图环境中的修改工具编辑图形
- 能够熟练应用草图环境中的约束工具对图形进行约束
- 掌握三维草图的基本绘制方法

Inventor 的建模技术是基于特征的参数化建模，而很多特征的创建又是基于草图的，因此草图是建模的基础。草图有二维草图和三维草图，虽然二维草图使用居多，但对于扫掠、放样等比较复杂的特征，很多情况下都是以三维草图作为路径的。

本章重点介绍二维草图的相关知识，对于三维草图只对常用的部分做简单介绍。

任务 1 吊钩草图设计

学习目标

- 熟悉 Inventor 2018 的草图环境
- 能够熟练应用直线工具绘制图形
- 掌握几种几何图元的选取方法
- 掌握偏移工具的使用方法
- 能够熟练应用重合、水平、竖直、相切约束工具约束图形
- 能够使用尺寸约束工具对图形进行尺寸约束

任务导入

吊钩草图如图 2-1 所示。在绘制吊钩草图过程中，用到的知识包含了直线、偏移、重合约束、竖直约束、通用尺寸等工具。下面就进入草图环境，来学习相关知识。

知识准备

1．草图环境的进入

草图分为二维草图和三维草图，不做特别说明时，所指草图均为二维草图。创建和编辑草图时的界面，就是草图环境。草图环境又分为零件下的草图环境和部件下的草图环境，两者稍有不同，若不做说明，本书指的草图环境皆为零件下的草图环境。

（1）新建零件　要进入草图环境，必须要新建一个零件。打开软件，先进入如图 1-13 所示的窗口，在该窗口中，新建零件的方法有如下几种：

① 在“新建”区域，单击零件图标 ，即可新建一个零件。

② 在“快速访问”工具栏上，单击“新建”按钮 旁边的下拉箭头，在下拉菜单中单击“零件”选项，如图 2-2 所示，即可新建一个零件。

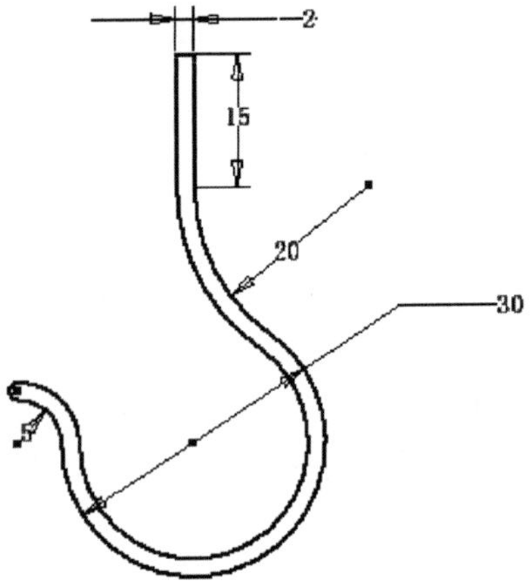

图 2-1　吊钩草图

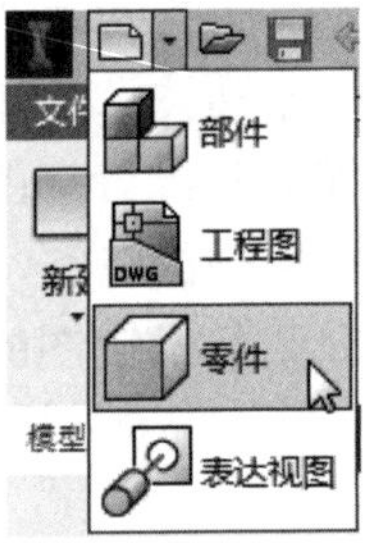

图 2-2　新建零件

③ 单击“启动”工具面板上的“新建”工具按钮，弹出“新建文件”窗口，如图 2-3 所示。在该窗口的“零件”区域，单击“Standard.ipt”，即可新建一个零件。

（2）进入草图环境　从零件环境中进入草图环境的方法很多，下面分别介绍。

① 通过新建草图进入草图环境。如果当前零件环境下还没有草图，则需要通过创建新的草图进入草图环境。新建草图的方法有如下几种。

➢　在零件环境下，单击“草图”工具面板上的“开始创建二维草图”工具按钮，此时屏幕中央出现三个原始工作平面，如图 2-4（a）所示。选择一个工作平面后，即可进入草图环境。

➢　在浏览区的模型树中，单击原始坐标系前面的 图标，将其展开，选择一个原始坐标平面，然后单击鼠标右键，在弹出的右键菜单中选择“新建草图”选项，即可进入草图环境，如图 2-4（b）所示。

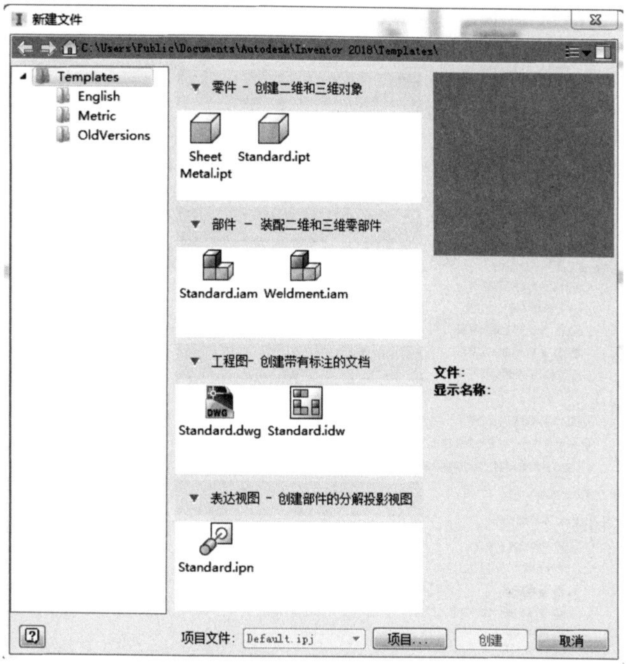

图 2-3　新建文件窗口

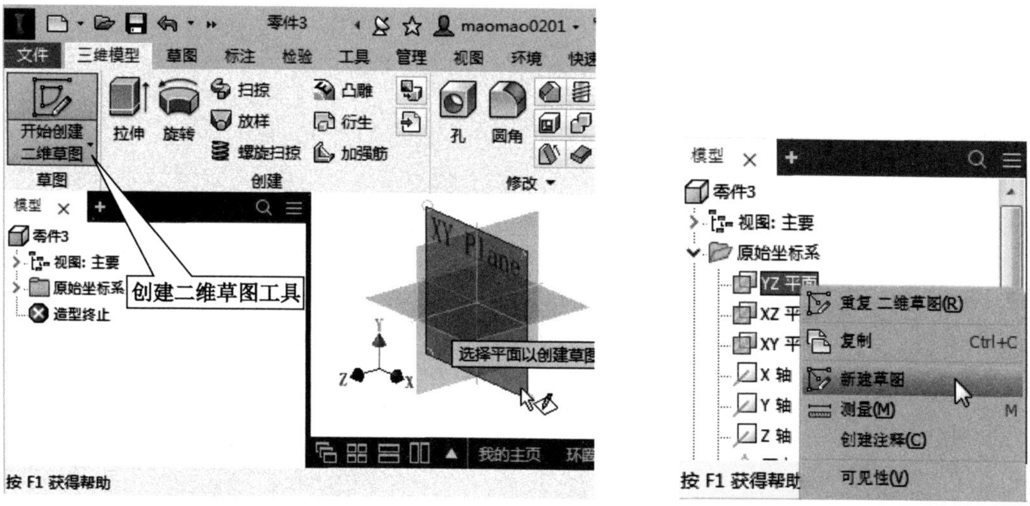

（a）创建二维草图方法 1　　（b）创建二维草图方法 2

图 2-4　创建二维草图

说明　用户也可以通过设置，在创建零件时自动进入草图环境。方法如下：在“工具”功能选项卡下单击“选项”工具面板上的“应用程序选项”工具按钮，如图 2-5 所示。在弹出的“应用程序选项”窗口中，进入“零件”选项卡，在“新建零件时创建草图”选项区中，若选择“在 X-Y 平面创建草图”单选项，如图 2-6 所示，那么新建零件时会自动地进入到依附 X-Y 平面所创建的草图环境中。

图 2-5 “应用程序选项”工具按钮

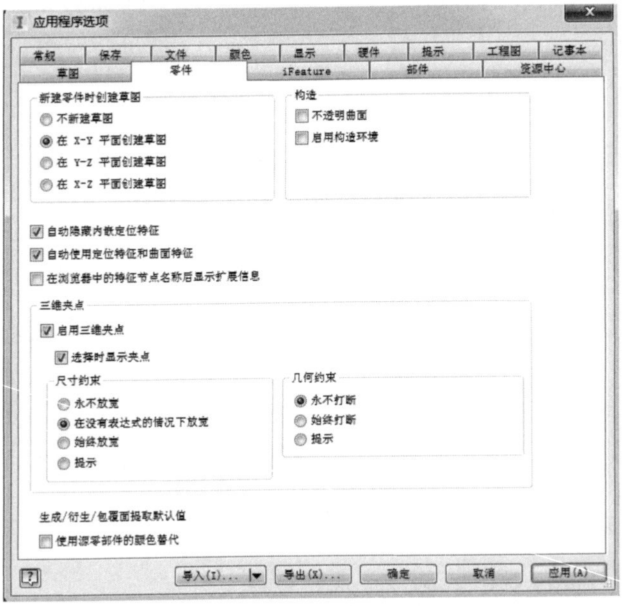

图 2-6 “应用程序选项”窗口

② 通过编辑草图进入草图环境。如果当前的零件环境已经具有了草图，可以通过编辑草图的形式进入草图环境，方法有三种。

➢ 在浏览区的模型树中，双击已有的草图名称即可进入草图环境。

➢ 在浏览区的模型树中，找到已有的草图，在草图名称上单击鼠标右键，在弹出的右键菜单中选择“编辑草图”选项，即可进入草图环境，如图 2-7（a）所示。

➢ 利用小工具栏进入草图环境。在图形区，单击几何图元后弹出小工具栏，在小工具栏中单击“编辑草图”按钮，即可进入草图环境，如图 2-7（b）所示。

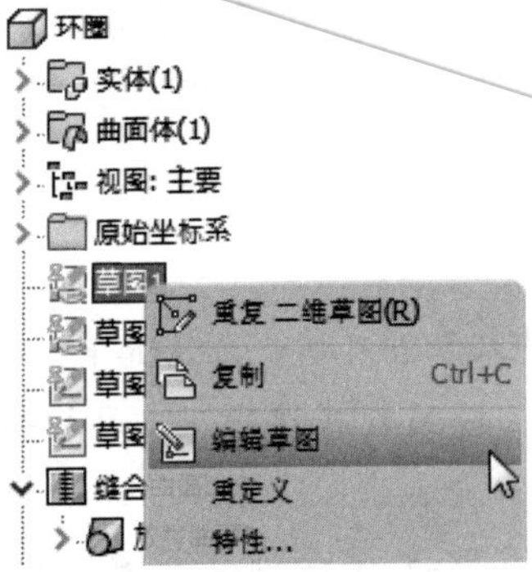

（a）通过右键菜单编辑草图

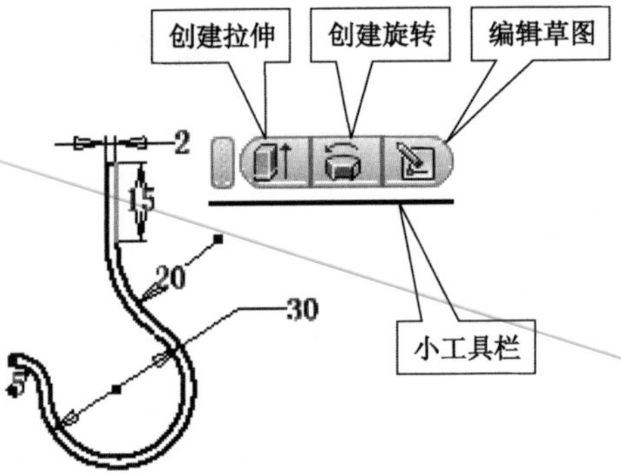

（b）通过小工具栏编辑草图

图 2-7 通过编辑草图进入草图环境

2. 草图环境的界面

进入草图环境后，看到“草图”选项卡下有“草图”“创建”等 8 个工具面板，如图 2-8 所示。在左侧浏览区的模型树中有系统自动创建的原始坐标系，其包含了三个坐标平面、三个工作轴及坐标原点。

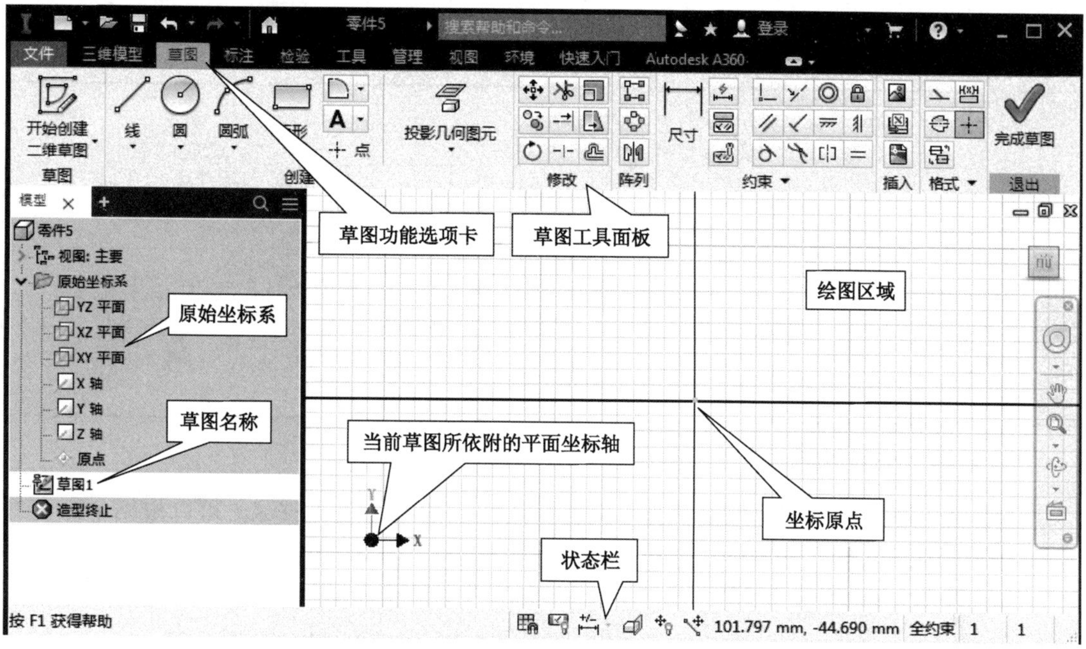

图 2-8　草图环境界面

对于草图环境中工具面板的表现样式及工具面板显示的多少，用户可以根据个人喜好进行设置。方法是在工具面板上的空白处，单击鼠标右键，在弹出的右键菜单中进行设置，如图 2-9 所示。“功能区外观”选项用来设置工具面板的显示样式；“显示面板”选项用来设置需要显示或隐藏的工具面板的名称。

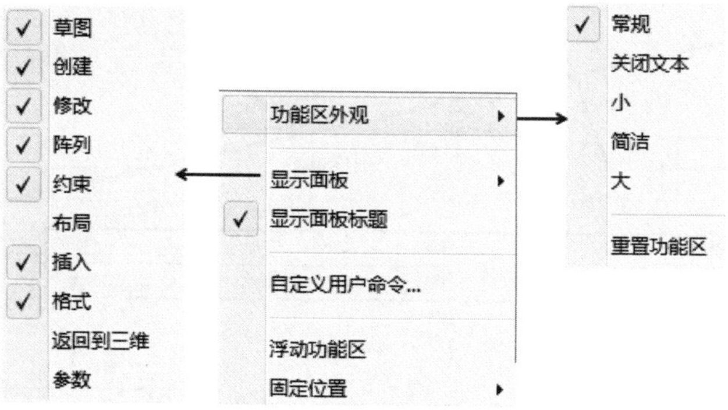

图 2-9　工具面板右键菜单

说明 在工具面板上不同的地方单击鼠标右键，其右键菜单是不同的，空白处的右键菜单如图 2-9 所示，工具按钮处的右键菜单如图 1-18 所示，两者都能进行工具面板的设置。

“功能区外观”选项共列出了五种外观样式，图 2-8 所示的工具面板就是“常规”表现样式。表 2-1 中列出的就是工具面板的其他几种表现样式（以“创建”工具面板为例）。

表 2-1 “创建”工具面板的几种表现样式

关闭文本	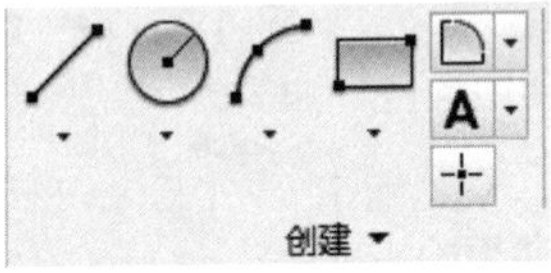	小	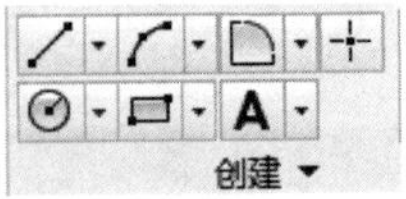
简　洁		大	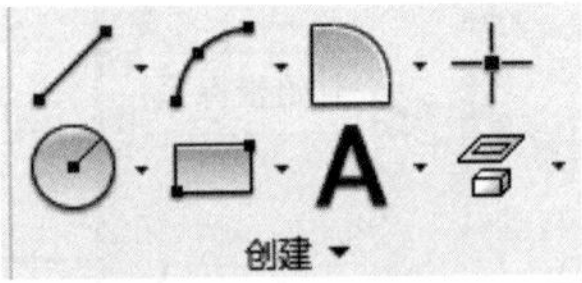

3．草图环境的设置

在草图环境中，绘图区域默认显示网格且绘图区的颜色也比较深，可以根据个人喜好对草图环境进行设置。方法是：打开“应用程序选项”窗口，在窗口的“颜色”选项卡中进行如图 2-10（a）所示的设置，在“草图”选项卡中进行如图 2-10（b）所示的设置。

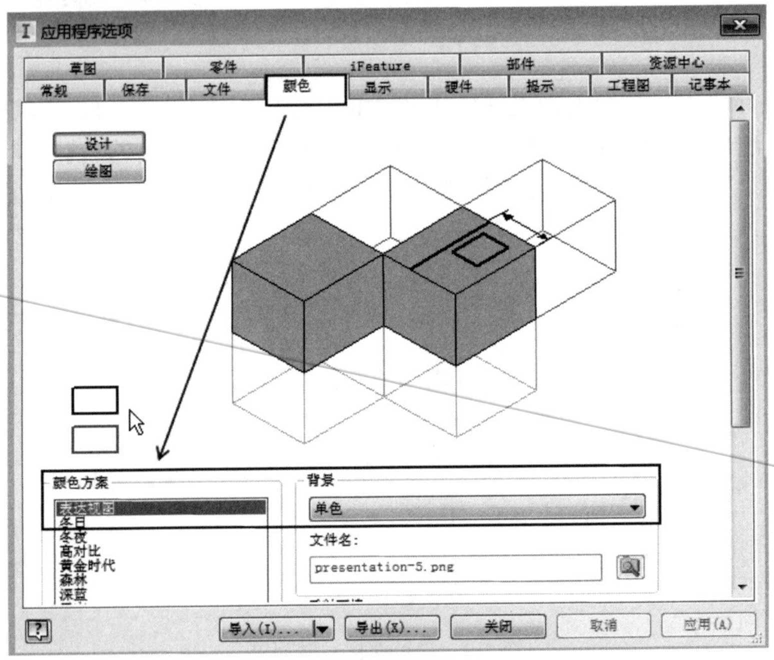

（a）“颜色”选项卡

图 2-10 “应用程序选项”窗口

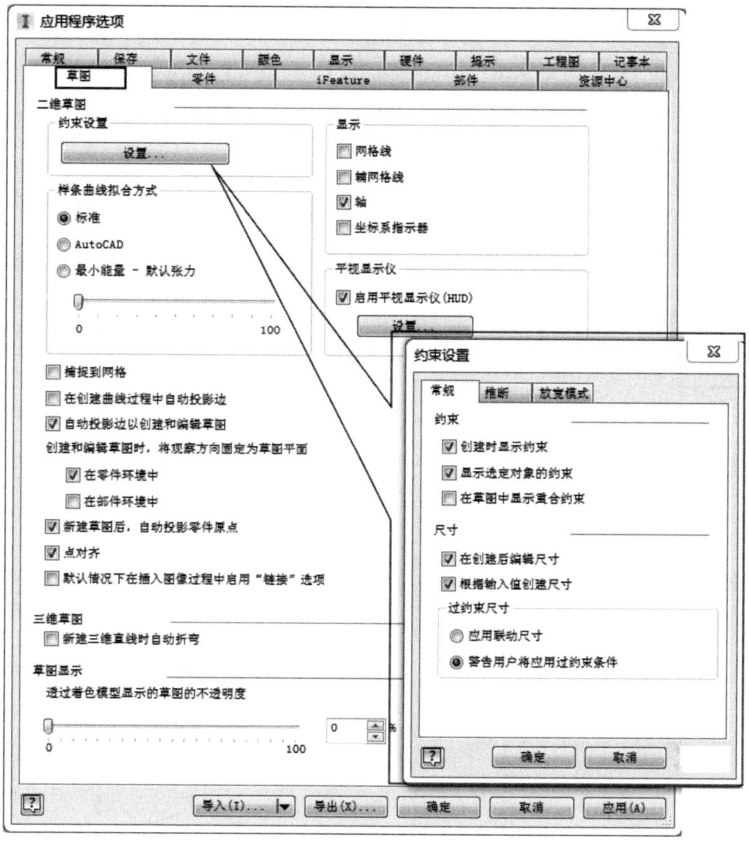

（b）“草图”选项卡

图 2-10　“应用程序选项”窗口（续）

4. 直线

前面已经熟悉了草图环境，接下来开始学习草图的绘制方法。如图 2-1 所示的吊钩草图由直线、圆弧两种几何图元组成。由于 Inventor 的“直线”工具既可以创建直线，也可以创建跟现有几何图元相切的圆弧，因此在这里只用“直线”工具就可以绘制吊钩草图。

说明 这里提出的“现有几何图元”既可以是直线，也可以是曲线，下面以直线为例进行介绍。

（1）绘制直线　单击“创建”工具面板上的“直线”工具按钮，将鼠标移至图形区，这时可发现光标变为 形状。随着鼠标的移动，光标所在位置的坐标值会跟随光标的移动动态显示。当光标移动到绘图区中的已有点时，系统会自动捕捉该点，此时光标十字中心由小黄点变成了大绿点，如图 2-11 所示。

第 1 次单击鼠标可绘制直线起点，移动鼠标后，再次单击鼠标可绘制直线终点，连续单击鼠标，可绘制多条不间断的连续直线。按下回车键，可在任意位置再次绘制直线，如图 2-12 所示。

在设计时，绘制的直线往往都具有固定的长度或角度。在指定直线起点后，移动鼠标，可发现跟随光标移动的有两个文本框，分别表示距离和角度。默认先输入的是距离，按下

Tab 键后，将距离文本框的数值锁定并切换到角度文本框，输入角度，如图 2-13（a）所示，按下回车键完成该段直线绘制。此时 Inventor 会自动添加一条跟绘制直线等长的水平辅助线段，并给绘制的直线添加了长度值和角度值。继续引导光标绘制连续直线，如图 2-13（b）所示。

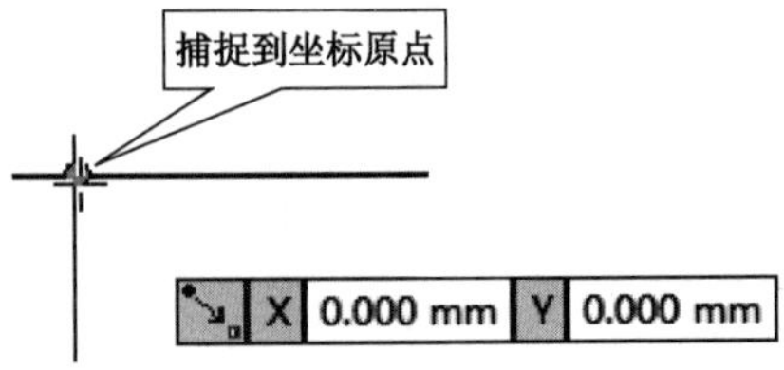

图 2-11　捕捉原点

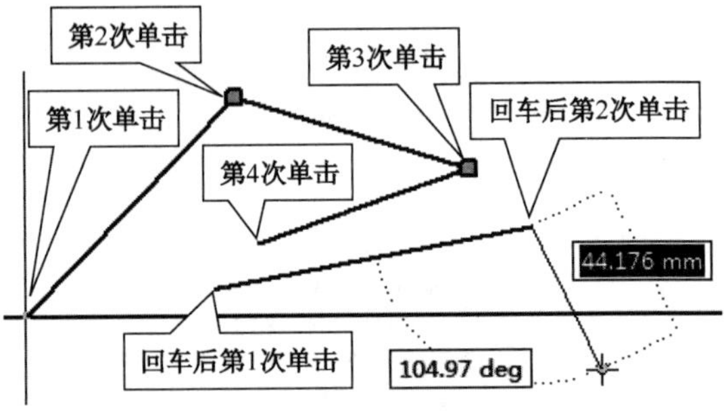

图 2-12　绘制直线

完成直线绘制后，按下 Esc 键或在右键菜单中选择“确定”按钮，即可退出“直线”工具，如图 2-13（c）所示。

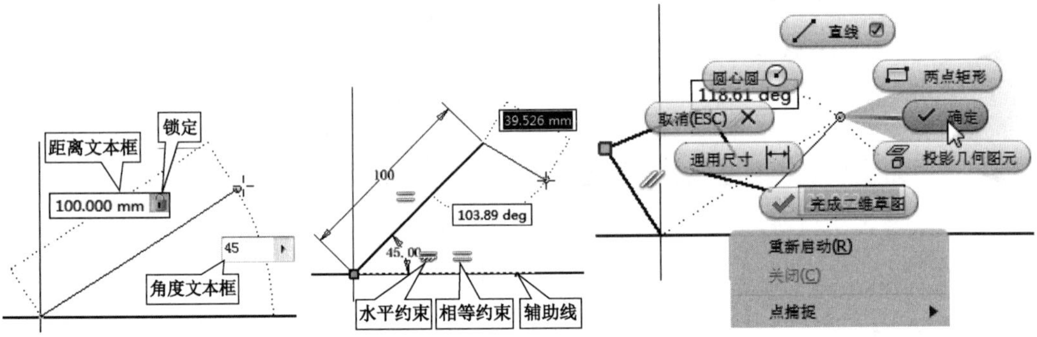

（a）指定直线的长度和角度　（b）回车确认后继续绘制直线　（c）退出直线工具

图 2-13　绘制固定长度、角度的直线

Inventor 作为参数化的设计工具，在绘制几何图元时，不但可以直接输入数值，也可以输入表达式、参数，如图 2-14 所示。

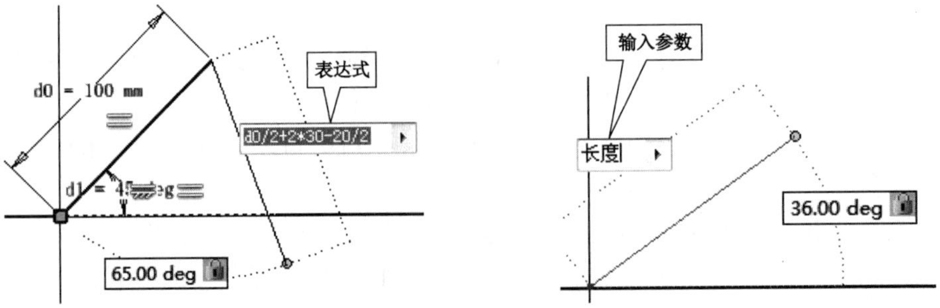

（a）输入表达式　（b）输入参数

图 2-14　输入表达式、参数

说明 作为初学者，在绘图时要注意状态栏的提示信息，它能及时地提供关于当前操作的信息。例如在图 2-15 所示的状态栏中，左侧提示将要进行的下一步操作，右侧则动态显示光标所在位置的绝对坐标和相对坐标。绝对坐标是相对于坐标原点的坐标值；相对坐标是相对于前一个点的坐标值。

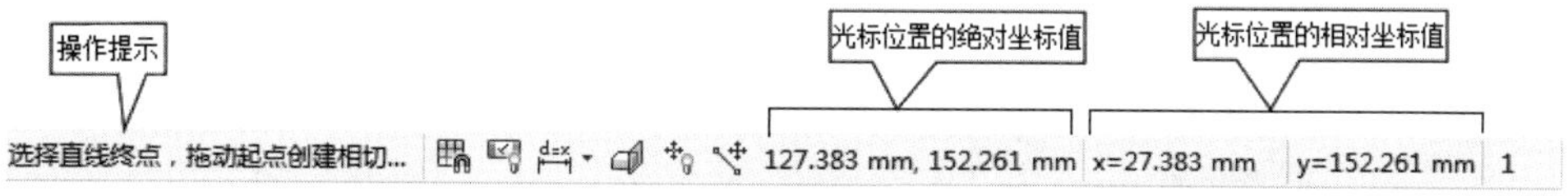

图 2-15　状态栏

（2）绘制圆弧　在 Inventor 中，“直线”工具还有一个功能就是基于手势的使用，也就是说在现有几何图元的情况下，执行“直线”工具后，Inventor 会根据鼠标的移动状态，来判断用户是要绘制直线还是圆弧。绘制的圆弧会跟现有的几何图元相切，或者跟现有几何图元的法线相切。

执行“直线”工具后，可在切点位置，按住鼠标左键，沿圆弧路径拖动鼠标，即可得到与现有直线段相切的圆弧，如图 2-16（a）所示。沿着不同的方向拖动鼠标，可以绘制如图 2-16（b）所示的各种圆弧。

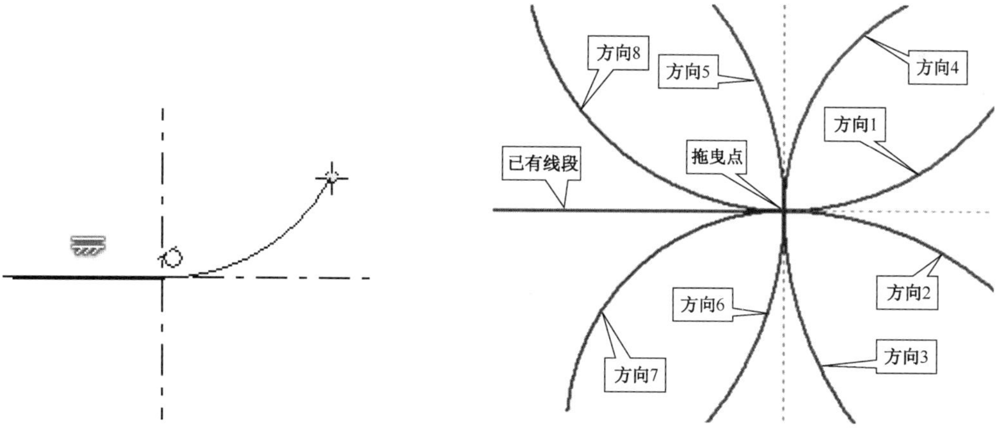

（a）绘制与现有直线段相切的圆弧　　（b）绘制各个方向的圆弧

图 2-16　绘制圆弧

说明 使用“直线”工具，绘制如图 2-16（b）所示的圆弧时，在拖曳点处按下左键后，不要直接以圆弧状拖曳鼠标，而是将鼠标沿着要绘制圆弧的方向上先直线移动一小段距离，然后再做圆弧状拖曳。

请读者试一下，如果现有几何图元是曲线，看看能在几个方向拖曳出圆弧？

5．选取对象

对于一个复杂的二维图形，除了利用“创建”工具绘制简单几何图元，离不开几何图元的编辑操作。对草图进行编辑之前首先要选中需要编辑的对象，因此在学习编辑工具之前，先来学习几种几何图元的选取方法。

（1）单选　将光标移动到欲选择的几何图元上，然后单击便可选中几何图元。选中的几何图元的约束就会显示出来，如图 2-17 所示。

（a）选择前　　（b）选择“圆”

图 2-17　选择几何图元

在选择几何图元的过程中，有时会遇到几个几何图元相互重叠，不好选取的情况。这时可以在重叠的几何图元处，将鼠标悬停一会儿后，会弹出小工具栏，单击小工具栏的下拉箭头，从列出的几何图元中进行选择，如图 2-18（a）所示；若想快速选择，可直接在重叠的几何图元的右键菜单中，单击“选择其他”选项，如图 2-18（b）所示。

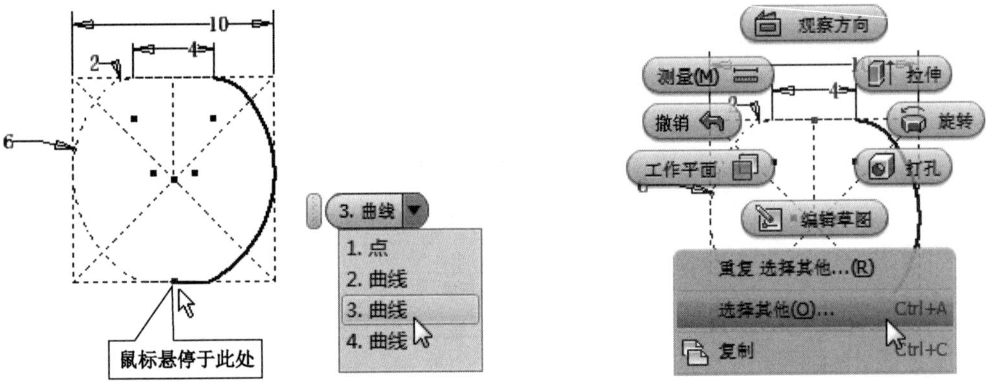

（a）鼠标悬停弹出小工具栏　　（b）选择其他

图 2-18　选择重叠的几何图元

（2）多选　按住 Ctrl 或 Shift 键的同时逐一单击要选择的几何图元，可选择多个几何图元。如果此时单击已经选择的对象，那么就会取消对该几何图元的选择。

（3）使用窗口选择对象　使用窗口选择对象有两种情况，分别是在图形区按住鼠标左键并从左向右拖动鼠标，出现选择窗口，此时仅选择完全包含在窗口内的几何图元，如图 2-19（a）所示；从右向左拖动鼠标，出现选择窗口，此时能够选择与窗口相交或包含在窗口内的几何图元，如图 2-19（b）所示。

6．偏移

“偏移”工具用来将选定的几何图元以等间距的方式复制并移动。先单击“偏移”工具按钮，再选择偏移对象，然后拖动鼠标预览偏移效果，最后在偏移位置单击即可完成偏移操作，如图 2-20 所示。

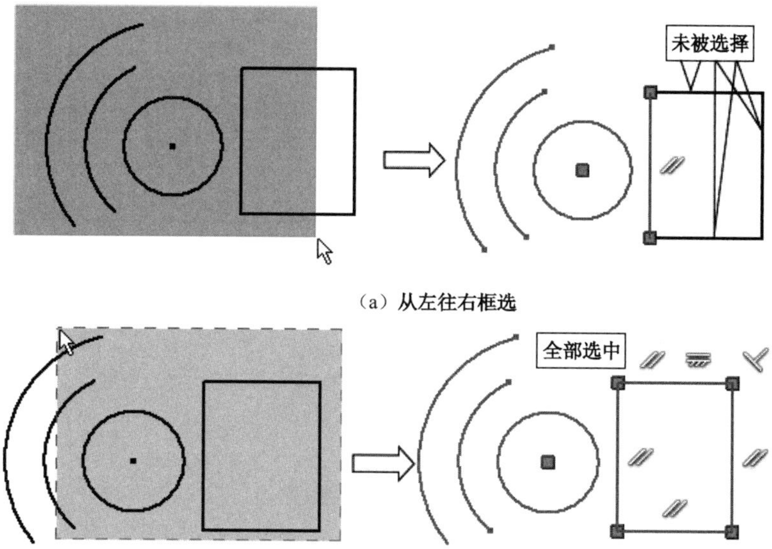

（a）从左往右框选

（b）从右往左框选

图 2-19　使用窗口选择对象

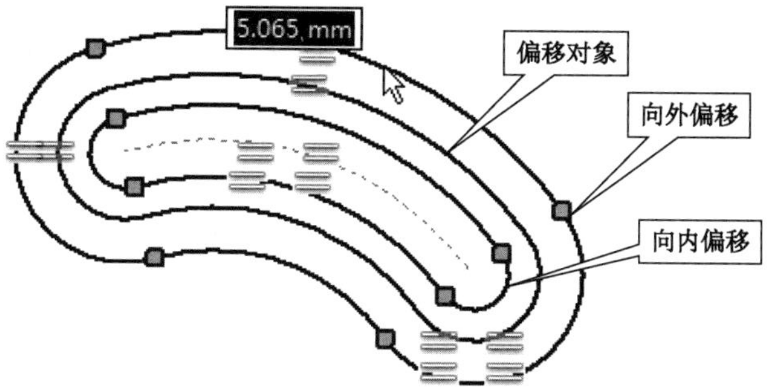

图 2-20　偏移工具的使用

7．几何约束

在草图环境中，几何约束用于确定几何图形的形状。下面分别介绍图 2-1 中用到的重合约束、水平约束、竖直约束和相切约束 4 个工具。

（1）重合约束　该工具可以将点约束到二维或三维草图中的其他几何图元上。单击“重合约束”工具按钮，在图形区选择并单击一个几何图元上的某点，再指定并单击另一个几何图元或几何图元上的点。若第 2 次指定的是几何图元，那么该“点”可以在几何图元上滑动，如图 2-21（a）所示；若第 2 次指定的是几何图元上的“点”，那么这两个“点”将重合，从而使得“点”固定在几何图元上，如图 2-21（b）所示。

（2）水平约束　该工具用于使直线、椭圆轴或成对的点平行于草图坐标系的 X 轴。单击“水平约束”工具按钮，在图形区内选择并单击一条直线，该直线便会处于与草图 X 轴平行的位置，如图 2-22（a）所示。

“水平约束”工具也可用于使选定的两个几何图元（如两条线的端点或中心）位于同一条水平线上，如图 2-22（b）所示。

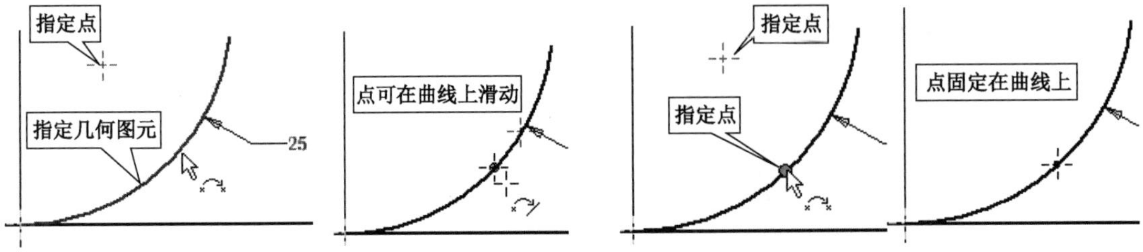

（a）点跟曲线重合约束　　（b）点跟点重合约束

图 2-21　重合约束

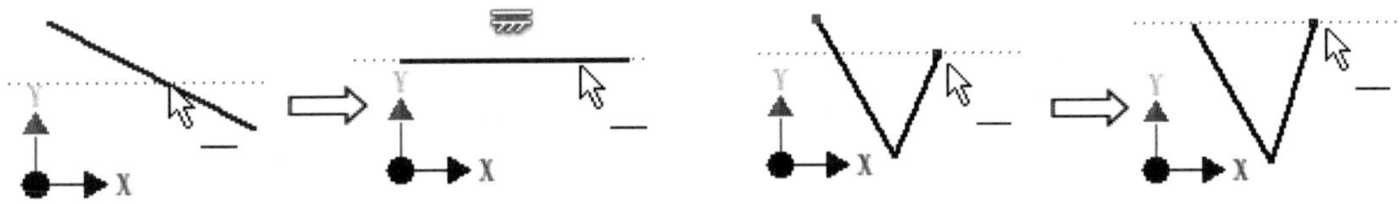

（a）跟 X 轴平行　　（b）两个点水平对齐

图 2-22　水平约束

（3）竖直约束　该工具可以使直线、椭圆轴或成对的点平行于草图坐标系的 Y 轴。单击“竖直约束”工具按钮，在图形区内选择并单击一条直线，该直线便会处于与草图 Y 轴平行的位置，如图 2-23（a）所示。

“竖直约束”工具也可用于使选定的两个几何图元（如两条线的端点或中心）位于同一条垂直线上，如图 2-23（b）所示。

（a）跟 Y 轴平行　　（b）两个点竖直对齐

图 2-23　竖直约束

（4）相切约束　该工具可使曲线（包括样条曲线的端点）与曲线相切。单击“相切约束”工具按钮，在图形区依次选择并单击将要应用相切约束的两个对象（直线或曲线），二者将相切，如图 2-24 所示。

（a）直线和圆相切　　（b）直线和样条曲线相切

图 2-24　相切约束

8．尺寸约束工具

在草图环境中，通过尺寸约束可以精确地控制几何图形的大小和位置。Inventor 提供了两种尺寸约束工具，一种是手动添加尺寸的“通用尺寸”工具；另一种是自动添加尺寸的“自动尺寸和约束”工具，下面分别介绍。

（1）通用尺寸　该工具位于“约束”工具面板上，它是进行尺寸约束时最常用的工具，一般情况下使用该工具时，几乎可以进行所有尺寸标注。

① 线性尺寸标注。这里分两种情况进行介绍。

➢　标注跟原始坐标轴平行的直线。单击“通用尺寸”工具按钮，在绘图区单击要标注的直线或单击直线的两个端点，然后向外引导光标至合适位置并单击，弹出“编辑尺寸”窗口，在窗口中输入尺寸数值后单击“确定”按钮，即可完成直线的尺寸标注，如图 2-25（a）所示。此时仍可继续标注其他几何图元的线性尺寸。若不需标注，可直接按 Esc 键或在右键菜单中选择“确定”按钮，退出“通用尺寸”工具，如图 2-25（b）所示。

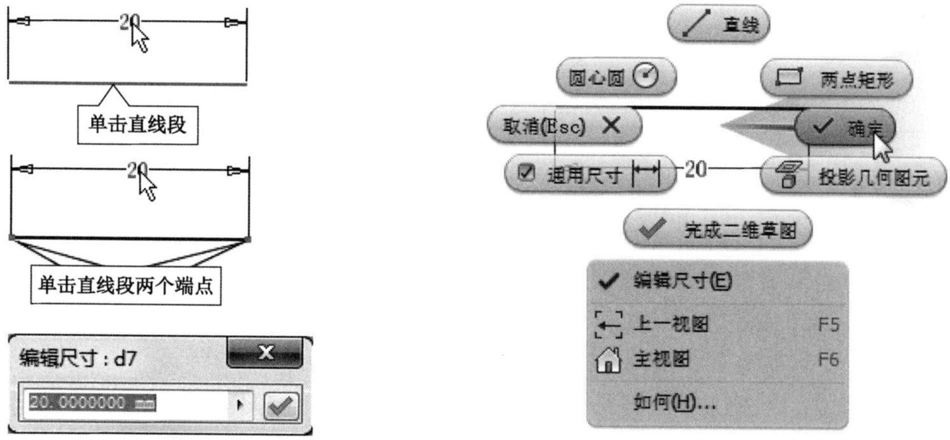

（a）标注跟原始坐标轴平行的直线段　（b）右键菜单退出“通用尺寸”工具

图 2-25　线性尺寸标注

➢　标注与原始坐标轴不平行的直线段尺寸。常用对齐方式进行此类标注。单击“通用尺寸”工具按钮后，在绘图区两次单击直线段，然后向外引导光标至合适位置后再次单击，即可完成直线段的标注；或者在绘图区单击要标注的直线段后，在其右键菜单中选择“对齐”选项，也可进行此类标注，如图 2-26 所示。

➢　标注几何图元到圆轮廓的尺寸。直接选取圆则会标注几何图元到圆心的距离。例如要标注如图 2-27 所示的尺寸，首先单击“通用尺寸”工具按钮，然后在绘图区单击直线，再将光标移动到圆轮廓附近，待出现提示符时，单击圆即可标注几何图元到圆轮廓的尺寸，如图 2-27 所示。

➢　标注直线到中心线的尺寸。尺寸前会自动添加直径符号 Φ，常用于表示回转体或回转面的直径，如图 2-28 所示。使用时先单击“通用尺寸”工具按钮，然后在绘图区依次单击几何图元、中心线，最后向上引导光标至合适位置后单击，完成尺寸标注。

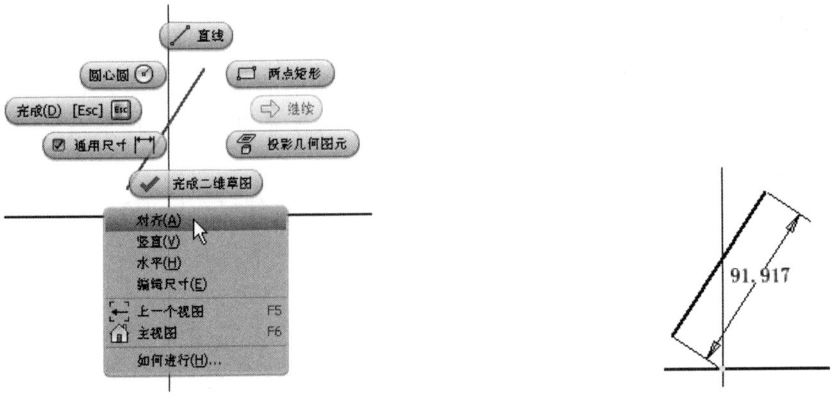

图 2-26　对齐方式标注

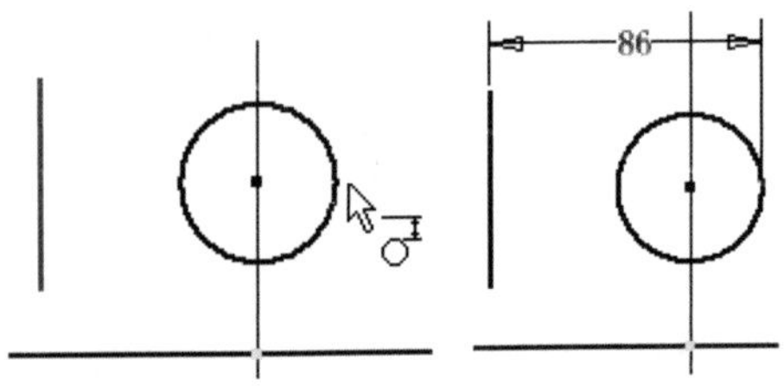

图 2-27　直线到圆轮廓的尺寸标注

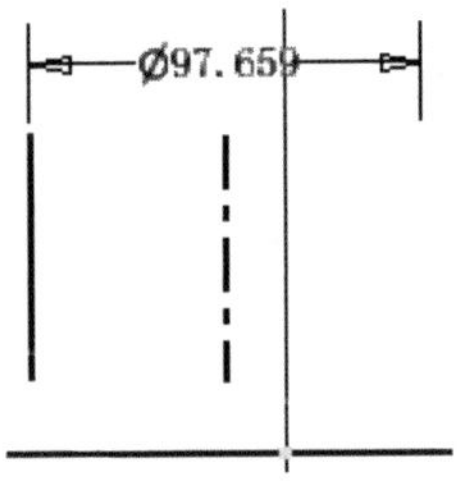

图 2-28　直线到中心线的标注

② 圆弧类尺寸标注。若需要对圆弧类尺寸进行标注，可在单击“通用尺寸”工具按钮后，直接单击需要标注的圆或圆弧即可进行标注。

当标注的圆弧是整圆的时候，自动按照直径标注；当标注的圆弧不是整圆时，自动按照半径标注。若需要对非整圆的圆弧进行直径标注时，可在单击圆弧并引导出半径标注后，单击鼠标右键，在弹出的右键菜单中选择“尺寸类型”—“直径(D)”选项，就可将半径标注转为直径标注，如图 2-29 所示。同样也可通过右键菜单，对圆弧以弧长方式进行标注。

③ 角度尺寸。可以通过选择构成角的两条边或三个点来标注，如图 2-30 所示。

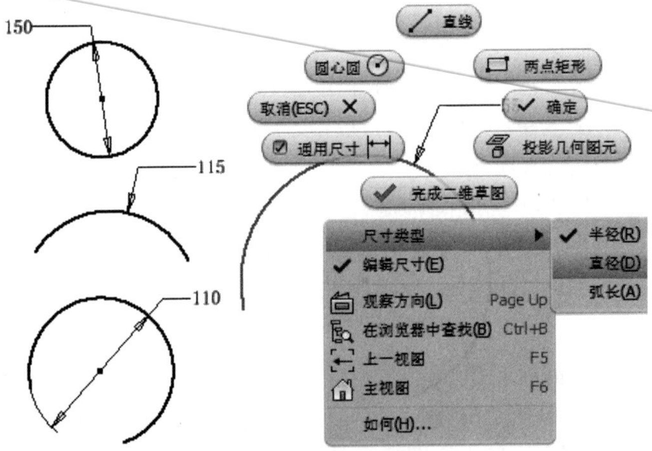

图 2-29　圆弧尺寸标注

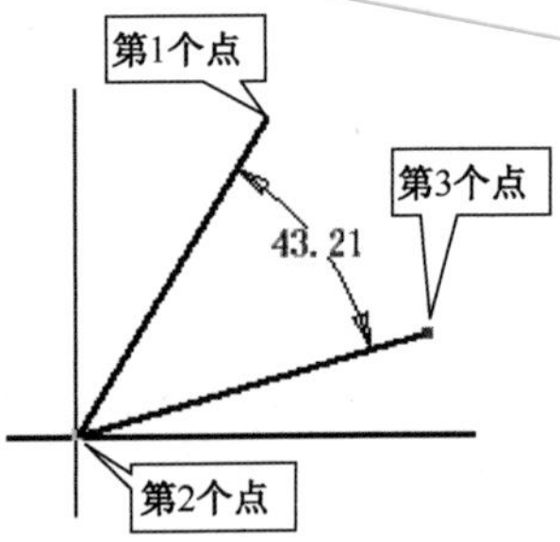

图 2-30　角度尺寸标注

（2）自动尺寸和约束　该工具也位于“约束”工具面板上，能够对几何图元缺少的尺寸和约束进行自动标注。例如，在图 2-31（a）中，图形缺少尺寸，没有全约束。

单击“自动尺寸和约束”工具按钮，弹出“自动标注尺寸”窗口，窗口中的“所需尺寸”选项，给出了缺少尺寸的数量；“曲线”选项默认是选中的，如图 2-31（b）所示。在绘图区，依次单击三条直线段，然后单击窗口中的“应用”按钮，几何图元上自动添加了两个角度尺寸，如图 2-31（c）所示，同时窗口中所需尺寸的数量也变成了 0。这时可发现三条直线段的颜色发生了变化，表示几何图元已经全约束了。

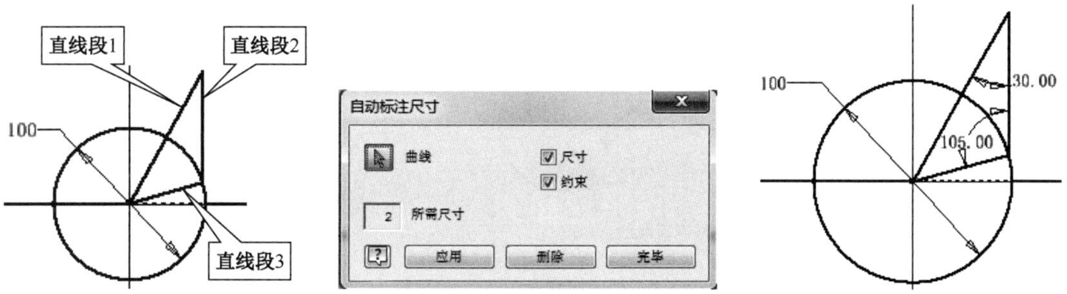

（a）约束前　（b）“自动标注尺寸”窗口　（c）自动标注尺寸

图 2-31　自动标注尺寸

若单击“删除”按钮，可将图形中自动添加的尺寸和约束进行删除；若单击“完毕”按钮可关闭窗口。

在绘制约束、尺寸比较多的复杂图形时，往往不能确定缺少哪个约束或者说缺少哪个尺寸，这时可以采用自动标注尺寸的方法，找到缺少的尺寸或约束的几何图元。

提示： *在 Inventor 的草图中，全约束的几何图元颜色变深且不能拖动。在绘图时，可以根据几何图元的颜色来判断哪些几何图元没有全约束。另外图形有没有全约束，缺少几个尺寸，在状态提示栏的右侧都有提示。若没有全约束时，会提示缺少尺寸的数量；若不缺少尺寸或约束，则显示“全约束”，如图 2-32 所示。*

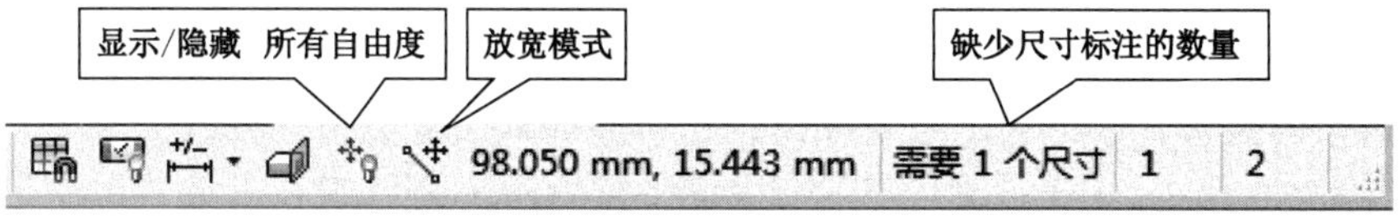

（a）没有全约束的提示

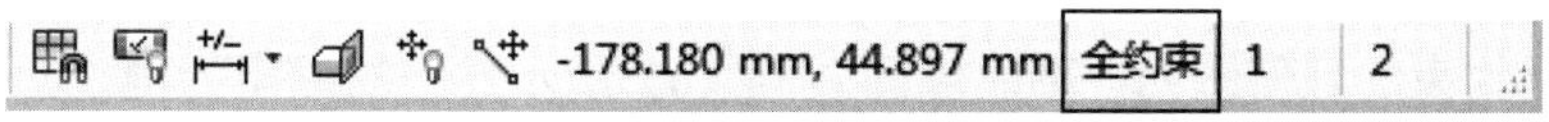

（b）全约束的提示

图 2-32　状态栏提示

（3）自由度　前面学习了通过用“自动尺寸和约束”工具对几何图元缺少的尺寸和约束进行自动标注，从而找到缺少约束的几何图元。在 Inventor 中还提供了“显示所有自由度”工具来查看草图中几何图元的约束状态。

所谓自由度就是更改草图大小和形状的方式。例如，圆有两个自由度，即圆心和直径；圆弧则有四个自由度，即圆心、半径、圆弧的两个端点。

通过状态栏上的“显示/隐藏所有自由度”工具按钮。可控制未全约束的几何图元上自由度的可见性。自由度显示符由圆点和箭头组成，拖动原点可以在箭头指示方向上进行移动或旋转，如图 2-33（a）所示。因此可以通过该方法来查找未全约束的几何图元。

可在绘图区未全约束的几何图元上，单击鼠标右键，在弹出的右键菜单中，选择“显示自由度”选项，这时只显示选择的几何图元的自由度，如图 2-33（b）所示。

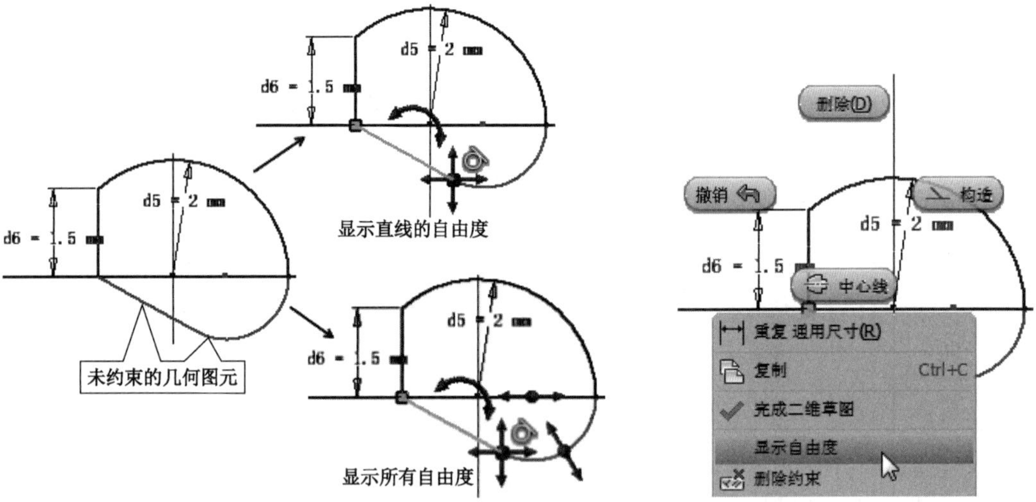

（a）显示自由度比较　　（b）显示几何图元自由度

图 2-33　显示自由度

（4）尺寸编辑　一个复杂的图形往往需要多次编辑、修改才能完成，这其中就需要用到尺寸的编辑。

① 移动尺寸标注。当需要移动尺寸标注时，可以将鼠标悬停于尺寸标注上，当光标变成 符号时，单击并拖动鼠标就可移动尺寸标注的位置。

② 修改尺寸数值。双击待编辑的尺寸标注，就可弹出如图 2-26 所示的“编辑尺寸”窗口，输入新的数值，单击“确定”按钮，即可完成对尺寸数值的修改。

③ 删除尺寸标注。单击欲删除的尺寸标注，按 Delete 键或者在右键菜单中选择“删除”选项，即可删除尺寸标注。

④ 利用放宽模式编辑尺寸。有时为了绘图方便，可通过状态工具栏上的“放宽”工具，来修改已经全约束的几何图元。下面以图 2-34（a）所示的槽的编辑为例来介绍“放宽”工具的使用。

首先绘制一个槽，并进行全约束；其次单击“放宽”工具按钮；最后利用“通用尺寸”工具标注槽左侧的圆弧，标注时弹出如图 2-34（b）所示的提示窗口，单击“是”按钮，关闭窗口后输入半径值即可。

（a）编辑槽　　（b）提示窗口

图 2-34　利用“放宽模式”编辑尺寸

任务流程

任务流程如图 2-35 所示。

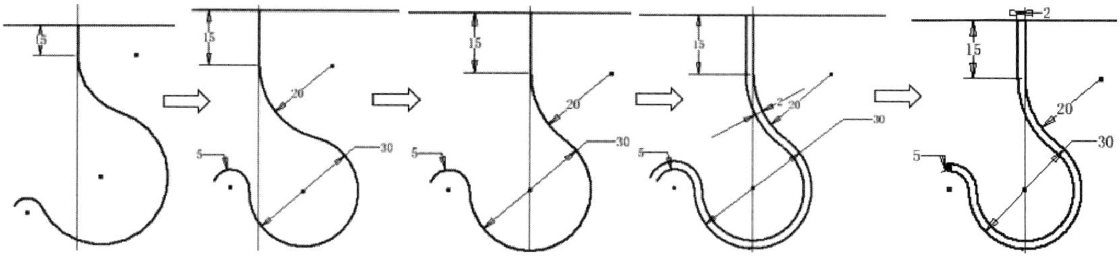

绘制几何图元　标注尺寸　几何约束　偏移几何图元　完善图形

图 2-35　任务流程

任务实施

Step 01 新建文件　新建零件文件并自动进入草图环境。

Step 02 绘制几何图元　单击“直线”工具，捕捉坐标原点作为起点，向下绘制长度为 15mm 的竖直直线，按住鼠标左键拖曳出如图 2-36 所示的图形。

Step 03 标注尺寸　利用“通用尺寸”工具，标注圆弧尺寸，如图 2-37 所示。

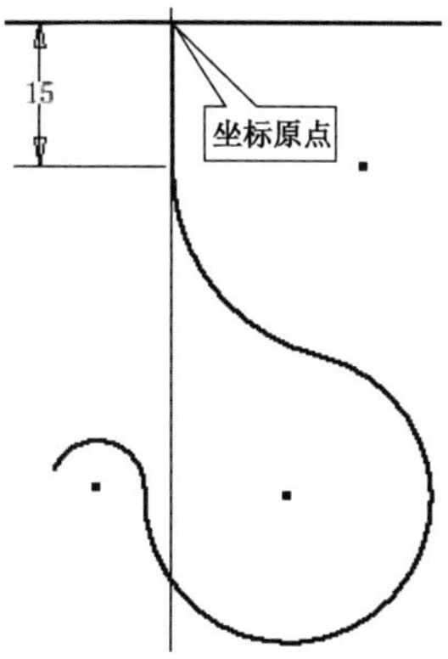

图 2-36　绘制几何图元

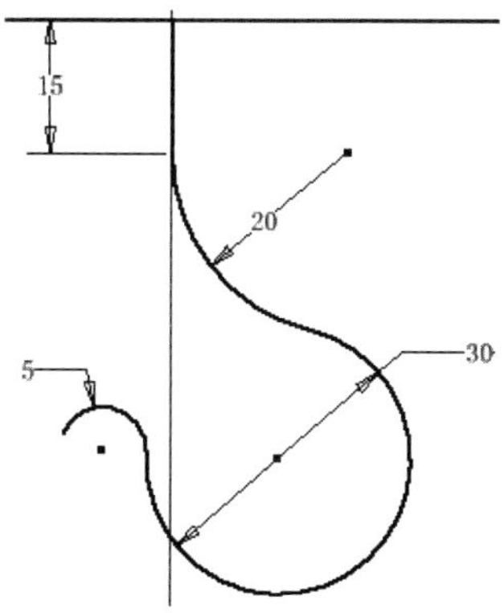

图 2-37　标注尺寸

Step 04 几何约束　利用“重合约束“工具，将直径为 30mm 的圆弧的圆心约束在长度为 15mm 的直线段上；利用“水平约束”工具，将半径为 5mm 的圆弧的圆心跟直径为 30mm 的圆弧的圆心水平对齐，如图 2-38 所示。

Step 05 偏移几何图元　利用“偏移”工具，将所有几何图元向内侧偏移 2mm，如图 2-39 所示。

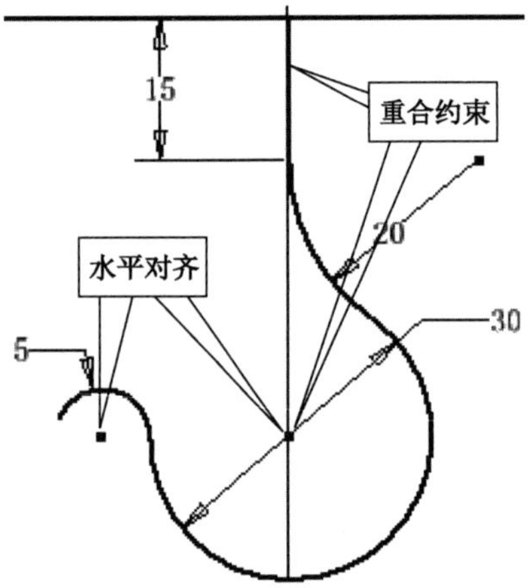

图 2-38　几何约束

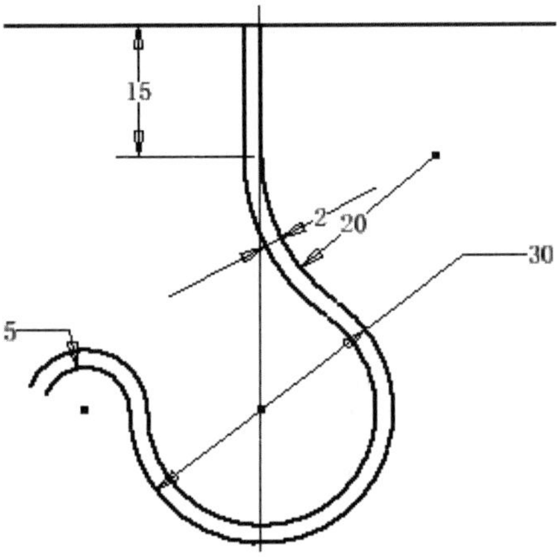

图 2-39　偏移几何图元

Step 06 补绘几何图元　利用直线工具，连接长度为 15mm 的两条直线端点；绘制吊钩头部的圆弧。在绘制圆弧终点时，确保两段圆弧相切，如图 2-40 所示。

说明　当两段圆弧交点处出现相切符号时，表示两段圆弧已经相切。

Step 07 几何约束　利用“竖直约束”工具，将上一步绘制的圆弧起点跟圆心竖直对齐，如图 2-41（左）所示。此时可发现所有几何图元的颜色都变深，说明整个图形已经全约束。

Step 08 编辑尺寸　将距离为 2mm 的偏移尺寸删除，然后利用“通用尺寸”工具，在吊钩顶端重新进行尺寸标注，最后结果如图 2-41（右）所示。

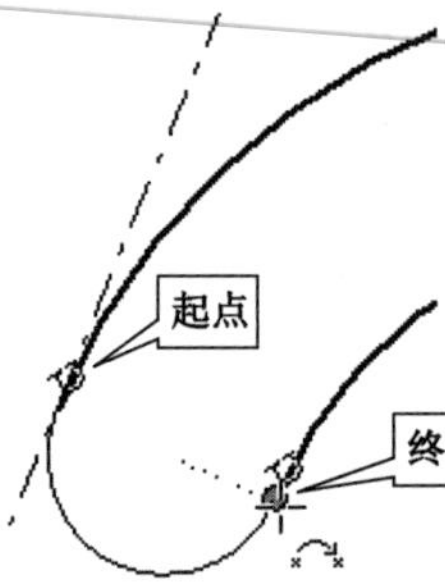

图 2-40　绘制圆弧

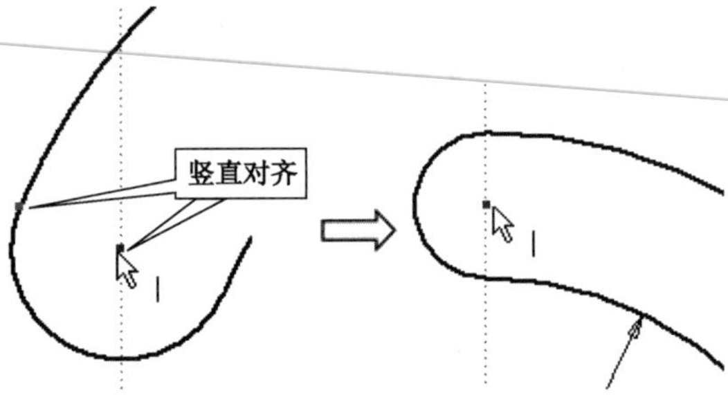

图 2-41　竖直约束

Step 09 保存文件　退出草图环境，将文件保存为“吊钩.ipt”。

拓展练习 2-1

绘制如图 2-42 所示的图形。

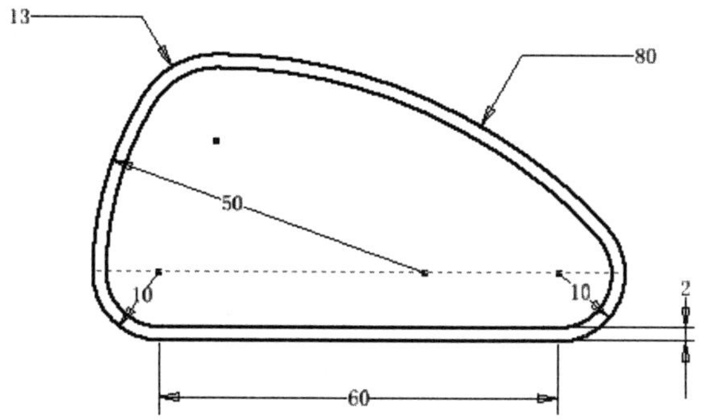

图 2-42　拓展练习 2-1

任务 2　垫片草图设计

学习目标

- 熟练应用矩形、圆、圆弧、圆角、倒角、槽等工具绘制图形
- 应用复制、移动、旋转、修剪、延伸、缩放等工具编辑图形
- 熟练应用平行、共线、等长等约束工具约束图形
- 了解联动尺寸的概念

任务导入

垫片草图如图 2-43 所示。

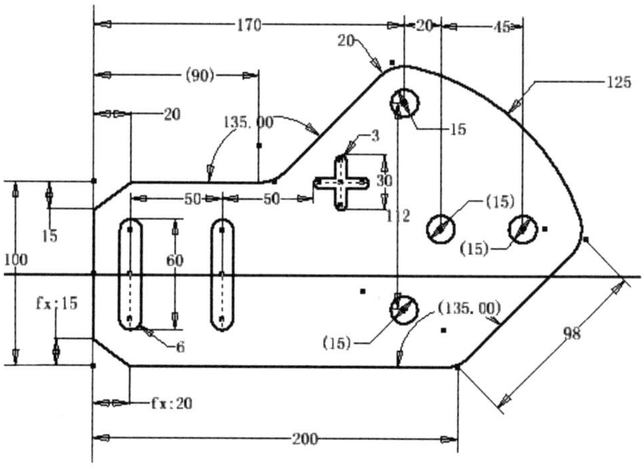

图 2-43　垫片草图

在绘制垫片草图过程中用到的新知识包括矩形、槽、圆、圆弧、圆角、倒角等创建工具，延伸、复制、移动等修改工具，平行、共线等约束工具。下面就来学习相关知识。

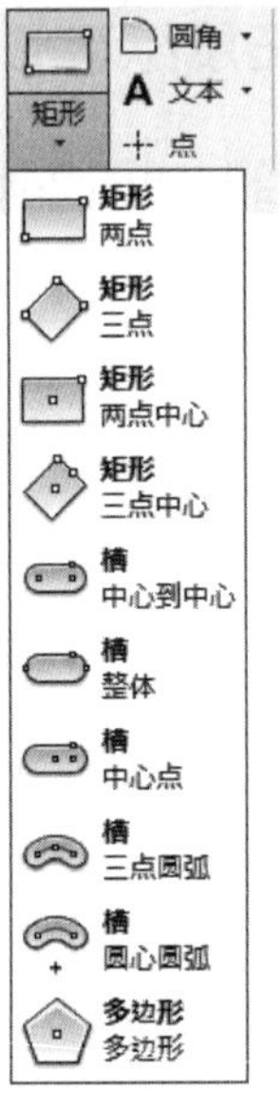

图 2-44 “矩形”工具选择

知识准备

1. 创建工具

（1）矩形　矩形的绘制工具有四种，分别为“矩形两点”“矩形三点”“矩形两点中心”“矩形三点中心”，如图 2-44 所示。

① 矩形两点　该工具常用于绘制边与坐标轴平行或垂直的矩形，使用时需依次单击矩形的两个对角顶点，如图 2-45（a）所示。

② 矩形三点　该工具常用于创建跟坐标轴无平行、垂直关系的矩形，使用时需依次确定矩形某一边的起点、终点及对边上任一点，如图 2-45（b）所示。

③ 矩形两点中心　该工具常用于绘制边与坐标轴平行或垂直的矩形，使用时需依次单击矩形的中心及任一顶点，如图 2-45（c）所示。

④ 矩形三点中心　该工具常用于创建跟坐标轴无平行、垂直关系的矩形，使用时需依次确定矩形的中心、某一边的位置及对边的位置，如图 2-45（d）所示。

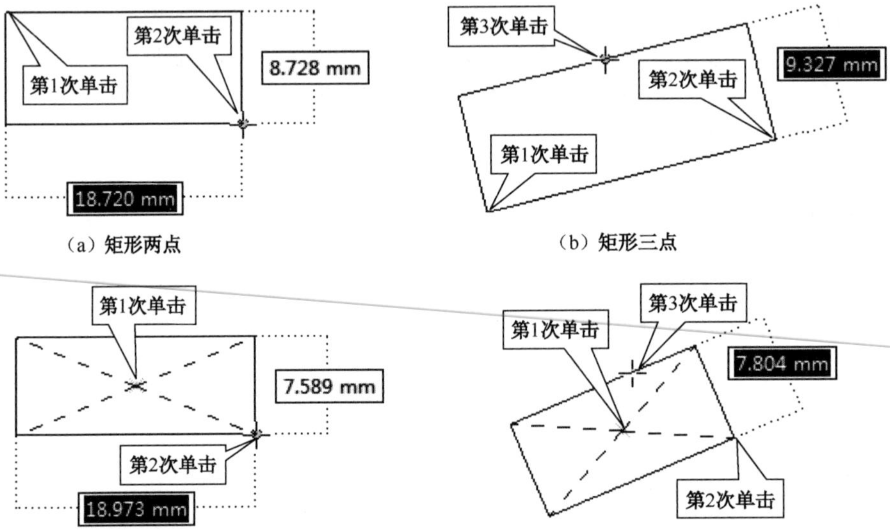

（a）矩形两点　（b）矩形三点

（c）矩形两点中心　（d）矩形三点中心

图 2-45 “矩形”工具的使用方法

（2）槽　槽的绘制工具有“槽中心到中心”“槽整体”“槽中心点”“槽三点圆弧”及“槽圆心圆弧”5 种，这 5 种绘制工具均位于矩形工具的下拉菜单中，如图 2-44 所示。

① 槽中心到中心　单击该工具按钮后，需要依次单击两端圆弧的中心点及槽的

边界位置，如图 2-46（a）所示。

② 槽整体 　单击该工具按钮后，需要依次单击两端圆弧的顶点及槽的边界位置，如图 2-46（b）所示。

③ 槽中心点 　单击该工具按钮后，需要依次单击槽的中心、任一端圆弧的中心点及槽的边界位置，如图 2-46（c）所示。

④ 槽三点圆弧 　单击该工具按钮后，需要依次单击槽中心圆弧的起点、终点、任意一点及槽的边界位置，如图 2-46（d）所示。

⑤ 槽圆心圆弧 　单击该工具按钮后，需要依次单击槽中心圆弧的圆心、起点、终点及槽的边界位置，如图 2-46（e）所示。

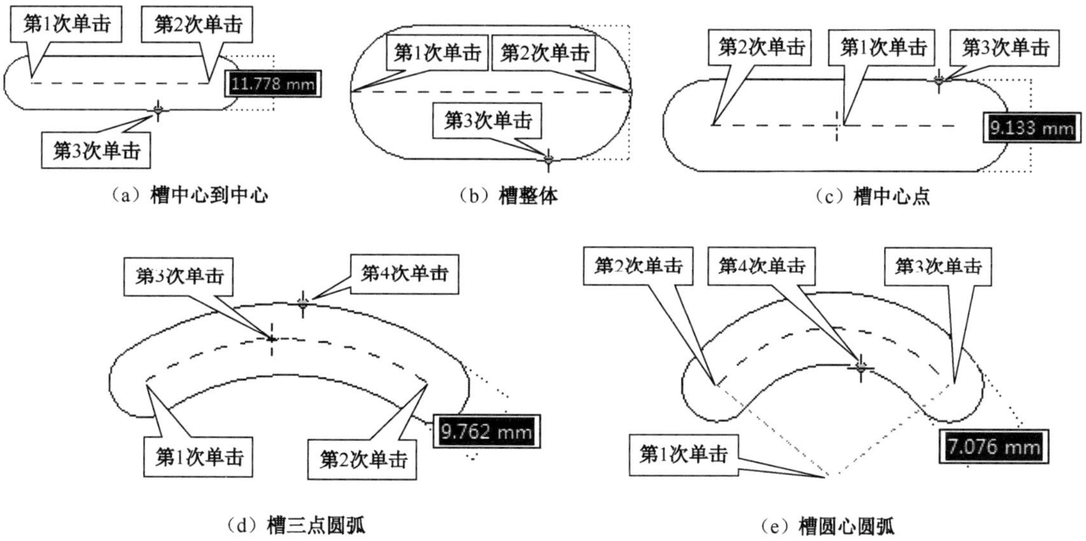

（a）槽中心到中心　（b）槽整体　（c）槽中心点

（d）槽三点圆弧　（e）槽圆心圆弧

图 2-46　“槽”工具的使用方法

（3）圆　圆的创建工具有两种，分别是“圆心圆”和“相切圆”，均位于“圆”工具的下拉菜单中，如图 2-47 所示。

① 圆心圆 　单击该工具按钮后，第 1 次单击确定圆心位置，第 2 次单击确定圆上任意一点，如图 2-48（a）所示。

② 相切圆 　单击该工具按钮后，依次选择相切对象，当选择对象能唯一确定一个相切圆时，即可完成相切圆的绘制，如图 2-48（b）所示。

（4）圆弧　圆弧的绘制方法有 3 种，分别为“圆弧三点”“圆弧相切”“圆弧圆心”，如图 2-49 所示。

① 圆弧三点 　单击该工具按钮后，需要依次单击圆弧起点、终点及圆弧上任一点，如图 2-50（a）所示。

② 圆弧相切 　单击该工具按钮后，需要依次单击相切对象及圆弧终点，如图 2-50（b）所示。

③ 圆弧圆心 　单击该工具按钮后，需要依次单击圆弧的圆心、起点及终点，如图 2-50（c）所示。

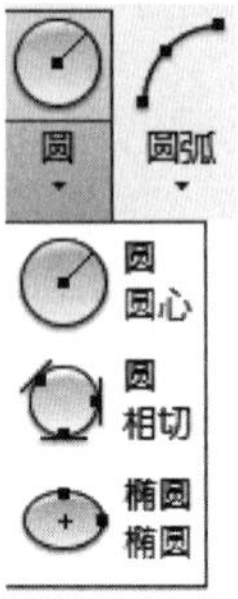

图 2-47 “圆”工具选择

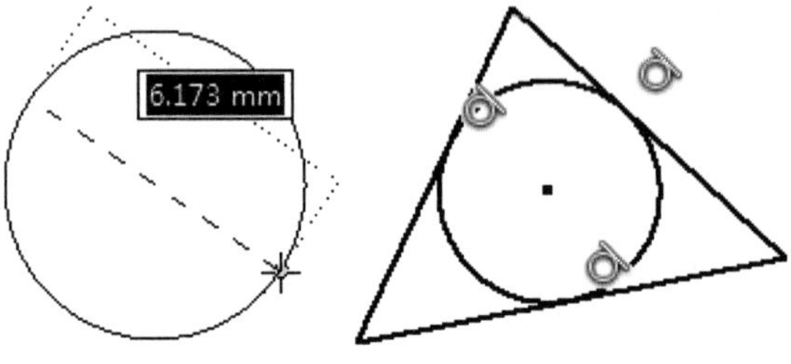

（a）圆心圆　　（b）相切圆

图 2-48 “圆”工具的使用方法

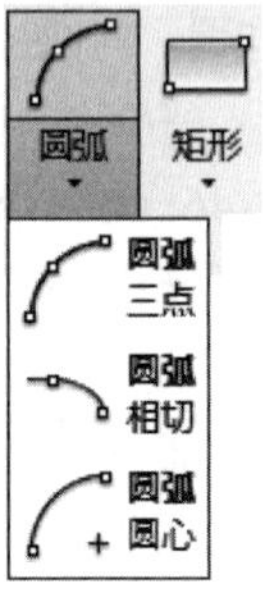

图 2-49 “圆弧”工具选择

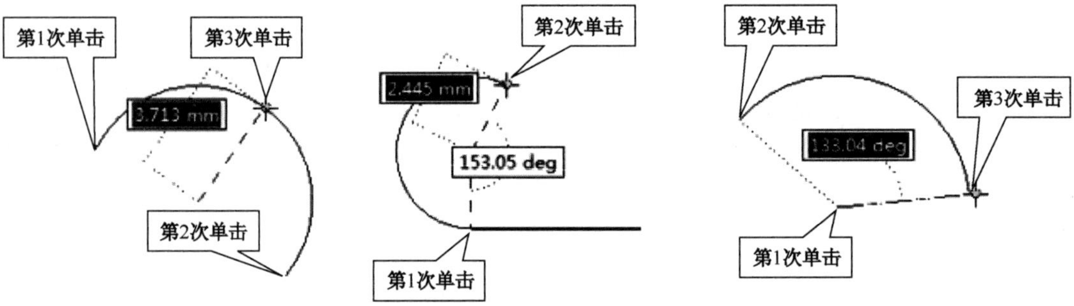

（a）圆弧三点　　（b）圆弧相切　　（c）圆弧圆心

图 2-50 “圆弧”工具的使用方法

（5）圆角和倒角　“圆角”和“倒角”工具可通过工具按钮右侧的箭头进行切换，如图 2-51 所示。

① 圆角　单击该工具按钮，弹出“二维圆角”窗口，首先在圆角窗口中输入圆角半径，然后依次选择圆角处的两条边，如图 2-52 所示。

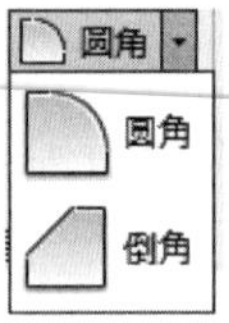

图 2-51 圆角、倒角工具

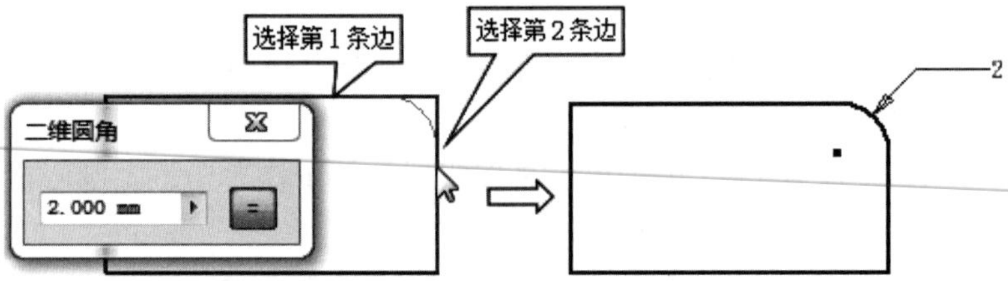

图 2-52 “圆角”工具使用方法

② 倒角　单击该工具按钮，弹出“二维倒角”窗口，如图 2-53（a）所示。倒角工具有“等边”“不等边”“距离和角度”3 种。使用“倒角”工具时，首先选择倒角的方式，根据倒角方式输入相应参数，最后依次选择倒角处的两条边，如图 2-53（b）～（d）所示。

① 若选择“创建尺寸”选项，则倒角完毕后自动创建尺寸，如图 2-54 所示。

② 若选择“与参数相等”选项，表示倒角距离与角度设置跟第 1 个倒角的数值相等，如图 2-55 所示。图 2-55（a）表示选择该项后的倒角，当修改第 1 个倒角的数值时，其他 3 个倒角的数值都跟着发生变化；图 2-55（b）表示未选择该项后的倒角，当修改第 1 个倒角

的数值时，其他三个倒角的数值并不跟着发生变化。

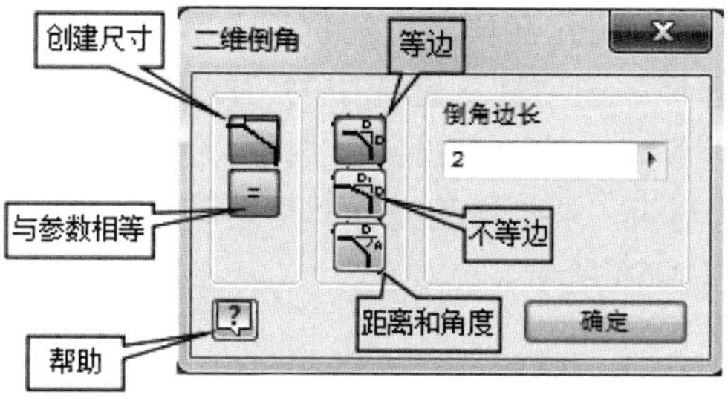

（a）“二维倒角”窗口

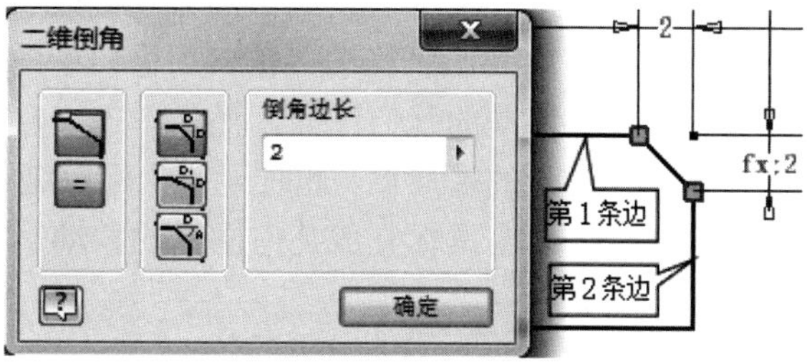

（b）等边方式倒角

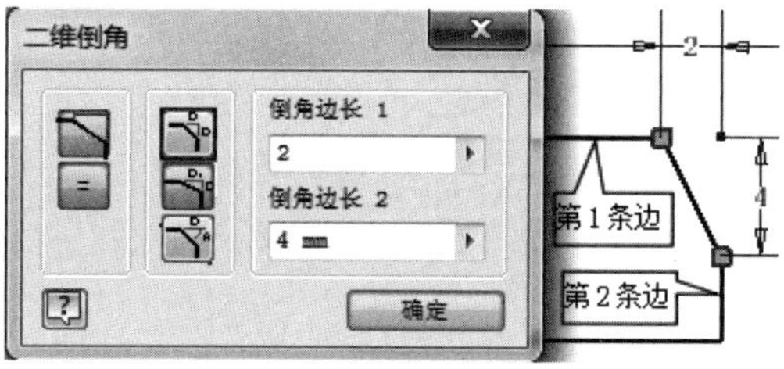

（c）不等边方式倒角

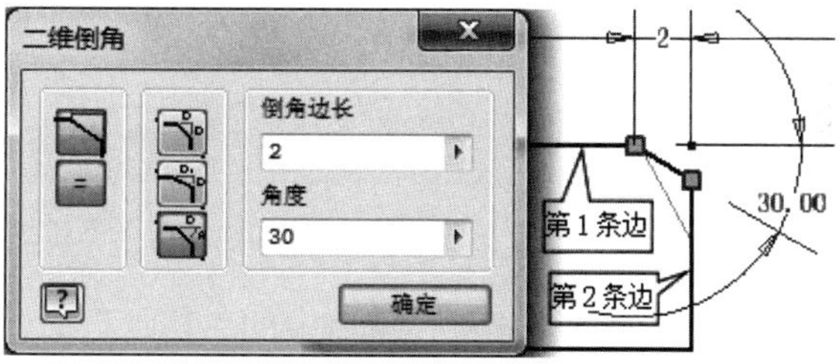

（d）距离和角度方式倒角

图 2-53 “倒角”工具的使用方法

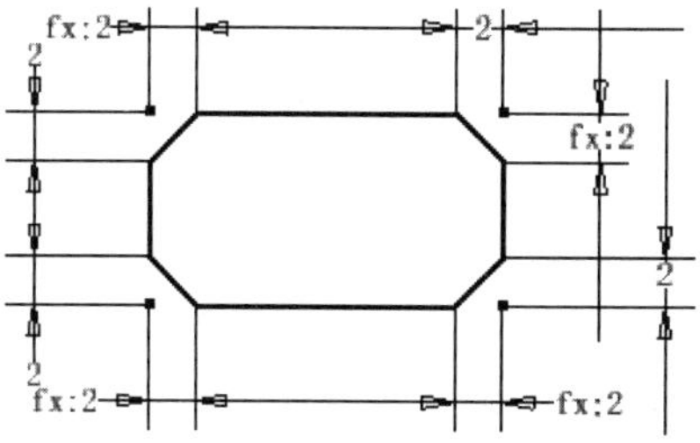

（a）选择“创建尺寸”选项的倒角

（b）未选择“创建尺寸”选项的倒角

图 2-54 “创建尺寸”选项的使用

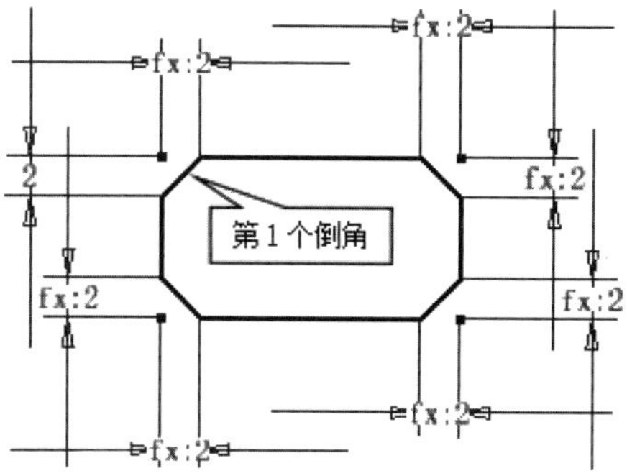

（a）选择“与参数相等”选项的倒角

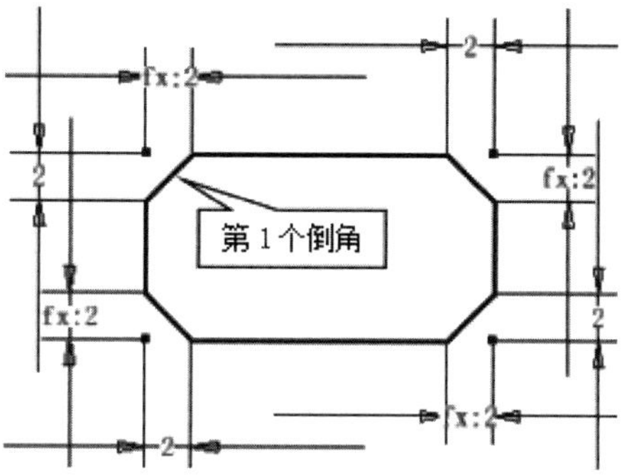

（b）未选择“与参数相等”选项的倒角

图 2-55 “与参数相等”选项的使用

2．修改工具

（1）移动　“移动”工具用于改变未全约束的几何图元在草图中的位置。单击“移动”工具按钮，会弹出“移动”窗口。窗口中的“选择”选项默认是选中的，此时在绘图区域直接选择要移动的几何图元，然后单击“移动”窗口中的“基准点”选项，接下来单击要移动几何图元的基准点。此时无论鼠标左键弹起与否，只要移动光标即可移动几何图元，位置确定后，单击鼠标完成几何图元的移动，如图 2-56 所示。

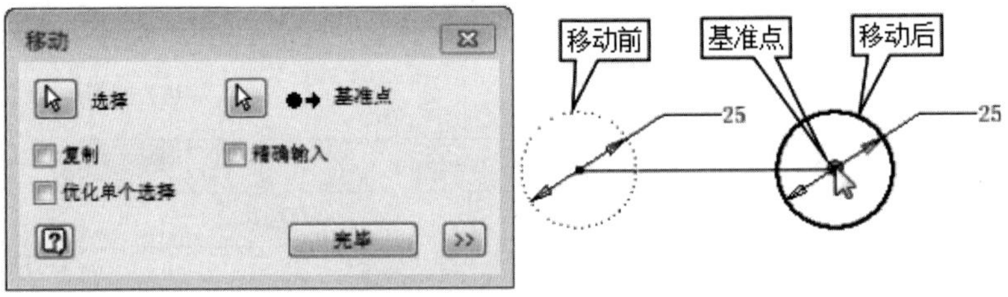

图 2-56　“移动”工具的使用

① 若勾选“移动”窗口中的“复制”选项，则将所选几何图元复制到指定位置，同时原有的几何图元的位置保持不变。

② 若勾选“精确输入”选项，则可以通过输入坐标值的方式指定几何图元的位置。

③ 若勾选“优化单个选择”选项，则在选择几何图元后，窗口会自动进入基准点的选择，而不允许再选择其他的几何图元。

说明 其实不使用“移动”工具也可以移动几何图元，方法在是在草图中选中要移动的几何图元，然后直接拖动即可将其移动。

（2）复制　“复制”工具用于快速创建与已有图形相同的几何图元。单击“复制”工具按钮。弹出的“复制”窗口，如图 2-57 所示，它与“移动”窗口基本相似。

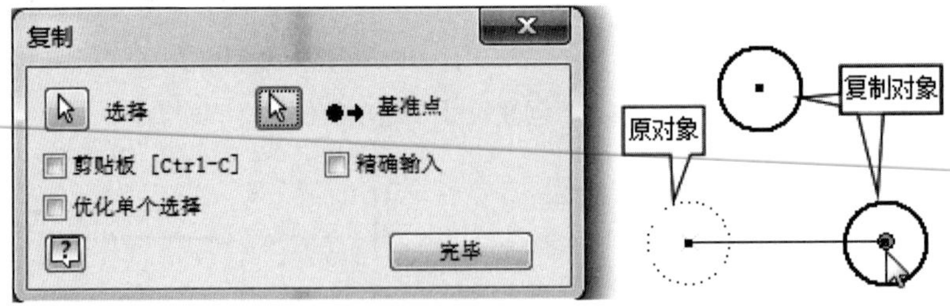

图 2-57　“复制”工具的使用

若勾选“剪贴板”选项，则可将选定的几何图元保存到剪切板中，即使退出“复制”工具，仍能进行粘贴操作。

（3）旋转　“旋转”工具用于改变几何图元的角度或方向，如图 2-58 所示。单击“旋转”工具按钮，弹出“旋转”窗口，可在“角度”选项中直接输入旋转的角度值，进行精确旋转。

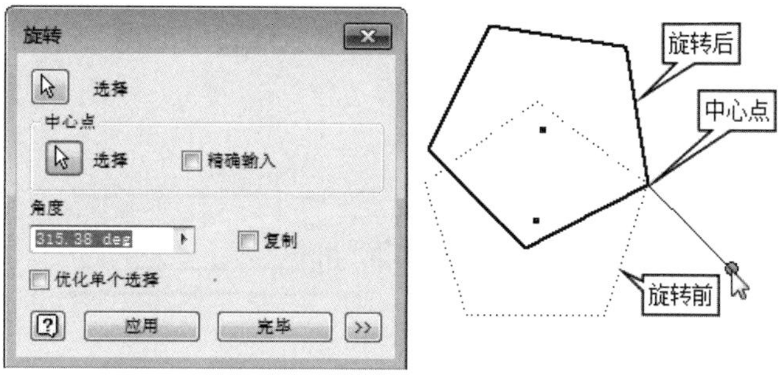

图 2-58 “旋转”工具的使用

（4）修剪“修剪”工具可将曲线修剪到最近的相交曲线或指定的边界几何图元。单击“修剪”工具按钮，光标停留在几何图元上时可以预览修剪效果，此时被修剪掉的线段会转变为虚线显示，然后单击，就会修剪所选对象。修剪会在被修剪的几何图元和边界几何图元的端点之间创建重合约束，如图 2-59 所示。

（5）延伸　“延伸”工具可将曲线延伸到最近的相交曲线或选定的边界几何图元。单击“延伸”工具按钮，光标停留在几何图元上时可以预览延伸效果，然后单击，就会延伸所选对象。延伸也会在被延伸几何图元的端点处创建重合约束，如图 2-60 所示。

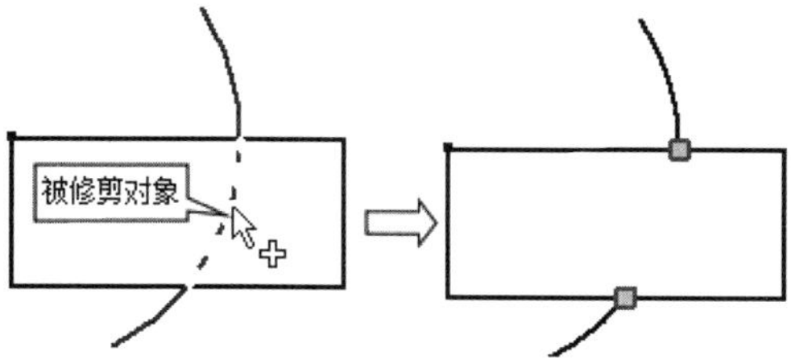

图 2-59 “修剪”工具的使用

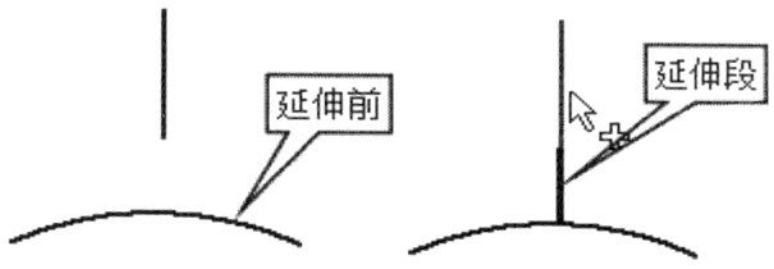

图 2-60 “延伸”工具的使用

（6）缩放　“缩放”工具可将选定的几何图元按照指定的比例放大或缩小。单击“缩放”工具按钮，弹出“缩放”窗口，在窗口中的“比例系数”文本框输入数值，可进行精确缩放，如图 2-61 所示。

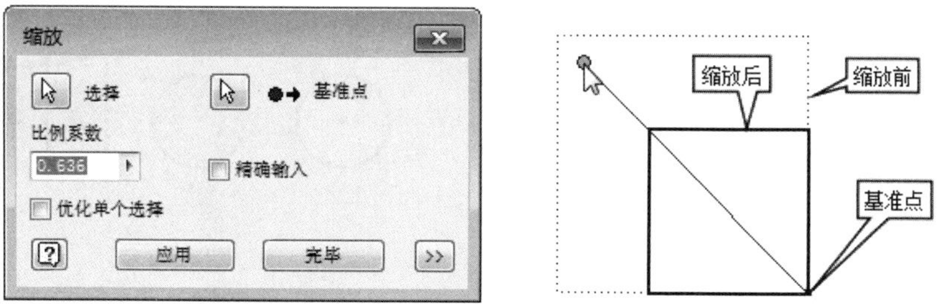

图 2-61 “缩放”工具的使用

3. 约束工具

（1）平行约束　“平行约束”工具可使所选的线性几何图元互相平行。单击“平行约束”工具按钮 后，在图形区中分别单击将要应用平行约束的两个几何图元，二者将平行，如图 2-62 所示。

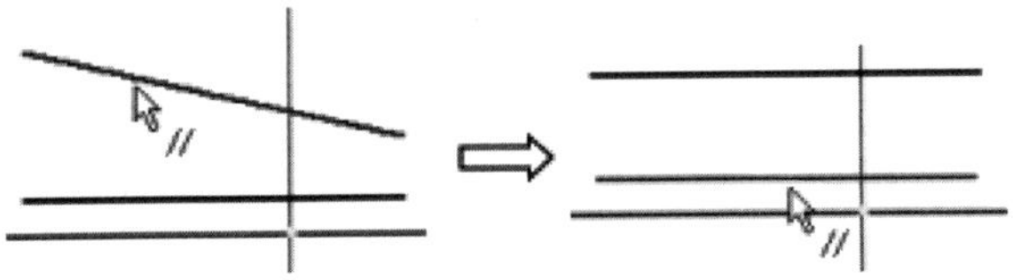

图 2-62　平行约束

（2）共线约束　“共线约束”工具可使选定的直线或椭圆轴位于同一条直线上。单击“共线约束”工具按钮 ，在图形区依次单击将要应用共线的两个对象（直线、椭圆轴等），二者将共线，如图 2-63 所示。

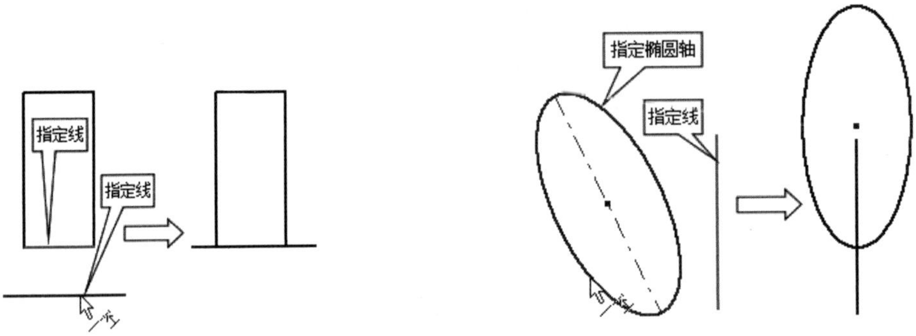

（a）线—线共线约束　（b）线—椭圆轴共线约束

图 2-63　共线约束

（3）等长约束　“等长约束”工具可使选定的圆或圆弧具有相等的半径，或者使选定的线段具有相等的长度。单击“等长约束”工具按钮＝，在图形区先后单击要应用等长约束的两个对象，二者将等长约束，如图 2-64 所示。

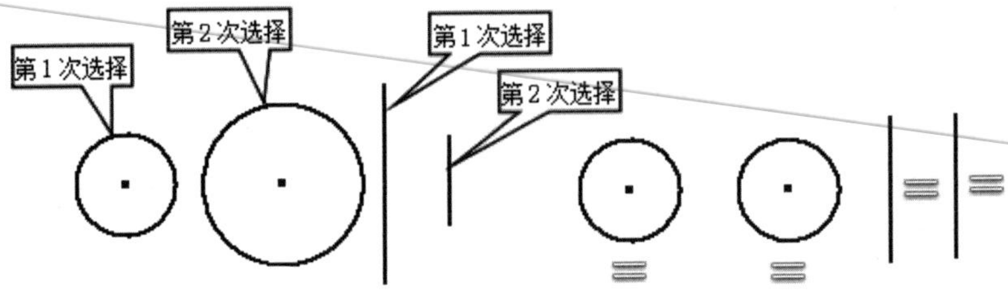

（a）等长约束前　（b）等长约束后

图 2-64　等长约束

4．联动尺寸

当几何图元的尺寸会被其他尺寸的更改而驱动，同时产生改变时，该几何图元的尺寸就是联动尺寸。从样式上看，联动尺寸的尺寸数值加了括弧，如图 2-65 所示。“联动尺寸”

工具位于“格式”工具面板上，如图 2-66 所示。

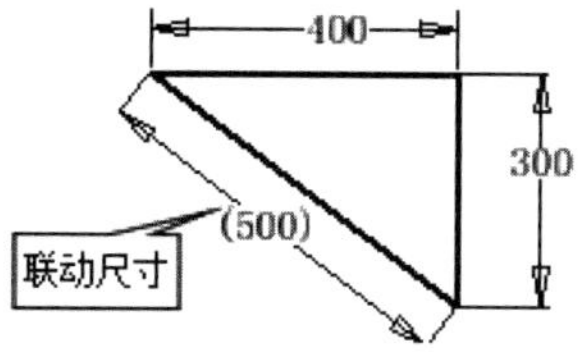

图 2-65　联动尺寸样式

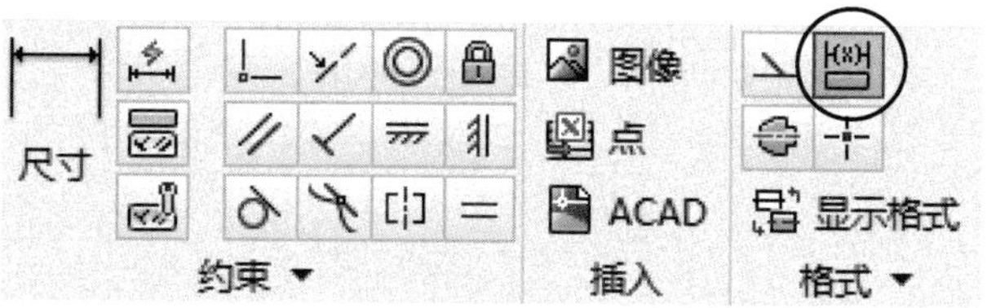

图 2-66　“联动尺寸”工具

单击“联动尺寸”工具按钮后，再标注的尺寸均为联动尺寸；当需要标注的几何图元已经全约束，或者跟其他几何图元的尺寸相关联时，即使没有执行“联动尺寸”工具，标注的尺寸仍然为联动尺寸。如图 2-67（a）所示的等腰三角形，已经全约束，当标注三角形腰的尺寸时，会弹出如图 2-67（b）所示的提示窗口，单击“接受”按钮后，标注的尺寸将为联动尺寸，如图 2-67（c）所示。

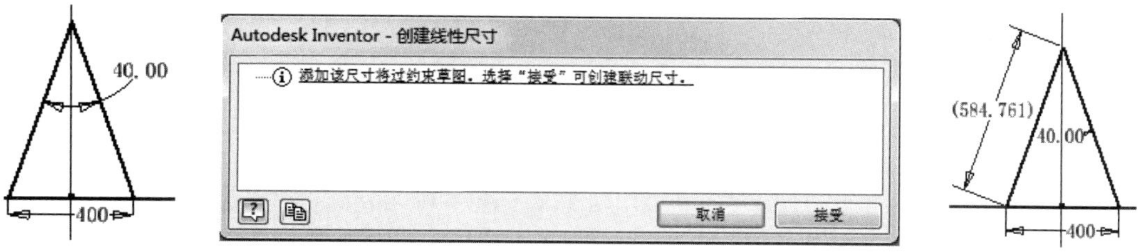

（a）标注前　　（b）提示窗口　　（c）标注后

图 2-67　联动尺寸标注

选择已经标注的通用尺寸，然后单击“联动尺寸”工具，可将通用尺寸转换为联动尺寸。同样道理，联动尺寸也可以转为通用尺寸，但是仍然被其他尺寸驱动或关联的联动尺寸不能直接转换为通用尺寸，只有当驱动或关联该尺寸的其他尺寸变为联动尺寸后，该尺寸才能转为通用尺寸。下面举例说明。

选择图 2-67（c）中的联动尺寸，单击“联动尺寸”工具，弹出如图 2-68（a）所示的提示窗口。但如果将角度尺寸改为联动尺寸后，再执行上述操作，就可将联动尺寸改为通用尺寸了，如图 2-68（b）所示。

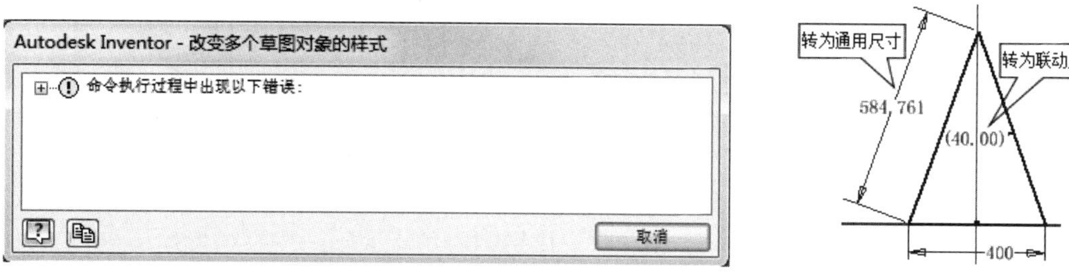

（a）提示窗口　　（b）尺寸转换

图 2-68　联动尺寸通用尺寸转换

说明 尺寸转换除了使用上述方法以外，还可以通过尺寸标注的右键菜单来实现，如图 2-69 所示。另外，联动尺寸跟通用尺寸的另一区别是：双击联动尺寸时不能进行编辑操作，如图 2-70 所示。

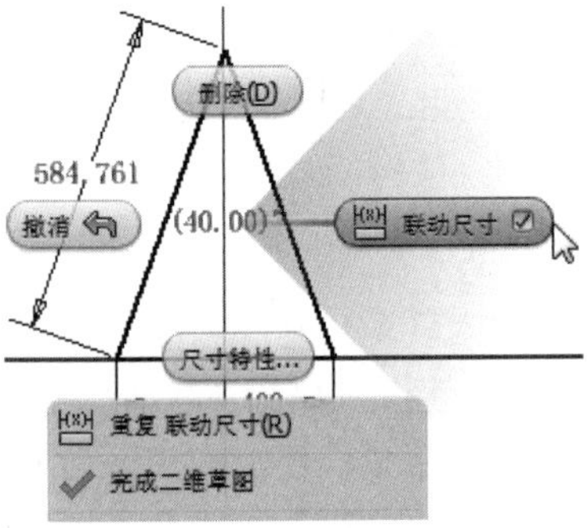

图 2-69 尺寸标注的右键菜单

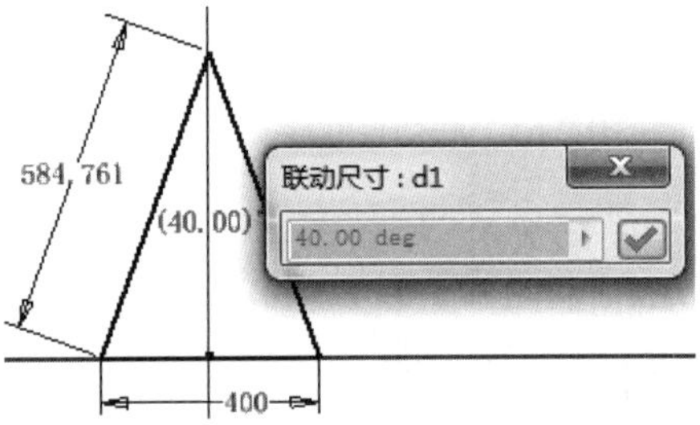

图 2-70 双击联动尺寸时不能进行编辑操作

任务流程

任务流程如图 2-71 所示。

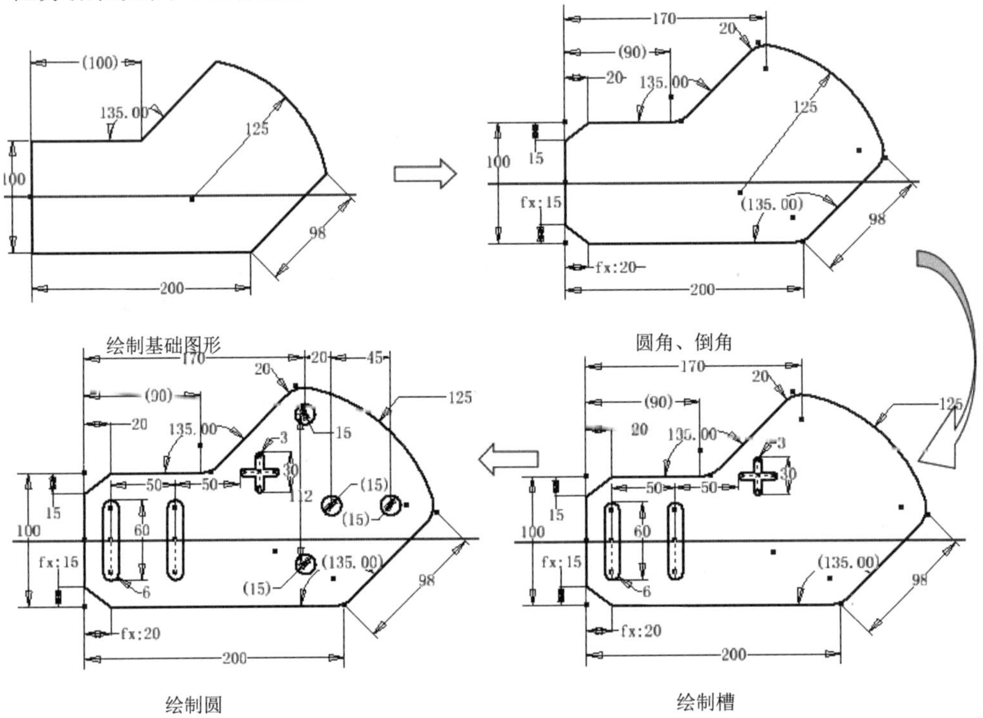

图 2-71 任务流程

任务实施

Step 01 新建文件 新建零件文件并自动进入草图环境。

Step 02 绘制矩形 利用“矩形两点”工具绘制矩形，利用“等长约束”工具将矩形的两个相邻边等长，利用“重合约束”工具，将矩形的一竖直边的中点跟坐标原点重合，利用“通用尺寸”工具标注矩形的边长，其中第 2 次标注的尺寸为联动尺寸，如图 2-72（a）所示。

Step 03 编辑矩形 单击矩形的右侧竖直边，然后按 Delete 键将其删除。删除一条边后，矩形将不再全约束，利用“竖直约束”工具将左侧竖直边竖直约束，重新将图形全约束，如图 2-72（b）所示。

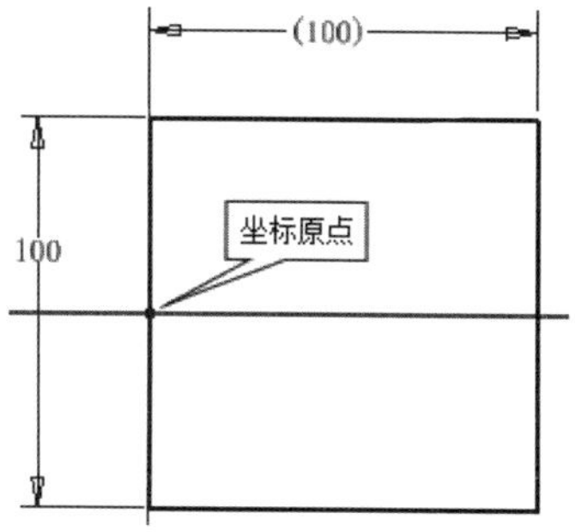

（a）绘制矩形

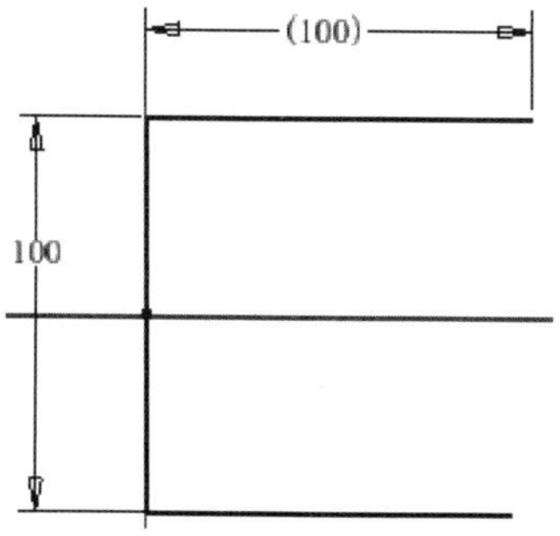

（b）编辑矩形

图 2-72 绘制并编辑矩形

Step 04 绘制直线 绘制如图 2-73 所示的直线段 1、直线段 2，利用“平行约束”工具，将两条直线段平行约束。利用“通用尺寸”工具进行尺寸标注，如图 2-73 所示。

Step 05 绘制圆弧 利用“圆弧三点”工具绘制半径为 125mm 的圆弧，如图 2-74 所示。

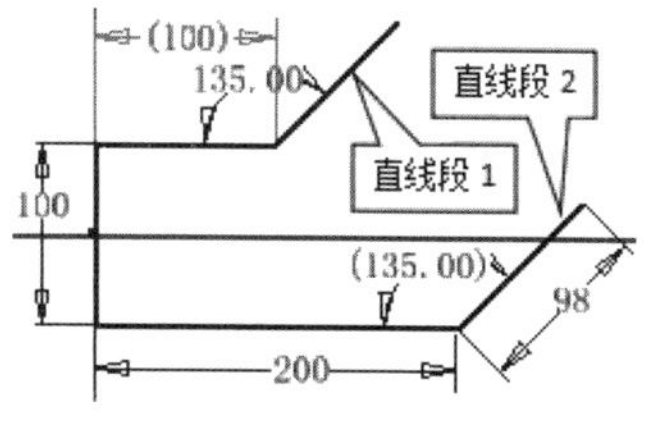

图 2-73 绘制直线

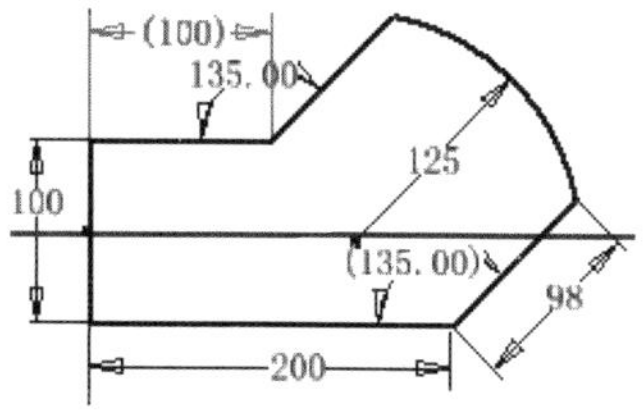

图 2-74 绘制圆弧

Step 06 圆角 利用“圆角”工具，进行圆角，圆角半径为 20mm，如图 2-75 所示。

Step 07 编辑尺寸 将图 2-75 中长度为 108.284mm 的线性尺寸删除，利用“通用尺寸”工具重新进行标注，并添加长度为 170mm 的线性标注；调整圆弧的半径标注，结果如图 2-76 所示。

Step 08 倒角 利用“倒角”工具的“不等边”倒角方式进行倒角，如图 2-77 所示。

Step 09 绘制槽 利用“槽整体”工具绘制槽，将如图 2-78（a）所示的点约束在槽的中心线上。将槽的中点与坐标原点水平对齐，最后标注尺寸，结果如图 2-78（a）所示。利用“复制”工具将槽复制，并把复制后槽的标注尺寸删除。利用“等长约束”工具将复制后的槽与原始槽进行等长约束，如图 2-78（b）所示。在图 2-78（b）中，将槽 1 与槽 2 的中点水平对齐，最后标注尺寸。

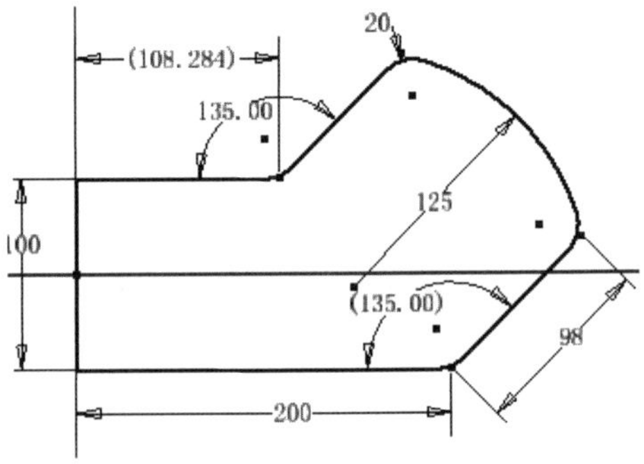

图 2-75　圆角

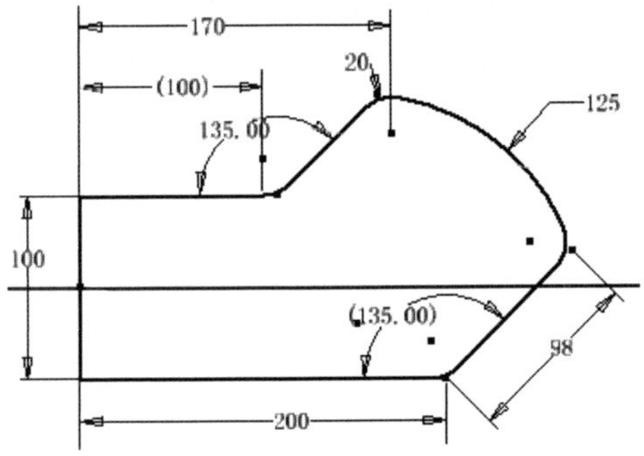

图 2-76　编辑尺寸

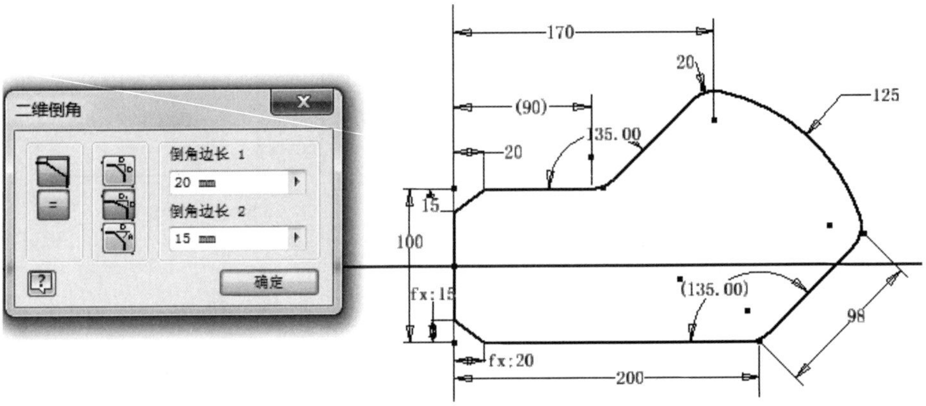

图 2-77　倒角

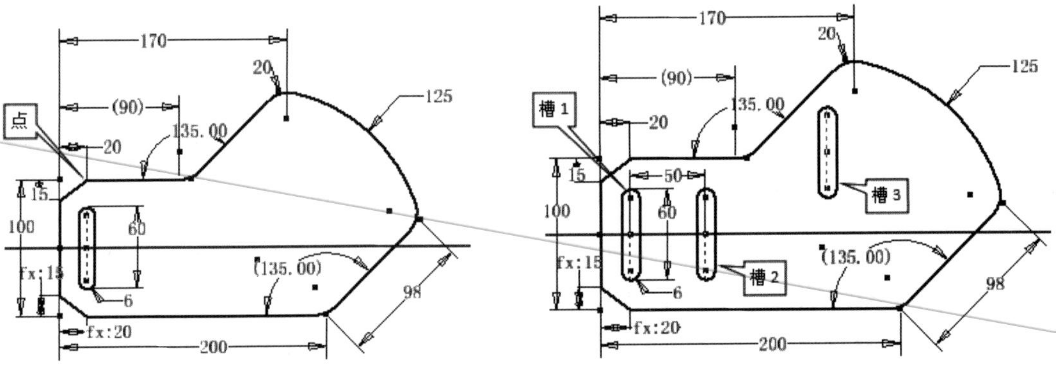

（a）绘制槽　　　（b）复制槽

图 2-78　绘制并复制槽

Step 10 缩放槽　单击“缩放”工具，弹出“缩放”窗口，在“比例系数”文本框中，输入 0.5，选择如图 2-78（b）中所示的槽 3，如图 2-79（a）所示。当选择基准点后，弹出如图 2-79（b）所示的提示窗口，选择“是”按钮，关闭提示窗口。在“缩放”窗口中，先单击“应用”按钮，再单击“完毕”按钮，关闭窗口，最后将缩放后的槽进行尺寸标注，结果如图 2-79（c）所示。

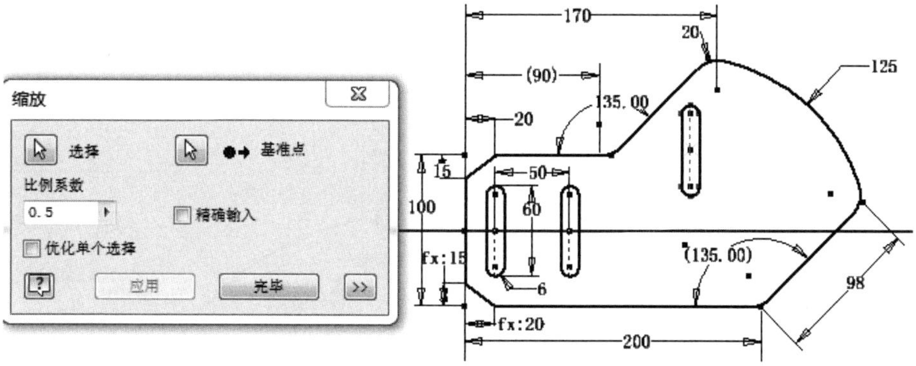

（a）缩放槽

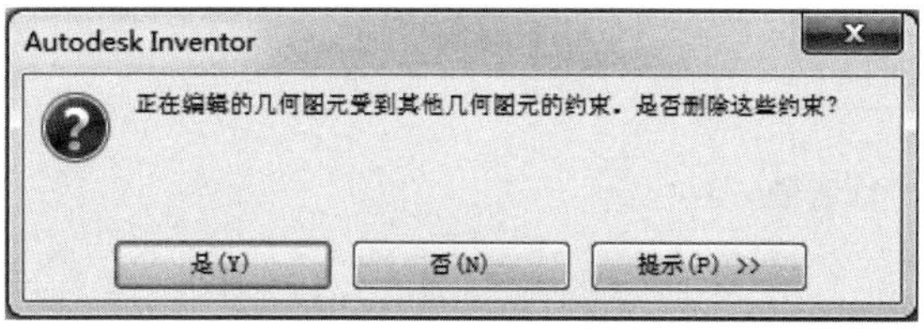

（b）提示窗口

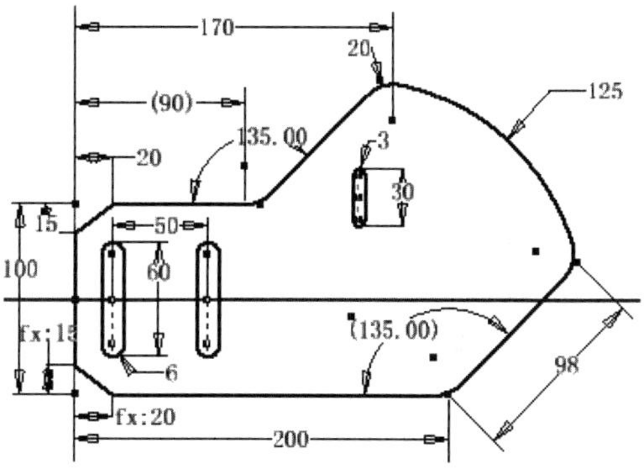

（c）缩放结果

图 2-79　缩放槽

Step 11 旋转槽　单击“旋转”工具，弹出“旋转”窗口，在窗口中勾选“复制”选项，选择缩放后的槽，将其复制并旋转 90°，如图 2-80（a）所示。将旋转后的槽的尺寸删除，将其与原始槽等长约束，并将两个槽的中心点重合约束，结果如图 2-80（b）所示。

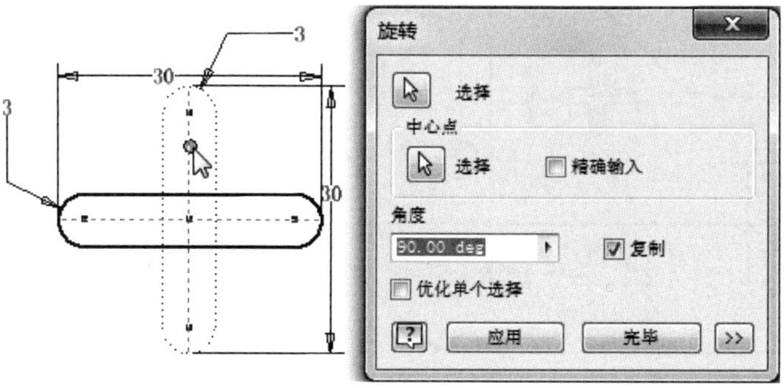

（a）执行旋转

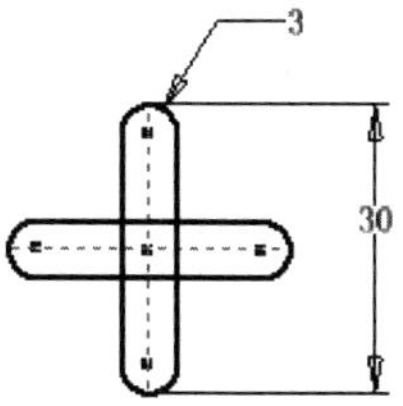

（b）旋转后

图 2-80　复制并旋转槽

Step 12 修剪槽 首先利用“共线约束”工具，将旋转后的槽与图 2-81 中所示的直线段 1 进行共线约束。再利用“修剪”工具，将步骤 10、步骤 11 中缩放、旋转的槽进行修剪。修剪后的槽会丢失部分约束，重新将修剪后的槽进行约束，结果如图 2-81 所示。

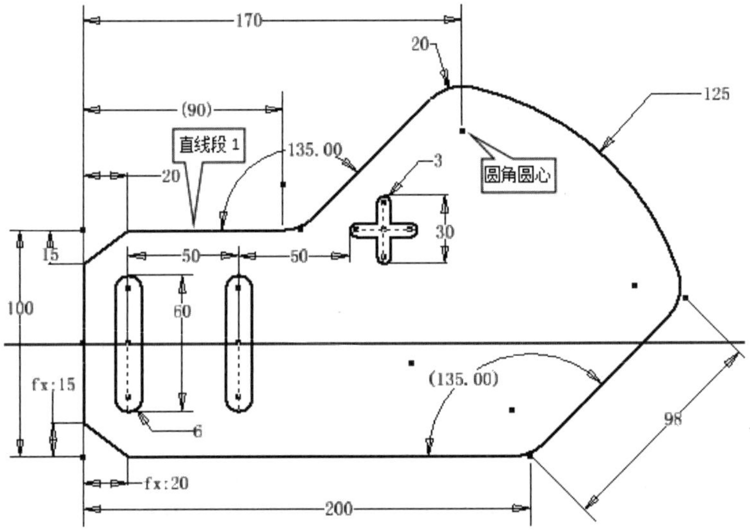

图 2-81　修剪槽

Step 13 绘制圆 单击“圆心圆”工具，捕捉图 2-81 中所示的圆角圆心，绘制圆，并利用“复制”工具将圆复制。给所有圆添加如下几何约束：所有圆等长约束，圆 1 与圆 2 竖直约束，圆 3、圆 4 与圆角圆心水平约束。最后按照如图 2-82 所示添加尺寸标注。

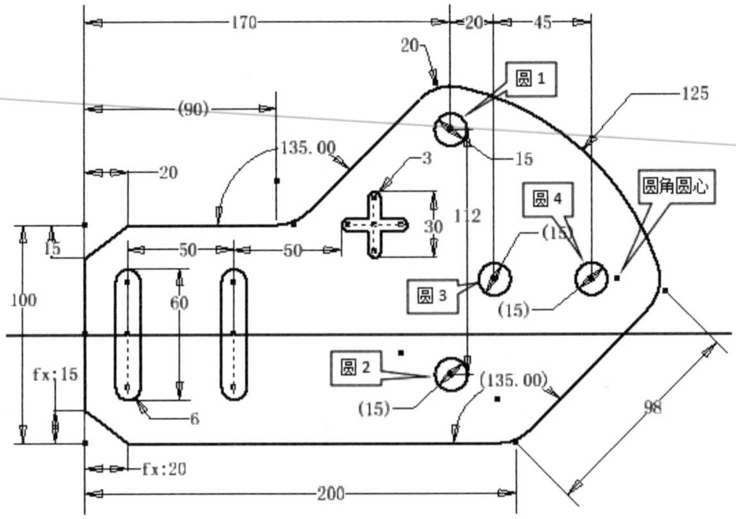

图 2-82　绘制圆

Step 14 保存文件　退出草图环境，将文件保存为“垫片.ipt”。

拓展练习 2-2

绘制如图 2-83 所示的图形。

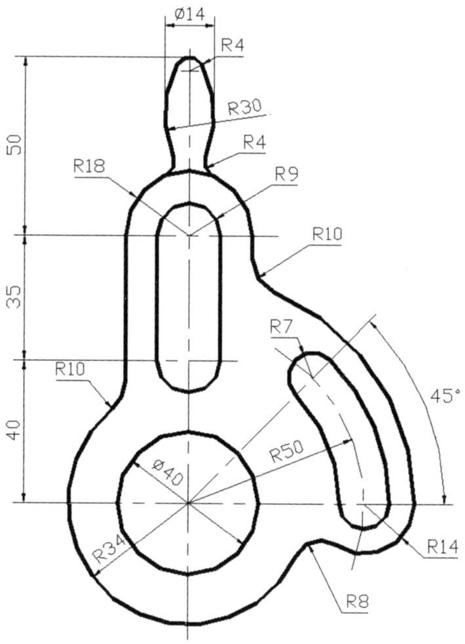

图 2-83　拓展练习 2-2

任务 3　手柄草图设计

学习目标

- 熟练应用多边形、椭圆、点、样条曲线等工具绘制图形
- 熟练应用分割、拉伸、镜像、阵列等工具编辑图形
- 熟练应用垂直、平滑等约束工具约束图形
- 熟悉构造线、中心线等格式工具的使用方法

任务导入

手柄草图如图 2-84 所示。绘制手柄草图过程中，需用到的新知识包含多边形、椭圆、点、样条曲线等创建工具；分割、镜像、阵列等修改工具；垂直、平滑等约束工具；构造线等格式工具。下面就来学习相关知识。

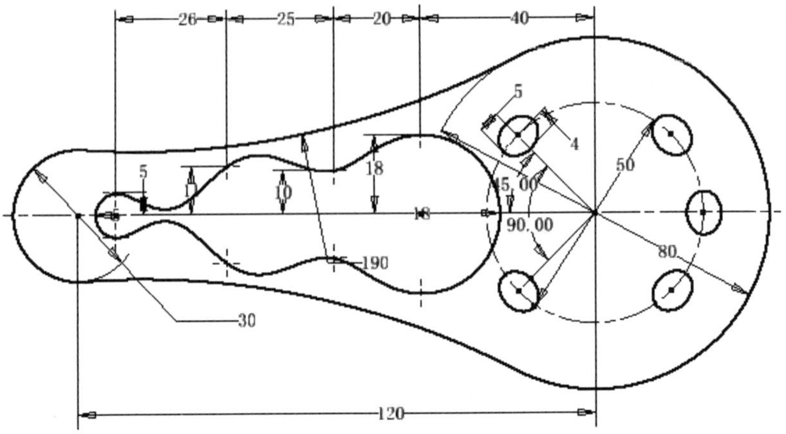

图 2-84 手柄草图

知识准备

1. 创建工具

（1）多边形工具 “多边形”工具的功能是根据给出的边数绘制内接或外切的正多边形。该工具位于“矩形”工具的下拉菜单中，如图 2-44 所示。单击“多边形”工具按钮后，在图形区指定第 1 个点作为正多边形的中心点，指定第 2 个点以确定正多边形的大小，如图 2-85 所示。

（a）内接多边形　　（b）外切多边形

图 2-85 “多边形”工具的使用方法

（2）样条曲线 样条曲线是通过指定一系列点来创建不规则曲线。单击“直线”工具按钮的下拉箭头，可弹出样条曲线工具菜单，如图 2-86 所示。样条曲线工具有两个，分别是“样条曲线控制顶点”工具和“样条曲线插值”工具。

① 样条曲线控制顶点 单击工具按钮后，先指定第 1 个点开始创建样条曲线，然后依次指定样条曲线所基于的控制顶点，如图 2-87 所示。双击鼠标完成当前样条曲线的创建，可通过拖动控制顶点或控制柄来调节样条曲线的形状，如图 2-88 所示。该工具一般用来导入图片轮廓的形状。

② 样条曲线插值 “样条曲线插值”工具与“样条曲线控制顶点”工具的区别就是前者控制点直接位于圆弧上，如图 2-89（a）所示。可通过拖动控制点来调节样条曲线的形状。选择样条曲线后，样条曲线的控制点上会出现控制柄，此时控制柄灰色显示，表示

没有激活，如图 2-89（b）所示。

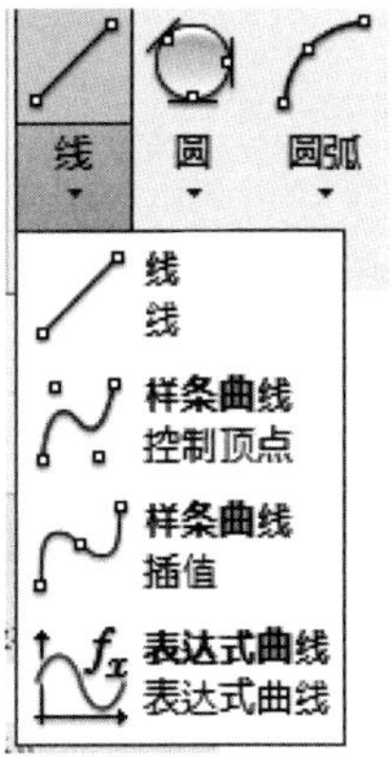

图 2-86　样条曲线工具

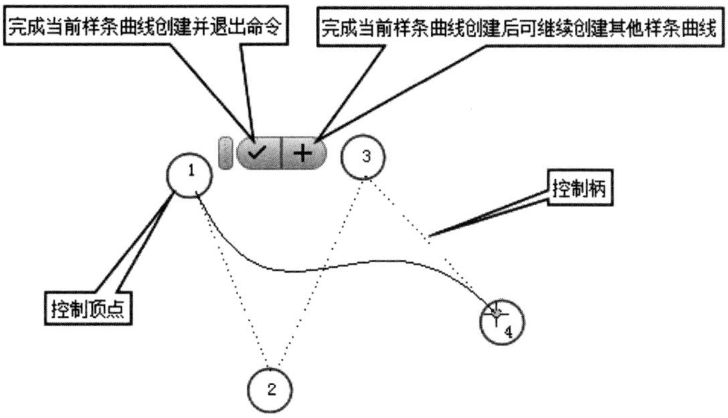

图 2-87　创建样条曲线

（a）通过控制点调节　　（b）通过控制柄调节

图 2-88　调节样条曲线形状

（a）控制点位于圆弧上　　（b）选择样条曲线后出现控制柄

图 2-89　“样条曲线插值”工具

若激活控制柄，只需要在相应的控制柄上单击鼠标右键，在弹出的右键菜单中选择“激活控制柄”选项，如图 2-90（a）所示。拖动激活的控制柄可以调节样条曲线的形状，如图 2-90（b）所示。该工具一般用于模型的曲线绘制，如可用于花瓶的草图绘制。

说明　前面两种样条曲线，通过右键菜单即可增加、删除控制点，来调整曲线形状，也可相互转换，这里不再赘述。

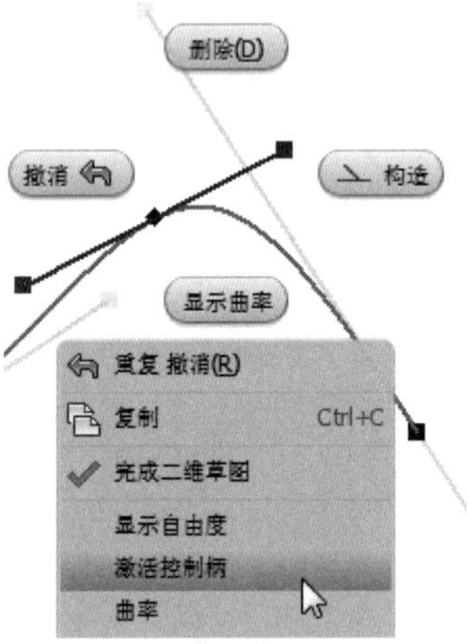

（a）“激活控制柄”选项

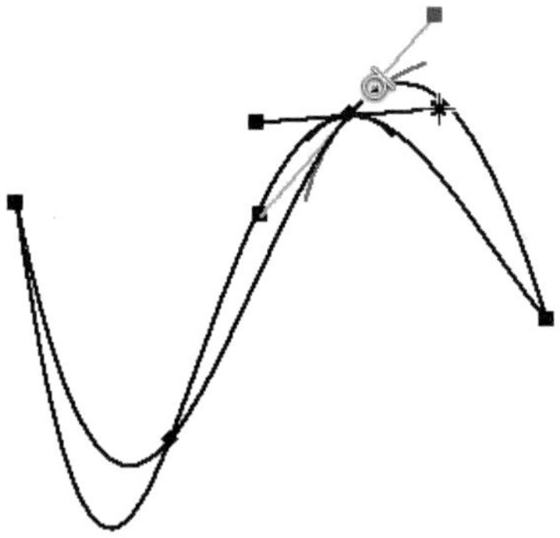

（b）通过控制柄调节样条曲线形状

图 2-90　调节样条曲线形状

（3）椭圆　“椭圆”工具默认位于“圆”工具的下拉菜单中（如图 2-47 所示）。单击“椭圆”工具按钮，在图形区依次单击以指定椭圆中心、椭圆一个轴的端点及椭圆上任一点，如图 2-91 所示。

（4）点　草图中的“点”工具常用于孔心的定位，或者在草图中起辅助定位作用，单击“点”工具按钮，可以在绘图区的任意位置创建点，如图 2-92 所示。

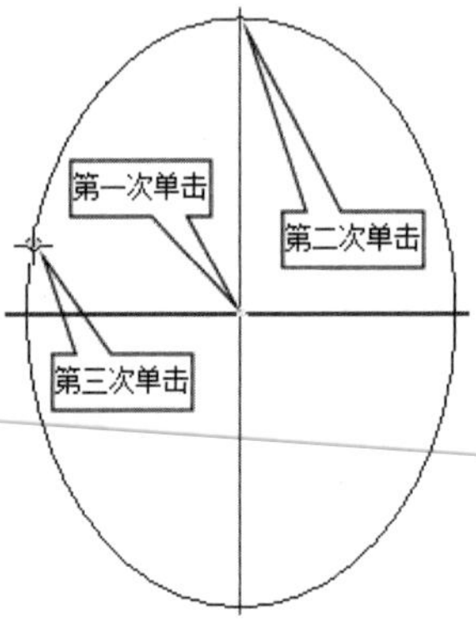

图 2-91　绘制椭圆

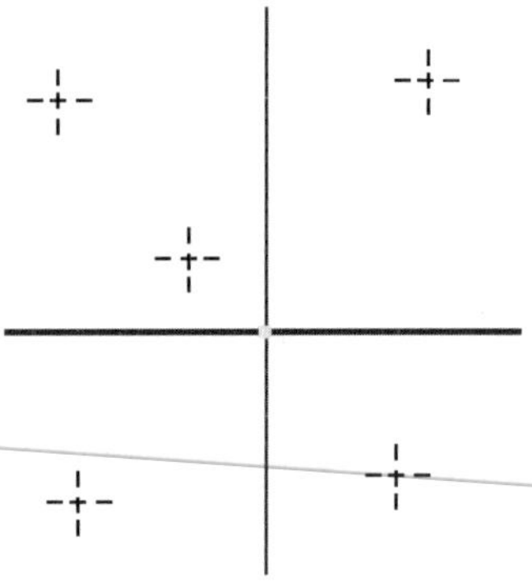

图 2-92　创建点

2．修改工具

（1）分割　“分割”工具可将几何图元在与其他几何图元的相交点处进行分割，单击“分割”工具按钮后，在欲分割的几何图元上停留光标来预览分割效果，然后单击，即可将选定的几何图元进行分割，如图 2-93 所示。

（2）拉伸　“拉伸”工具既可用来改变几何图元的形状，也可用来改变几何图元的位置。单击“拉伸”工具按钮，弹出“拉伸”窗口。当选择部分几何图元时，可改变几何图元的形状；当选择全部几何图元时，可用来改变几何图元的位置，如图 2-94 所示。

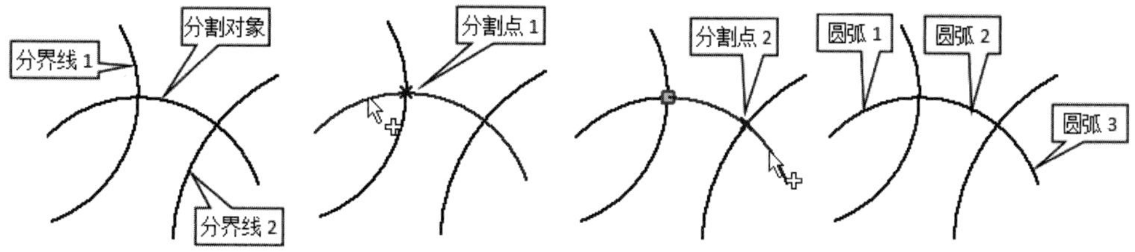

（a）分割前　（b）第 1 次分割　（c）第 2 次分割　（d）分割后

图 2-93　“分割”工具的使用

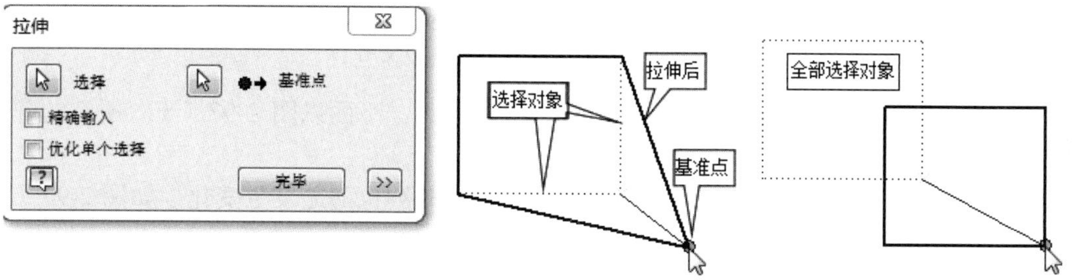

（a）“拉伸”窗口　（b）改变形状　（c）改变位置

图 2-94　“拉伸”工具的使用

3. 阵列工具

“草图”选项卡下的“阵列”工具面板上有“矩形阵列”“环形阵列”“镜像”3 种工具，如图 2-95 所示。

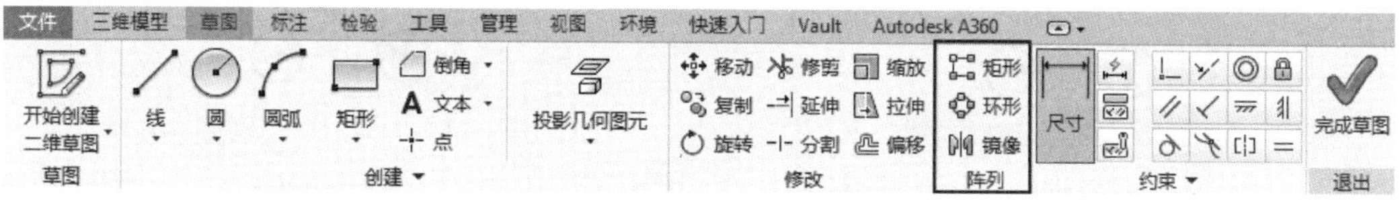

图 2-95　“阵列”工具面板

（1）矩形阵列　“矩形阵列”工具可复制选定的几何图元，并使它们按照指定的方向排列。单击“矩形阵列”工具按钮，打开“矩形阵列”窗口，如图 2-96（a）所示。然后执行以下操作完成阵列。

① 单击“几何图元”按钮，在图形区选择要阵列的几何图元。打开窗口后该项默认是选中的。

② 单击“方向 1”按钮，在图形区选择直线段以指定阵列的第 1 个方向，并在窗口中指定该方向上阵列的数量和间距。

③ 如果是二维阵列，再单击“方向 2”按钮，并指定该方向上阵列的数量和间距。

④ 单击窗口下方的“确定”按钮，即可完成矩形阵列的创建。在阵列过程中，若发现阵列方向不是所需要的方向，可以单击“反向”按钮，使阵列反向。

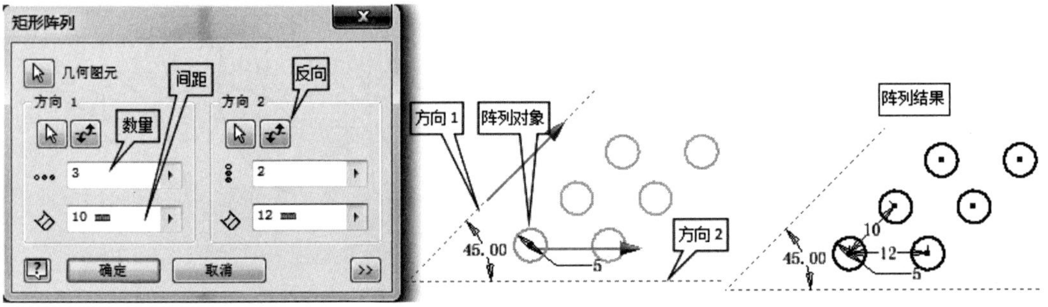

（a）“矩形阵列”窗口　　（b）矩形阵列应用

图 2-96　“矩形阵列”工具的使用

完成阵列后，阵列的各元素之间便会存在关联关系，下面以图 2-97（a）所示的阵列为例，介绍阵列元素之间的关联关系。

➢ 角度关系：当改变阵列方向之间的夹角时，阵列也随之发生变化，如图 2-97（b）所示。

➢ 大小关系：改变圆的大小，其他圆也随之发生改变，如图 2-97（c）所示。

➢ 间距关系：改变间距，例如，将间距由 10mm 改为 7mm，则该方向上所有的圆的间距都发生改变，如图 2-97（d）所示。

（a）矩形阵列　　（b）改变夹角

（c）改变大小　　（d）改变间距

图 2-97　矩形阵列关联关系

说明　在更改大小、间距的时候，只能更改与原阵列对象有关联的数据，其他阵列元素的数据因具有关联性而不能更改。

单击“矩形阵列”窗口右下角的双箭头图标»，将窗口展开，如图 2-98 所示。在展开的窗口中共有 3 个选项，分别介绍如下。

➢ 关联：该项默认是选中的。在阵列的时候，如果不勾选“关联”选项，那么前面介绍的关联关系将不复存在。

➢　抑制：该项表示将部分阵列元素去除，抑制的元素在草图中以虚线显示，退出草图环境后将不显示，如图 2-99 所示。

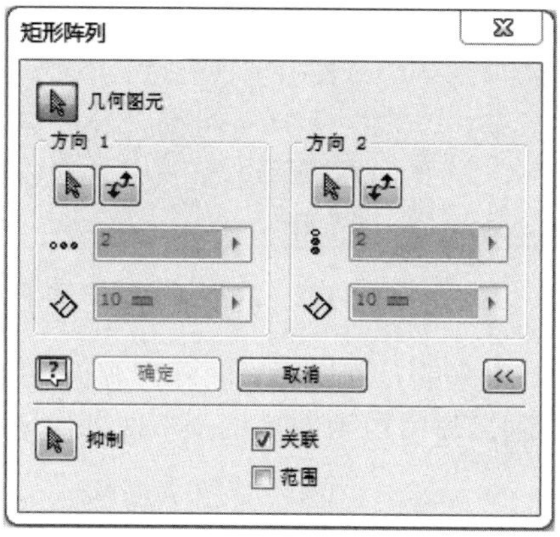

图 2-98　展开“矩形阵列”窗口

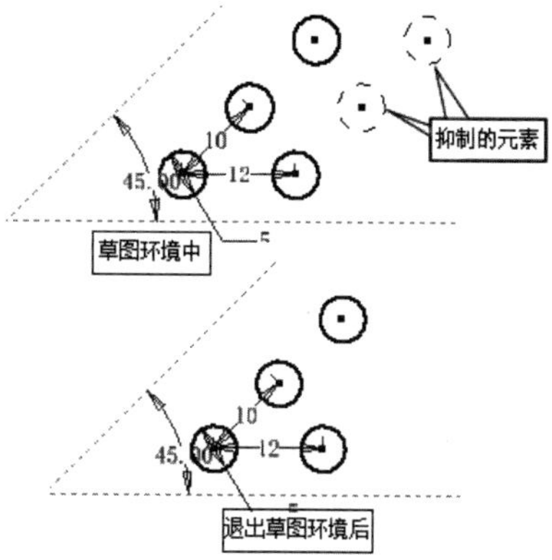

图 2-99　抑制阵列元素

➢　范围：该项勾选后，在窗口中输入的距离不再是阵列元素之间的间距，而是阵列对象与阵列方向上最后一个元素之间的距离，如图 2-100 所示。

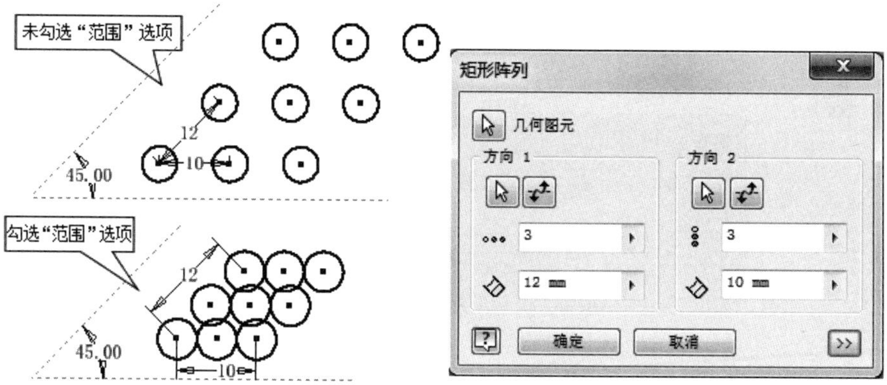

图 2-100　“范围”选项应用比较

（2）环形阵列　“环形阵列”工具可复制选定的几何图元，并使它们以环形方式排列。单击“环形阵列”工具按钮，打开“环形阵列”窗口。单击窗口右下角的双箭头，将其展开，可发现“范围”“关联”两个选项默认都是选中的，如图 2-101 所示。

当旋转角度不是 360° 时，若阵列方向不是所需要的方向，也可以通过“反向”按钮改变阵列方向。环形阵列的操作及关联关系与矩形阵列的相似，这里不再赘述。

（3）编辑阵列　阵列完成后有时需要编辑，可以通过选中部分阵列元素，单击鼠标右键，在弹出的右键菜单中有“删除阵列”“抑制元素”和“编辑阵列”3 个选项，选择相应选项即可进行编辑，如图 2-102 所示。

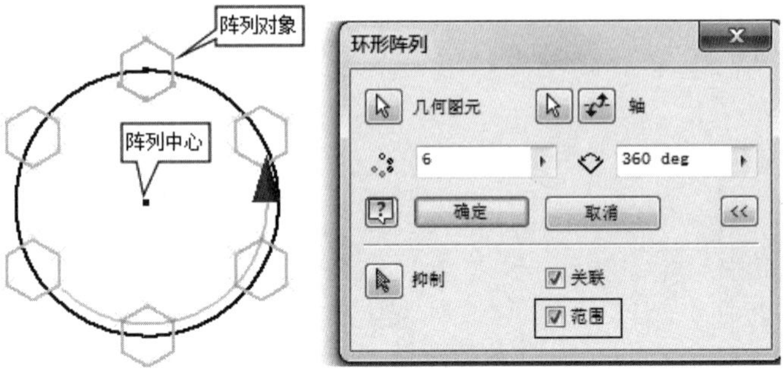

图 2-101 “环形阵列”窗口

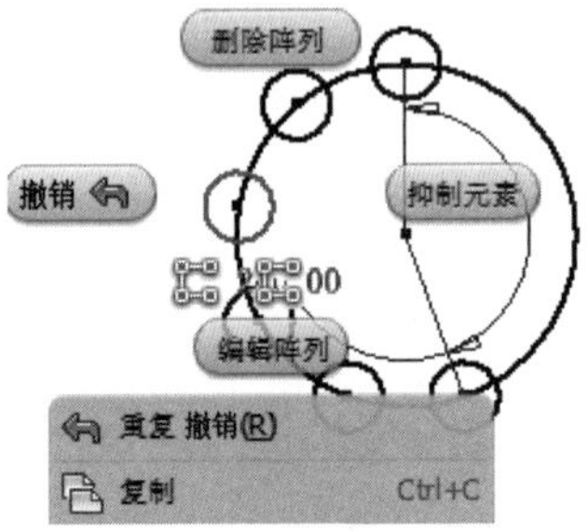

图 2-102 阵列元素的右键菜单

➢ 若选择“删除阵列”选项，只删除阵列中复制出来的几何图元，而阵列源仍将保留。

➢ 若选择“抑制元素”选项，选中的部分被抑制，与窗口中的“抑制”选项使用方法一样。

➢ 若选择“编辑阵列”选项，则再次弹出阵列窗口，可以在窗口中重新定义阵列。

（4）镜像 “镜像”是以所选直线为对称轴，对称复制所选的草图几何图元。单击“阵列”工具面板上的“镜像”工具按钮，打开“镜像”窗口，执行以下操作完成镜像。

在图形区选择要镜像的几何图元；单击窗口中的“镜像线”按钮；在图形区选择镜像线；单击“应用”按钮，完成镜像操作，结果如图 2-103 所示。单击“完毕”按钮，关闭窗口。

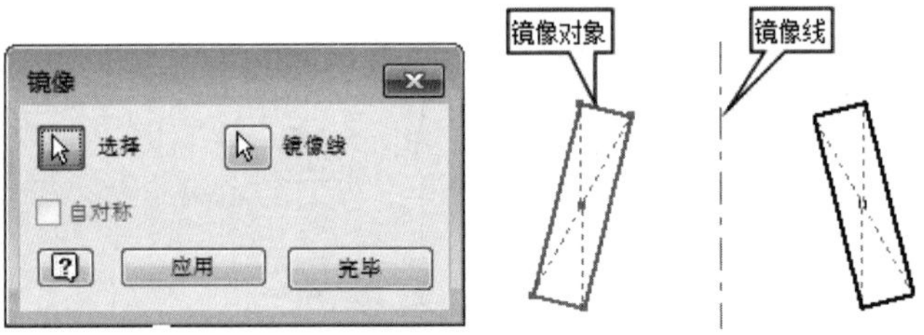

图 2-103 镜像

当要镜像的几何图元是样条曲线且跟镜像线相交时，窗口中的“自对称”选项才能被激活。此时如果勾选“自对称”选项，镜像后的样条曲线与原样条曲线就会组合成一条样条曲线，如图 2-104 所示。

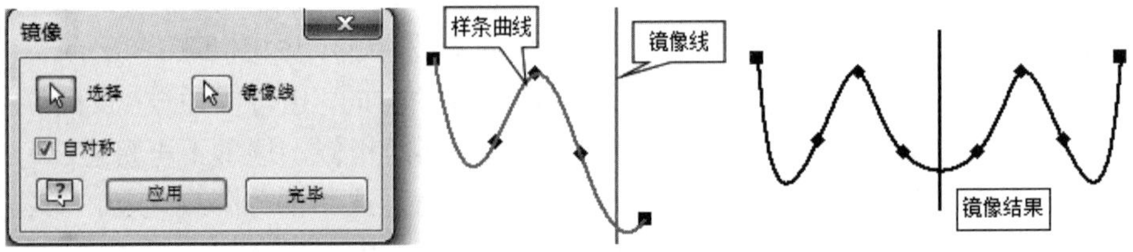

图 2-104 “自对称”选项的使用

镜像的关联关系与阵列的不同的是：镜像只要改变任一个几何图元，另一个就跟着变化。例如在图 2-103 中，改变镜像线右侧几何图元的形状时，镜像对象也随之发生变化。

4．约束工具

（1）垂直约束　“垂直约束”工具可使选定的两个线性几何图元相互垂直。单击“垂直约束”工具按钮 后，在图形区依次单击将要应用垂直约束的两个对象，二者将垂直，如图 2-105 所示。

（2）平滑约束　“平滑约束”工具可以通过调整样条曲线的曲率，使整个曲线过渡更平滑。单击“平滑约束”工具按钮 ，在图形区先单击要应用平滑约束的曲线或样条曲线，然后单击相邻的曲线或样条曲线，即可将曲率连续条件应用到样条曲线，如图 2-106 所示。

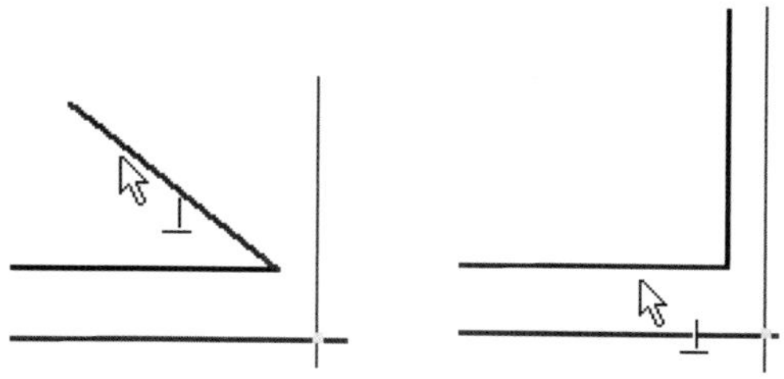

（a）垂直约束前　（b）垂直约束后

图 2-105　垂直约束

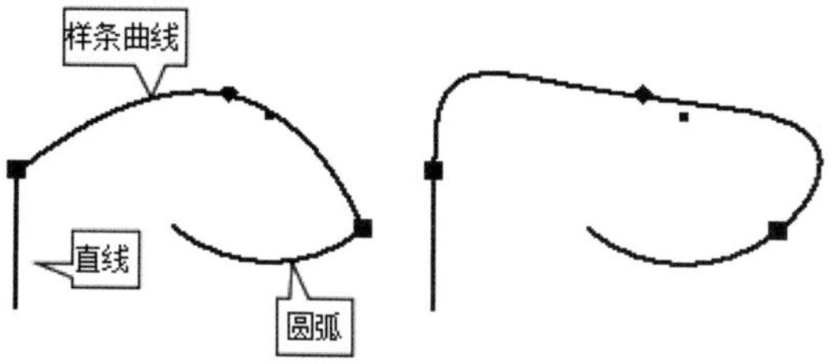

（a）平滑约束前　（b）平滑约束后

图 2-106　平滑约束

（3）显示约束　该工具可用来显示选定几何图元的约束信息。单击“显示”工具按钮后，当鼠标悬停于几何图元上时，几何图元的约束信息预览显示，如图 2-107（a）所示。单击鼠标后，选定的几何图元即显示约束信息，如图 2-107（b）所示。

（a）预览显示　（b）显示选定几何图元的约束信息

图 2-107　显示约束

另外，也可以通过状态栏上的“显示/隐藏所有约束”工具按钮 ，来控制所有几何图元的约束的可见性；同样通过右键菜单，既可控制约束的可见性，也可对约束进行编辑，如图 2-108 所示。

（4）约束设置　该工具可用来设置草图约束及尺寸标注的显示、创建等操作。单击“约束设置”工具按钮，弹出“约束设置”窗口，如图 2-109 所示。窗口中有“常规”“推断”“放宽模式”3 个选项卡，可分别对约束进行设置，这里读者可自行设置，不做详细介绍。

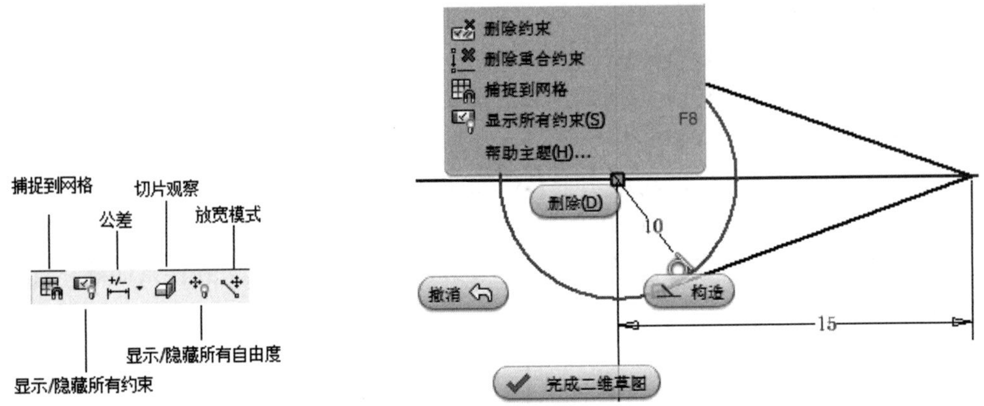

（a）显示\隐藏所有约束工具位置　　（b）通过右键菜单控制约束可见性或编辑约束

图 2-108　所有约束的可见性控制

图 2-109　“约束设置”窗口

5. 格式工具

格式工具面板如图 2-110 所示。上一任务中，已经学习了该工具面板上的“联动尺寸”工具，下面来学习一下其他工具按钮的使用。

（1）构造 构造几何图元的样式为“点线”，是用作定位或参考，而不参与实体造型的草图元素，如图 2-111 所示。因此在草图中不参与创建特征的几何图元，尽可能地设置为构造几何图元。

若未选中几何图元时，单击“构造”工具按钮，此后绘制的几何图元均为构造线。

若选中几何图元，单击“构造”工具按钮或通过右键菜单均可将几何图元在构造线和其他格式之间进行转换。

（2）中心线 中心线的样式为“点画线”，常用作几何图元的对称线、中心轴。在几何图元和中心线之间进行标注时，一般以线性对称形式进行标注，如图 2-112 所示。“中心线”工具的使用与“构造线”工具的使用方法一样，不再赘述。

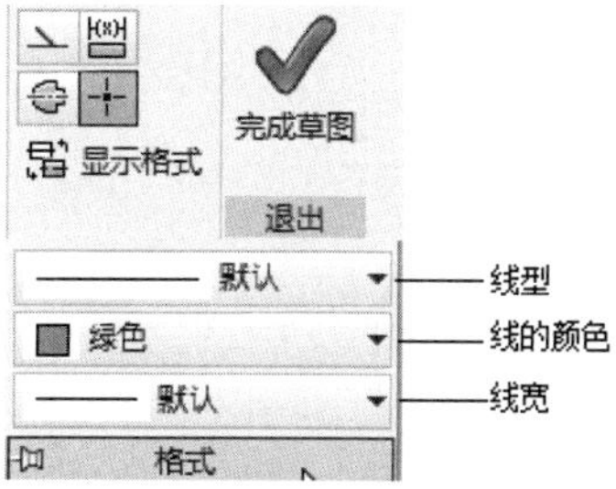

图 2-110　“格式”工具面板

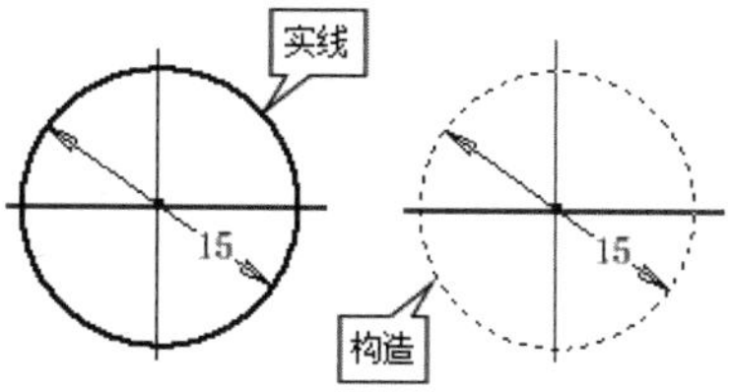

图 2-111　构造几何图元

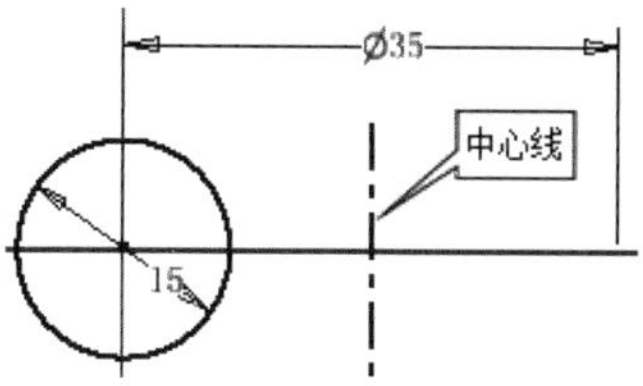

图 2-112　中心标注

（3）中心点 “中心点”工具可在草图点和中心点之间进行模式切换。中心点显示为十字光标样式。在创建孔特征时，中心点可自动用作孔的位置，如图 2-113 所示。

（4）显示格式 该工具可使得几何图元在默认的草图特性设置跟用户定义的草图特性设置之间进行切换显示，如图 2-114 所示。

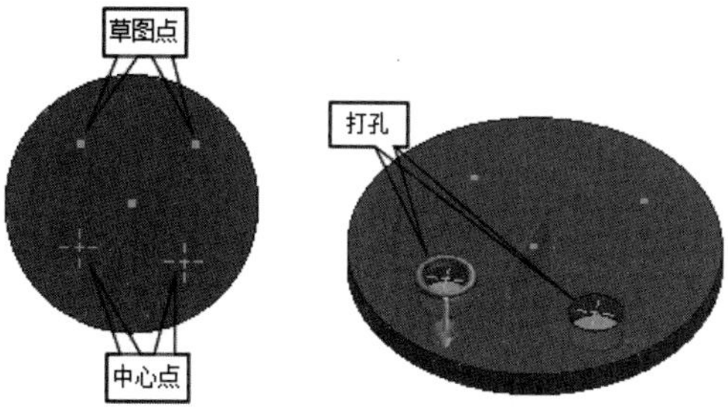

图 2-113　点的样式

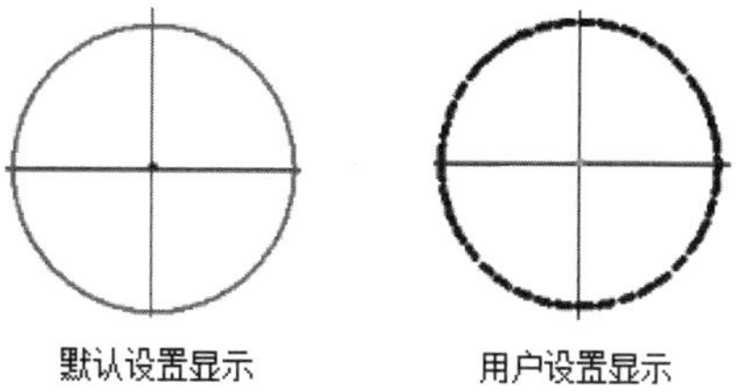

图 2-114　显示格式

（5）特性设置　单击“格式”工具面板上的下拉箭头，可对选定几何图元的线型、颜色、线宽等格式进行设置。或者通过右键菜单进行设置，如图 2-115 所示。读者可自行进行设置，这里不再赘述。

（a）右键菜单　　（b）“几何图元特性”窗口

图 2-115　通过右键菜单进行草图特性设置

任务流程

任务流程如图 2-116 所示。

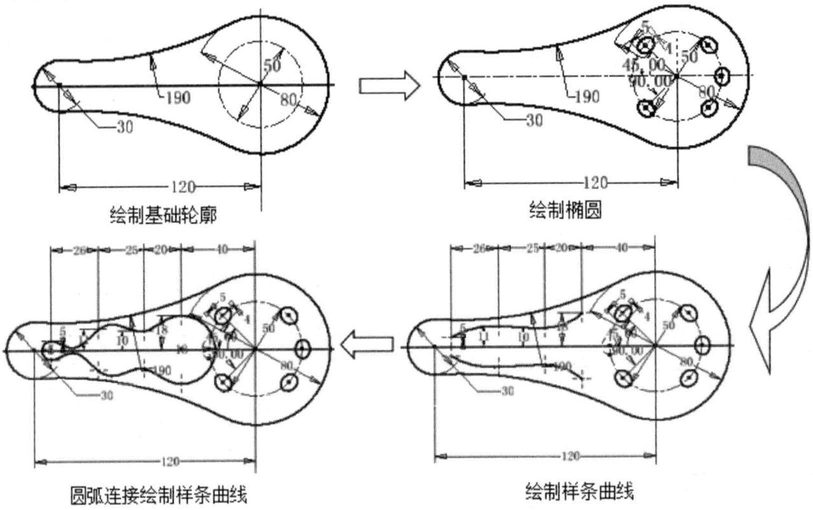

图 2-116　任务流程

任务实施

Step 01 新建文件　新建零件文件并自动进入草图环境。

Step 02 绘制圆　绘制如图 2-117 所示的 2 个圆，将两个圆的圆心水平对齐。

Step 03 绘制中心线　绘制如图 2-118 所示的中心线。

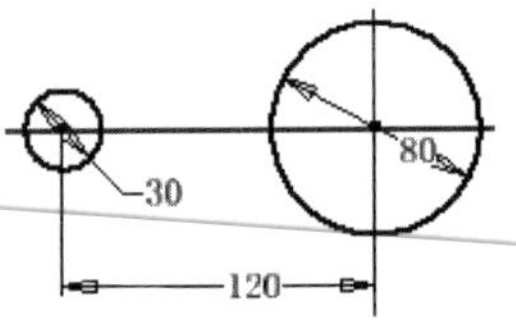

图 2-117　绘制圆

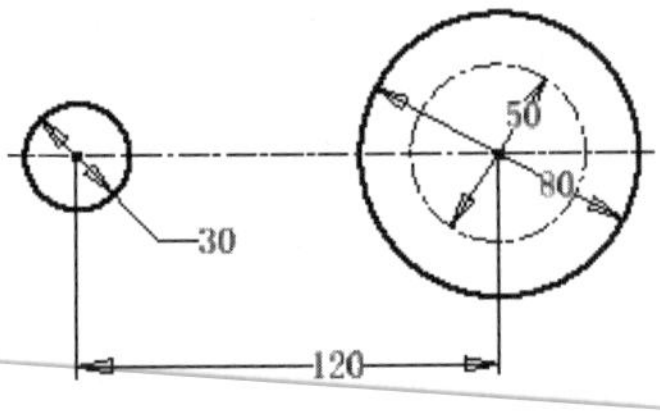

图 2-118　绘制中心线

Step 04 绘制圆弧　绘制如图 2-119（a）所示的圆弧，将圆弧与圆相切约束，并修剪部分几何图元，如图 2-119（b）所示。

（a）绘制圆弧　　　　（b）修剪几何图元

图 2-119　绘制圆弧

Step 05 绘制构造线　绘制构造线直线 1、直线 2，并将两条直线作如下约束：将直线 1、直线 2 垂直约束；将两条直线的交点放置于直径为 50mm 的圆上；直线 1 过原点；直线 1 与水平中心线呈角度 45°；直线 1 的长度为 4mm；直线 2 的长度为 5mm，如图 2-120 所示。

Step 06 绘制椭圆　以上一步绘制的构造线为椭圆的长、短半轴绘制椭圆，如图 2-121 所示。

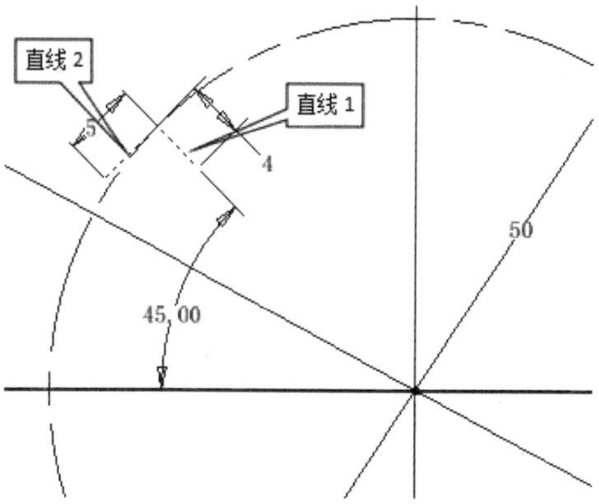

图 2-120　绘制构造线

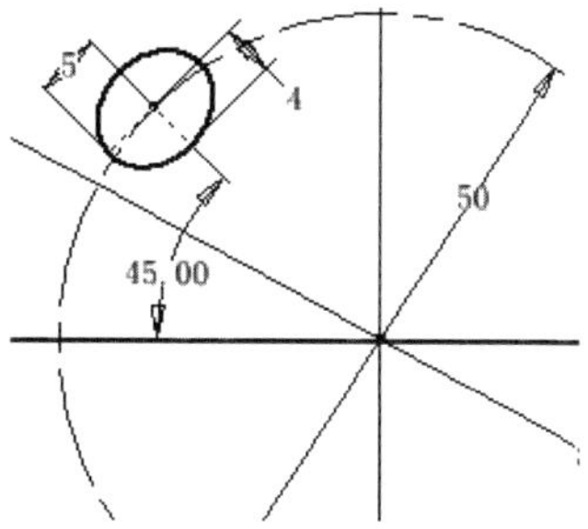

图 2-121　绘制椭圆

Step 07 环形阵列　将上一步绘制的椭圆进行环形阵列，阵列个数为 3、角度为 90°，如图 2-122 所示。

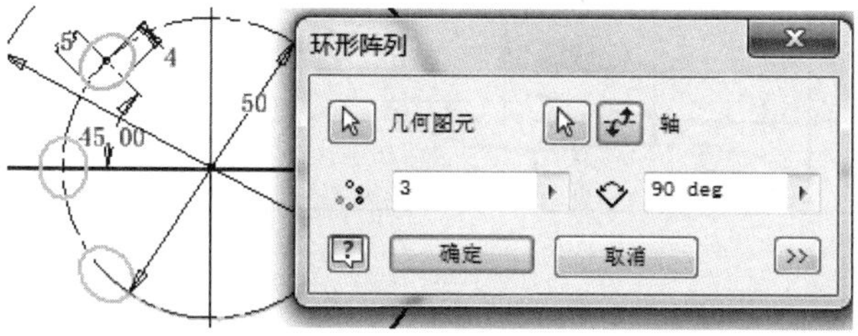

图 2-122　环形阵列

Step 08 镜像椭圆　首先过原点绘制一条垂直辅助线，然后将上一步阵列的椭圆进行镜像，如图 2-123 所示。将图 2-123 所示的椭圆 2 抑制，结果如图 2-124 所示。

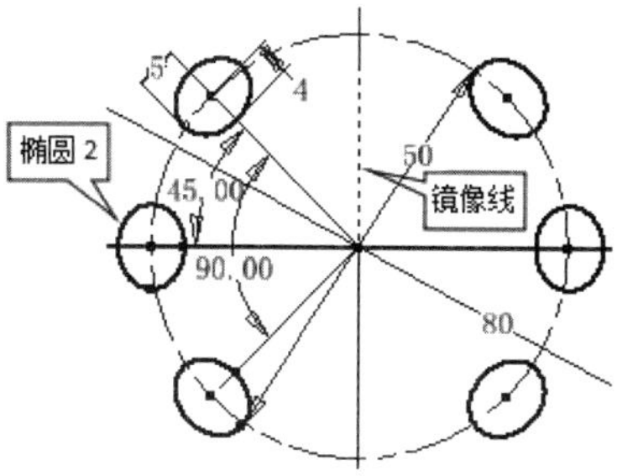

图 2-123　镜像椭圆

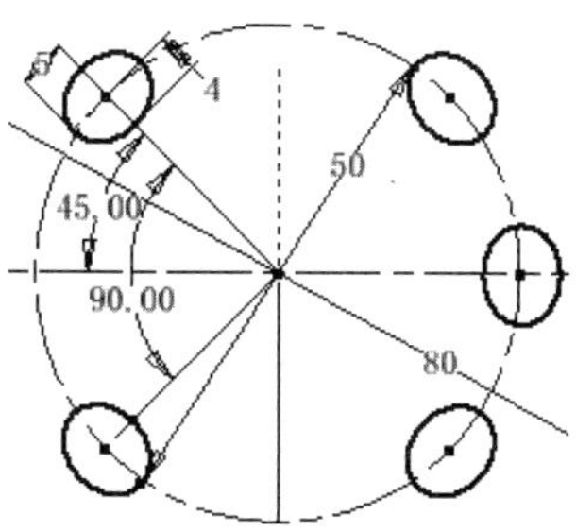

图 2-124　抑制阵列元素

Step 09 绘制点 绘制如图 2-125 所示的 4 个草图点，如图 2-125 所示。

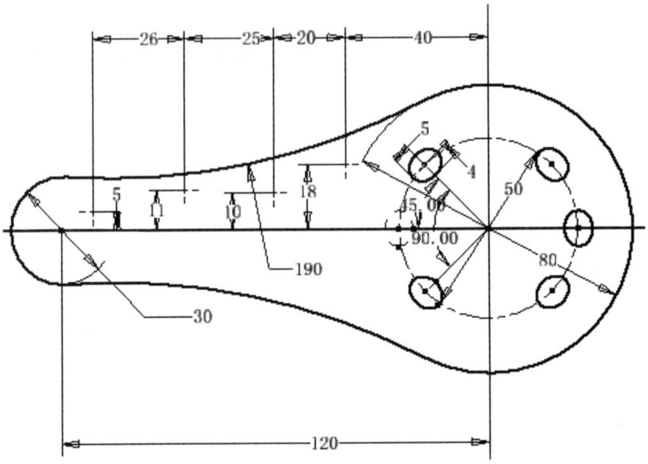

图 2-125 绘制草图点

Step 10 绘制样条曲线 利用“样条曲线插值”工具，连接上一步绘制的 4 个草图点，如图 2-126 所示。

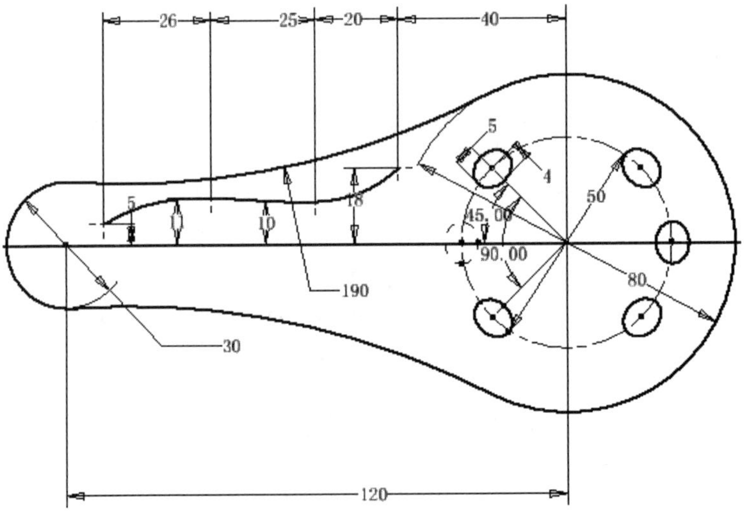

图 2-126 绘制样条曲线

Step 11 镜像样条曲线 以水平中心线为镜像线，将上一步绘制的样条曲线镜像，如图 2-127 所示。

Step 12 绘制圆弧 利用圆弧工具，连接样条曲线的两个端点。将样条曲线与圆弧之间添加平滑约束，如图 2-128 所示。

Step 13 保存文件 退出草图环境，将文件保存为“手柄.ipt”。

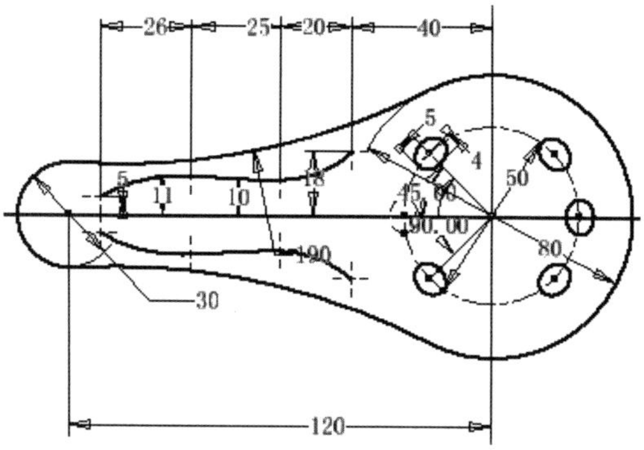

图 2-127　镜像样条曲线

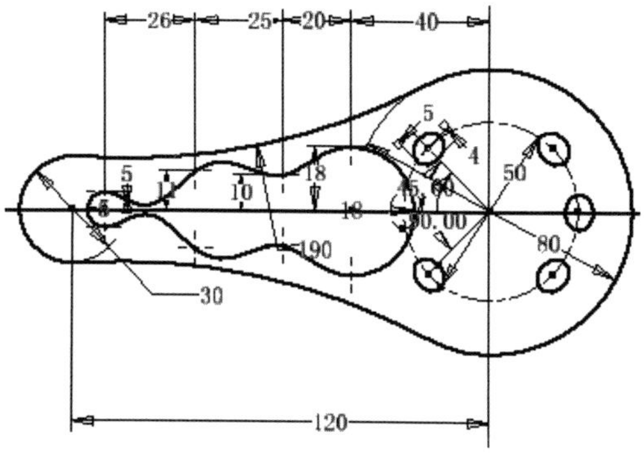

图 2-128　绘制圆弧

拓展练习 2-3

绘制如图 2-129 所示的图形。

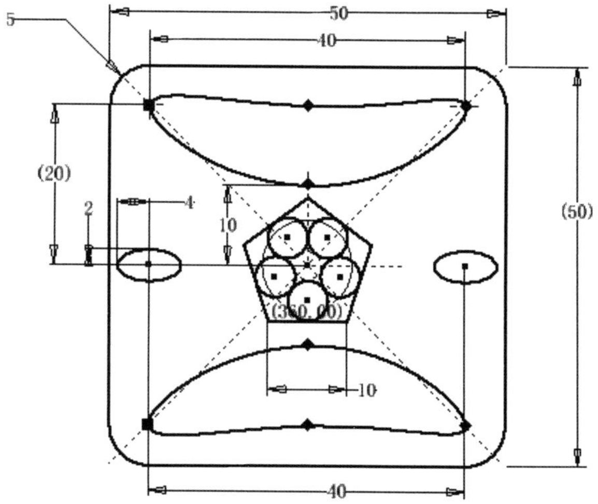

图 2-129　拓展练习 2-3

任务 4　轮盘草图设计

学习目标

- 熟练应用文本工具创建文本
- 熟练应用对称、固定等约束工具约束图形
- 熟悉表达式曲线工具、草图块工具、精确输入工具、参数工具的应用

任务导入

轮盘草图如图 2-130 所示。

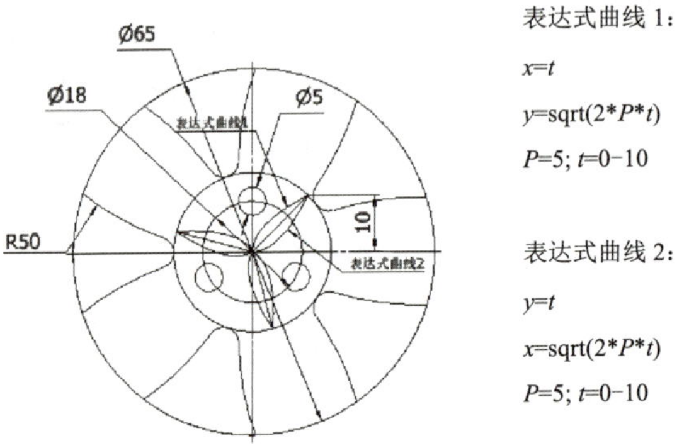

图 2-130　轮盘草图

在该草图的设计过程中，用到的新知识包含了表达式曲线、文本、草图块等创建工具；对称、固定等约束工具。下面就来学习相关知识。

知识准备

1．创建工具

（1）表达式曲线　“表达式曲线”工具可通过指定坐标系、表达式、取值范围来绘制比较精确的曲线。“表达式曲线”工具位于“线”工具的下拉菜单中（如图 2-86 所示）。这里以图 2-131 所示表达式曲线为例，介绍“表达式曲线”工具的使用。

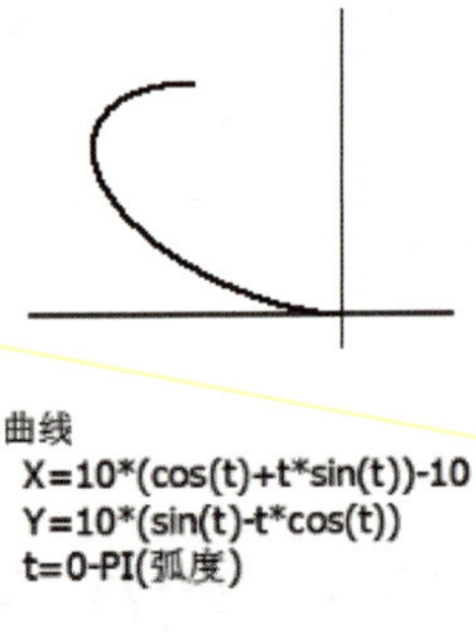

图 2-131　表达式曲线应用

单击“表达式曲线”工具按钮 ，弹出表达式曲线小工具栏，在文本框中输入相应的表达式，如图 2-132 所示。在这里会发现绘制的表达式曲线与所给的曲线相差甚远，原因是在 Inventor 中默认的角度单位是“deg”，而图样提供的角度单位是“rad”，因此还需要修改角度单位。勾选“显示单位”复选项，将表达式文本框中“deg”修改为“rad”，如图 2-133 所示。表达式曲线绘制完成后，若想修改，只需在表达式曲线的右键菜单中，选择“编辑表达式曲线”选项即可。

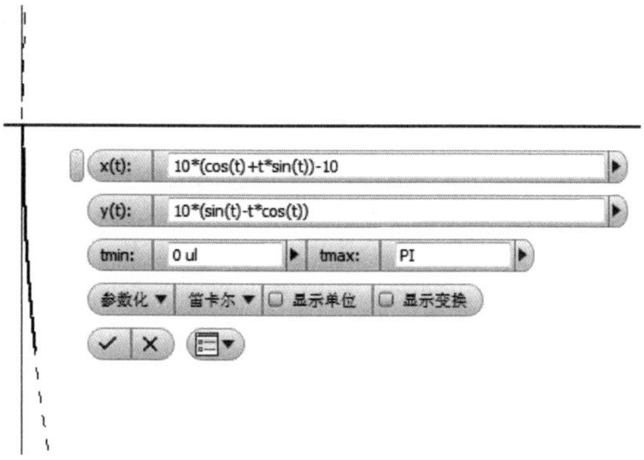

图 2-132　表达式曲线小工具栏

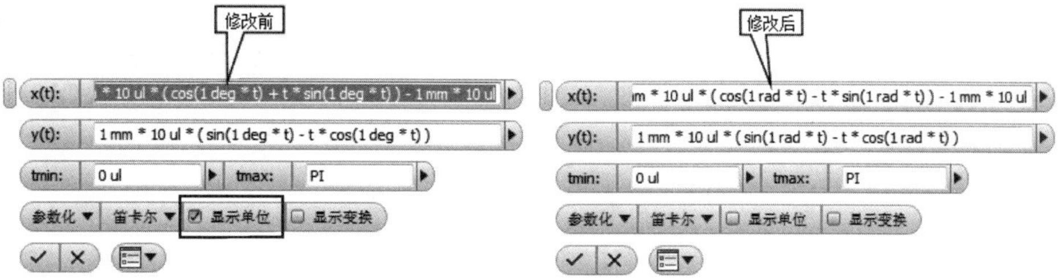

图 2-133　修改角度单位

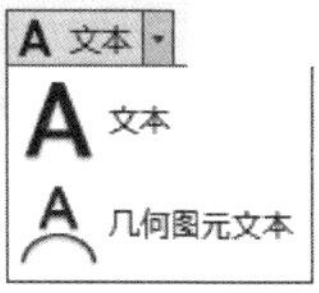

图 2-134　文本工具

（2）文本　“文本”工具有“文本”和“几何图元文本”工具两种，如图 2-134 所示。

① 文本**A**　单击“文本”工具按钮，在图形区拖动光标绘制文本框，然后在弹出的“文本格式”窗口中输入需要的文本内容，并进行相应的设置，完成后单击“确定”按钮，即可完成文本创建，如图 2-135 所示。

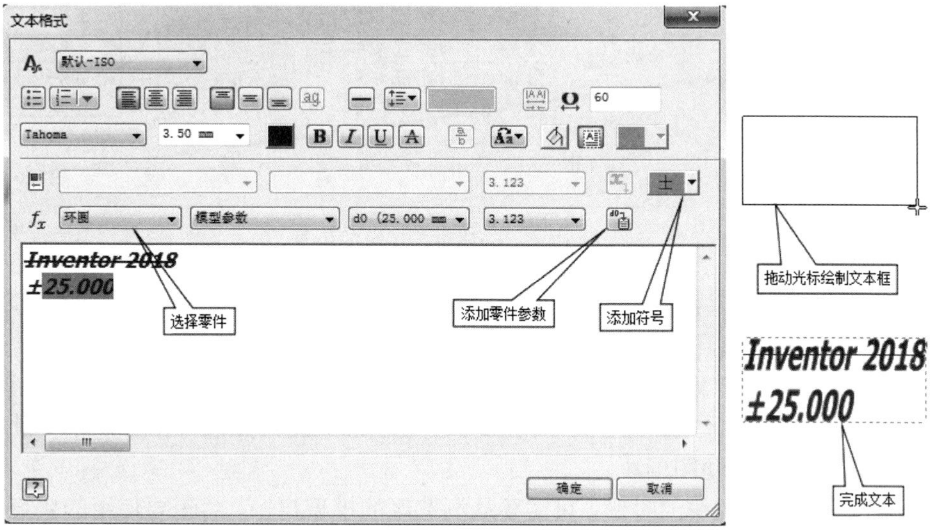

图 2-135　创建文本

② 几何图元文本 单击“几何图元文本”工具按钮，选择文本依附的几何图元，然后在弹出的“几何图元文本”窗口中进行相应设置。例如可通过设置起始角度、偏移距离来调节文本与几何图元的位置，如图 2-136 所示。

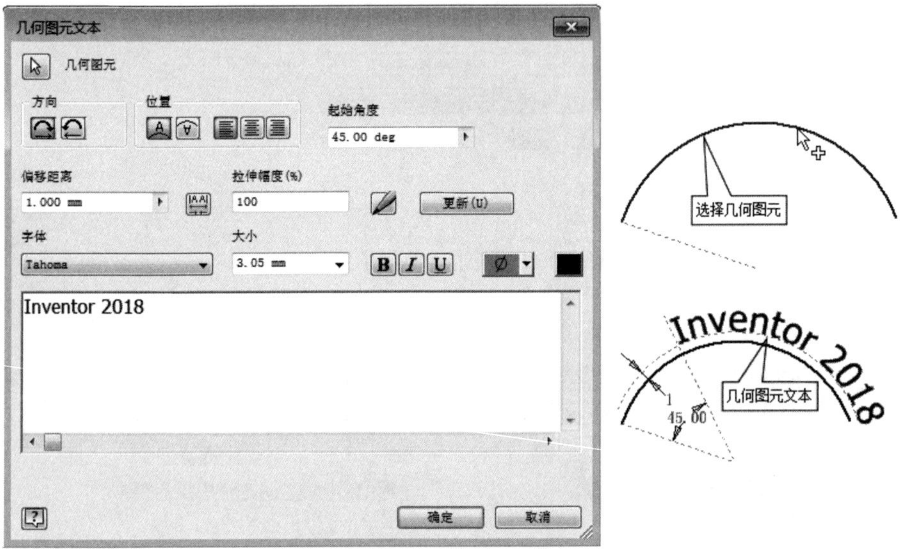

图 2-136　创建几何图元文本

（3）草图块　在 Inventor 的草图中，对于需要重复使用的图形，可以将其创建为块，在草图的其他地方，或者在其他草图内，以块的形式来引用这些图形。如果在一个地方修改了块的图形，那么其他地方具有相同块名称的图形也随之发生改变。

① 创建块 在“布局”工具面板上和“创建”工具面板上都提供了“创建块”工具，如图 2-137 所示。现以图 2-138 所示的块为例，举例说明创建块的操作步骤。

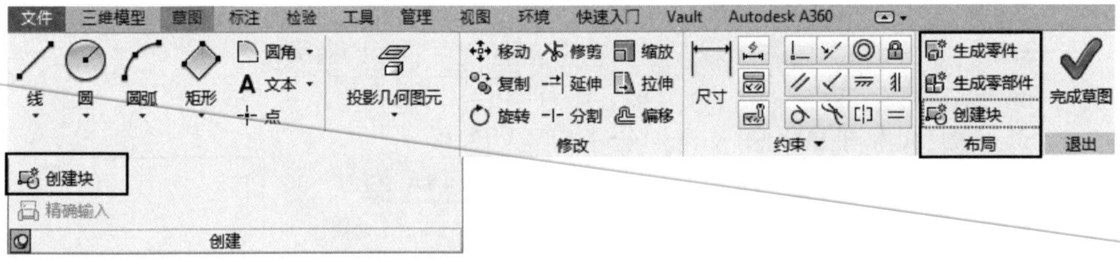

图 2-137　“创建块”工具的位置

单击“创建块”工具按钮，弹出“创建块”窗口；在图形区直接选择要创建块的图形；单击窗口中“插入点”选项的“选择”按钮；捕捉图形中的一个点作为块的插入点；在窗口中的“块名称”文本框中输入块的名称；最后单击“确定”按钮，完成块的创建并关闭窗口。

块创建后，在浏览区的模型树中，增加了一个块的数据，如图 2-139 所示。此时拖动图形上任意一点即可移动图形块。

② 块的使用　使用块的时候，只需要从浏览区的模型树中，将需要使用的块直接拖曳到草图内即可。该块在零件内的任意一个草图都可使用，如图 2-140 所示。

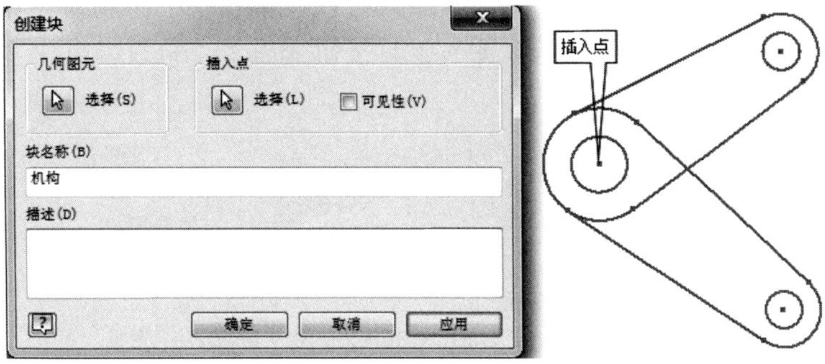

图 2-138　创建块

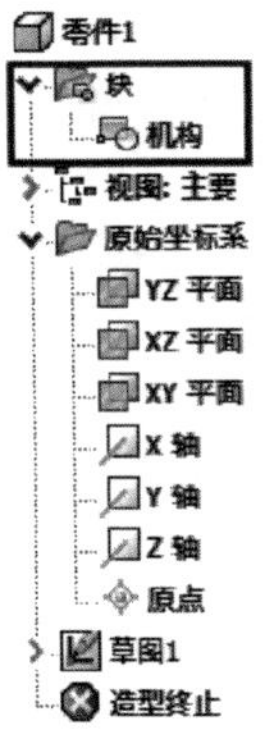

图 2-139　模型树中显示块

③ 块的编辑　块的编辑既可以在草图环境中进行，也可以不进入草图环境直接进行编辑。二者的操作方法一致，下面以前者为例进行介绍。在需要编辑的块的图形上，单击鼠标右键，弹出右键菜单，如图 2-141 所示。

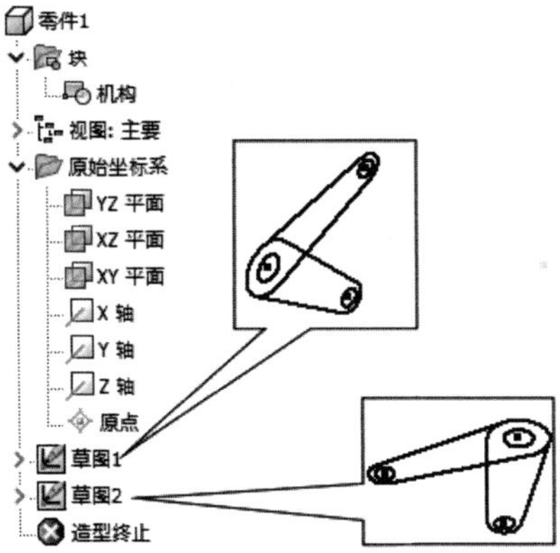

图 2-140　使用块

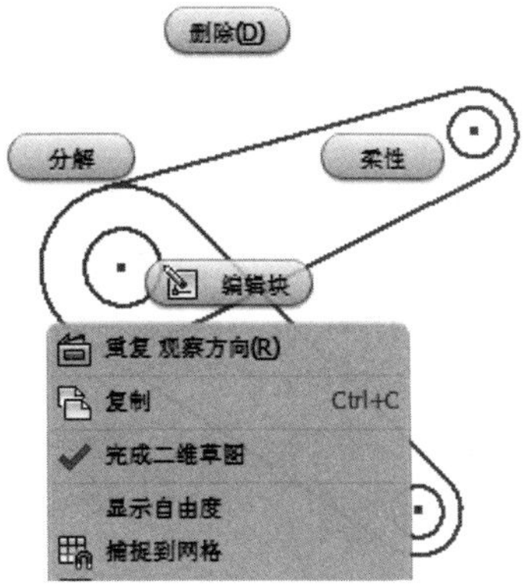

图 2-141　右键菜单

➢　若选择“分解”选项，可将当前草图中的块进行分解，分解后的图形不再作为一个整体。而且在浏览区的模型树中，“草图 1”中的图形，也不再以块的形式存在，而在其他草图中使用的该草图块，仍然以块的形式存在，如图 2-142 所示。

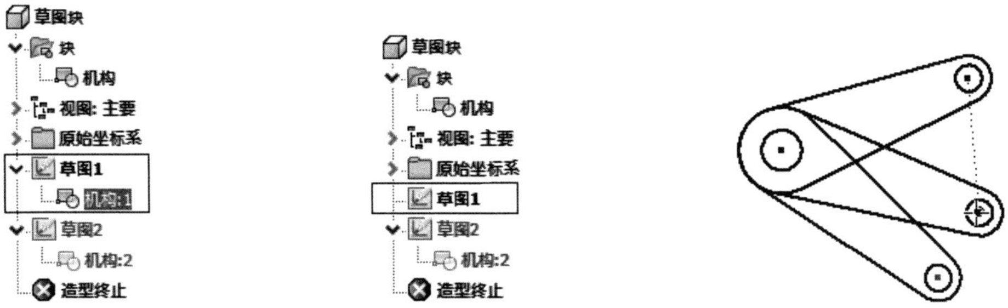

（a）分解前模型树的显示　（b）分解后模型树的显示　（c）分解后的图形

图 2-142　分解块

➢ 若选择“删除”选项，则将当前草图中的块删除。

➢ 若选择“编辑块”选项，则进入草图块的编辑状态，可以在草图块中添加或删除几何图元。此时“退出”工具面板上的“结束二维草图”工具按钮变成了“结束编辑块”工具按钮，如图 2-143 所示。

（a）草图环境中的“退出”工具面板　　（b）块编辑状态时的“退出”工具面板

图 2-143　“退出”工具面板比较

（4）精确输入 该工具必须在执行直线、圆等创建工作后，才处于激活状态。例如执行“圆”工具后，单击“精确输入”工具，弹出“精确输入”工具栏。在该工具栏中，有四种精确输入方式可供选择，如图 2-144 所示。若选择“通过输入 X、Y 值来指示点的位置”选项，在坐标文本框中输入圆心的坐标值，然后按回车键确认，即可指定圆心的精确位置。

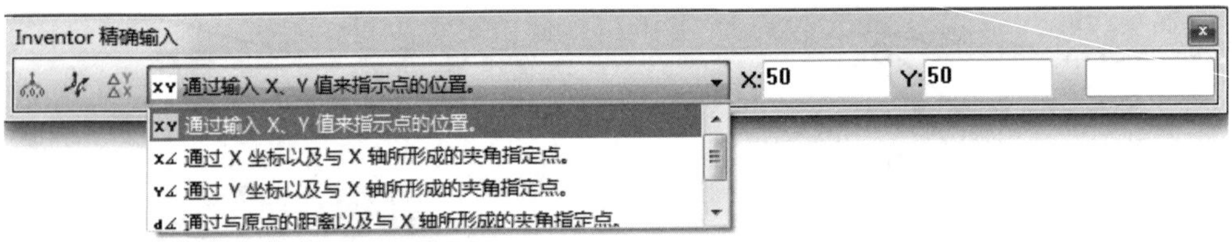

图 2-144　“精确输入”工具栏

2. 约束工具

（1）同心约束 ◎　“同心约束”工具可使两个圆弧、圆或者椭圆具有同一圆心。执行“同心约束”工具后，在图形区内先选择第 1 个对象，如圆、圆弧或者椭圆，然后再选择第 2 个对象，单击后二者将同心，如图 2-145 所示。

（2）对称约束 [¦]　“对称约束”工具可使选定的两个对象以选定的直线为对称轴对称分布。执行“对称约束”工具后，在图形区先选择将要应用对称约束的两个对象，再选择对称直线，如图 2-146 所示。

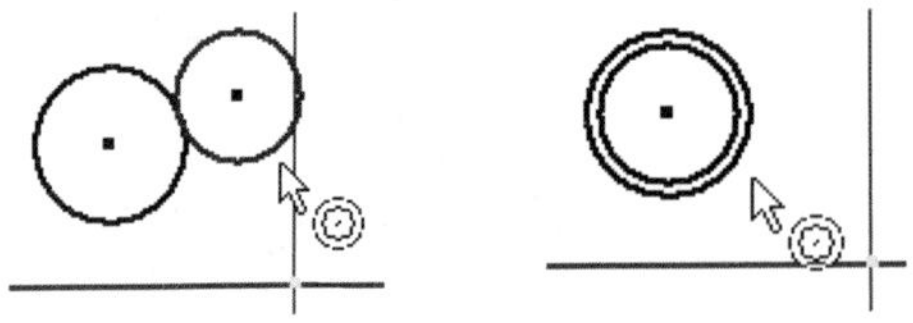

（a）同心约束前　　（b）同心约束后

图 2-145　同心约束

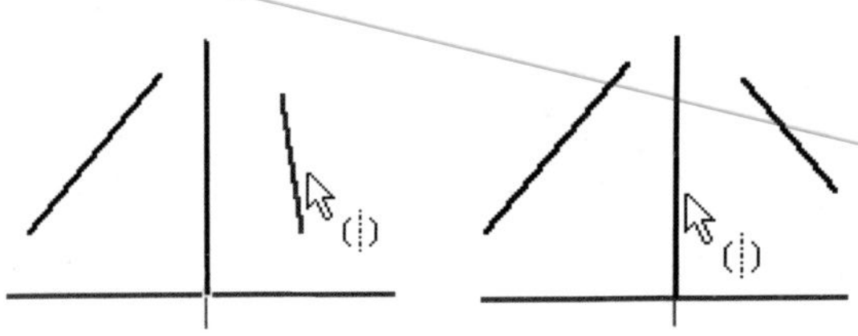

（a）对称约束前　　（b）对称约束后

图 2-146　对称约束

说明　这里的对称约束要区别于前面介绍的镜像工具，使用镜像工具得到的对称图形是关于镜像线对称，并且图形的形状完全一致。而使用对称约束的两个图形的形状可以不一致。

（3）固定约束 🔒 “固定约束”工具可以将点或者曲线固定在草图坐标系的某一位置。固定的几何图元以完全约束的颜色存在。

3. 参数工具

参数化设计是 Inventor 的一大特色。前面在介绍直线工具时，曾提到在绘制固定长度的直线时，既可以直接输入数值，也可输入表达式。表达式中既可以采用数学运算符号，也可以采用其他参数的名称。当采用其他参数名称时，实际上就实现了两个参数的关联。

“参数”工具位于“参数”工具面板上，零件环境下和草图环境下均有“参数”工具面板，如图 2-147 所示。单击“参数”工具按钮 f_x，弹出“参数”窗口，如图 2-148 所示。在 Inventor 中，几何图元的所有数据均位于参数表中。

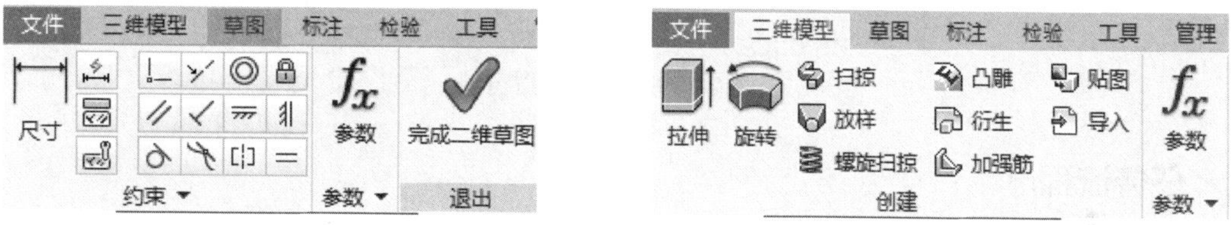

（a）草图环境下的“参数”工具　　（b）零件环境下的“参数”工具

图 2-147　参数工具

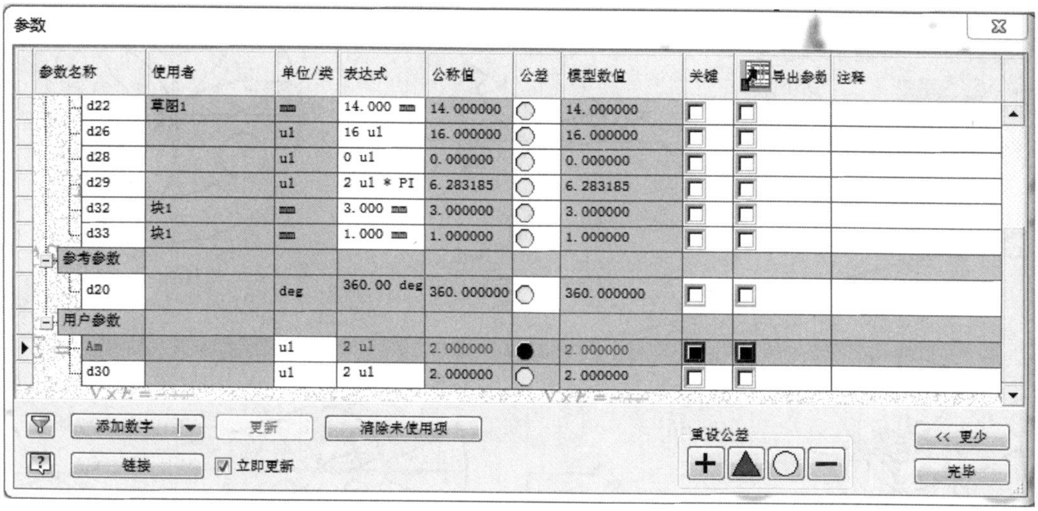

图 2-148　参数表

在“参数”表中，单击“添加数字”按钮，可以添加用户参数。在用户参数的“单位\类型”列单击，可弹出“单位类型”窗口，可定义用户参数的单位，如图 2-149 所示。完成后单击“确定”按钮，关闭“单位类型”窗口。最后单击“参数”窗口的“完毕”按钮，关闭参数窗口。

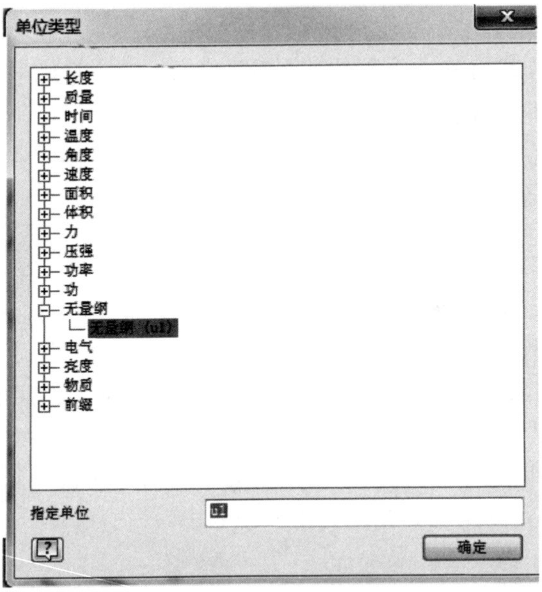

图 2-149　单位类型窗口

任务流程

任务流程如图 2-150 所示。

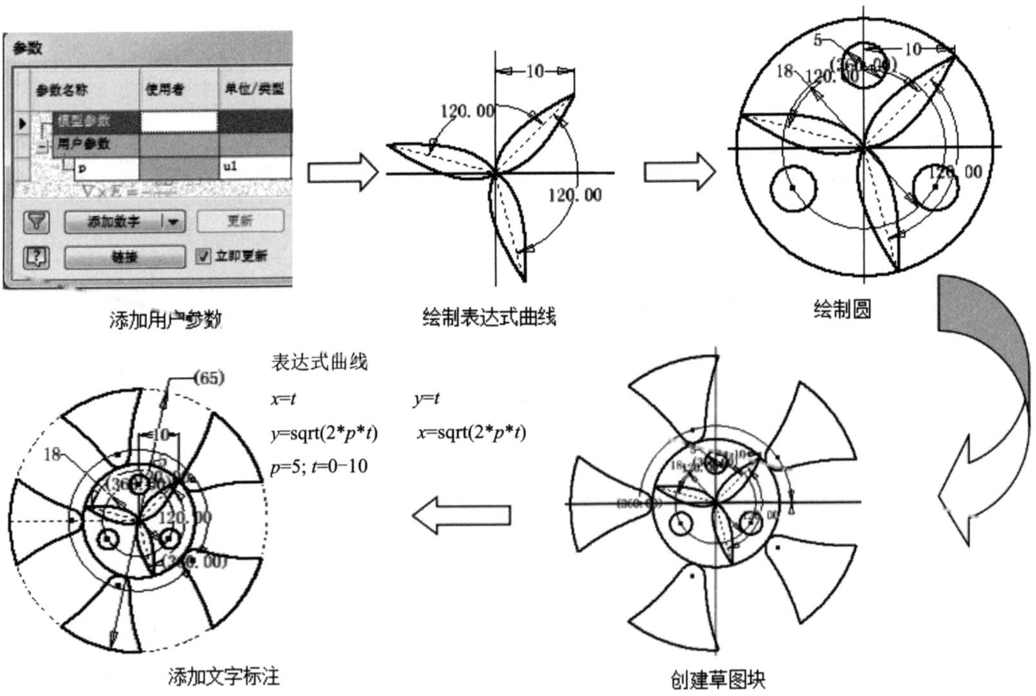

图 2-150　任务流程

任务实施

Step 01 新建文件　新建零件文件并自动进入草图环境。

Step 02 设置参数　打开参数表，添加用户参数，如图 2-151 所示。

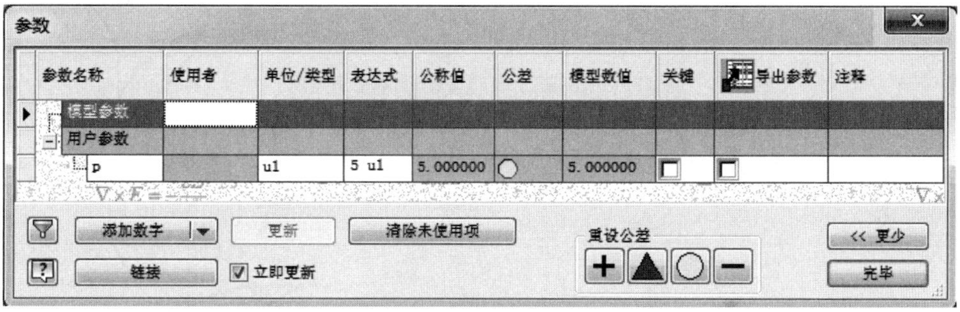

图 2-151　添加用户参数

Step 03 绘制表达式曲线　利用“表达式曲线”工具，绘制表达式曲线 1，如图 2-152（a）所示。单击应用按钮 ＋ 后，继续绘制表达式曲线 2，如图 2-152（b）所示。完成后添加辅助线及尺寸标注，将表达式曲线进行全约束，如图 2-152（c）所示。

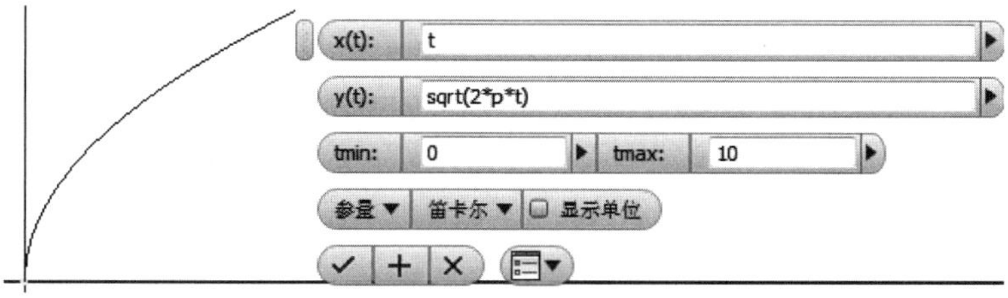

（a）表达式曲线 1

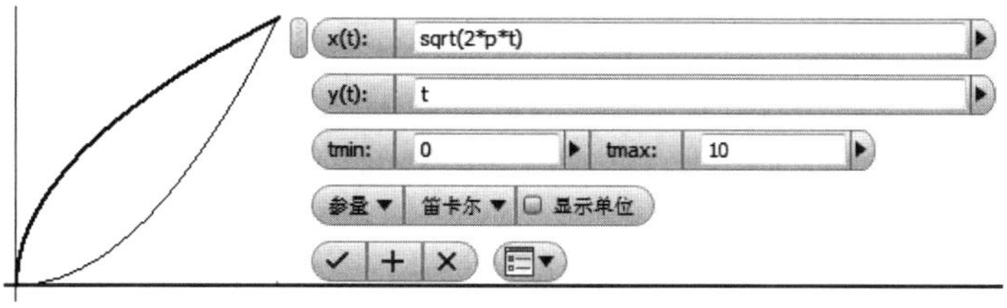

（b）表达式曲线 2

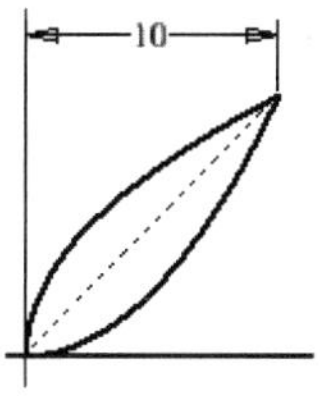

（c）约束表达式曲线

图 2-152　绘制表达式曲线

Step 04 复制、旋转表达式曲线　在 Inventor 中，由于阵列、镜像等工具不适用于表达式曲线，因此这里采用旋转工具对其进行复制、旋转操作，如图 2-153（a）所示。单击“应用”按钮后，发现复制、旋转后的表达式曲线，并不在需要的位置，如图 2-153（b）所示。将复制、旋转后的表达式曲线的尺寸标注删除，重新添加重合约束、角度约束，如图 2-153（c）所示。

重复操作，再次将表达式曲线复制、旋转，最后结果如图 2-153（d）所示。

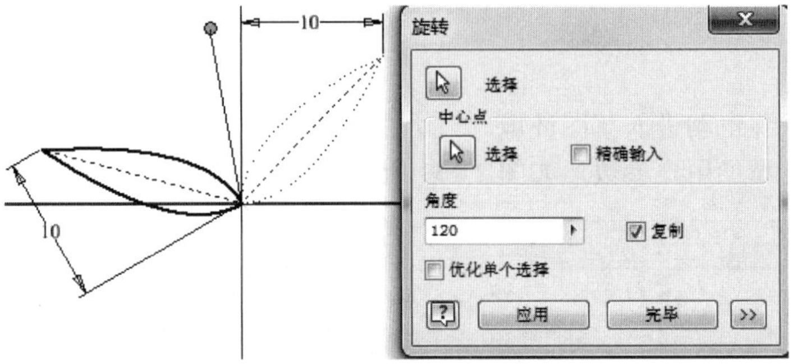

（a）复制、旋转表达式曲线操作窗口

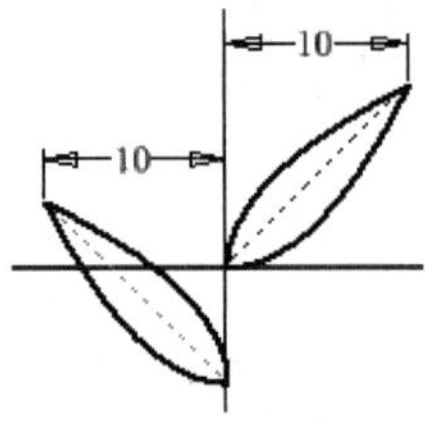

（b）复制、旋转后

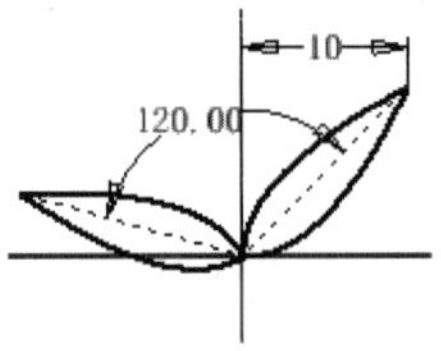

（c）重新约束表达式曲线

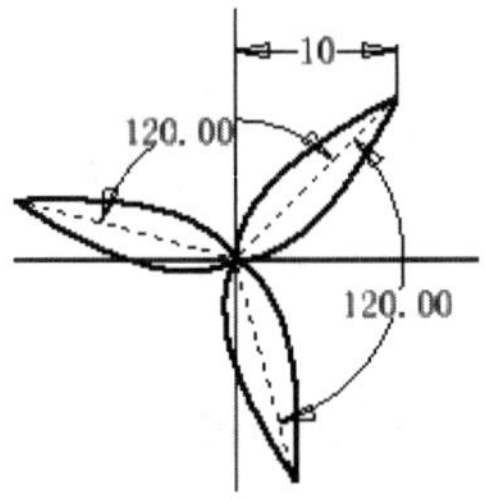

（d）最终效果

图 2-153　复制、旋转表达式曲线

Step 05 绘制圆　以原点为圆心绘制圆，并将表达式曲线的顶点约束在圆上，将圆完全约束。重复命令，再绘制直径 18mm、5mm 的圆，并将直径为 18mm 的圆改为构造，将直径为 5mm 的圆心跟原点垂直约束，如图 2-154（a）所示。

将直径为 5mm 的圆进行阵列，阵列个数为 3，如图 2-154（b）所示。

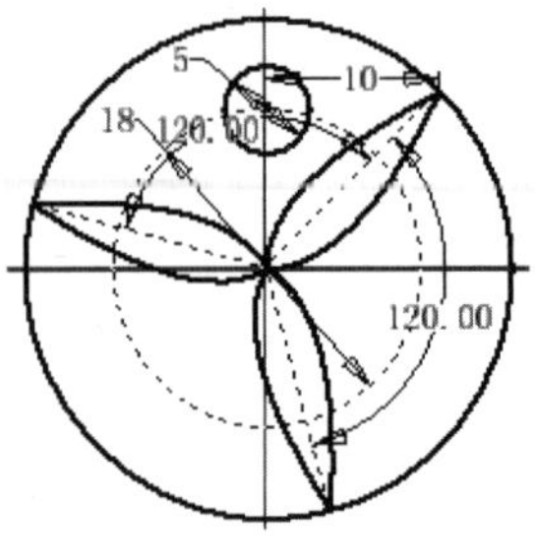

（a）绘制圆

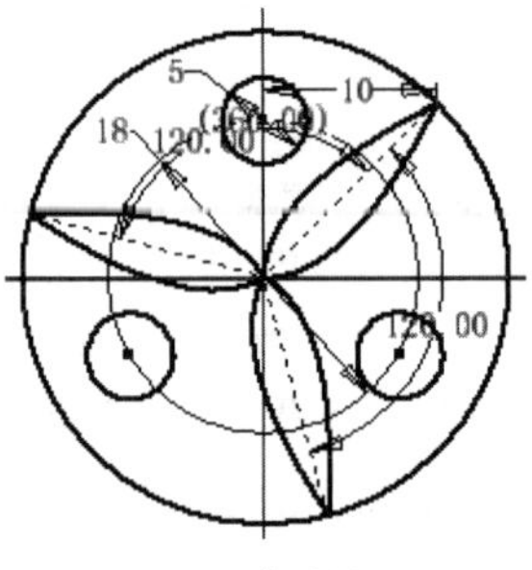

（b）阵列圆

图 2-154　绘制圆

Step 06 创建块　利用圆弧工具绘制如图 2-155 所示几何图元。将原点约束在 *R*50 的圆弧上，并将其圆心跟原点竖直对齐。单击“确定”按钮，完成块的创建。

Step 07 阵列草图块　将创建的块进行环形阵列，阵列个数为 5，如图 2-156 所示。

Step 08 绘制辅助圆　绘制直径为 65mm 的构造圆。

Step 09 添加文字标注　利用文本工具添加文字标注，如图 2-157 所示。

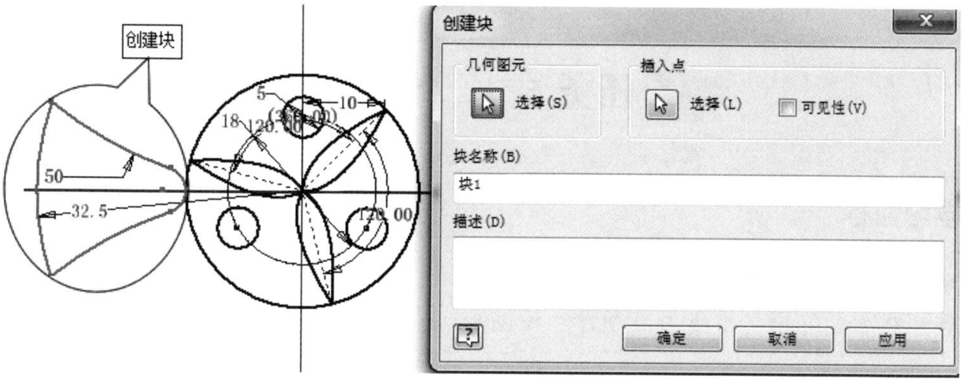

图 2-155　创建块

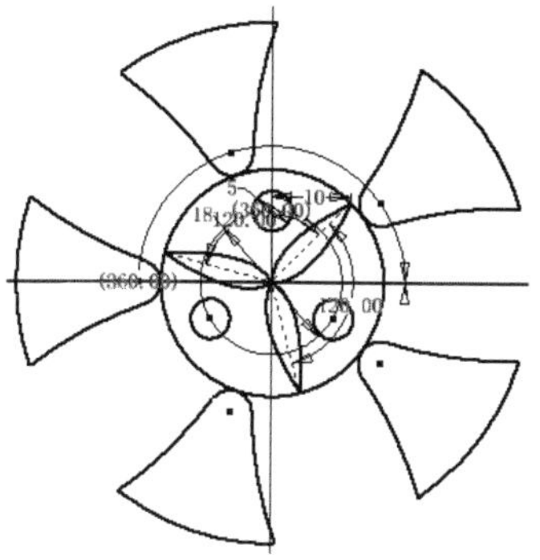

图 2-156　阵列草图块

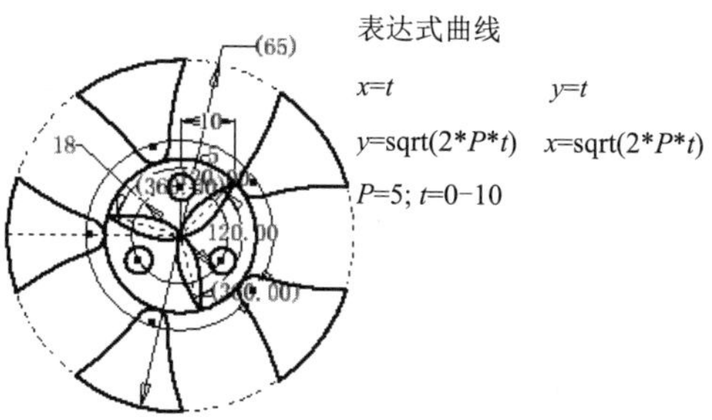

图 2-157　添加文字标注

Step 10 保存文件　完成后退出草图环境，将文件保存为“轮盘.ipt”。

✍拓展练习 2-4

绘制如图 2-158 所示的草图。

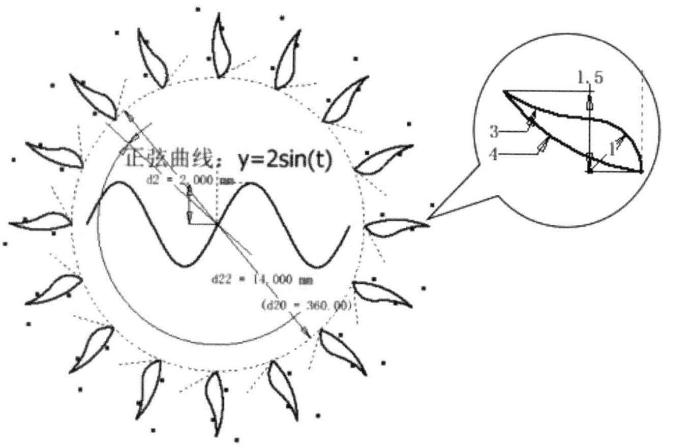

图 2-158　拓展练习 2-4

任务 5　三维草图设计

学习目标

- 掌握投影工具的使用方法
- 熟练应用相交曲线工具创建三维图形

任务导入

在本任务中，只用一个简单的三维草图（如图 2-159 所示）来介绍三维草图的创建。在该三维草图的设计过程中，用到的新知识除包含二维草图中的投影工具以外，还用到三维草图中的相交曲线工具等知识点。对于三维草图的其他知识点，会在下一章的零件制作过程中结合相关实例，再进行介绍。

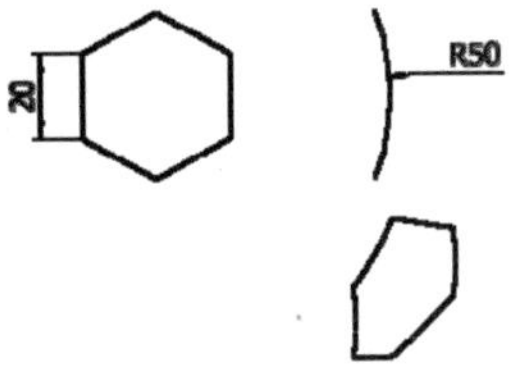

图 2-159　三维草图

知识准备

1. 投影工具

“投影几何图元”工具位于“创建”工具面板上，单击其下拉箭头，可发现其包含“投影几何图元”“投影切割边”“投影展开模式”“投影到三维草图”“投影 DWG 几何图元”5 种工具，如图 2-160 所示，这里只介绍前 4 种。

（1）投影几何图元　单击“投影几何图元”工具按钮，在图形区单击现有的边、顶点、定位特征、回路和曲线等，即可将选择的对象投影到当前草图平面上，如图 2-161 所示。

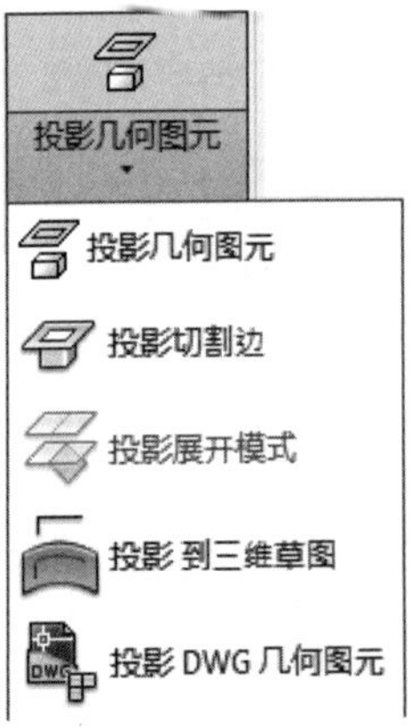

图 2-160　“投影几何图元”工具

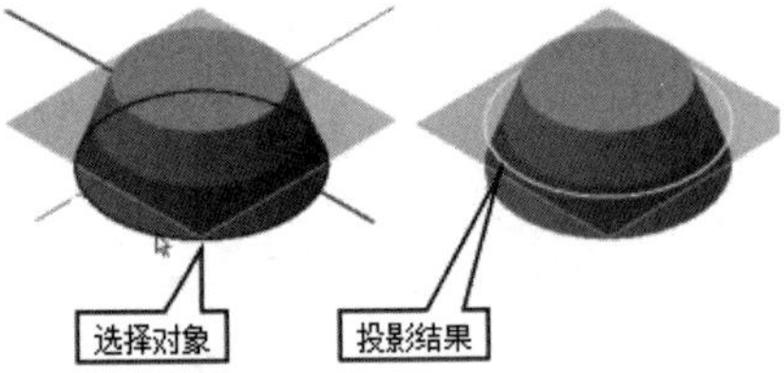

图 2-161　“投影几何图元”工具的使用

说明 有时在绘制草图过程中会将坐标原点与图形一起删除。这时可以在浏览区的模型树中，找到原始坐标系的原点，利用“投影几何图元”工具将其投影出来。

（2）投影切割边 单击“投影切割边”工具按钮，即可将当前草图平面与现有结构的截交线自动投影到当前草图平面，如图 2-162 所示。

（3）投影展开模式 该工具应用在钣金零件中，若非钣金零件，该工具则不激活。单击“投影展开模式”工具按钮，在零件上选择要投影的一个或多个平面，即可将选择的平面投影到当前草图上。选择的平面必须通过折弯连接到当前草图平面，并且与草图平面位于钣金的同一侧，如图 2-163 所示。

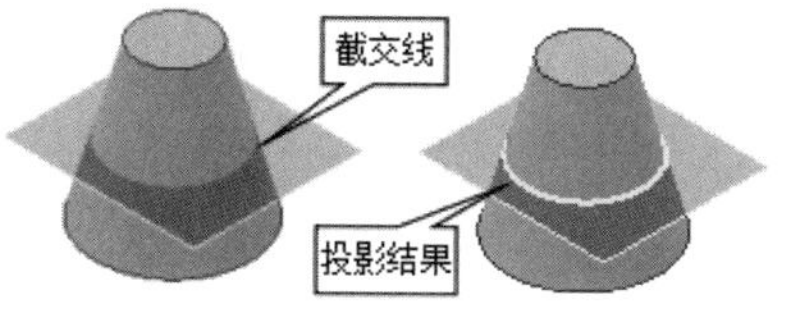

图 2-162 “投影切割边”工具的使用

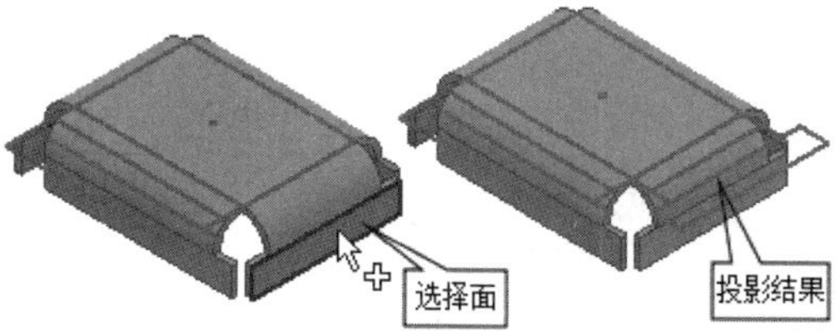

图 2-163 “投影展开模式”工具的使用

（4）投影到三维草图 该工具可将二维草图投影到曲面，生成三维草图。单击“投影到三维草图”工具按钮，弹出“投影到三维草图”窗口，在图形区单击投影面后，即可将二维草图投影到曲面上，如图 2-164 所示。

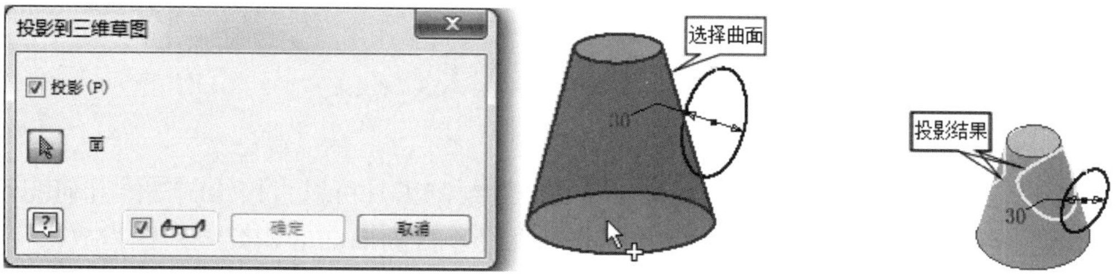

图 2-164 “投影到三维草图”工具的使用

利用投影工具投影的几何图元，若要断开关联，只需要在投影的几何图元上，单击鼠标右键，在右键菜单中选择“断开关联”，即可将投影的关联解除，如图 2-165 所示。

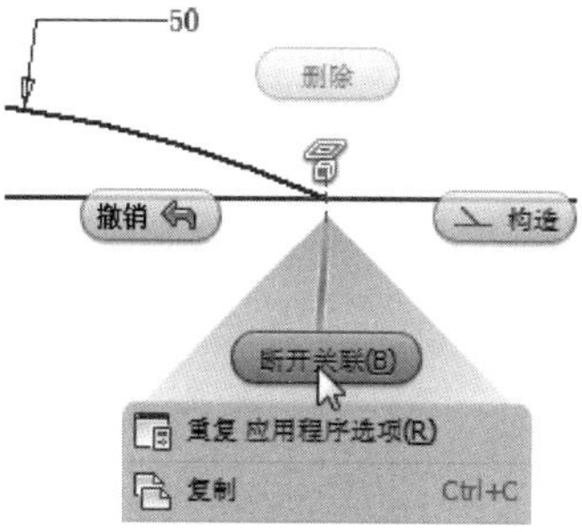

图 2-165 断开投影关联

2. 三维草图环境

“开始创建三维草图”工具位于“草图”工具面板上，如图 2-166 所示。单击该工具按钮，即进入三维草图环境，如图 2-167 所示。在三维草图环境中，最常用到的绘图工具均位于“绘制”工具面板上。三维草图的退出和编辑与二维草图一样，不再赘述。

图 2-166 “开始创建三维草图”工具

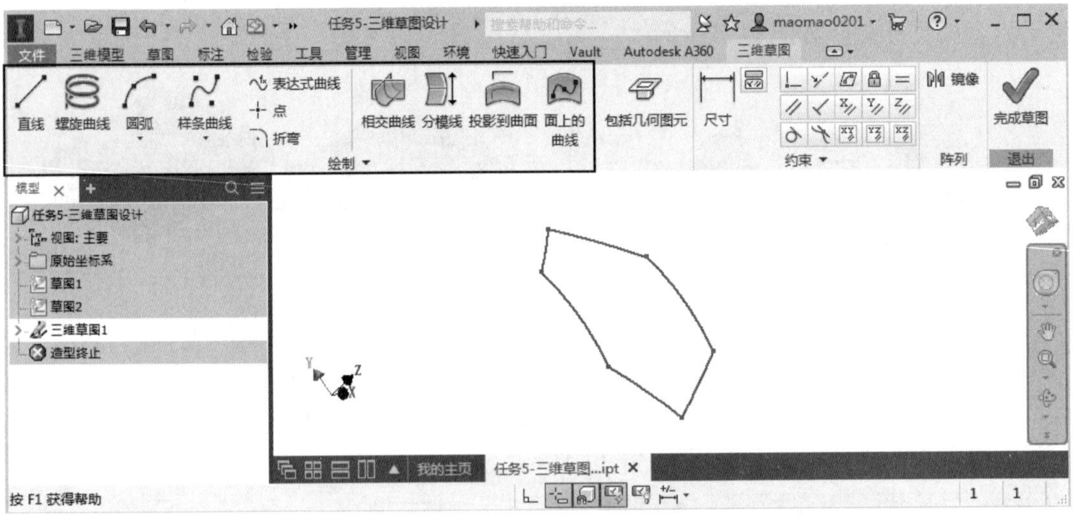

图 2-167 三维草图环境

3．相交曲线工具

（1）相交曲线的创建 在 Inventor 设计中，通过绘制工具可以直接绘制三维几何图元，但有些三维曲线是不能直接绘制的。例如当需要两个不规则曲面的相交线来作为放样特征的轨道使用时，使用一般的绘制工具是没有办法完成的，这时通过“相交曲线”工具能够非常容易地得到两个曲面相交的复杂三维曲线。

单击“相交曲线”工具按钮，弹出“三维相交曲线”窗口，可以通过选择平面、曲面、零件实体、二维草图曲线或者工作平面来定义相交。在图 2-168（a）中选择的曲面和零件实体作为相交几何图元；在图 2-168（b）中选择的二维草图曲线作为相交几何图元。

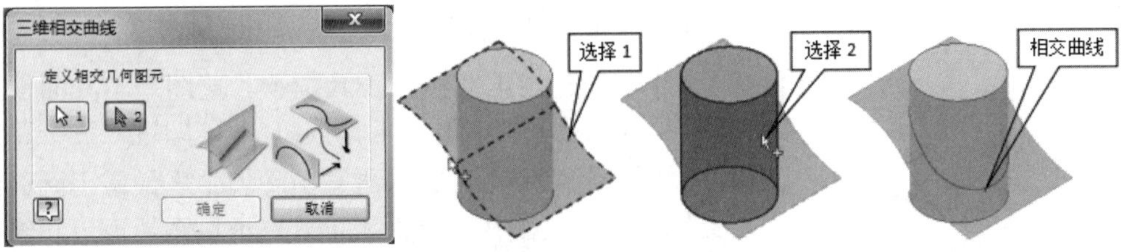

（a）曲面与零件实体相交

图 2-168 “三维相交曲线”工具使用

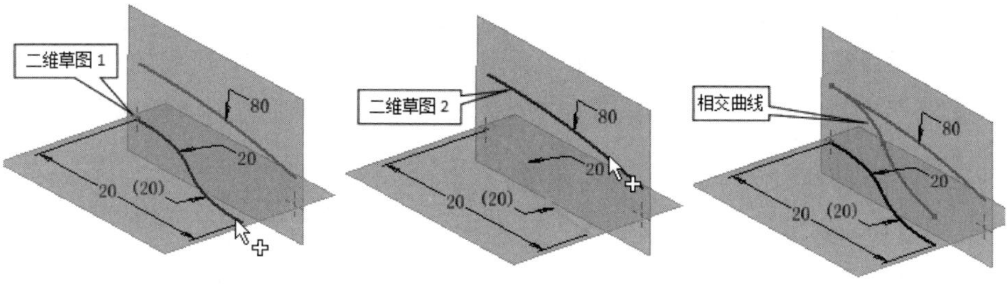

（b）二维草图曲线相交

图 2-168　三维相交曲线工具使用（续）

（2）相交曲线的编辑　创建三维相交曲线后，若需要编辑，可在浏览区的模型树中，在需要编辑的三维相交曲线上单击鼠标右键，在右键菜单中可对相交曲线进行删除、编辑、断开关联等相关操作，如图 2-169 所示。

说明　若选择断开关联后，相交后的三维曲线将不再和原来的二维草图相关联，可以像样条曲线那样进行编辑，如图 2-170 所示。

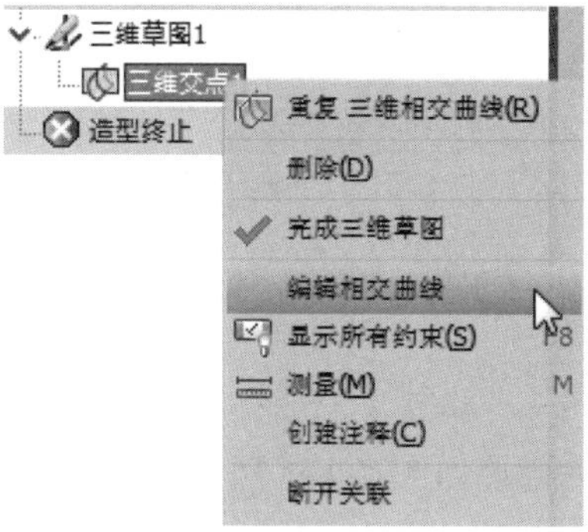

图 2-169　三维相交曲线右键菜单

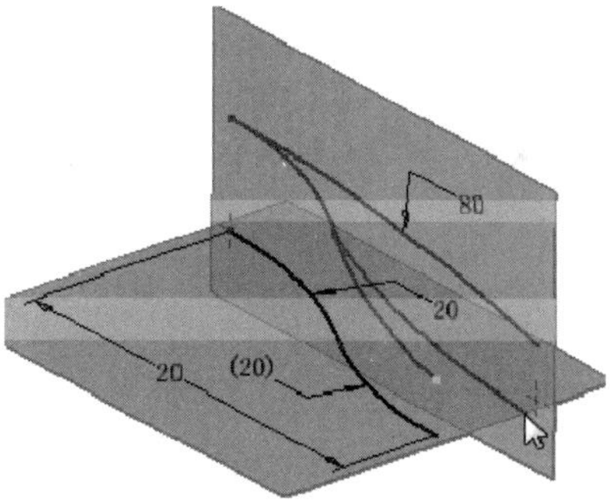

图 2-170　断开关联后的三维曲线

任务流程

任务流程如图 2-171 所示。

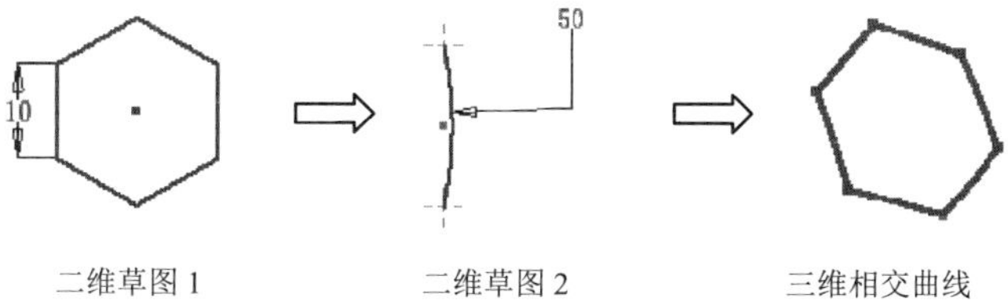

图 2-171　任务流程

任务实施

Step 01 新建文件　新建零件文件并自动进入草图环境。

Step 02 绘制二维草图 1 绘制如图 2-172 所示的正六边形，完成后退出草图环境。

Step 03 绘制二维草图 2 在 YZ 工作平面上新建草图，投影图 2-172 所示的点 1、点 2，以投影的两个点为端点绘制圆弧，如图 2-173 所示，完成后退出草图环境。

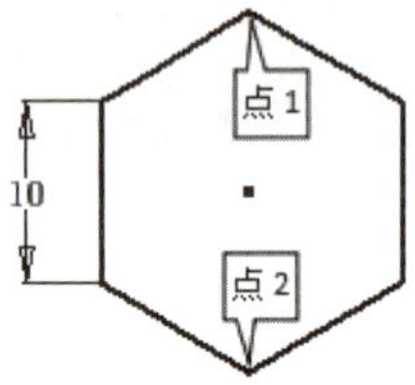

图 2-172 二维草图 1

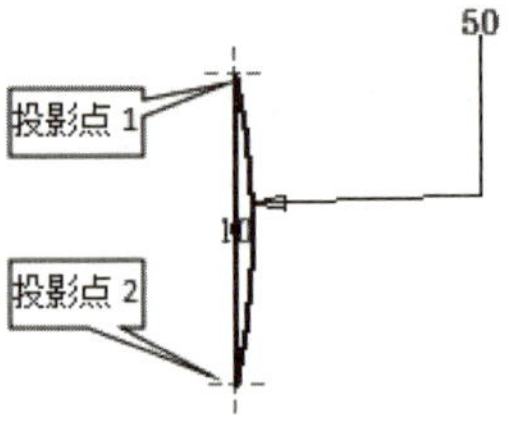

图 2-173 二维草图 2

Step 04 创建三维草图 创建三维建草图，利用“相交曲线”工具，将二维草图 1 与二维草图 2 相交，完成后退出三维草图环境，如图 2-174 所示。

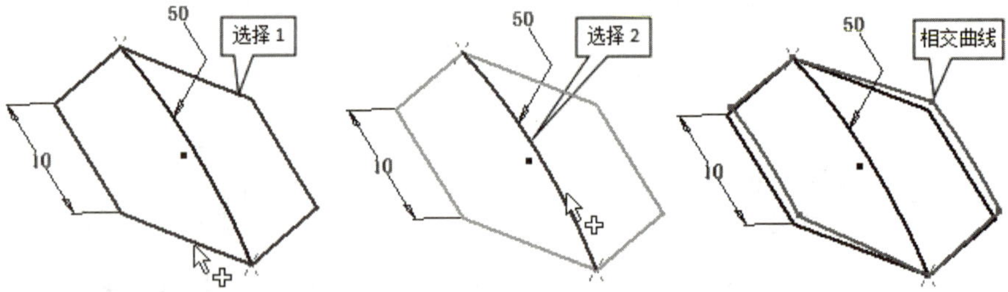

图 2-174 相交曲线

Step 05 隐藏二维草图 在浏览区的模型树中，在草图 1、草图 2 的右键菜单中选择“可见性”选项，如图 2-175 所示。隐藏两个草图，结果如图 2-176 所示。

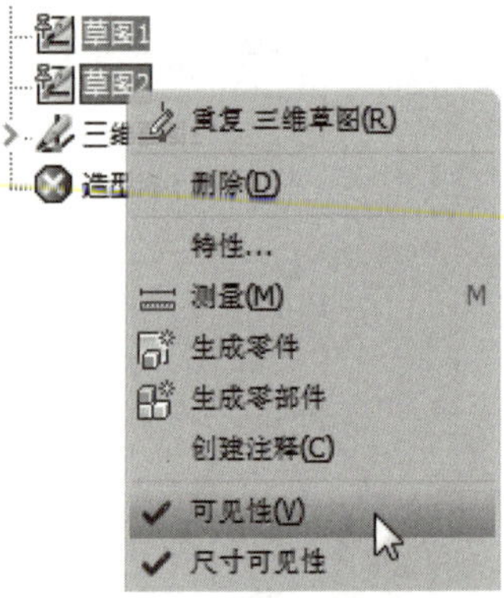

图 2-175 草图右键菜单

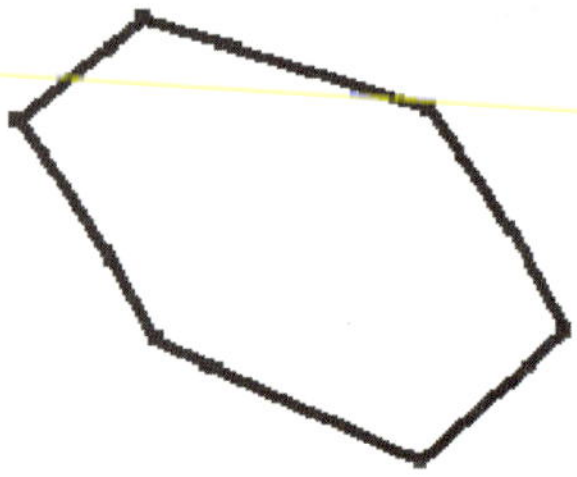

图 2-176 隐藏二维草图后的结果

Step 06 保存文件 最后将文件保存为“三维草图.ipt”。

说明 同样若将隐藏的草图再次可见，只需要在图 2-175 所示的右键菜单中，重新选择“可见性”选项即可。

拓展练习 2-5

绘制如图 2-177 所示的三维草图。

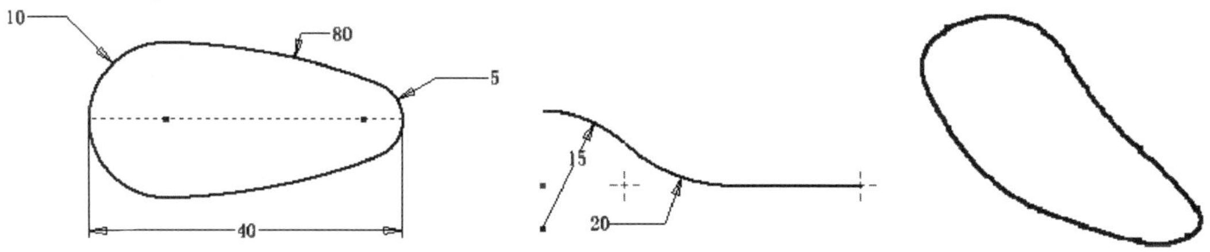

图 2-177　拓展练习 2-5

思考与练习 2

绘制如图 2-178 所示的草图。

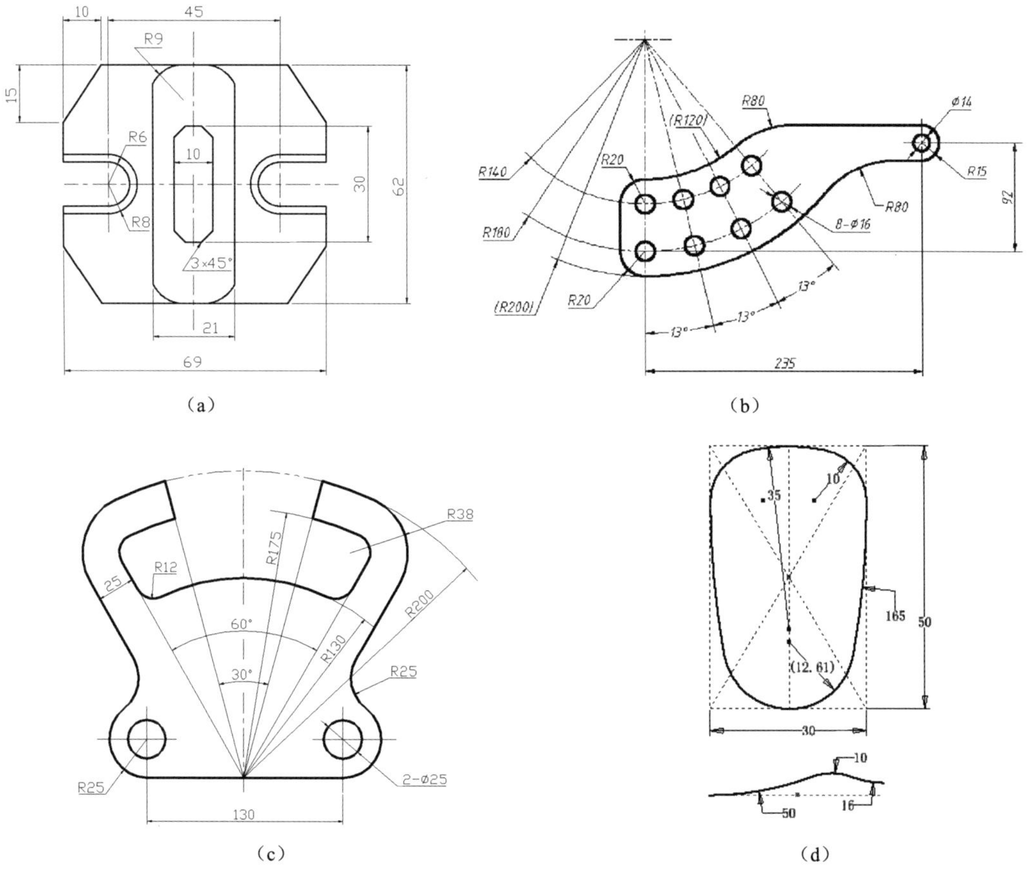

图 2-178　思考与练习 2

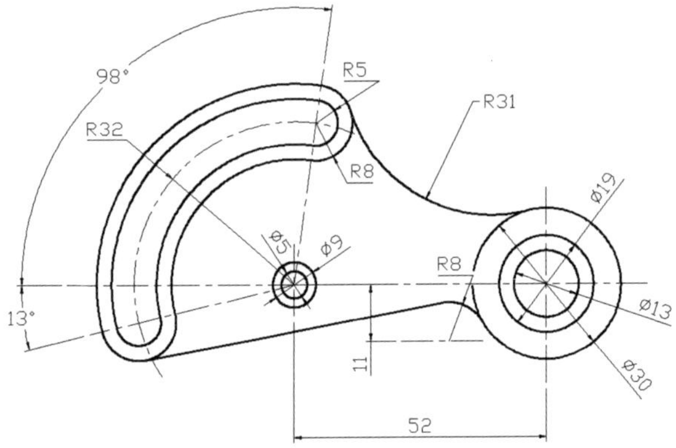

（e）

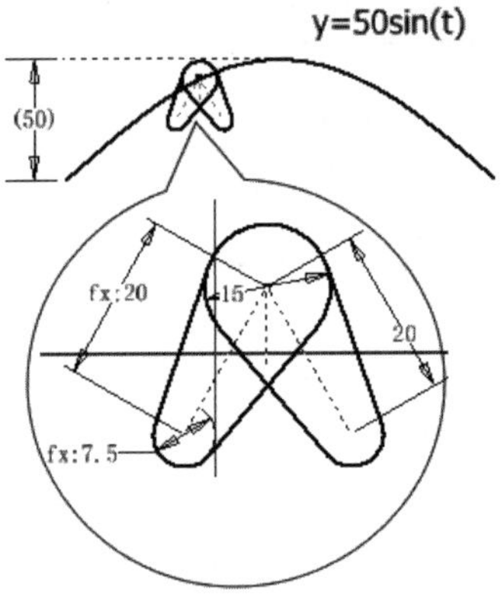

（f）

图 2-178　思考与练习 2（续）

03

第 3 章 零件设计

【学习目标】

- ◆ 能熟练应用草图特征创建零件基础模型
- ◆ 能熟练应用定位特征创建工作平面、工作轴
- ◆ 能熟练应用放置特征对零件基础模型进行再加工
- ◆ 能够熟练应用曲面工具掌握复杂曲面的建模方法
- ◆ 能够熟练应用塑料零件工具创建塑料零件

所谓的零件设计就是指按照一定的方法，为零件建立三维实体模型的过程。所有的产品都是由一个或多个零件组成的，因此在 Inventor 中零件造型是设计基础。

本章将通过几个实例来重点介绍零件设计的一些基本方法。

任务 1　圆头螺钉模型设计

学习目标

- ◆ 熟悉 Inventor 2018 特征环境
- ◆ 熟练掌握拉伸、旋转特征的使用方法
- ◆ 熟练掌握圆角、倒角、螺纹特征的使用方法
- ◆ 掌握零件属性及外观特性的设置方法
- ◆ 学会圆头螺钉模型的设计方法

任务导入

圆头螺钉模型如图 3-1 所示，其零件图纸见资料包“第 3 章\任务 1\圆头螺钉.dwfx”，模型文件见资料包“第 3 章\任务 1\圆头螺钉.ipt”。

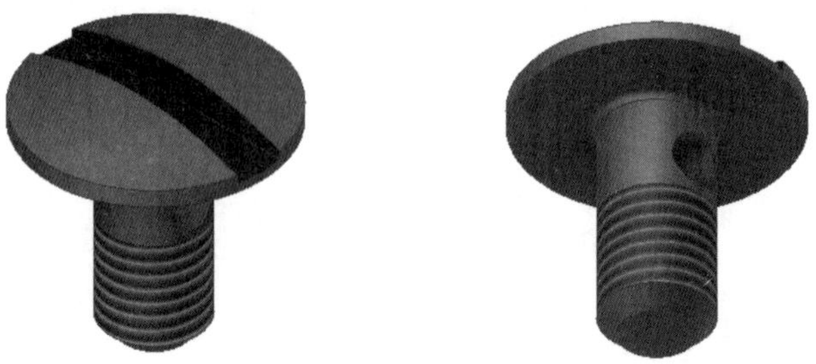

图 3-1　圆形螺钉模型

在设计圆头螺钉模型的过程中用到的草图特征有拉伸、旋转，放置特征有圆角、倒角、螺纹，另外还涉及零件的物理特性、外观特性设置。下面开始学习相关知识。

知识准备

1. 特征介绍

在 Inventor 中，基本的设计思想就是这种基于特征的造型方法，一个零件可以视为一个或者多个特征的组合。这些特征既可相互独立，也可相互关联。

Inventor 提供了 3 种基本类型的特征：草图特征、放置特征和定位特征。草图特征是在草图基础上添加的特征，如拉伸、旋转等，零件的第 1 个特征通常是一个草图特征；放置特征是在已有特征基础上添加的特征，如圆角、倒角等；定位特征是建模过程中的辅助特征，主要为其他特征的添加提供定位对象，如工作轴、工作平面的创建。

除了上述 3 种基本类型的特征以外，Inventor 还提供了阵列、曲面、塑料零件等造型设计工具。在 Inventor 特征环境下，零件的全部特征都罗列在浏览区中的模型树里面，如图 3-2 所示。

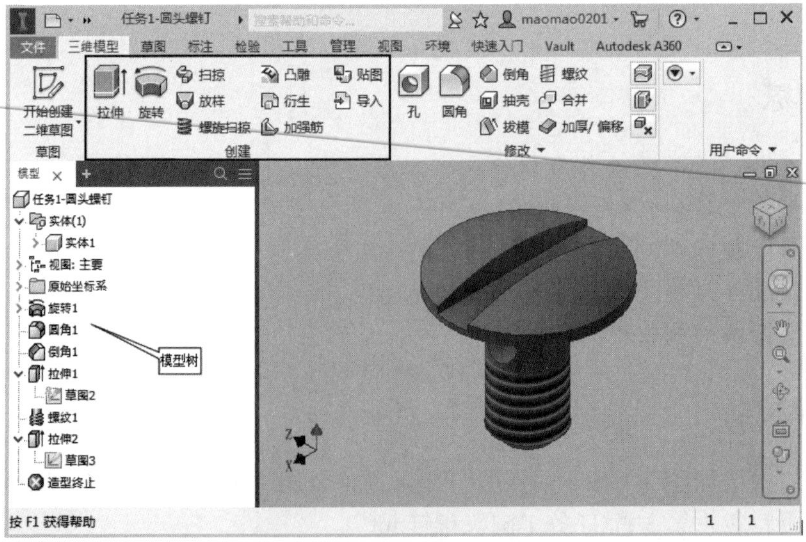

图 3-2　草图特征工具

2. 草图特征

草图特征位于“三维模型”选项卡下的“创建”工具面板上，如图 3-2 所示。在本任务中先来学习拉伸、旋转两个草图特征。

（1）拉伸特征　“拉伸”特征是 Inventor 零件造型最基本的特征之一，它是将草图轮廓沿草图垂直方向平移所形成的空间轨迹。在零件环境和部件环境中均可使用“拉伸”特征，但两者有所区别，在这里只介绍零件环境中的“拉伸”特征。

在已有草图轮廓的前提下，单击“创建”工具面板上的“拉伸”工具按钮，弹出“拉伸”窗口，如图 3-3 所示。除了上述方法以外，也可以通过如图 2-7（b）所示的小工具栏创建“拉伸”特征。

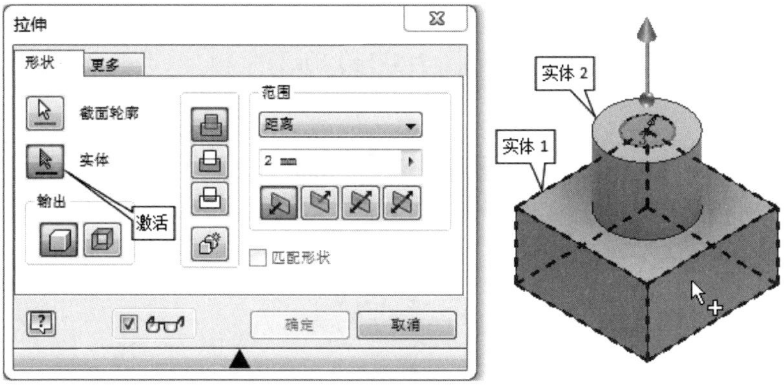

图 3-3　选择实体

①“形状”选项卡　“拉伸”窗口的“形状”选项卡中的各选项的含义如下。

➢ 截面轮廓　在“拉伸”窗口打开的时候，如果草图中只有一个截面轮廓，那么该轮廓是默认选中的；如果有多个轮廓，单击截面轮廓按钮后，在图形区中可以选择一个或多个截面轮廓。如果选择了错误的截面轮廓，可以在按住 Ctrl 键或 Shift 键的同时并单击选择的轮廓，即可将其取消选择。截面轮廓选中后即可出现拉伸的结果预览。

说明 拉伸特征中的截面轮廓既可以是几何图形，也可以是文字。

➢ 实体　只有当零件文件中有两个以上实体的时候，该项才被激活，通过“实体”选择按钮，来选择拉伸特征作用的实体，如图 3-3 所示。

➢ 输出　拉伸特征的输出方式有实体和曲面两种。

a. 实体　利用封闭或开放的截面轮廓（如图 3-4（a）所示）可以创建特征实体，对于基础特征，必须是封闭轮廓才能创建实体，如图 3-4（b）所示。

b. 曲面　利用封闭或开放的截面轮廓可以创建特征曲面。曲面可以作为构造曲面来终止其他特征，或者作为分割工具用来分割零件，如图 3-4（c）所示。

➢ 布尔运算　Inventor 提供了以下三种布尔运算方式。

a. 求并　单击“求并”按钮，可将拉伸特征产生的体积添加到另一个特征或实体中，如图 3-5（a）所示。

b. 求差　单击“求差”按钮，可将拉伸特征产生的体积从另一个特征或实体中去除，如图 3-5（b）所示。

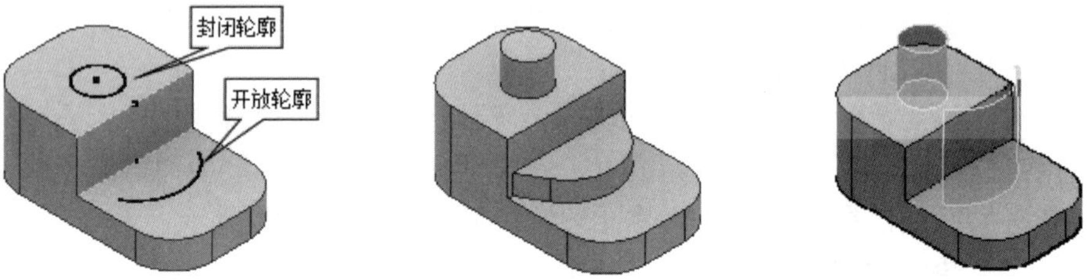

（a）截面　　（b）输出实体　　（c）输出曲面

图 3-4　输出方式

c．求交　单击“求交”按钮，可将拉伸特征和其他特征的公共体积创建为新特征，未包含在公共体积内的材料被删除，如图 3-5（c）所示。

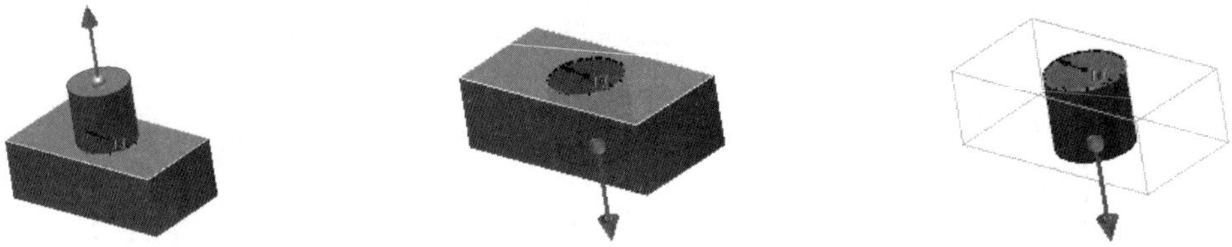

（a）求并运算公式　　（b）求差运算公式　　（c）求交运算公式

图 3-5　拉伸特征布尔运算方式

➢　新建实体　选择该项可以在包含实体的零件文件中创建新的实体，每个实体均为与其他实体分离的独立的特征。若拉伸特征为零件的第 1 个实体特征，那么该项是默认选中的。当采用开放轮廓输出实体时，“新建实体”选项不能用。新建实体后，在浏览区的模型树中会新增“实体 2”，如图 3-6 所示。

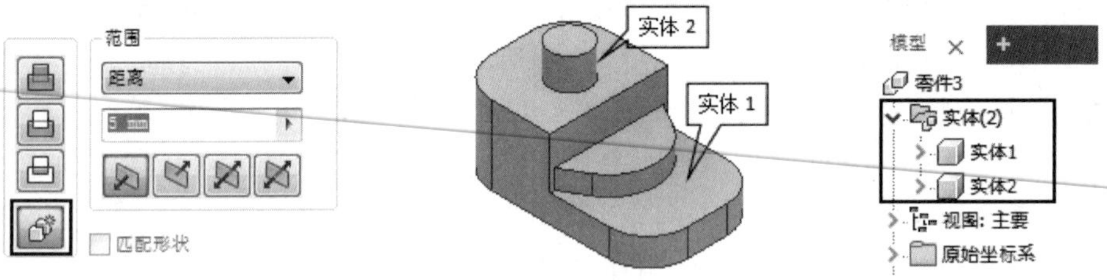

图 3-6　新建实体

➢　范围　“范围”选项用来确定拉伸的终止方式并设置其深度。若为基础特征，拉伸范围共有 4 种终止方式，如图 3-7（a）所示；若不为基础特征，则有 6 种终止方式，如图 3-7（b）所示。下面以非基础特征为例进行说明。

a．距离　将截面轮廓沿草图垂直方向单向或双向拉伸，并指定距离。在“距离”文本框内既可以直接输入数值，也可以输入表达式、参数，还可以单击文本框右侧的箭头，选择“测量”选项，如图 3-8（a）所示。此时光标变为形状，可以将测出的某条线的长度、两个点或者两个面之间的距离作为拉伸距离，如图 3-8（b）所示。另外也可以通过拖动图形区中的箭头，来动态调整拉伸距离，如图 3-8（c）所示。

（a）基础特征拉伸范围　（b）非基础特征拉伸范围

图 3-7　拉伸范围

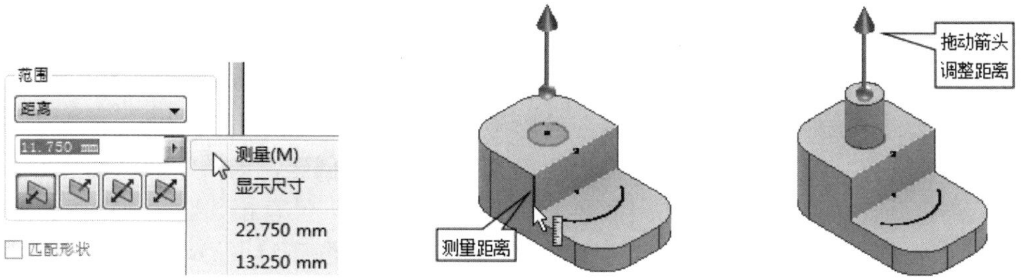

（a）选择“测量”选项　（b）测量边长　（c）拖动箭头动态调整拉伸距离

图 3-8　选择“距离”终止拉伸特征

b．到表面或平面　选择一个表面或平面用来终止指定方向上的拉伸，对基础特征不可用。使用“终止方式”选择器，可选择一个实体或曲面以终止拉伸特征，如图 3-9 所示。

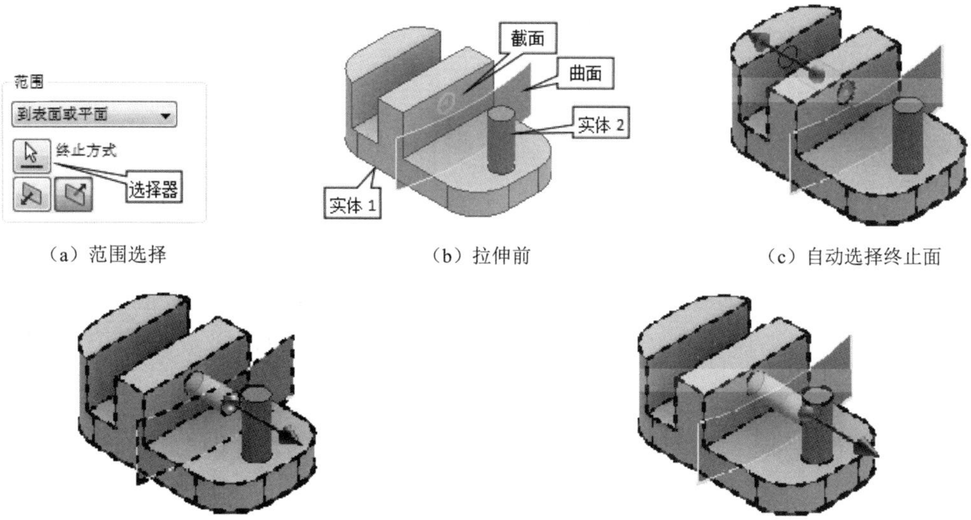

（a）范围选择　（b）拉伸前　（c）自动选择终止面

（d）使用选择器选择曲面终止拉伸特征　（e）使用选择器选择实体 2 终止拉伸特征

图 3-9　“到表面或平面”拉伸方式

c．到　选择点、面用于终止拉伸特征。

● 若选择“点”终止拉伸特征，Inventor 会以过选择点且与截面轮廓所依附的工作平面平行的平面来终止拉伸特征，如图 3-10 所示。

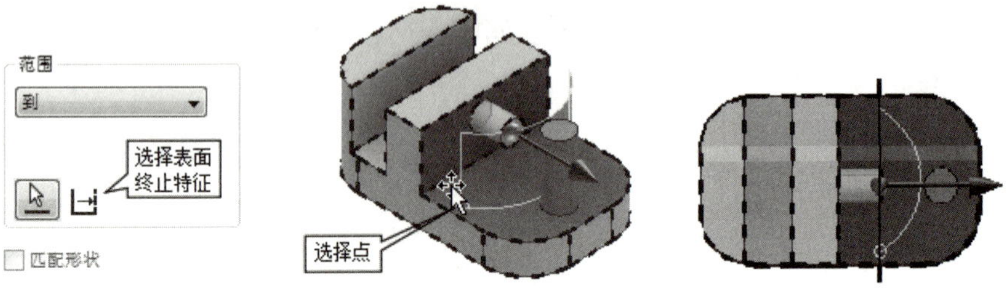

图 3-10　选择“到”点终止特征

● 若选择“面”终止拉伸特征，窗口中会出现“通过延伸面终止特征”选项，并默认选中。此时有以下三种情况终止拉伸特征。

✓ 终止面在拉伸特征方向上与截面轮廓完全相交，如图 3-11（a）所示。

✓ 终止面在拉伸特征方向上与截面轮廓不能完全相交，且没有相邻面，此时必须勾选“通过延伸面终止特征”选项，否则不能完成拉伸特征的创建，如图 3-11（b）所示。

✓ 终止面在拉伸特征方向上跟截面轮廓不能完全相交，且有相邻面，“通过延伸面终止特征”选项的勾选情况，会对拉伸特征产生不同影响，如图 3-11（c）所示。

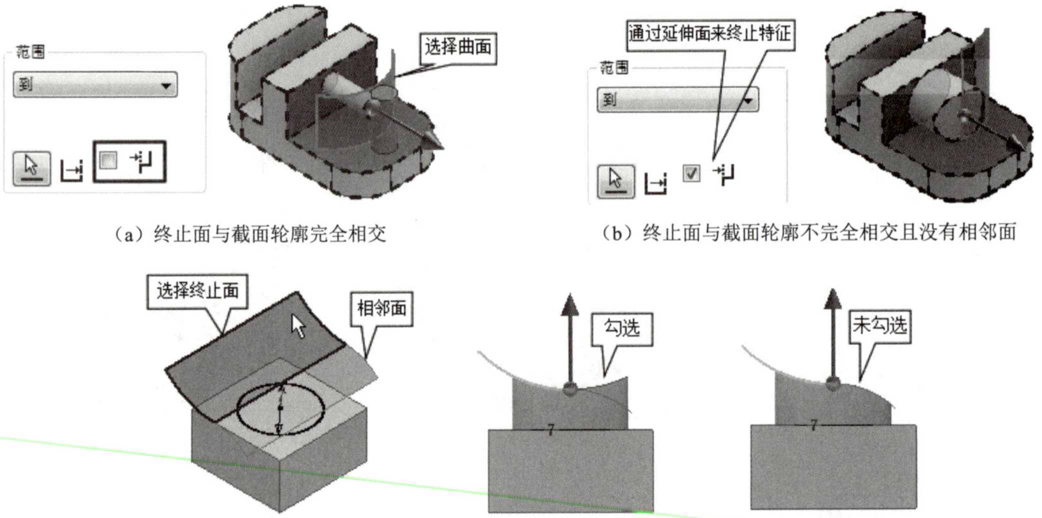

（a）终止面与截面轮廓完全相交

（b）终止面与截面轮廓不完全相交且没有相邻面

（c）终止面在拉伸方向上与截面轮廓不完全相交且有相邻面

图 3-11　选择“到”面终止特征

d. 介于两面之间　指定拉伸的起始曲面和终止端的曲面，如图 3-12 所示。

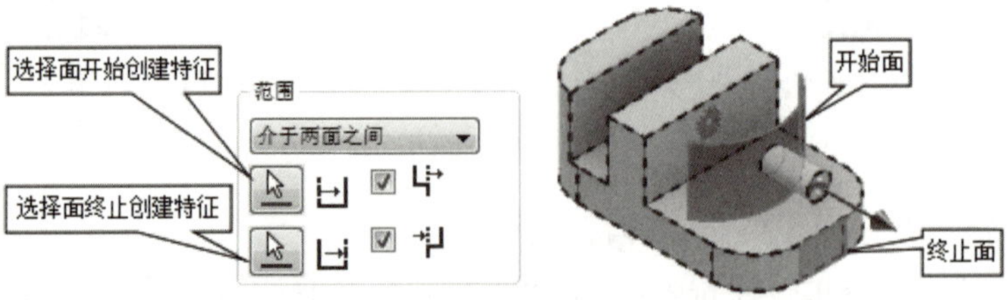

图 3-12　“介于两面之间”方式

e．贯通　在指定方向上贯通整个实体空间，如图 3-13 所示。

f. 距面的距离　先选择面作为拉伸特征创建的起始面，然后在拉伸方向上再指定拉伸距离。该拉伸方式是 Inventor 2018 版本的新功能，对基础特征不可用，如图 3-14 所示。

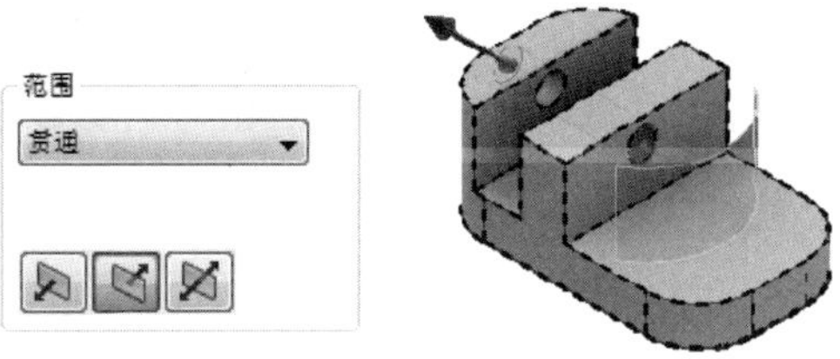

图 3-13　“贯通”方式

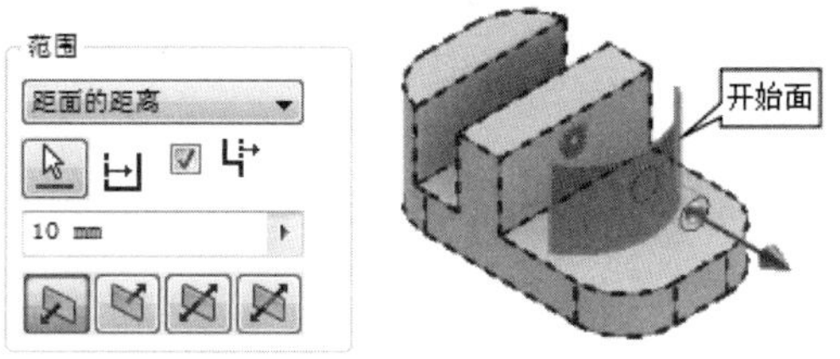

图 3-14　“距面的距离”方式

➢　拉伸方向　指定拉伸的方向，共有 4 种类型，如图 3-15 所示。

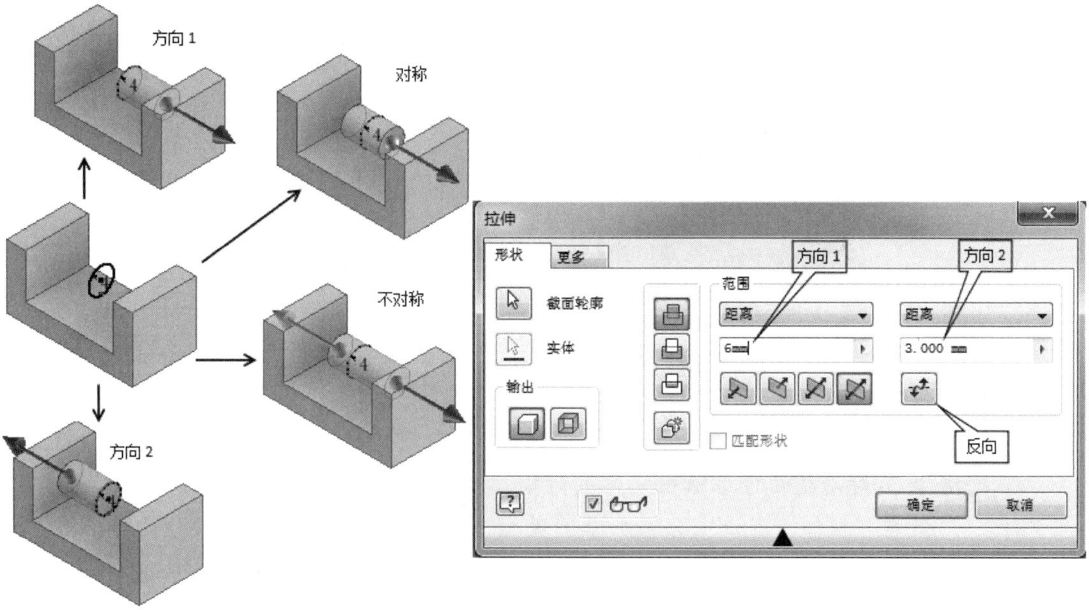

图 3-15　拉伸方向

a．方向 1　拉伸的默认方向，也就是草图所依附的平面的正方向。

b．方向 2　草图所依附的平面的反方向。

c．对称　从截面轮廓所在的草图平面向两个方向等距离拉伸。

d．不对称　从截面轮廓所在的草图平面向两个方向不等距离拉伸，此时窗口中出现“反向”按钮，单击该按钮，则将方向 1、方向 2 的拉伸距离会进行调换。

➢　匹配形状　当创建的拉伸特征不是基础特征时，该选项适用于开放的截面轮廓输出实体的情况。

勾选该项时，将创建填充类操作，将截面轮廓的开口端延伸至公共边或面，所需的面将被缝合在一起，以形成与拉伸实体的完整相交。若拉伸距离超出零件高度，则不能实现拉伸，如图 3-16 所示。

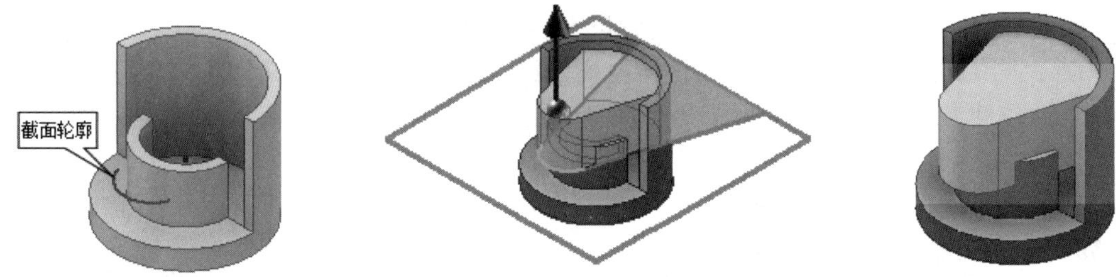

（a）拉伸前　　（b）执行拉伸　　（c）拉伸后

图 3-16　勾选“匹配形状”选项

未勾选该项时，可将截面轮廓的开口端延伸到零件，通过截面轮廓、延伸线、截面轮廓所在平面与实体的相交线形成一个封闭截面，从而完成拉伸特征，如图 3-17 所示。

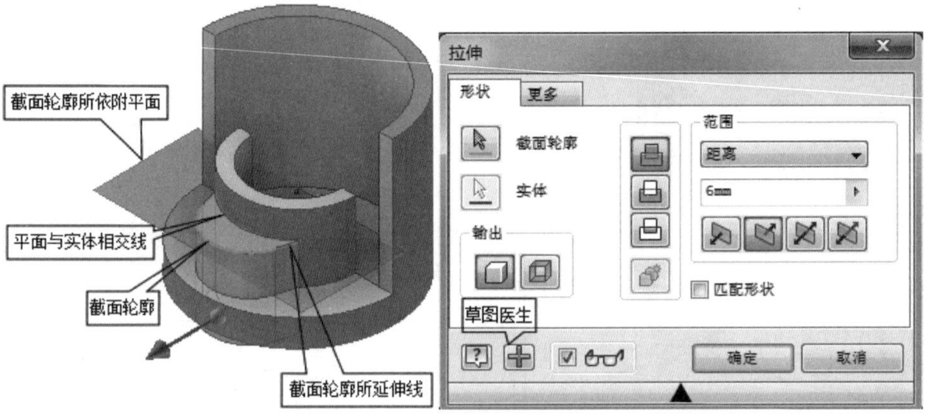

图 3-17　未勾选“匹配形状”选项

说明　当不封闭截面轮廓输出实体的时候，Inventor 会认为你的草图出现了问题，因此在“拉伸”窗口中会添加草图医生工具按钮 ，单击该按钮，会弹出“草图医生-检查”窗口，在该窗口中，给出用户草图可能存在的问题，并给出处理意见，如图 3-18 所示。

➢　特征预览 　勾选该选项可在创建特征时将结果预览显示，如图 3-19 所示。当拉伸特征是基础特征时，该项不被激活。

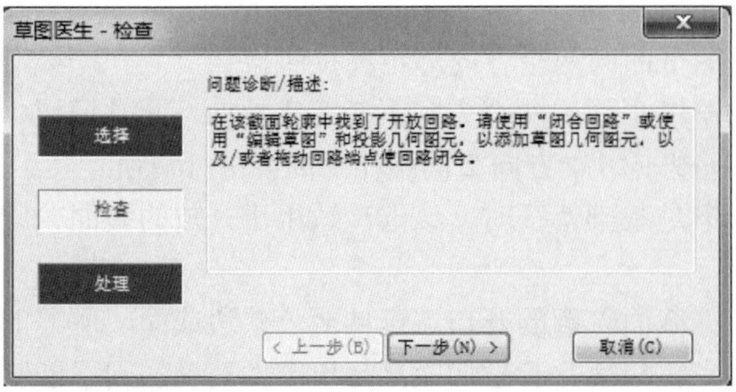

图 3-18　“草图医生-检查”窗口

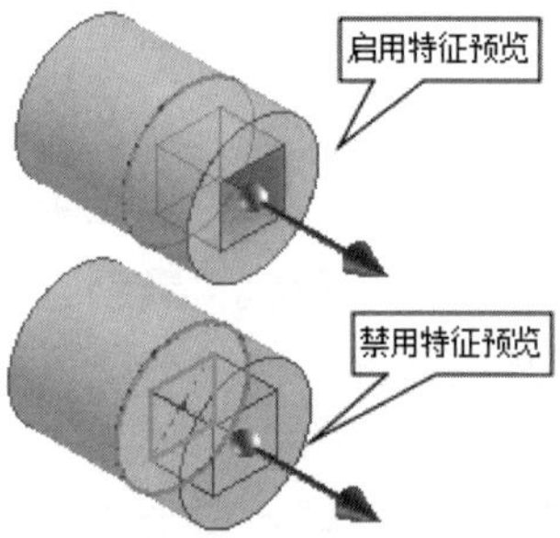

图 3-19　预览结果

② “更多”选项卡　如图 3-20 所示，选项卡中各选项含义如下。

➢　替换方式　当使用“到”“介于两面之间”“距面的距离”作为终止方式进行拉伸特征创建时，可能存在终止条件不明确的情况，如圆柱面、不规则曲面等，可以通过改变方向或勾选“最短方式”复选项来消除这种不确定性。

a．改变方向　改变截面轮廓的拉伸方向，如图 3-20 所示即为选择“距面的距离”终止方式创建的拉伸特征情况。默认情况下，拉伸终止于最远的面。

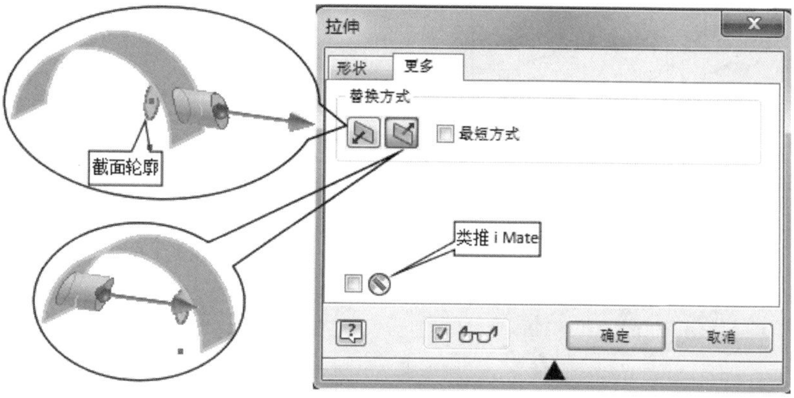

图 3-20　改变方向

b．最短方式　当选择“到”终止方进行拉伸特征创建时，可以通过勾选该项，来制定拉伸终止于距离最近的面上，如图 3-21 所示。

➢　锥度　锥度也叫拔模斜度，在截面轮廓拉伸的方向上使截面面积按照一定比例放大或缩小，系统默认是 0°，使用正值时，截面面积会随着拉伸方向逐渐增大；反之则逐渐减小，如图 3-22 所示。

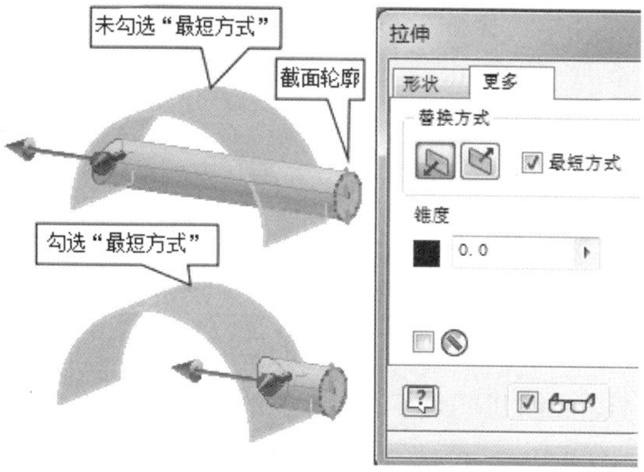

图 3-21　“最短方式”勾选与否的比较

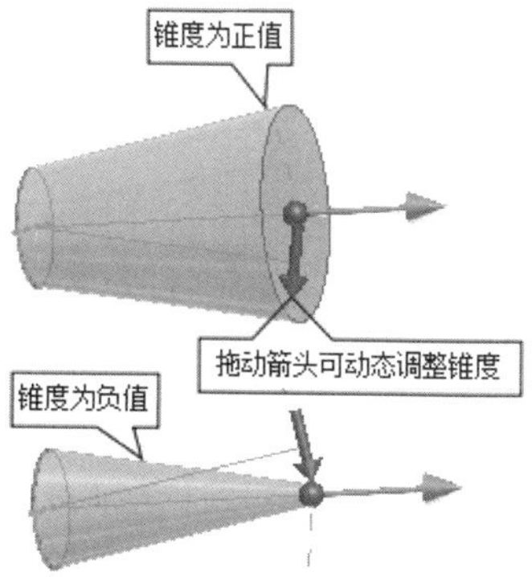

图 3-22　锥度使用效果

➢　类推 i Mate　“类推 i Mate”是基于一种将约束放在可能最有用的位置的自动计算方法，这里不做介绍。

（2）旋转特征　“旋转”特征也是 Inventor 零件造型最基本的特征之一，它是将一个或多个草图轮廓，沿旋转轴旋转一定角度所形成的空间轨迹，常用来创建回转体零件。

在已有草图轮廓的前提下，单击“创建”工具面板上的“旋转”工具按钮，弹出“旋转”窗口。

如果在草图中只有一个截面轮廓，且旋转轴已经设置为中心线样式，那么在执行“旋转”操作后，Inventor 会自动选择截面轮廓和旋转轴，如图 3-23（a）所示；若旋转轴没有设置为中心线样式，那么在执行“旋转”操作后，Inventor 会自动选择截面轮廓的情况下，提示只需要在图形区单击中心轴即可，如图 3-23（b）所示。

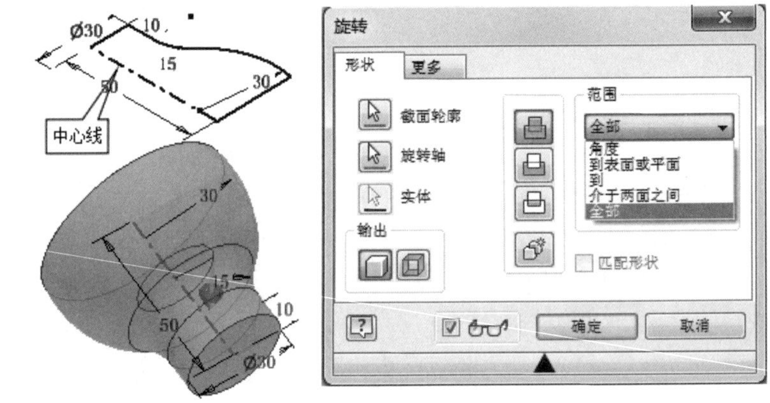

（a）旋转轴为中心线

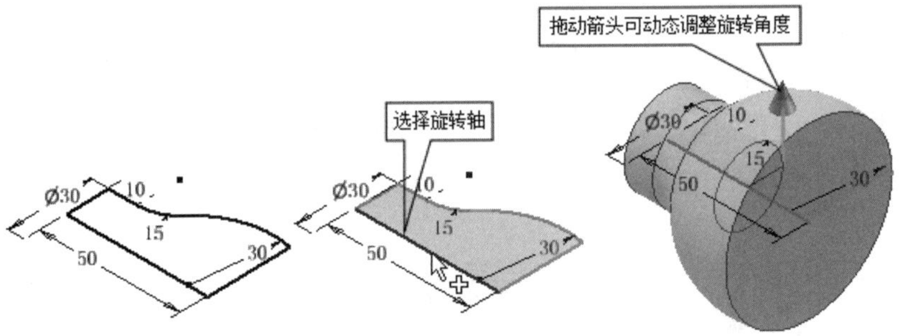

（b）旋转轴为实线

图 3-23　创建旋转特征

①“形状”选项卡　选项卡中各选项含义如下。

➢ 截面轮廓　与“拉伸”窗口中的“界面轮廓”工具一致，这里不再赘述。

➢ 旋转轴　指定旋转特征的中心线，旋转轴既可以是工作轴也可以是普通的直线。

➢ 输出　与拉伸特征一样，设置旋转特征创建的是实体还是曲面。

➢ 布尔运算　与拉伸特征含义一致，有求并、求差、求交三种运算方式。

➢ 范围　用来确定旋转的终止方式，共有 5 种，如图 3-24（a）所示。

a. 全部　创建 360° 的旋转特征，如图 3-24（b）所示。Inventor 默认“全部”方式创建“旋转”特征。

b. 到表面或平面　选择表面或平面用来终止指定方向上的旋转，如图 3-24（c）所示。

c. 到　选择点、面或延伸面来终止旋转特征，如图 3-24（d）所示。

d. 介于两面之间 指定旋转的起始曲面和终止曲面，如图 3-24（e）所示。

e. 角度 将截面轮廓按照指定的角度绕轴单向或双向旋转。如图 3-24（f）所示是采用不对称旋转的情况。另外也可以通过拖动图形上的黄色箭头来动态改变旋转角度。

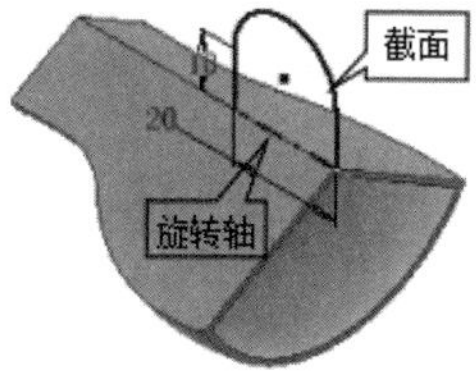

（a）旋转前

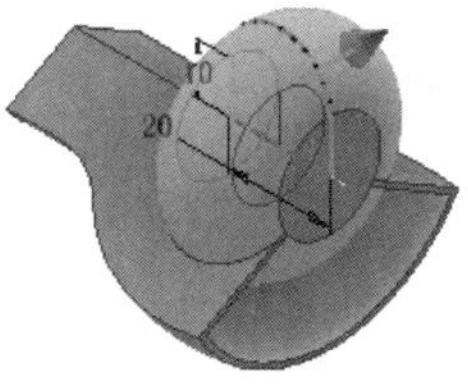

（b）“全部”方式

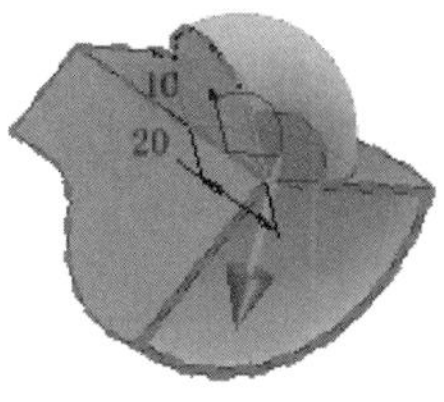

（c）“到表面或平面”方式

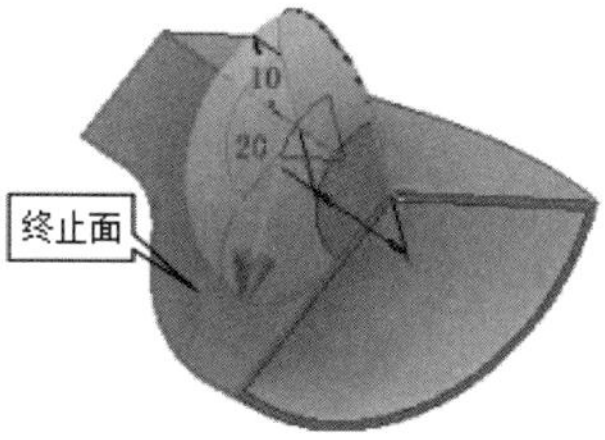

（d）“到”方式

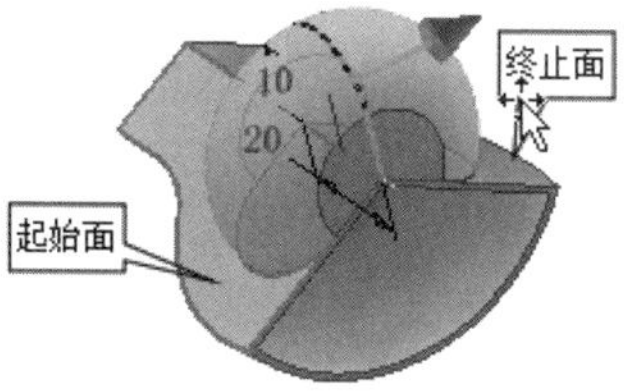

（e）“介于两面之间”方式

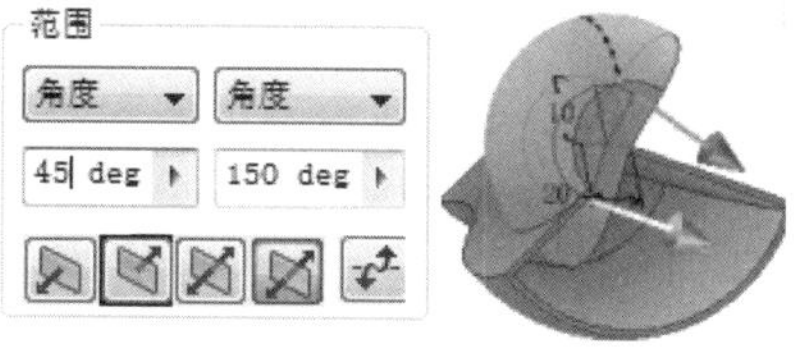

（f）“角度”方式

图 3-24 旋转的终止方式

② “更多”选项卡 当使用“到”“介于两面之间”作为终止方式创建“旋转”特征时，“替换方式”激活，通过方向选择来改变截面轮廓的旋转方向，如图 3-25 所示。

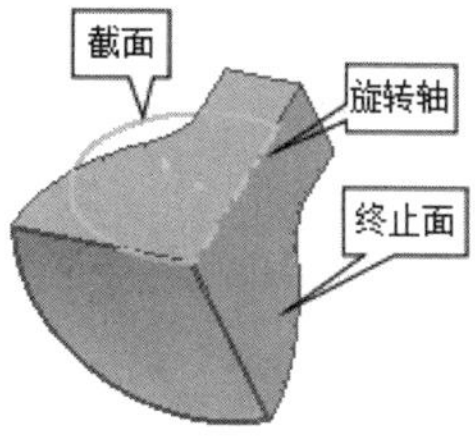

（a）旋转前

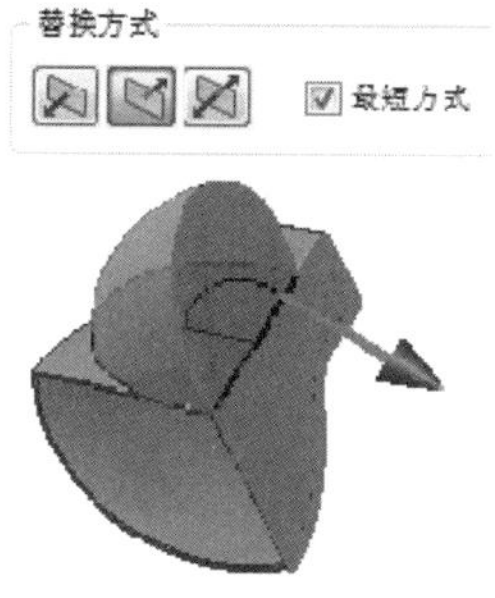

（b）勾选最短方式

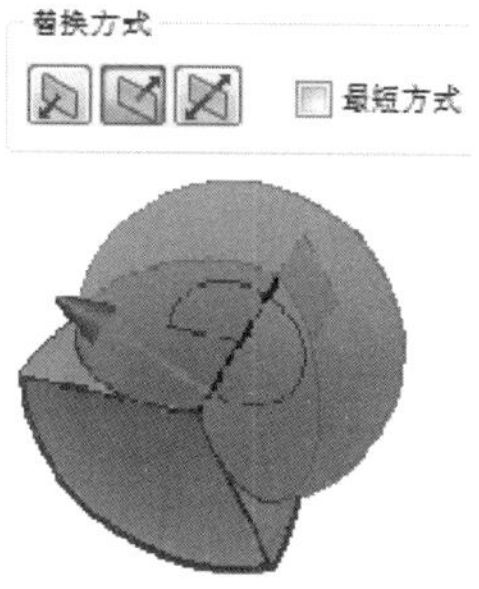

（d）未勾选最短方式

图 3-25 “替换方式”选项的比较

（3）基本要素 对于一些基本的拉伸类、旋转类实体，如长方体、球体等，Inventor 提供了自动绘制草图并执行特征创建的过程，这一工具在“三维模型”选项卡下的“基本要素”工具面板上，如图 3-26 所示。Inventor 安装后，“基本要素”工具面板默认是隐藏的，因此需要通过工具面板的右键菜单，让其显示在工具面板上。

基本要素有 4 种：长方体、球体、圆柱体、圆环体。前三种的创建步骤基本一样，这里选取第一种进行介绍。

① 长方体 在执行“长方体”工具后，需要四步操作即可完成长方体的创建。

图 3-26　基本要素工具

➢　提示用户选择平面以创建草图，如图 3-27（a）所示，选择平面后进入草图环境。

➢　提示选择长方形的中心，如图 3-27（b）所示，捕捉矩形中心。

➢　提示绘制矩形拐角，即矩形的长、宽，如图 3-27（c）所示，矩形绘制完后，单击鼠标或按回车键，完成草图绘制并退出草图环境。

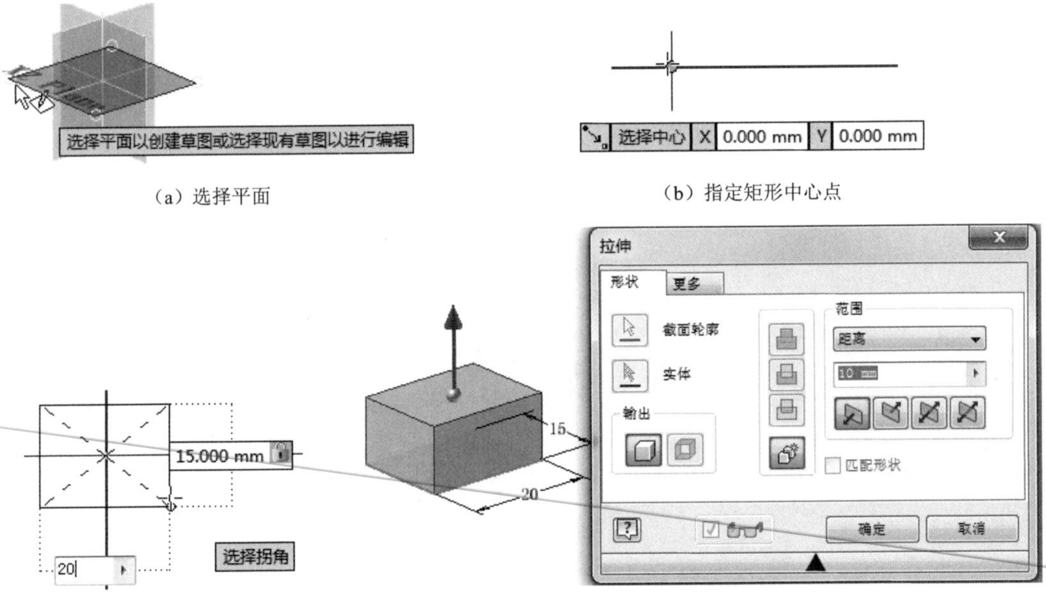

（a）选择平面　（b）指定矩形中心点

（c）绘制矩形　（d）创建拉伸

图 3-27　“长方体”工具使用

➢　自动创建拉伸特征并弹出“拉伸”窗口，在窗口中设置后，单击“确定”按钮，完成长方体的创建。

② 圆环体 ◎　在执行“圆环体”工具后，需要五步操作完成圆环体的创建。

➢　提示用户选择平面以创建草图，如图 3-28（a）所示，选择平面后进入草图环境。

➢　提示选择圆环体中心，如图 3-28（b）所示。

➢　提示选择圆环体截面的中心，如图 3-28（c）所示。

➢ 提示选择圆环体上的点及截面半径，如图 3-28（d）所示，绘制完后单击鼠标或按回车键，退出草图环境。

➢ 自动创建旋转特征，弹出“旋转”窗口，如图 3-28（e）所示。单击“确定”按钮，完成圆环体的创建。

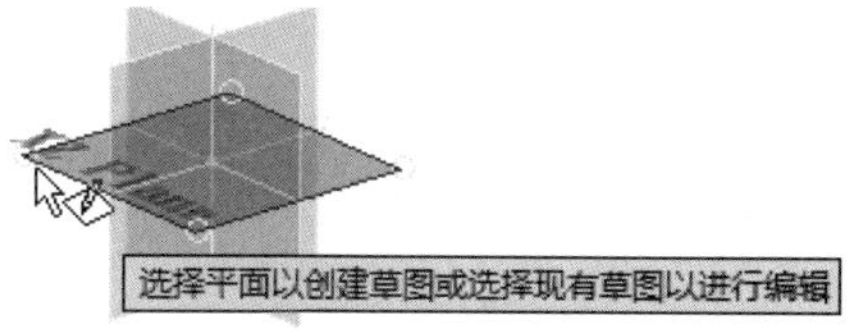

（a）选择平面

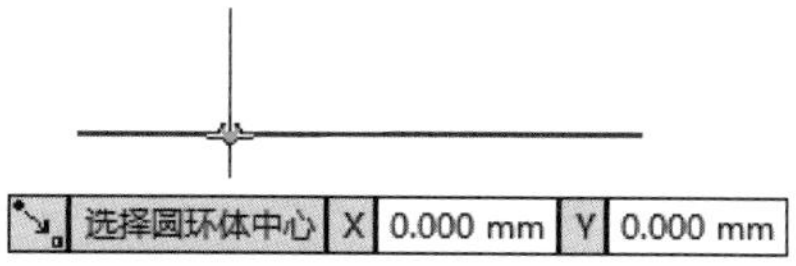

（b）指定圆环体中心

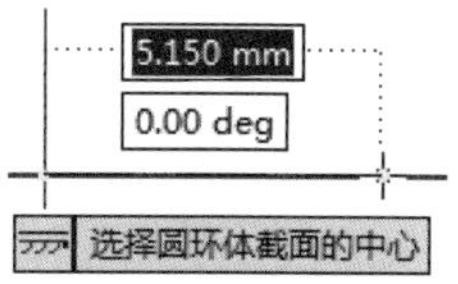

（c）选择圆环体截面中心

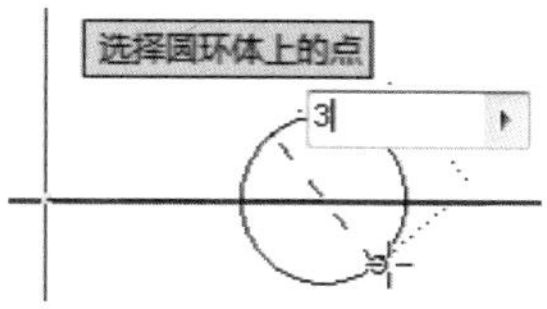

（d）指定圆环体上的点

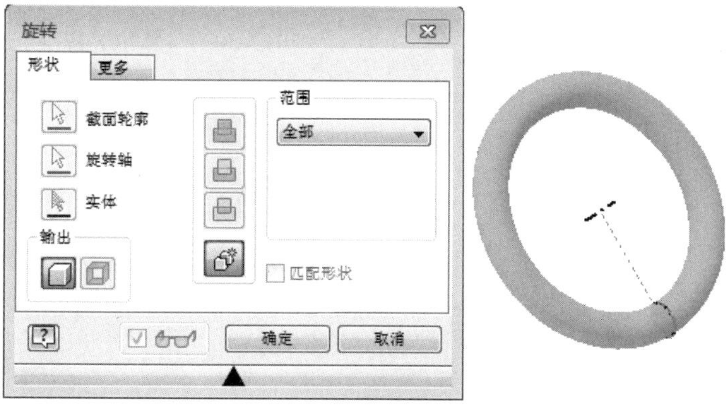

（e）执行旋转特征

图 3-28 圆环体工具

3. 放置特征

放置特征位于“三维模型”选项卡下的“修改”工具面板上，如图 3-29 所示。在本任务中先来学习圆角、倒角、螺纹 3 个特征。

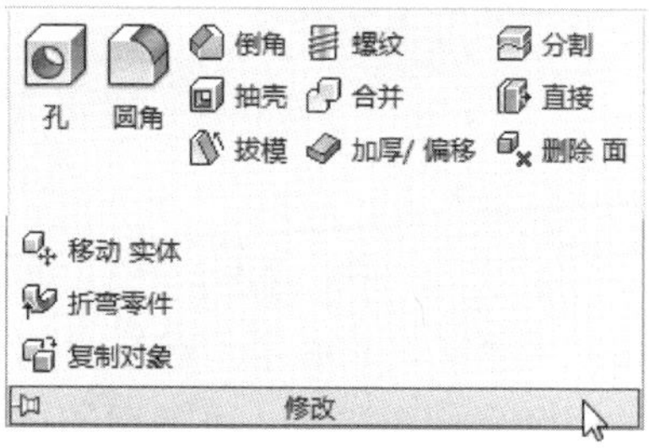

图 3-29 “修改”工具面板

（1）圆角 “圆角”特征可以为零件添加圆角或圆边，从而使零件美观，并有效疏散应力。

单击“圆角”工具按钮，弹出“圆角”窗口，如图 3-30 所示。在“圆角”窗口中，圆角方式有如下 3 种。

① 边圆角 表示在零件的一条边或多条边上添加圆角或圆边，这是 Inventor 默认的圆角方式，在该方式下的圆角半径有如下 3 种形式。

➢ “等半径 ” 选项卡下各选项含义如下。

a. 边 在零件上选择需要添加圆角的边，可以单击选择多条边，如果选择了错误的边，可以在按住 Ctrl 键或 Shift 键的同时再次单击选择的边，即可将其取消选择。

b. 半径 设置圆角半径的大小，也可以通过拖动图形区的黄色箭头，动态调整圆角半径。

图 3-30　“圆角”窗口

c. 单击以添加　当对不同边进行不同半径的圆角时，可以通过该项添加需要圆角的边，如图 3-31 所示。

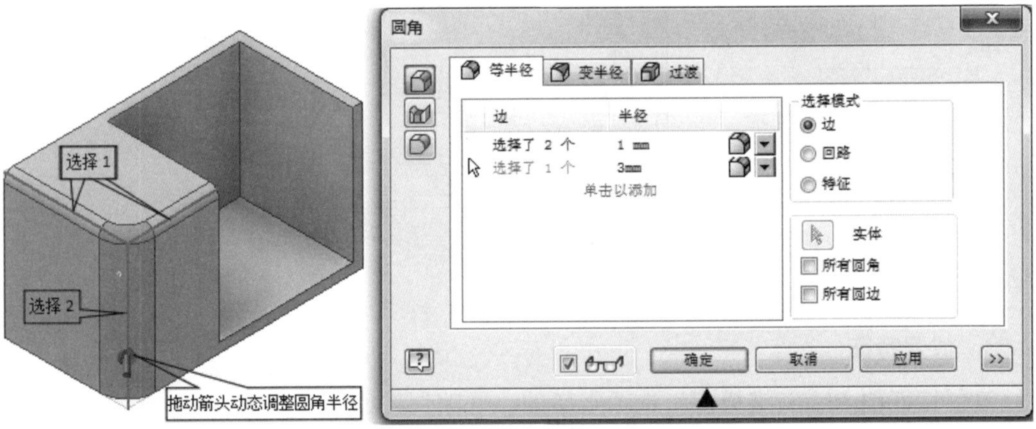

图 3-31　对多条边进行不同半径的圆角

d. 连续性　圆角的连续性有“相切（G1）圆角”和“平滑（G2）圆角”两种形式，如图 3-32（a）所示。默认是第一种形式，当采用“平滑（G2）圆角”选项时，在圆角面之间会生成更平滑、更美观的过渡。粗略地看这两种方式没什么区别，但是如果在圆角后，标注圆角尺寸的时候会发现差别。如图 3-32（b）所示，就是圆角半径为 1mm 时，分别采用两种连续性的圆角方式。

（a）圆角的连续性　　（b）圆角的连续性比较

图 3-32　圆角的连续性应用

e．选择模式　有“边”“回路”“特征”三种模式，默认是第一种模式。

● 边　选择或删除单条边，如图 3-33（a）所示。

● 回路　选择或删除面上的封闭回路，如图 3-33（b）所示。

● 特征　选择或删除与某个特征相联系的所有边，如图 3-33（c）所示，就是选择抽壳特征时的情况。

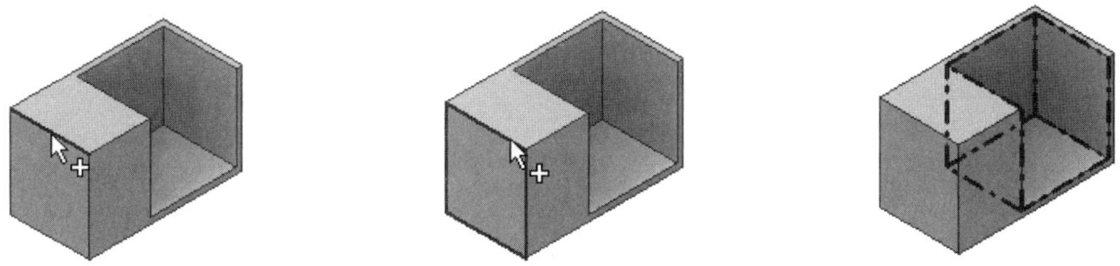

（a）选择边　（b）选择回路　（c）选择特征

图 3-33　选择模式

f．实体　当零件中有多个实体的时候，可用来选择或删除参与圆角的实体。

g．所有圆角　选择或删除所有未圆角的内凹边和拐角，如图 3-34 所示。

h．所有圆边　选择或删除所有未圆角的外凸边和拐角，如图 3-35 所示。

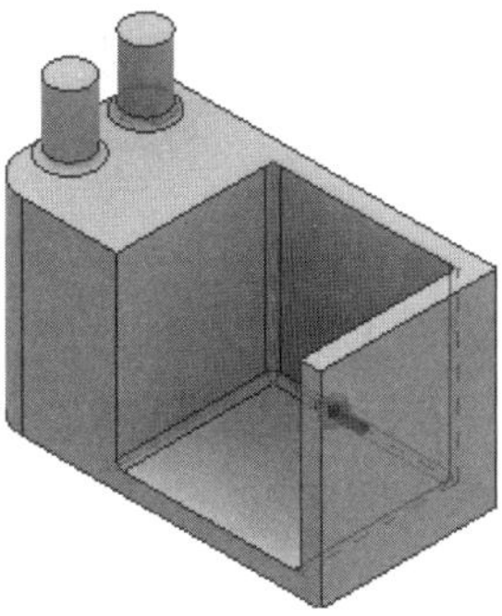

图 3-34　所有圆角

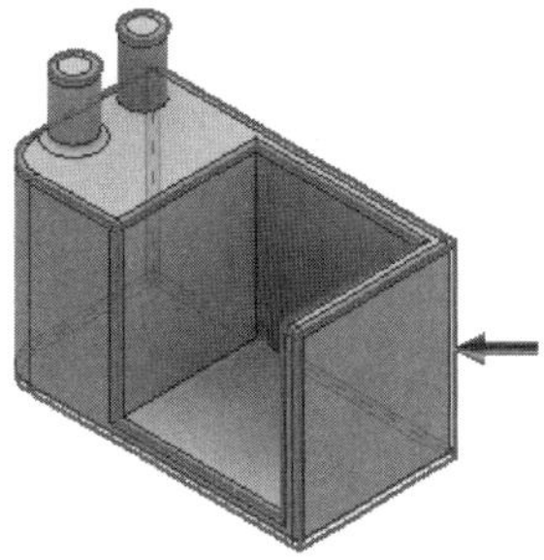

图 3-35　所有圆边

i．更多选项　单击窗口右下角的更多选项按钮将窗口展开，如图 3-36 所示。

图 3-36　更多选项

● 沿尖锐边旋转　当圆角半径超出相邻面时，若不勾选该项，则会将相邻面延伸，以保证等半径圆角；勾选该项可以通过修改圆角半径以保持相邻面不延伸，如图 3-37 所示。

● 在可能的位置使用球面连接　勾选该选项后，可以创建一个边圆角，它就像一个球沿着边并绕着拐角滚动的轨迹一样，如图 3-38 所示。

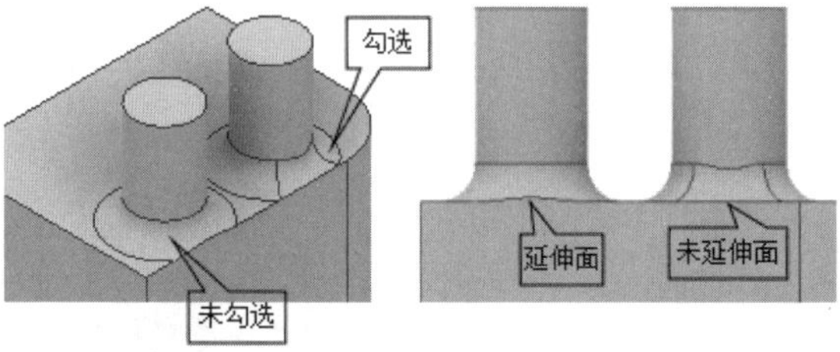

图 3-37　“沿尖锐边旋转”选项的功能

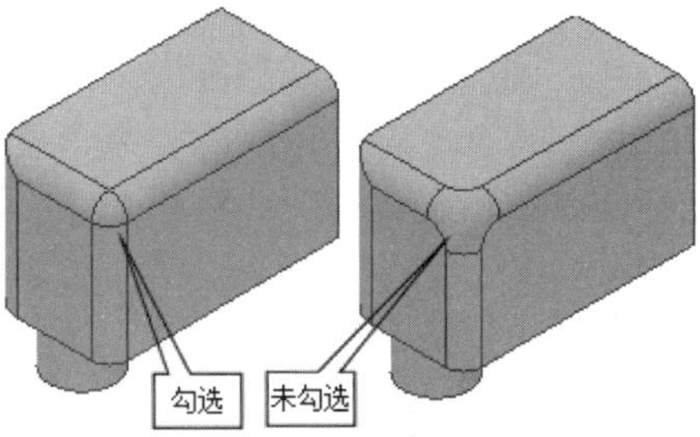

图 3-38　“在可能的位置使用球面连接”选项的功能

- 自动链选边　若勾选该选项，在选择圆角边的时候，会把与圆角边相切的边一并选择，如图 3-39 所示。
- 保留所有特征　涉及圆角操作的计算方法，这里这里不做介绍。
- 帮助点　只有在“面圆角”时，该选项才被激活，后面会介绍到。

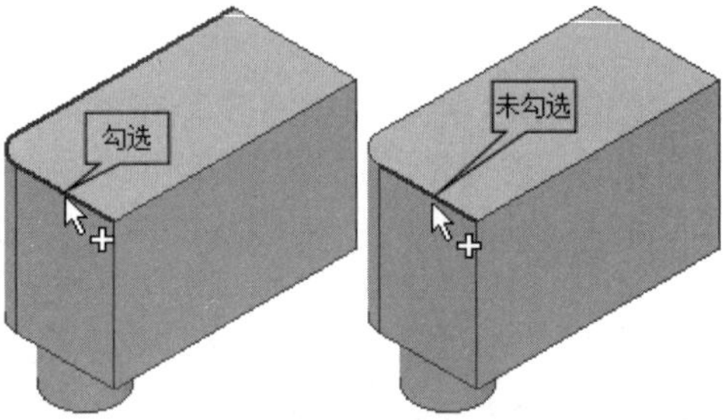

图 3-39　“自动链选边”选项的功能

➢　“变半径 ”选项卡中的选项用于为选择边的起点和终点设置不同的圆角半径，也可以在边上添加中间点，并为中间点设置不同的圆角半径，然后指定过渡类型以指定圆角的形状。该选项卡中的各选项的含义如下。

a. 点　默认有两个点，分别是圆角边的两个端点，即开始点和结束点。单击该工具，可以沿着圆角边移动指示器至所需位置，单击可以添加点，如图 3-40 所示。

图 3-40　添加点

说明　若圆角边是封闭回路，如圆柱端面，那么则没有起始点和结束点。

b. 半径　指定添加点的圆角半径。

c．位置　添加点在圆角边的位置，介于 0～1 之间。

d．平滑半径过渡　勾选该项，那么在变半径的两个点之间相切过渡，否则线性过渡，如图 3-41 所示。

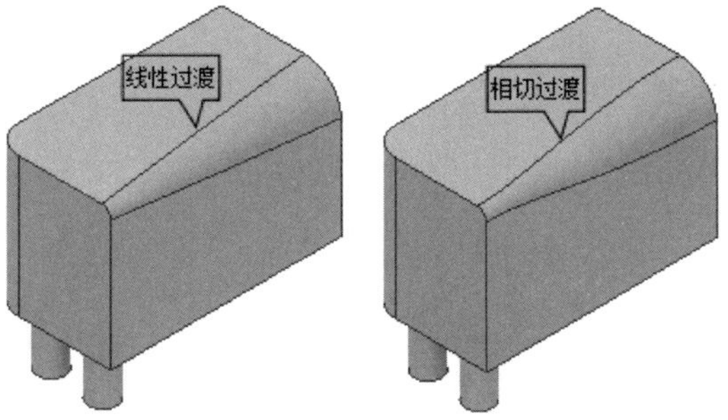

图 3-41　“平滑半径过渡”选项的功能

➢　“过渡”选项卡中的选项　用于在相交边上的圆角之间定义相切连续的过渡，可以对相交的每条边指定不同的过渡方式。该选项卡下各选项的含义如下。

a．顶点　指定相交边的顶点。指定顶点后，右侧的“边”“过渡”选项被激活，如图 3-42（a）所示。单击“单击以添加”选项，可以添加其他顶点。

b．最小　定义顶点所允许的最小过渡，勾选该选项后，右侧的“边”“过渡”选项则不起作用，如图 3-42（b）所示。

c．边　指定一条与所选顶点相交的边。

d．过渡　指定所选顶点处的过渡距离，如图 3-42（c）所示。

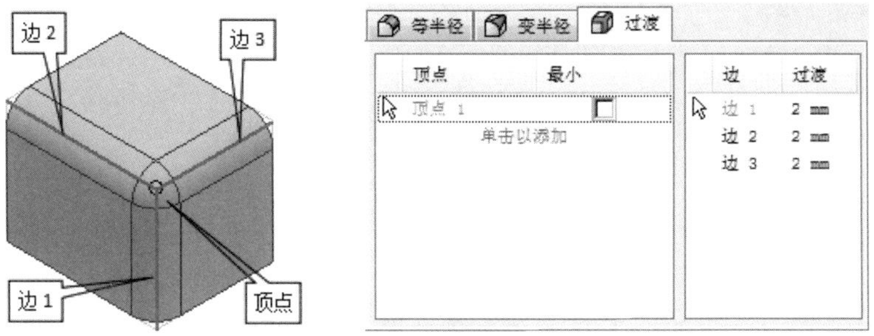

（a）指定顶点

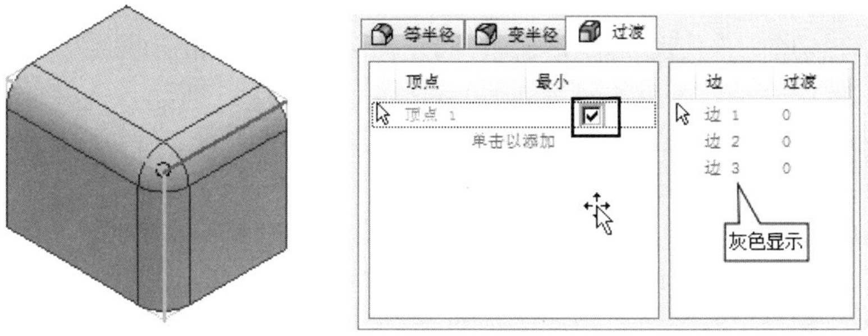

（b）勾选“最小”选项

图 3-42　“过渡”选项卡

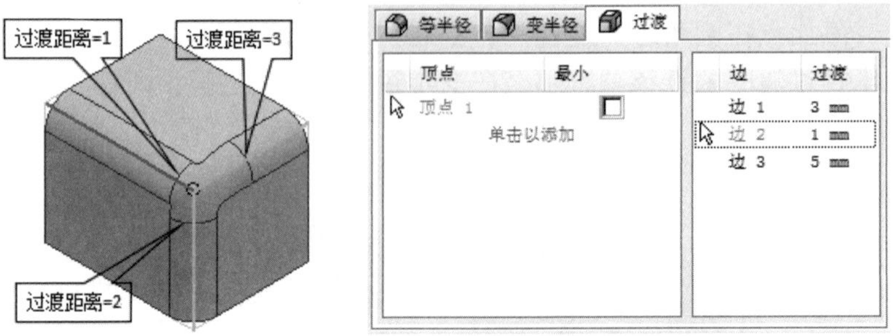

（c）指定顶点

图 3-42　“过渡”选项卡（续）

② 面圆角　在不需要指定共享边的情况下，在零件的两个选定面集之间创建圆角，如图 3-43 所示，该方式下各选项含义如下。

图 3-43　“面圆角”方式

➢ 面集 1　指定第 1 个面集中的一个或多个相切、连续面。若要添加面，可通过“选择器”进行添加。单击“方向”工具按钮，可反转在选择曲面时要创建圆角的边。

➢ 面集 2　指定第 2 个面集中的一个或多个相切、连续面。

说明 在 Inventor 中两个不接触的面集也可以创建面圆角，如图 3-44 所示。

➢ 半径　设定面圆角的圆角半径。

➢ 包括相切面　勾选该选项，则允许圆角在选择的面的相切面上自动继续，如图 3-45 所示，该项默认选中。

➢ 优化单个选择　若勾选该选项，那么在选择单个面后，自动进行到下一个选择命令，因此勾选该选项时一个面集只能选择一个面。

➢ 帮助点　如果在极个别情况下，两个面集可能有多条边相交，在面圆角的时候，具有不确定性，因此需要借助“帮助点”来消除这种不确定性。如图 3-46（a）所示的两个面集有个两条边相交，这时可以勾选“帮助点”选项，通过指定点，来确定靠近指定点的边被强制圆角，如图 3-46（b）所示。

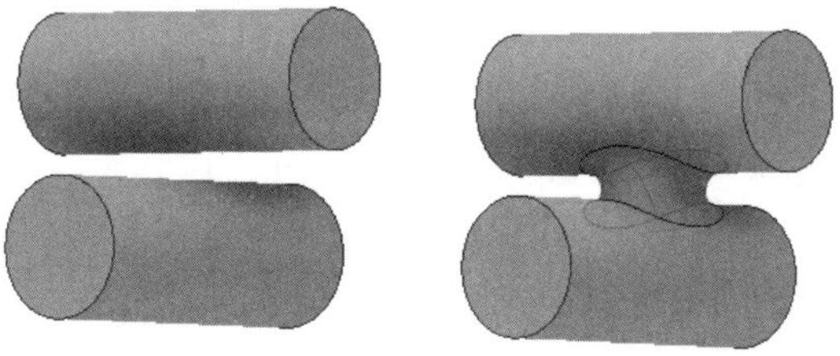

（a）圆角前　　（b）圆角后

图 3-44　不接触的面集之间创建的面圆角

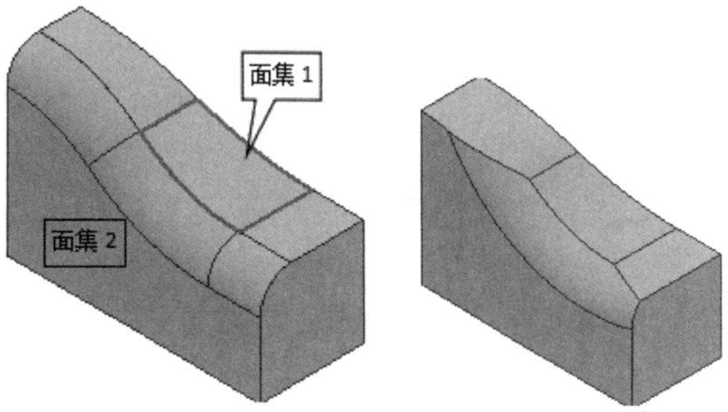

（a）勾选　　（b）未勾选

图 3-45　“包括相切面”选项的功能

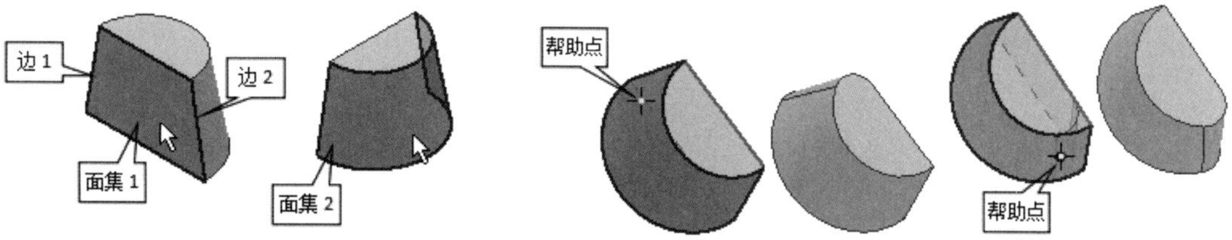

（a）圆角前　　（b）圆角后

图 3-46　使用“帮助点”选项

③ 全圆角　指添加与三个相邻面相切的圆角或圆边，如图 3-47 所示。该方式下各选项含义如下。

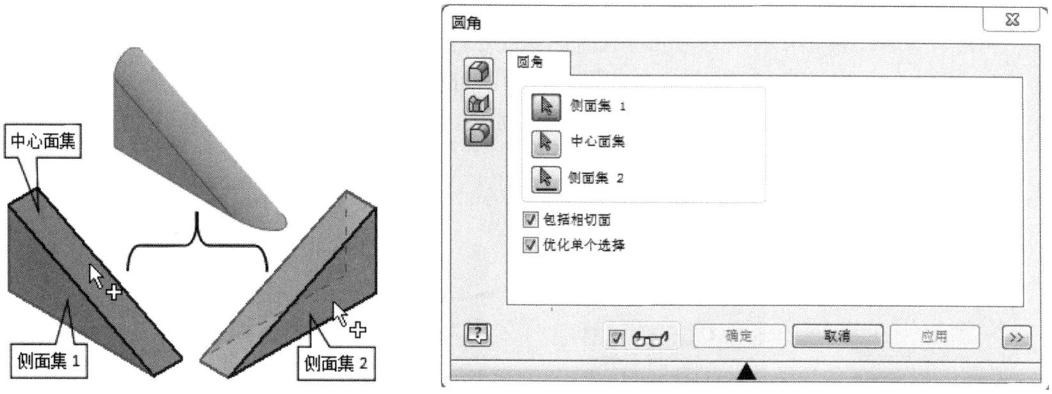

图 3-47　“全圆角”方式

- 侧面集 1　指定与中心面集相邻的一个或多个相切、连续面，可通过“选择器”工具按钮添加面。
- 中心面集　指定使用圆角替换的一个或多个相切、连续面。
- 侧面集 2　指定与中心面集相邻的另一侧的一个或多个相切、连续面。

（2）倒角　“倒角”特征可以使零件的边变为斜角。单击“倒角”工具按钮，弹出“倒角”窗口。在“倒角”窗口中有“倒角边长”“倒角边长和角度”“两个倒角边长”三种方式，如图 3-48 所示。

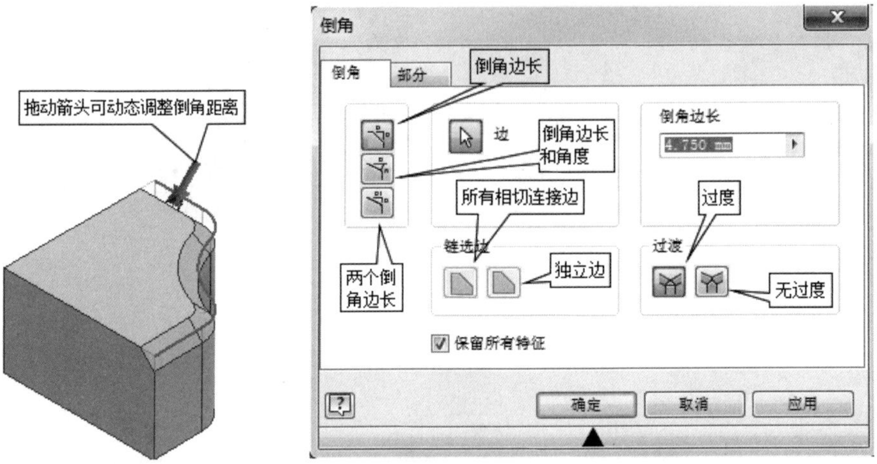

图 3-48 “倒角边长”方式

① 倒角边长 该方式通过指定与两个面的交线偏移同样的距离来创建倒角，该方式下有两个选项卡。

➢ “倒角”选项卡 该选项卡是默认选项卡，选项卡中各选项含义如下。

a. 边 设置放置倒角的边，可以选择一条边、多条边或者相连的边界以创建倒角。

b. 倒角边长 设置倒角的距离，也可以通过拖动图形区中的黄色箭头，动态调整倒角距离。

c. 链选边 通过该选项可以控制是否只对当前边倒角，还是对跟当前边相切的所有边进行倒角，如图 3-49 所示。该项必须在选择倒角边之前进行方式切换。

d. 过渡 当选择多条边倒角时，通过该选项可以定义倒角边相交于拐角时的外观。该项有“过渡”和“无过渡”两种形式，如图 3-50 所示。该选项只有在当前倒角方式下才可用。

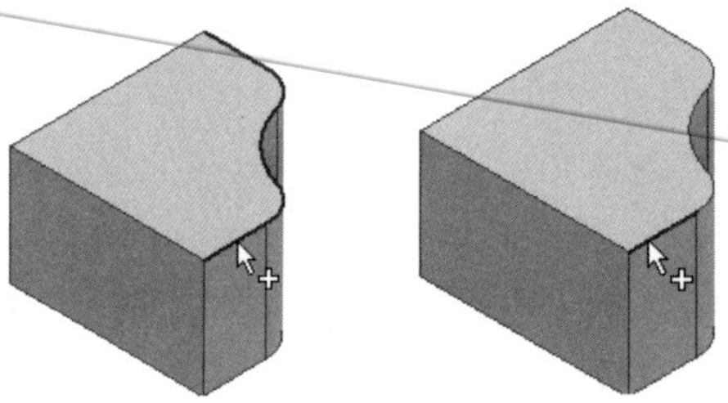

（a）所有相切连接边 （b）独立边

图 3-49 “链选边”选项的使用

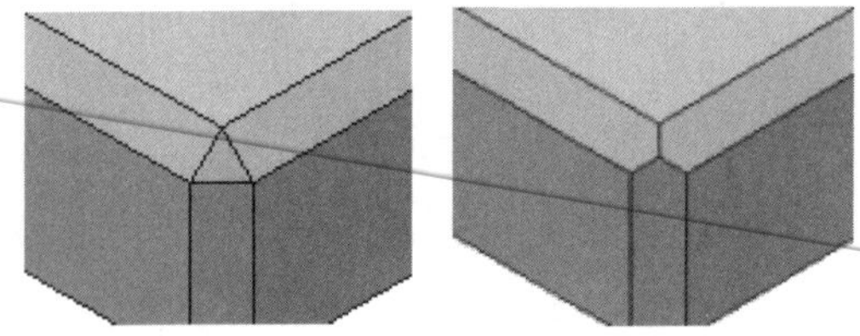

（a）过渡 （b）无过渡

图 3-50 “过渡”选项的使用

➢ “部分”选项卡 该选项卡是通过对现有的倒角边定义起始点和结束点的位置来创建局部倒角，如图 3-51 所示。

a. 边 如果有多条边倒角时，选择需要局部倒角的边。当在预设置局部倒角的边上移动鼠标时，会有个小黄点在倒角边上跟随光标一块移动，在合适位置单击鼠标，小黄点变成大黄点，拖动该点可以动态调整局部倒角的结束位置，如图 3-52 所示。

图 3-51　“部分”选项卡

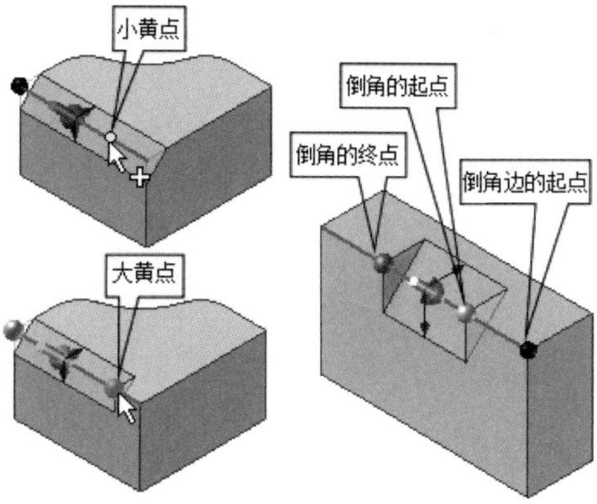

图 3-52　选择边

b. 开始　确定倒角边的起点到倒角起点的距离。

c. 倒角　倒角的长度。

d. 结束　确定倒角边的终点到倒角终点的距离。

e. 合计　边的总长度，一般是固定不变的。

f. 设置联动尺寸　可将“开始”“倒角”“结束”三个距离中的一个设置为联动尺寸，设置为联动尺寸的选项不能再进行数值设定。

若要想删除一行局部倒角，只需在要删除的行上，单击鼠标右键，单击“清除”命令即可。

② 倒角边长和角度　该方式通过指定自某条边的偏移和选择面到此偏移边的角度来定义倒角，一次可以为选定面的任何边或者所有边进行倒角，如图 3-53 所示。执行该种倒角方式时，先选择面，再选择边。窗口中的各个选项含义与前面的相同，这里不再赘述。

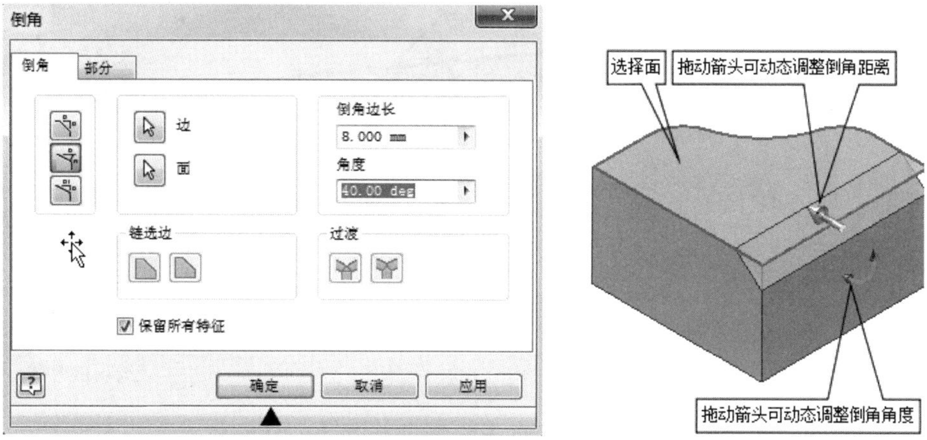

图 3-53　“倒角边边长和角度”倒角方式

③ 两个倒角边 该方式按到每个面的指定距离在单条边上创建倒角，可以使用“反向”命令交换两个倒角距离，如图 3-54 所示。

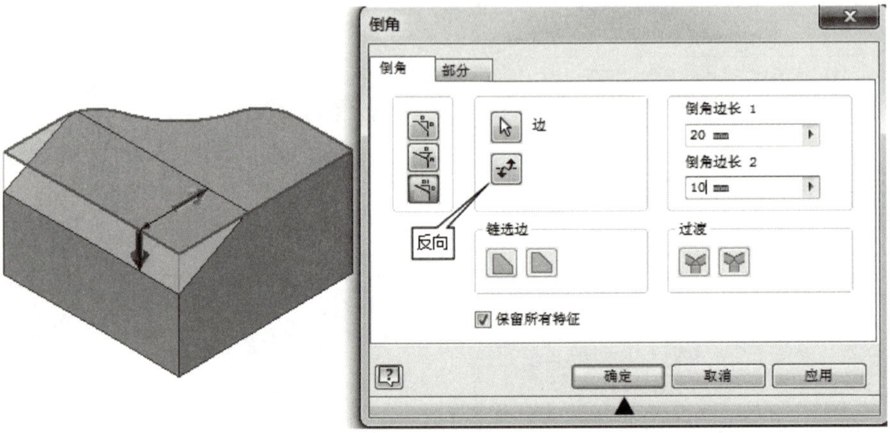

图 3-54 “两个倒角边”倒角方式

（3）螺纹 在机械设计中，螺纹连接也是最常用的连接方式。螺纹特征可以在完整或部分的圆柱体或圆锥体表面创建螺纹。在 Inventor 中，螺纹特征创建的螺纹并不具有真正的几何结构，而只是对表面的一个贴图。

单击“螺纹”工具按钮，打开“螺纹”窗口，如图 3-55 所示。窗口中有两个选项卡，下面分别介绍。

① “位置”选项卡 该选项卡下各选项含义如下。

➢ 面 选定单一圆柱面或圆锥面放置螺纹。

➢ 在模型上显示 指定是否在模型上使用螺纹表达，默认为勾选该选项，如图 3-56 所示。

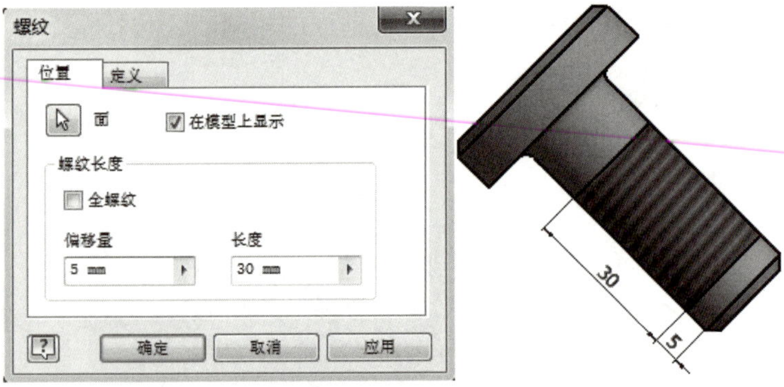

图 3-55 “螺纹”窗口

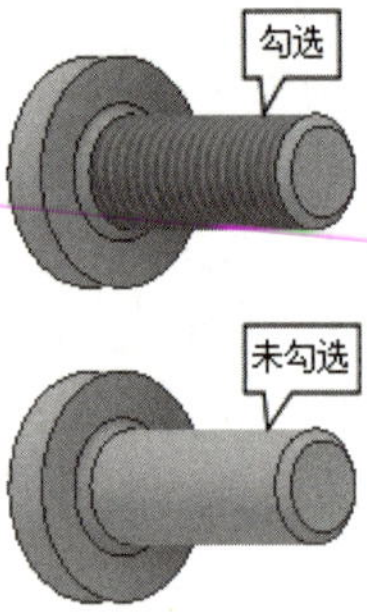

图 3-56 “在模型上显示”选项的功能

➢ 全螺纹 勾选该选项表示在指定面的整个长度上创建螺纹，如图 3-56 所示。

➢ 偏移量 当创建非全螺纹时，该选项生效，用来定义螺纹距起始端面的距离，如图 3-55 所示。

➢　长度　该选项也是在创建非全螺纹时生效，用来定义螺纹的长度，如图 3-55 所示。

②　“定义”选项卡　该选项卡用来定义螺纹的规格，选项卡中各选项含义如下。

➢　螺纹类型　通过下拉箭头来选择公制、英制等类型，这里选择公制“GB Metric profile”，如果创建管螺纹，就选择“GB Pipe Threads”，如图 3-57 所示。

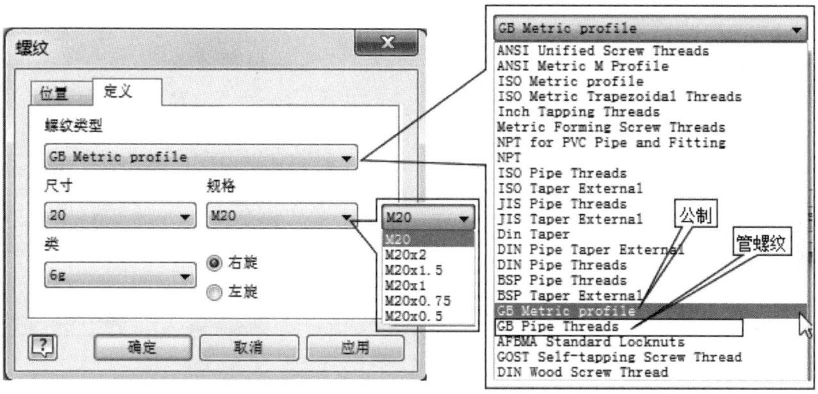

图 3-57　“定义”选项卡

➢　尺寸　为所选螺纹类型选择公称直径，默认是基础模型所选面的直径。

➢　规格　选择螺纹的螺距。

➢　类　设置螺纹的精度等级。

➢　方向　定义螺纹的旋向，即指定是“右旋”还是“左旋”。

4．特征编辑

设计本来就是一个反复修改的过程，因此有些特征在创建后，很可能根据需要重新进行编辑。特征的编辑方法有多种，下面就来学习一下常用的几种。

（1）通过右键菜单编辑特征　使用右键菜单是最常用的特征编辑方法。在浏览区的模型树中，将鼠标移至要编辑的特征名称上，单击鼠标右键，在右键菜单中选择“编辑特征”选项，就可重新打开“特征”窗口，在窗口中按照所需重新进行设置即可完成特征编辑，如图 3-58 所示。

（2）小工具栏编辑特征　在前面介绍草图知识的时候，提到利用小工具栏进入草图环境。这里来学习一下利用小工具栏编辑特征。弹出小工具栏的方法有两种：一是在浏览区的模型树中，将鼠标移至要编辑的特征名称上，单击鼠标，在图形区就会弹出小工具栏，然后单击相应的工具按钮，即可进行特征编辑，如图 3-59 所示；二是直接在图形区的模型上，单击要编辑的特征，也可弹出小工具栏。这里学习一下小工具栏中各选项的含义。

①　编辑拉伸 　单击打开拉伸特征窗口，可对拉伸特征重新进行设置。

②　编辑草图 　编辑创建拉伸特征的基础草图。

③　共享草图 　有时一个草图可能参与多个特征的创建，当单击“共享草图”后，Inventor 会对该草图创建一个副本并显示于父特征的上面，如图 3-60 所示。要将草图停止共享，可在浏览区模型树中已共享的草图名称上面，单击鼠标右键，在弹出的右键菜单中

选择“停止共享”选项，或者单击小工具栏上的“停止共享草图”工具按钮，均可将草图停止共享，如图 3-61 所示。

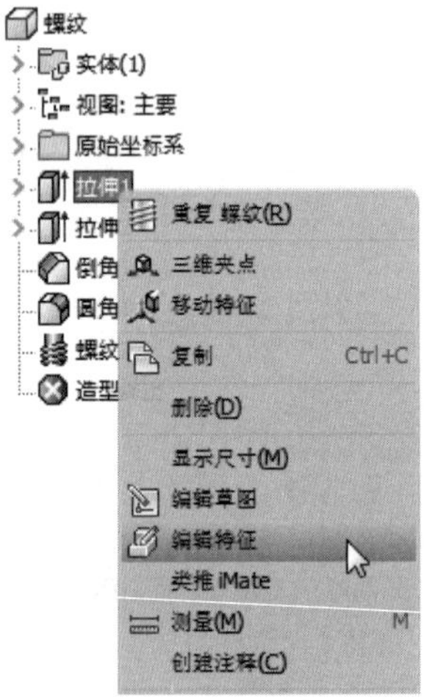

图 3-58　右键菜单编辑特征

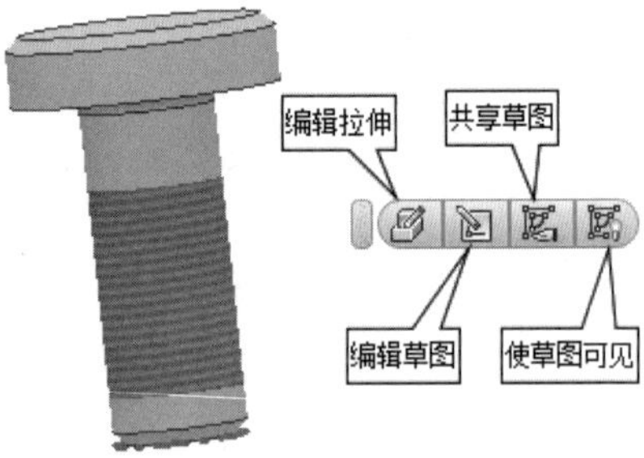

图 3-59　小工具栏编辑特征

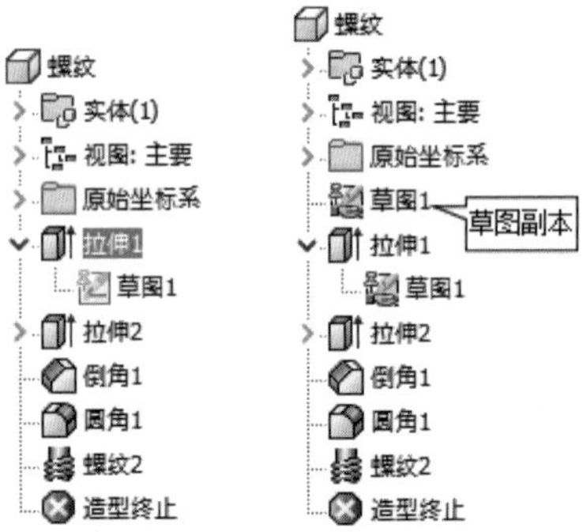

（a）共享前　（b）共享后

图 3-60　共享草图

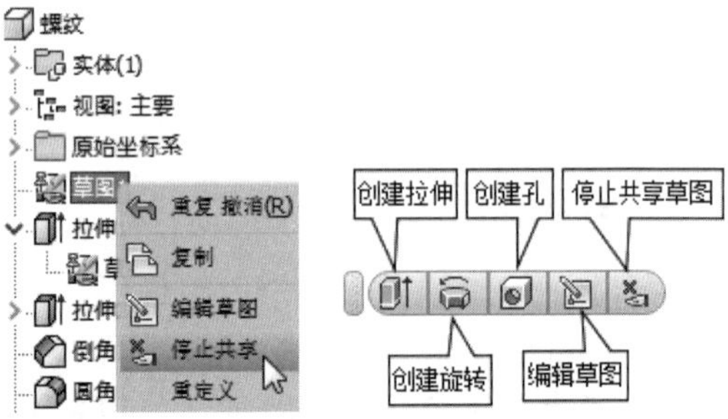

（a）右键菜单　（b）小工具栏

图 3-61　停止共享草图

④ 使草图可见 Inventor 在创建草图特征后，会自动将草图隐藏，单击该工具按钮，可将草图可见。

说明 对于不同的草图、特征、工作平面等，其小工具栏上罗列的操作工具按钮有所不同，这里不再一一赘述。

5. 零件特性

每一个 Inventor 文件，都具有一组称为 iProperty 的文件属性，其包含了零件代号、描述、物理材料等方面的特性要求。使用 iProperty 可以来分类、管理设计文件，以及自动更新工程图中的标题栏和明细栏。

从“文件”菜单中选择“iProperty”选项，即可打开“螺纹 iProperty”窗口，如图 3-62 所示。在该窗口中有“常规”“概要”“项目”“状态”“自定义”“保存”“物理特性”7 个选项卡。这里只简单介绍常用的“常规”“项目”“物理特性”三个选项卡，对于其他选项卡，读者可自行学习。

（1）“常规”选项卡　在该选项卡中显示了文件的类型、打开方式、创建日期等相关信息，如图 3-62（b）所示。

（2）“项目”选项卡　在该选项卡中可以对零件代号、库存编号、描述、设计人等相关信息进行设置，如图 3-62（c）所示。

（3）“物理特性”选项卡　在该选项卡中，可以对零件的材料进行设置，并针对不同的材料显示密度、质量、体积等相关信息，如图 3-62（d）所示。

零件的材料除了从“螺纹 iProperty”窗口中的“物理特性”选项卡下设置外，还可以通过另外两种途径进行设置。

一是通过快速访问工具栏上的“材料”工具按钮右侧的下拉菜单进行设置，如图 3-63（a）所示。单击“材料”工具按钮，便可打开“材料浏览器”窗口，如图 3-63（b）所示。在该窗口中可以对材料的外观、物理属性等信息进行设置，这里不做介绍，感兴趣的读者可以自行学习。

二是在“工具”选项卡下的“选项”工具面板上，单击“文档设置”工具按钮，如图 3-64（a）所示。在弹出的“螺纹 文档设置”窗口中，进入“标准”选项卡，从中可以选择零件的材料，如图 3-64（b）所示。在“单位”选项卡下，可以对文件的单位、精度等进行设置，如图 3-64（c）所示。

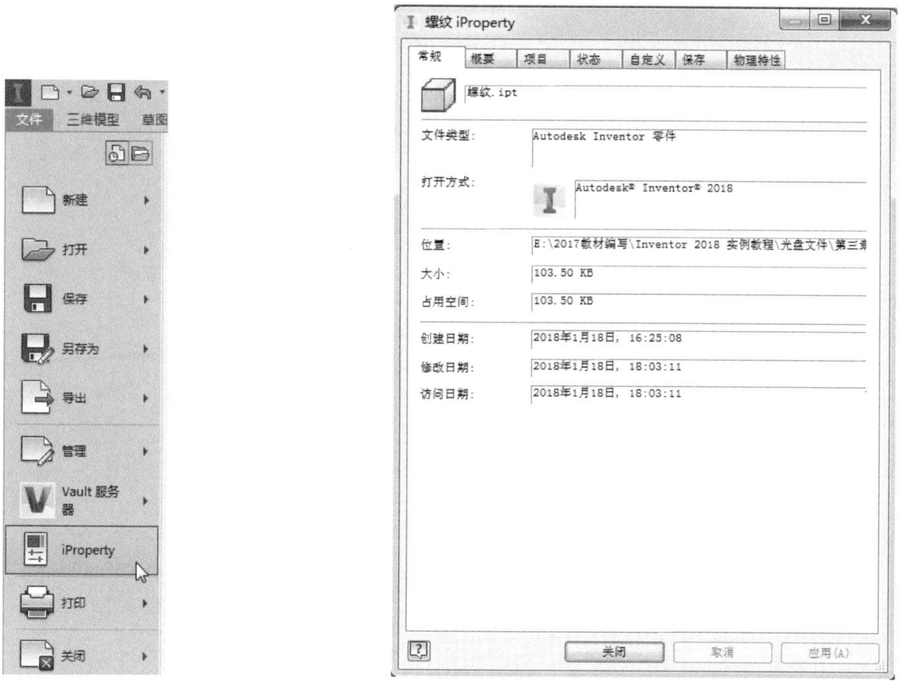

（a）“iProperty”选项　　（b）“常规”选项卡

图 3-62　“螺纹 iProperty”选项及窗口

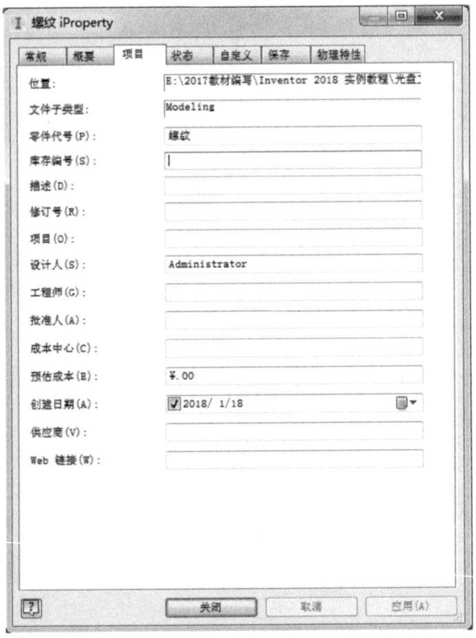

（c）“项目”选项卡

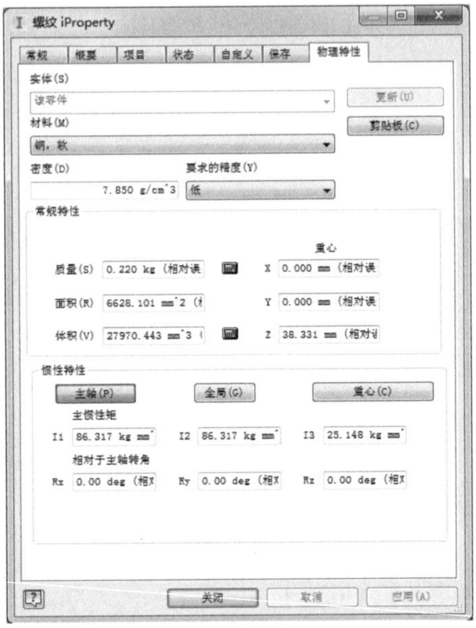

（d）“物理特性”选项卡

图 3-62 “螺纹 iProperty”选项及窗口（续）

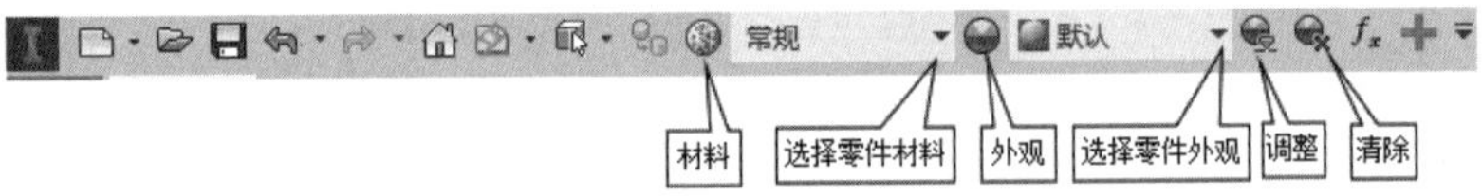

（a）快速访问工具栏

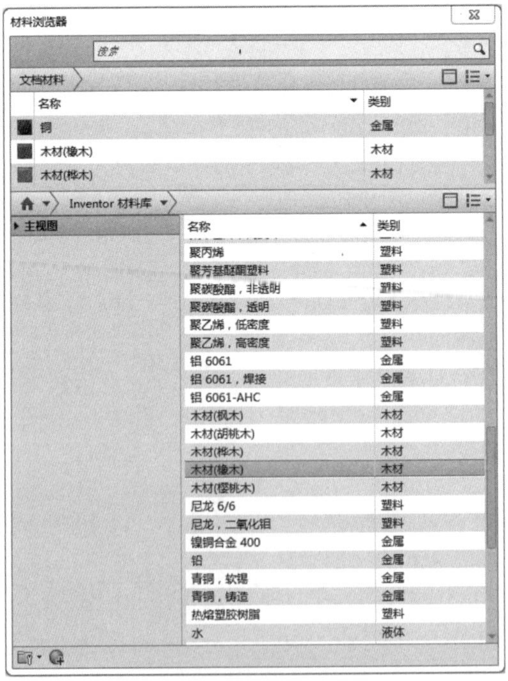

（b）“材料浏览器”窗口

图 3-63 快速访问工具栏设置材料属性

（a）“文档设置”工具按钮

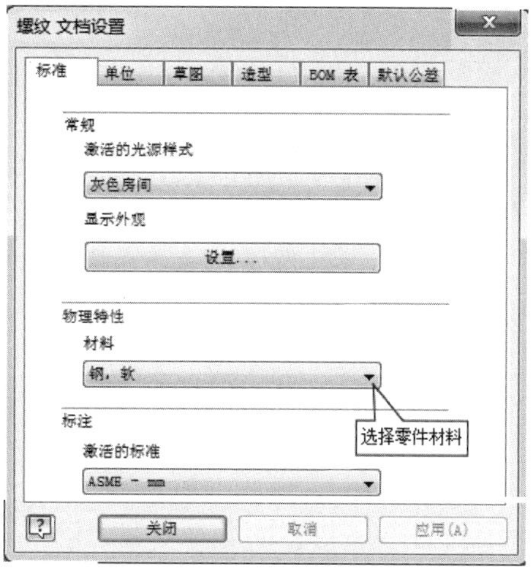

（b）“标准”选项卡

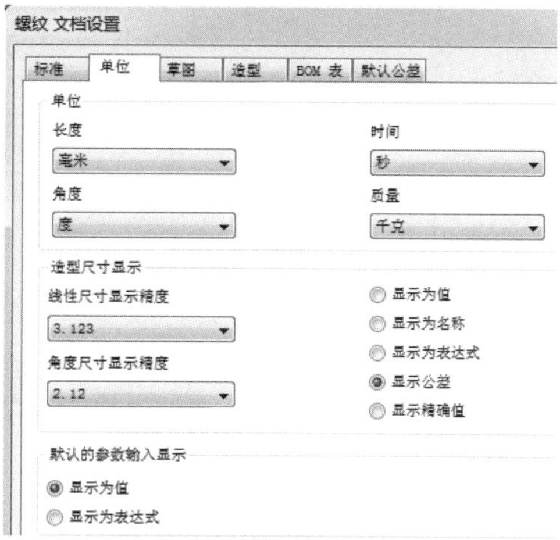

（c）“单位”选项卡

图 3-64 “螺纹 文档设置”窗口

6. 外观特性

在设计过程中，为了更好地展现设计效果，往往需要对零件的外观进行颜色设置。在图 3-63（b）所示的材料浏览区中可看到，针对不同的材料，Inventor 已经赋予了相应的颜色，但往往有些材料的颜色仍然满足不了设计的要求，这时就需要对零件的外观重新进行颜色设置。另外在设计过程中，有时需要对零件的某一个特征或者某一个面赋予不同的颜色。这个时候也需要进行相应的设置。

（1）零件外观设置 如果需要设置整个零件的外观，可以通过“快速访问”工具栏，在“外观”工具右侧的下拉菜单中进行选择。如果单击“外观”工具按钮，可打开“外观浏览器”窗口，对 Inventor 的材料库中的材料外观进行设置，如图 3-65 所示。

（2）零件外观调整 如果需要对零件的某一个特征或者说某一部分进行颜色调整。可以通过“快速访问”工具栏，单击“调整”工具按钮，打开“调整外观”工具栏，如图 3-66 所示。此时光标显示为“颜色吸管”样式，表示可以选择要调整外观的对象。选择后，光标显示为“颜料桶\填充”的样式，在颜色控制盘的某种颜色区域单击，即可将该区域的颜色填充到已选对象。

除了上述方法，也可以通过右键菜单来调整零件的外观。例如可以在某一特征或者零件的某一个面上单击鼠标右键，在右键菜单中选择“特性”选项，从而打开相应的特性窗口，在窗口中可调整外观颜色，如图 3-67 所示。

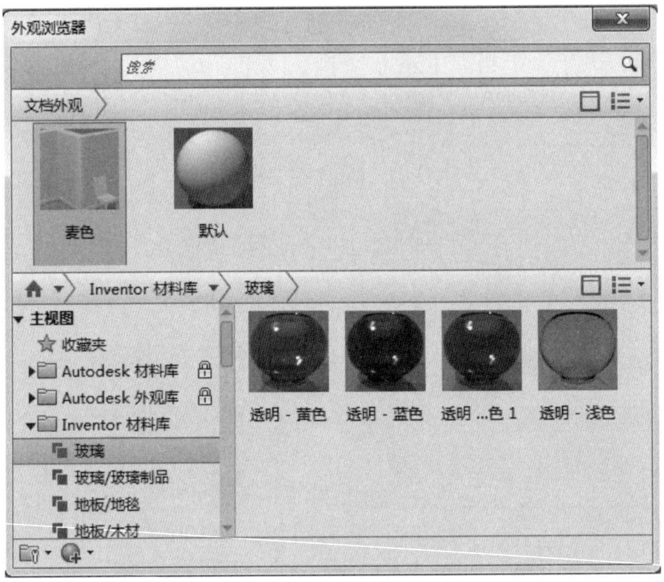

图 3-65 “外观浏览器”窗口

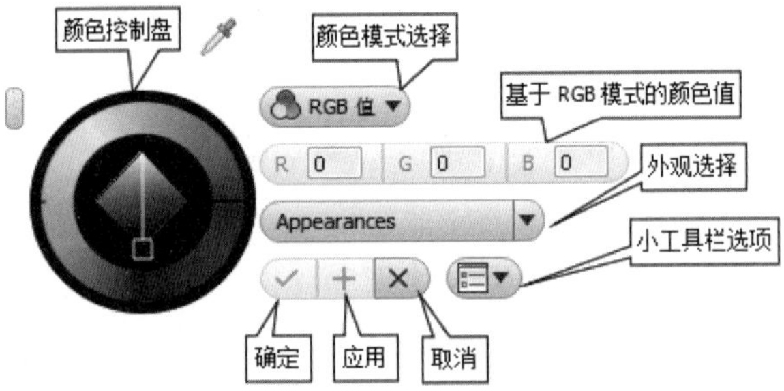

图 3-66 调整外观工具栏

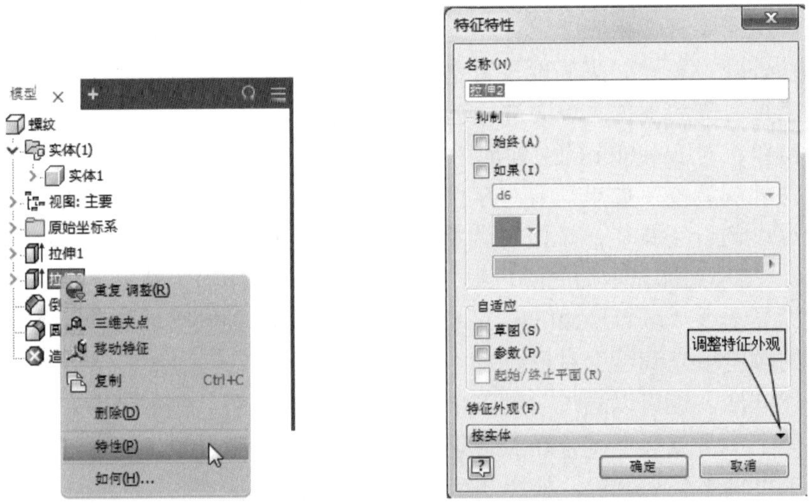

（a）通过右键菜单打开“特征特性”窗口

图 3-67 通过右键菜单调整外观

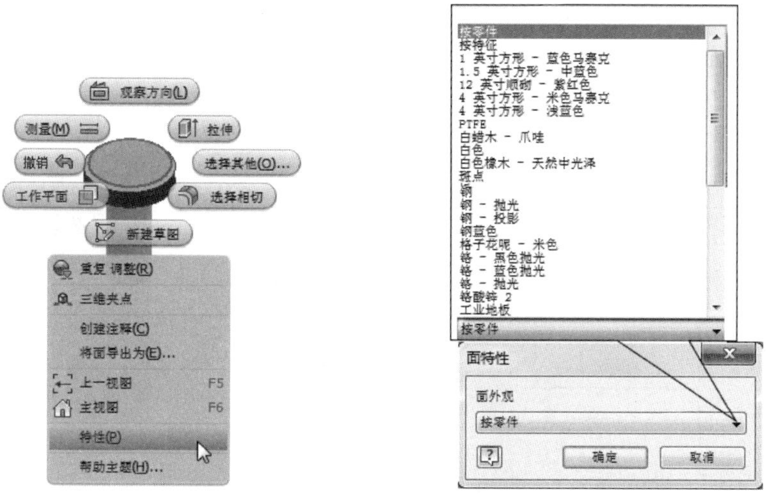

（b）通过右键菜单打开“面特性”窗口

图 3-67　通过右键菜单调整外观（续）

（3）外观清除　在“快速访问”工具栏上，单击“清除”工具按钮，弹出小工具栏，先单击需要清除外观的对象，然后单击确定按钮，即可将选定对象的外观颜色清除，如图 3-68 所示。

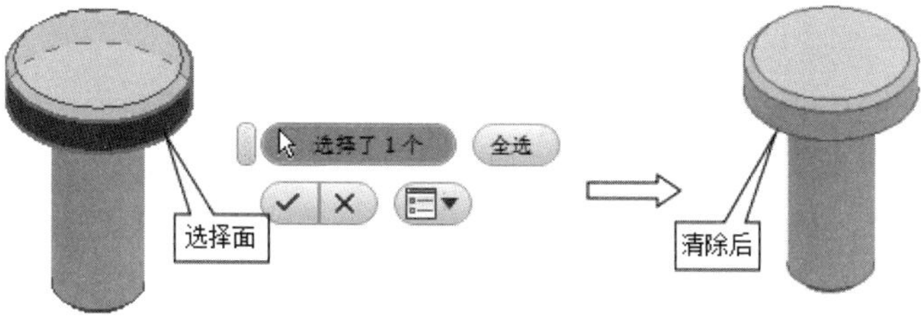

图 3-68　清除外观

任务流程

任务流程如图 3-69 所示。

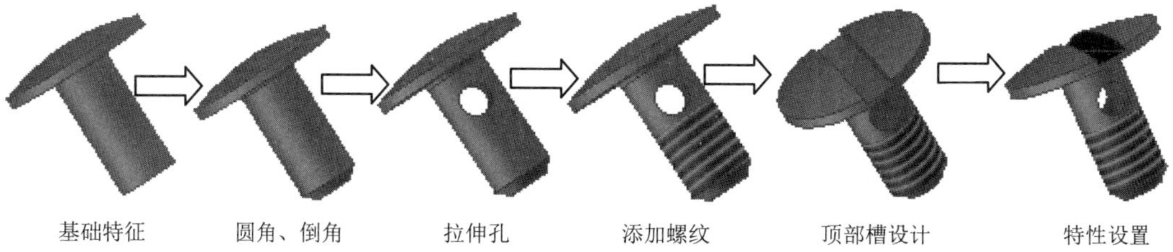

图 3-69　任务流程

任务实施

Step 01 新建文件　新建零件文件并自动进入在 XY 工作平面上创建的草图环境，绘制如

图 3-70 所示的基础草图，完成草图后退出草图环境。

Step 02 旋转基础特征 利用旋转工具，将绘制的草图旋转成如图 3-71 所示实体。

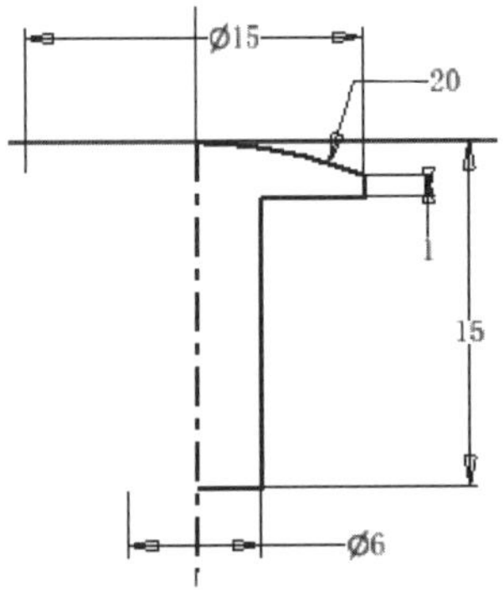

图 3-70 基础草图

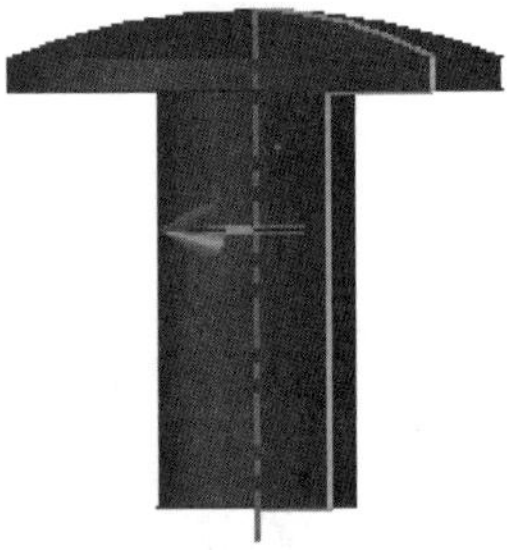

图 3-71 旋转

Step 03 圆角 将如图 3-72 所示的边进行圆角，圆角半径为 0.5mm。

Step 04 倒角 将如图 3-73 所示的边进行倒角，倒角边长为 1mm。

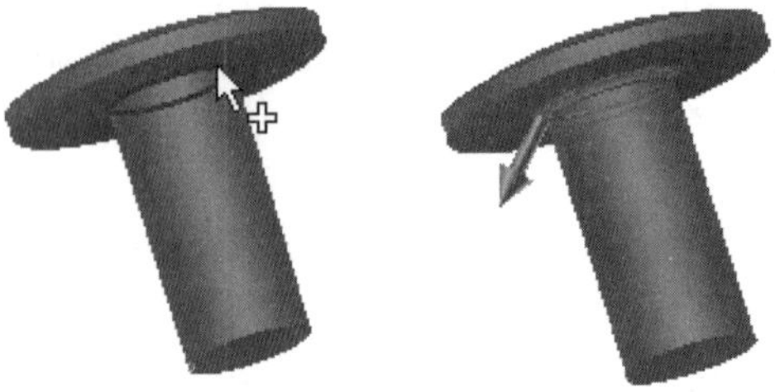

图 3-72 圆角

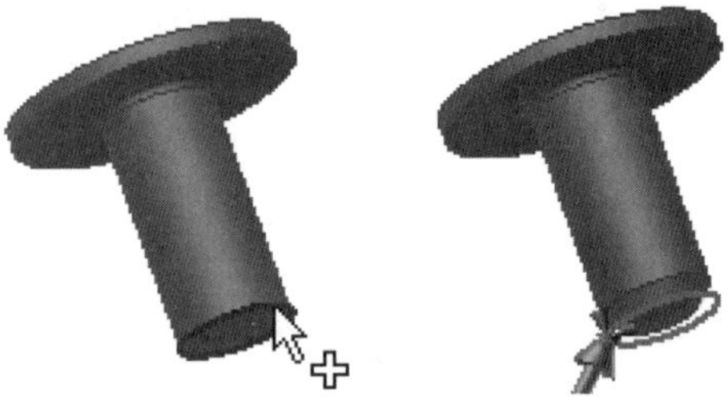

图 3-73 倒角

Step 05 新建草图 在 YZ 工作平面上创建草图，按键盘上的 F7 键，进入切片观察方式，绘制直径为 3mm 的圆，圆心与坐标原点竖直对齐，且距原点 6mm，如图 3-74 所示。完成草图后，退出草图环境。

Step 06 拉伸 将上一步创建的草图，进行拉伸，拉伸范围选择“贯通”选项，拉伸方向选择双向对称拉伸，如图 3-75 所示。

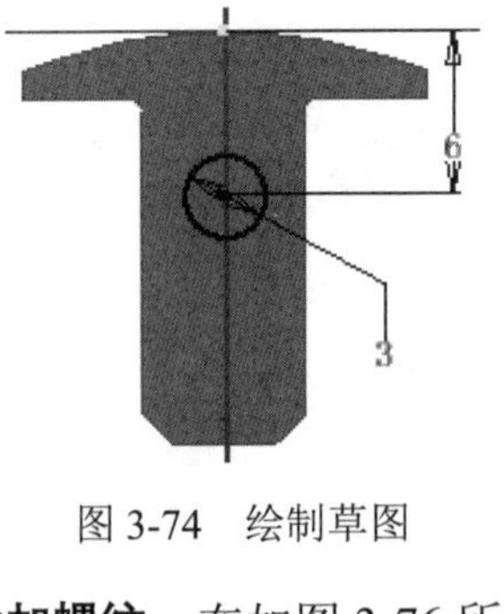

图 3-74 绘制草图

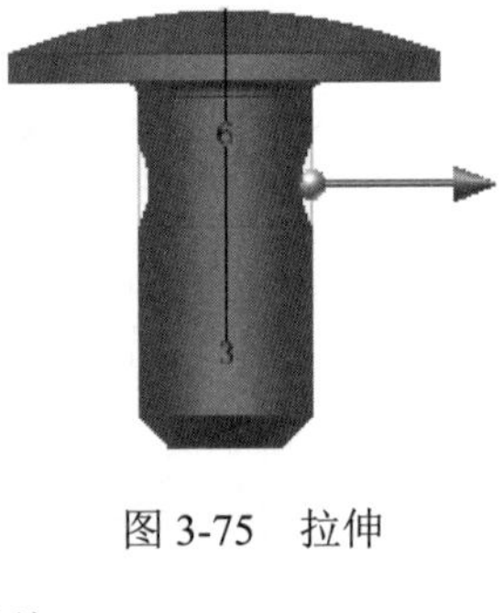

图 3-75 拉伸

Step 07 添加螺纹 在如图 3-76 所示的圆柱面上添加全螺纹。

图 3-76 添加螺纹

Step 08 新建草图 在 XZ 工作平面上新建草图，绘制矩形，矩形中心与坐标原点重合约束，矩形宽度为 3mm，矩形长度超出实体边界，如图 3-77 所示。完成草图后，退出草图环境。

Step 09 拉伸槽 将上一步创建的矩形进行拉伸，拉伸距离为 2mm，拉伸方式选择求差，如图 3-78 所示。

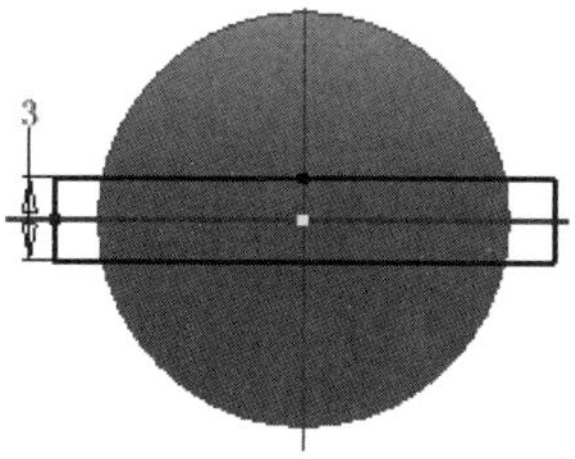

图 3-77 绘制矩形

图 3-78 拉伸槽

Step 10 设置特性 在快速访问工具栏上，从“零件材料”下拉菜单中选择“铜”选项，如图 3-79（a）所示；在“零件外观”下拉菜单中选择“铜-煅光”，如图 3-79（b）所示；打开“调整外观”窗口，选择步骤 9 创建的拉伸特征，将该特征的外观设置为黑色，如图 3-79（c）所示。

（a）选择材料

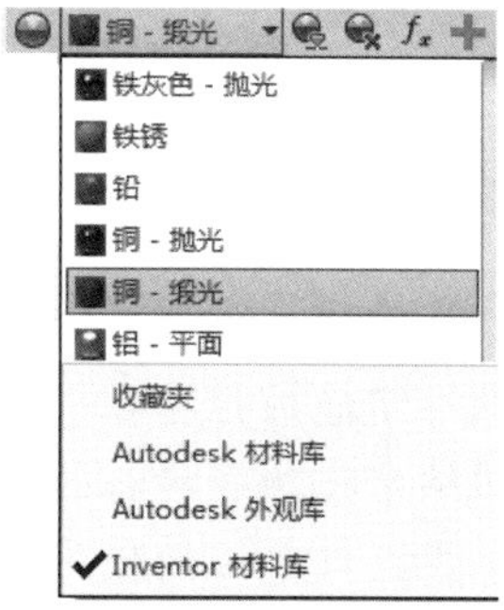

（b）选择零件外观

图 3-79 设置零件特性

（c）调整零件外观

图 3-79 设置零件特性（续）

Step 11 保存文件 最后将文件保存为“圆头螺钉.ipt”。

拓展练习 3-1

设计如图 3-80 所示的灯罩模型，其零件模型及图纸见资料包“第 3 章\任务 1”文件夹。

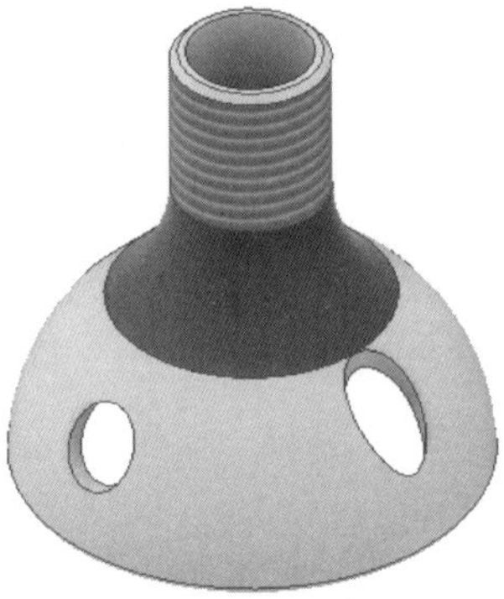

图 3-80 拓展练习 3-1

任务 2 肥皂盒盖模型设计

学习目标

- 熟练掌握工作平面的创建方法
- 熟练掌握扫掠特征、凸雕的使用方法
- 熟练掌握抽壳特征的使用方法
- 掌握止口特征的使用方法
- 学会肥皂盒盖模型的设计方法

任务导入

肥皂盒盖模型如图 3-81 所示，其零件图纸见资料包中“第 3 章\任务 2\肥皂盒盖.dwfx”，模型文件见资料包中“第 3 章\任务 2\肥皂盒盖.ipt”。

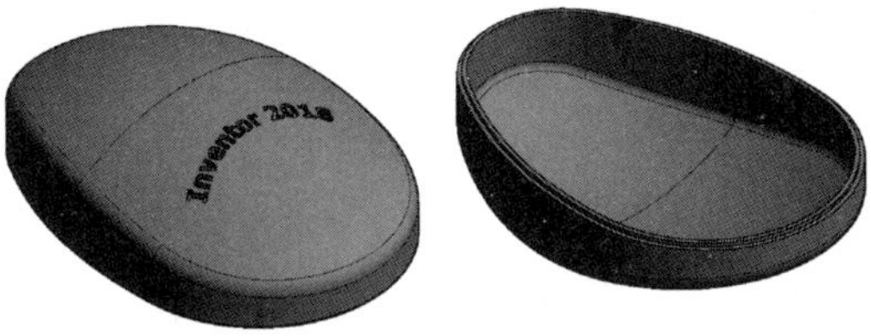

图 3-81　肥皂盒盖模型

在设计肥皂盒盖模型的过程中，除了用到前面学习的知识以外，还需要用到扫掠、凸雕等草图特征，抽壳放置特征，止口塑料零件特征，工作平面定位特征。下面开始学习相关知识。

知识准备

1. 工作平面

工作平面是用户自定义的坐标平面，通常用来创建依附于该平面的草图、工作轴、工作点。同时它还有一个作用就是作参考面，例如镜像平面、特征终止平面等。工作平面有如下两种。

（1）原始工作平面　在原始坐标系中，系统有 3 个原始工作平面，分别是 XY 平面、XZ 平面、YZ 平面。这三个工作平面在图形区默认是隐藏的，要让其显示在图形区，可在浏览区的模型树中，将坐标平面可见，如图 3-82 所示。同样通过上述方法，也可将显示的工作平面进行隐藏。

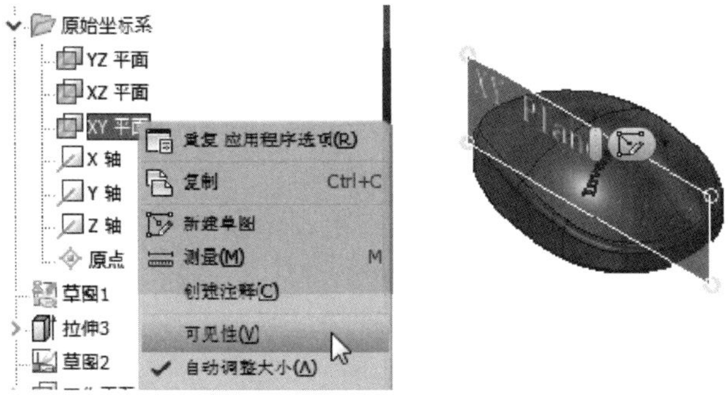

图 3-82　显示工作平面

（2）创建工作平面　创建“工作平面”工具位于“定位特征”工具面板上，如图 3-83 所示。单击工具按钮上的下拉箭头，可显示创建工作平面的方法，如图 3-84 所示。下面分别介绍几种创建工作平面的方法。

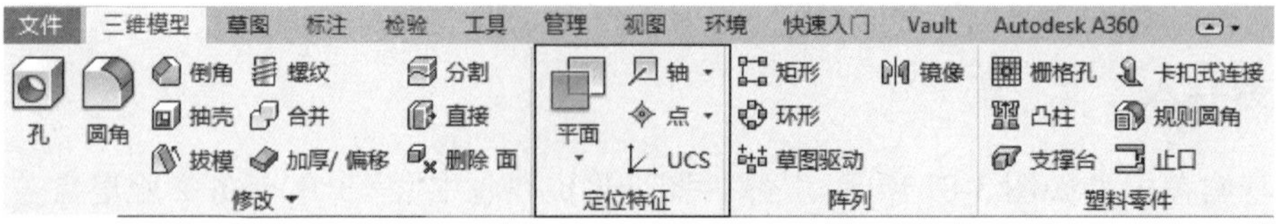

图 3-83 “定位特征”工具面板

① 平面 该工具可以说是创建工作平面的“万能”工具，除了不能创建圆环体的中间面以外，其他创建工作平面的方法，该工具都能完成。

② 从平面偏移 单击已有平面，并向偏移的方向上拖动，在弹出的小工具栏中输入偏移距离即可创建新的工作平面，如图 3-85（a）所示。

③ 平行于平面且通过点 单击已有平面后，选择通过点即可创建新工作平面，如图 3-85（b）所示。

④ 两个平面之间的中间面 先后单击两个已有平行平面即可创建，如图 3-85（c）所示。

⑤ 圆环体的中间面 单击已有的圆环体，即可在圆环体的中间创建工作平面，如图 3-85（d）所示。

⑥ 平面绕边旋转的角度 先单击已有平面，然后再选择已有直线，在弹出的小工具栏中输入旋转的角度即可创建新的工作平面，如图 3-85（e）所示，这种情况默认角度为 90°。

⑦ 三点 先后单击实体上已有的三个顶点、中点或工作点即可创建新的工作平面，如图 3-85（f）所示。

⑧ 两条共面边 先后单击两条已有的共面边，即可创建新的工作平面，如图 3-85（g）所示。

图 3-84 创建工作平面下拉菜单

⑨ 与曲面相切且通过边 先单击已有曲面，再单击已有边，即可创建新的工作平面，如图 3-85（h）所示。

⑩ 与曲面相切且通过点 先单击已有曲面，再单击实体上某一顶点、中点或工作点，即可创建新的工作平面，如图 3-85（i）所示。

⑪ 与曲面相切且平行于平面 先单击已有曲面，再单击已有平面，即可创建新的工作平面，如图 3-85（j）所示。

⑫ 与轴垂直且通过点 单击一条线性边（或轴）和一个点来创建过该点且与线性边（或轴）垂直的工作平面，如图 3-85（k）所示。

⑬ 在指定点处与曲线垂直 通过选择一条曲线和曲线上的点来创建新的工作平面，如图 3-85（l）所示。

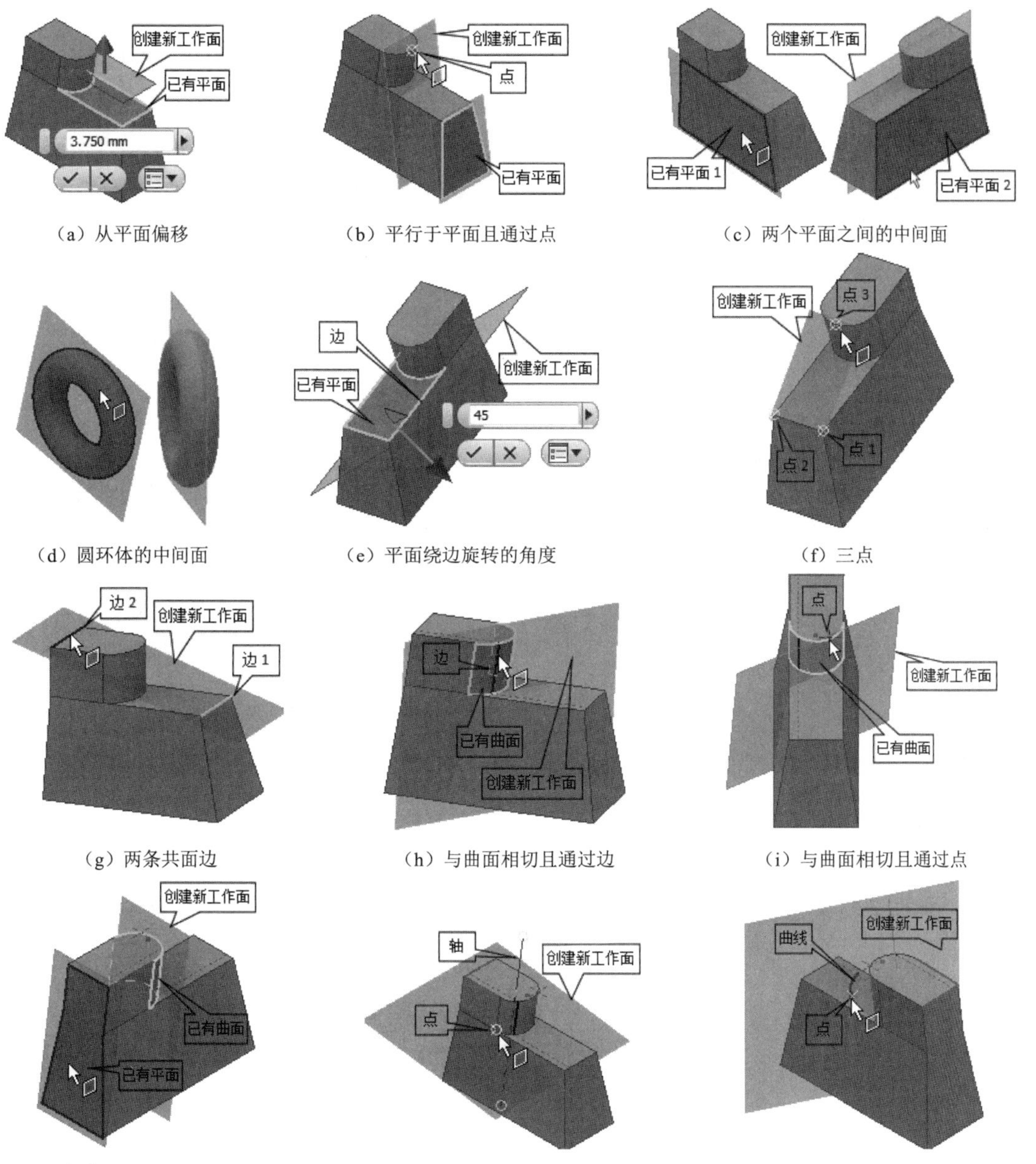

（a）从平面偏移　（b）平行于平面且通过点　（c）两个平面之间的中间面

（d）圆环体的中间面　（e）平面绕边旋转的角度　（f）三点

（g）两条共面边　（h）与曲面相切且通过边　（i）与曲面相切且通过点

（j）与曲面相切且平行于平面　（k）与轴垂直且通过点　（l）在指定点处与曲线垂直

图 3-85　创建工作平面的方法

(3)工作平面的控制　可以通过工作平面的右键菜单来对工作平面进行操作，如图 3-86 所示。这里介绍常用的几个右键菜单。

① 重定义特征　在创建工作平面时，可能选择错了几何图元，那么可以通过此工具重新定义工作平面。

② 反转法向　在 Inventor 中创建的工作平面具有方向性，使用工作平面创建草图时，草图附着于工作平面的正面。但有时在创建工作平面时，由于输入的条件不同，可能使得创建的工作平面与原始坐标系的 X/Y 方向不符，从而没法创建一些特征，例如贴图、凸雕

特征，这时就可以采用将工作平面“反转法向”的办法解决问题。

③ 自动调整大小　一般情况下，Inventor 会根据模型空间零件的大小自动调整工作平面的大小。也可以在不勾选该项的情况下，手动调整工作平面的位置和大小。将鼠标置于工作平面的任意一个角点上，当光标变为 形状时，若直接拖动鼠标可更改工作平面的位置；待光标变为 形状时，再拖动鼠标可改变工作平面的大小，如图 3-87 所示。

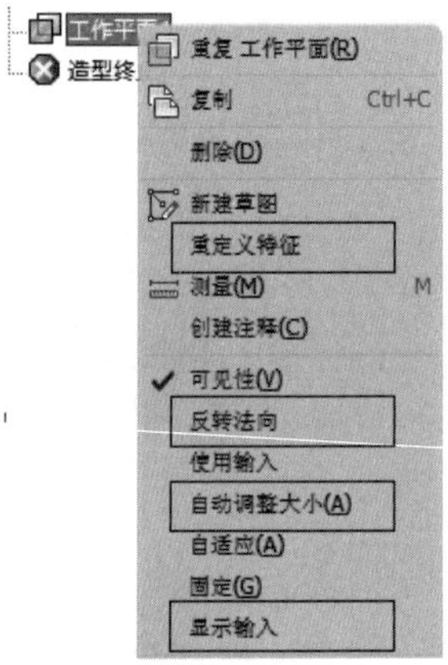

图 3-86　“工作平面”的右键菜单

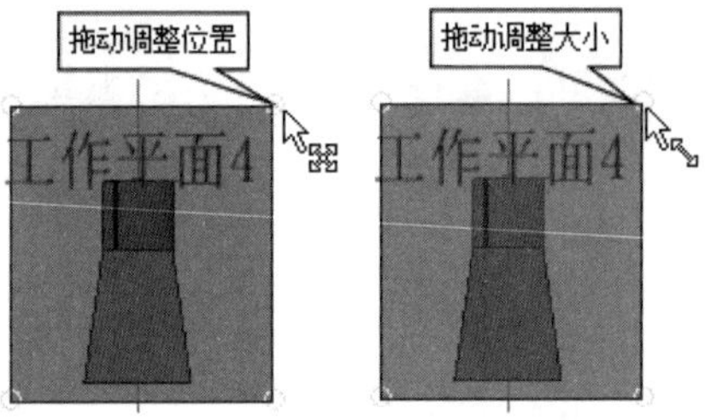

图 3-87　调整工作平面的位置与大小

④ 显示输入　该工具用来显示创建工作平面时所使用的几何图元，如草图几何图元、工作轴、工作点等，便于用户进行验证。

2. 草图特征

（1）扫掠特征　扫掠是将指定的截面轮廓沿给定的路径移动而形成的空间轨迹。单击“扫掠”工具按钮，弹出“扫掠”窗口，如图 3-88（b）所示。在该窗口中各选项含义如下。

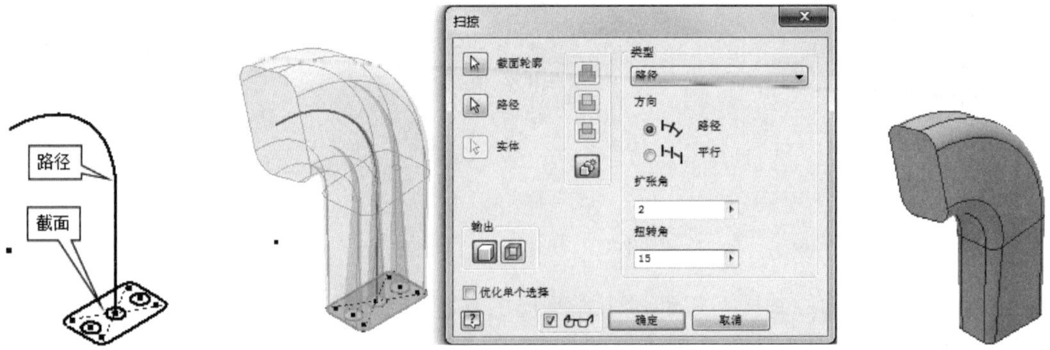

（a）扫掠前　（b）“扫掠”窗口　（c）扫掠后

图 3-88　扫掠工具的使用

① 截面轮廓　指定沿路径移动的截面草图轮廓，如图 3-89 所示。轮廓若是封闭的则生成实体，若是开放的则生成曲面。若草图中只有一个封闭轮廓，则在执行“扫掠”特征时，该截面轮廓自动选中，否则需要选择截面轮廓。

（a）一个封闭截面轮廓　　（b）多个封闭截面轮廓　　（c）开放的截面轮廓

图 3-89　截面轮廓

② 路径　扫掠截面轮廓移动的轨迹或路径，路径既可以是闭合的也可以是开放的。在执行扫掠特征且路径与截面轮廓不相交时，会弹出提示窗口，如图 3-90 所示，在提示窗口中，单击“是”按钮，完成扫掠特征的创建。

（a）路径与截面轮廓不相交　　（b）提示窗口

图 3-90　路径与截面轮廓不相交时的扫掠特征的使用

说明　*在使用扫掠特征时，有两点需要注意：一是扫掠路径必须贯穿扫掠截面轮廓所依附的平面；二是扫掠形成的几何实体不能出现自交现象。*

③ 扫掠类型　用户在创建扫掠特征时，除了必须指定截面轮廓和路径外，还可以选择引导路径和引导曲面来控制截面轮廓的比例和扭曲。基于扫掠过程中截面轮廓变形的控制的类型不同，扫掠有“路径”“路径和引导轨道”“路径和引导曲面”三种类型，如图 3-91 所示。

➢　“路径”扫掠　扫掠时只指定截面轮廓和路径，如图 3-92（a）所示。使用这种方式创建的扫掠，在沿轨迹方向上均具有相同的截面轮廓。该种扫掠有“路径”和“变形”两种控制截面轮廓的变形方式。

a．“路径”　扫掠截面轮廓相对于扫掠路径始终保持不变，如图 3-92（b）所示。在该种方式下，还可以指定路径方向上截面轮廓的锥度和扭转情况的变化。

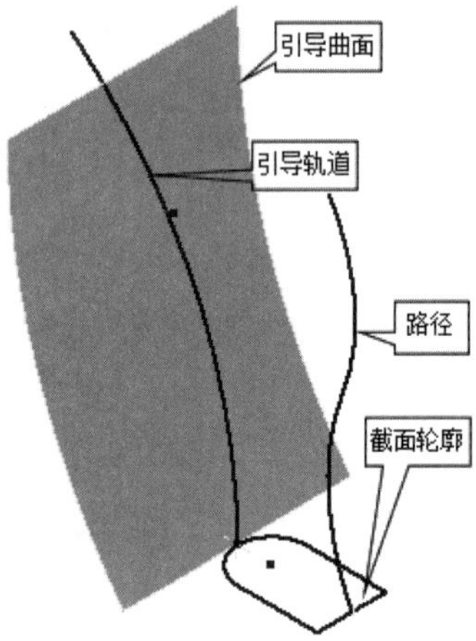

（a）扫掠前

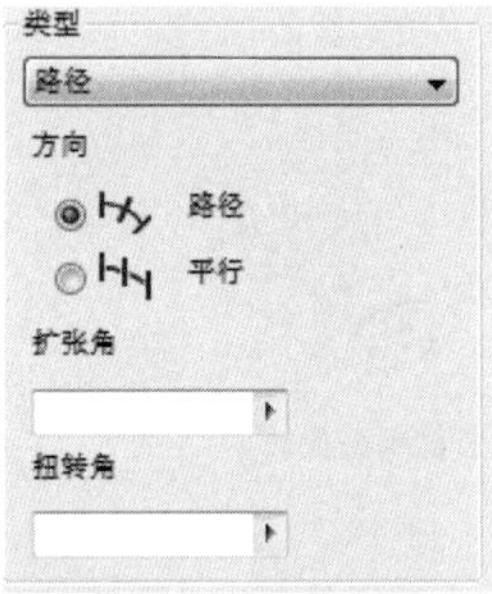

（b）“路径”扫掠

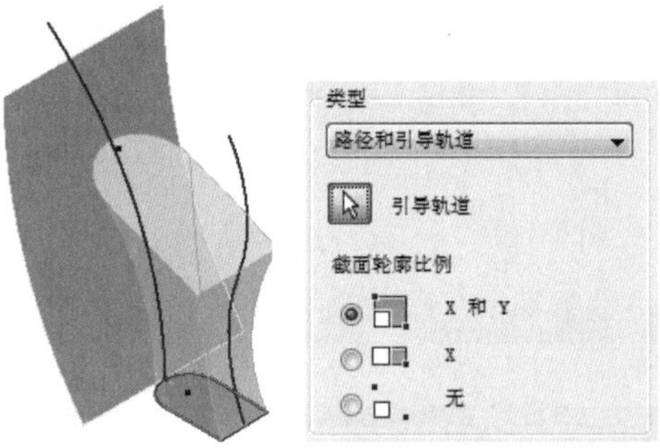

（c）“路径和引导轨道”扫掠

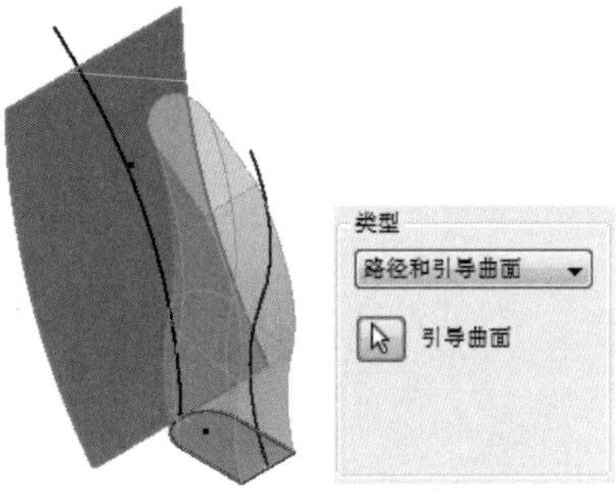

（d）“路径和引导曲面”扫掠

图 3-91　三种扫掠类型比较

（a）截面轮廓和路径

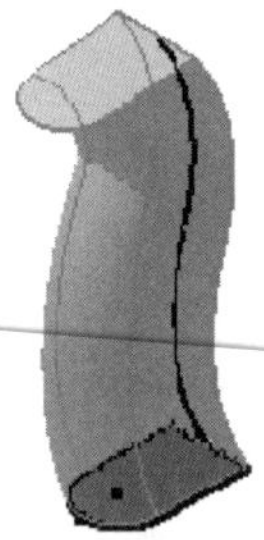

（b）路径方式

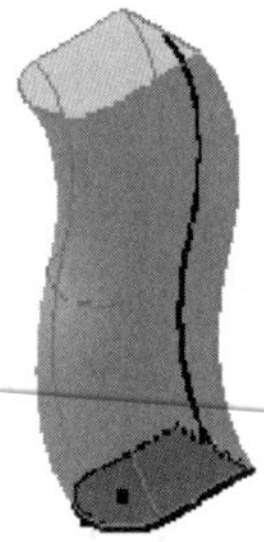

（c）平行方式

图 3-92　变形方式

- 扩张角　当选择正的角度时，在扫掠方向上，截面积越来越大；反之越来越小，如图 3-93 所示。
- 扭转角　当选择正的角度时，在扫掠方向上，截面轮廓绕扫掠路径逆时针扭转；反之则顺时针扭转，如图 3-94 所示。

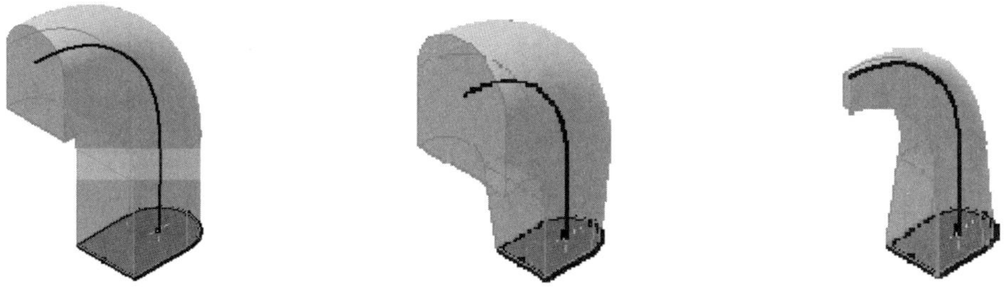

（a）扩张角为零　　（b）扩张角为正值　　（c）扩张角为负值

图 3-93　扩张角取值比较

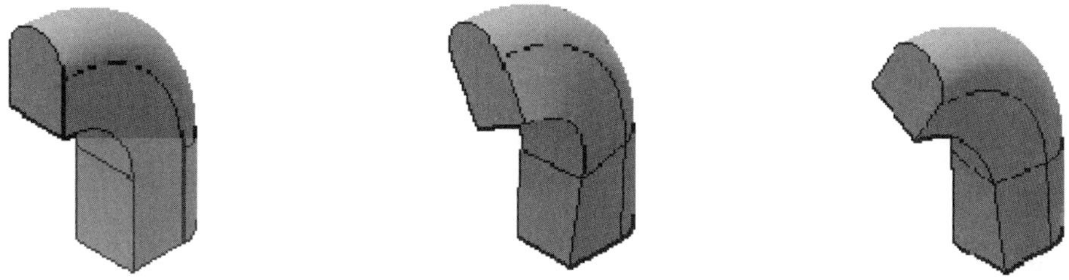

（a）扭转角为零　　（b）扭转角为正值　　（c）扭转角为负值

图 3-94　扭转角取值比较

b. “平行” 扫掠截面轮廓始终平行于原始截面轮廓，如图 3-92（c）所示。

➢　“路径和引导轨道”扫掠　扫掠时除指定截面轮廓和路径外，还可选择一条曲线或者轨道来控制截面轮廓的比例和扭曲。使用这种方式扫掠时，截面轮廓比例有以下 3 种。

a. X 和 Y 　在扫掠过程中，截面轮廓在引导轨道的影响下，随路径在 X、Y 方向上同时变化，如图 3-95（a）所示。

b. X 　在扫掠过程中，截面轮廓在引导轨道的影响下，随路径在 X 方向上发生变化，如图 3-95（b）所示。

c. 无 　在扫掠过程中，使截面轮廓保持固定的大小和形状，如图 3-95（c）所示。

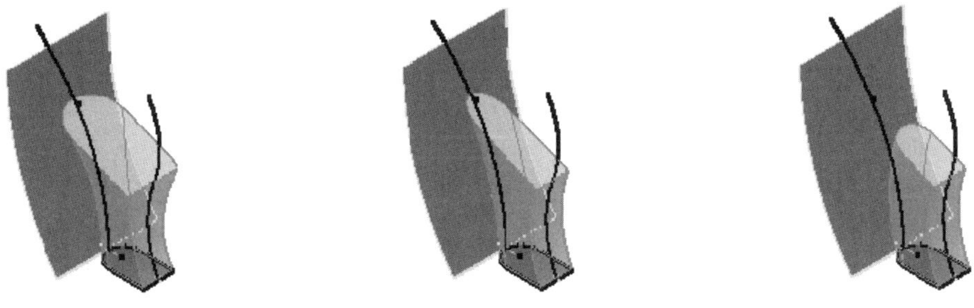

（a）X 和 Y　　（b）X　　（c）无

图 3-95　“截面轮廓比例”选项的使用

➢　“路径和引导曲面”扫掠　扫掠时除了指定截面轮廓和路径以外，还可选择一个曲面来控制界面轮廓的扭曲。

（2）凸雕特征　“凸雕”特征是将截面轮廓以指定的深度与方向平铺或缠绕在已有实体的表面上，类似于生活中的雕刻，一般用来创建零件表面上的 Logo、用于放置产品铭牌的凸台、风扇的扇叶等。

单击“凸雕”工具按钮，弹出“凸雕”窗口，如图 3-96 所示。在窗口中各选项的含义如下。

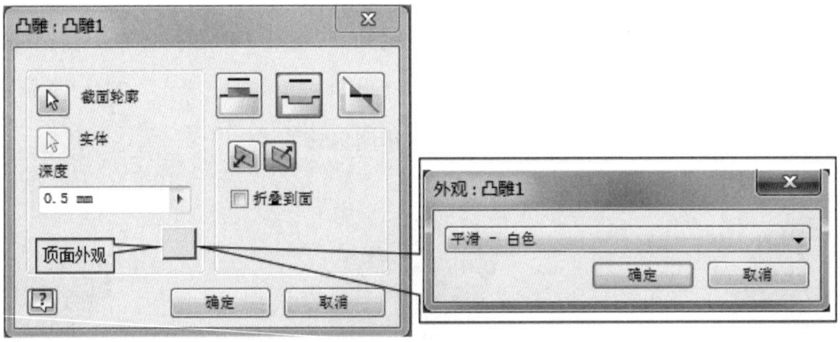

图 3-96　凸雕特征窗口

① 截面轮廓　用来生成凸雕特征的草图轮廓，可以是文字或封闭的几何图形。在绘制文字截面轮廓时，若出现如图 3-97（a）所示的情形，可将截面轮廓所依附的工作平面“反转法向”就可将文字调整过来，如图 3-97（b）所示。其实通过工作平面的颜色可来区分正、反面，浅红色的一面是正面，浅绿色的一面为反面。

② 深度　指定凸雕截面轮廓与凸雕面偏移的距离，如图 3-98 所示。

（a）工作平面反面　（b）工作平面正面

图 3-97　调整工作平面的方向

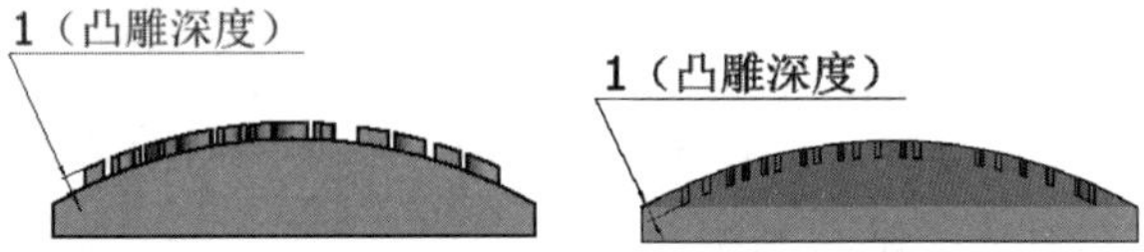

（a）向外偏移（凸雕）　（b）向内偏移（凹雕）

图 3-98　凸雕深度

③ 凸雕类型　Inventor 提供了“从面凸雕”“从面凹雕”“从面凸雕\凹雕”三种类型。

➢　截面轮廓与实体不相交　这种情况下可采用文字截面来介绍几种凸雕类型。

a．从面凸雕　升高零件表面上对应的截面轮廓区域，此时只有方向 2 可用，如图 3-99（b）所示。另外在该方式下还有“折叠到面”选项，若勾选该选项，则表示指定的截面轮廓将缠绕在曲面上，如图 3-99（c）所示；取消勾选该选项，则表示截面轮廓将平行投影到曲面上，如图 3-99（d）所示。

b．从面凹雕　凹进零件表面上对应的截面轮廓区域，此时也只有方向 2 可用，如图 3-100 所示。

c．从平面凸雕\凹雕　该方式下的凸雕增加了“对称”方向选项，“深度”选项变为“锥度”选项。只有当截面轮廓为图形时，“锥度”选项才可用，这种情况类似于前面的拉伸特征，如图 3-101 所示。

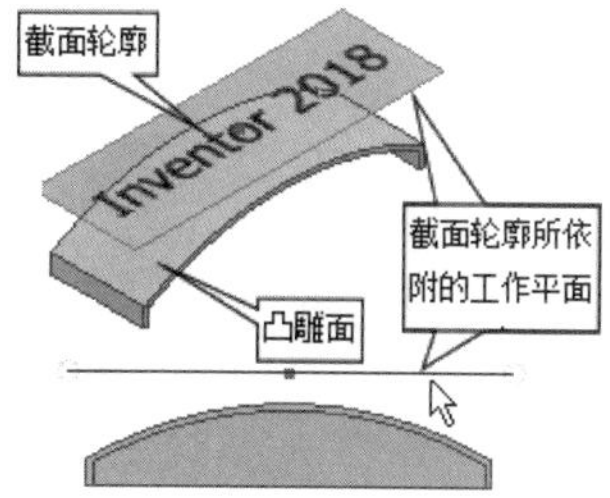

（a）凸雕前

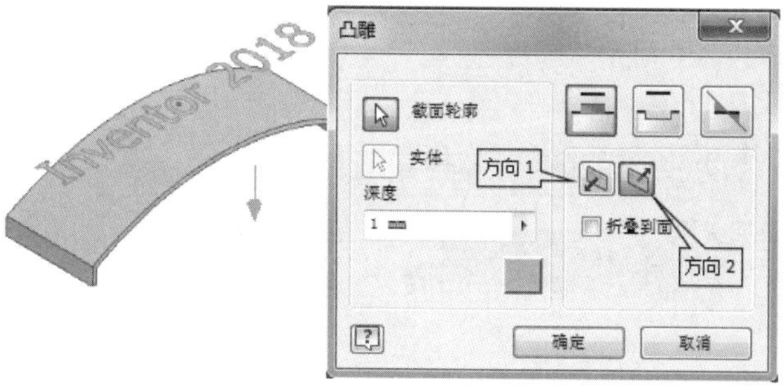

（b）从面凸雕

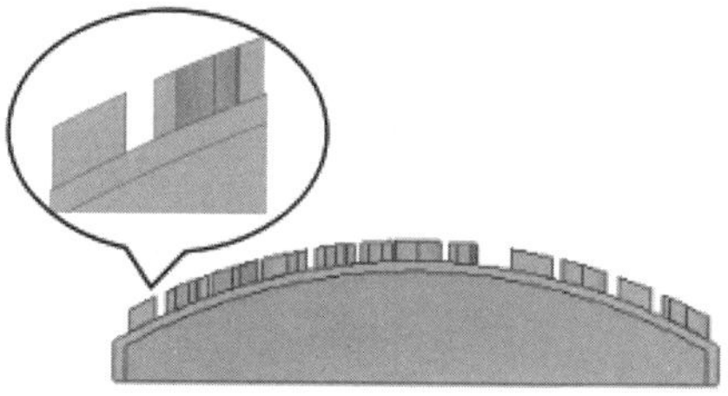

（c）未勾选“折叠到面”选项

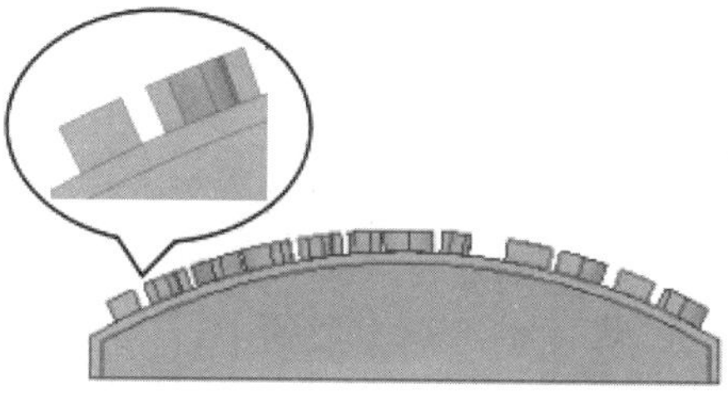

（d）勾选“折叠到面”选项

图 3-99　从面凸雕①

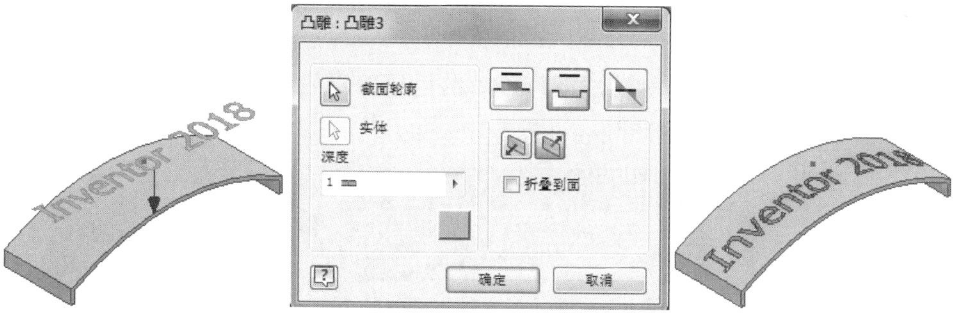

图 3-100　从面凹雕①

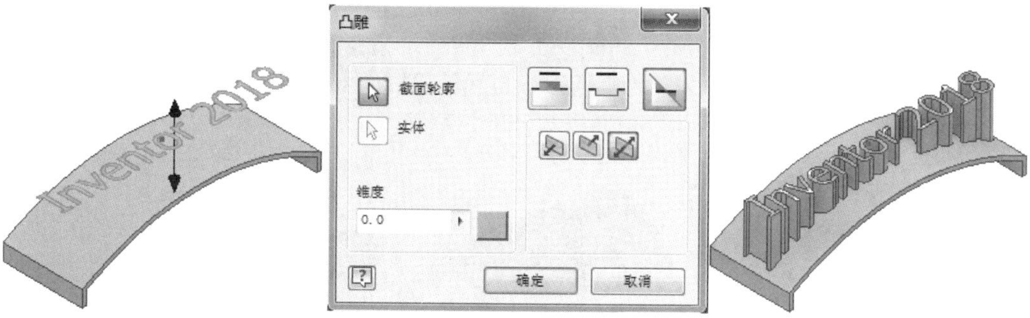

图 3-101　从面凸雕\凹雕①

➢　截面轮廓与实体相交　在这种情况下，以图形截面为例来介绍几种凸雕类型。

a. 从面凸雕　采用该种方式凸雕的时候，凸雕面可根据方向选择与截面轮廓相交的内外两个曲面，如图 3-102 所示。

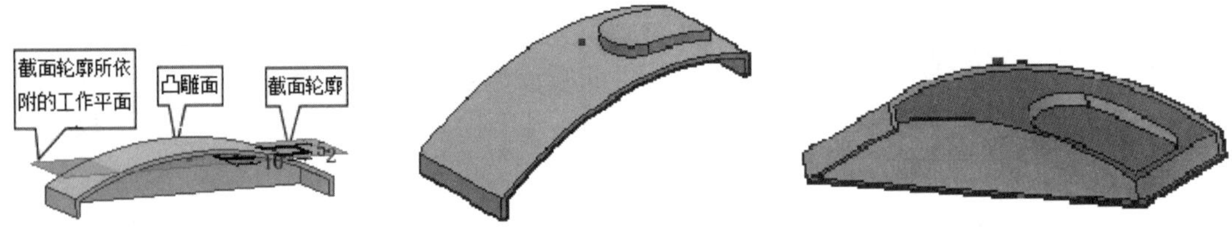

（a）截面轮廓　　（b）方向 1　　（c）方向 2

图 3-102　从面凸雕②

b．从面凹雕　与“从面凸雕”的情况类似，如图 3-103 所示。

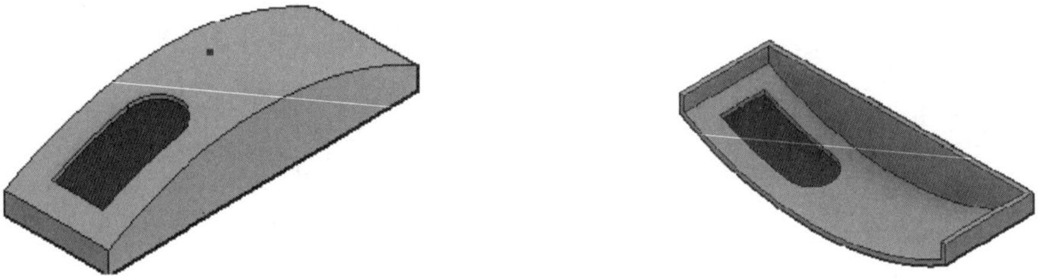

（a）方向 1　　（b）方向 2

图 3-103　从面凹雕②

c．从平面凸雕\凹雕　这种情况下可以从截面轮廓所依附的工作平面向两个方向或单向拉伸，向模型中添加和去除材料，如图 3-104 所示。

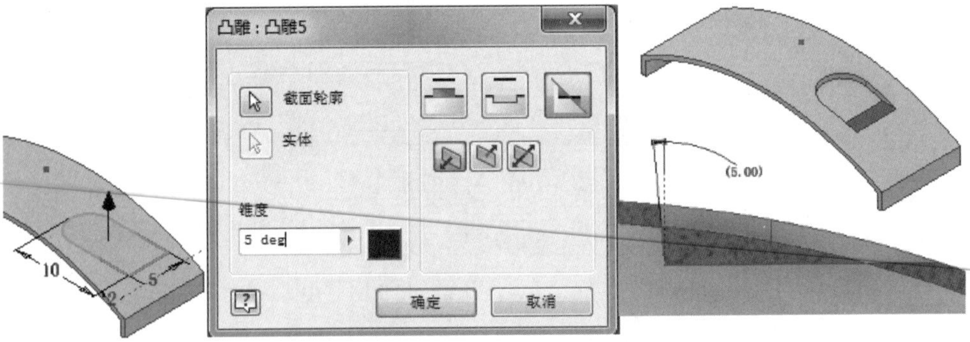

（a）方向 1

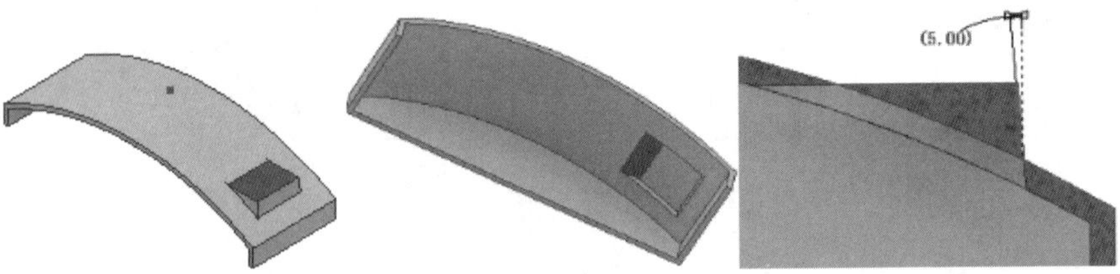

（b）方向 2

图 3-104　从面凸雕\凹雕②

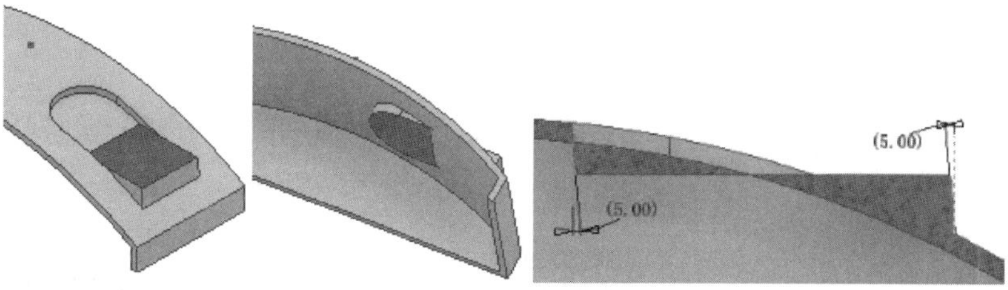

（c）对称

图 3-104　从面凸雕\凹雕②（续）

④ 顶面外观　指定凸雕区域表面而非侧面的颜色。

3．放置特征

（1）抽壳特征　抽壳是从零件内部去除材料，创建一个具有指定厚度的空腔，常用于铸件和模具。单击“修改”工具面板上的“抽壳”工具按钮，弹出“抽壳”窗口，如图 3-105 所示。窗口中有“抽壳”“更多”两个选项卡。

（a）抽壳前　（b）“抽壳”窗口　（c）抽壳后

图 3-105　抽壳特征

① “抽壳”选项卡

➢　开口面　移除面，选择要删除的零件面，保留剩余的面作为壳壁。开口面可以选定一个或多个，但不能超过实体所包含面的个数，如图 3-106 所示。如果没有指定开口面，抽壳将创建一个中空零件。

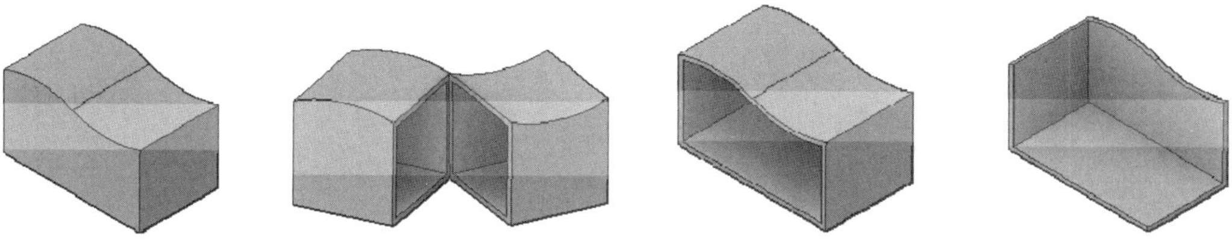

（a）抽壳前　（b）未选择开口面（中空）　（c）选择一个开口面　（d）选择三个开口面

图 3-106　开口面选择

➢　方向　指定相对于零件表面的抽壳方向，有向内、向外和双向三种情况。

a．向内　选择该方向表示向零件内部偏移壳壁距离，如图 3-107（a）所示。

b．向外 选择该方向表示向零件外部偏移壳壁距离，原始零件的外壁变为壳体的内壁，如图 3-107（b）所示。

c．双向 选择该方向表示向零件内部、外部偏移相同的距离，偏移距离为壳壁厚度的一半，如图 3-107（c）所示。

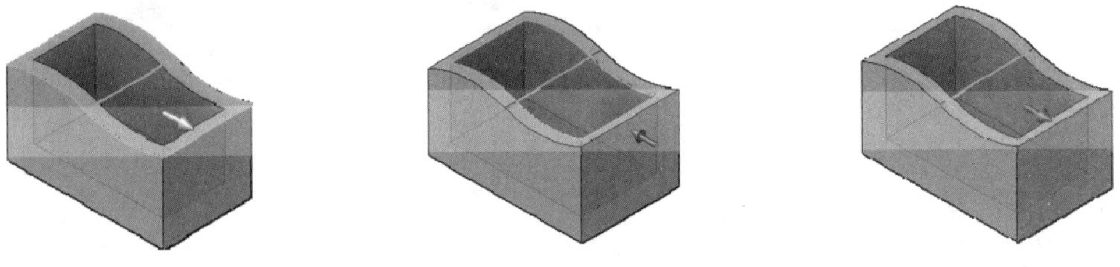

（a）向内　　（b）向外　　（c）双向

图 3-107　抽壳方向

➢　自动链选面　启用该项将自动选择多个相切、连续面，如图 3-108 所示。

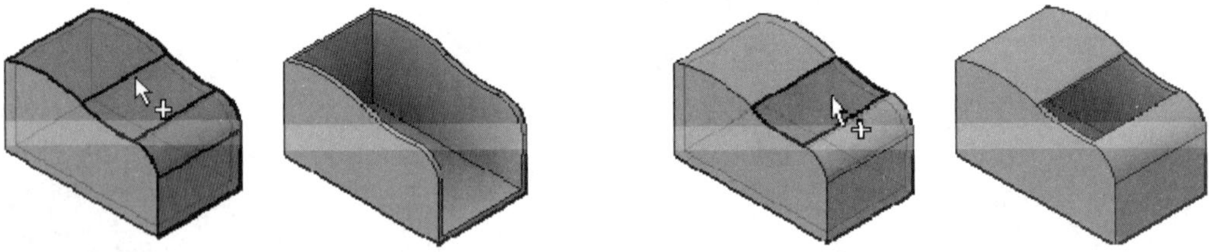

（a）勾选“自动链选面”选项　　（b）不勾选“自动链选面”选项

图 3-108　自动链选面

➢　厚度　抽壳后壳壁的厚度。抽壳特征也可以用于不等壁厚抽壳，方法是选择开口面后，将窗口展开，然后在“特殊面厚度”选项区单击“单击以添加”选项，就可以选择不同壁厚的面，并输入相应壁厚即可，如图 3-109 所示。如果需要删除添加的特殊面，只需要在窗口中单击相应的行后，按 Delete 键即可。

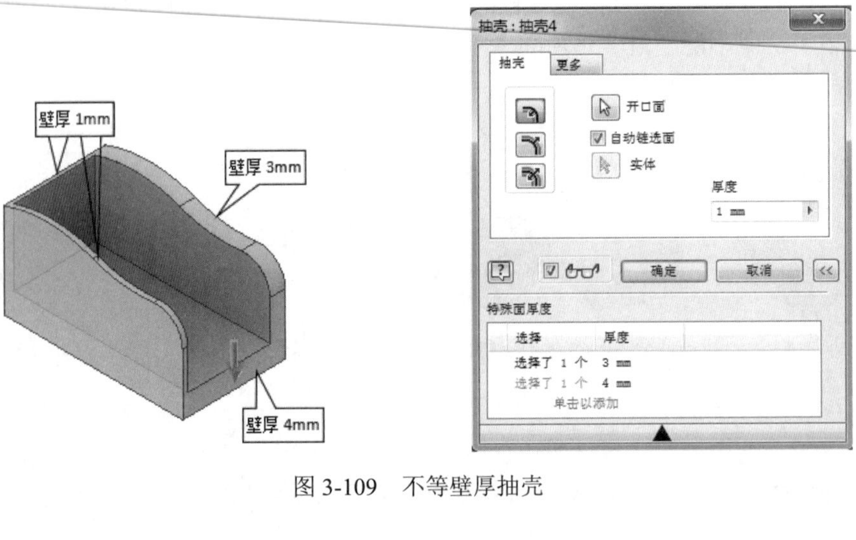

图 3-109　不等壁厚抽壳

②“更多”选项卡　在使用抽壳特征过程中，若允许与指定的厚度有偏差时，则使用“更多”选项卡。在该选项卡中，只有勾选“允许近似值”选项，后面的选项才起作用，这里不再详细介绍。

（2）止口特征　“止口”特征位于“塑料零件”工具面板上，如图 3-83 所示。在组装两个薄壁塑料零件时，在接口处通常都会有止口，以便让两个对接的零件进行精确定位。单击“止口”工具按钮 ，即可打开“止口”窗口，在窗口中有“止口”和“槽”两个模式，如图 3-110 所示。

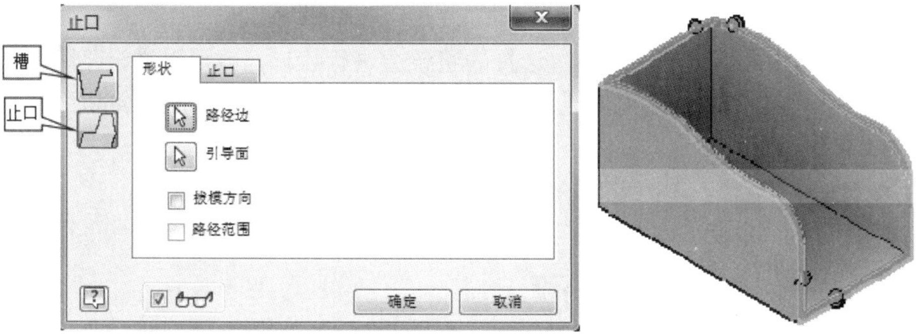

图 3-110　“止口”窗口

① 止口模式 　该模式是“止口”特征的默认模式，在该模式下有“形状”和“止口”两个选项卡，下面分别进行介绍。

➢　“形状”选项卡

a. 路径边　用于选定止口的路径，可以选择外壳界面的内边或者外边，也可同时选择，所选路径必须是相切连续的，如图 3-111（a）所示。

b. 引导面　通常为要添加止口的界面，如图 3-111（b）所示。一旦选择了引导面后，图形上“止口\槽”预览显示，并在止口路径上显示矩形的“操控器”，拖动“操控器”的边和顶点可以调整止口截面的位置、大小及拔模角度，如图 3-111（c）所示。

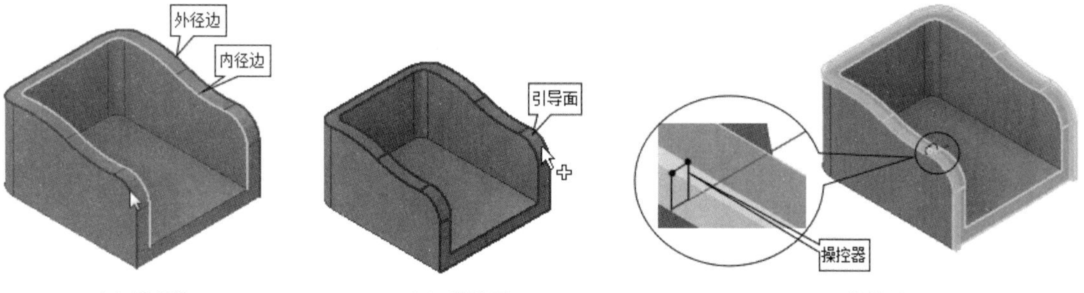

（a）路径边　（b）引导面　（c）操控器

图 3-111　路径边、引导面选择

c. 拔模方向　引导面的替换方案，勾选该选项后，出现拔模方向选择箭头，通过选择箭头可选择面、轴、边来指定拔模方向，如图 3-112 所示。

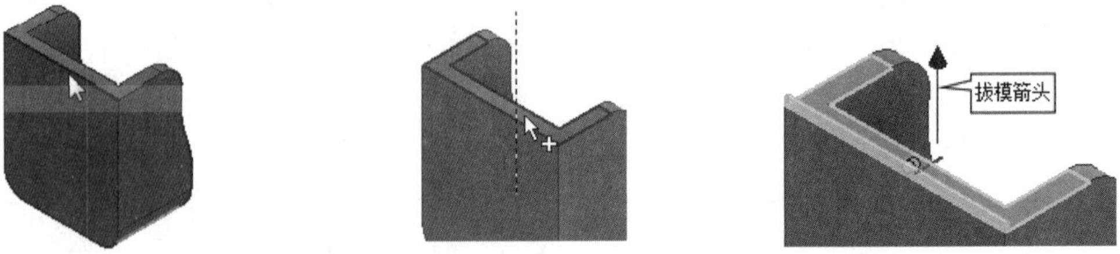

（a）选择路径边　（b）选择平面最作为拔模方向　（c）显示拔模箭头

图 3-112　“拔模方向”选项的使用

d. 路径范围　止口时若不需要对选择的整条边进行止口，就可以通过“路径范围”选项选择面或点来确定止口的结束位置。在图 3-113 中，分别选择工作平面和工作点来作为止口的结束位置。

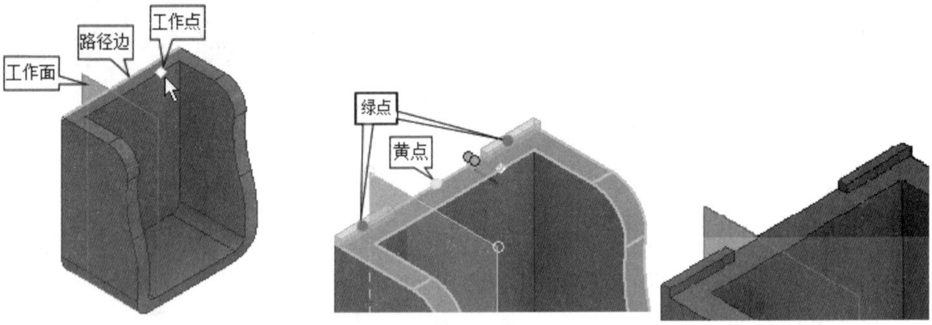

图 3-113　“路径范围”选项的使用

说明　使用“路径范围”选项止口时，在止口段有个绿点，非止口段有个黄点，在“路径范围”选项选中的情况下，单击绿点可取消止口段，单击黄点可增加止口段。

➢　“止口”选项卡　该选项卡中各参数设置如图 3-114 所示，这里不再赘述。

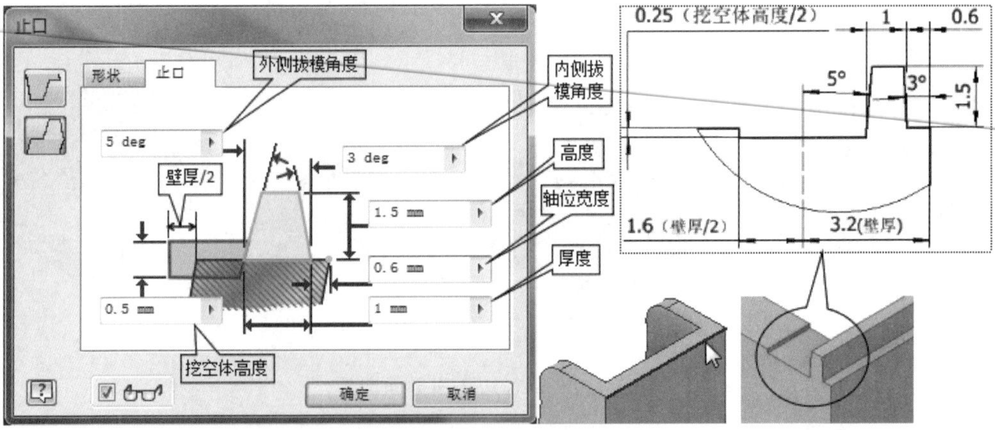

图 3-114　“止口”选项卡

② 槽模式 　创建完“止口”，在创建“槽”的时候，Inventor 会自动记忆上次使

用的数值，这样可以使得“槽”与“止口”完全匹配。“槽”模式下的“形状”选项卡、“槽”选项卡与“止口”模式下的类似，这里不再赘述。

任务流程

任务流程如图 3-115 所示。

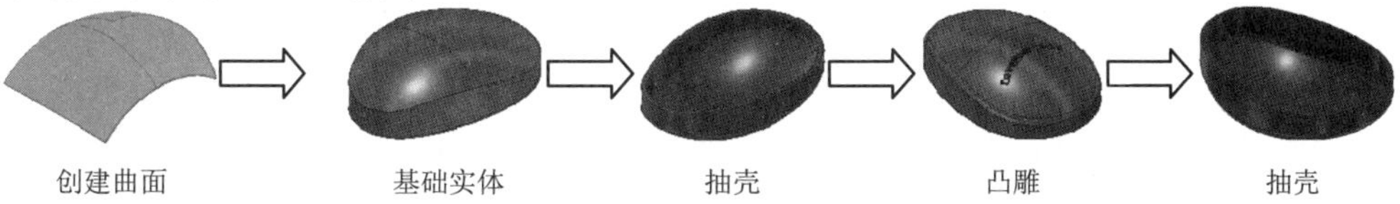

图 3-115　任务流程

任务实施

Step 01 新建文件　新建零件文件并在 XZ 平面上创建草图 1，绘制如图 3-116（a）所示的图形，完成后退出草图环境。

Step 02 新建草图 2　在 XY 平面上创建草图 2，先投影草图 1 的两端圆弧，并将投影线改为构造线。绘制两段相切的圆弧，让两段圆弧的圆心竖直对齐；在每段圆弧上各放置一个草图点，让草图点与投影线的端点竖直对齐，如图 3-116（b）所示，完成后退出草图环境。

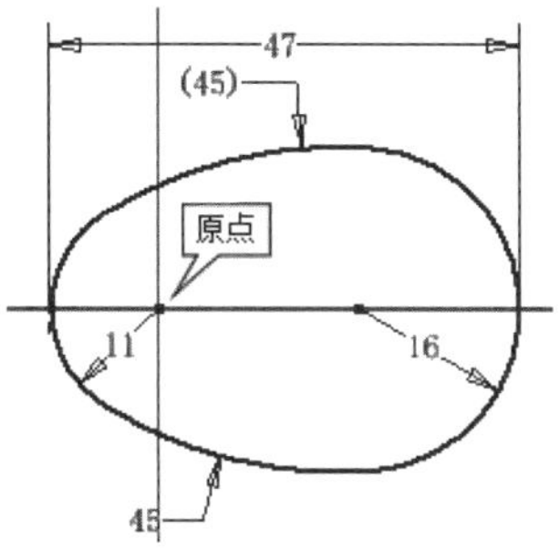

（a）草图 1

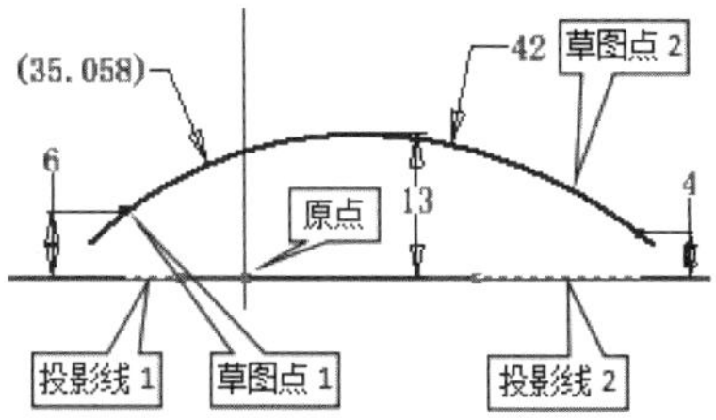

（b）草图 2

图 3-116　绘制草图

Step 03 创建工作平面　过草图 2 两段圆弧的交点，作平行于 YZ 平面的新工作平面，如图 3-117 所示。

Step 04 新建草图 3　在上一步创建的新工作平面上新建草图，首先投影草图 2 中两段圆弧的交点，然后绘制半径为 28mm 的一段圆弧，最后让圆弧的圆心、投影点、圆弧中点竖直对齐，完成后退出草图环境，并将上一步创建的工作平面隐藏，如图 3-118 所示。

Step 05 扫掠曲面　利用“扫掠”特征，以草图 3 的几何图元为截面、草图 2 的几何图元为路径扫掠曲面，如图 3-119 所示。

Step 06 创建拉伸特征　将草图 1 几何图元进行拉伸，以上一步扫掠的曲面为终止面，如图 3-120 所示。完成拉伸后，将上一步扫掠的曲面隐藏。

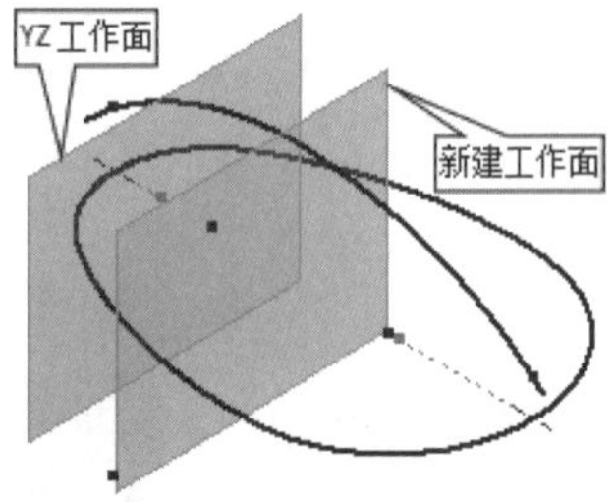

图 3-117　创建工作平面

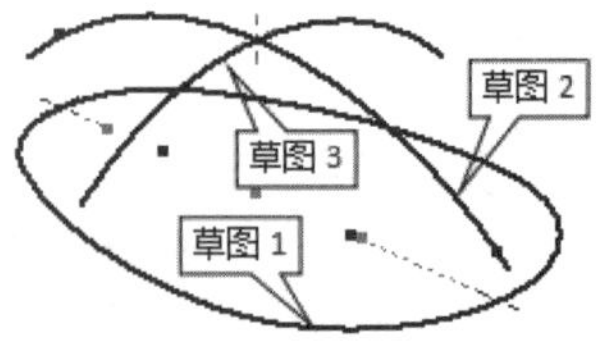

图 3-118　创建的三个草图

Step 07 圆角　选择如图 3-121 所示的边进行等半径圆角，圆角半径为 2mm。

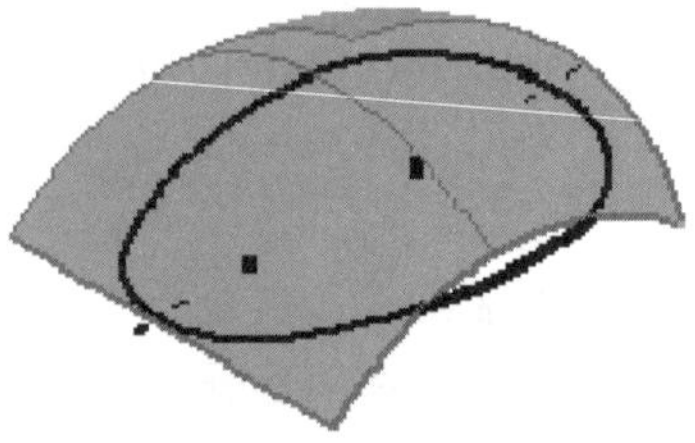

图 3-119　扫掠曲面

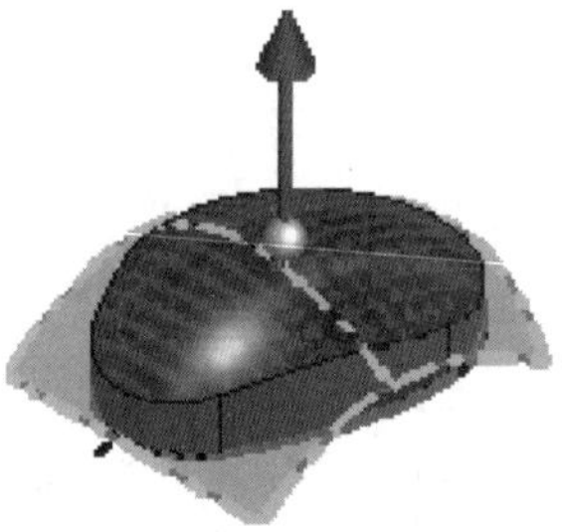

图 3-120　创建拉伸

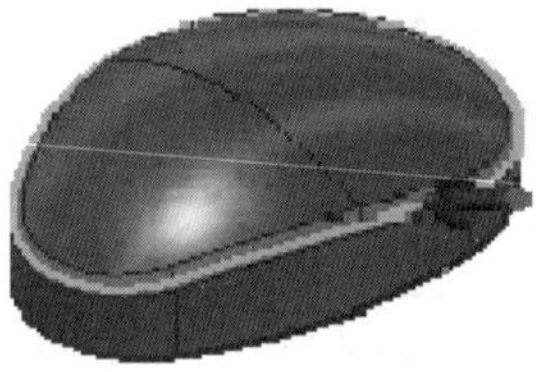

图 3-121　圆角

Step 08 抽壳　选择如图 3-122 所示的开口面进行抽壳，抽壳厚度为 1mm，抽壳方向选择“向内”。

Step 09 创建工作平面　将 XZ 平面向上偏移 15mm，如图 3-123 所示。

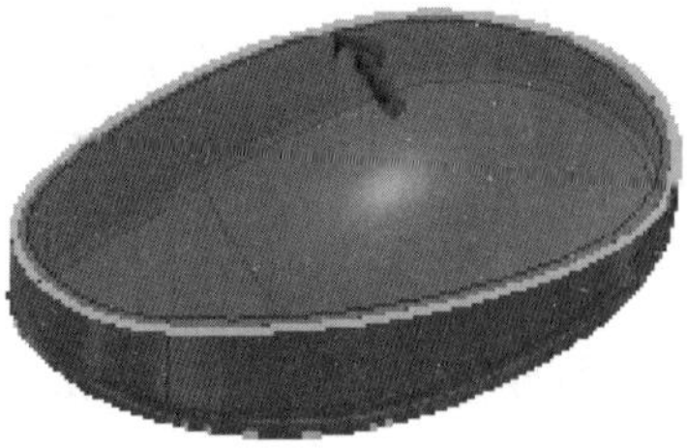

图 3-122　抽壳

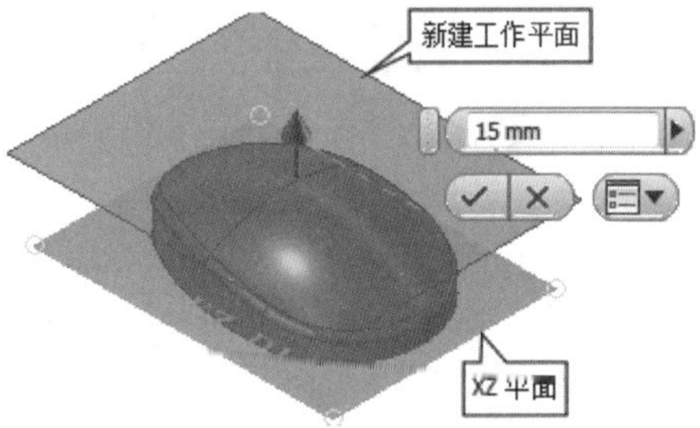

图 3-123　创建工作平面

Step 10 新建草图 4　在上一步创建的工作平面上新建草图，绘制半径为 15mm 的一段构造圆弧，圆弧中点距离坐标原点 20mm、圆心与坐标原点竖直对齐；选择圆弧创建几何图元文本，设置如图 3-124 所示。完成后退出草图环境，并将步骤 9 创建的工作平面隐藏。

Step 11 创建凸雕特征　将上一步创建的几何图元文本进行凸雕，凸雕方式选择“从面凹雕”，深度为 0.5mm，顶面外观颜色设为白色，如图 3-125 所示。

图 3-124 草图 4

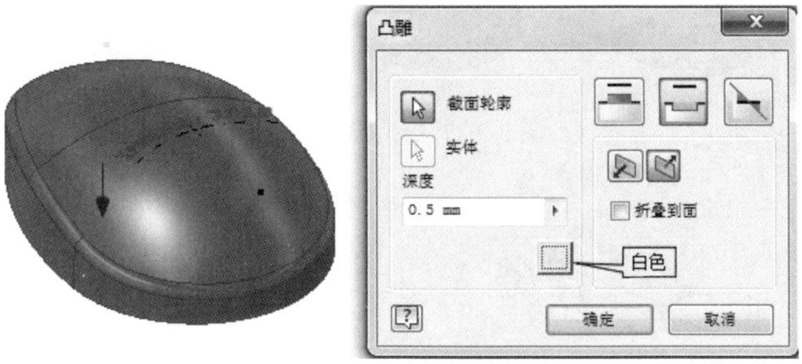

图 3-125 创建凸雕特征

Step 12 创建止口 选择外壳界面的内边为路径边进行止口，止口的高度、厚度均为 0.5mm，如图 3-126 所示。

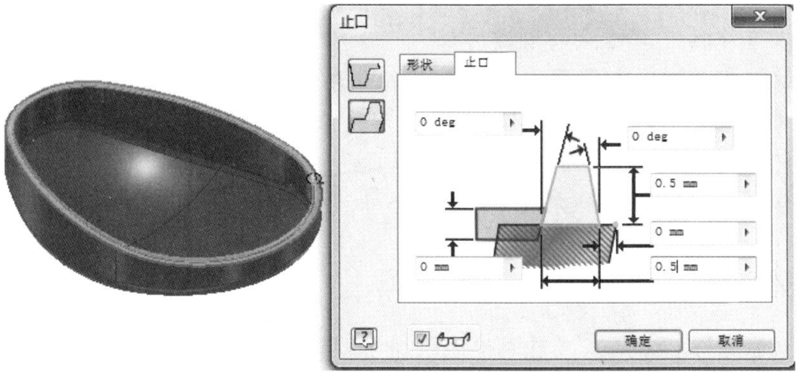

图 3-126 创建止口

Step 13 设置特性 将零件的材料设置为“ABS 塑料”，颜色设置为“深蔚蓝色”。

Step 14 保存文件 将文件保存为“肥皂盒盖.ipt”。

拓展练习 3-2

设计如图 3-127 所示的弯管模型，其零件模型及图纸见资料包“第 3 章\任务 2”文件夹。

图 3-127　拓展练习 3-2

任务 3　三通模型设计

学习目标

- 了解草图中插入外部文件的方法
- 掌握三维草图中投影到曲面、包括几何图元工具的使用方法
- 掌握工作轴、工作点的创建方法
- 熟练掌握放样、加强筋、贴图特征的使用方法
- 熟练掌握分割、加厚\偏移特征的使用方法
- 掌握阵列、镜像特征的使用方法
- 学会三通模型的设计方法

任务导入

三通模型如图 3-128 所示，其零件图纸见资料包中“第 3 章\任务 3\三通模型.dwfx”，模型文件见资料包中“第 3 章\任务 3\三通模型.ipt”。

在设计三通模型的过程中，除用到前面学习的知识外，还需要用到草图中插入外部文件，放样、加强筋、贴图等草图特征，分割、加厚\偏移放等置特征，阵列、镜像等阵列特征，工作轴、工作点等定位特征。

图 3-128　三通模型

知识准备

1. 草图中插入外部文件

Inventor 在草图环境中提供了插入图像、插入 AutoCAD 文件和导入点的功能，从而使 Inventor 在草图级别就能和外部的数据进行相互操作。插入工具位于“草图”选项卡下的“插入”工具面板上，如图 3-129 所示。

图 3-129　“插入”工具面板

（1）插入图像　在草图环境中，用户可通过“图像”工具将图片添加到零件中，用来贴图、着色等，如图 3-128 所示。

① 插入图像　单击“图像”工具按钮，弹出“打开”窗口，如图 3-130（a）所示。在窗口中找到找到需要插入的图像，单击“打开”按钮，关闭窗口并返回到草图环境。此时绘图区出现一个矩形框，光标紧随于矩形框的左上角点，在绘图区合适位置单击鼠标即可放置图像，多次操作可放置多张图像，如图 3-130（b）所示。若完成放置，可在右键菜单中选择“确定”按钮或者按 Esc 键。

（a）“打开”窗口

图 3-130　“图像”工具的使用

（b）插入图像

图 3-130　“图像”工具的使用（续）

说明 在“打开”窗口中，若勾选“链接(L)”复选框，那么原始图像若发生更改，插入草图中的图像也会实时更新。另外插入的图像类型既可以是单张图片，也可以是 Word、Excel 文件中的图片。

② 图像编辑　单击并拖动图像的右上角点或者图像内部，可以调整图像的位置，如图 3-131 所示；单击并拖动图像的其他角点、边，可以缩小、放大、旋转图像，如图 3-132 所示。调整过程中，图像的长、宽比例保持不变。若要精确定位，还可以选择图像的角点、边、中点，采用几何约束来确定图像的大小和位置。

（a）拖动右上角点调整图像位置

（b）拖动图形内部调整图像位置

图 3-131　调整图像的位置

（a）拖动角点调整图像大小或角度

（b）拖动边调整图像大小或角度

图 3-132　调整图像的大小和角度

在图像的右键菜单中，选择“特性”选项，可以打开“图像特性”窗口。在该窗口中可以对图像进行旋转、镜像等操作，如图 3-133 所示。若要使图像透明，则勾选窗口中的“使用遮罩”复选框，如图 3-134 所示就是使用“使用遮罩”选项的情况对比。

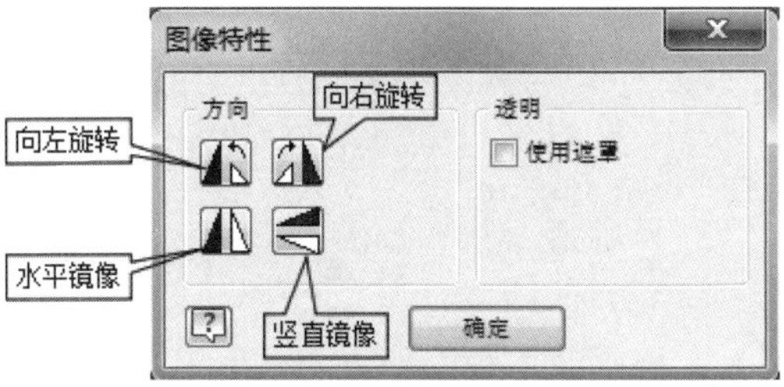

图 3-133　“图像特性”窗口

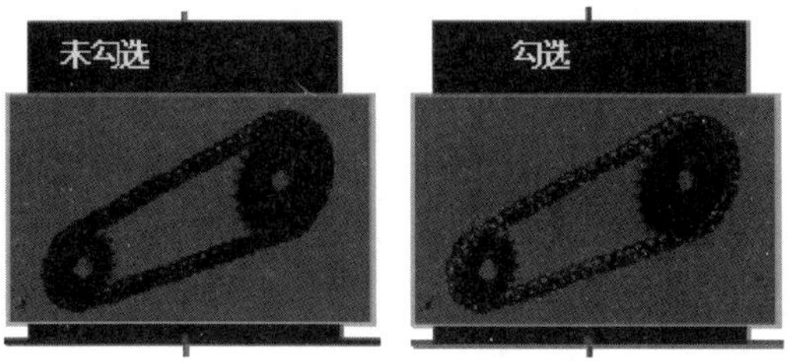

图 3-134　使用“使用遮罩”选项的情况对比

（2）导入点　在设计过程中，有些草图可能比较复杂，几何图元的控制点可能需要借助外部数据。Inventor 提供的“导入点”功能就可以把 Excel 表格中数据点导入到草图中，同时会基于导入点的数据信息选择自动创建点、直线、样条曲线。

单击“点”工具按钮，弹出“打开”窗口，在该窗口中找到要导入数据信息的 Excel 文件，单击窗口中的“选项”按钮，弹出“文件打开选项”窗口，在该窗口中用户可以选择导入的信息是创建点、创建直线还是创建样条曲线，如图 3-135 所示。

图 3-135　“文件打开选项”窗口

选择“创建样条曲线”选项后，单击“确定”按钮，关闭“文件打开选项”窗口。单击“打开”按钮，则关闭“打开”窗口，进入到草图环境，稍等片刻 Inventor 就会按照导入点的信息创建样条曲线，如图 3-136 所示。在 Inventor 中，也可以对控制点的位置进行编辑。

说明　导入时间取决于 Excel 文件中点的数量和计算机配置；另外 Excel 文件的格式必须是 Inventor 能够读懂的格式，具体格式如图 3-137 所示。若是导入到三维草图，还必须有 Z 轴坐标值。

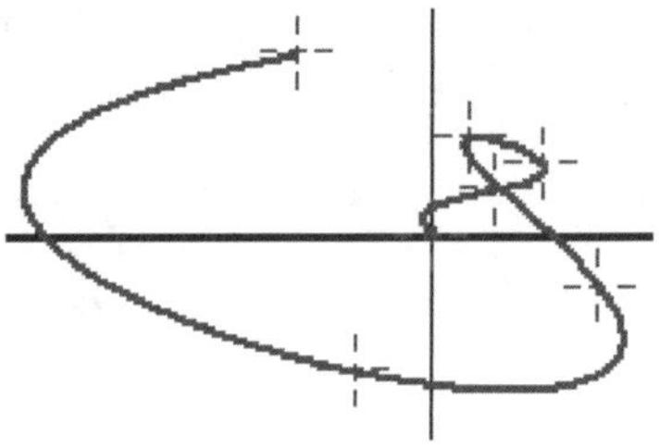

图 3-136　根据导入信息绘制的样条曲线

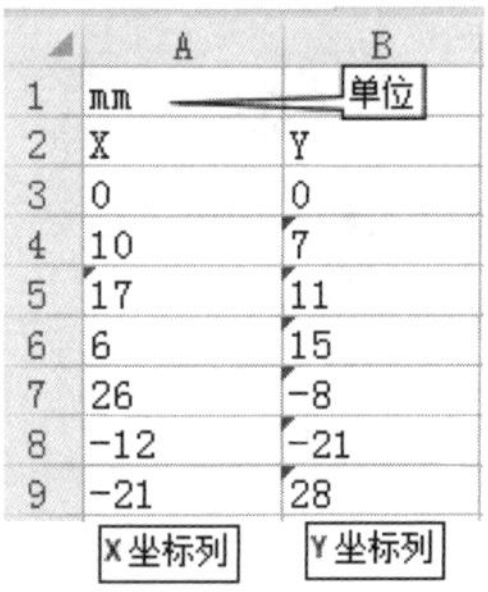

	A	B
1	mm	
2	X	Y
3	0	0
4	10	7
5	17	11
6	6	15
7	26	-8
8	-12	-21
9	-21	28

图 3-137　Excel 文件格式

（3）插入 AutoCAD 文件　Inventor 可以把 DWG 文件导入进来，然后对其编辑并作为创建特征的几何图元使用。插入 AutoCAD 文件可由以下几步完成。

第一步：单击“插入 AutoCAD 文件”工具按钮，弹出“打开”窗口，在窗口中找到要插入的 DWG 文件（未打开）。

第二步：单击“打开”按钮，弹出“图层和对象导入选项”窗口，如图 3-138（a）所示。在该窗口中可以通过“选择性导入”选项，选择要导入的图层，也可以通过颜色按钮指定背景颜色。

第三步：单击“完成”按钮，即可把对象导入到 Inventor 二维草图中，如图 3-138（b）所示。

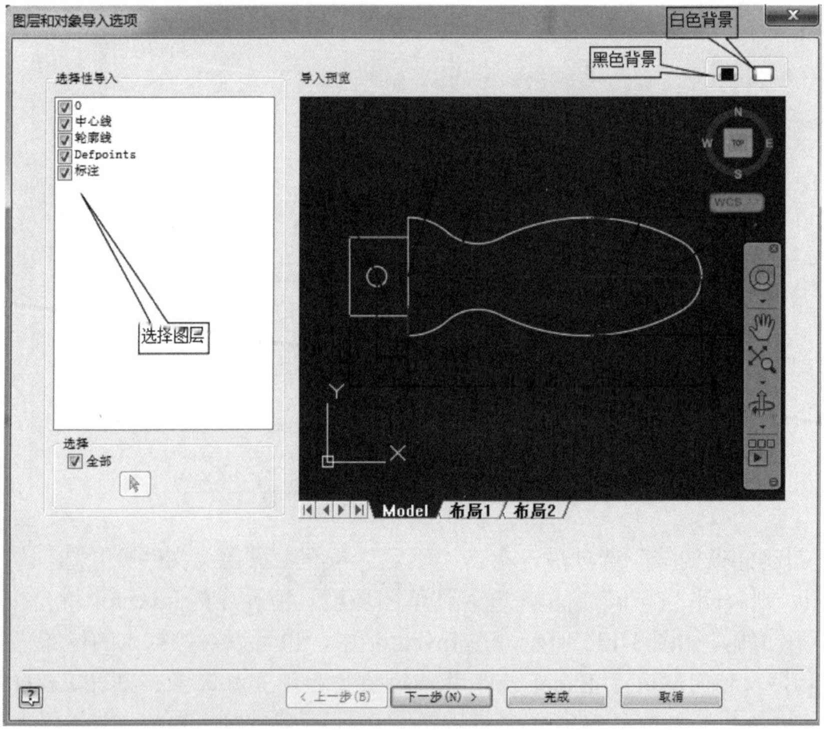

（a）“图层和对象导入选项”窗口

图 3-138　导入 AutoCAD 文件

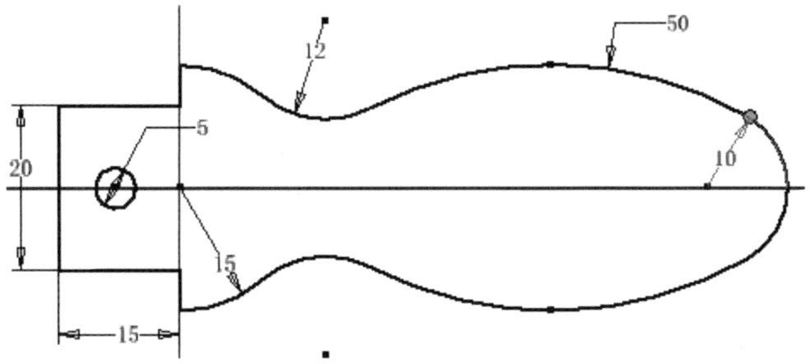

（b）导入的 AutoCAD 图形

图 3-138　导入 AutoCAD 文件（续）

导入后的图形尺寸均变为驱动尺寸，也可以对其进行再编辑。

2. 三维草图

在上一章中已学习过利用“相交曲线”工具创建三维草图。现结合本任务学习以下三维草图中的“投影到曲面”“包括几何图元”两个工具。

（1）“投影到曲面”工具　“投影到曲面”工具位于三维草图选项卡下的“绘制”工具面板上，如图 3-139 所示。单击“投影到曲面”工具按钮，打开“将曲线投影到曲面”窗口，如图 3-140 所示。这里只举例介绍该窗口中的几个输出项。

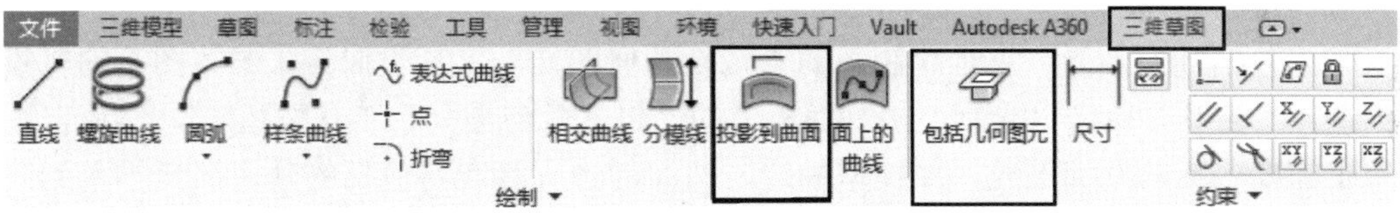

图 3-139　“投影到曲面”工具位置

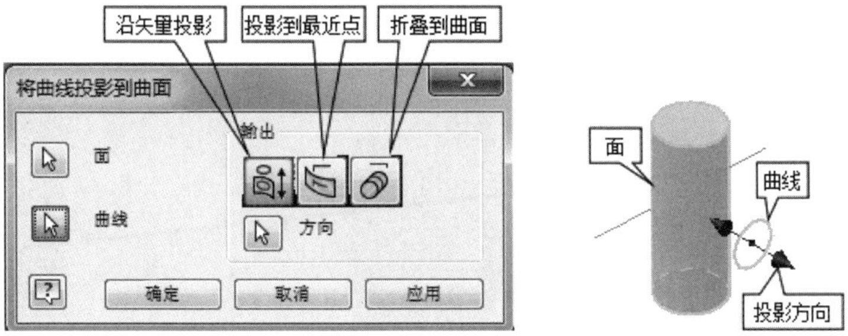

图 3-140　“将曲线投影到曲面”窗口

① 沿矢量投影　将曲线沿着指定的矢量投影到曲面，这是默认选项。若不选择矢量方向，则沿着垂直草图平面的方向矢量投影，如图 3-141（a）所示；若选择了投影方向，则沿着选择的投影方向矢量投影，如图 3-141（b）所示。

② 投影到最近点　将曲线沿着法线方向投影，即曲线上的点到目标面上最近的点的连线，是目标面在该点的法线方向，如图 3-142（a）所示。

③ 折叠到曲面　将曲线缠绕到投影面上，保持曲线的长度不变，如图 3-142（b）所示。

（a）默认投影方向　　（b）选择投影方向

图 3-141　沿矢量投影

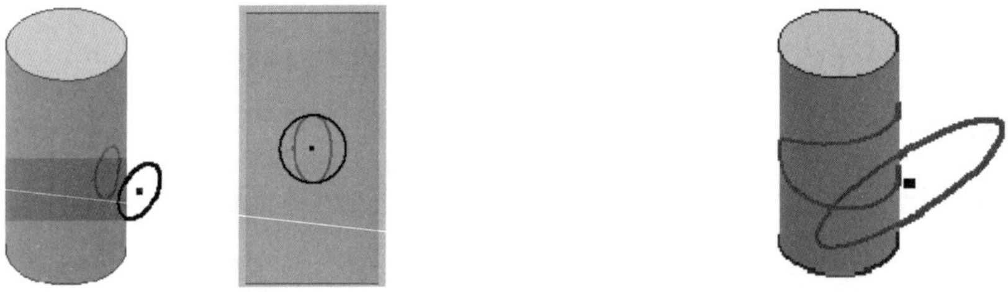

（a）投影到最近点　　（b）折叠到曲面

图 3-142　投影方式比较

④ 方向　只有选择“沿矢量投影”输出项时，该选项才可用。

（2）包括几何图元　三维草图下的“包括几何图元”工具类似于二维草图下的“投影几何图元”工具。单击“绘制”工具面板上的“包括几何图元”工具按钮，然后在图形区单击需要包括的几何图元，如模型的边、曲面的边界等。将包括的几何图元导入到三维草图中后，仍然与父图元是相关联的，若更改父图元，三维草图的几何图元也会随之更改，如图 3-143 所示。

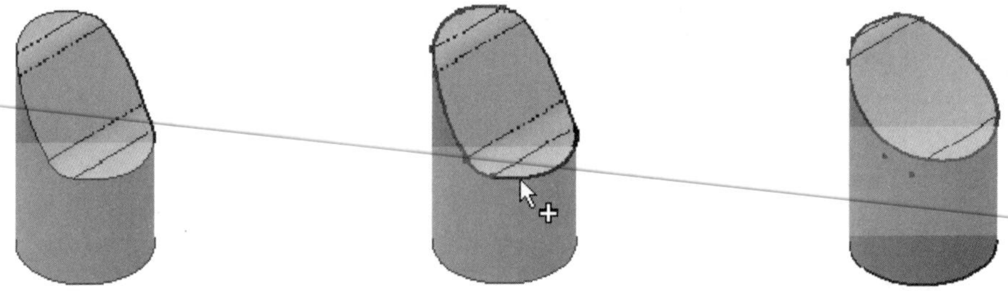

（a）原始模型　　（b）提取三维几何图元　　（c）更改的三维几何图元

图 3-143　包括几何图元

3. 定位特征

定位特征包含工作平面、工作轴、工作点 3 部分，其中工作平面已经在上一任务中学习过了，下面学习工作轴和工作点的创建。

（1）工作轴　工作轴可用作标记对称的直线、中心线或旋转特征的轴。“轴”工具位于“定位特征”工具面板上，如图 3-83 所示。Inventor 提供了多种创建工作轴的方式，如图 3-144 所示。创建工作轴的这几种方式，基本都能用“轴”工具来完成，可以说“轴”工具是创建工作轴的万能工具。

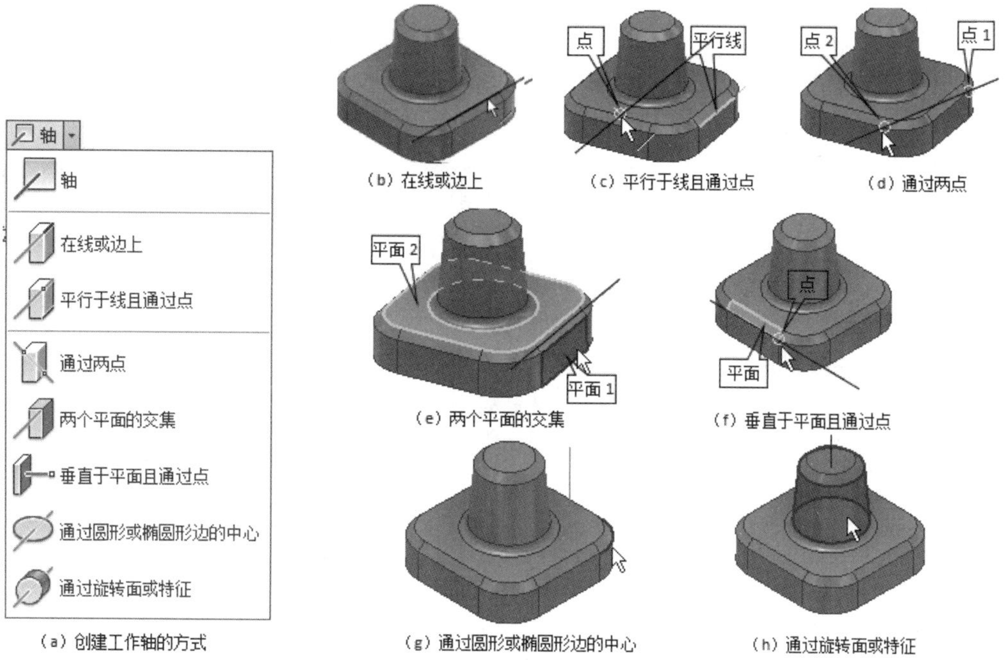

图 3-144 创建工作轴的方式

创建工作轴的方法与前面学习的工作平面的创建方法基本类似，这里不再赘述。

（2）工作点 在创建工作平面、工作轴的过程中都有可能用到工作点。若是已经存在的草图特征上的点，可以直接使用，否则就需要使用“点”工具创建工作点。创建工作点的方法有多种，如图 3-145 所示。这些方法都比较容易理解，这里不再介绍。

4. 草图特征

前面学习了“拉伸”“旋转”“扫掠”等几个草图特征，在本任务中学习“放样”“加强筋”“贴图”3 个草图特征。

（1）放样 “放样”是将两个或两个以上具有不同形状或尺寸的截面轮廓均匀过渡，从而形成特征实体或曲面，常用于创建比较复杂的曲面。单击“创建”工具面板上的“放样”工具按钮，弹出“放样”窗口，如图 3-146 所示。在该窗口中有 3 个选项卡，下面分别介绍。

①“曲线”选项卡 如图 3-146 所示。

➢ 截面 参与放样的截面轮廓可以是二维草图或三维草图中的曲线、模型边、点或封闭回路。截面轮廓越多，模型会越接近期待的形状。若选择了错误的截面，可在截面列表中单击相应截面，然后按 Delete 键即可将其删除。

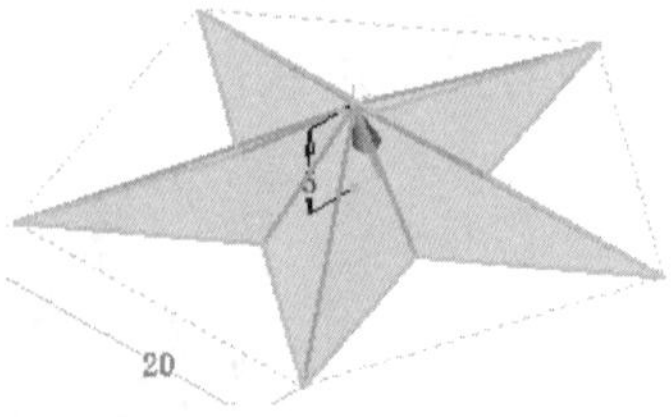

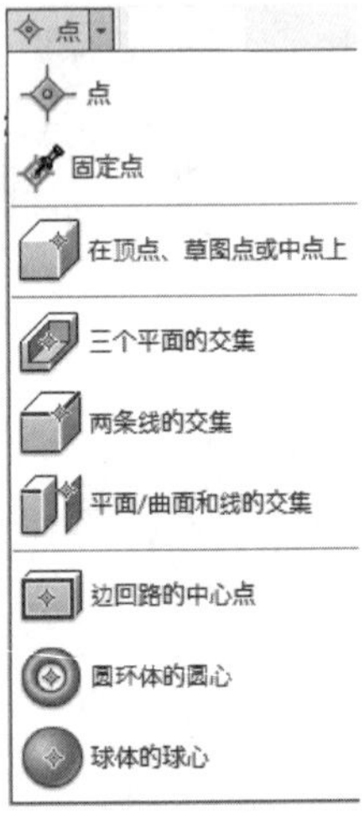

图 3-145　创建工作点的方式

图 3-146　“曲线”选项卡

➢　放样类型　根据添加的轨道和中心线控制，可分为以下三种类型。

a. 轨道放样　轨道是指定截面之间放样形状的二维或者三维曲线，轨道的多少将直接影响放样的实体形状，轨道必须与每个截面相交。该种放样形式下即可添加轨道也可不添加轨道，如图 3-147 所示。

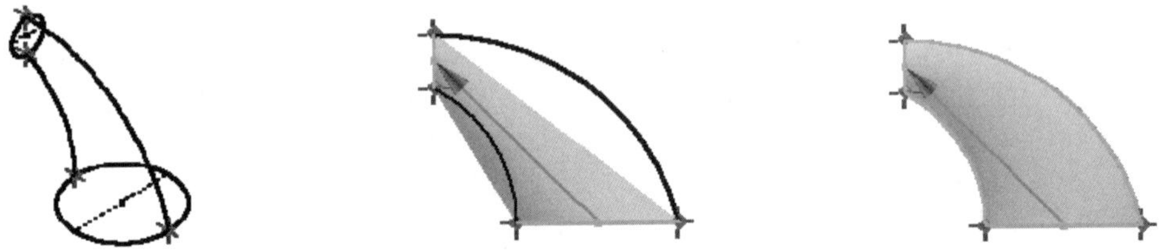

（a）放样前　（b）未添加轨道　（c）添加两条轨道

图 3-147　轨道放样

b. 中心线放样　中心线放样对选择的多个截面按照某条中心线变化。中心线是唯一的，当中心线与轮廓相交时相当于轨道，如图 3-148 所示。

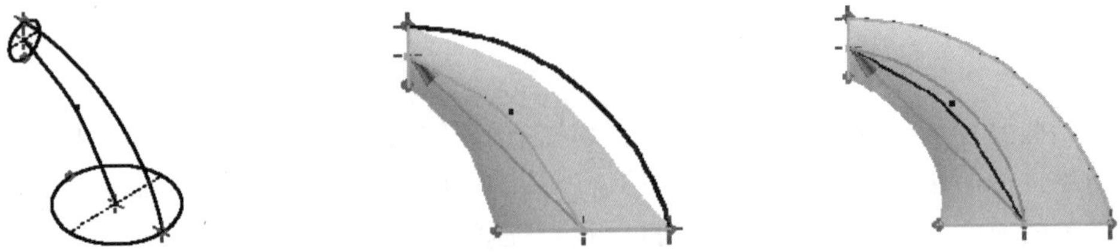

（a）放样前　（b）中心线与截面不相交　（c）中心线与截面相交

图 3-148　中心线放样

c. 面积放样 面积放样是在中心放样类型下，对放样过程中指定的截面的面积进行控制，如图 3-149 所示。

在选择完截面和中心线后，单击“已装入截面”选项下的“单击以添加”，即可沿着中心线移动指示器，来指定采样点位置，如图 3-149（c）所示。单击后添加面积控制点，此时图形区显示截面面积的尺寸，同时弹出“截面尺寸”窗口，如图 3-149（d）所示。在该窗口中可以对截面面积的控制形式进行设置，设置完后单击“确定”按钮，关闭窗口，完成面积控制点的添加。

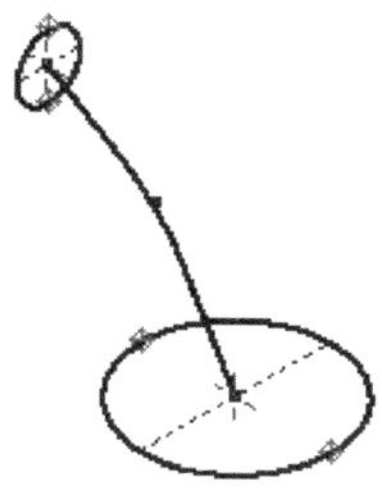

（a）放样前

（b）面积放样窗口

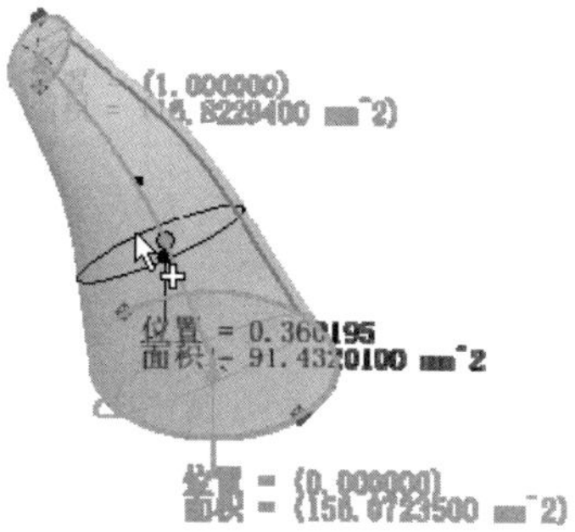

（c）添加面积控制点

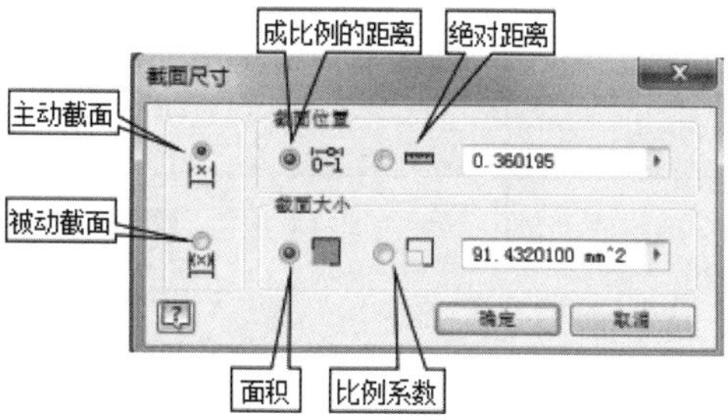

（d）“截面尺寸”窗口

图 3-149 面积放样

➢ 封闭回路 用于连接放样的第 1 个和最后一个截面，以构成封闭回路，如图 3-150 所示。

➢ 合并相切面 用于自动缝合相切放样面，使用该选项后，特征的切面之间不再创建相切边，如图 3-151 所示。

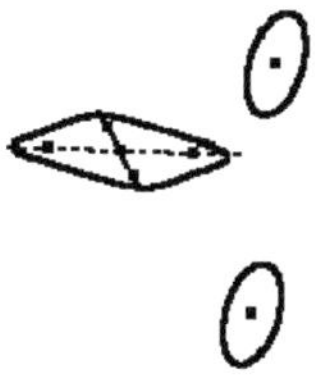

（a）放样前

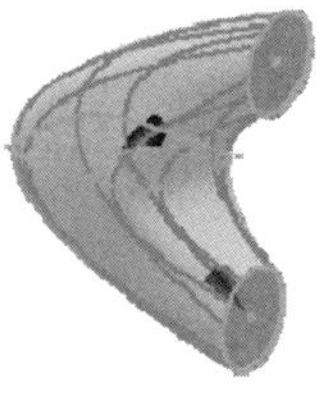

（b）未勾选

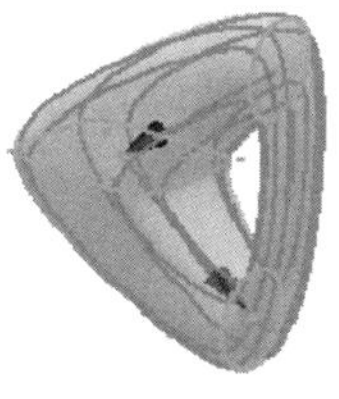

（c）勾选

图 3-150 “封闭回路”选项的使用

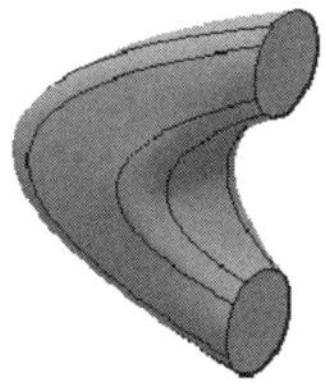

（a）未勾选

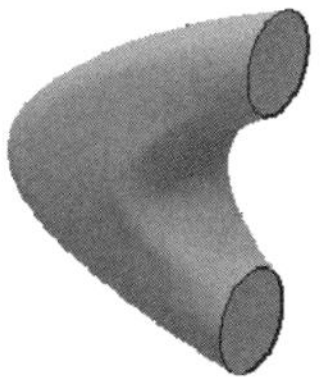

（b）勾选

图 3-151 “合并相切面”选项的使用

说明 在一些复杂的曲面放样时，往往必须选择“合并相切面”选项才能放样成功。

②“条件”选项卡 如图 3-152 所示。

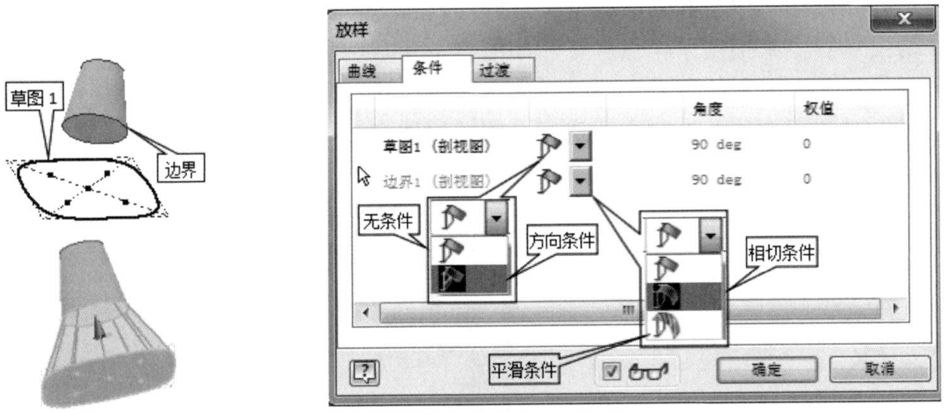

图 3-152 “条件”选项卡

➢ 无条件 默认选项，不应用于任何边界条件，如图 3-152 所示。

➢ 方向条件 仅当截面是二维草图时才可用，用于测量相对于剖切平面的角度。可通过设置角度和权值来调整放样外观，表 3-1 展示了将“草图 1”设置为“方向条件”时，角度、权值取不同值时的放样外观。

表 3-1 “方向条件”下不同角度、不同权值的放样外观

权值 / 角度	1	2
90°	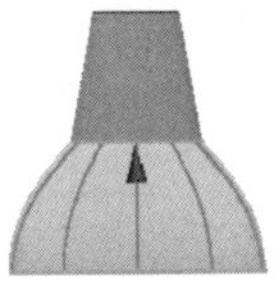	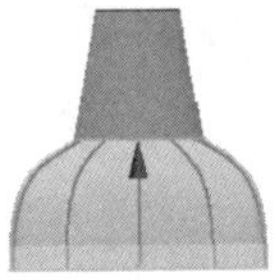
120°	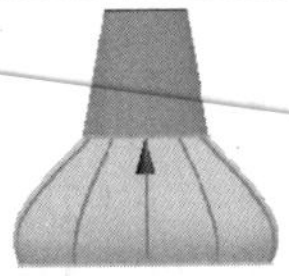	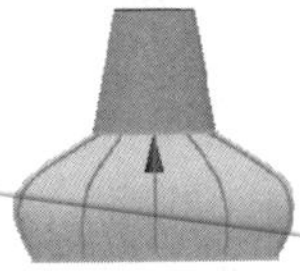

➢ 角度 表示截面或轨道平面与放样创建的面之间的过渡段包角。90° 为默认值，表示垂直过渡，取值范围为 0° ～180° 。

➢ 权值 用来控制放样外观，确定截面形状在过渡到下一个形状前延伸的距离。权值一般取值为 1～20，默认值为 1。

➢ 相切条件 用以创建与相邻面相切的放样，然后通过设置方向和权值来调整放样外观，该方式下“角度”选项不可用。表 3-2 展示了将“边界 1”设置为“相切条件”时，不同方向下不同权值的放样外观。

表 3-2 “相切条件”下不同方向、不同权值的放样外观

权值 / 方向	1	2
起始方向	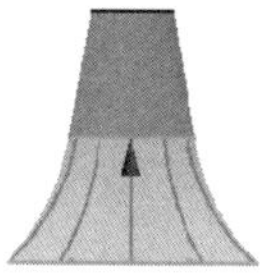	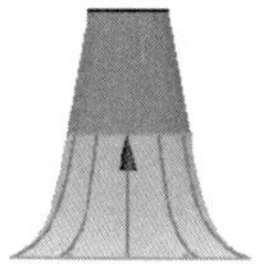
反向	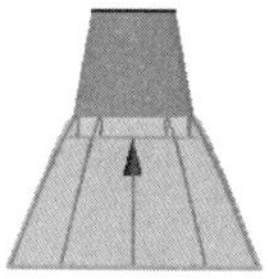	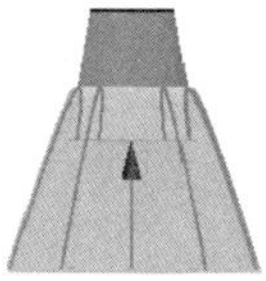

➢ 平滑条件 用以指定与相邻面连续的放样曲率。为了能够让几种形式的放样外观比较起来更加直观，这里将圆台的边界进行了圆角，比较结果如图 3-153 所示。

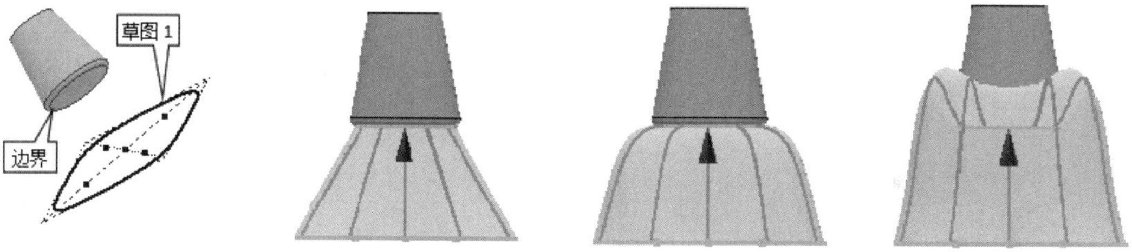

（a）放样前　（b）无条件　（c）相切条件　（d）平滑条件

图 3-153 放样条件比较

➢ 尖锐点 当起始截面或结束截面是“点”时，用来创建尖头或锥形顶面，如图 3-154（c）所示。

➢ 相切 当起始截面或结束截面是“点”时，用来创建圆形的盖形顶面，可通过权值来调整放样外观，如图 3-154（d）所示。

➢ 与平面相切 当起始截面或结束截面是“点”时，将相切应用到指定的平面，来创建圆形的盖形顶面，可通过权值来调整放样外观，如图 3-154（e）所示。

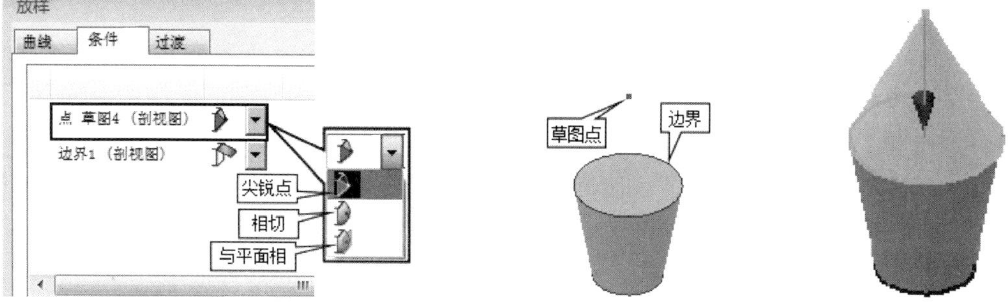

（a）截面是“点”时的放样条件　（b）放样前　（c）尖锐点

图 3-154 截面为“点”时放样条件比较

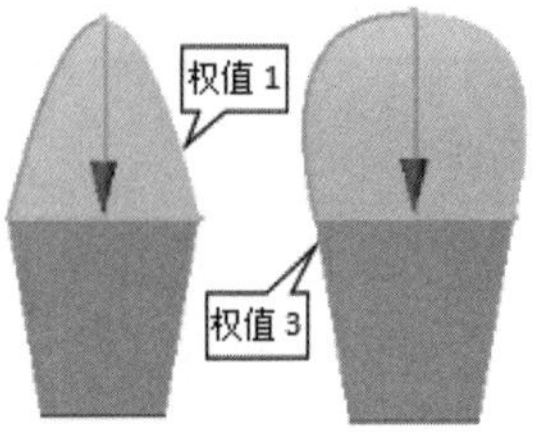

（d）相切

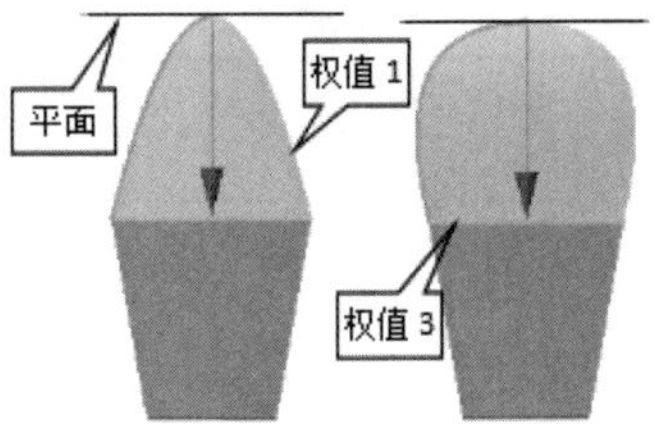

（e）与平面相切

图 3-154　截面为“点”时放样条件比较（续）

③ “过渡”选项卡　如图 3-155 所示。在该选项卡下，默认选择“自动映射”选项。

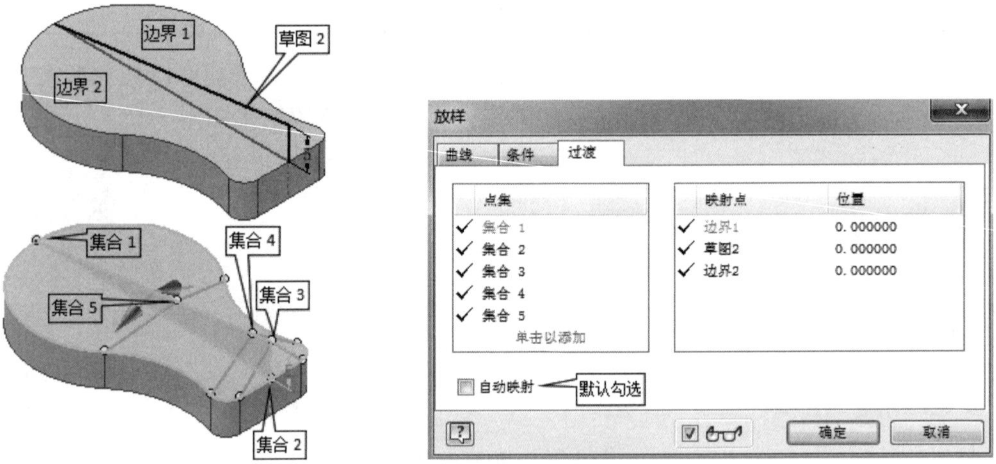

图 3-155　“过渡”选项卡

➢　点集　在每个放样截面上列出自动计算的点。

a．添加集合　单击“单击以添加”可以添加点集，然后在边界、截面上移动指示器，单击以确定添加集合的位置，如图 3-156（a）所示。

b．编辑集合　单击“点集”列表中的相关项，即可选中该集合，选中的集合在图形区红色显示。在边界、截面上移动指示器，单击以调整集合的位置，如图 3-156（b）所示。

c．删除集合　若要删除集合，只需在“点集”列表中单击相应的行后，按 Delete 键即可将其删除。

➢　映射点　在草图上列出自动计算的点，使放样特征的扭曲最小化，映射点按照选择截面的顺序列出。

➢　位置　指定相对于选定点的位置，取值为 0～1。

（2）加强筋　在设计过程中，如果出现结构跨度过大的情况，结构本身的连接面负荷有限，可以在两结合体的公共垂直面上增加一块加强板，俗称加强筋。加强筋特征是铸造件、塑料件等不可或缺的设计结构。

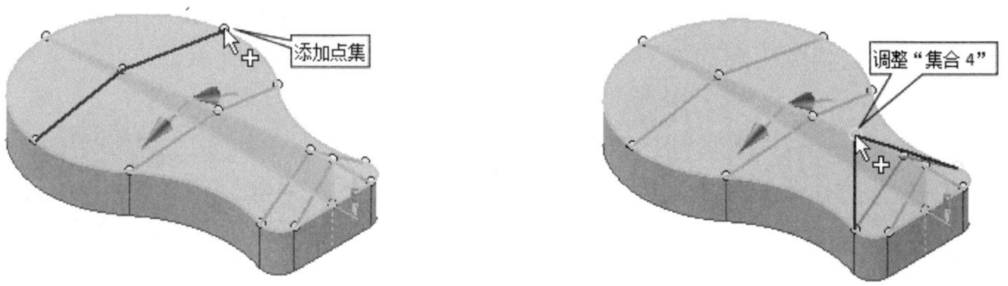

（a）添加集合　　（b）编辑集合

图 3-156　添加、编辑“点集”选项

单击“创建”工具面板上的“加强筋”工具按钮，弹出“加强筋”窗口，如图 3-157 所示。按照创建加强筋的方向，加强筋可分为“垂直于草图平面”和“平行于草图平面”两种类型，下面分别介绍。

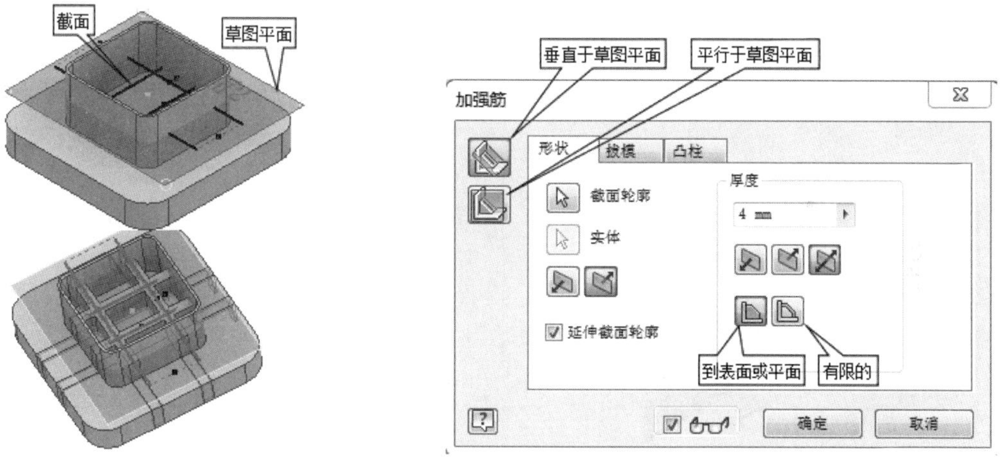

图 3-157　“加强筋”窗口

① 垂直于草图平面　垂直于草图平面拉伸几何图元，厚度平行于草图平面。如图 3-157 所示。该类型加强筋具有“形状”“拔模”“凸柱”3 个选项卡。

➢　“形状”选项卡　如图 3-157 所示。

a. 截面轮廓　常用一个开放的截面轮廓定义加强筋，或者选择多个相交或不相交的截面轮廓来定义网状加强筋，如图 3-158 所示。

（a）一个截面轮廓　　（b）多个截面轮廓

图 3-158　截面轮廓

b．延伸截面轮廓　当截面轮廓的末端与零件不相交时，勾选该复选框，截面轮廓会自动延伸，否则将以截面轮廓的实际长度创建加强筋，如图 3-159 所示。

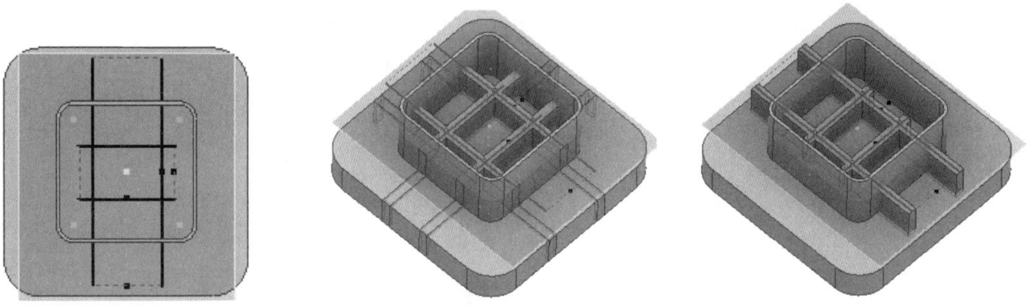

（a）截面　　（b）勾选　　（c）未勾选

图 3-159　“延伸截面轮廓”选项的使用

c．到表面或平面　使加强筋或腹板终止于下一个面，如图 3-160（a）所示。

d．有限的　设定加强筋或腹板终止的特定距离，如图 3-160（b）所示。

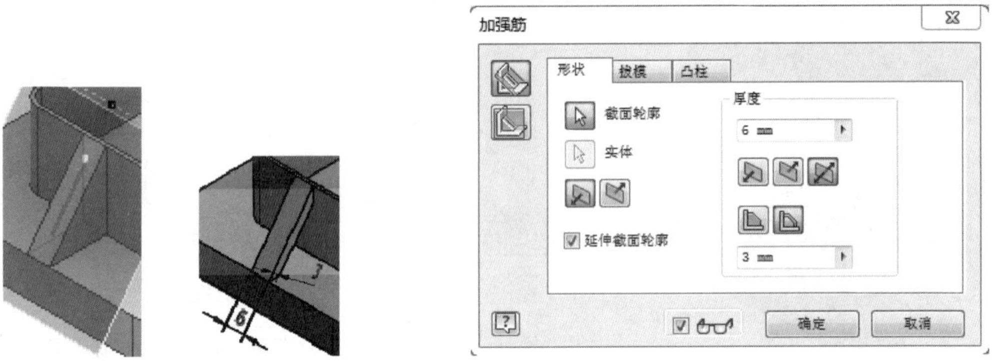

（a）到表面或平面　　（b）有限的

图 3-160　加强筋样式

➢　“拔模”选项卡　如图 3-161（a）所示。

a．顶部　在草图平面上，保留指定的厚度，如图 3-161（b）所示。

b．根部　在加强筋特征与下一个面的相交点处，保留指定的厚度，如图 3-161（c）所示。

c．拔模斜度　为拔模角，如图 3-161（d）所示。

➢　“凸柱”选项卡　如图 3-162 所示。

a．中心　选择位于截面轮廓几何图元上的草图点。

b．全选　勾选该选项，则选择截面轮廓几何图元上的所有草图点；若不勾选该选项，单击选择草图点。

c．直径　指定凸柱特征的直径。

d．偏移　指定在草图平面上方或下方开始凸柱特征的距离。

e．拔模斜度　为凸柱特征添加拔模角。

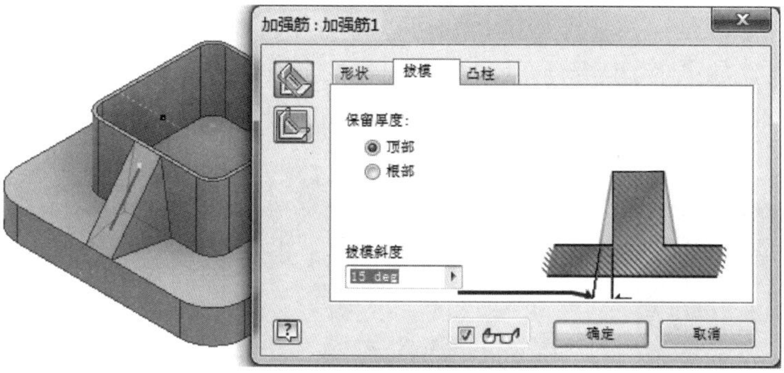

（a）“拔模”选项卡

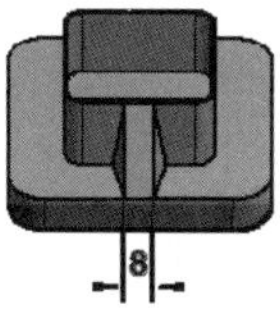

（b）保留厚度—顶部

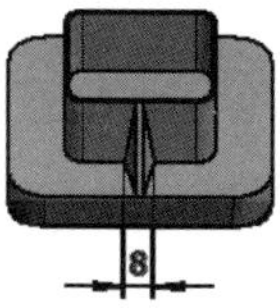

（c）保留厚度—根部

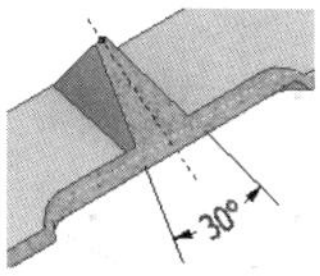

（d）拔模斜度

图 3-161 “拔模”选项卡及相关选项说明

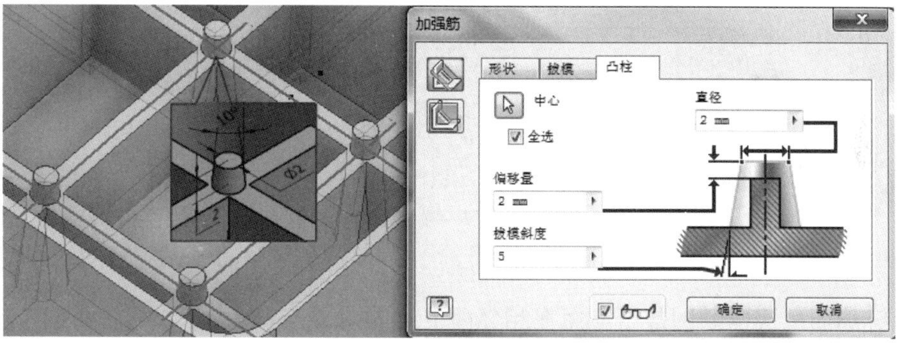

图 3-162 “凸柱”选项卡

② 平行于草图平面 平行于草图平面拉伸几何图元，厚度垂直于草图平面，如图 3-163 所示。该类型加强筋只有“形状”一个选项卡，各项含义与前面一样，不再赘述。

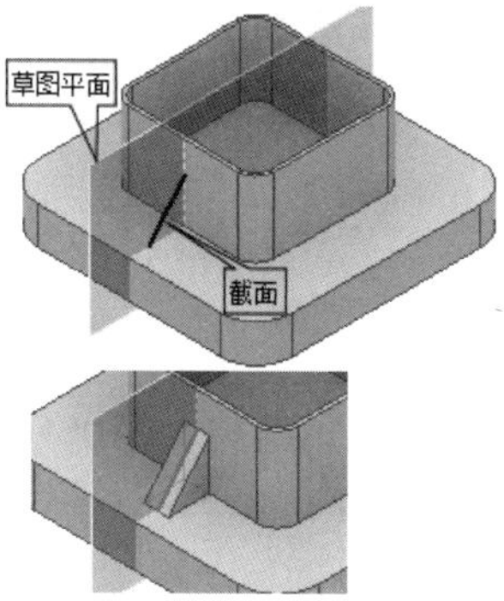

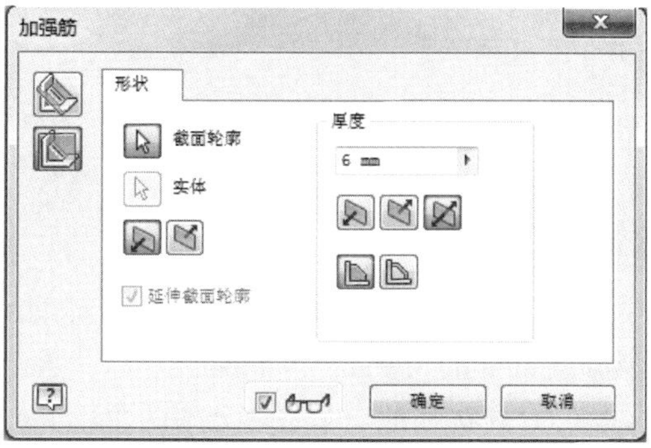

图 3-163 平行于草图平面创建加强筋

（3）贴图　贴图是一种修饰特征，它可以将图片、Word 文档、Excel 表格像标签一样贴在零件表面上，如图 3-164 所示。单击“创建”工具面板上的“贴图”工具按钮 ，打开“贴图”窗口，如图 3-165 所示。在“贴图”窗口中，各选项含义如下。

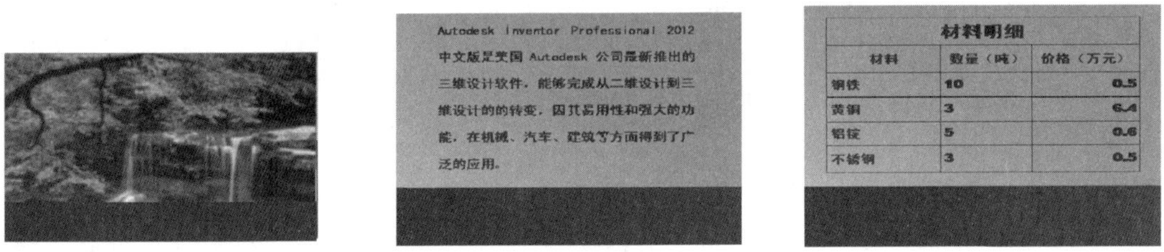

（a）图片贴图　　（b）文档贴图　　（c）Excel 电子表格贴图

图 3-164　贴图应用

① 图像　选择草图中用于创建贴图特征的图片、文档、电子表格等文件。

② 面　选择应用贴图的面。

③ 折叠到面　控制贴图的投影方式，勾选该选项，贴图缠绕到面，如图 3-166 左图所示；不勾选该选项，贴图将投影到面，如图 3-166 右图所示。

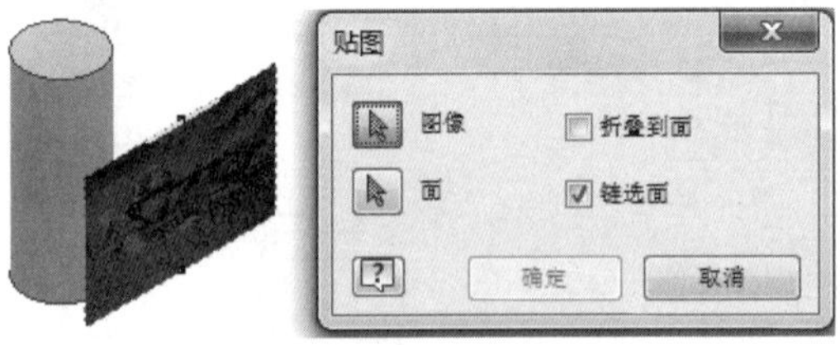

图 3-165　“贴图”窗口

图 3-166　“折叠到面”选项的使用

④ 链选面　决定贴图是否应用在相邻面上，如图 3-167 所示。

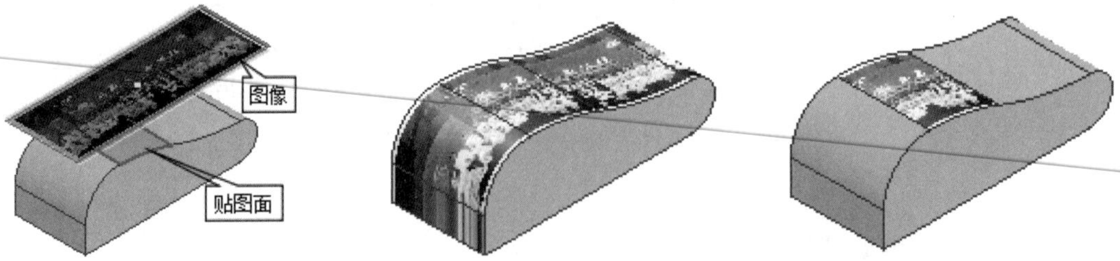

（a）选择贴图面　　（b）勾选链选面　　（c）未勾选链选面

图 3-167　链选面选择

5．放置特征

前面学习了“倒角”“圆角”等放置特征的使用，在本任务中再来学习“分割”“加厚\偏移”两个放置特征的使用。

（1）分割　分割就是把一个整体分成两个，单击“修改”工具面板上的“分割”工具按钮 ，打开“分割”窗口，如图 3-168 所示。窗口中有分割面、修剪实体、分割实体三种方式。

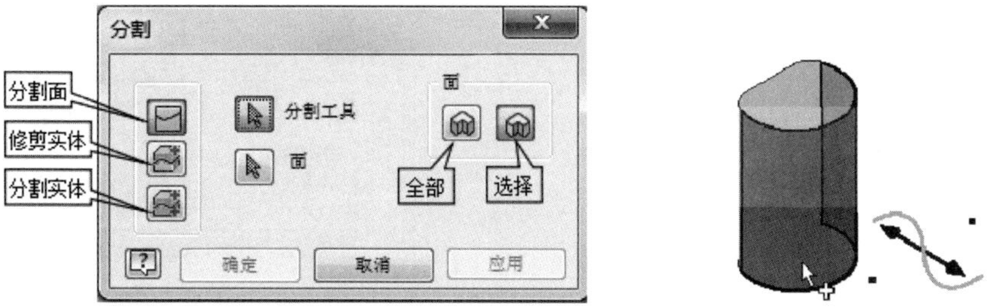

图 3-168 “分割”窗口

① 分割面 将一个或多个面分割成两部分，为默认分割方式。

➢ 分割工具 单击“分割工具”选项后，可选择工作平面、曲面、二维草图、三维草图作为分割工具，如图 3-169 所示。当用三维草图作为分割工具时，三维草图必须位于要分割的面上，且与其完全相交。

➢ 面 选择要分割的面，如图 3-169 所示。

a．全部 选择实体所有面进行分割，如图 3-170 上图所示。

b．选择 选择某一个或多个面进行分割，如图 3-170 下图所示。

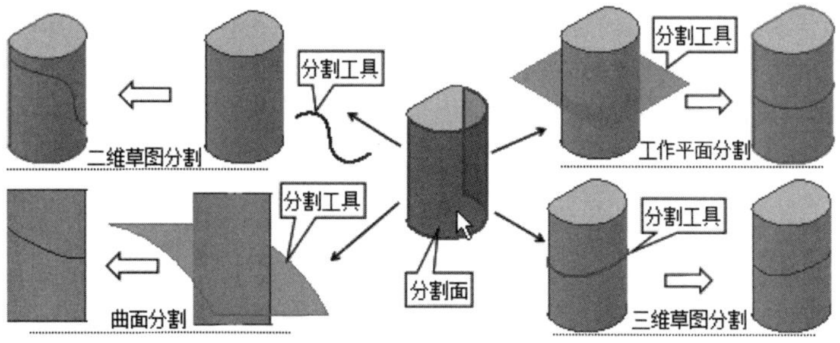

图 3-169 用不同分割工具分割面

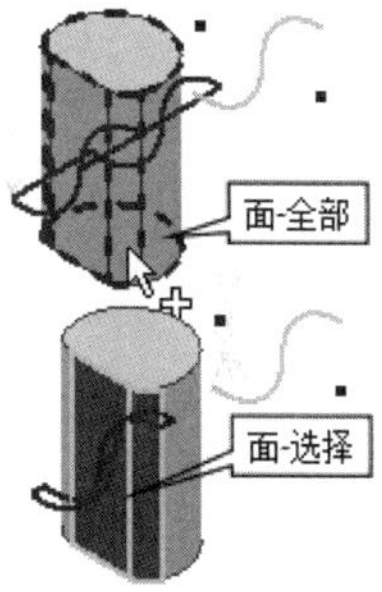

图 3-170 “面”选项的使用

② 修剪实体 箭头指向部分为修剪掉部分，如图 3-171（a）所示。在窗口中通过“删除”选项的方向按钮，确定要修剪掉的部分。

③ 分割实体 将一个实体分割成两个实体，如图 3-171（b）所示。

（2）加厚/偏移 “加厚/偏移”工具是通过指定距离和方向，为零件增加或减少厚度，或者从零件面或曲面创建偏移曲面或新建实体。单击“修改”工具面板上的“加厚/偏移”工具按钮，打开“加厚/偏移”窗口，在窗口中有两个选项卡，如图 3-172 所示。

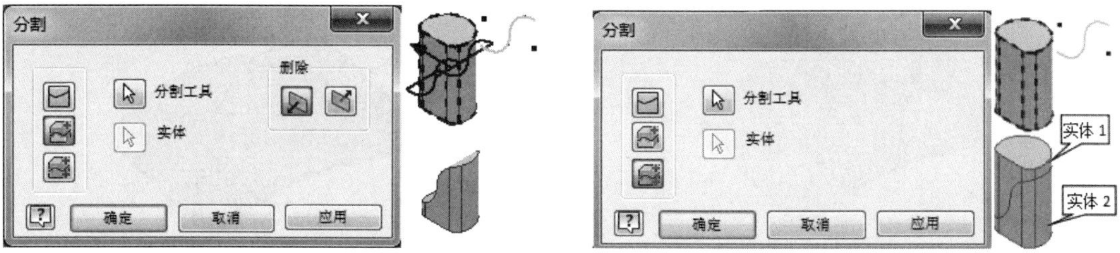

（a）修剪实体　　（b）分割实体

图 3-171 修剪实体与分割实体

（a）“加厚/偏移”选项卡　　（b）“更多”选项卡

图 3-172　“加厚\偏移”窗口

① “加厚/偏移”选项卡　如图 3-172（a）所示，选项卡中的部分选项介绍如下。

➢ 选择　选择要“加厚/偏移”的面，若要选择多个相切的连续面，请先进入“更多”选项卡，勾选“自动链选面”选项。

➢ 实体　当零件中有多个实体的时候，选择参与的实体。

➢ 自动过渡　可自动移动相邻的相切面，仅当输出为实体的时候，该选项才可用，如图 3-173 所示。

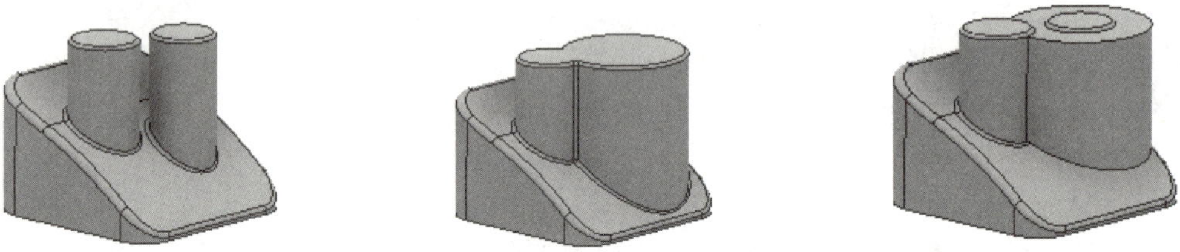

（a）加厚前　（b）勾选“自动过渡”选项　（c）未勾选“自动过渡”选项

图 3-173　“自动过渡”选项的使用

➢ 面　每次单击只能选择一个单独的面，如图 3-174（a）所示。

➢ 缝合曲面　使用该项可通过一次单击就能选择一组相连的面，如图 3-174（b）所示。仅当从曲面偏移时，使用该选项才能选择面。

（a）使用“面”选项选择面　　（b）使用“缝合曲面”选项选择面

图 3-174　“面”选项与“缝合曲面”选项使用比较

➢ 距离 指定偏移\加厚的距离，若输入零，可以在原曲面位置创建一个曲面副本。

② “更多”选项卡 该选项卡（如图 3-172（b）所示）与前面学习的“抽壳”窗口中的“更多”选项卡相似，这里只介绍其中不同的两项。

➢ 自动链选面 使用该选项，可以一次选择多个相切的连续面，如图 3-175 所示。

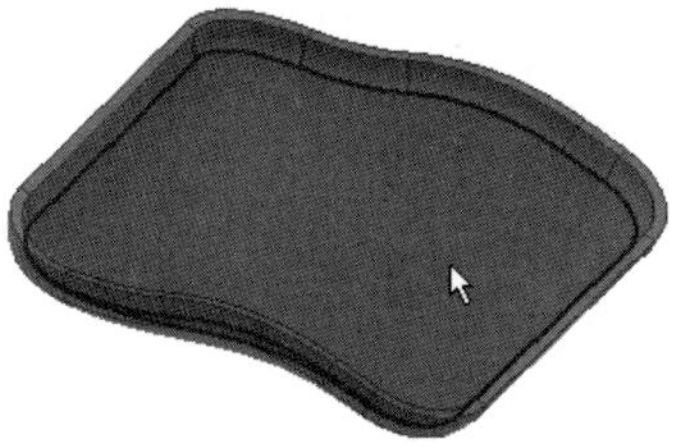

（a）未勾选“自动链选面”选项

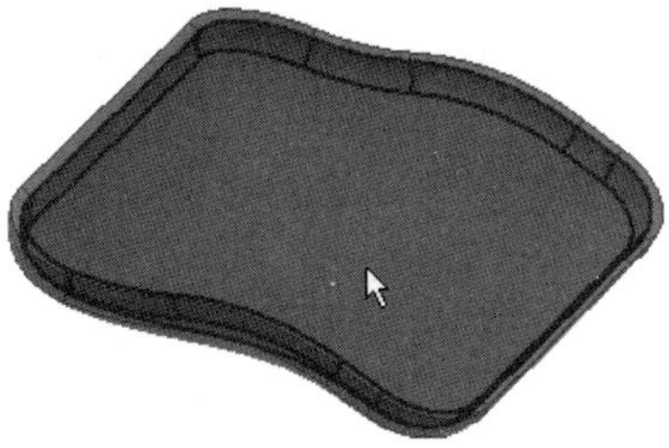

（b）勾选“自动链选面”选项

图 3-175 “自动链选面”选项的使用

➢ 创建竖直曲面 可创建将偏移面连接到原始缝合曲面的竖直面或侧面，该项仅在从零件表面偏移且输出曲面时可用，如图 3-176 所示。

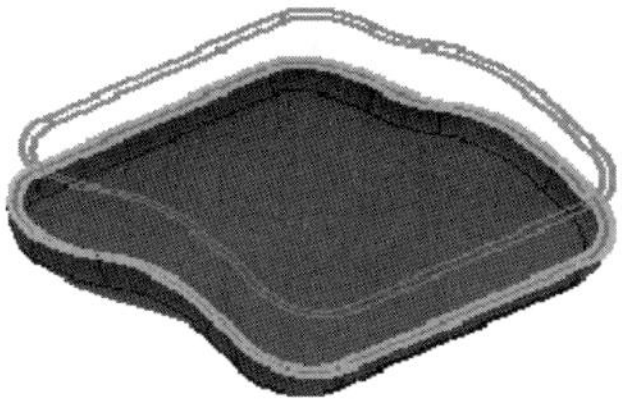

（a）未勾选“创建竖直曲面”选项

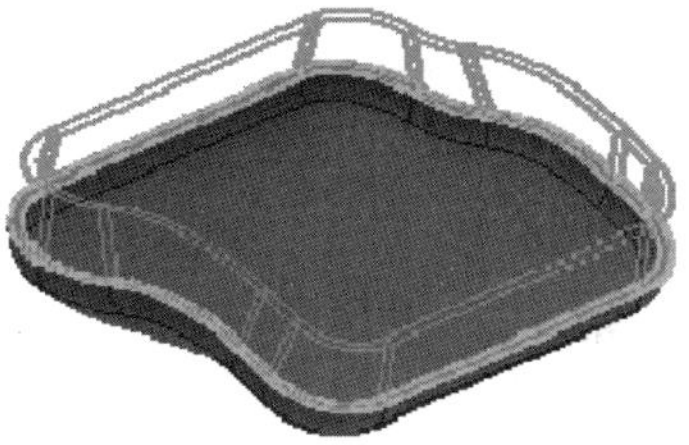

（b）勾选“创建竖直曲面”

图 3-176 “创建竖直曲面”选项的使用

6．阵列特征

在构建模型时，同一个零件上若包含了多个相同的特征或实体，且这些特征或实体在零件中的位置有一定的规律，那么就可以用 Inventor 提供的“阵列”特征来创建这些相同特征或实体。

“阵列”特征工具面板位于“三维模型”选项卡下（如图 3-83 所示）。下面分别介绍几个工具的使用方法。

（1）矩形阵列 “矩形阵列”是用来复制一个或多个特征或实体，并在矩形阵列中沿单向或双向路径以特定的数量和间距来排列。阵列的路径可以是直线、二维曲线、三维曲线。

单击“矩形阵列”工具按钮，打开“矩形阵列”窗口，如图 3-177 所示。

① 阵列各个特征 如图 3-177 所示，选定阵列的对象是特征，阵列对象可以是实体特征、定位特征和曲面特征。

➢ 特征 可以选择一个或多个特征，基于特征的特征不能单独阵列，必须跟其所依附的特征一并阵列，例如倒角、圆角等特征。

➢ 实体 选择生成阵列的特征所依附的实体，只有当零件中包含多个实体的时候，该选项才可用。

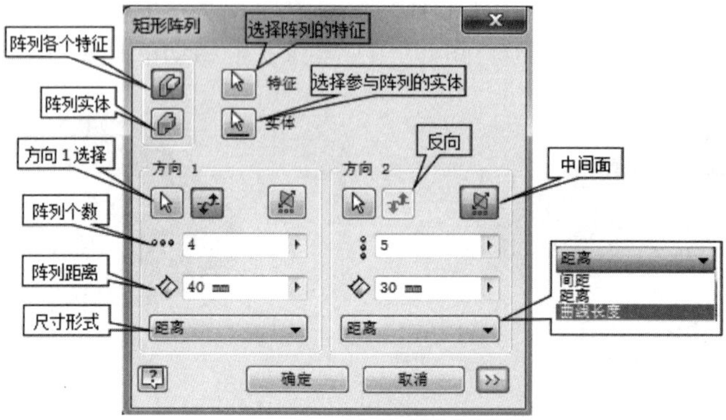

图 3-177 “矩形阵列”窗口

② 阵列实体 如图 3-178 所示，选定阵列的对象是实体。

➢ 实体 选择要阵列的一个或多个实体。只有当零件中有多个实体的时候，该按钮才可用。

➢ 包括定位/曲面特征 单击该选项可以选择一个或多个需要阵列的定位特征或曲面特征。

➢ 求并 阵列后的实体与阵列源同属一个实体，这是默认选项。

➢ 新建实体 阵列后的对象将生成新的独立实体，阵列几个就生成几个实体。

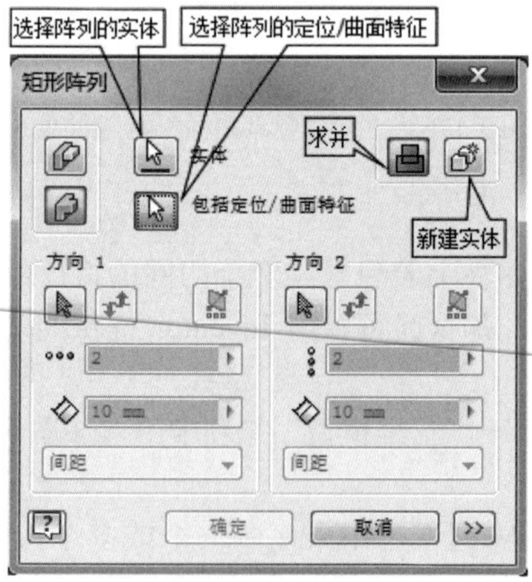

图 3-178 “矩形阵列”窗口—阵列实体

③ 阵列方向 矩形阵包含单向和双向两种，通过方向 1、方向 2 来控制，即若选择一个方向，则生成单向阵列，若选择两个方向则生成双向阵列，如图 3-179 所示。

➢ 方向选择 单击该箭头，在图形区添加阵列的方向，如图 3-180（a）所示。选择方向后，模型上箭头指示方向即是阵列方向，如图 3-180（b）所示。

➢ 反向 单击该按钮，可改变阵列方向，如图 3-180（c）所示。

➢ 中间面 单击该按钮，则在指定方向上向两侧阵列，如图 3-180（d）所示。

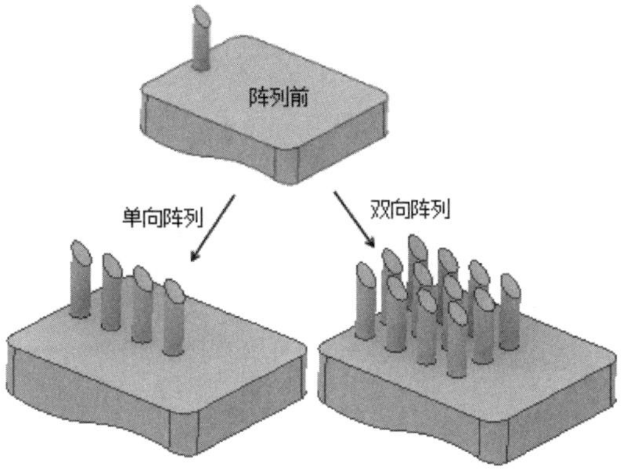

图 3-179 单向阵列与双向阵列比较

④ 阵列数量 指定阵列的个数，必须大于零。

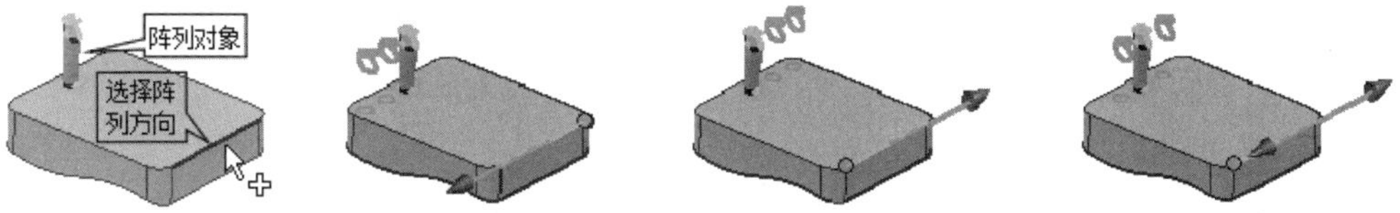

（a）选择阵列方向 （b）选择阵列方向后 （c）改变阵列方向 （d）两侧阵列

图 3-180 阵列方向

⑤ 阵列尺寸 用来指定阵列引用之间的距离或间距，若输入负值，则表示反向阵列。当尺寸类型选择“曲线长度”时，该选项不可用。

⑥ 尺寸类型 有间距、距离、曲线长度三种类型

➢ 间距 表示引用之间的距离，如图 3-181（a）所示。

➢ 距离 表示该方向所有引用之间的距离，如图 3-181（b）所示。

➢ 曲线长度 表示已选择阵列方向直线或曲线的总长度，并在该曲线方向上均匀排列，如图 3-181（c）所示。

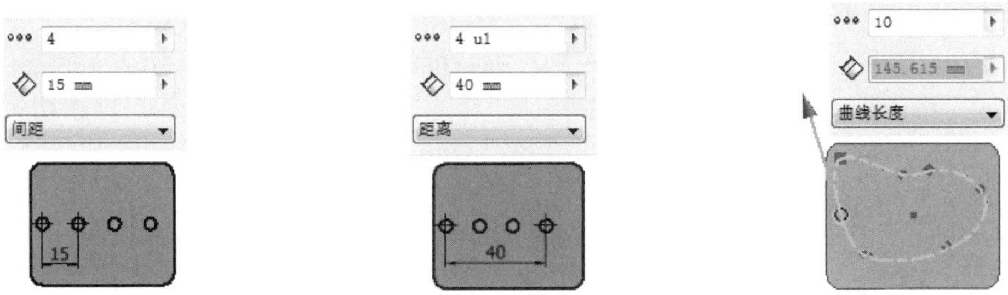

（a）间距 （b）距离 （c）曲线长度

图 3-181 尺寸类型

⑦ 更多 单击窗口右下角的双箭头，展开窗口，显示矩形阵列的更多选项，如图 3-182 所示。对更多选项内容，下面举例说明。

➢ 起始位置 重新设置阵列方向上的起点，特别是在沿着曲线阵列时，必须重新设定阵列方向上的起点才能阵列，如图 3-183 所示。

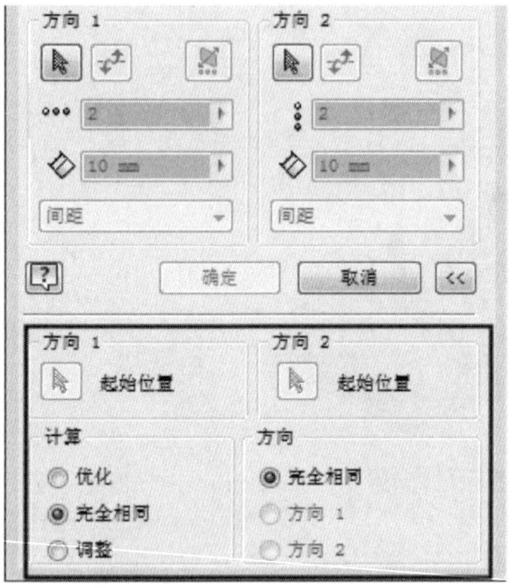

图 3-182 “更多”选项

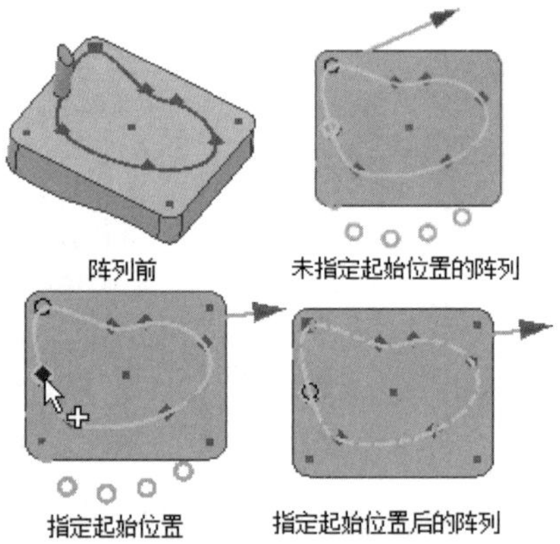

图 3-183 “起始位置”的使用

➢ 计算 指定阵列特征的计算机方式。

a．优化 最快的计算方式。

b．完全相同 默认方式，创建与选定特征完全相同的副本，如图 3-184（b）所示。

c．调整 创建可能与选定特征不相同的副本，如图 3-184（c）所示。

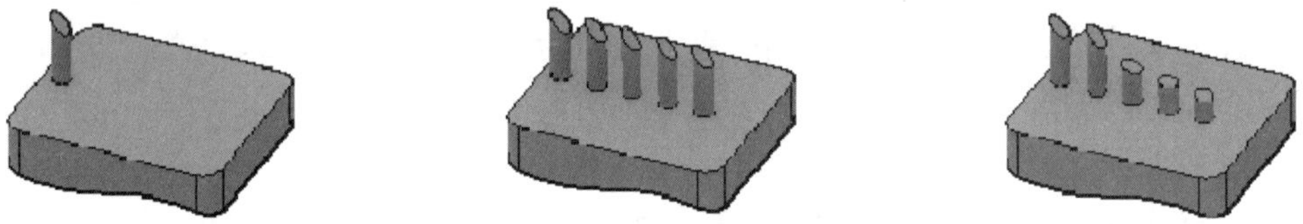

（a）阵列前 （b）完全相同 （c）调整

图 3-184 计算方式

➢ 方向 用来指定阵列特征的定位方式，取决于选定的第 1 个特征。

a．完全相同 所有的引用与原始特征一致，不会随着阵列路径旋转，如图 3-185（b）所示。

b．方向 1/方向 2 指定哪个方向控制阵列特征的位置，对每个引用进行旋转。阵列引用沿着阵列路径线，根据所选的第 1 个特征，将方向保持为选择路径的二维相切矢量，如图 3-185（c）所示。

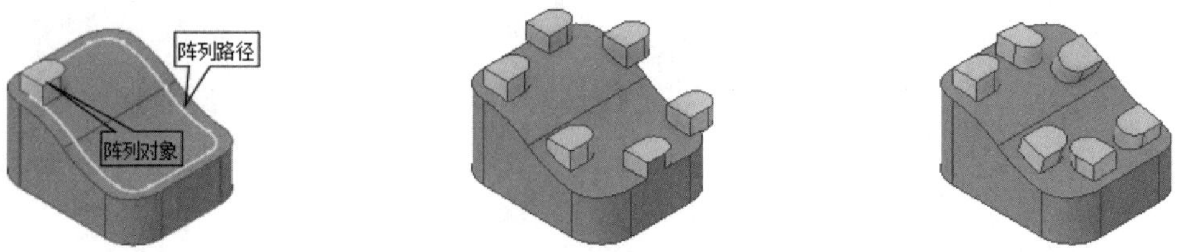

（a）阵列前 （b）完全相同 （c）方向 1

图 3-185 定位方式

（2）环形阵列　“环形阵列”是用来复制一个或多个特征或实体，然后在圆弧或者圆阵列中以特定的数量和间距来排列。单击“环形阵列”工具按钮，打开“环形阵列”窗口，如图 3-186 所示。这里以阵列特征为例介绍“环形阵列”窗口中的各选项的含义。

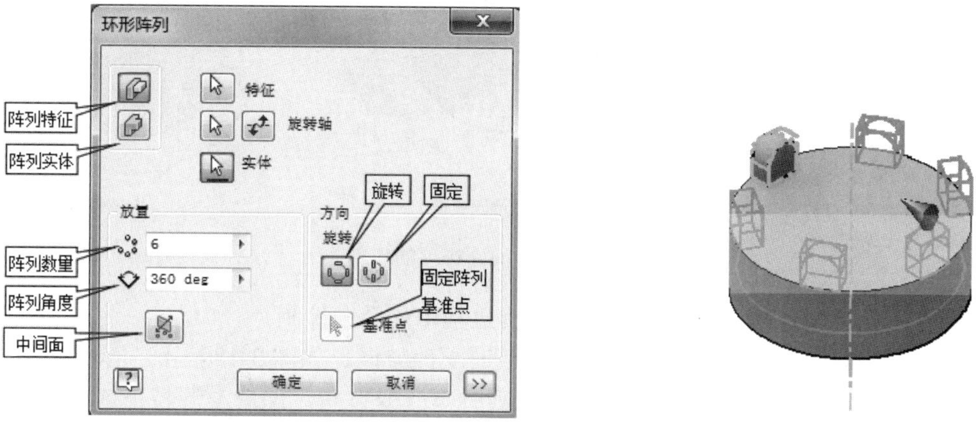

图 3-186　“环形阵列”窗口

① 特征　可以选择一个或多个特征，基于特征的特征不能单独阵列，必须与其所依附的特征一并阵列，例如倒角、圆角等特征。

② 旋转轴　用来指定围绕旋转的轴，可以是工作轴、棱边等。若阵列角度不是 360°，可以单击“反向”按钮，进行反方向阵列。

③ 实体　当零件中有多个实体时，选择参与阵列的特征所依附的实体。

④ 放置　主要用来定义环形阵列的数量和角度

➢ 数量　指定阵列的个数，必须大于零。

➢ 角度　阵列引用之间的角度，有“增量”和“范围”两种放置方式，默认是“范围”放置方式。放置方式的选择在窗口的“更多”选项里面，如图 3-187 所示。

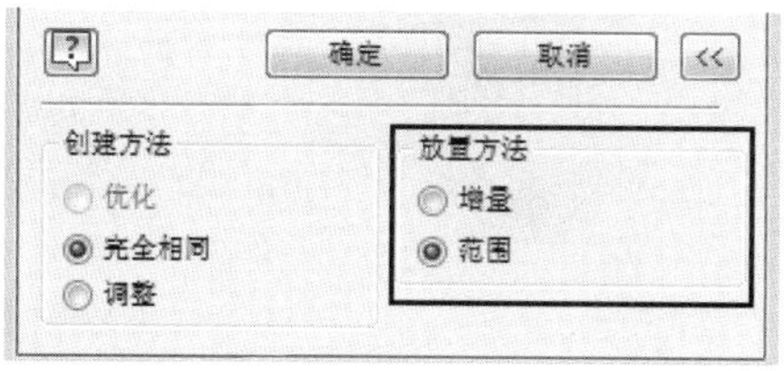

（a）“更多”选项

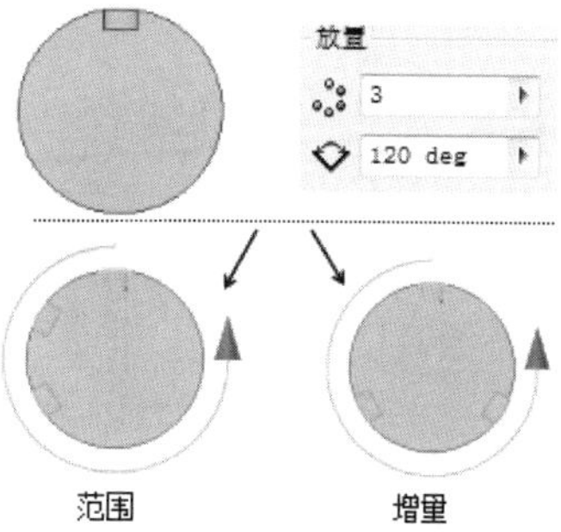

（b）放置方式比较

图 3-187　“放置方法”选项的使用

⑤ 中间面　当阵列的角度不是 360° 时，可采用“中间面”选项，向两侧阵列，如图 3-188 所示。

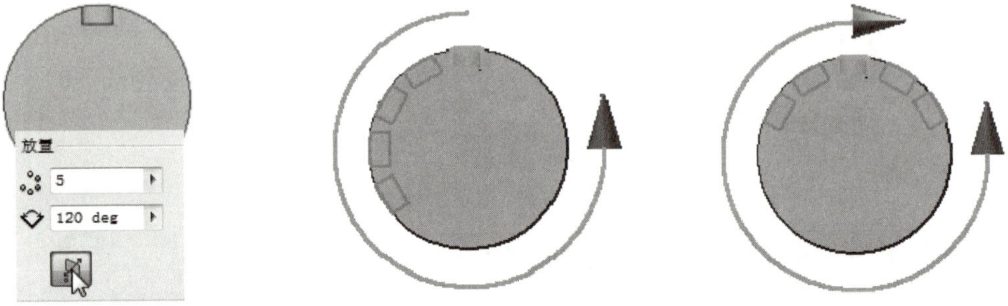

（a）阵列前　　（b）单侧阵列　　（c）两侧阵列

图 3-188　中间面选项的使用

⑥ 方向　用来控制阵列引用对象在阵列过程中的反向控制。

➢　旋转  引用的特征或实体在阵列时更改方向，如图 3-189（b）所示。

➢　固定  引用的特征或实体在阵列时不改变方向，保持与源特征或实体相同的方向，如图 3-189（c）所示。

（a）阵列前　　（b）旋转　　（c）固定

图 3-189　“旋转”与“固定”选项的使用比较

⑦ 基准点　选择一个点来重定义阵列的基准点，仅当采用“固定”方式阵列时，该选项才可用，如图 3-190 所示。

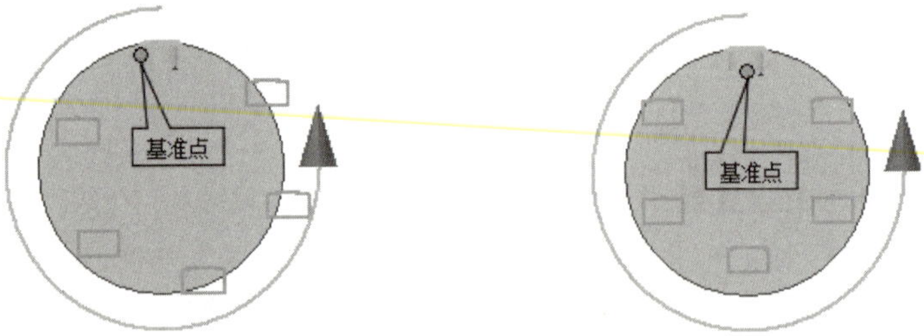

图 3-190　不同基准点选择比较

说明　有时在阵列过程中，需要对阵列中的个别“引用”进行抑制，如图 3-191（a）所示，就是抑制一个“引用”后的结果。方法是在浏览区的模型树中，展开要抑制“引用”的阵列，在要抑制的“引用”上面，单击鼠标右键，在右键菜单中选择“抑制”选项。抑制后的“引用”名称灰色显示且有一横线，如图 3-191（b）所示。同样方法也可以将零件中的一些特征进行抑制，如图 3-191（c）所示。

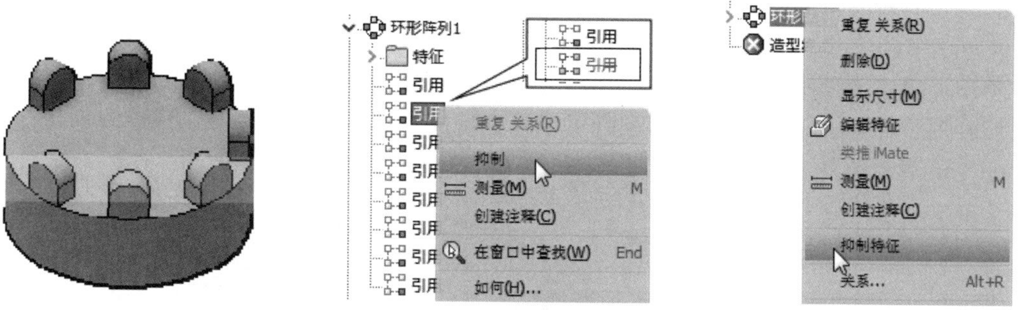

（a）抑制阵列中的“引用”　　（b）抑制“引用”的方法　　（c）抑制特征的方法

图 3-191　抑制阵列中的引用或抑制特征

（3）镜像　“镜像”是用来创建所选特征或实体的面对称的结构模型。单击“镜像”工具按钮，打开“镜像”窗口，如图 3-192（a）所示。这里以镜像实体为例介绍镜像特征工具的使用，如图 3-192（b）所示。

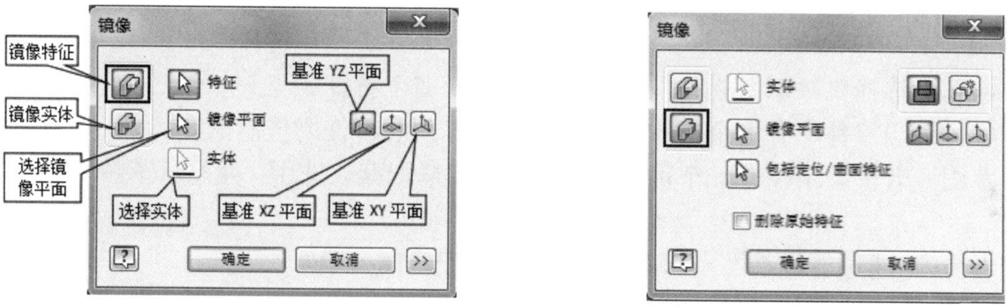

（a）“镜像”窗口　　（b）镜像实体

图 3-192　“镜像”窗口

① 镜像平面　选择创建镜像模型的对称面。

② 包括定位/曲面特征　选择需要镜像的一个或多个定位特征或曲面特征。

③ 删除原始特征　选择该选项，则将镜像前原实体删除，如图 3-193 所示。

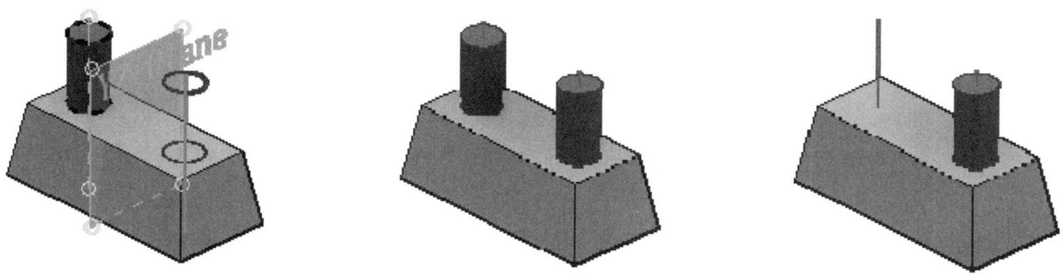

（a）镜像实体和工作轴　　（b）未勾选“删除原始特征”选项　　（c）勾选“删除原始特征”选项

图 3-193　“删除原始特征”选项的使用

④ 基准平面　当需要 3 个基准平面作镜像对称面时，窗口中直接提供了 3 个基准平面工具按钮，单击相应的按钮，即可将相应的基准平面作为镜像面。

其他各项与之前学习的“阵列”窗口中的相应选项一致，这里不再赘述。

（4）草图驱动　通过草图点来控制阵列的特征或实体，草图点可以来自二维草图或三维草图。单击“草图驱动”工具按钮，打开“草图驱动”窗口，如图 3-194 所示。与前面的阵列一样，“草图驱动”的阵列既可以阵列特征也可以阵列实体，这里以阵列特征为例介绍“草图驱动”工具的使用。

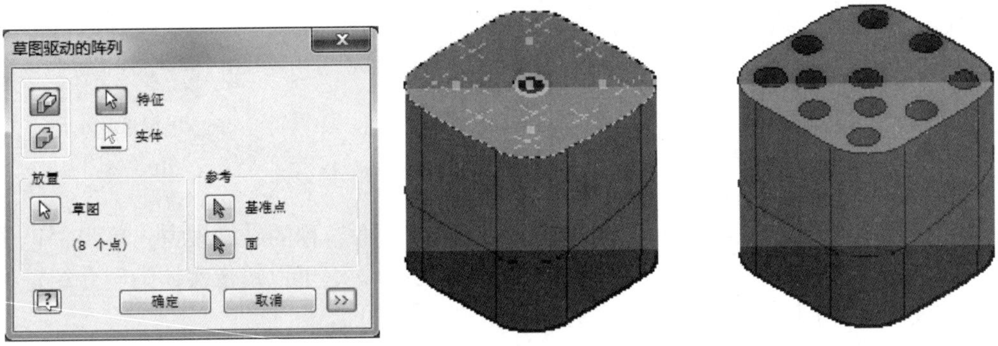

图 3-194　“草图驱动的阵列”窗口

① 特征　选择要“草图驱动”的阵列的一个或多个特征。

② 实体　当零件中有多个实体时，选择参与阵列的特征所依附的实体。

③ 草图　若模型中仅有一个可见草图，那么该草图默认选中，并显示草图中草图点的个数。

④ 参考　通过选择基准点和面来确定阵列的方向。

➢ 基准点　控制着阵列引用和草图点的相对位置，在创建阵列时，Inventor 会默认计算一个基准点，如图 3-195 所示。

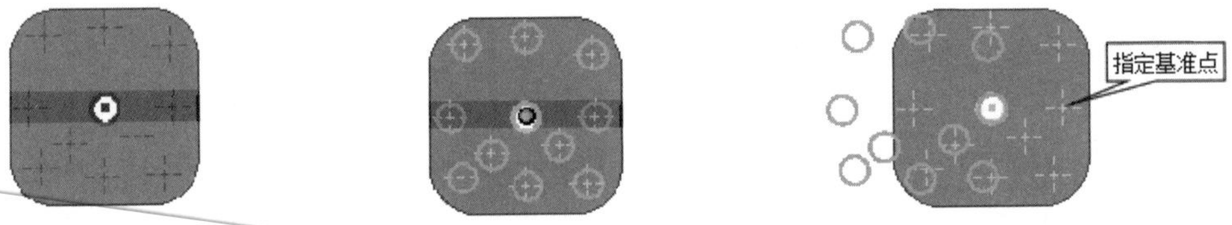

（a）阵列前　（b）默认基准点　（c）选择基准点

图 3-195　“基准点”的使用

➢ 面　选择参考面来指定阵列引用的方向，特别是当草图点分布于不同的面上，如果不指定参考面，阵列后会得到如图 3-196（b）所示的样子。指定参考面后会得到如图 3-196（c）所示的样子。以图 3-196 所示为例介绍一下指定参考面的步骤。

a．指定基准点，如图 3-197（a）所示。

b．指定第 1 个参考面，该参考面必须过基准点，如图 3-197（b）所示。

c．指定其他过草图点的参考面，如图 3-197（c）所示。

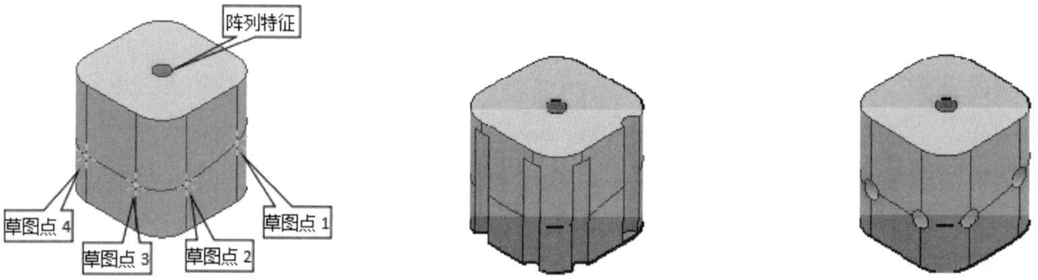

（a）阵列前　（b）未指定参考面　（c）指定参考面

图 3-196　参考面的使用

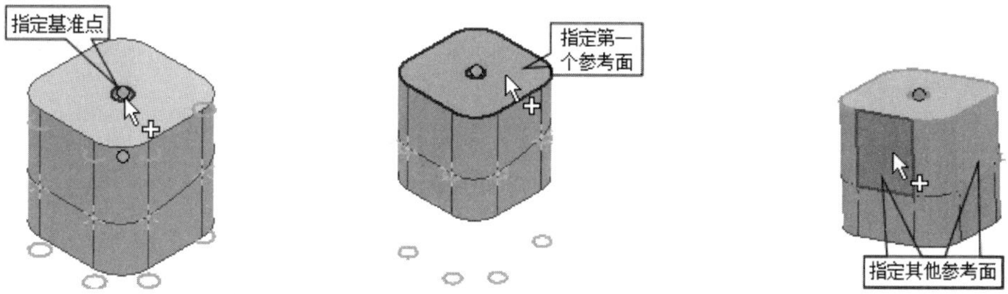

（a）指定基准点　（b）指定过基准点的参考面　（c）指定过草图点的参考面

图 3-197　指定参考面的步骤

任务流程

任务流程如图 3-198 所示。

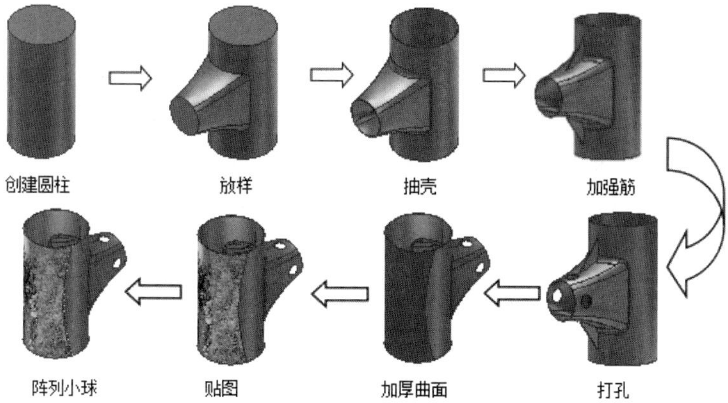

图 3-198　任务流程

任务实施

Step 01 新建文件　新建零件文件并使用基本要素——圆柱体工具，选择 XY 工作平面为草图平面，创建一个底面直径为 50mm、高为 100mm 的圆柱体，拉伸时选择双向拉伸。

Step 02 创建工作平面 将 XZ 工作平面偏移-60mm（向外偏移），创建新的工作平面，如图 3-199（a）所示。

Step 03 新建草图 在上一步创建的工作平面上新建草图，绘制如图 3-199（b）所示的几何图元。完成草图后，退出草图环境。

Step 04 新建三维草图 新建三维草图，将上一步绘制的几何图元投影到圆柱面上，输出方式选择“折叠到面”，如图 3-199（c）所示。

Step 05 新建草图 在步骤 2 创建的工作平面上继续新建草图，绘制直径为 30mm 的圆，如图 3-199（d）所示。完成草图后退出草图环境，并将工作平面隐藏。

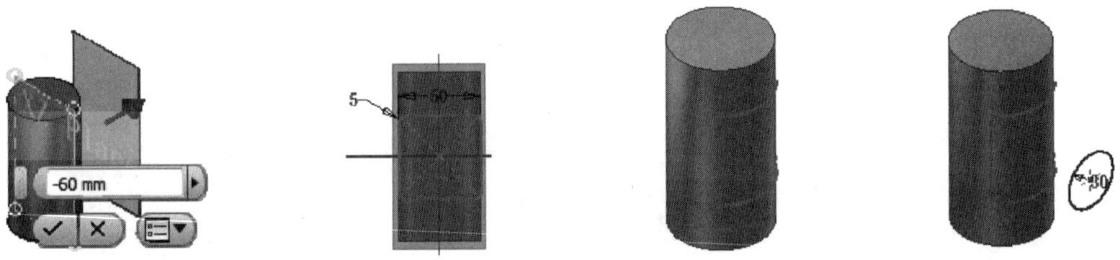

（a）创建工作平面　（b）新建草图　（c）新建三维草图　（d）新建草图

图 3-199　绘制放样截面

Step 06 创建工作点 将 YZ 工作平面可见，创建 4 个工作点；再将 XY 工作平面可见，也创建 4 个工作点，如图 3-200（a）所示。

Step 07 新建草图 在 YZ 工作平面上新建草图，投影上一步创建的前 4 个工作点，用圆弧连接工作点，圆弧圆心与圆弧端点对齐，完成后退出草图环境。同样方法，再次在 XY 工作平面上新建草图，绘制圆弧，完成后退出草图环境。最后将 YZ、XY 工作平面及创建的 8 个工作点不可见，结果如图 3-200（b）所示，

（a）创建工作点　（b）新建草图

图 3-200　绘制放样轨道

Step 08 放样 以如图 3-199（c）、（d）所示的几何图元为截面，以图 3-200（b）所示的四段圆弧为轨道，放样为实体，如图 3-201 所示。

Step 09 圆角 将如图 3-202 所示位置圆角，圆角半径 5mm。

Step 10 抽壳 将实体抽壳处理，抽壳半径为 0.5mm，开口面为实体的三个端面，如图 3-203 所示。

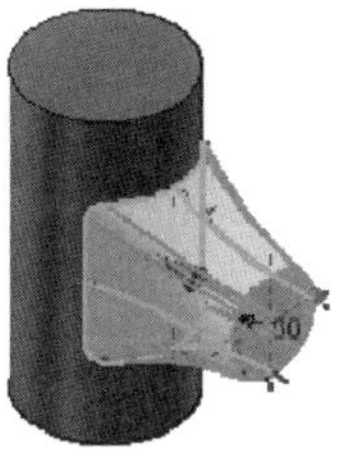

图 3-201 放样

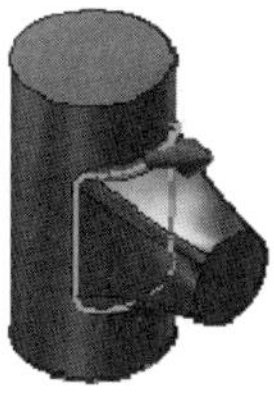

图 3-202 圆角

图 3-203 抽壳

Step 11 加强筋设计 在 YZ 工作平面上新建草图，绘制如图 3-204（a）所示几何图元，完成后退出草图环境。

将刚绘制的几何图元创建加强筋，加强筋厚度为 1mm，方向对称，如图 3-204（b）所示。以 XY 工作平面为镜像面，将加强筋进行镜像，如图 3-204（c）所示。

（a）绘制草图 （b）创建加强筋 （c）镜像加强筋

图 3-204 加强筋设计

Step 12 创建工作轴 创建如图 3-205（a）所示的工作轴。

Step 13 新建草图 在 YZ 工作平面上新建草图，切片观察，绘制直径为 10mm 的圆，如图 3-205（b）所示。

Step 14 拉伸 将上一步创建的几何图元进行拉伸，选择双向“贯通”拉伸，如图 3-205（c）所示。

Step 15 环形阵列 以步骤 11 创建的工作轴为中心，将上一步创建的拉伸进行环形阵列，阵列数量为 2，阵列范围的角度为 90°，如图 3-205（d）所示。完成后将工作轴隐藏。

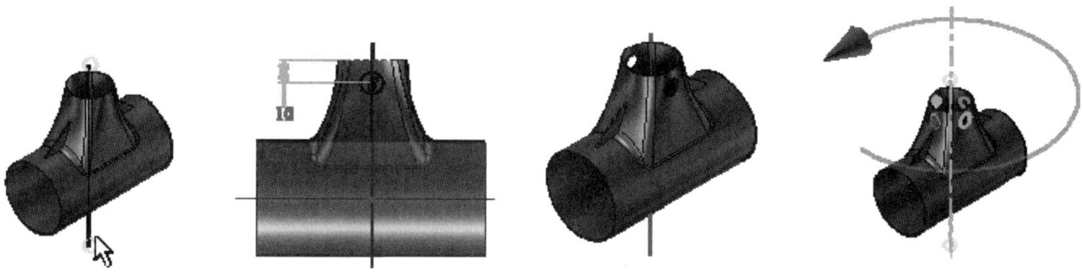

（a）创建工作轴 （b）绘制草图 （c）拉伸 （d）环形阵列

图 3-205 设计孔

Step 16 创建工作平面 将 YZ 工作平面偏移 37mm，创建新的工作平面，如图 3-206（a）所示。

Step 17 新建草图 在上一步创建的工作平面上新建草图，绘制如图 3-206（b）所示圆弧，完成后退出草图环境，并隐藏上一步创建的工作平面。

Step 18 分割面 以上一步绘制的圆弧为分割工具，将圆柱面分割，如图 3-206（c）所示。

Step 19 加厚面 将分割后的面向外加厚 0.5mm，如图 3-206（d）所示。

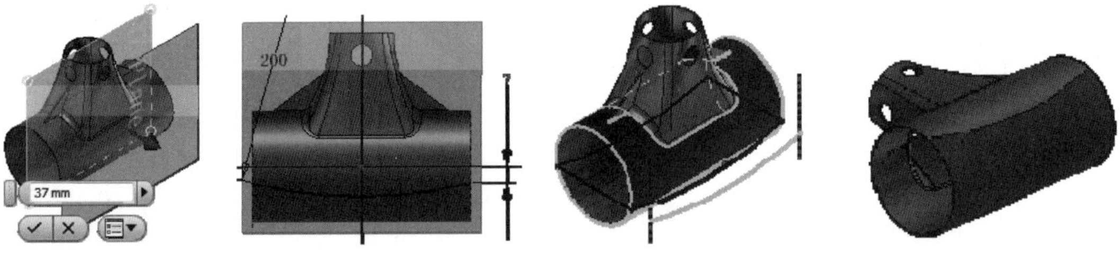

（a）创建工作平面 （b）绘制草图 （c）分割面 （d）加厚面

图 3-206 设计贴图面

Step 20 创建工作平面 将 XZ 工作平面偏移 50mm，创建新的工作平面，如图 3-207（a）所示。

Step 21 新建草图 在上一步创建的工作平面上新建草图，并导入图片，将图片的左右两边与圆柱两个底面共线约束，如图 3-207（b）所示。完成后退出草图环境并将隐藏工作平面。

Step 22 贴图 将上一部导入的图片进行贴图，如图 3-207（c）所示。

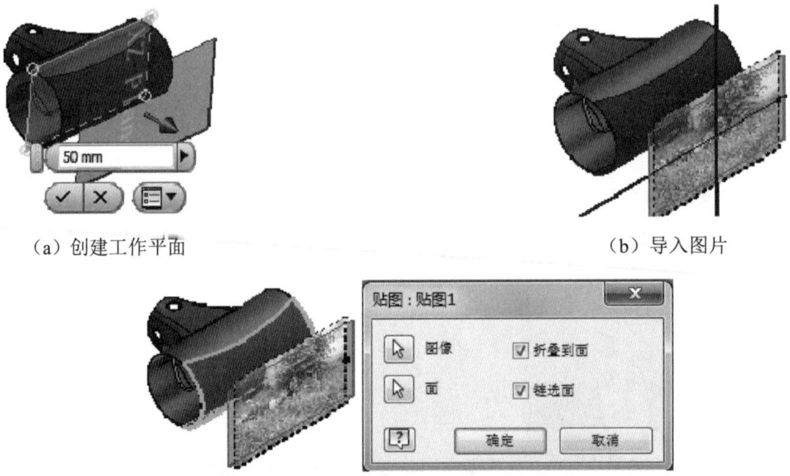

（a）创建工作平面 （b）导入图片

（c）贴图

图 3-207 设计贴图

Step 23 创建工作平面 过如图 3-208（a）所示的点且平行于 XZ 平面创建工作平面。

Step 24 新建草图 在上一步创建的工作平面上新建草图，切片观察，投影图 3-208（a）所示的点，绘制直径为 1.5mm 的半圆，并将直径改为中心线，如图 3-208（b）所示。

完成后退出草图环境并将隐藏工作平面。

Step 25 旋转　将上一步绘制的几何图元旋转为球体，如图 3-208（c）所示。

Step 26 矩形阵列　将上一步旋转的小球，沿着加厚曲面的棱边进行矩形阵列，阵列个数为 20，如图 3-208（d）所示。

Step 27 镜像　将上一步阵列的小球以 YZ 工作平面为镜像面进行镜像，如图 3-208（e）所示。

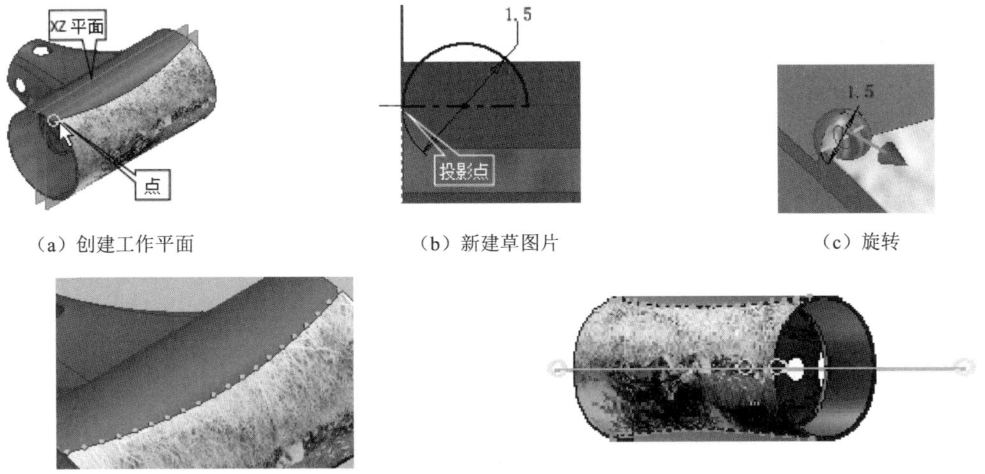

（a）创建工作平面　（b）新建草图片　（c）旋转

（d）矩形阵列　（e）镜像

图 3-208　设计镶嵌小球

Step 28 保存文件　最后将文件保存为“三通造型.ipt”。

拓展练习 3-3

设计如图 3-209 所示的模型，其零件模型及图纸见资料包“第 3 章\任务 3”文件夹。

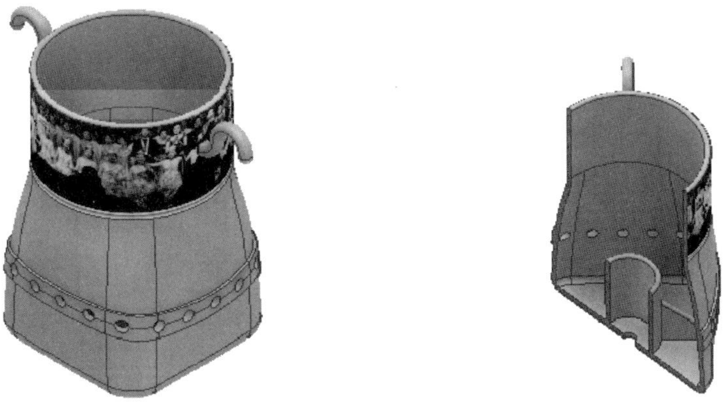

图 3-209　拓展练习 3-3

任务 4 握力器包装盒模型设计

学习目标

- 了解衍生、插入外部文件的方法
- 熟练掌握合并、拔模、直接工具的使用方法
- 学会握力器包装盒模型的设计方法

任务导入

握力器包装盒模型如图 3-210 所示，其零件图纸见资料包“第 3 章\任务 4\握力器包装盒模型.dwfx”，模型文件见资料包“第 3 章\任务 4\握力器包装盒模型.ipt”。

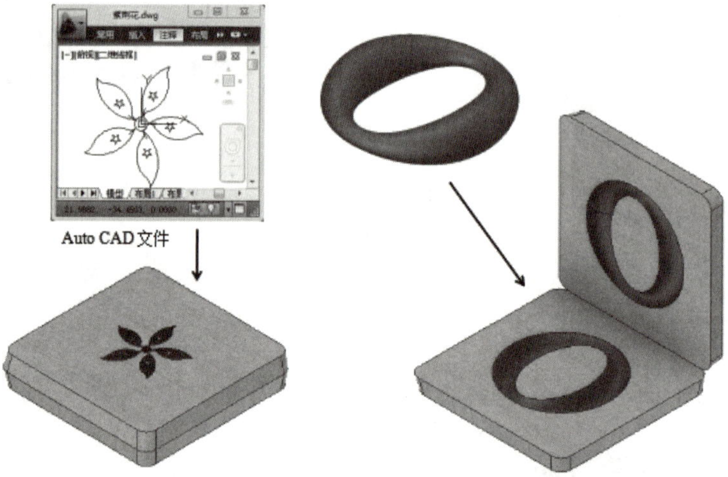

图 3-210 握力器包装盒模型

在设计握力器包装盒模型的过程中，除了用到前面学习的知识以外，还需要用到衍生、导入等导入外部文件的方法；拔模、合并、直接等放置特征。下面学习相关知识。

知识准备

1. 导入外部文件

在上一任务中学习了在草图中导入外部文件的方法，现在来学习在零件中如何导入外部文件。

（1）衍生 在设计中，有时需要用到已有的设计作为新设计的基础。在 Inventor 中提供的“衍生”功能就可以实现这种模型数据之间的继承与关联。“衍生”功能有衍生零件和衍生部件两种，这里只介绍前者。

在“三维模型”选项卡下，“衍生”工具既可以在“创建”工具面板上找到，也可以在“插入”工具面板上找到，如图 3-211 所示。

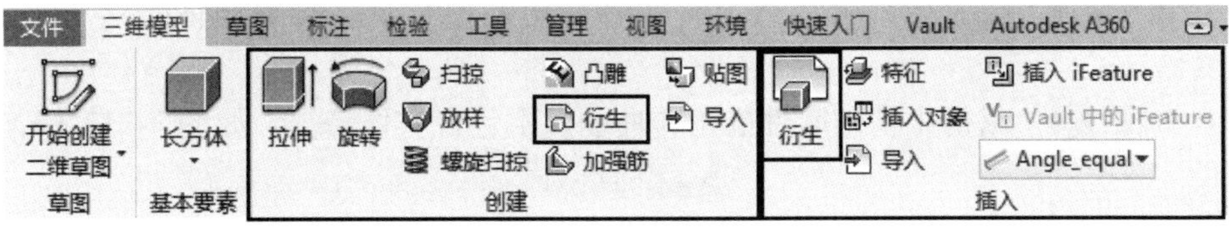

图 3-211　“衍生”工具

单击“创建”工具面板上的“衍生”工具按钮，弹出“打开”窗口，找到需要的文件“资料包\第 3 章\任务 4\衍生样式.ipt”，单击“打开”按钮，此时在关闭“打开”窗口的同时弹出“衍生零件”窗口，如图 3-212 所示。

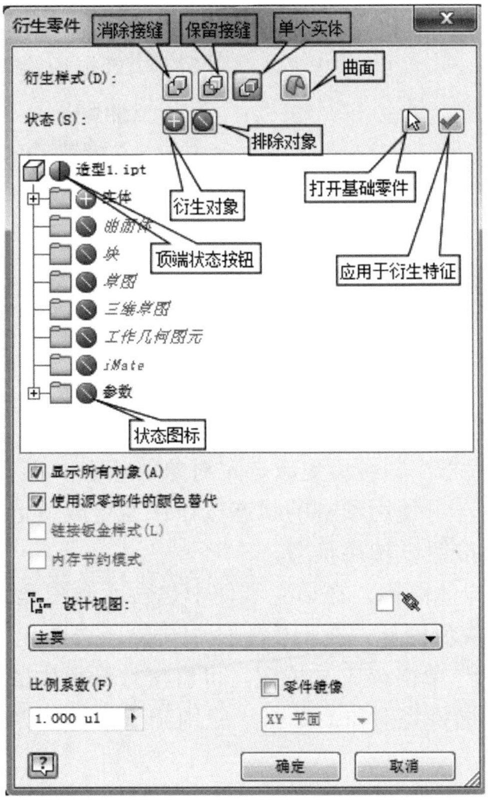

图 3-212　“衍生零件”窗口

在该窗口中可以选择复制对象等到新零件中，并且可以将衍生的新零件相对于基础零件进行比例放大或缩小等相关操作。在这里仅选择几个常用的选项进行介绍。

① 衍生样式　共有四种，现举例说明。

➢　消除接缝　针对多实体零件进行衍生，衍生后将多个实体合并为一个实体，且在合并表面不留痕迹，如图 3-213（b）所示。

➢ 保留接缝 相对于“消除接缝”而言，其在合并表面保留各自轮廓线，如图 3-213（c）所示。

➢ 单个实体 针对多实体零件进行衍生，衍生后将每个实体仍然单独保留，如图 3-213（d）所示。

➢ 曲面 只衍生基础零件的工作曲面，不包含实体特征，如图 3-213（e）所示。

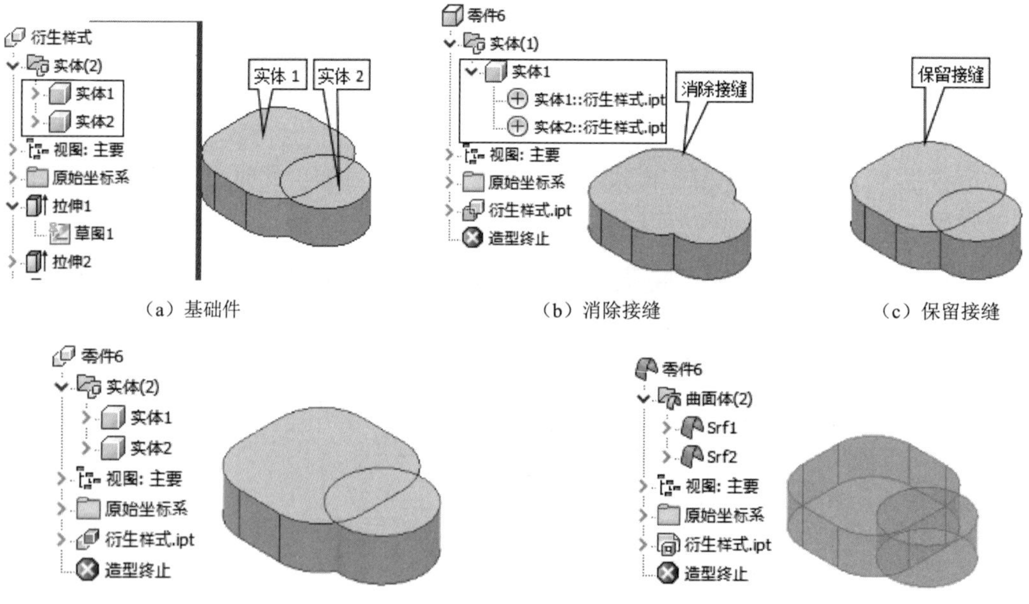

（a）基础件　（b）消除接缝　（c）保留接缝

（d）单个实体　（e）曲面

图 3-213　衍生样式

② 状态　通过两种状态控制符可更改选定对象的状态。在“衍生零件”窗口中，模型元素以树状层次结构显示，可使用顶端的状态按钮快速更改所选对象的状态，也可以单击每个所选对象旁边的状态按钮以转换状态。

➢ 衍生对象 绿色图标，在衍生零件中包含所选图元。

➢ 排除对象 灰色图标，在衍生零件中排除所选图元。

③ 打开基础零件 单击该工具按钮，可直接打开衍生的基础零件，直接利用鼠标在基础零件中选择对象。选择完对象后单击“应用于衍生特征”工具按钮 ，即可将所选对象衍生。

（2）导入　这里以导入 AutoCAD 文件位为例，学习一种在零件环境中导入外部文件的步骤。

① 单击“创建”工具面板上的“导入”工具按钮，弹出“导入”窗口。在“查找范围”中找到要导入的 AutoCAD 文件，如图 3-214（a）所示。单击“打开”按钮。

② 回到 Inventor 零件环境，先选择要导入的 AutoCAD 图形所在的工作平面，如图 3-214（b）所示。

③ 选择导入图形所在位置，如图 3-214（c）所示。

④ 弹出提示窗口，如图 3-214（d）所示，单击“确定”按钮，关闭窗口，完成外部

AutoCAD 文件的导入。

从图 3-214（d）所示的提示窗口中可以看到，要想利用导入的图形创建关联特征，需在草图中使用“投影 DWG 几何图元”工具，将导入的几何图元投影。该工具在“草图”选项卡下的“投影几何图元”工具里（如图 2-160 所示）。单击该工具按钮后，即可选择要投影的几何图元。

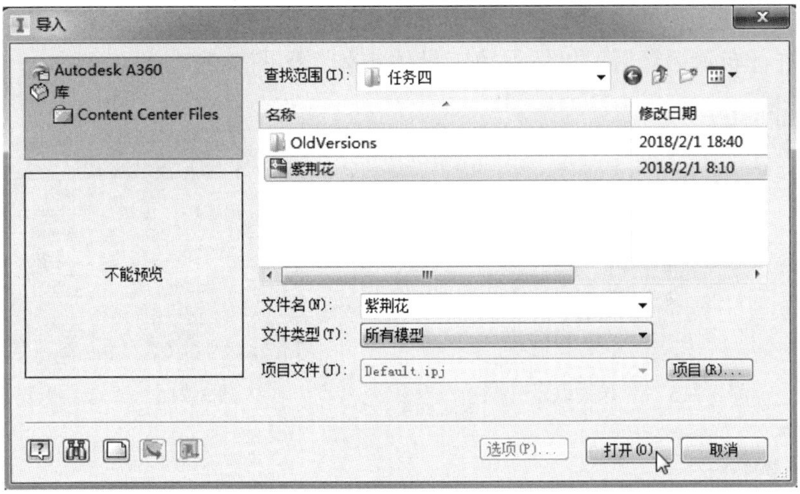

（a）查找导入文件

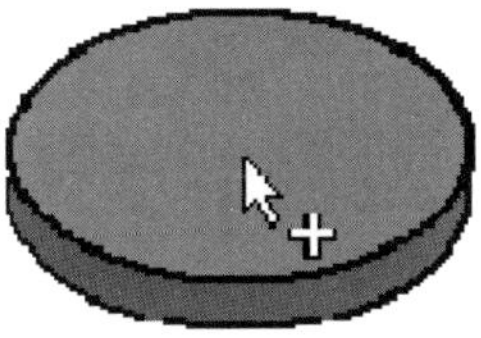

（b）选择导入图形所在工作平面

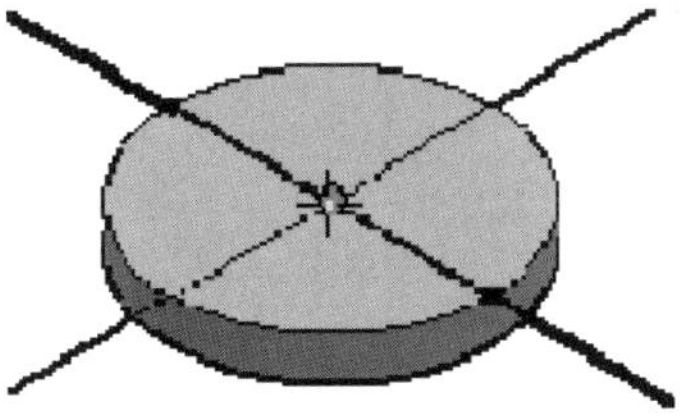

（c）选择导入图形所在位置

（d）提示窗口

图 3-214　导入外部 AutoCAD 文件

说明　从零件中导入外部 AutoCAD 文件与前面学习的从草图中导入的方法相比，前者导入后与原来的 AutoCAD 文件仍然具有关联性，当外部 AutoCAD 文件发生改变时，在 Inventor 中更新后，导入的图形也随之发生更改。若要断开关联，可在浏览区的模型树中，在导入的文件名称上，单击鼠标右键，在右键菜单中选择“断开关联”选项即可，如图 3-215 所示。

2．放置特征

在上一任务中学习了“分割”、“加厚/偏移”放置特征，在本任务中将学习“合并”“拔模”“直接”放置特征。

（1）合并　合并其实就是实体间的布尔运算。若零件中已具有两个以上的实体，单击“修改”工具面板上的“合并”工具按钮。打开“合并”窗口，如图3-216所示，窗口中的“基础视图”其实就是进行布尔运算的基础实体。窗口中若勾选“保留工具体”选项则在两个实体进行布尔运算后，仍然保留工具体实体，如图3-217所示。

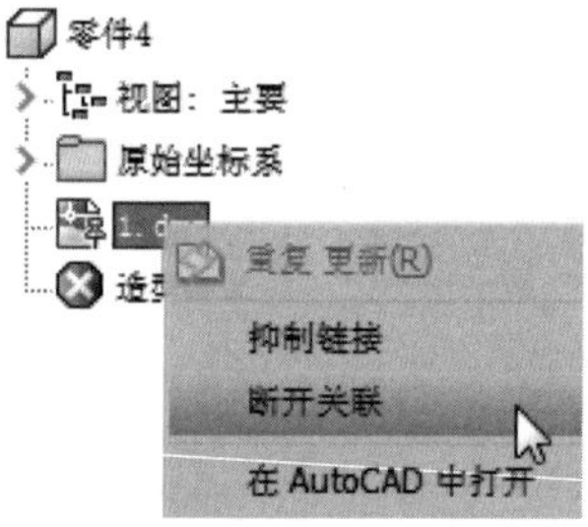

图3-215　断开关联

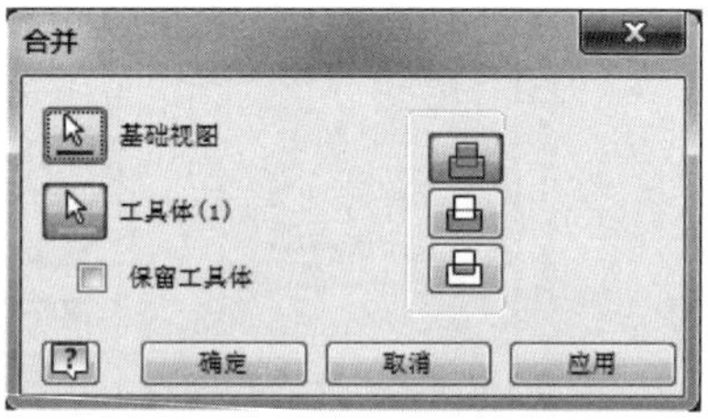

图3-216　“合并”窗口

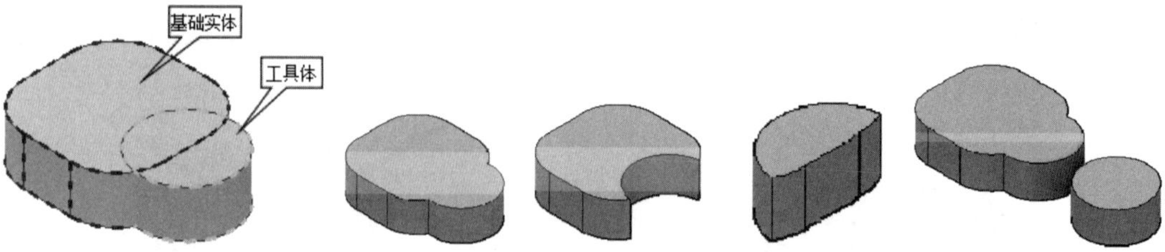

（a）合并前　（b）求并　（c）求差　（d）求交　（e）求并后保留工具体

图3-217　“合并”工具的使用

（2）拔模　为了使零件能够从模具中取出，都会给零件设置拔模角，或者使零件有一个或多个倾斜的面。前面在学习拉伸等特征的时候，也可以指定拔模角，但若需要给现有的特征或零件的部分面添加拔模，则需要使用“拔模”工具。

单击“修改”工具面板上的“拔模”工具按钮，打开“面拔模”窗口，如图3-218（a）所示。面拔模有固定边、固定面、分模线三种拔模类型。

① 固定边　创建拔模面中一条或多条连续相切固定边的拔模，该类型为默认类型，如图3-218（b）所示。

➢　拔模方向　表示从零件拔出的方向，可选择平面、轴、棱边，选择后会出现垂直于选择面或平行于选择边的矢量箭头。当拔模方向与实际方向不符时，单击“反向拔模方向”按钮，即可改变拔模方向，也可直接使用负值改变拔模方向。

➢　面　选择拔模基准面。选择面后，固定边和选择面会以不同颜色显示。要想取消选择的面和边，只需在按Ctrl键的同时单击即可。

➢　拔模斜度　为拔模角，可输入负值。

➢　自动链选面　若勾选该选项，选择面时，会将与选择面相切的连续面一并选择。

➢ 自动过渡 勾选该选项，拔模时会保留相邻过渡特征，如圆角等，如图 3-218（c）所示。

（a）“面拔模”窗口

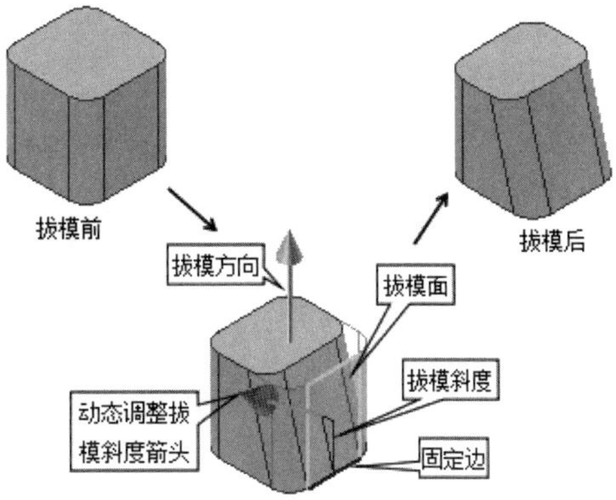

（b）“固定边”拔模示例

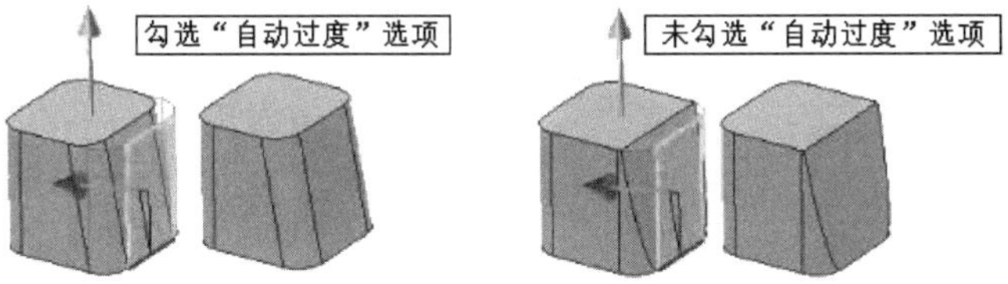

（c）“自动过渡”选项的使用

图 3-218 “固定边”拔模

② 固定面 先选择一个固定平面确定拔模方向，再选定一个或多个平面作为拔模面，如图 3-219 所示。

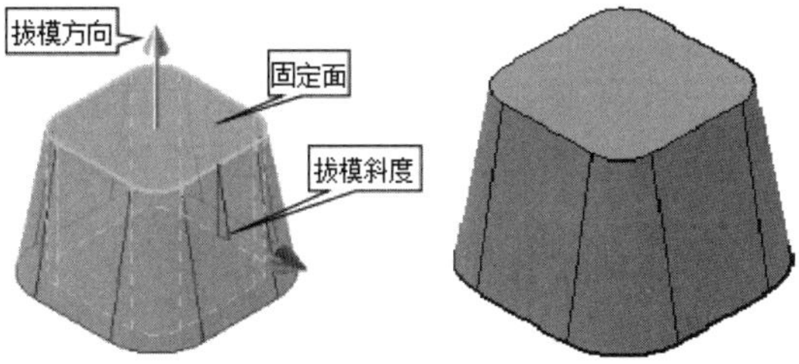

图 3-219 “固定面”拔模示例

③ 分模线 使用“分模线”拔模可以确定要保留哪部分模型的厚度，分型工具可以是草图、平面或曲面。根据分模线的位置可分为固定分模线、移动分模线两种。

➢ 固定分模线 如图 3-220（a）所示。

➢ 移动分模线 如图 3-220（b）所示。

（3）直接 通过“直接”工具可以直接操纵实体、面来调整其大小、位置。单击“修改”工具面板上的“直接”工具按钮，打开“直接”工具的小工具栏，如图 3-221 所示。

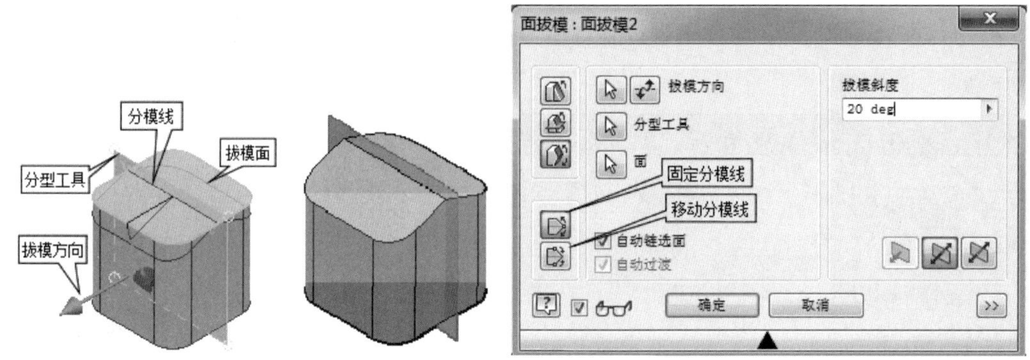

（a）固定分模线

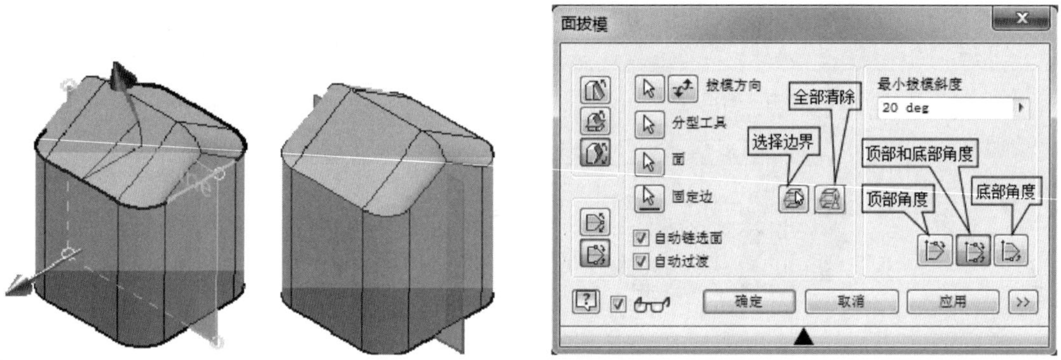

（b）移动分模线

图 3-220　“分模线”拔模

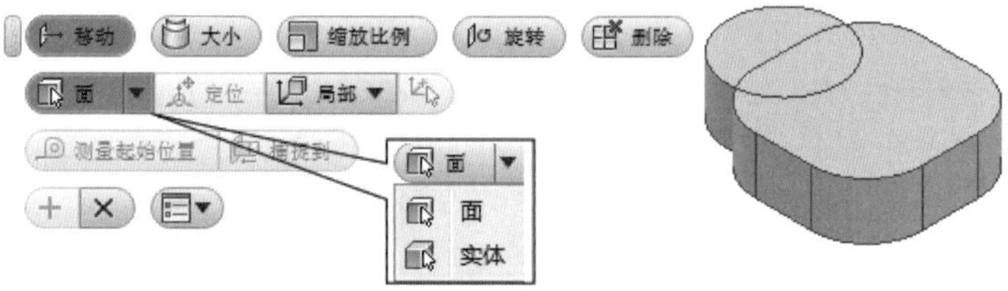

图 3-221　“直接”工具的小工具栏

① 移动面或实体 在操作类型选项中选择“移动”。从操作对象选项中选择“面”或“实体”进行移动。在单击要移动的“面”或“实体”后。在选择的对象上出现操纵器，拖动操纵器的箭头，即可移动选择的对象，如图 3-222 所示。

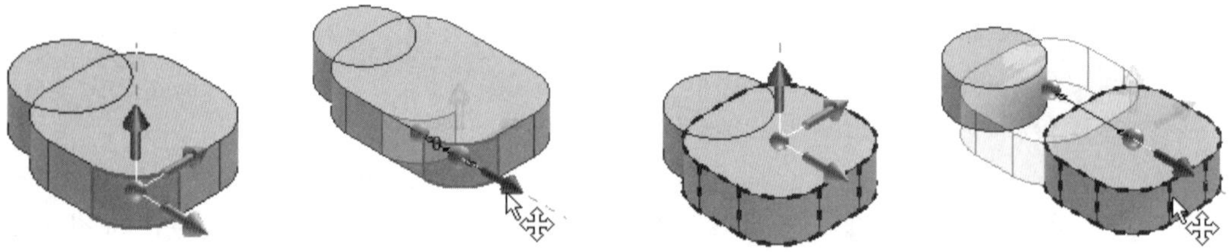

（a）移动面　　（b）移动实体

图 3-222　移动面或实体

② 调整面的大小　“直接”工具只能调整面的大小。在操作类型中选择“大小”选项，然后单击要调整的面。这时在选择的面上出现操纵器，拖动操纵器的箭头，即可调整所选面的大小。调整前可以在“偏移”“半径”、“直径”三者中选择要调整的依据，如图 3-223 所示。

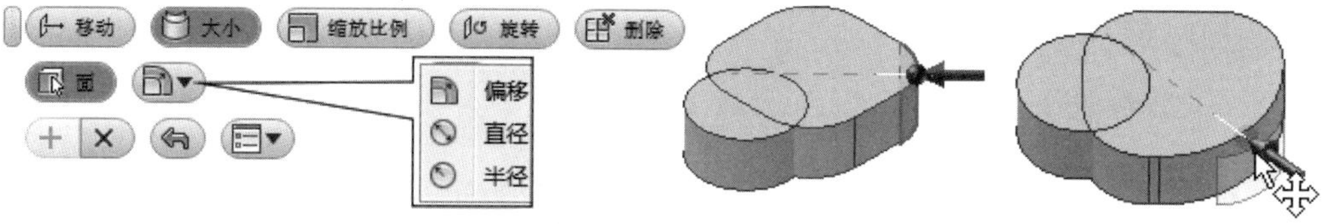

图 3-223　调整面的大小

③ 比例缩放实体　“直接”工具只能按比例缩放实体的大小。在操作类型中选择“缩放比例”选项，然后选择要缩放的实体。既可以通过拖动操纵器的箭头动态缩放实体，也可以通过在小工具栏中输入精确的比例系数来缩放实体。根据需要还可以在“均匀”缩放或“非均匀”缩放两种形式中进行选择，如图 3-224 所示。

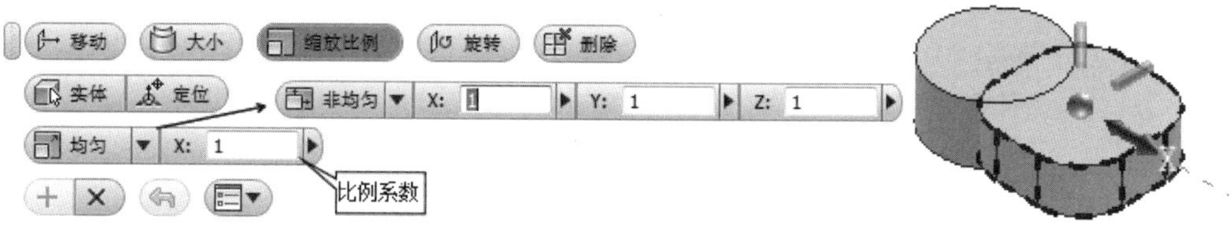

图 3-224　按比例缩放实体

④ 旋转面或实体　在操作类型中选择“旋转”选项，即可对“面”或“实体”进行旋转。

➢ 旋转面　从操作对象中选择“面”选项。选择要旋转的面时，跟随光标移动的有个圆形的选择指示器，捕捉旋转面的中心，如图 3-225（b）所示；单击鼠标后，在指定的位置上出现操纵器，如图 3-225（c）所示；单击操纵器中心的圆球，可以移动操纵器，重新定位旋转中心，如图 3-225（d）所示；拖动操纵器相应轴上的箭头或小球，可以旋转所选择的面，如图 3-225（e）所示。

单击“平行捕捉”选项按钮，可以创建或维护与其他平面平行的对齐方式，如图 3-226 所示。

（a）旋转面　（b）捕捉旋转中心

图 3-225　旋转面

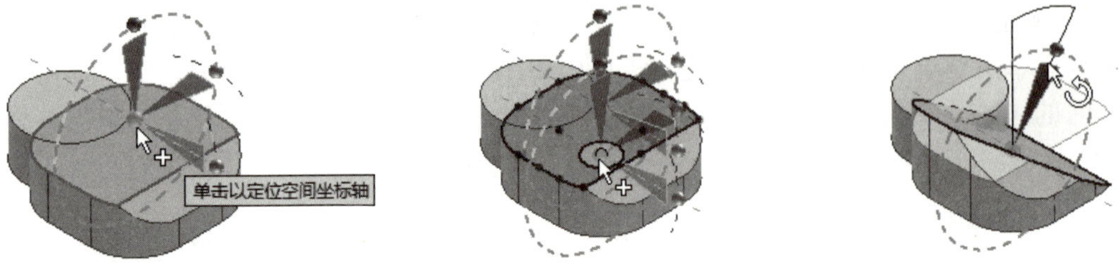

（c）旋转操纵器　　（d）调整旋转中心　　（e）旋转面

图 3-225　旋转面（续）

➢　旋转实体　从操作对象中选择“实体”选项，使用方法与旋转面的一样，如图 3-227 所示。

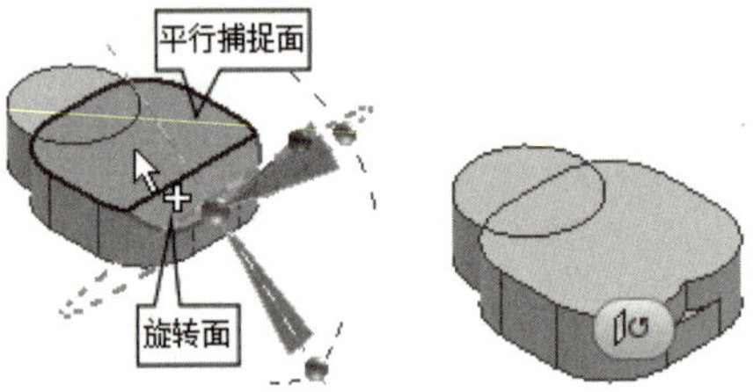

图 3-226　“平行捕捉”选项的使用

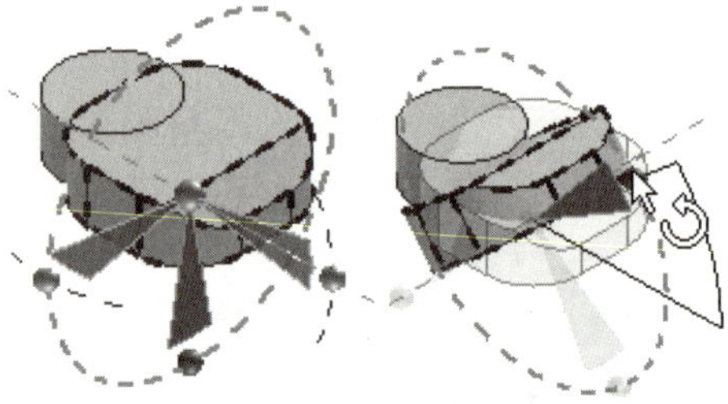

图 3-227　旋转实体

⑤ 删除面　“直接”工具只能删除面。在操作类型中选择“删除”选项，然后选择要删除的面，即可将其删除，如图 3-228 所示。

图 3-228　删除面

任务流程

任务流程如图 3-229 所示。

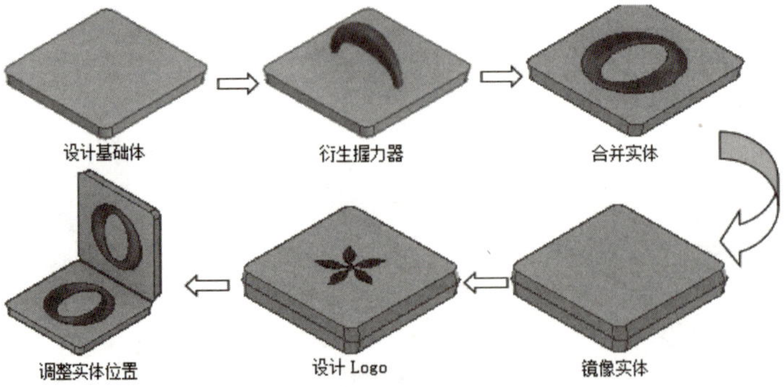

图 3-229　任务流程

任务实施

Step 01 新建文件 新建零件文件并自动进入草图环境，绘制如图 2-230（a）所示几何图元，完成后退出草图环境。

Step 02 拉伸 将上一步绘制的几何图元拉伸 15mm，如图 2-230（b）所示。

（a）绘制草图 （b）拉伸

图 3-230 创建实体

Step 03 面拔模 选择 3 个侧面进行固定面拔模，拔模角度为 10°，如图 3-231 所示。

图 3-231 面拔模

Step 04 衍生 单击“衍生”工具，在“打开”窗口中选择“资料包\第 3 章\任务 4\握力器.ipt”文件。在“衍生”窗口中，所有选项选择默认设置，结果如图 3-232（a）所示。

Step 05 旋转实体 利用“直接”工具，将新建的实体旋转-90°，如图 3-232（b）所示。

Step 06 合并实体 利用“合并”工具将两个实体合并求差，基础体选择新建实体，工具体选择衍生实体，如图 3-232（c）所示。

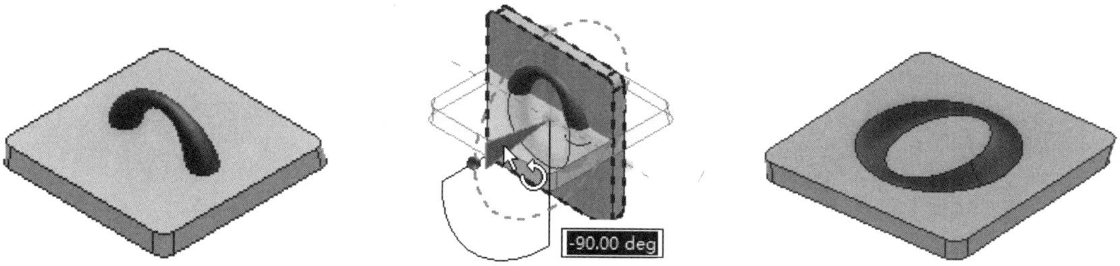

（a）衍生实体 （b）旋转实体 （c）合并实体

图 3-232 设计包装盒下部

Step 07 抽壳 将合并后的实体抽壳，不选择开口面，抽壳厚度为 1mm。

Step 08 镜像实体 将抽壳后的实体镜像，并选择新建实体，镜像平面如图 3-233 所示。

Step 09 创建工作平面 将如图 3-234 所示平面向上偏移 0.5mm。

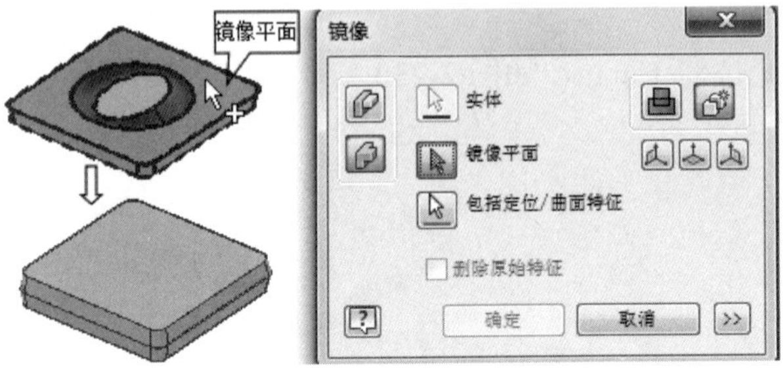

图 3-233 镜像实体

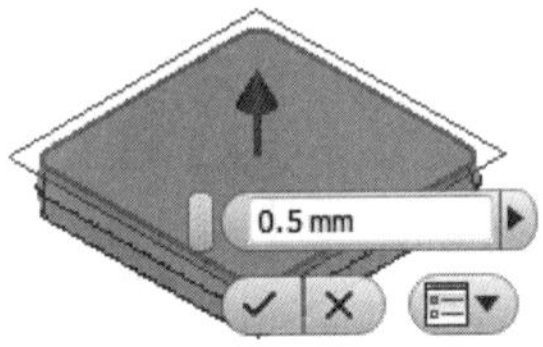

图 3-234 创建工作平面

Step 10 导入 AutoCAD 文件 利用“导入”工具，将“资料包\第 3 章\任务 4\紫荆花.dwg”文件导入，并导入到上一步创建的工作平面中心，如图 3-235（a）所示。

Step 11 新建草图 在步骤 9 创建的工作平面上新建草图，利用“投影 DWG 几何图元”工具，将导入图形的部分几何图元投影，如图 3-235（b）所示。完成草图后退出草图环境，并将步骤 10 创建的工作平面及导入的“紫荆花.dwg”不可见。

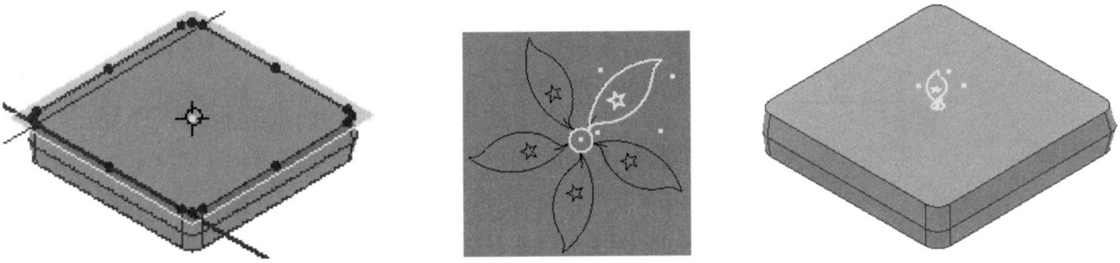

（a）选择导入位置　（b）投影几何图元　（c）隐藏.dwg 文件

图 3-235 导入外部 DWG 文件

Step 12 拉伸 首先将上一步投影的部分几何图元进行拉伸，拉伸范围选择“到表面或平面”选项，如图 3-236（a）所示；将步骤 11 中新建的草图可见，再将另一部分几何图元进行拉伸，拉伸距离为 0.5mm，如图 3-236（b）所示。

说明 这里读者可能产生疑惑，为什么不一次拉伸完成，而且两次拉伸选择的终止方式也不相同？首先说明第 1 个问题，采用一次拉伸尽管能够一次完成，但是后面却不能阵列；第 2 个问题，两次拉伸若采用同一个终止方式，后面一次拉伸要么提示错误，要么不能完成阵列。同样若采用凸雕方式，也存在这样的问题。这可能是 Inventor 的一个小 bug。

Step 13 环形阵列 将上一步的第 1 次拉伸的特征环形阵列，阵列个数为 5，结果如图 3-236（c）所示。

Step 14 旋转实体 将带有 Logo 的实体旋转 90°，旋转中心放置在没有拔模面的两个实体的交线的中点，如图 3-237 所示。

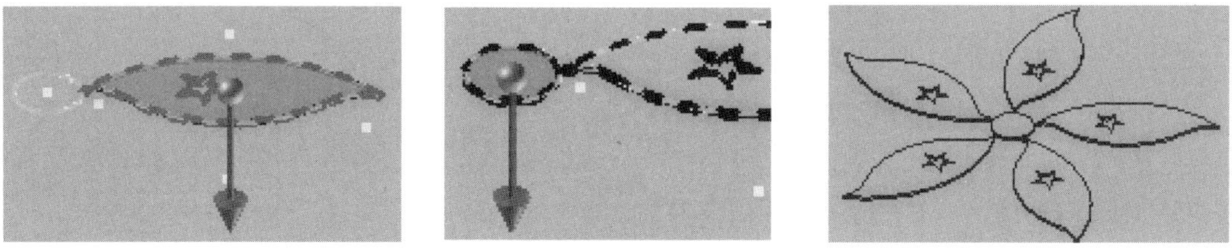

（a）第 1 次拉伸　　（b）第 2 次拉伸　　（c）环形阵列

图 3-236　设计 Logo

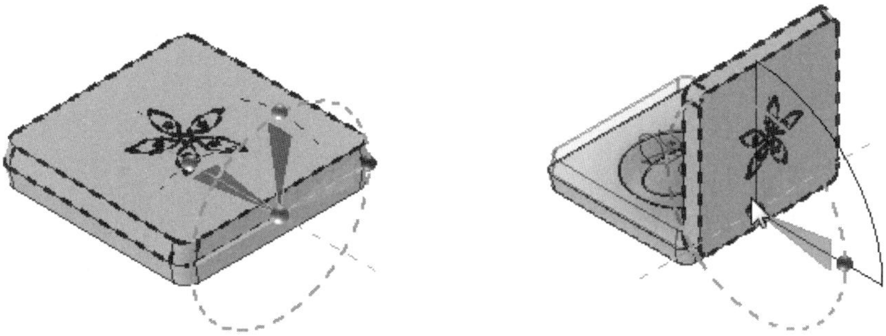

图 3-237　旋转实体

Step 15 合并实体　将两个实体合并成一个实体。

Step 16 材料设置　将实体的材料设置为“木材（樱桃木）”。

Step 17 保存文件　将文件保存为“握力器简易包装盒模型.ipt”。

拓展练习 3-4

设计如图 3-238 所示的模型，其零件模型及图纸见资料包“第 3 章\任务 4\拓展练习”文件夹。

图 3-238　拓展练习 3-4

任务 5 灯架模型设计

学习目标

- ◆ 熟练掌握螺旋扫掠工具的使用方法
- ◆ 熟练掌握折弯工具的使用方法
- ◆ 了解移动实体工具、复制对象工具的使用方法
- ◆ 学会灯架模型的设计方法

任务导入

灯架模型如图 3-239 所示，其零件图纸见资料包中“第 3 章\任务 5\灯架模型.dwfx”，模型文件见资料包中“第 3 章\任务 5\灯架模型.ipt”。

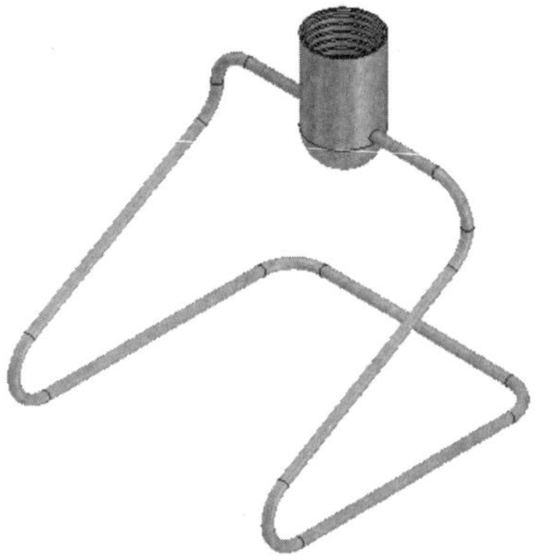

图 3-239 灯架模型

在设计灯架模型的过程中，除用到前面学习的知识以外，还需要用到螺旋扫掠、折弯等特征。此外，还介绍了移动实体、复制对象两个工具的使用方法。

知识准备

1. 螺旋扫掠

螺旋扫掠就是将自定义的截面轮廓沿着一条参数化的螺旋路径扫掠创建几何实体。用该工具可创建弹簧和螺纹等几何体。

单击“创建”工具面板上的“螺旋扫掠”工具按钮，弹出“螺旋扫掠”窗口，如图 3-240 所示。在螺旋扫掠窗口中有“螺旋形状”“螺旋规格”“螺旋端部”3 个选项卡。

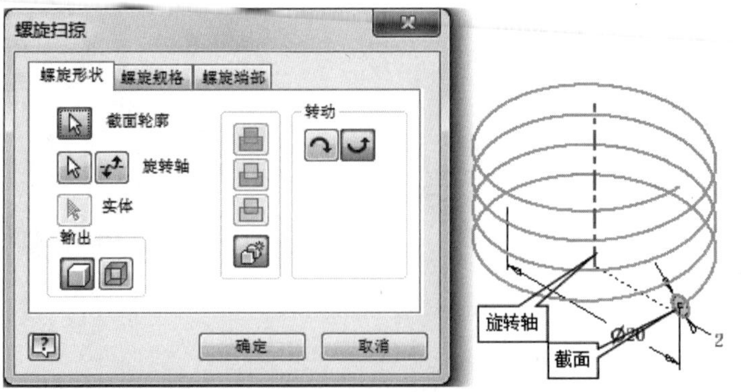

图 3-240 “螺旋扫掠”窗口

（1）螺旋形状 在该选项卡中可选择截面轮廓、旋转轴、转动等相关操作。旋转轴可

以是任意方向，但是不能与截面轮廓相交。

（2）螺旋规格　该选项卡如图 3-241 所示。螺旋扫掠的规格根据螺旋类型可分为“螺距和转数”“转数和高度”“螺距和高度”“平面螺旋”4 种。由于螺旋扫掠的各个参数之间存在几何关系：高度=转数×螺距，因此只要知道任意两个参数，另外一个参数可通过几何关系得出。

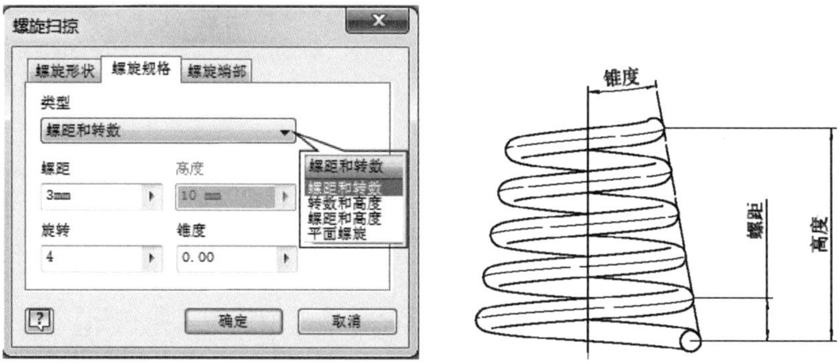

图 3-241　“螺旋规格”选项卡

① 螺距　指螺旋线绕轴旋转一周的高度增量。

② 高度　指螺旋扫掠从开始截面轮廓中心到终止截面轮廓中心的距离。

③ 转数　指螺旋扫掠的转数，该值可以取小数但必须大于零。

④ 锥度　根据需要，为除“平面螺旋”之外的所有螺旋扫掠指定锥角。

⑤ 平面螺旋　过截面中心且在与截面垂直的平面上进行螺旋扫掠，如图 3-242 所示。

（3）螺旋端部　该选项卡为螺旋扫掠的开始、结束指定过渡方法和角度，如图 3-243 所示。Inventor 提供了自然、平底两种端部形状。当选择“自然”“形状”时，“过渡段包角”跟“平底段包角”不能进行操作。

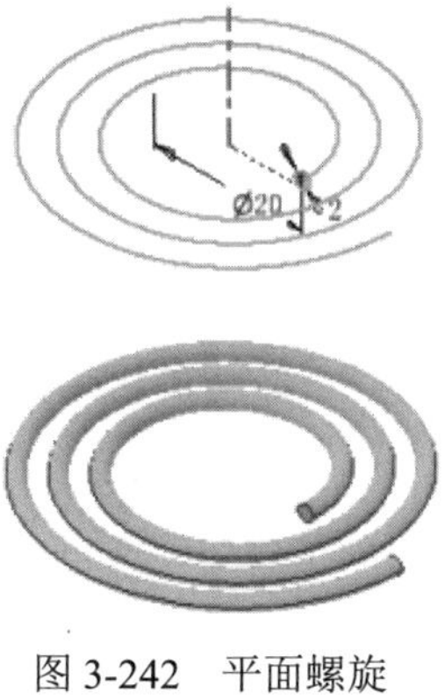

图 3-242　平面螺旋

图 3-243　“螺旋端部”选项卡

① 自然　终止螺旋扫掠没有过渡，如图 3-244（a）所示。

② 平底　在螺旋扫掠螺距内创建过渡角。通过设置过渡段包角、平底段包角，使其能够直立于平面上，如图 3-244（b）所示。

➢　过渡段包角　螺旋扫掠获得过渡的距离（单位为度），一般少于一圈。

➢ 平底段包角　螺旋扫掠后不带螺距（平底）的延伸距离（单位为度）。

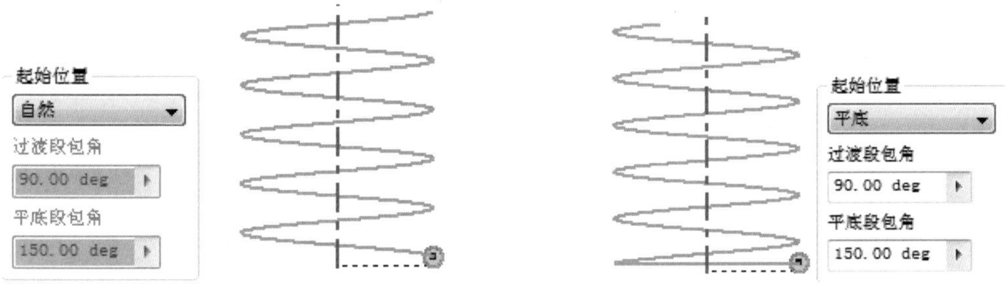

（a）自然　　　　（b）平底

图 3-244　螺旋扫掠端部形状比较

2．放置特征

单击“修改”工具面板上的下拉箭头，可看到有 3 个扩展工具按钮，分别是“移动实体”“折弯零件”和“复制对象”，如图 3-245 所示，这里介绍常用的前两个。

（1）移动实体　“移动实体”工具不仅可以移动实体，也可以移动曲面，但不能移动工作平面。使用该工具可以调整零件中一个或多个曲面、实体的位置，如图 3-246 所示。

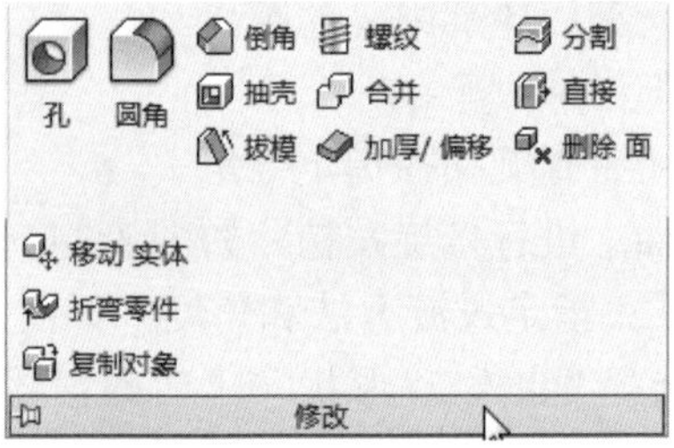

图 3-245　“修改”工具面板拓展工具

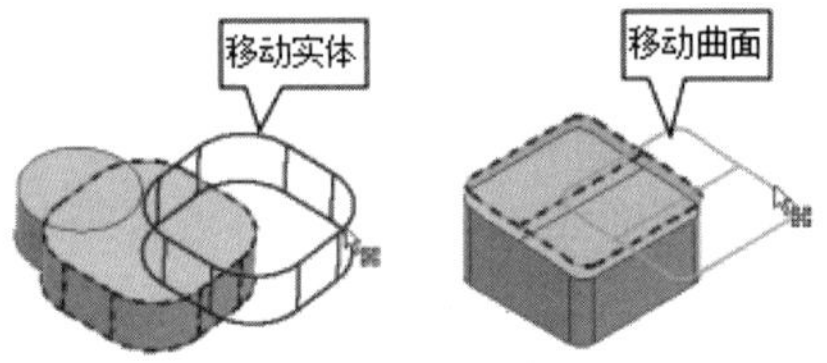

图 3-246　移动实体或曲面

单击“移动实体”工具按钮，打开“移动实体”窗口，如图 3-247 所示。在窗口中，单击“实体”选择箭头下面的图标，可以看到移动实体有三种方式：“自由拖动”“沿射线移动”和“绕直线旋转”，其中第一种是默认方式。

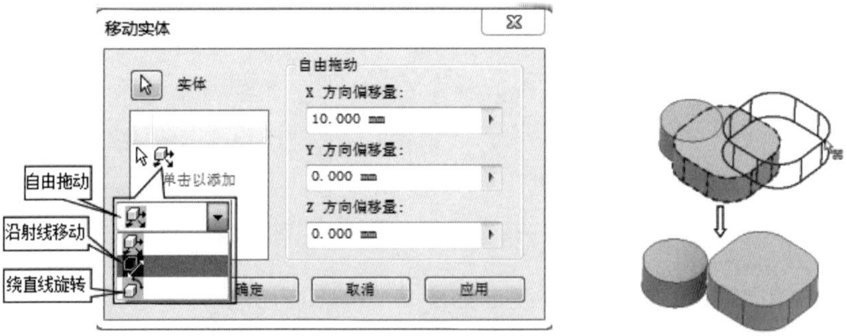

图 3-247　“移动实体”窗口

① 自由拖动　如图 3-247 所示，为了便于拖动，Inventor 在选择实体后，会在 X

方向自动偏移 10mm。偏移后的实体以绿色的线框显示，拖动线框可以将实体放置在任意位置，也可以在窗口中输入数值进行精准移动。

② 沿射线移动 如图 3-248 所示，先选择实体后，再选择边或轴来指定移动的方向。单击反向按钮，可调整移动方向。

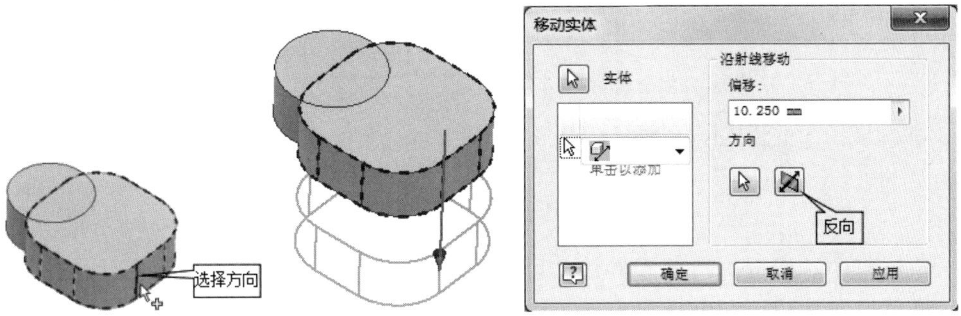

图 3-248　沿射线移动实体

③ 绕直线旋转 如图 3-249 所示，先选择实体后，再选择边或轴来指定旋转轴。在窗口中单击“单击以添加”，可以添加移动方式，将多种移动方式合并使用，如图 3-250 所示。

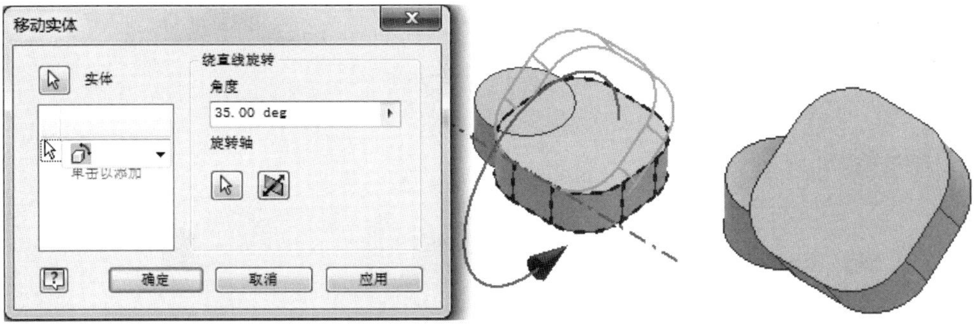

图 3-249　绕直线旋转实体

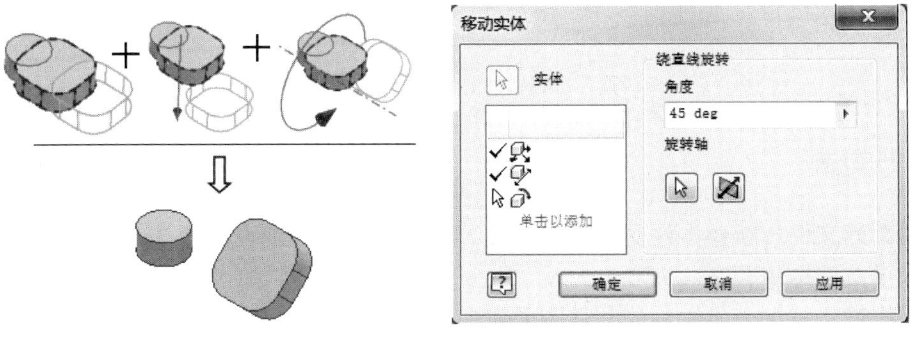

图 3-250　合并使用多种移动方式

（2）折弯零件　“折弯零件”工具能够按照指定的参数弯曲现有零件，从而让其变形。单击“折弯零件”工具按钮，打开“折弯零件”窗口，如图 3-251 所示。根据参数定义的折弯零件方式可分为“半径+角度”“半径+弧长”和“弧长+角度”3 种。

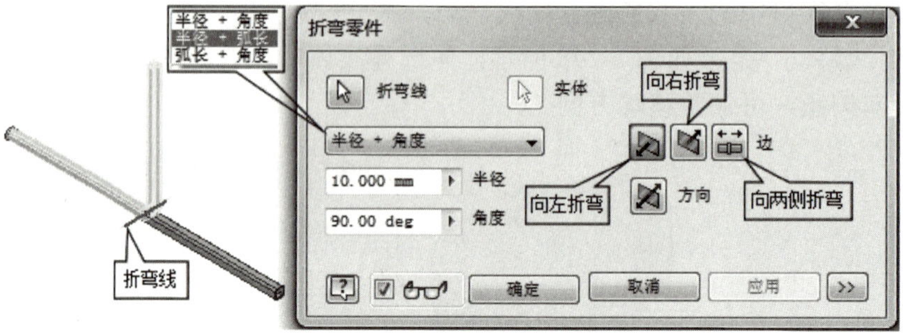

图 3-251　“折弯零件”窗口

折弯过程中，根据折弯的零件边，可分为“向左折弯”“向右折弯”和“向两侧折弯”三种，通过方向按钮可调整折弯方向，如图 3-252 所示。

（a）向左折弯　（b）向右折弯　（c）向两侧折弯　（d）反转折弯方向

图 3-252　折弯方向

任务流程

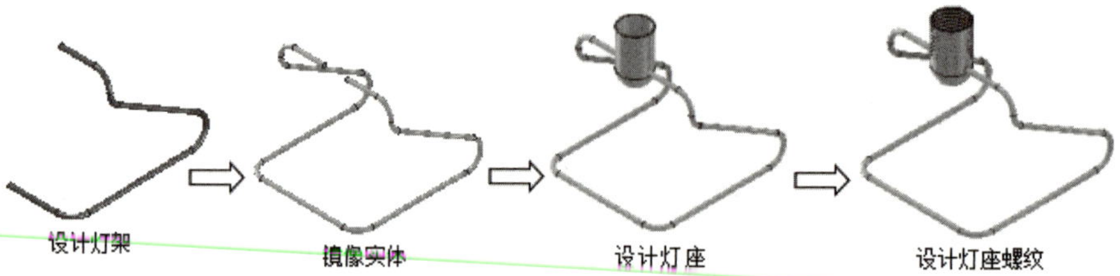

图 3-253　任务流程

任务实施

Step 01 新建文件　新建零件文件并自动进入草图环境，绘制直径为 3mm 的圆，完成后退出草图环境。

Step 02 拉伸　将上一步绘制的几何图元双向拉伸为实体，拉伸距离为 250mm，如图 3-254 所示。

Step 03 新建草图　在 YZ 工作平面上新建草图，绘制一条直线，距离实体边界 30mm，如图 3-255 所示，完成后退出草图环境。

Step 04 折弯　折弯 90°，折弯半径 10mm，如图 3-256 所示。

图 3-254　创建基础实体

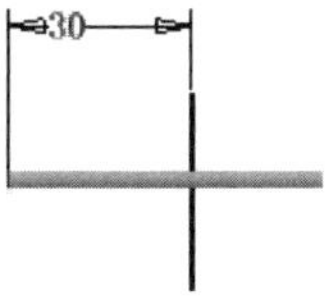

图 3-255　新建草图

图 3-256　第 1 次折弯

Step 05 新建草图　在 XZ 工作平面上新建草图，绘制几何图元，如图 3-257 所示，完成后退出草图环境。

Step 06 折弯　折弯 150°，折弯半径 10mm，如图 3-258 所示。

Step 07 创建工作轴　如图 3-259 所示。

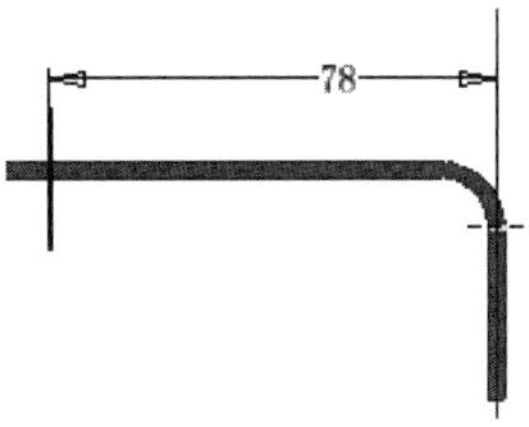

图 3-257　新建草图

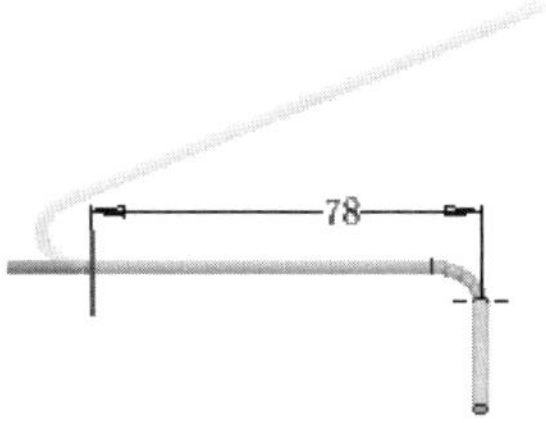

图 3-258　第 2 次折弯

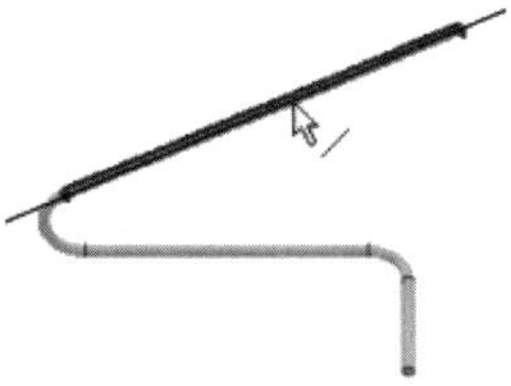

图 3-259　创建工作轴

Step 08 新建工作平面　过 XY 工作平面和上一步创建的工作轴，创建新的工作平面，如图 3-260 所示。

Step 09 新建草图　在上一步创建的工作平面上新建草图，投影第 1 次折弯位置的相切边，绘制如图 3-261 所示几何图元，完成后退出草图环境，并隐藏工作轴、工作平面。

Step 10 折弯　折弯 60°，折弯半径 10mm，如图 3-262 所示。

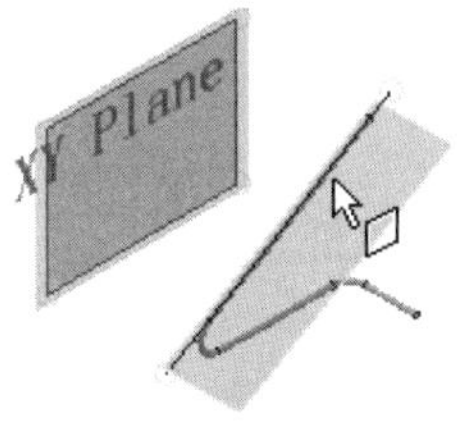

图 3-260　创建工作平面

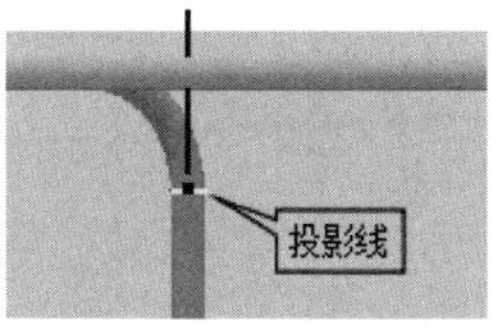

图 3-261　新建草图

图 3-262　第 3 次折弯

Step 11 创建工作轴　如图 3-263 所示。

Step 12 新建工作平面　过 YZ 工作平面和上一步创建的工作轴，创建新的工作平面，如图 3-264 所示。

Step 13 新建草图　在上一步创建的工作平面上新建草图，投影如图 3-265 所示的相切边，完成后退出草图环境，并隐藏工作轴、工作平面。

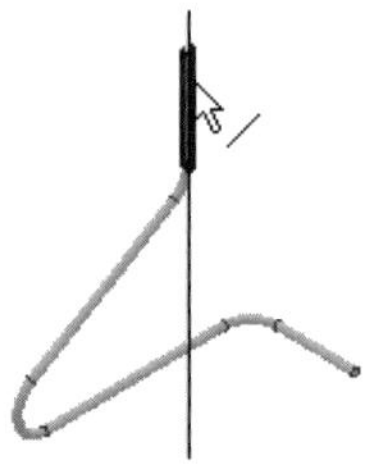

图 3-263　创建工作轴

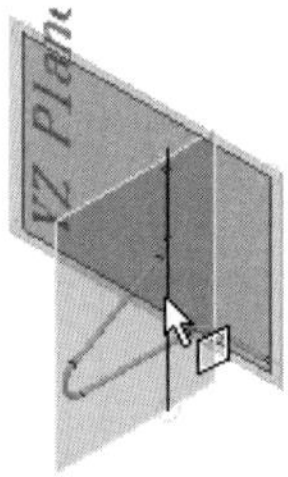

图 3-264　创建工作平面

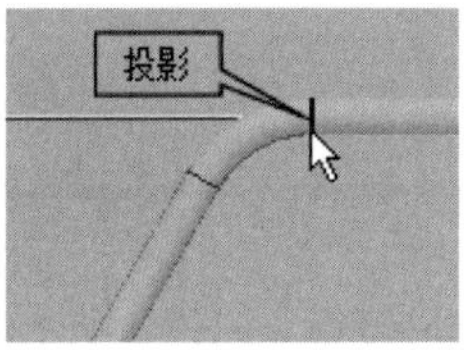

图 3-265　新建草图

Step 14 折弯　折弯 90°，折弯半径 10mm，如图 3-266 所示。

Step 15 镜像　镜像实体，镜像平面选择圆柱端面，如图 3-267 所示。

Step 16 抽壳　选择圆柱的两个端面为开口面，进行抽壳，抽壳半径为 0.5mm。

Step 17 创建工作平面　在圆柱的两个端面中间创建工作平面，如图 3-268 所示。

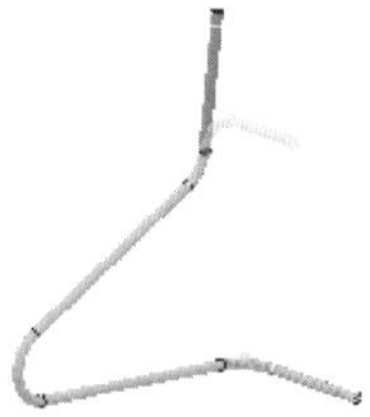

图 3-266　第 4 次折弯

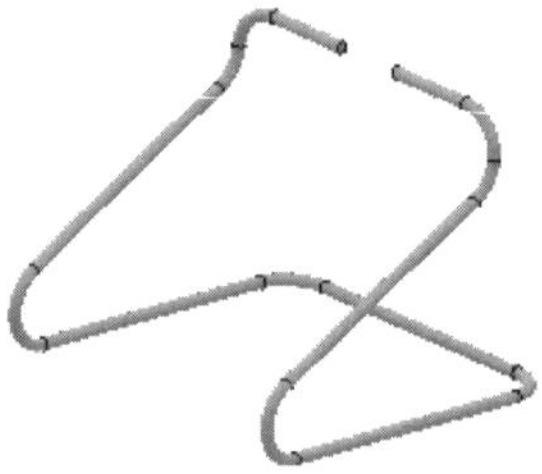

图 3-267　镜像实体

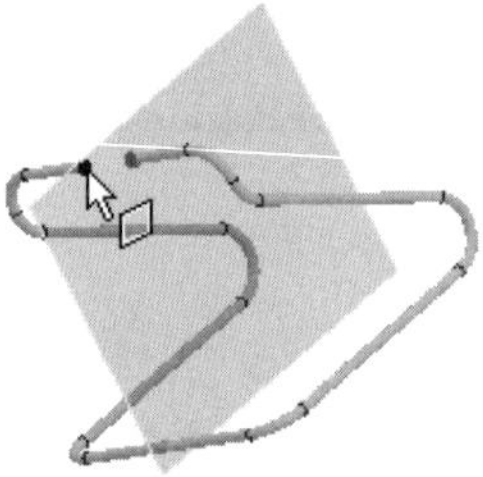

图 3-268　创建工作平面

Step 18 新建草图　在上一步创建的工作平面上新建草图，投影圆柱的端面，绘制如图 3-269 所示的几何图元。完成后退出草图环境，并隐藏工作平面。

Step 19 旋转　将上一步创建的几何图元旋转为新的实体，如图 3-270 所示。

Step 20 圆角　将如图 3-271 所示的边圆角处理，圆角半径为 10mm。

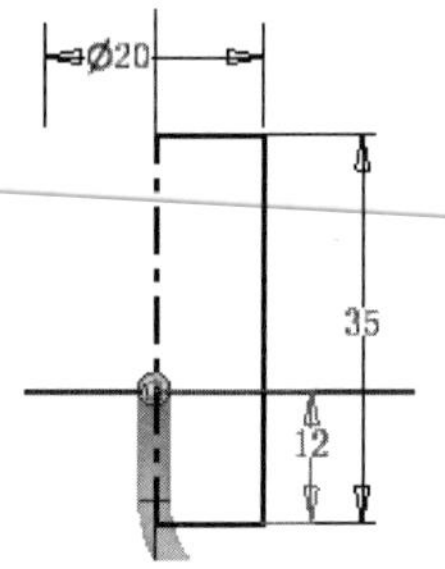

图 3-269　新建草图

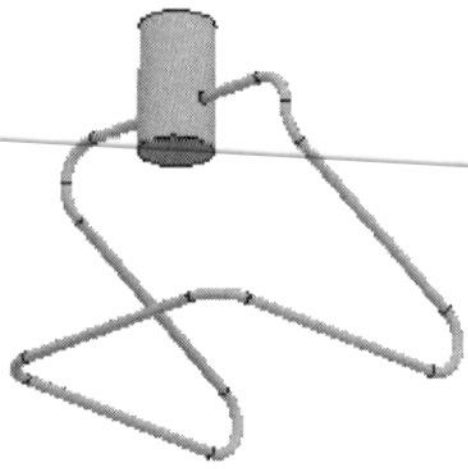

图 3-270　旋转实体

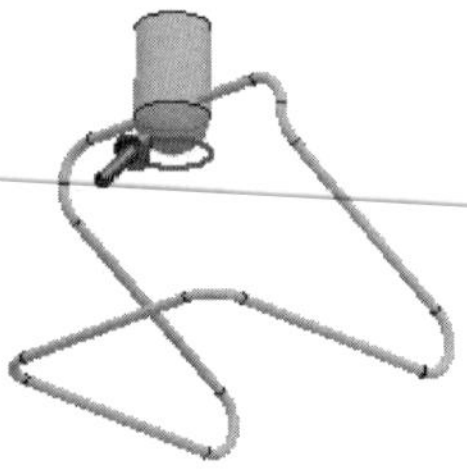

图 3-271　圆角

Step 21 抽壳　将步骤 19 新建的实体抽壳处理，开口面为上端面，抽壳半径为 0.5mm。

Step 22 合并实体　将两个实体合并为一个实体。

Step 23 新建草图　在如图 3-268 所示的工作平面上新建草图，绘制如图 3-272 所示的几何图元。

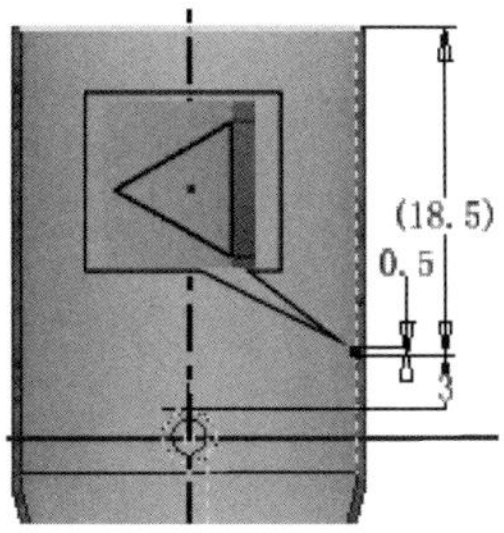

图 3-272 新建草图

Step 24 螺旋扫掠 将上一步绘制的几何图元螺旋扫掠，如图 3-273 所示。

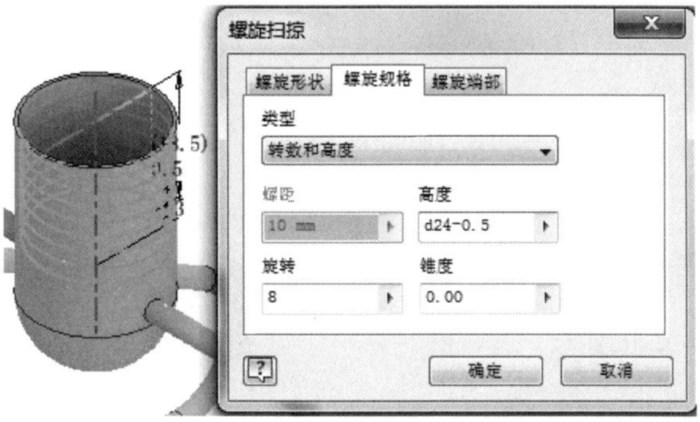

图 3-273 螺旋扫掠

Step 25 设置材料和外观 将零件的材料设置为“钢、镀锌”。

Step 26 保存文件 将文件保存为“灯架模型.ipt”。

拓展练习 3-5

设计如图 3-274 所示的模型，其零件模型及图纸见资料包“第 3 章\任务 5\拓展练习”文件夹。

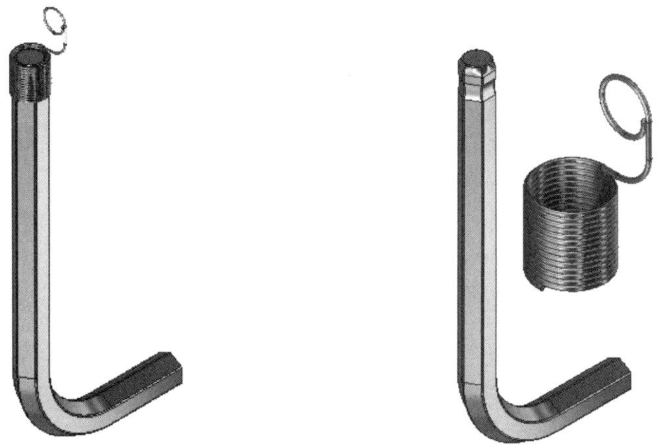

图 3-274 拓展练习 3-5

任务6　自行车座套模型设计

学习目标

- 熟练掌握孔特征工具的使用方法
- 熟练掌握修剪、嵌片、缝合等曲面工具的使用方法
- 学会自行车座套模型的设计方法

任务导入

自行车座套模型如图 3-275 所示，其零件图纸见资料包“第 3 章\任务 6\自行车座套模型.dwfx”，模型文件见资料包“第 3 章\任务 6\自行车座套模型.ipt”。

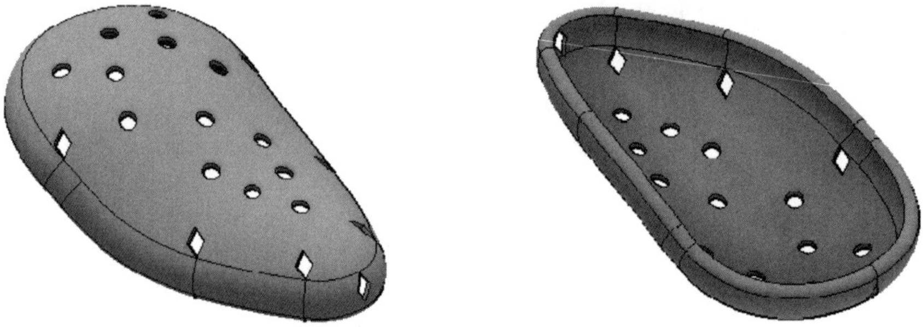

图 3-275　自行车座套模型

在自行车座套模型的设计过程中，除了用到前面学习的知识以外，还需要用到孔放置特征、修剪、嵌片、缝合等曲面工具。下面开始学习相关知识。

知识准备

1. 孔

“孔”特征是指利用提供的草图点、参考点或其他参考几何信息创建孔的建模方法，使用“孔”特征工具可以创建沉头孔、倒角孔、螺纹孔等各种类型的孔。

单击“修改”工具面板上的“孔”工具按钮，打开“孔”特征窗口，如图 3-276 所示。下面分别对选项卡中的各选项进行介绍。

（1）放置　Inventor 提供了“从草图”“线性”“同心”“参考点”4 种放置孔的方式。

① 从草图　利用现有草图提供的圆心、草图点、投影点、端点等信息来确定孔的起始面和圆心位置，单击“中心”选择箭头后，可在图形区选择需要打孔的点，如图 3-277 所示。

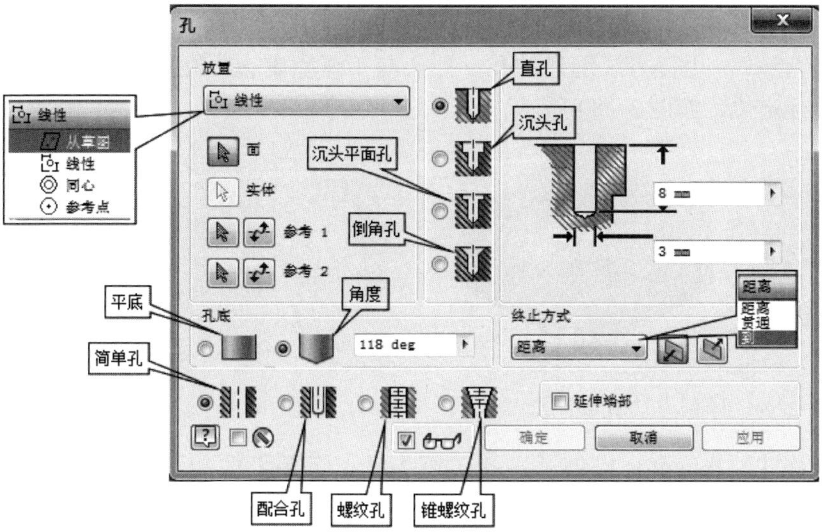

图 3-276 “孔”特征窗口

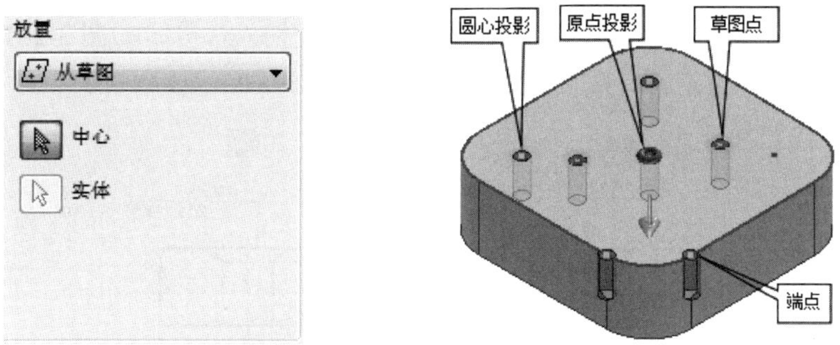

图 3-277 “从草图”方式放置孔

② 线性 首先选择放置孔的起始面，然后在放置孔的起始面上确定孔与两条线性边（棱边）的距离来定位孔，也可以拖动图形区中的操纵点确定孔的位置，如图 3-278 所示。

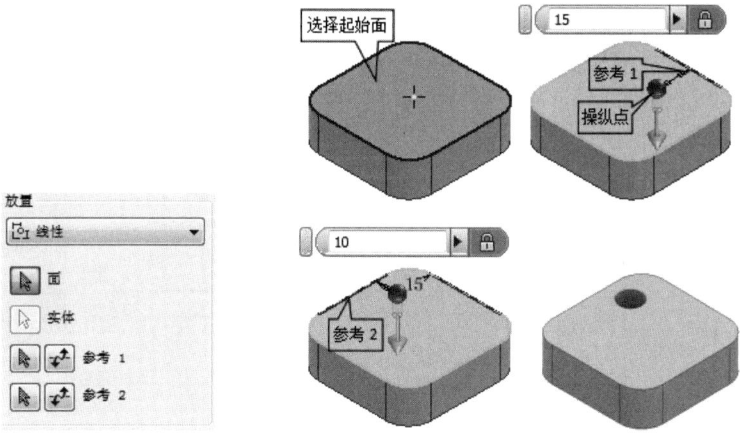

图 3-278 “线性”方式放置孔

③ 同心 创建与现有的圆柱面或环形边同心的孔，如图 3-279 所示。

④ 参考点 用该方法创建的孔，孔心与工作点重合，孔的方向可用工作轴、边或工作平面进行定位，如图 3-280 所示。

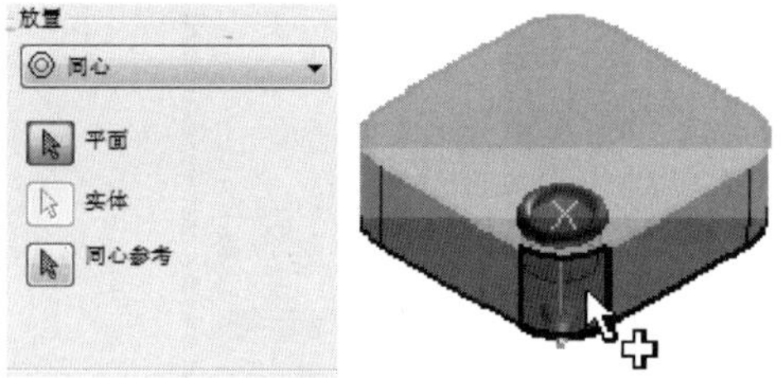

图 3-279 “同心”方式放置孔

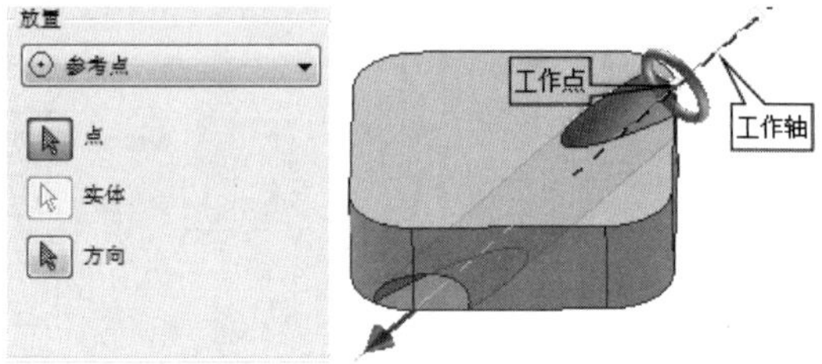

图 3-280 “参考点”方式放置孔

（2）孔样式 Inventor 提供了直孔、沉头孔、沉头平面孔和倒角孔 4 种孔样式，如图 3-281（a）所示。

① 直孔 孔与平面平齐，只指定孔的直径，如图 3-281（b）所示。

② 沉头孔 指定孔的直径、沉头孔直径和沉头孔的深度，如图 3-281（c）所示。

③ 沉头平面孔 指定孔的直径、锪平孔直径及切入深度，如图 3-281（d）所示。

④ 倒角孔 指定孔的直径、倒角孔直径及倒角角度，如图 3-281（e）所示。

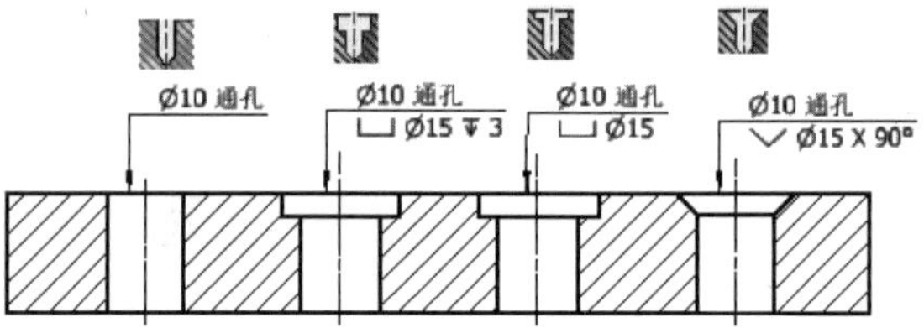

（a）孔样式的比较

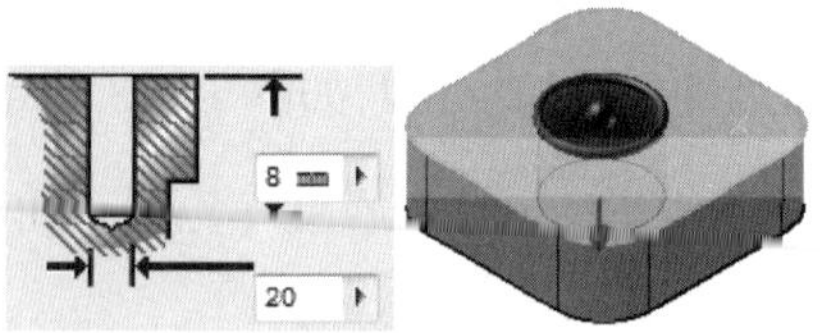

（b）直孔

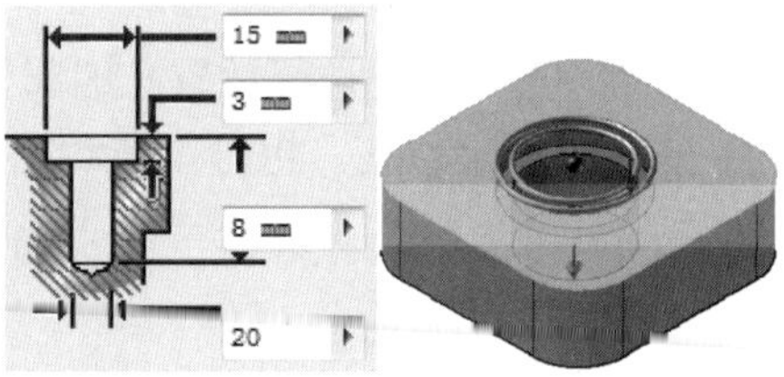

（c）沉头孔

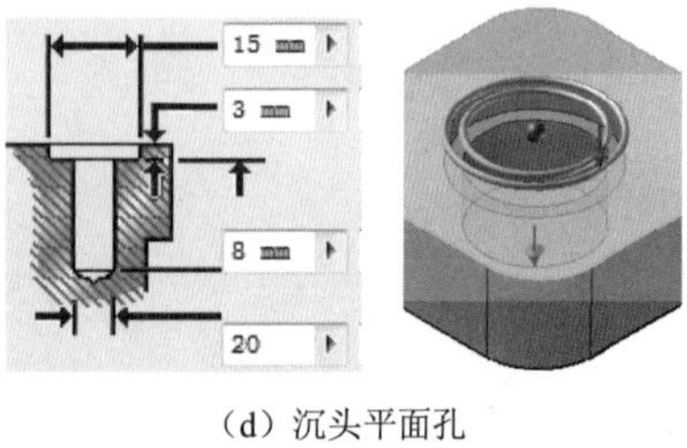

（d）沉头平面孔

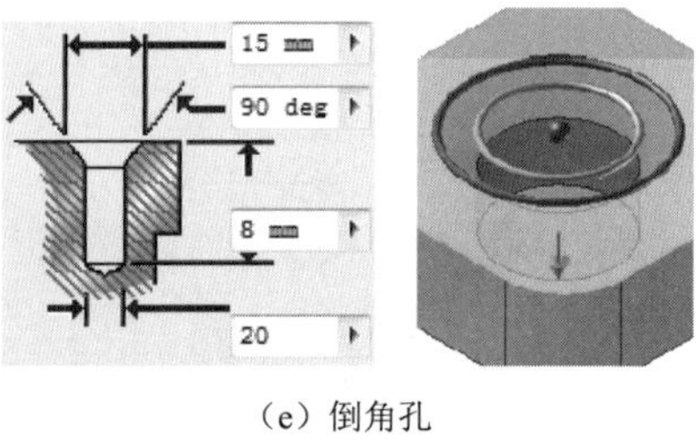

（e）倒角孔

图 3-281 孔样式的应用

（3）孔底 根据孔底形状有平底孔和角度底孔两种，如图 3-282 所示。

（4）终止方式　孔的终止样式有“距离”“贯通”“到”3 种，与“拉伸”特征中的终止样式一样，这里不再赘述。

（5）孔的类型　Inventor 提供了简单孔、配合孔、螺纹孔、锥螺纹孔 4 种类型，如图 3-283 所示。

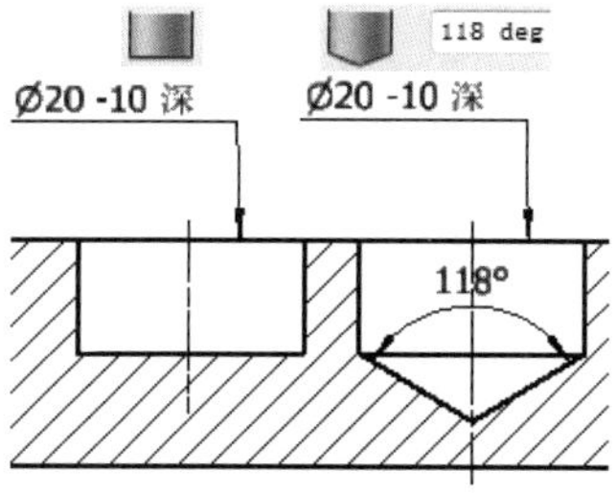

图 3-282　孔底形状

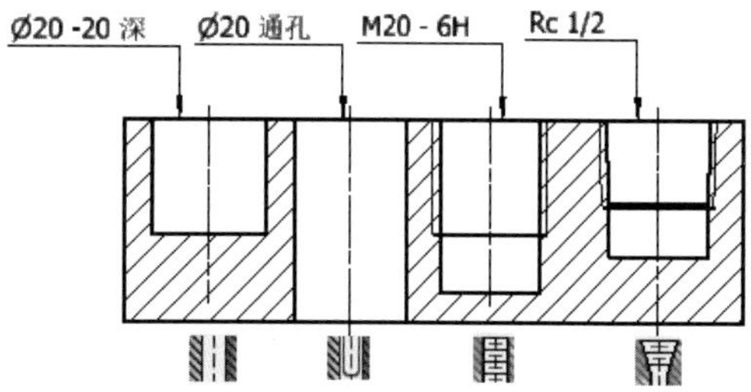

图 3-283　孔的类型

① 简单孔　创建不带螺纹的光孔。

② 配合孔　不带螺纹的标准孔，规定公差以适应特定的紧固件，通常是贯通。使用该选项，要根据紧固件数据库创建标准紧固件的配合孔，如图 3-284 所示。在窗口中，还可以选择紧固件配合孔的标准、紧固件的类型、配合方式等。

③ 螺纹孔　创建圆柱螺纹孔，如图 3-285 所示，在窗口中的“螺纹类型”选项中选择 GB 标准。

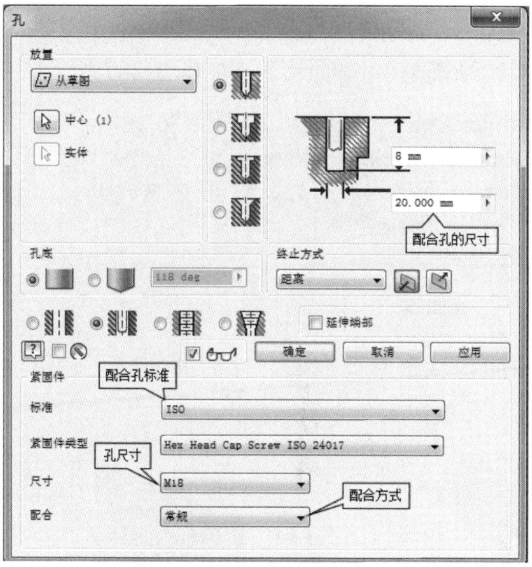

图 3-284　配合孔

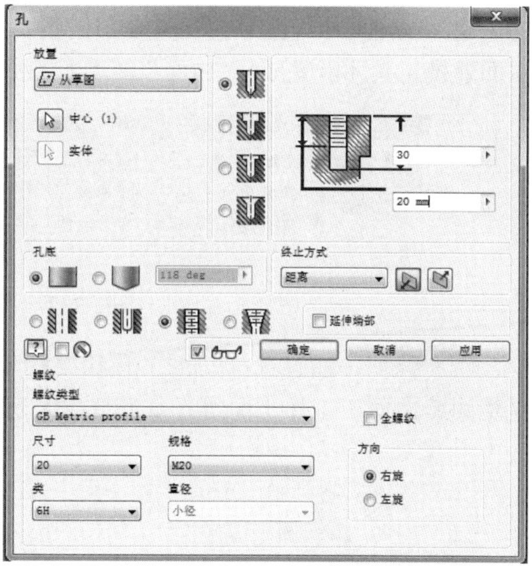

图 3-285　螺纹孔

④ 锥螺纹孔　创建锥管螺纹孔，如图 3-286 所示，在窗口中的“螺纹类型”选项中 ISO 是基于毫米的螺纹类型标准。

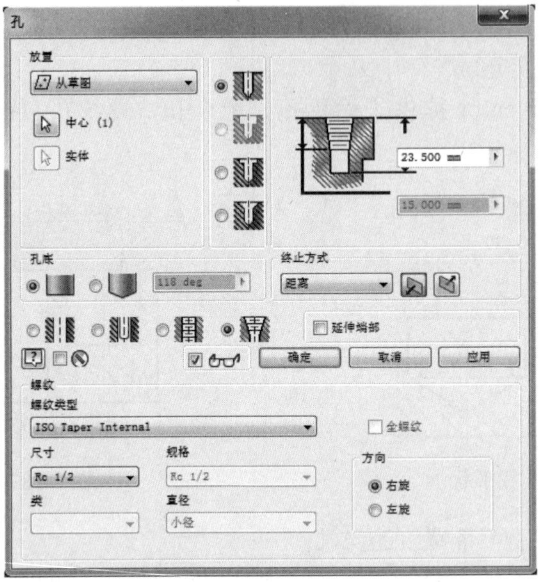

图 3-286 锥螺纹孔

2. 曲面工具

在 Inventor 的零件环境下，提供了比较全面的模型特征创建工具和修改工具，对于一般的零件而言，若包含的特征不是很复杂，那么利用 Inventor 提供的基本功能就能够完成模型的创建。但是对于一些表面比较复杂的消费类、电子类等产品，就需要用到 Inventor 提供的曲面建模工具才能完成。“曲面”工具面板位于“三维模型”选项卡下，如图 3-287 所示。

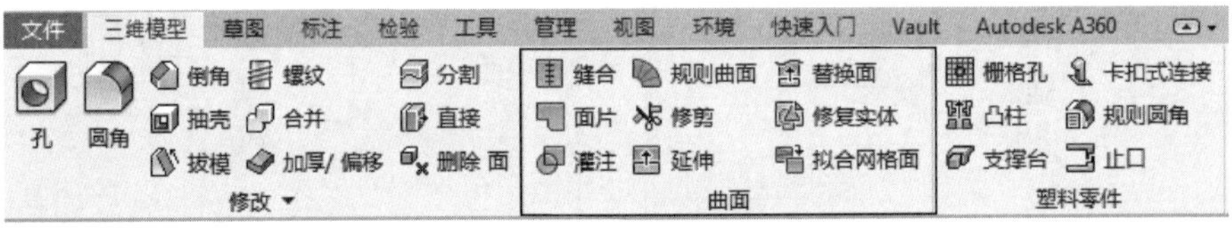

图 3-287 “曲面”工具面板

（1）修剪 通过选择切割工具和要删除的曲面区域来修剪曲面。修剪曲面的工具可以是草图、曲面、工作平面等，如图 3-288 所示。

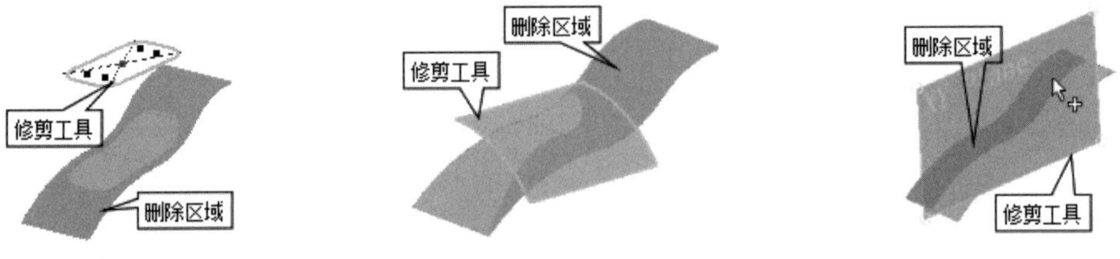

（a）二维草图 （b）曲面 （c）工作平面

图 3-288 “修剪”工具

单击“修剪”工具按钮，打开“修剪曲面”窗口。首先单击修剪工具，然后单击要删除的曲面区域。单击“反向选择”工具按钮，可选择相反区域，如图 3-289 所示。

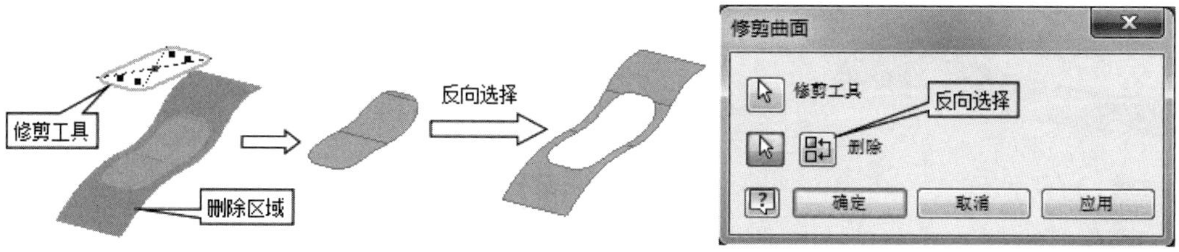

图 3-289 修剪曲面

（2）面片 “面片”工具就是通过在指定的闭合回路边界内创建平面或三维曲面。单击“面片”工具按钮，打开“边界嵌片”窗口，如图 3-290 所示。

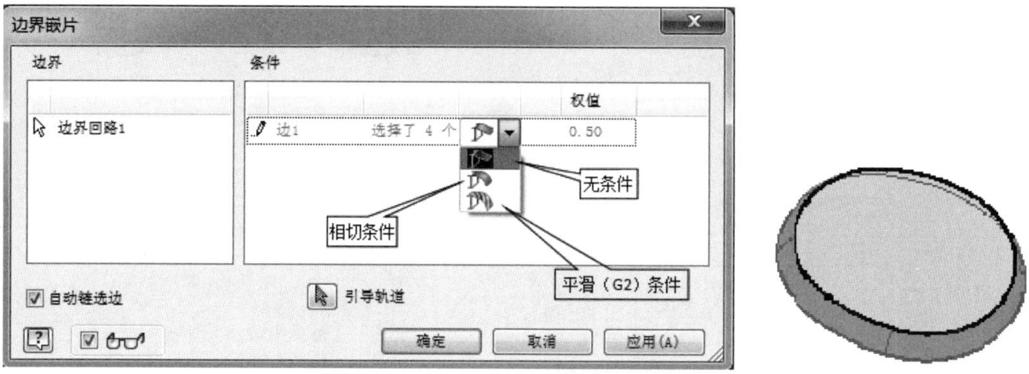

图 3-290 “边界嵌片”窗口

① 边界 用来指定嵌片的边界。嵌片的边界可以是二维草图、三维草图、相切的连续链选边及实体边界，如图 3-291 所示。

（a）二维草图　（b）三维草图　（c）相切的链选边　（d）实体边界

图 3-291 面片的边界

② 条件 当选择二维草图、三维草图作为边界面片时，是没有条件的；当选择相切的链选边和实体边界的时候才能选择条件。这里的面片条件与前面学习的放样特征中的三个条件的使用方式是一样的，不再赘述，图 3-292 所示就是以相切的链选边为例，采用不同条件进行面片的情况。

③ 引导轨道 可选项，这是 Inventor 2017 版本后才有的一个新功能。通过选择一条或多条曲线、一个或多个点以塑造、修补曲面的形状，如图 3-293 所示。

（3）缝合 “缝合”工具是将多个曲面缝合在一起，形成缝合曲面或实体，同时可用来分析曲面是否能够缝合。单击“缝合”工具按钮，打开“缝合”窗口，该窗口共有“缝合”“分析”两个选项卡，如图 3-294 所示。

（a）无条件　　（b）相切条件　　（c）平滑（G2）条件

图 3-292　边界面片的条件比较

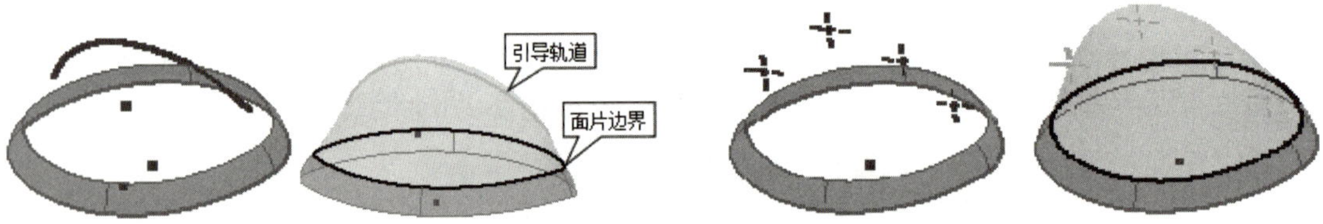

（a）曲线作为引导轨道　　（b）多个点作为引导轨道

图 3-293　引导轨道的使用

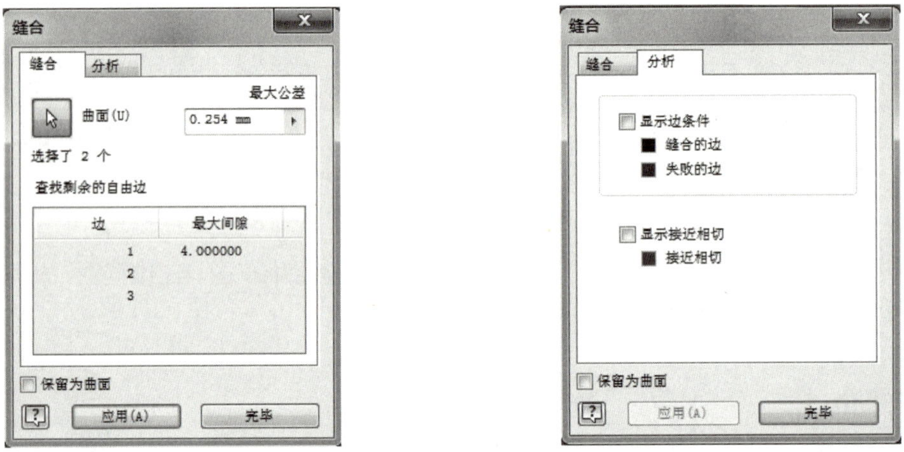

（a）“缝合”选项卡　　（b）“分析”选项卡

图 3-294　“缝合”窗口

①“缝合”选项卡　打开“缝合”窗口后的默认选项卡，如图 3-294（a）所示。该选项卡主要用来选择缝合的曲面，设置缝合的最大公差及显示曲面存在自由边的情况。

➢　曲面　“曲面”选择器用来选择一个或多个曲面，以便形成缝合曲面或进行分析。

➢　最大公差　输入所选自由边之间的最大允许距离。若该值大于等于自由边之间的距离，则 Inventor 会自动在曲面之间添加延伸面，使得所选曲面缝合成一体。

例如，在图 3-295（a）图中，两个曲面之间的间隙为 0.25mm。而在缝合工具窗口中默认的最大公差是 0.254mm，因此两个曲面之间增加了自动延伸面，从而缝合成一个曲面。反之当两个曲面之间的缝隙大于设定的最大公差时，则不会添加自动延伸面，如图 3-295（b）所示。

（a）曲面间隙小于最大公差　　　　（b）曲面间隙大于最大公差

图 3-295　“最大公差”与曲面间隙的比较

➢　查找剩余的自由边　用于显示缝合后剩余的自由边及它们之间的最大间隙。在带有间隙数值的行上，单击鼠标右键，在打开的右键菜单中有“在窗口中查找”和“设置为公差”两个选项可供选择。若选择前者，则在图形区的该边处放大显示；若选择后者，可将此值作为缝合中所用的最大公差。以图 3-295（b）为例，应用此项后，便会添加自动延伸面，将曲面缝合。

➢　保留为曲面　不勾选该选项，那么具有有效体积的全封闭曲面会缝合成实体；勾选该选项，则缝合后仍为曲面。

②“分析”选项卡　如图 3-294（b）所示。

➢　显示边条件　勾选该选项，则用不同的颜色指示曲面边的分析结果。

➢　显示接近相切　勾选该选项，则显示接近相切条件。

说明　在实际建模过程中，可以用缝合曲面来修整圆角或组合边界。例如在图 3-296（b）中，若“曲面 1”与“曲面 2”不缝合，在两个曲面的连接处是不能圆角的；同样对于图 3-296（c）所示的“截面轮廓 2”，若不缝合，该轮廓不能作为一个整体使用。

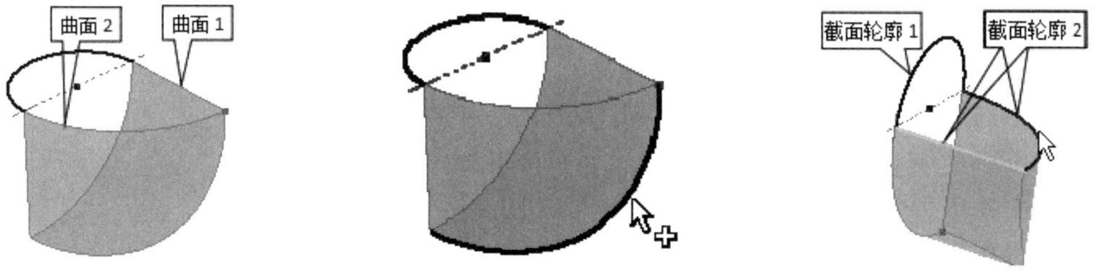

（a）缝合前　　（b）缝合后才能圆角　　（c）缝合后才能作为截面轮廓使用

图 3-296　缝合为曲面

任务流程

任务流程如图 3-297 所示。

缝合曲面　　加厚为实体　　镂空设计

图 3-297　任务流程

任务实施

Step 01 新建文件　新建零件文件并自动进入依附于 XY 工作平面的草图环境，绘制如图 3-298（a）所示几何图元，完成后退出草图环境。

Step 02 新建草图 2　在 XZ 工作平面上新建草图，绘制如图 3-298（b）所示的几何图元，完成后退出草图环境。

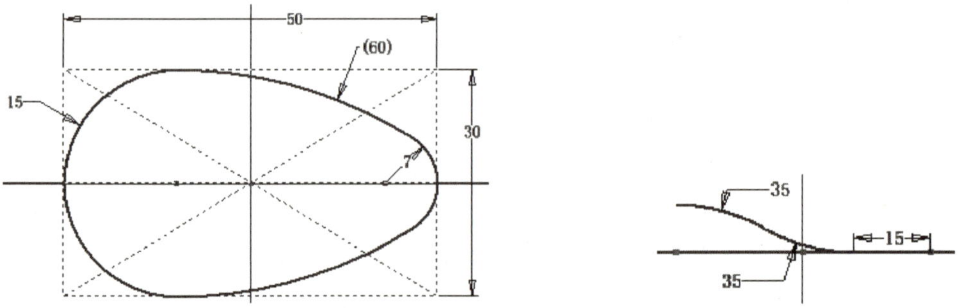

（a）草图 1　　（b）草图 2

图 3-298　新建草图

Step 03 拉伸曲面　将上一步绘制的草图对称拉伸为曲面，拉伸距离为 50mm，如图 3-299（a）所示。

Step 04 修剪曲面　以图 3-298（a）所示的几何图元为修剪工具，将上一步拉伸的曲面修剪，如图 3-299（b）所示。

Step 05 新建草图 3　在 XZ 工作平面上新建草图，投影如图 3-298（b）所示的左侧圆弧端点，然后绘制如图 3-300（a）所示的几何图元，完成后退出草图环境。

Step 06 扫掠曲面　以上一步绘制的几何图元为截面，以图 3-299（b）所示的曲面边界为路径，进行扫掠，如图 3-300（b）所示。完成后将步骤 3 拉伸的曲面不可见。

Step 07 面片　将图 3-301（a）所示的边界进行面片操作，面片条件选择相切。

Step 08 缝合曲面　将所有曲面缝合为曲面。

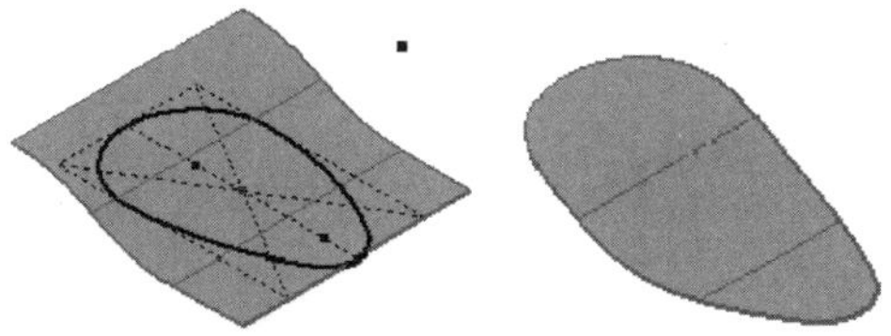

（a）拉伸曲面　（b）修剪曲面

图 3-299　曲面 1

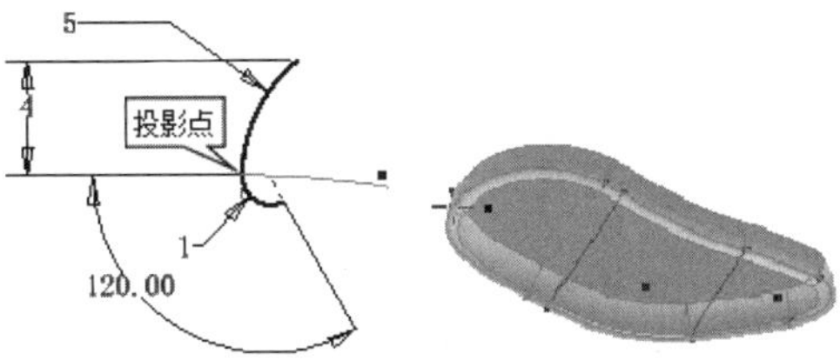

（a）草图 3　（b）扫掠

图 3-300　扫掠曲面

Step 09 加厚曲面　将缝合后的曲面向内侧加厚 0.5mm，如图 3-301（b）所示。

（a）面片　（b）加厚为实体

图 3-301　创建实体

Step 10 新建草图 4　在 XY 工作平面上新建草图，绘制如图 3-302（a）所示的 7 个草图点，完成后退出草图环境。

Step 11 打孔　选择上一步绘制的 7 个草图点和投影的坐标原点，进行打孔，孔径为 2mm，如图 3-302（b）所示。

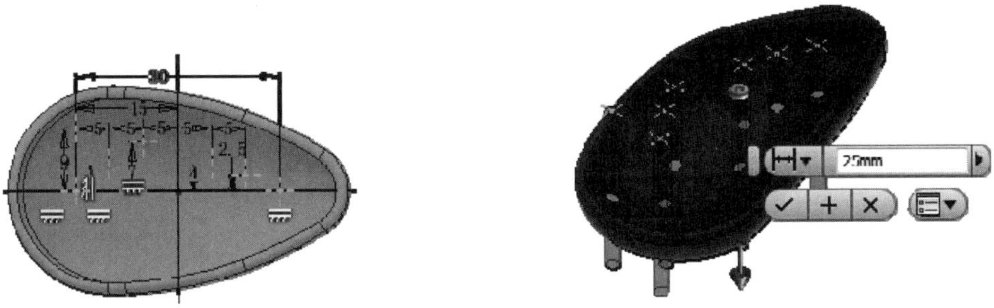

（a）绘制草图点　（b）打孔

图 3-302　打孔

Step 12 镜像　以 XZ 工作平面为镜像平面，将在上一步中创建的孔进行镜像。

Step 13 新建草图 5　在 YZ 工作平面上新建草图，投影如图 3-303（a）所示的相切边，进入切片观察，绘制如图 3-303（b）所示的菱形几何图元，完成后退出草图环境。

Step 14 拉伸　将上一步绘制的几何图元进行拉伸求差。

Step 15 新建三维草图　进入三维草图环境，利用“点”工具，捕捉相切边上的几个点，如图 3-303（c）所示，完成后退出三维草图环境。

Step 16 草图驱动阵列　利用草图驱动工具，选择步骤 14 创建的拉伸特征，以上一步绘制的三维草图上的点为放置点，选择如图 3-303（d）所示的点为基准点，然后先后单击如图 3-303（e）所示的两个面，最后单击“确定”按钮，完成草图驱动阵列，结果如图 3-303（f）所示。

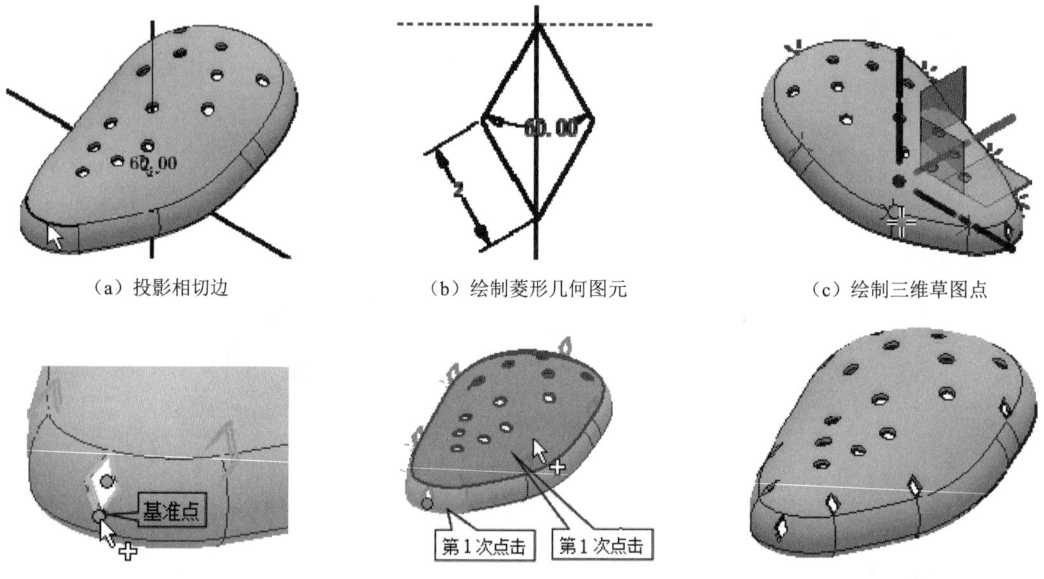

（a）投影相切边　（b）绘制菱形几何图元　（c）绘制三维草图点

（d）选择基准点　（e）选择面　（f）阵列结果

图 3-303　草图驱动阵列

Step 17 设置零件材料　将零件材料设置为“尼龙 6\6”。

Step 18 保存文件　将文件保存为“自行车座套.ipt”文件。

拓展练习 3-6

设计如图 3-304 所示的模型，其零件图纸见资料包“第 3 章\任务 6”文件夹。

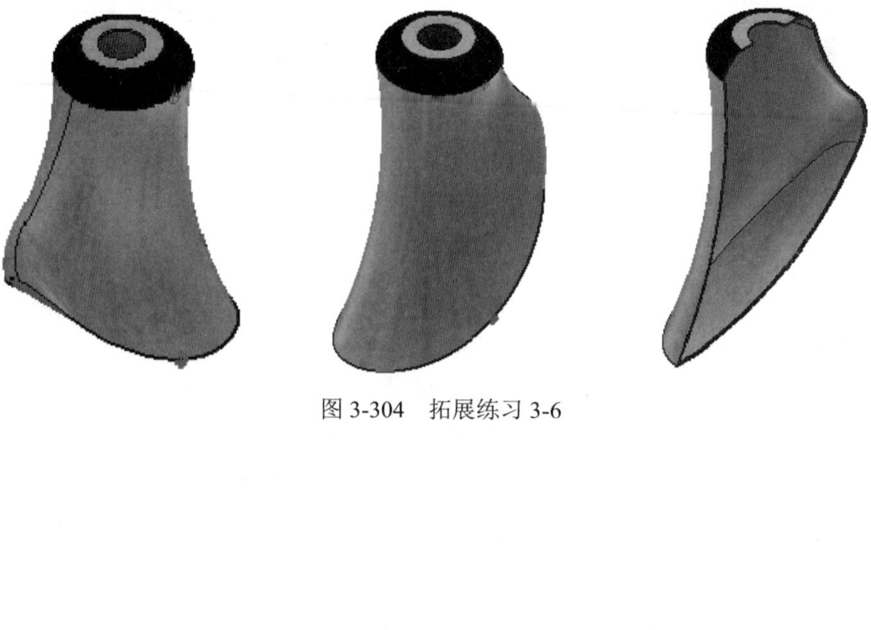

图 3-304　拓展练习 3-6

任务 7 储物盒模型设计

学习目标

- 熟练掌握删除面工具的使用方法
- 熟练掌握灌注、替换面、延伸、规则曲面等曲面工具的使用方法
- 了解修复实体、拟合网格面等曲面工具的使用方法
- 能够将 Inventor 零件导出为不同的文件格式
- 学会储物盒模型的设计方法

任务导入

储物盒模型如图 3-305 所示，其零件图纸见资料包“第 3 章\任务 7\储物盒模型.dwfx”，模型文件见资料包“第 3 章\任务 7\储物盒模型.ipt”。

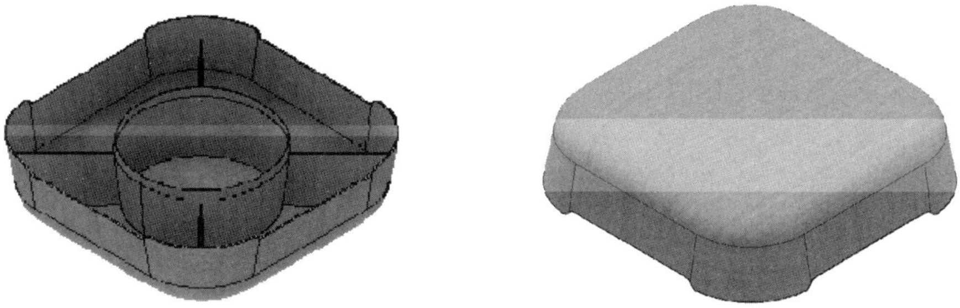

图 3-305 储物盒模型

在储物盒模型的设计过程中，除了用到前面学习的知识以外，还需要用到删除面修改工具及延伸、规则曲面、灌注等曲面工具。另外还会将曲面工具中的替换面、修复实体、拟合网格面等一并进行介绍。

知识准备

1. 删除面

“删除面”可用来删除零件面、曲面、体块或中空体，从而使得实体模型变为曲面模型。单击“修改”工具面板上的“删除面”工具按钮，打开“删除面”窗口，如图 3-306 所示。

（1）选择单个面 可以选择一个或多个曲面，直接将曲面删除；也可以选择一个或多个零件面，删除零件面后的实体变为曲面，如图 3-306 所示。

（2）选择体块或中空体 选择该选项，可以将体块或中空体的所有面删除，即删除整个特征。

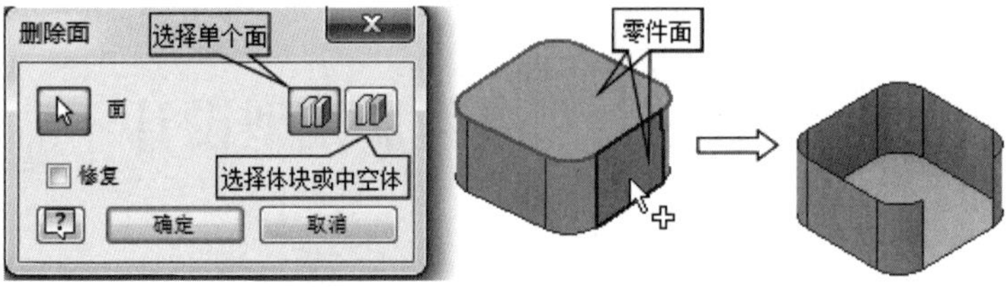

图 3-306　“删除面”工具的应用

（3）修复　只有在“选择单个面”时才可用，勾选该选项，Inventor 会在删除面后自动通过延伸相邻面直至相交来修补间隙，如在图 3-307 所示。

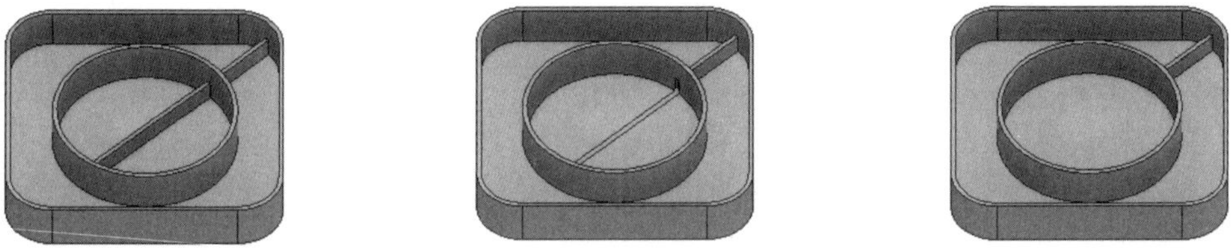

（a）删除前　（b）没有修复　（c）使用修复

图 3-307　“修复”选项的使用

2. 曲面工具

在上一任务中学习了修剪、面片、缝合等曲面工具的使用，这里来学习另外几个常用工具的使用方法。

（1）灌注　“灌注”工具可向现有的实体添加材料和删除材料，也可基于未修剪的曲面几何图元创建新的实体。“灌注”工具与前面学过的“缝合”工具的区别是：前者只需要形成闭合的“防水区域”，勿需修剪就能灌注；后者必须修剪后形成公共边界才能缝合。

单击“灌注”工具按钮 ，打开“灌注”窗口，如图 3-308（a）所示。“灌注”工具的应用如图 3-308（b）、（c）、（d）所示。

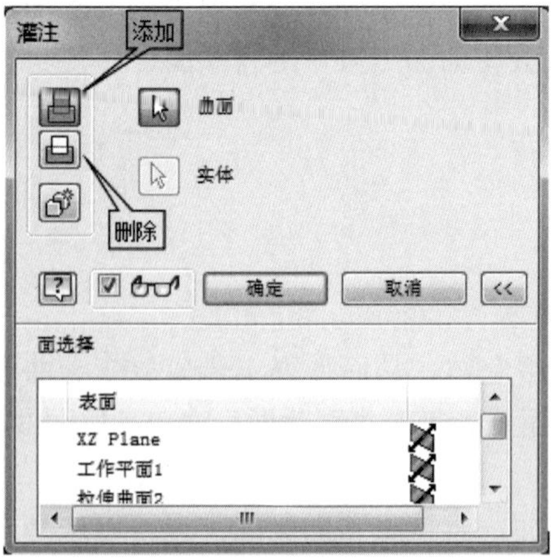

（a）“灌注”窗口

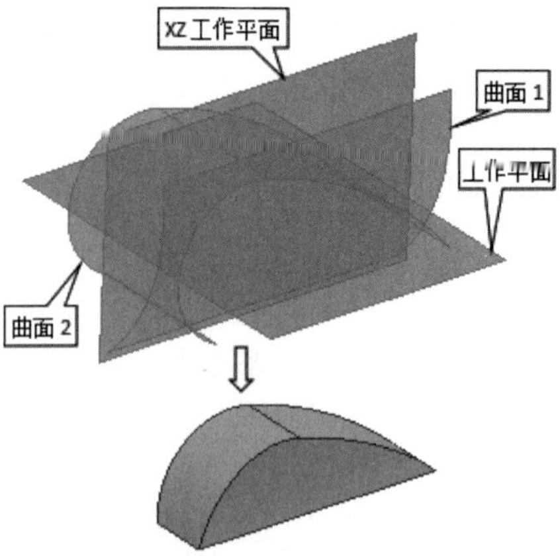

（b）未修剪的曲面灌注

图 3-308　“灌注”工具的使用

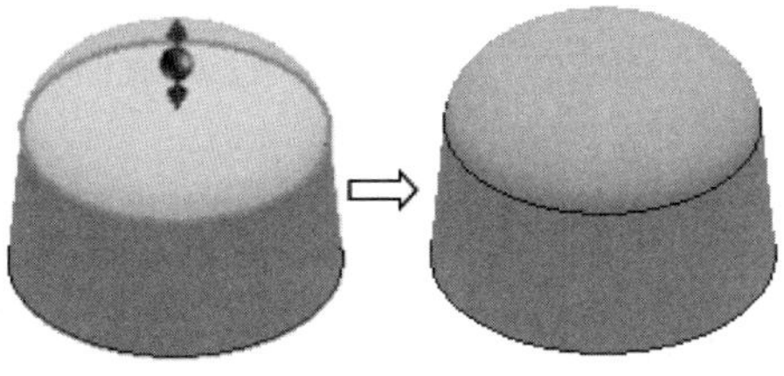

（c）向现有实体添加材料

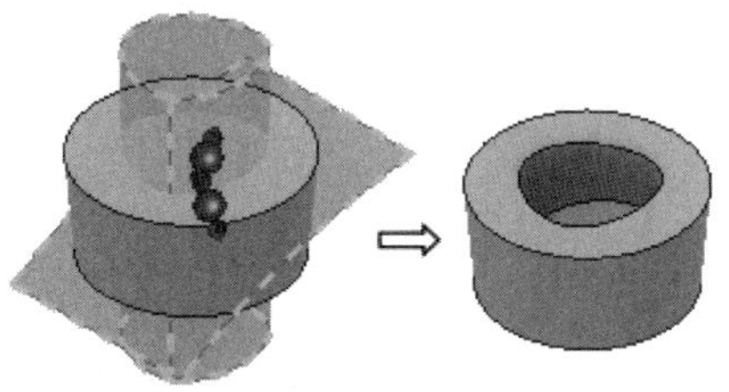

（d）对现有实体删除材料

图 3-308 灌注工具使用（续）

（2）延伸 “延伸”工具的功能是指通过指定距离或终止曲面使曲面在一个或多个方向上扩展，延伸后的面将沿着所选边的法向规则生长。

单击“延伸”工具按钮，打开“延伸曲面”窗口，如图 3-309（a）所示。在展开的窗口中，“边延伸”选项区有“延伸”和“拉伸”两个单选项可供选择。

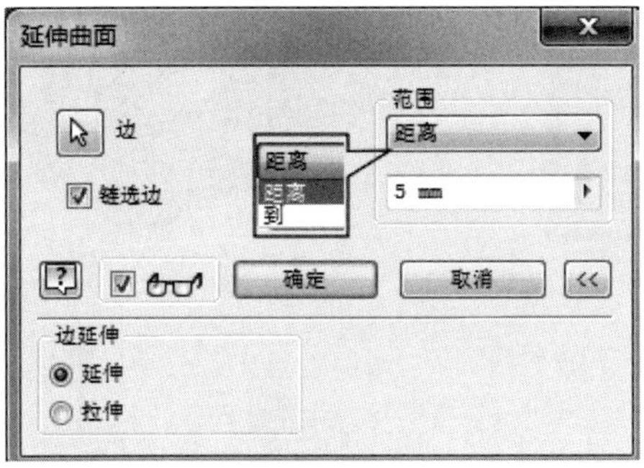

（a）“延伸”窗口

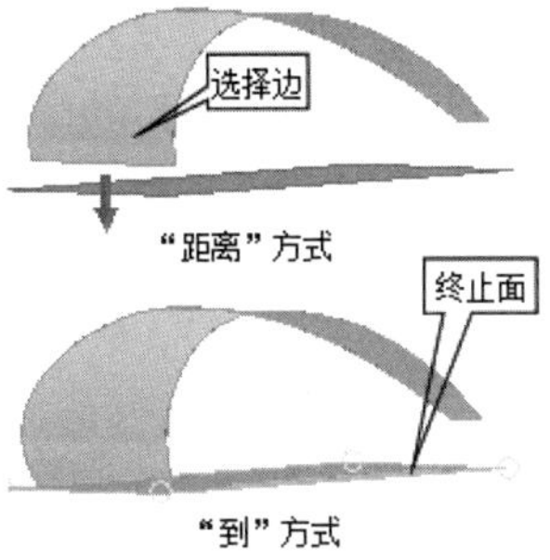

（b）延伸范围

图 3-309 “延伸”工具的使用

① 延伸 表示新增加的曲面侧边继承原有曲面边界的方向生长，及沿着与选定边相邻边的曲线方向创建延伸边，如图 3-310（b）所示。

② 拉伸 表示新增加的曲面的侧边将沿着延伸的方向生长，如图 3-310（c）所示。

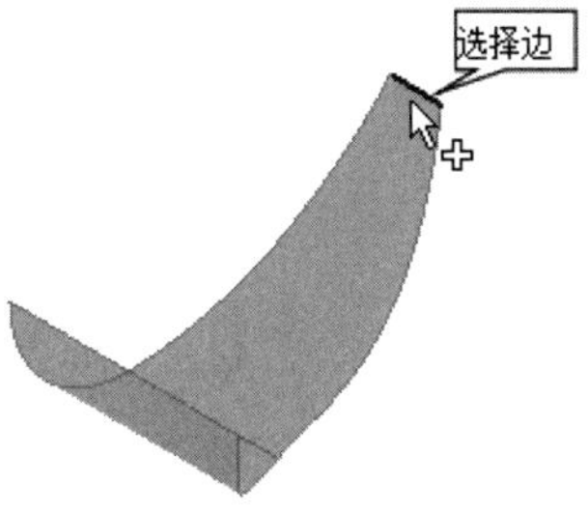

（a）延伸前

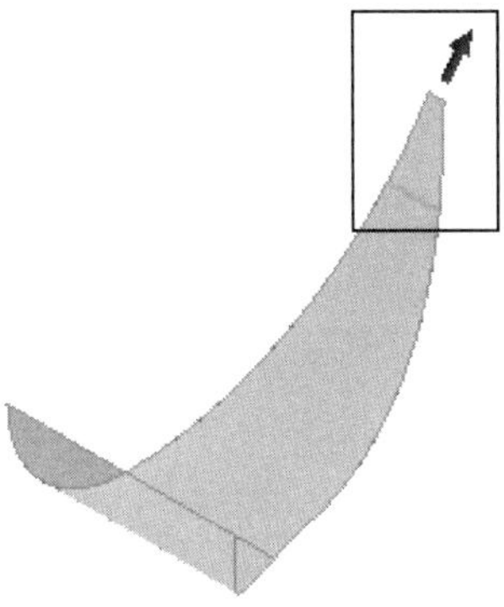

（b）延伸边

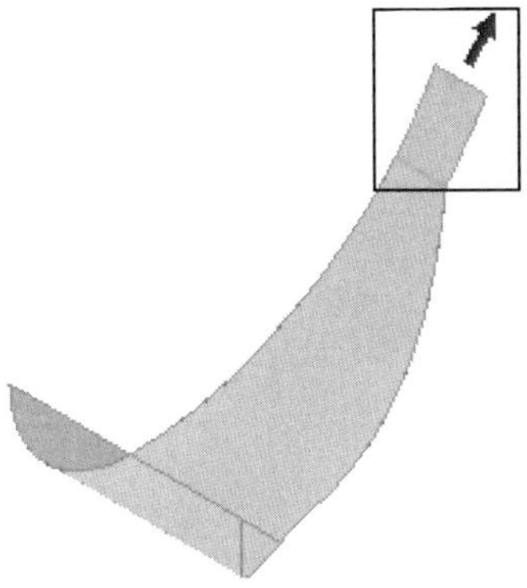

（c）拉伸边

图 3-310 “边延伸”选项的使用

（3）规则曲面　“规则曲面”工具可以创建从选定边（非草图边）按照指定距离和方向延伸的曲面。规则曲面一般用于创建铸造设计的分型面，或用于创建复杂曲面的平滑拉伸。

单击“规则曲面”工具按钮，打开“规则曲面”窗口，如图 3-311（a）所示。窗口中的各选项含义如下。

① 法向　创建与选定边垂直的曲面，如图 3-311（b）所示。

② 切向　创建保持相切曲率的拉伸，如图 3-311（c）所示。

③ 矢量　通过选择面、工作平面、轴指定方向，如图 3-311（d）所示。

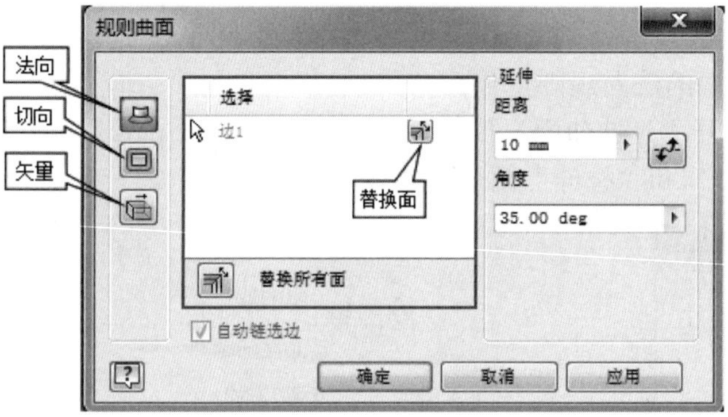

（a）“规则曲面”窗口

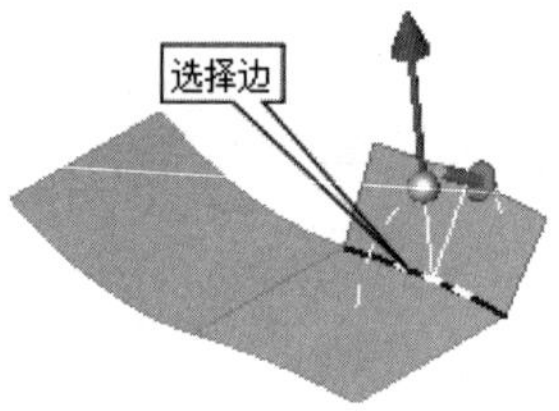

（b）法向

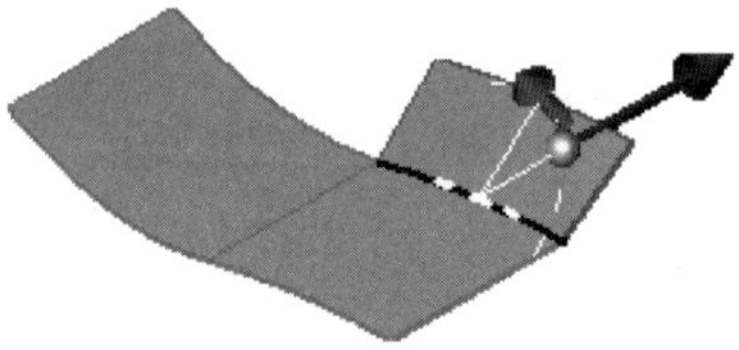

（c）切向

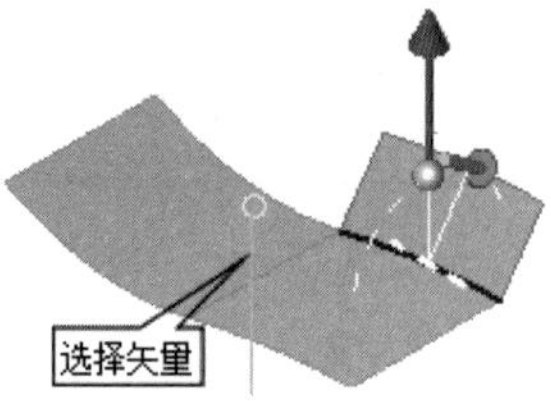

（d）矢量

图 3-311　“规则曲面”工具的使用

④ 替换面　当选择两个面的公共边时，可通过单击“替换面”图标，来更改边的源参考面，如图 3-312 所示。若要更改所有边的源参考面时，就单击“替换所有面”选项按钮。

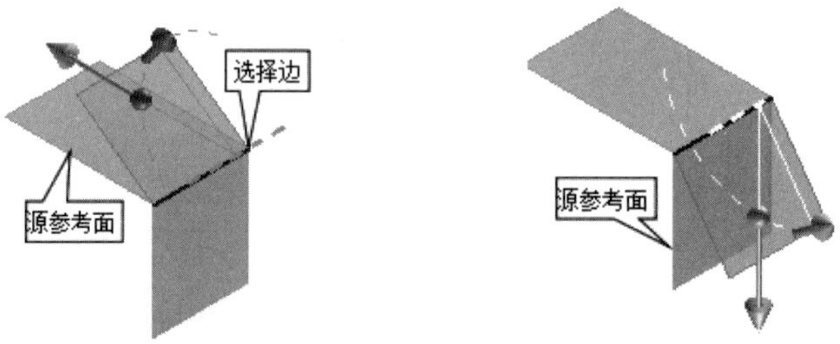

图 3-312　“替换面”选项的使用

（4）替换面　“替换面”工具可以使用新的曲面来替换实体特征上现有的一个或多个

面，从而使零件形成新的形状。使用“替换面”时，新建面必须能够完全覆盖实体上的现有面，否则不能替换，如图 3-313 所示。

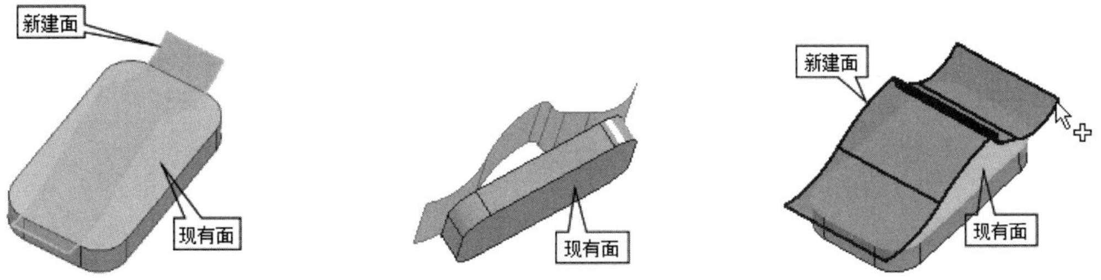

（a）不能替换　（b）不能替换　（c）能替换

图 3-313　替换面—完全覆盖示例

单击“替换面”工具按钮，打开“替换面”窗口，如图 3-314 所示。如要选择连续相切的面，请在选择“现有面”之前就勾选“自动链选面”选项。

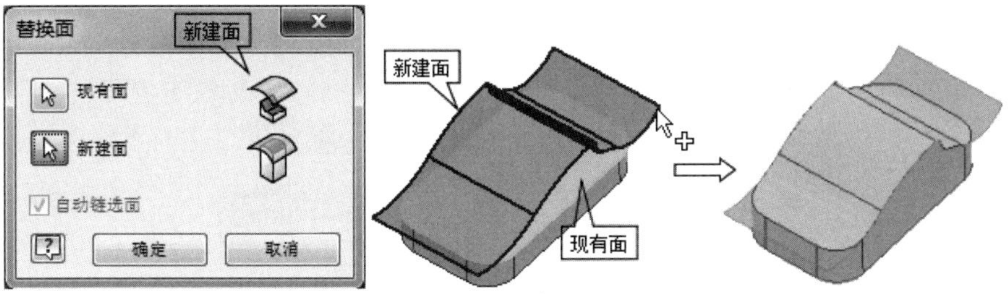

图 3-314　“替换面”工具的使用

使用“替换面”工具能够非常方便地完成复杂曲面的创建工作，可以直接从外部导入复杂的曲面替换现有零件的表面。

3. 导出文件

在设计中，往往需要将设计的零件脱离设计环境浏览、打印，这就需要将设计的零件导出为其他格式的文件。

通过“文件”选项卡下的“导出”选项，可以将零件导出为图像、三维 PDF、DWF 等格式的文件，如图 3-315（a）所示。

随着 3D 打印的普及，也可以将在 Inventor 中设计的零件导出为 STL 格式的文件，然后在专门的切片软件中进行 3D 打印。导出步骤如下：

第一步：从“文件”选项卡下的“打印”选项里面选择“发送到 3D 打印服务”选项，如图 3-315（b）所示。

第二步：在弹出的“发送到 3D 打印服务”窗口中，可以对要打印的模型进行缩放等设置，如图 3-316 所示。

第三步：单击“确定”按钮，在关闭窗口的同时打开“保存副本为”窗口，在窗口选择保存路径和文件名，如图 3-317 所示。

第四步：单击“保存”按钮，保存文件并关闭窗口，同时打开浏览器，直接将浏览器关掉即可。

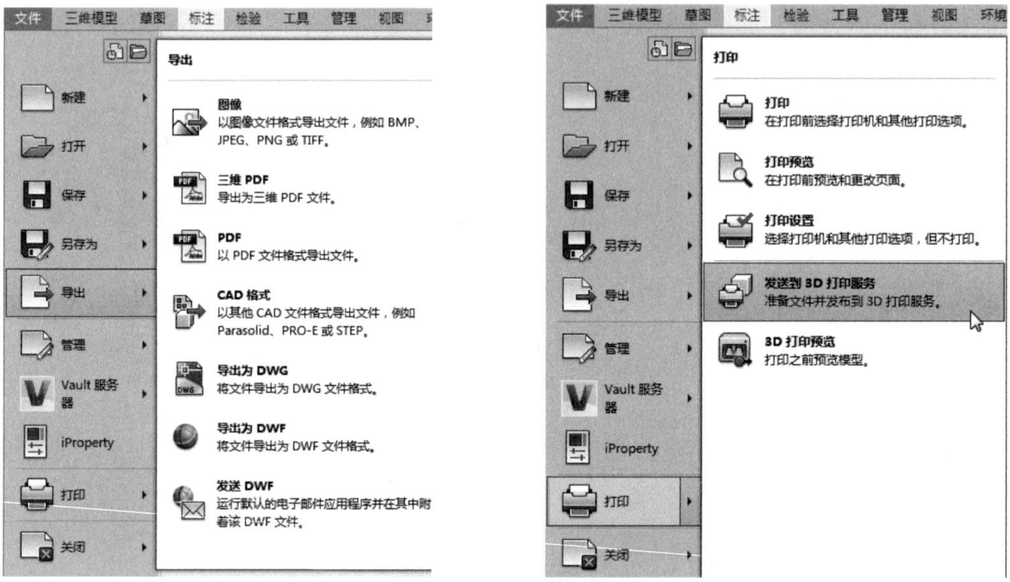

（a）“导出”选项　　　　（b）“打印”选项

图 3-315　导出其他格式文件方法

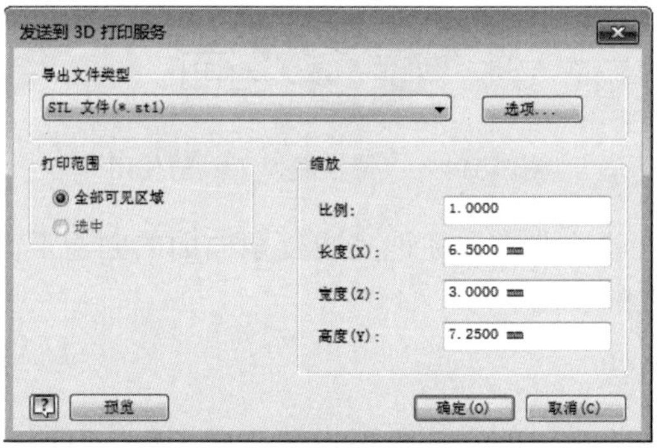

图 3-316　“发送到 3D 打印服务”窗口

图 3-317　“保存副本为”窗口

除了上述方法，也可以进入“环境”选项卡，单击“3D 打印”工具按钮，如图 3-318 所示。从而进入 3D 打印环境，如图 3-319 所示，在 3D 打环境里面可导出 STL 文件。若安装了 3D 打印机，还可在 Inventor 中直接打印。

图 3-318 “3D 打印”工具按钮

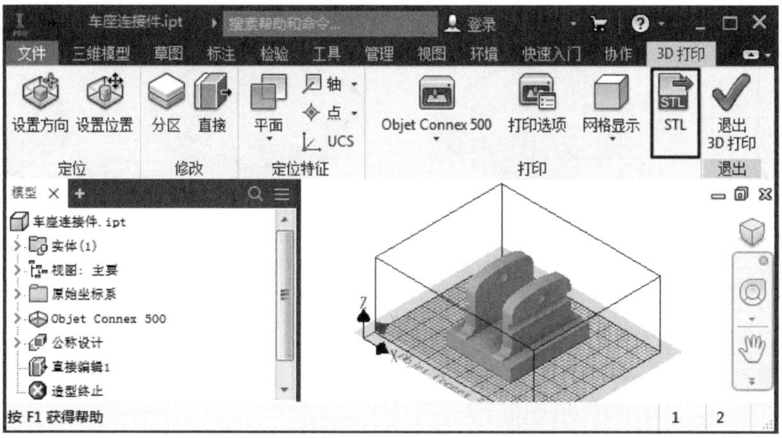

图 3-319 3D 打印环境

✍任务流程

任务流程如图 3-320 所示。

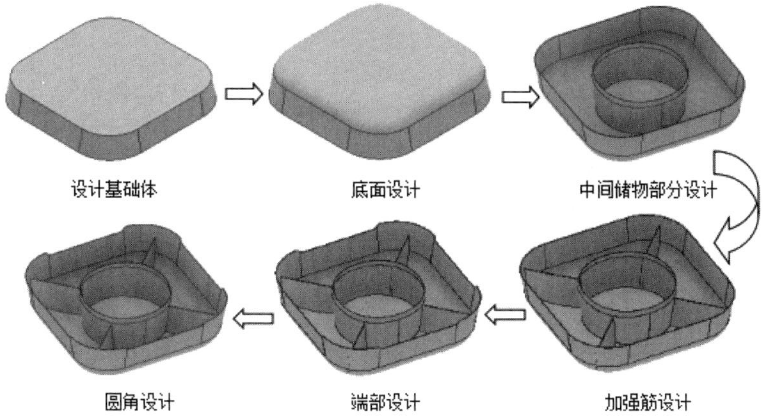

图 3-320 任务流程

任务实施

Step 01 新建文件 新建零件文件并自动进入草图环境，绘制如图 3-321（a）所示的圆角矩形，完成后退出草图环境。

Step 02 拉伸 将上一步绘制的草图拉伸为实体，拉伸距离为 30mm，角度为-10°，如图 3-321（b）所示。

Step 03 面片 选择如图 3-322（a）所示的边界进行面片操作，并选择“相切条件”。

Step 04 灌注 将上一步的面片的曲面灌注为实体，如图 3-322（b）所示。

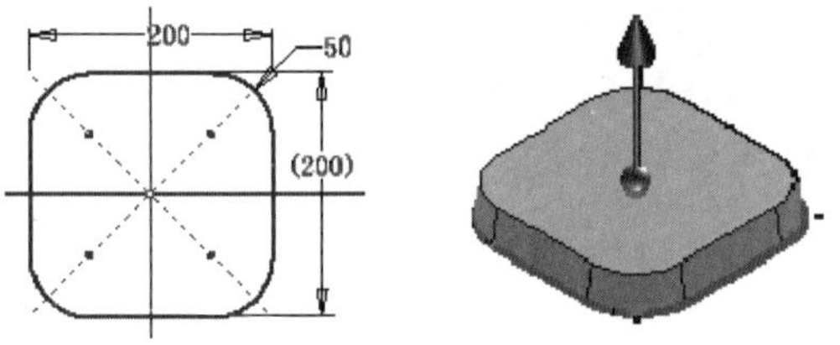

（a）新建草图　（b）拉伸

图 3-321　创建基础体

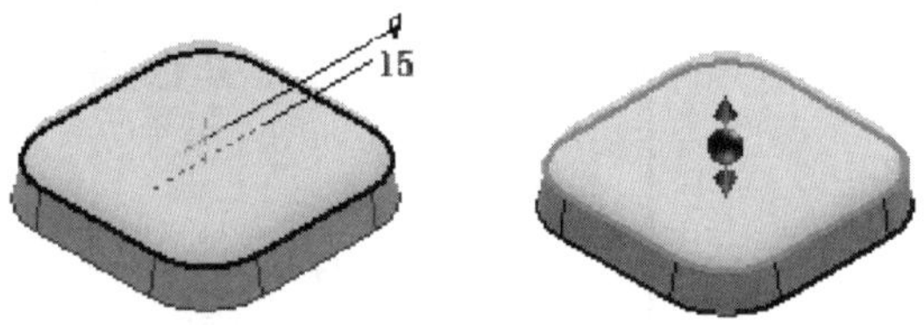

（a）面片　（b）灌注

图 3-322　底面设计

Step 05 抽壳 将实体抽壳处理，抽壳厚度为 1mm。

Step 06 新建草图 在 XY 工作平面上新建草图，绘制直径为 100mm 的圆，如图 3-323（a）所示，完成后退出草图环境。

Step 07 分割面 以上一步绘制的几何图元作为分割工具，将内侧底部进行面分割，如图 3-323（b）所示。

Step 08 规则曲面 选择分割边界，以边界法向方向创建规则曲面，距离为 40mm，角度为 0°，如图 3-323（c）所示。

Step 09 面片 在上一步创建的规则曲面的边界处进行面片，面片方式选择相切，如图 3-323（d）所示。

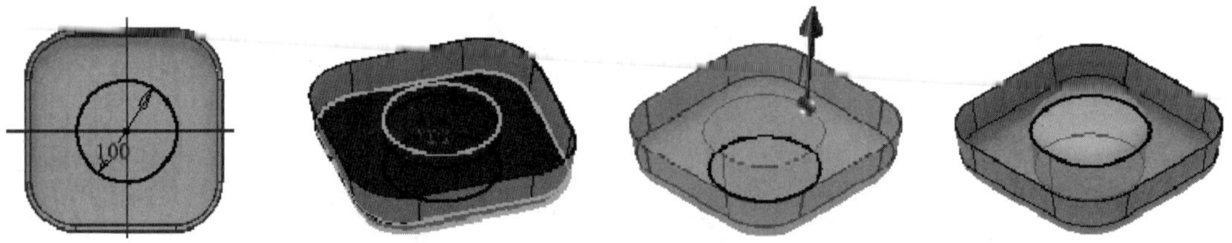

（a）新建草图　（b）分割面　（c）创建规则曲面　（d）面片

图 3-323　创建曲面

Step 10 灌注 将创建的规则曲面和面片灌注为实体，如图 3-324 所示。

Step 11 修剪实体 以 XY 工作平面为分割工具，将实体进行修剪，如图 3-325 所示。

Step 12 抽壳 将实体再次抽壳，抽壳厚度为 1mm，开口面选择上一步中使用的分割面。

Step 13 创建工作平面 将 XY 工作平面向下偏移 10mm，如图 3-326（a）所示。

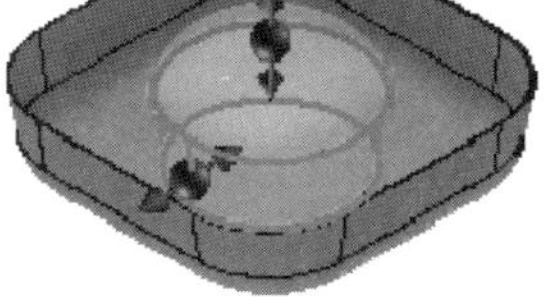

图 3-324 灌注为实体

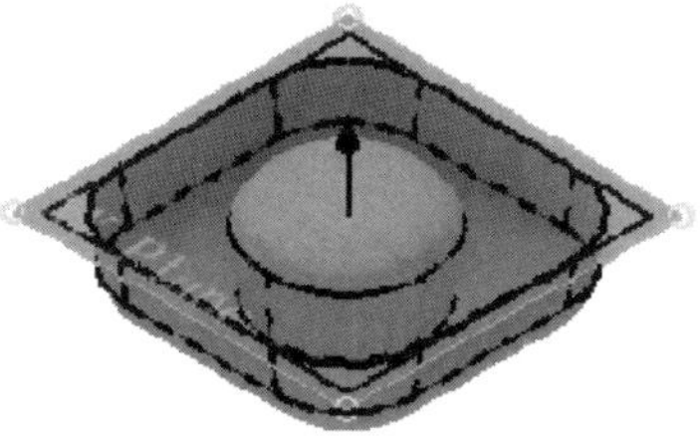

图 3-325 修剪实体

Step 14 新建草图 在上一步创建的工作平面上新建草图，绘制如图 3-326（b）所示几何图元，完成后退出草图环境，并将上一步创建的工作平面不可见。

Step 15 创建加强筋 选择上一步绘制的几何图元，向两侧创建加强筋，顶宽为 1mm，拔模角为 2°，如图 3-326（c）所示。

Step 16 修剪加强筋 打开“分割面”窗口，并勾选“修复”选项。选择圆柱内部的加强筋部分的顶面及两个侧面，进行加强筋修剪，如图 3-326（d）所示。

Step 17 全圆角 采用圆角工具，将加强筋的顶部进行全圆角。

Step 18 镜像 以 XZ 工作平面为镜像平面，选择加强筋、删除面、圆角三个特征进行镜像，如图 3-326（e）所示。重复操作，再以 YZ 工作平面为镜像平面，将刚才镜像前、后的加强筋进行二次镜像，如图 3-326（f）所示。

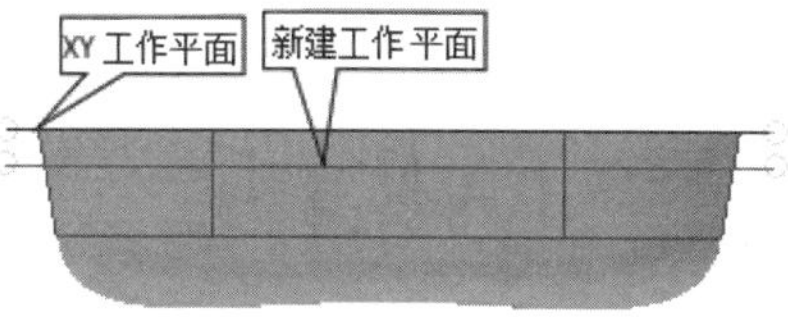

（a）创建工作平面

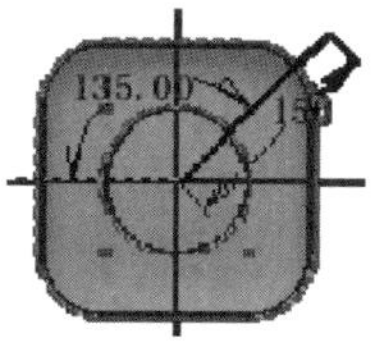

（b）新建草图

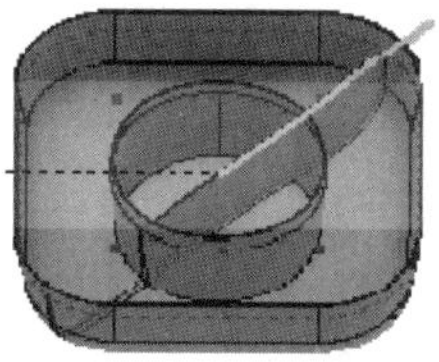

（c）创建加强筋

（d）修剪加强筋

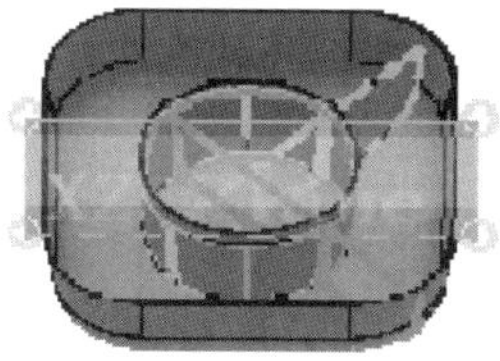

（e）第 1 次镜像加强筋

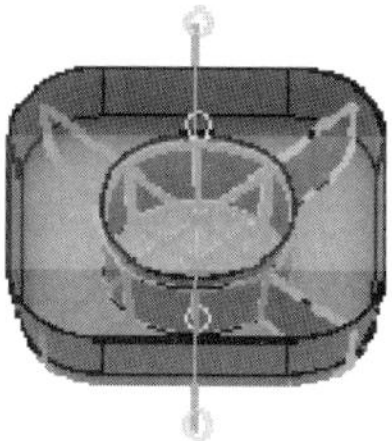

（f）第 2 次镜像加强筋

图 3-326 加强筋设计

说明 这里的加强筋由于是采用删除面工具修剪的，因此不能采用环形阵列一次阵列出来。当然若在绘制草图的时候，直接将直线端点定位在中间圆柱的投影切割边上，则加强筋不需修剪，是能采用环形阵列的，读者可自行试试。

Step 19 偏移曲面 如图 3-327（a）所示，将圆角处的端面及内、外表面均偏移 0mm，创建新的曲面。

Step 20 延伸曲面 将上一步偏移的两个曲面均向上延伸 5mm，如图 3-327（b）所示。这里为了便于观察，将实体进行了隐藏。

Step 21 新建三维草图 进入三维草图环境，利用直线工具，连接偏移的内、外表面的 4 个顶点，如图 3-327（c）所示。

Step 22 面片 打开“边界嵌片”工具窗口，不勾选“自动链选边”选项。首先在偏移的内、外曲面的顶端进行边界嵌片。单击“应用”按钮后，先将上一步创建的三维草图可见，然后再分别在两个侧面边界进行边界嵌片。完成后将刚才可见的三维草图再次隐藏。

Step 23 灌注 将所有曲面灌注为实体，完成后将所有曲面隐藏，如图 3-327（d）所示。

Step 24 圆角 将如图 3-327（e）所示位置进行圆角，圆角半径为 5mm。

Step 25 环形阵列 将步骤 23 灌注的实体及步骤 24 的圆角，以 Z 轴为中心进行环形阵列，阵列个数为 4，如图 3-327（f）所示。

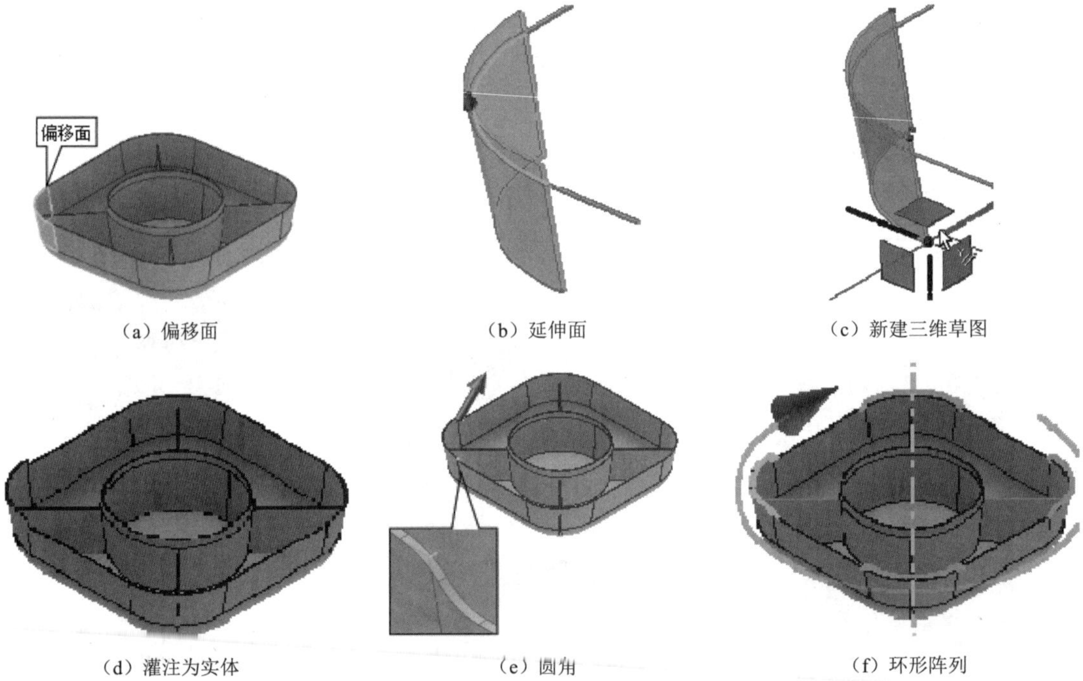

图 3-327 端部设计

Step 26 全圆角 将端面进行全圆角。

Step 27 设置材料 将零件的材料设置为“木材（樱桃木）”。

Step 28 导出 STL 文件 先将文件保存为“储物盒.ipt”，然后再将文件输出为“储物盒.stl”文件。

拓展练习 3-7

设计如图 3-328 所示的模型，其零件模型及图纸见资料包中的“第 3 章\任务 7\拓展练习”文件夹。

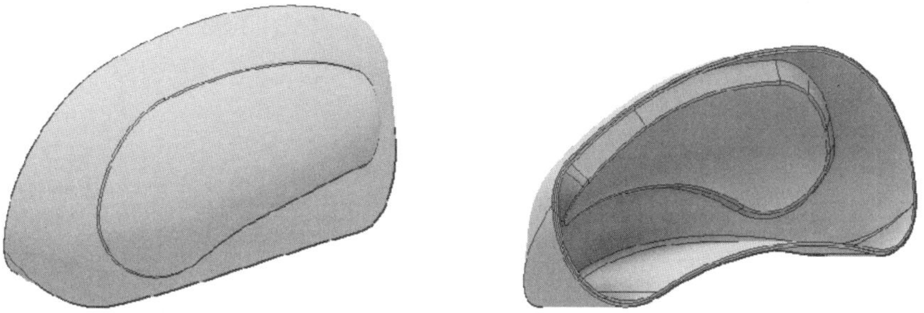

图 3-328　拓展练习 3-7

任务 8　塑料零件外壳模型设计

学习目标

- 熟练掌握栅格孔、凸柱等塑料工具的使用方法
- 学会塑料零件外壳模型的设计方法

任务导入

塑料零件外壳模型如图 3-329 所示，其零件图纸见资料包“第 3 章\任务 8\塑料零件外壳.dwfx”，模型文件见资料包“第 3 章\任务 8\塑料零件外壳.ipt”。

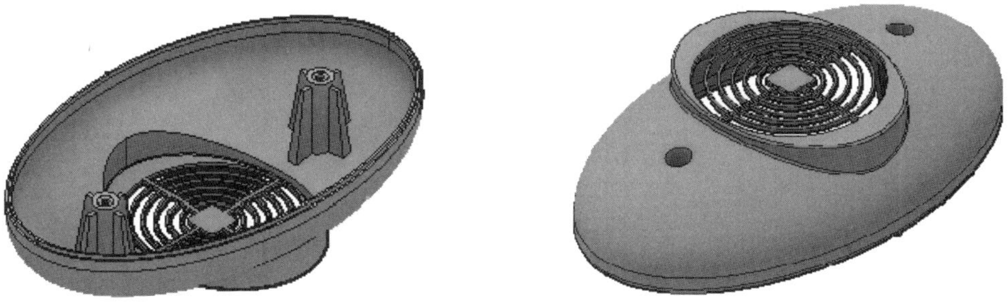

图 3-329　塑料零件外壳模型

作为塑料零件的外壳模型，在设计过程中，除了用到前面学习的知识以外，还需要用到栅格孔、凸柱、支撑台、规则圆角、卡扣式连接等塑料零件工具。

知识准备

当今的生活中离不开塑料零件，因此作为设计人员，掌握塑料零件的设计技术也是必不可少的。在本任务中，将结合一个塑料零件外壳的设计实例，介绍 Inventor 中的塑料零件工具的使用。

“塑料零件”工具面板位于“三维模型”选项卡下，如图 3-83 所示。在前面的任务 2 中已经学习了“塑料零件”工具面板中的“止口”工具，现在来学习一下其他工具的使用。

1. 栅格孔

在塑料零件上经常使用的各种形状的网格被称之为栅格孔，一般是基于散热的需求和输出声音的需求来设计的，如图 3-330 所示。

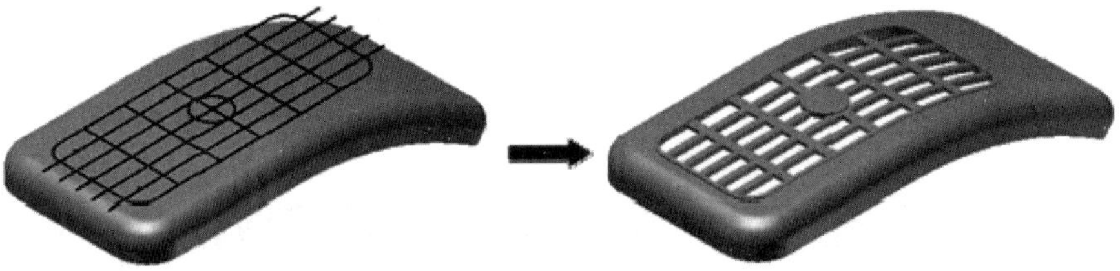

图 3-330　栅格孔

栅格孔特征是基于草图的特征，在已有草图情况下，单击“栅格孔”工具按钮 ▦，即可打开“栅格孔”窗口，如图 3-331 所示，下面就分别介绍窗口中选项卡的应用。

（1）“外部轮廓”选项卡　外部轮廓是用来限制栅格孔范围的，其截面轮廓必须是封闭草图。将窗口展开后，还可以进行“通风面积”的设置，如图 3-331 所示。

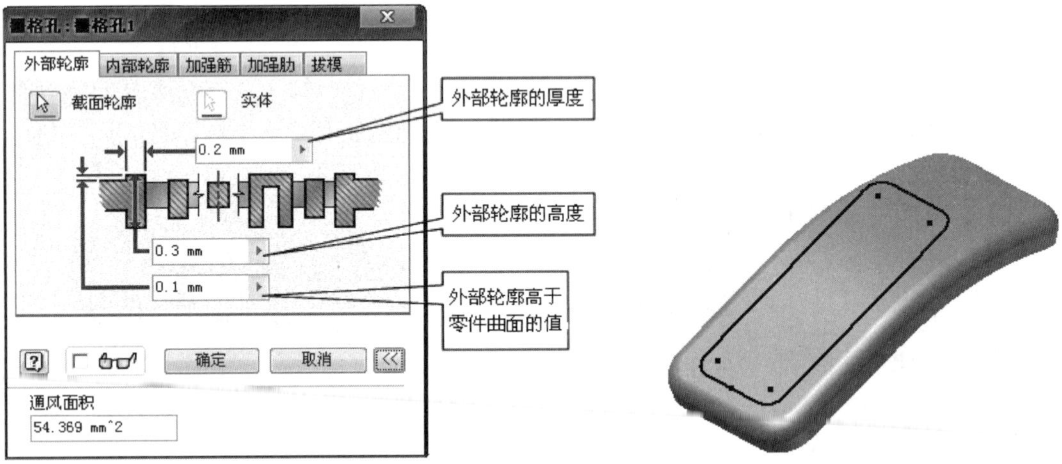

（a）“栅格孔”窗口　　（b）外部轮廓草图

图 3-331　外部轮廓

（2）“内部轮廓”选项卡　内部轮廓是指栅格孔中填满材料的区域，通常在栅格孔中心处，其截面轮廓必须是平坦封闭的。应用时通常与零件抽壳的厚度相同，如图 3-332 所示。

（3）“加强筋”选项卡　加强筋是填充栅格孔区域的一组曲线，其截面轮廓可以是一个或多个封闭的或开放的区域，可与外部轮廓属于同一草图。应用时其表面一般与外部轮廓的表面平齐或稍微低点儿，如图 3-333 所示。

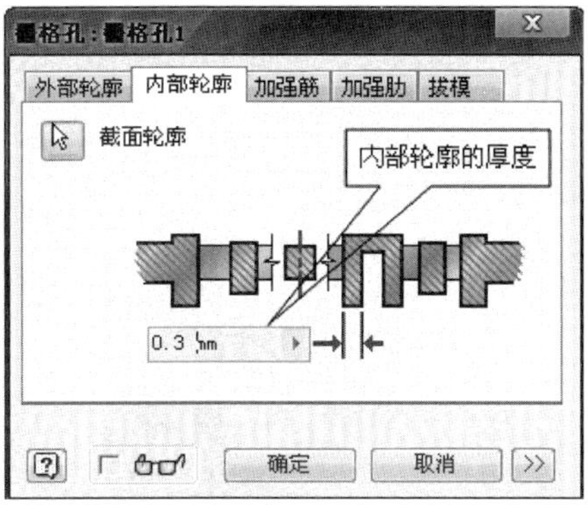

（a）“内部轮廓”选项卡

（b）内部轮廓草图

图 3-332 内部轮廓

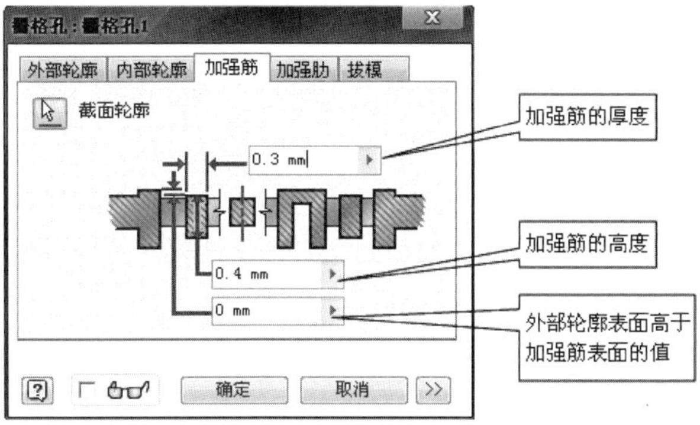

（a）“加强筋”选项卡

（b）加强筋草图

图 3-333 加强筋

（4）“加强肋”选项卡 加强肋一般用来提高加强筋的硬度，其截面轮廓可以是一个或多个封闭的或开放的区域，也可与外部轮廓属于同一草图，如图 3-334 所示。

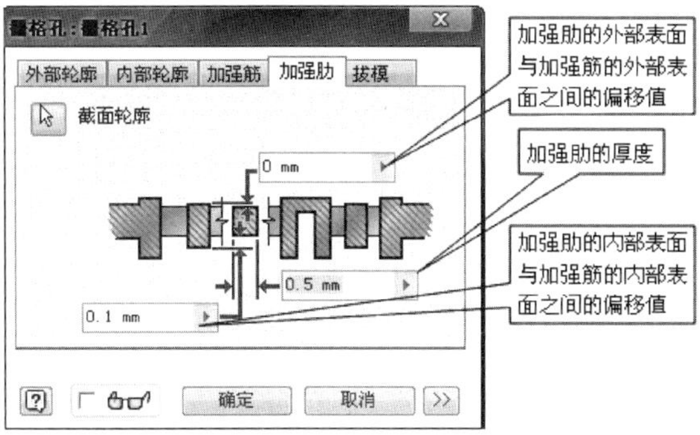

（a）“加强肋”选项卡

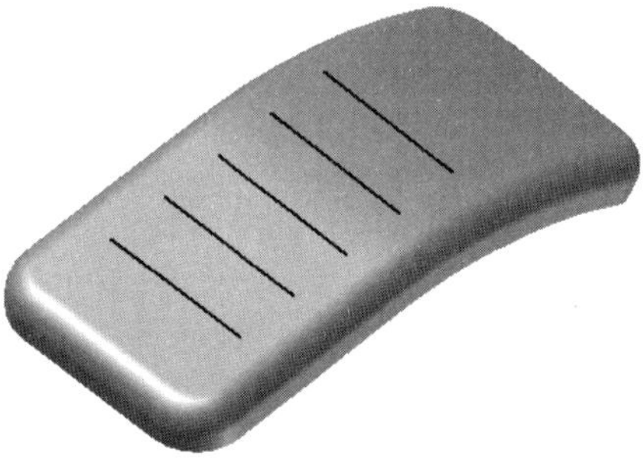
（b）加强肋草图

图 3-334 加强肋

（5）“拔模”选项卡 在该选项卡下可指定拔模角。若勾选“分离元素”选项，则指定相对于分型面边界外部面的偏移距离，如图 3-335 所示。

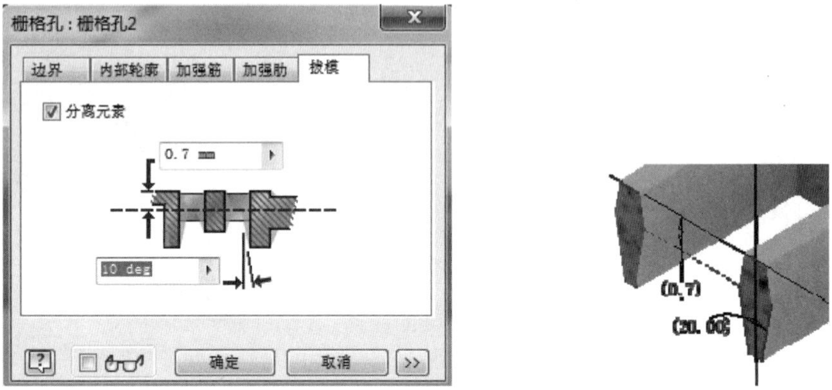

图 3-335 “拔模”选项卡

2．凸柱

在塑料零件中，螺栓或螺钉连接是零件之间常用的连接方式，因此在设计中用于螺栓连接用的凸柱是必不可少的。

单击“凸柱”工具按钮，即可打开“凸柱”窗口，如图 3-336（a）所示。由于螺栓连接的凸柱都是两两配对的，如图 3-336（b）所示，因此 Inventor 的凸柱特征也提供了“头”和“螺纹”两种类型。下面对两种类型分别进行介绍。

（a）“凸柱”窗口

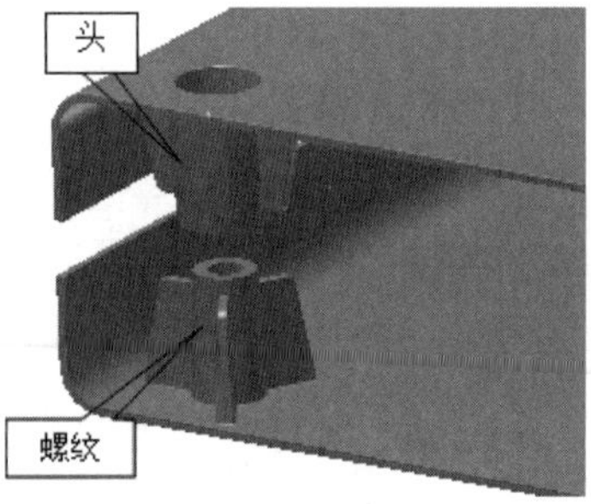

（b）凸柱

图 3-336 凸柱

（1）头 紧固件头所在的位置，这是打开“凸柱”窗口时默认的类型。

① “形状”选项卡 如图 3-337（a）所示，在该选项卡中各选项含义如下。

➢ 放置 Inventor 提供了“从草图”和“参考点”两种放置方式，

a．从草图 选择该种方式，会从草图点所在平面的法向直接创建凸柱，如图 3-337（b）所示。

b．参考点　选择该种方式，在选择草图点作为放置中心后，还需要选择放置的方向，如图 3-337（c）所示。

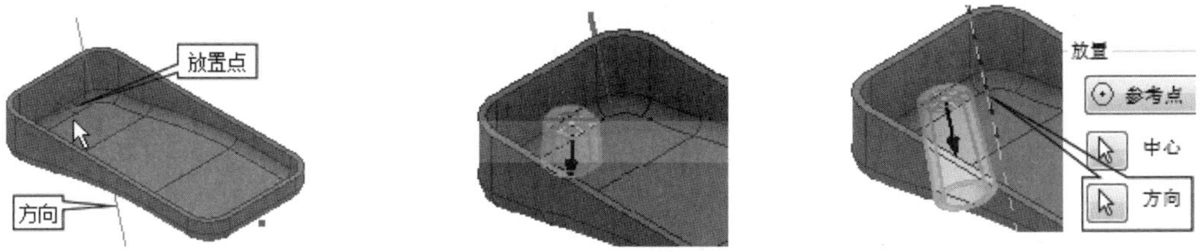

（a）放置凸柱前　（b）“从草图”放置方式　（c）“参考点”放置方式

图 3-337　凸柱的放置方式

➢　从草图平面偏移　指定凸柱起始位置从从草图点所在平面偏移的距离，如图 3-338 所示。

➢　圆角　凸柱与目标零件实体交集处的圆角半径，如图 3-339 所示。

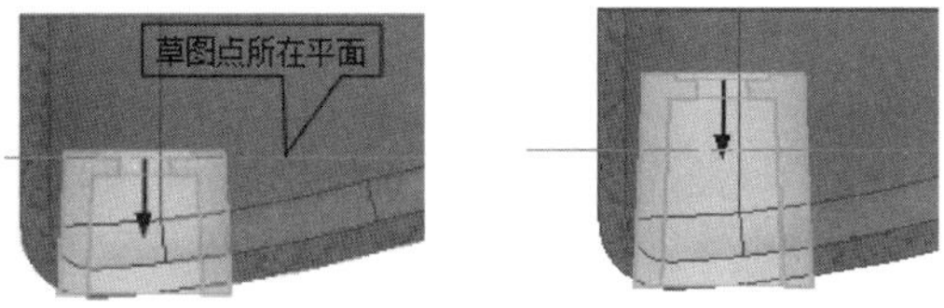

（a）没有偏移　（b）偏移 5mm

图 3-338　“从草图平面偏移”参数的使用

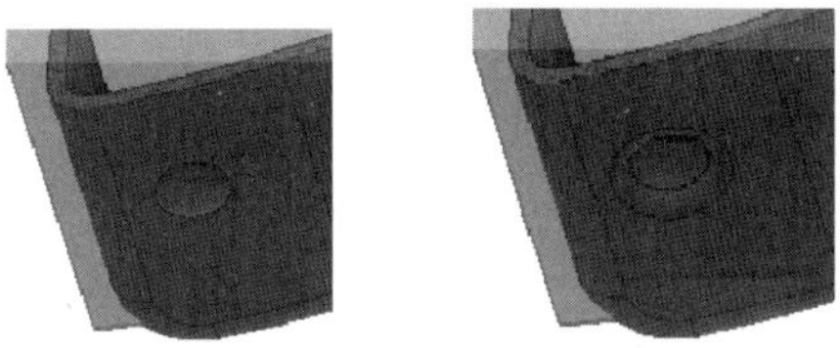

（a）没有圆角　（b）圆角半径 2mm

图 3-339　“圆角”参数的使用

②　“端部”选项卡　用来指定凸柱“头”特征的参数，既可以在选项卡中指定参数，也可以在图形区使用操控器动态调整。单击“拔模选项”左侧的 ⊞ 图标，可进行拔模角度的设置。

“头”类型有沉头孔、倒角孔两种样式，可根据需要在选项卡中进行选择，其他参数如图 3-340 所示。

③　“加强筋”选项卡　进入选项卡后各参数默认灰显，只有在勾选“加强筋”选项后，才能对各参数进行设置。单击“圆角选项”左侧的 ⊞ 图标，可进行圆角半径的设置，如图 3-341 所示。

（2）螺纹　在凸柱窗口中，当选择“螺纹”模式时，“形状”选项卡和“加强筋”选项卡与“头”模式的是一样的，这里不再介绍，区别只是“螺纹”选项卡代替了“端部”选项卡。

在“螺纹”选项卡下，若未选中“孔”选项，螺纹凸柱变为顶针，如图 3-342 上图所示。选中“孔”选项时的各项参数如图 3-342 下图所示。

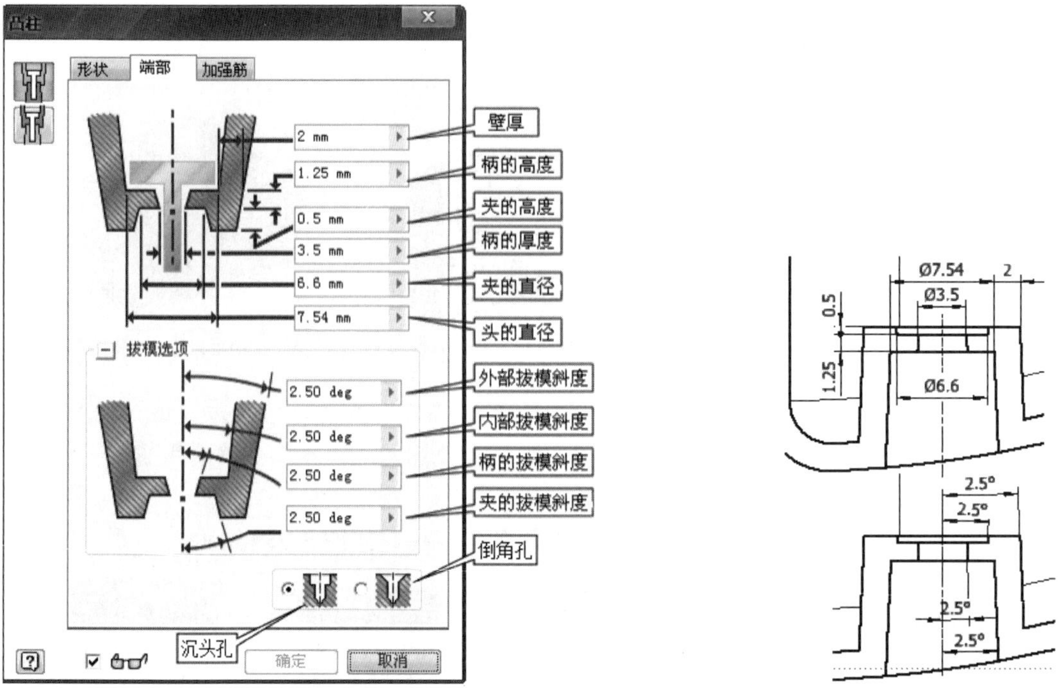

图 3-340 “端部”选项卡

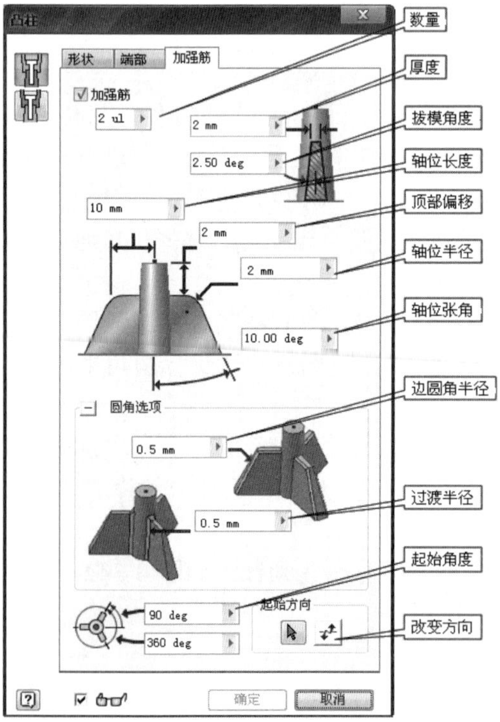

图 3-341 “加强筋”选项卡

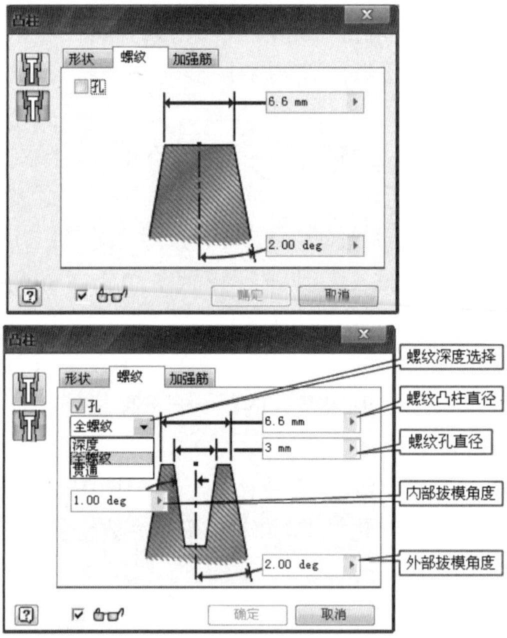

图 3-342 “螺纹”选项卡

3. 支撑台

所谓支撑台就是在一个曲面薄壁上设计出来的一个平面，平台面区域可用于另一个零件的放置，如图 3-343 所示。从图中可以看出，支撑台对薄壁塑料既添加材料，也去除材料。

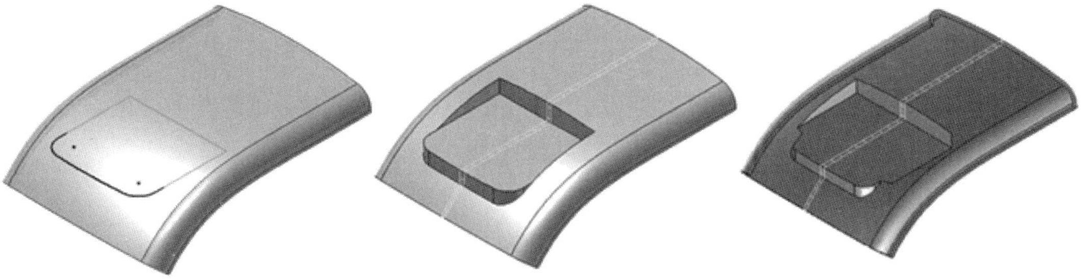

图 3-343　支撑台

单击“支撑台”工具按钮，即可打开“支撑台”窗口，如图 3-344 所示。

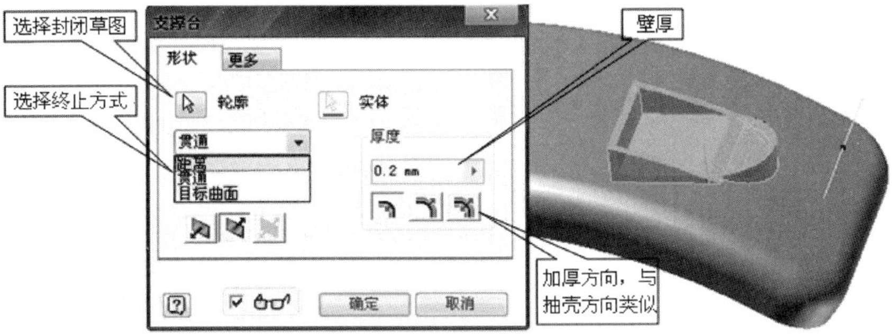

图 3-344　“支撑台”窗口

（1）“形状”选项卡　在该选项卡中，支撑台的终止方式有“距离”“贯通”“目标曲面”三种，类似于拉伸特征中的拉伸范围，默认是“贯通”方式。

（2）“更多”选项卡　在该选项卡中，平台面的位置选项有“距离”“目标曲面”两种方式，如果选择“目标曲面”，可以构建平台面是曲面的支撑台，如图 3-345 所示。

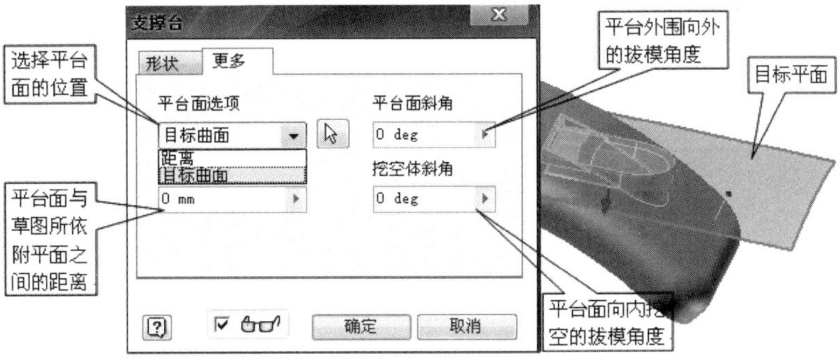

图 3-345　“更多”选项卡

4．卡扣式连接

卡扣也是塑料零件中常用的一种连接方式，它与前面学习的凸柱和止口类似，也有两种模式，即连接钩和连接扣。

单击“卡扣式连接”工具按钮，即可打开“卡口式连接”窗口，默认是“悬臂式卡扣式连接钩”模式，如图 3-346 所示。

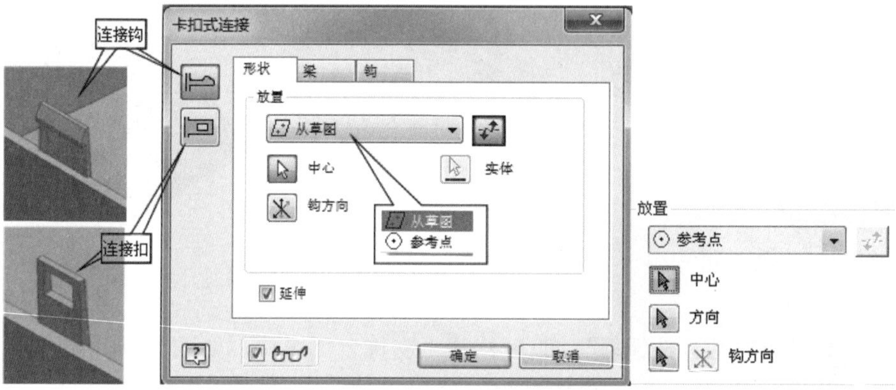

图 3-346 “卡扣式连接”窗口

（1）悬臂式卡扣式连接钩 如图 3-346 所示，在该模式下有“形状”“梁”“钩”三个选项卡，下面分别介绍。

① “形状”选项卡 在该选项卡中，仅介绍常用的几个选项。

➢ 放置 放置方式有“从草图”和“参考点”两种方式可供选择，默认是“从草图”放置方式。当选择“参考点”放置方式时，只有在选择卡扣方向和钩方向后才能预览，如图 3-347 所示。

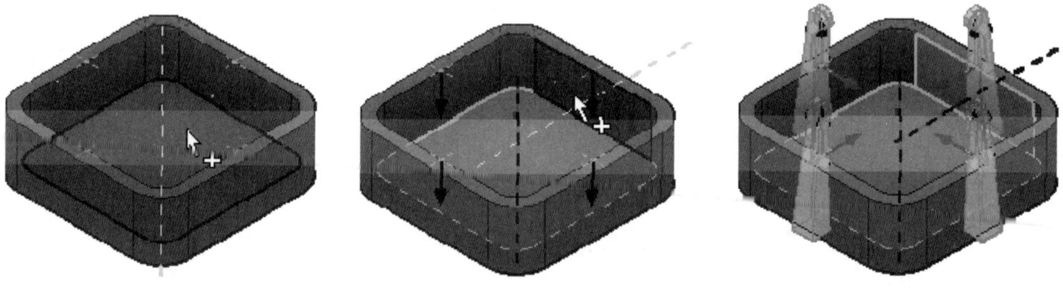

（a）选择卡扣方向 （b）选择钩方向 （c）卡扣式连接预览

图 3-347 “参考点”放置方式应用

➢ 中心 用于选择定义卡扣连接的中心。当选择“从草图”放置方式时，二维草图中的草图点默认是选中的。若是三维草图点，需要通过中心选择器进行选择。

➢ 方向 当选择“参考点”放置方式时，用来选择卡扣的方向。

➢ 钩方向 用来定义卡扣钩的方向，当单击钩方向工具按钮后，在卡扣中心有 4 个方向可供选择，如图 3-348（a）所示。黄色箭头表示未选择方向，绿色箭头表示当前方向，单击黄色箭头即可改变钩的方向。

➢　延伸　选择该选项表示卡扣的梁将会延伸到下一个目标；否则会在草图点处中断，如图 3-348（b）所示。

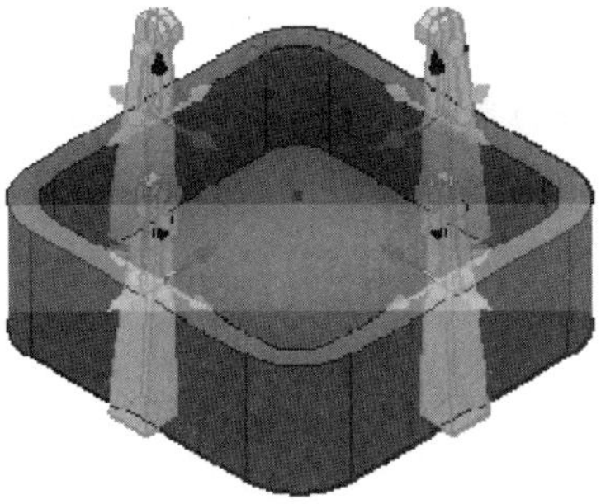

（a）勾选“延伸”选项

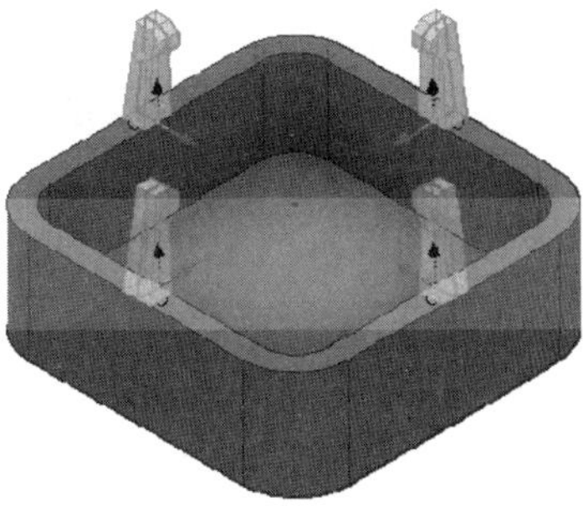

（b）未勾选“延伸”选项

图 3-348　延伸选项应用比较

②“梁”选项卡　用来指定卡扣式连接钩的梁参数，如图 3-349 所示。

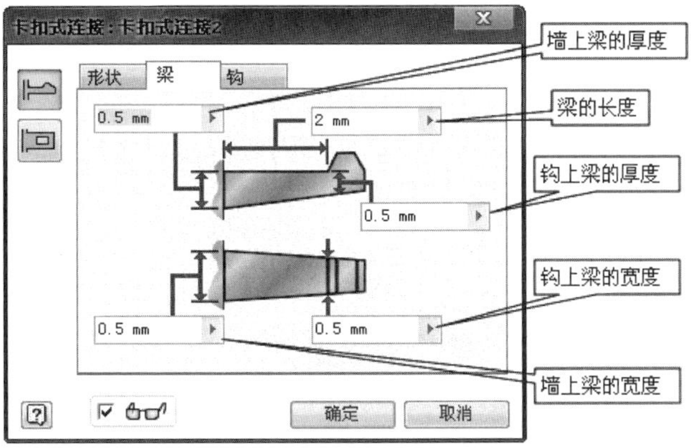

图 3-349　“梁”选项卡

③“钩”选项卡　用来指定卡扣式连接钩的钩参数，如图 3-350 所示。

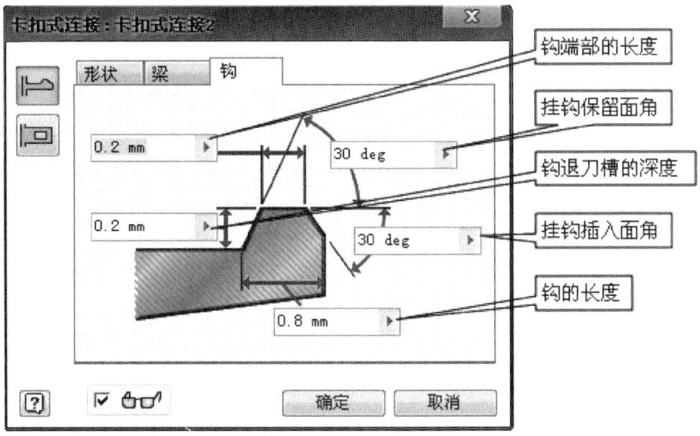

图 3-350　“钩”选项卡

（2）悬臂式卡扣式连接扣 连接扣的“形状”选项卡与连接钩的形状选项卡是一致的，这里不再赘述，下面介绍其他两个选项卡。

① “夹”选项卡 用来指定卡扣式连接扣的夹参数，如图 3-351 所示。

② “扣”选项卡 用来指定卡扣式连接扣的扣参数，如图 3-352 所示。

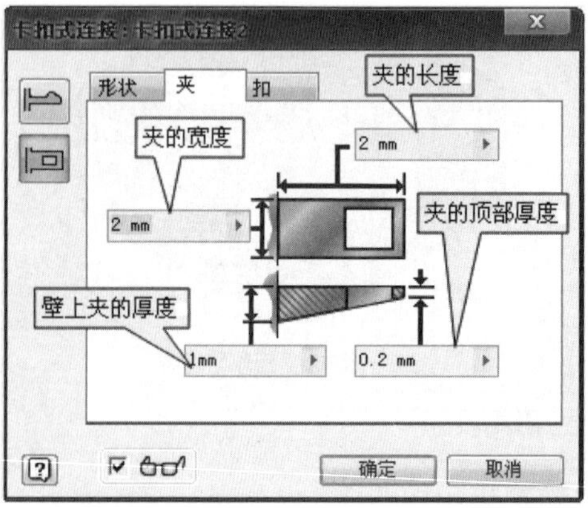

图 3-351 “夹”选项卡

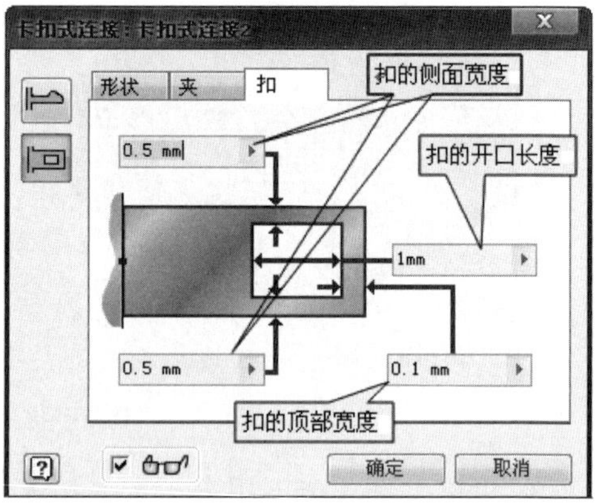

图 3-352 “扣”选项卡

5. 规则圆角

规则圆角其实是圆角功能的扩展。在定义规则圆角的过程中，不需要去选择圆角边，只选择规则圆角所需要参考的几何特征即可。

单击“规则圆角”工具按钮，即可打开“规则圆角”窗口，如图 3-353 所示。在窗口中，有两个基于规则的圆角元素是必须选择的，即“源”和“规则”。

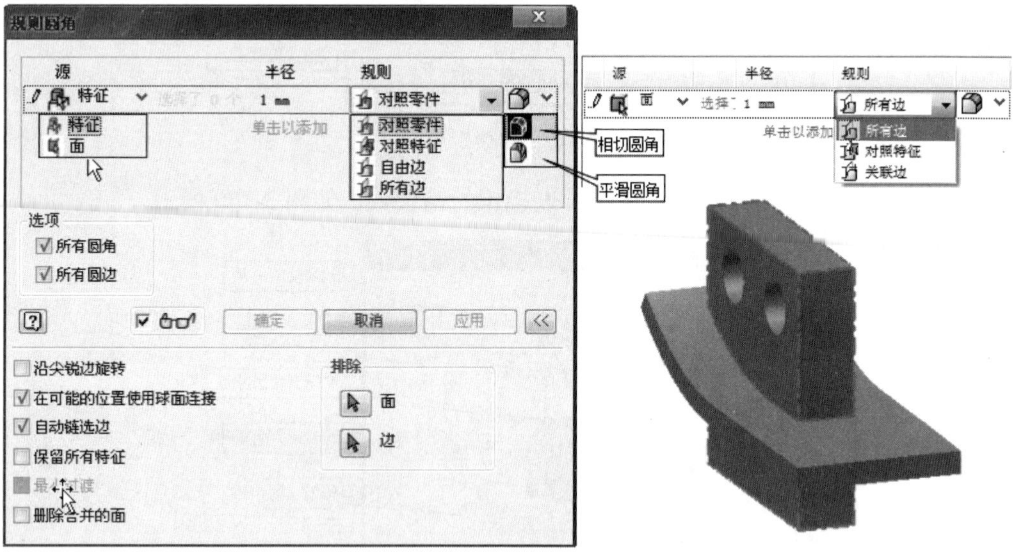

图 3-353 “规则圆角”窗口

（1）源 可以选择一个或几个特征，也可以选择一个或几个面。

① 特征　选择如图 3-353 中右图所示的拉伸特征。

➢　规则：对照零件　选择该选项后，仅给由特征的表面和零件实体的表面形成的边添加圆角，如图 3-354 所示。

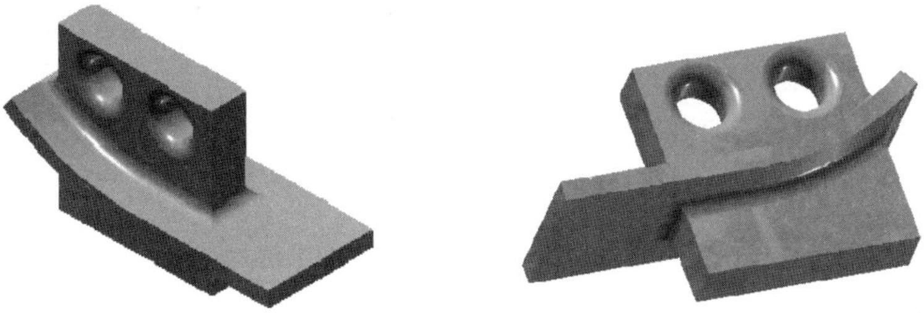

图 3-354　规则：对照零件

➢　规则：对照特征　选择该选项后，仅给由源选择集的特征和对照特征相交生成的边添加圆角。在图 3-355 所示的规则圆角中，对照特征选择的是两个孔特征。

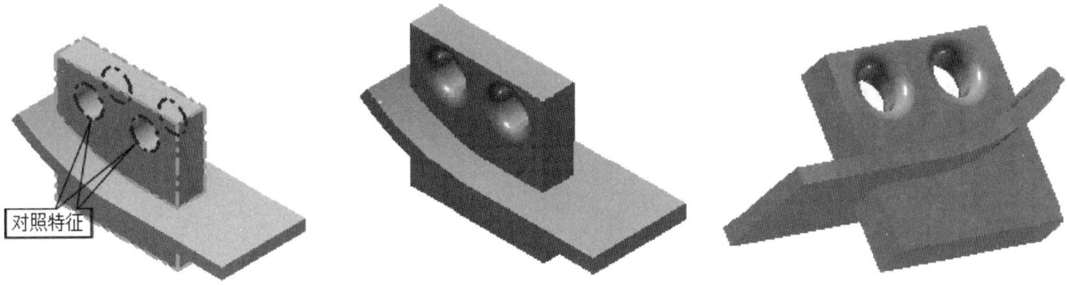

图 3-355　规则：对照特征

➢　规则：自由边　选择该选项后，仅给由源选择集的特征表面形成的边添加圆角，如图 3-356 所示。

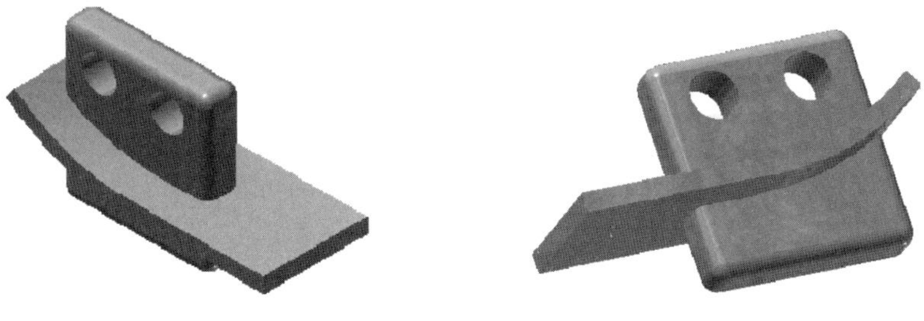

图 3-356　规则：自由边

➢　规则：所有边　选择该选项后，所有由特征本身生成的边和所有由特征和零件实体相交生成的边都添加圆角，如图 3-357 所示。

② 面　选择如图 3-358（a）中所示的亮显面。

➢　规则：所有边　选择该选项后，仅给由选定表面和任何其他零件实体表面生成的所有边添加圆角，如图 3-358（b）所示。

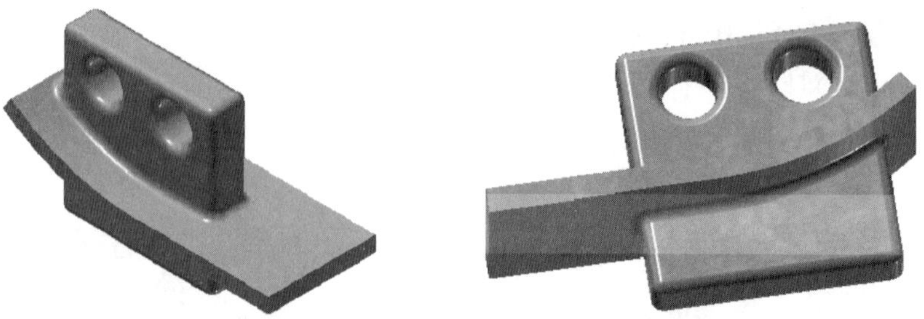

图 3-357　规则：所有边

➢　规则：对照特征　选择该选项后，仅给由源选定表面和对照特征表面生成的边添加圆角，如图 3-358（c）所示。

➢　规则：关联边　选择该选项后，给在“源”集中选择的面上终止、与关联边平行且具有相同方向的边添加圆角，如图 3-358（d）所示。

（a）选择面

（b）规则：所有边

（c）规则：对照特征

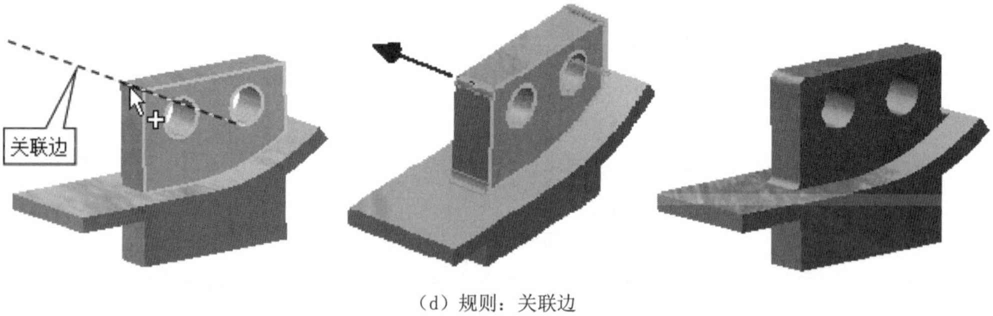

（d）规则：关联边

图 3-358　“源”选择集：面规则圆角应用

（2）选项　通过此选项可在基于规则选择的边中进行凸面过滤，即是仅选择凸边还是凹边，或者两者都选择。

① 所有圆角　表示在基于规则选择的边中，只对凹边进行圆角，如图 3-359（a）所示。

② 所有圆边　表示在基于规则选择的边中，只对凸边进行圆角，如图 3-359（b）所示。

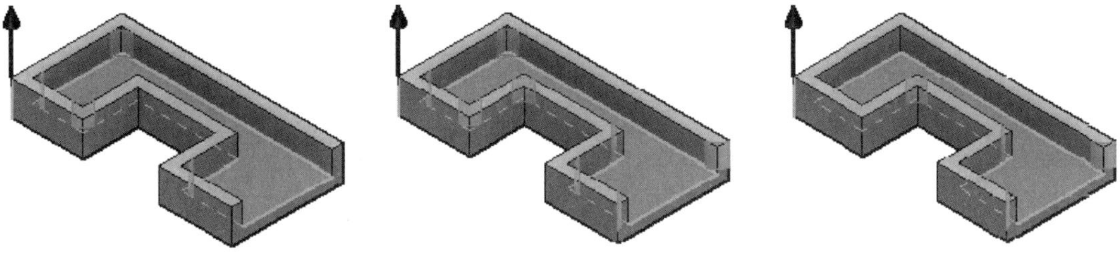

（a）凹边　（b）凸边　（c）所有边

图 3-359　凸面选项的应用

（3）排除　可以在基于规则选择的边中进行排除选择。

① 面　通过选择一组面，从而将该组面形成的边排除，如图 3-360（b）所示。

② 边　将选择一条或多条边从基于规则选择的边中排除，也可以选择不包括在特征中的一组边，从而提高规则的灵活性，并且也排除基于规则圆角特征失败的某些边，如图 3-360（c）所示。

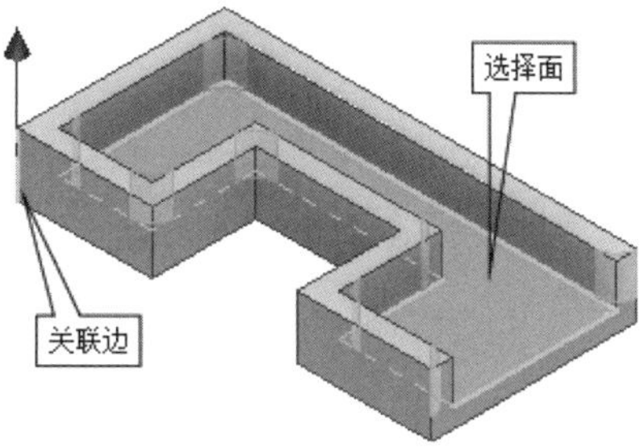

（a）排除前

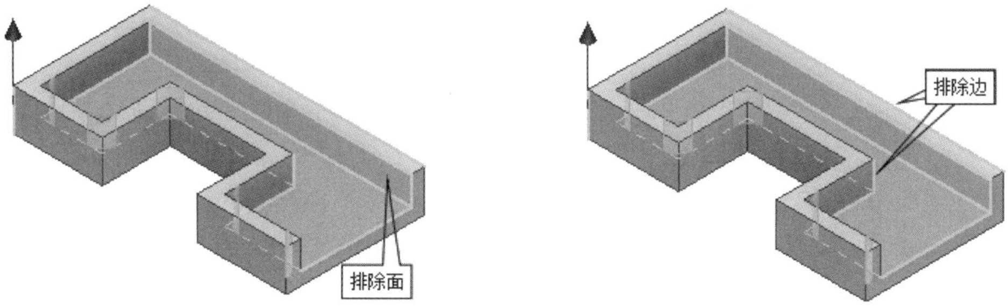

（b）面　（c）边

图 3-360　“排除”选项的应用

任务流程

任务流程如图 3-361 所示。

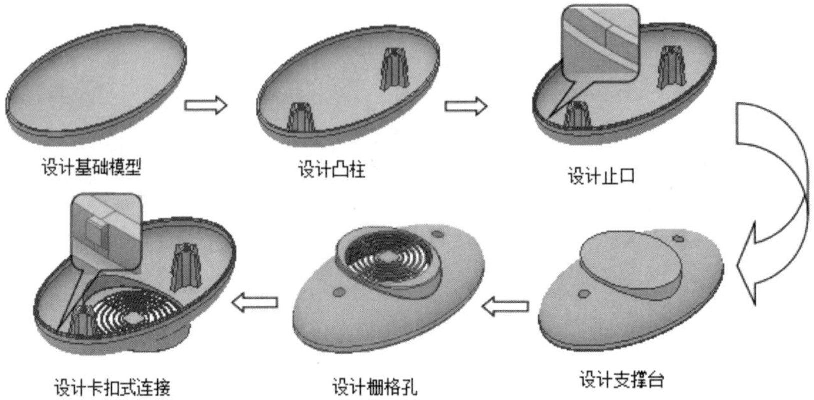

图 3-361　任务流程

任务实施

Step 01 新建文件　新建零件文件并自动进入草图环境，绘制如图 3-362 所示的椭圆，完成后退出草图环境。

Step 02 创建拉伸特征　将上一步绘制的椭圆拉伸为实体，拉伸距离为 5mm，如图 3-363 所示。

Step 03 面片　以相切条件在上一步拉伸的实体表面进行面片操作，如图 3-364 所示。

Step 04 灌注　将上一步面片的曲面灌注为实体，如图 3-365 所示。

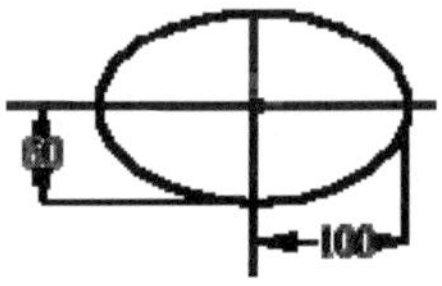

图 3-362　创建草图

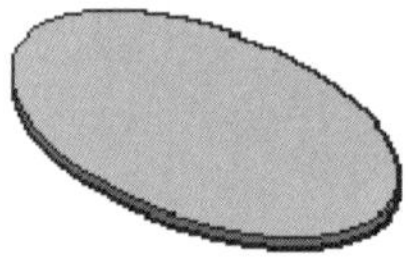

图 3-363　创建拉伸特征

图 3-364　面片

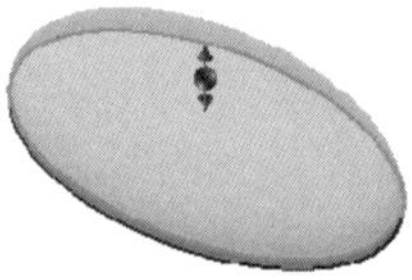

图 3-365　灌注为实体

Step 05 抽壳　选择如图 3-366 所示的开口面，将实体进行抽壳，壁厚为 2mm。

Step 06 创建草图　在 XY 工作平面上新建草图，绘制如图 3-367 所示的两个草图点。完成后退出草图环境。

Step 07 创建凸柱　在上一步绘制的两个草图点处，创建“头”模式凸柱，加强筋的数量设置为 4 个，其他所有参数均为默认数值，结果如图 3-368 所示。

图 3-366　抽壳

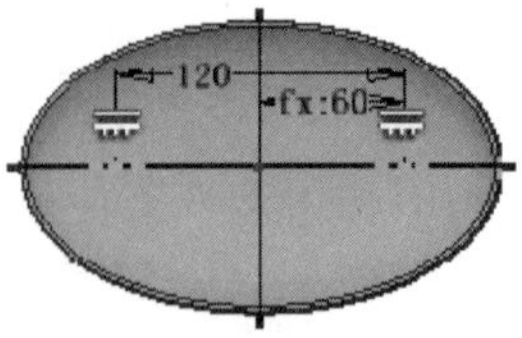

图 3-367　新建草图

图 3-368　创建凸柱

Step 08 创建止口　选择开口面的内径边进行止口操作，在“止口”窗口中选择止口方式，各项参数设置如图 3-369 所示。

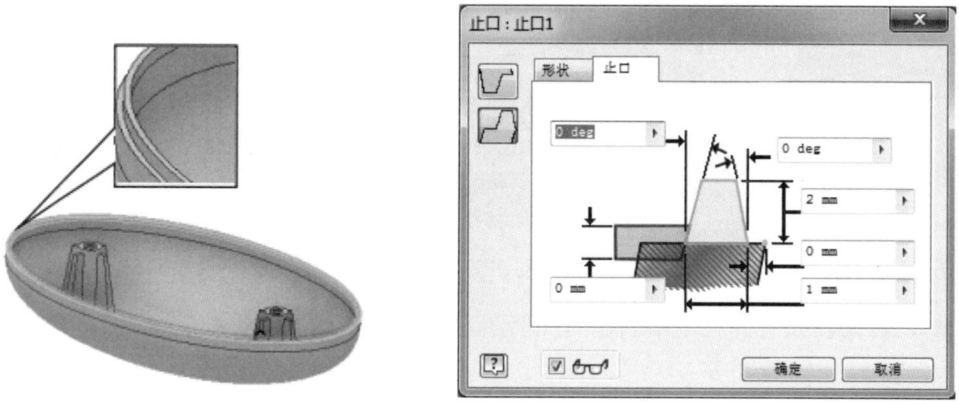

图 3-369　创建止口

Step 09 创建工作平面　将 XY 工作平面偏移-36mm，创建新的工作平面，如图 3-370 所示。

Step 10 新建草图　在上一步创建的工作平面上新建草图，绘制如图 3-371 所示的几何图元。完成后退出草图环境，并将上一步创建的工作平面隐藏。

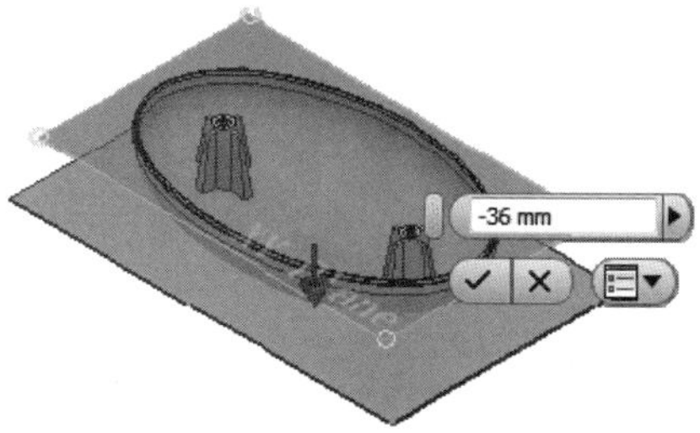

图 3-370　创建工作平面

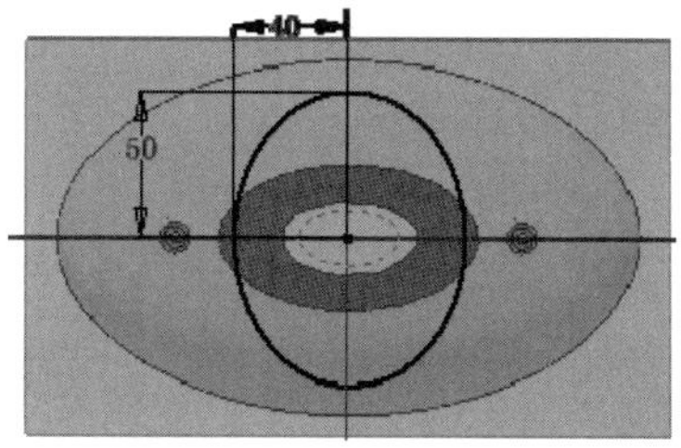

图 3-371　新建草图

Step 11 创建支撑台　为上一步绘制的几何图元创建支撑台，如图 3-372 所示。

图 3-372　创建支撑台

Step 12 圆角　将创建的支撑台圆角处理，圆角半径为 1mm，如图 3-373 所示。

Step 13 创建工作平面　将支撑台的平面向上偏移，创建新的工作平面，如图 3-374 所示。

Step 14 新建草图 在上一步创建的工作平面上新建草图，绘制如图 3-375 所示的几何图元。完成后退出草图环境，并将上一步创建的工作平面隐藏。

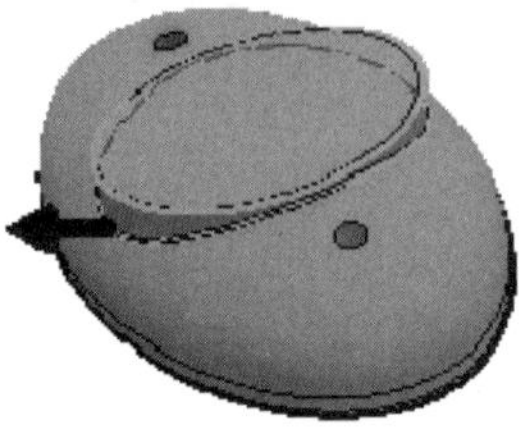

图 3-373 圆角

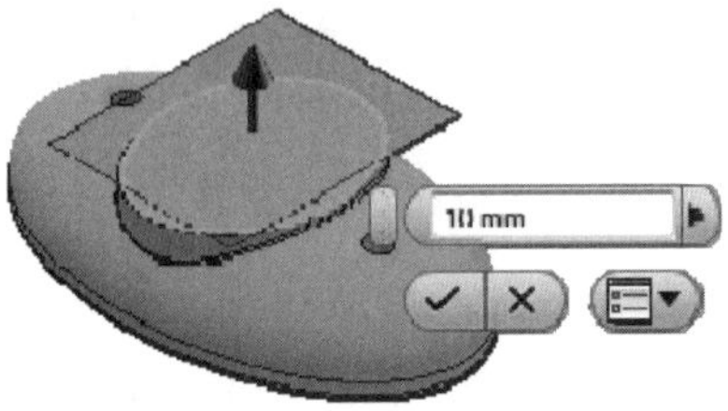

图 3-374 创建工作平面

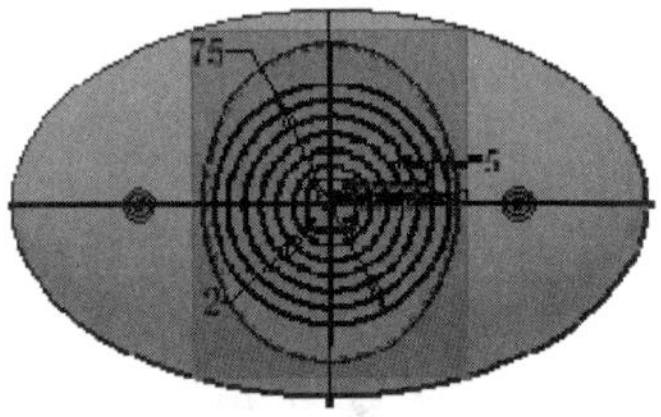

图 3-375 新建草图

Step 15 创建栅格孔 为上一步创建的几何图元创建栅格孔，各项设置如图 3-376 所示。

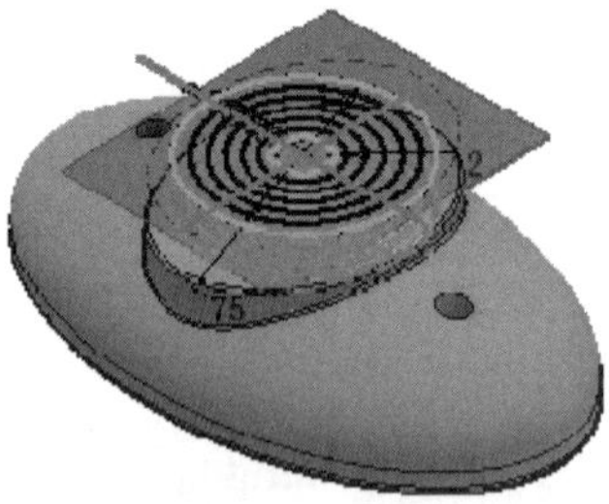

（a）栅格孔预览

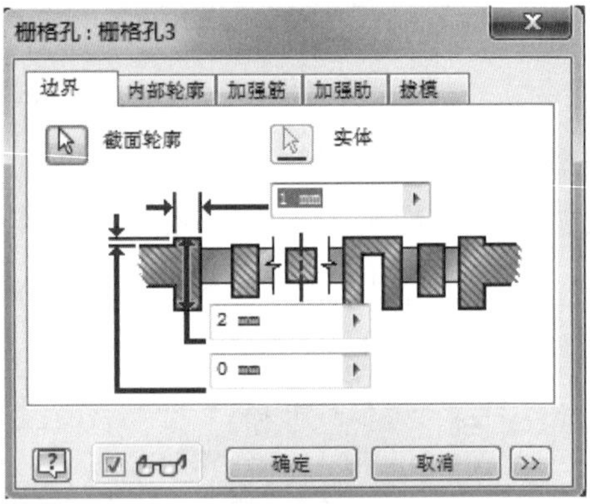

（b）边界选项设置

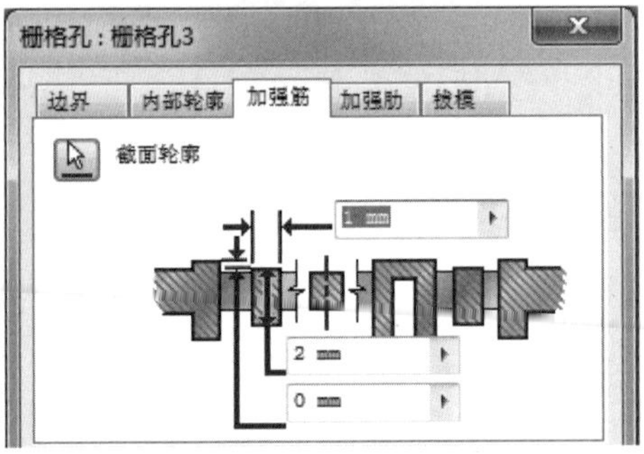

（c）加强筋选项设置

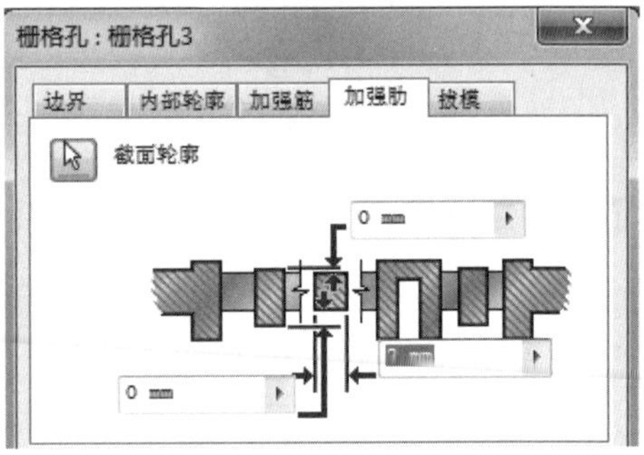

（d）加强肋选项设置

图 3-376 创建栅格孔

Step 16 规则圆角 将上一步创建的栅格孔进行规则圆角，如图 3-377 所示。

Step 17 创建工作平面 将 XY 工作平面向上偏移 2mm，创建新的工作平面，如图 3-378 所示。

Step 18 新建草图 在上一步创建的工作平面上新建草图，投影止口端面的外径，在投影线上绘制 4 个草图点，如图 3-379 所示。完成后退出草图环境，并将上一步创建的工作平面隐藏。

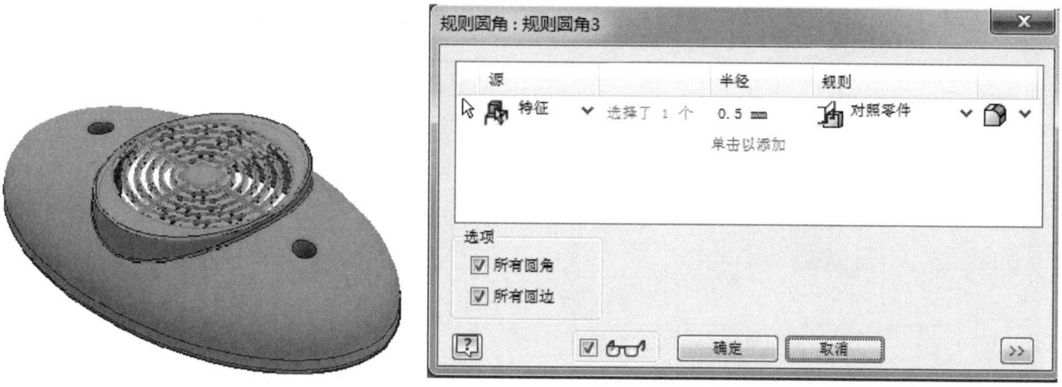

图 3-377　规则圆角

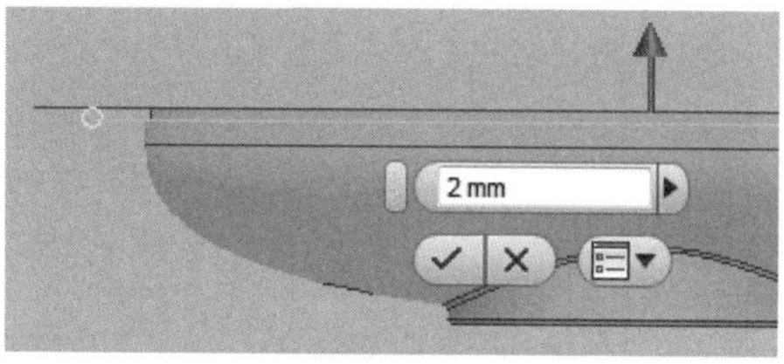

图 3-378　创建工作平面

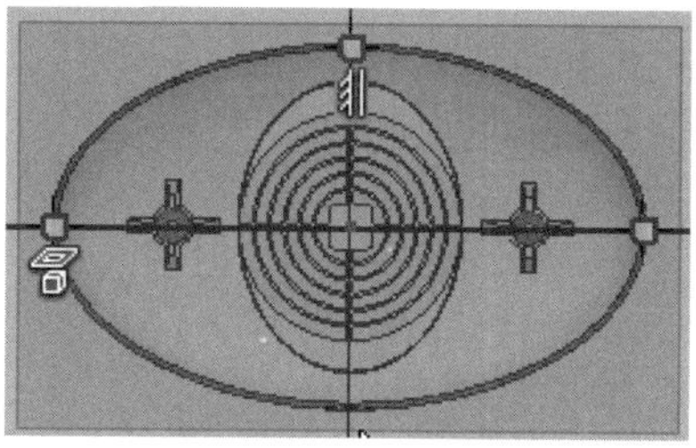

图 3-379　新建草图

Step 19 创建卡扣式连接　在上一步创建的四个草图点处，创建卡扣式连接。在“卡扣式连接”窗口中选择“悬臂式卡扣式连接钩”，各选项设置如图 3-380 所示。

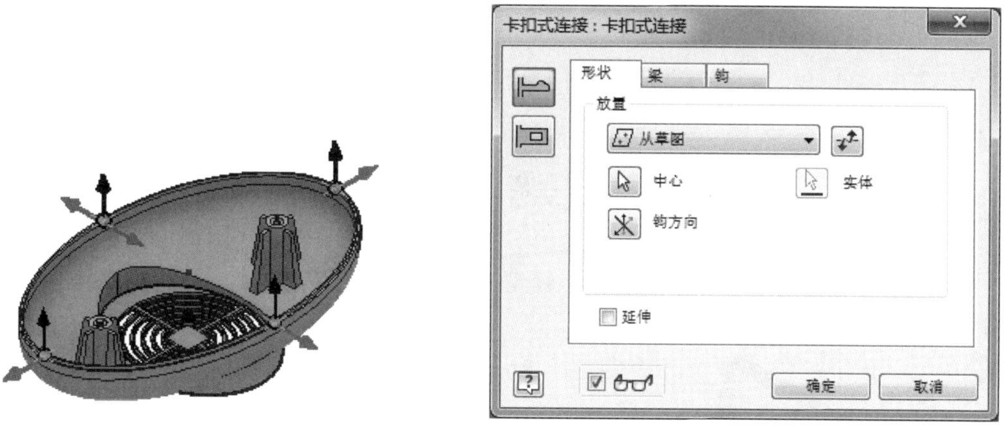

（a）卡扣式连接预览　　（b）形状选项设置

图 3-380　创建卡扣式连接

Step 20 保存文件　将文件保存为“塑料零件外壳.ipt”。

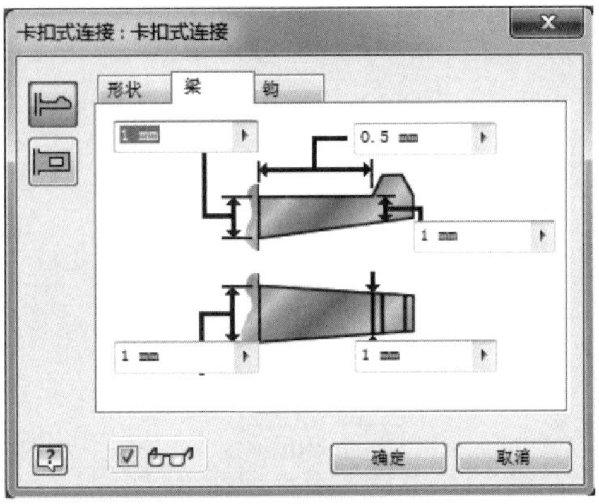

（c）“梁”选项设置

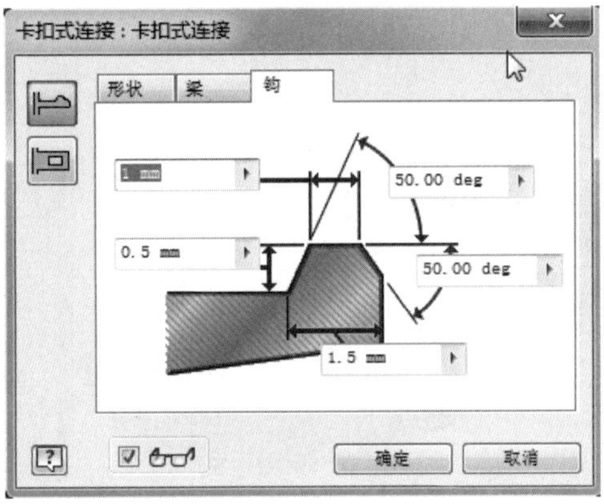

（d）“钩”选项设置

图 3-380　创建卡扣式连接（续）

拓展练习 3-8

利用本任务学习的知识，完成如图 3-381 所示的模型设计。其模型及零件图纸见资料包“第 3 章\任务 8”文件夹。

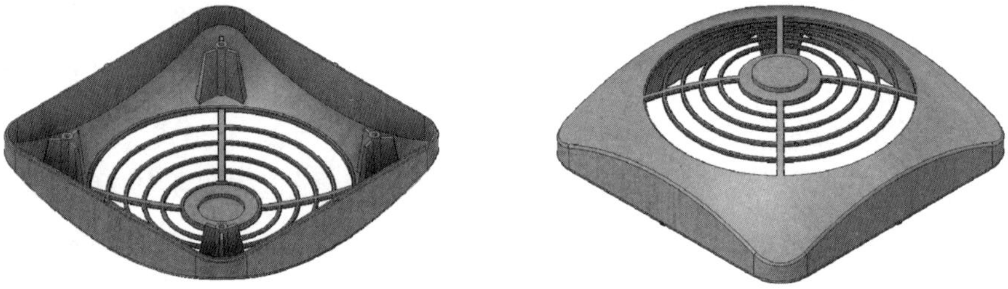

图 3-381　拓展练习 3-8

思考与练习 3

设计如图 3-382 所示的模型，其模型及零件图纸见资料包“第 3 章\思考与练习”文件夹。

（a）　（b）　（c）

图 3-382　思考与练习 3

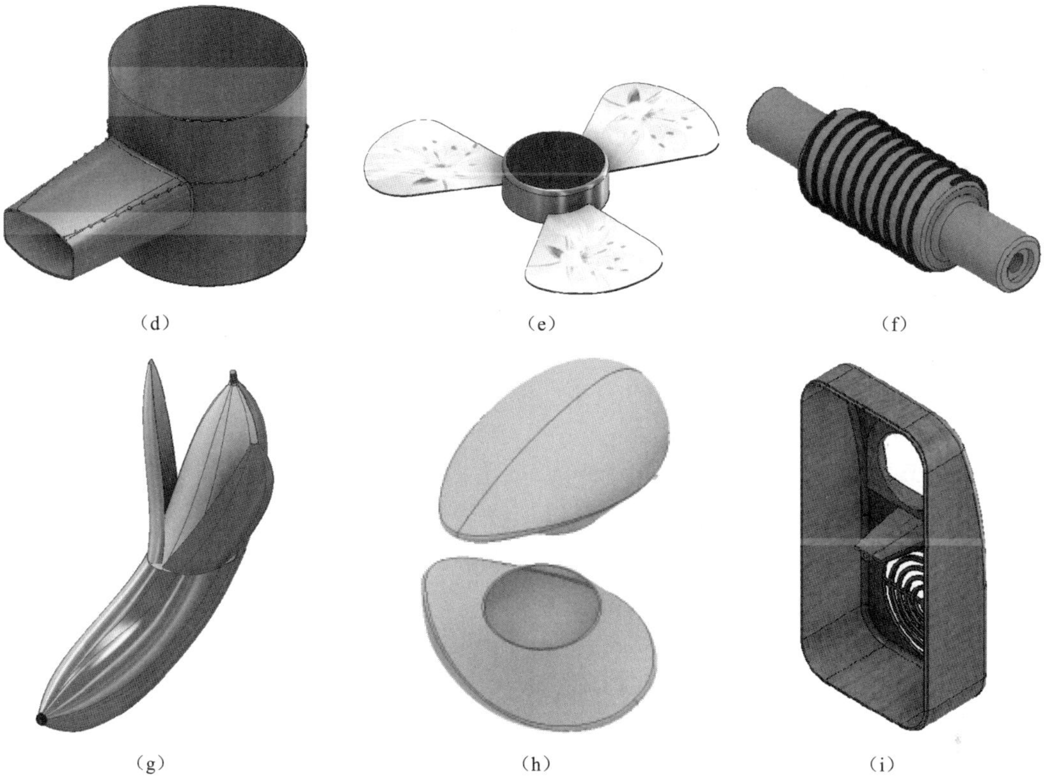

图 3-382　思考与练习 3（续）

04

第 4 章 装配设计

【学习目标】

- ◆ 掌握项目文件的创建与管理方法
- ◆ 了解部件设计的基本流程
- ◆ 掌握部件环境下零件的基本操作方法
- ◆ 能够熟练约束零部件
- ◆ 掌握资源中心库的使用方法
- ◆ 掌握在部件环境下零件的创建方法及应用

前面主要学习了零件的造型设计。在设计中，可以看到绝大多数的产品都不是由一个零件组成的，而是包含多个零件。在 Inventor 中将组合在一起的多个零件称之为部件。零件是特征的组合，而部件就是零件的组合。那么在部件环境中是如何将多个零件组装在一起呢？本章节就来解答这个问题。

任务 1 传动机构的装配设计

学习目标

- ◆ 掌握项目文件的创建与管理
- ◆ 掌握部件环境下零件的装入、移动、旋转和编辑的基本操作方法
- ◆ 能够熟练掌握零部件之间的约束关系操作方法
- ◆ 熟悉部件环境中工具集的使用方法
- ◆ 能够对零部件之间的约束进行编辑与驱动

任务导入

传动机构装配设计模型如图 4-1 所示，装配设计模型文件见资料包中的“第 4 章\任务 1\传动机构.iam”。

图 4-1　传动机构装配设计模型

在学习传动机构的装配之前，首先需认识 Inventor 的装配环境及相关的操作。下面就进入装配环境，来学习在本任务中用到的新知识。

知识准备

1. 项目管理

在 Inventor 中，将多个零件组合成一个成整体，称之为部件。部件和这些零件之间存在着关联关系，因此必须掌握多个文件的管理方法，才不至于在设计中出问题。在 Inventor 中，是用“项目”来管理文件的。

（1）项目的创建　项目的创建可按照以下步骤进行。

① 在尚未打开任何文件的 Inventor 中，在“启动”功能面板中单击“项目”图标 ，如图 4-2 所示。

图 4-2　“项目”图标位置

② 在弹出的如图 4-3 所示的“项目”窗口中，单击下面的“新建”按钮。

图 4-3　“项目”窗口

③ 弹出“项目向导”窗口，选择“新建单用户项目”选项，如图 4-4（a）所示。

④ 单击“下一步”按钮，要求用户输入项目名称、指定项目文件夹，如图 4-4（b）所示，最后单击“完成”按钮，完成项目的创建。

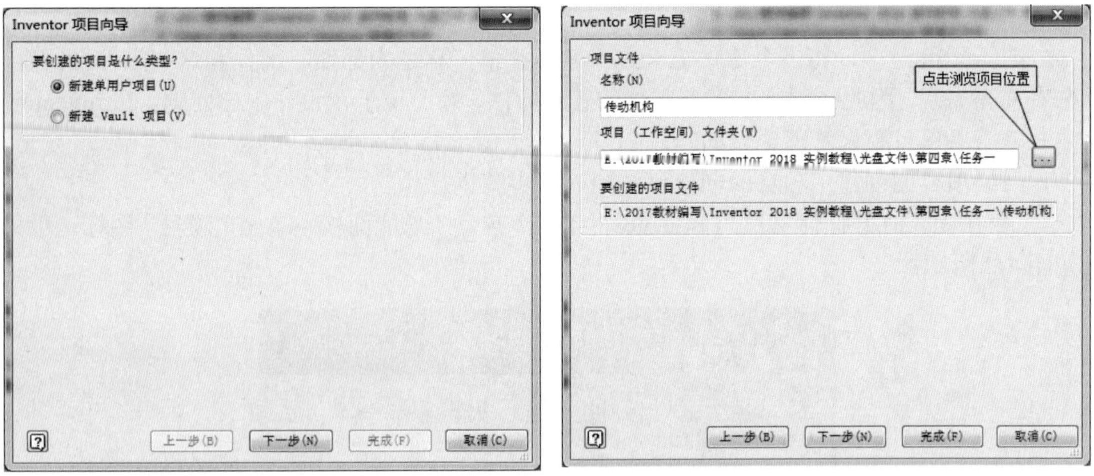

（a）项目新建单用户项目　　　　（b）项目名称

图 4-4　创建项目向导

说明　另外项目文件的创建也可以在如图 2-3 所示的“新建文件”窗口中，单击“项目”按钮实现。项目文件的扩展名是.ipj。

（2）项目的激活　在“项目”窗口中，将鼠标指向列表中的项目行，双击或者单击“应用”按钮，即把该项目激活为当前项目。在列表中，激活项目名称前面有个小对号图标✓。

2. 部件环境介绍

（1）进入部件环境　在“新建文件”窗口中，双击标准部件模板文件“Standard.iam”，即可创建部件文件；或者打开已有的部件文件，也可以进入部件环境。部件环境界面如图 4-5 所示。其主要由功能区选项卡、部件功能面板、浏览区、图形区等组成。

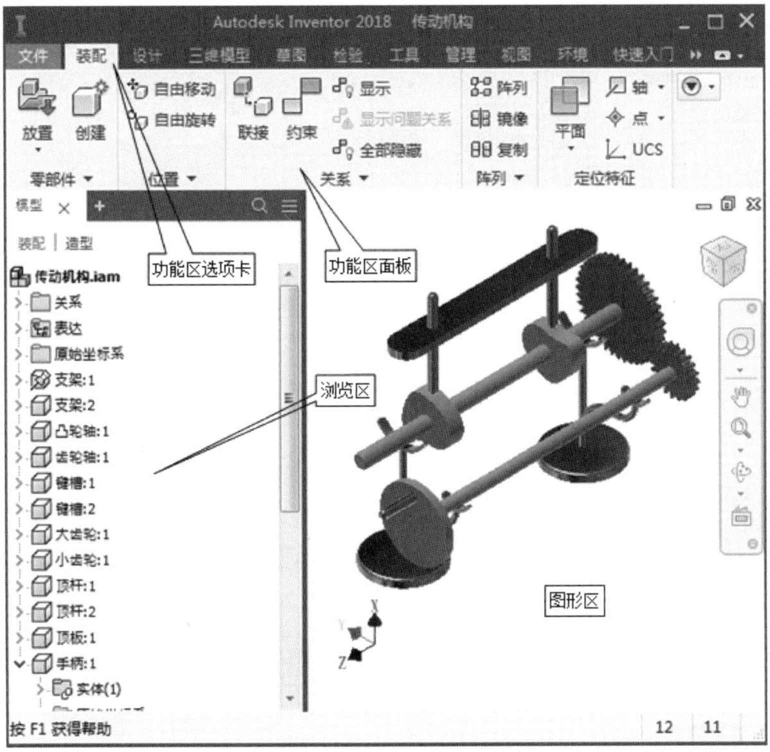

图 4-5　部件环境界面

（2）装入零部件　在“装配”选项卡下，单击“零部件”工具面板上的“放置”按钮，打开“装入零部件”窗口，如图 4-6 所示。查找并选择需要装入的一个或多个零部件，然后单击“打开”按钮，返回到部件环境，单击鼠标可将选择的零部件装入到部件环境中，继续单击鼠标可多次装入，完成操作。单击右键，在弹出的右键菜单中选择“确定”选项，或者按 Esc 键，结束零部件的放置，如图 4-7 所示。

当装入多个零部件时，还可以采取另一种方法，就是在放置零部件的文件夹中选中要装入的所有零部件，然后将其直接拖入到部件环境中去。

（3）固定零部件　在 Inventor 近期的版本中，第 1 个装入的零部件不再默认添加固定约束。若需固定零部件，只需在图形区或者浏览区中选择该零部件，在右键菜单中选择“固定”选项即可，如图 4-8 所示。固定后的零部件不能再随意移动，且在浏览区中的零部件名称上添加了图钉标志。用同样方法在已经添加固定约束的零部件右键菜单中，将固定前面的勾选去掉，即可将零部件解除固定。

图 4-6　“装入零部件”窗口

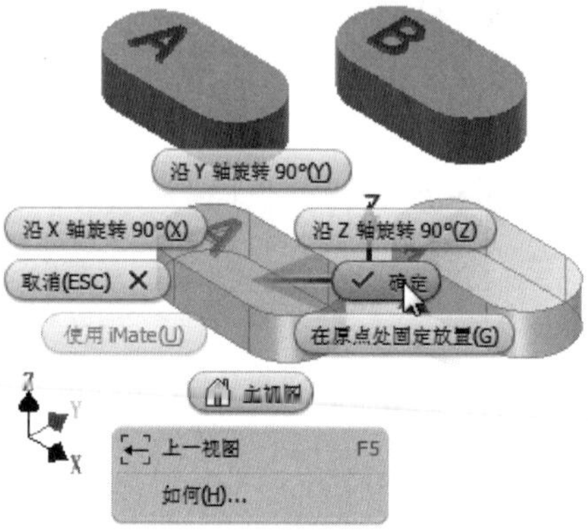

图 4-7　结束零部件放置

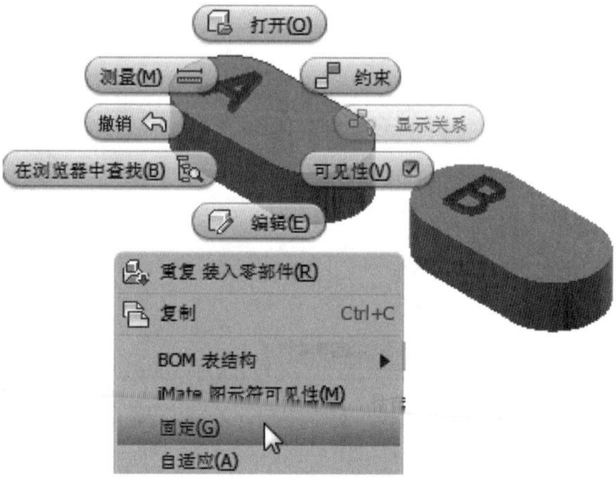

图 4-8　固定零部件

说明　在 Inventor 2018 中，若采取直接拖入的方式装入零部件，那么第 1 个选择的零部件或者说第 1 个被拖入的零部件默认是固定的。

（4）移动和旋转零部件　有时在装配零部件时，零部件当前的视角不一定合适，这就需要将零部件移动或者旋转，从而调整其视角。

① 移动零部件　在自由度没有全约束的零部件上，直接拖曳鼠标，即可将其在未添加约束的方向上移动，这种方法只能移动单个零部件。若要移动多个零部件，首先选中要移动的多个零部件，其次单击“位置”工具面板上的“自由移动”工具按钮，最后在图

形区中拖曳鼠标，即可移动多个零部件。

若要移动完全约束的零部件，需要在单击“自由移动”工具按钮后，再在图形区将其拖曳方可将其移动。此时单击“快速访问”工具条上的“本地更新”按钮，移动后的零部件就会返回到移动以前的位置。

② 旋转零部件　首先单击“位置”工具面板上的“自由旋转”工具按钮，然后在图形区单击要旋转的零部件，该零部件周围出现如图 1-31 所示的动态观察器。在动态观察器的内部拖动鼠标，就可以任意方向旋转零部件。

（5）可见、隐藏零部件　部件中零件比较多时，会相互遮挡，这就需要将暂时不需要装配的零部件隐藏，隐藏的方法有三种。

① 可见性　在部件图形区域或者在浏览区中，在需要隐藏或者可见的零部件上单击右键，在右键菜单中，通过对“可见性”选项的选择与否，来可见或隐藏某一个或者多个零部件，如图 4-9 所示。

② 隔离　选中一个零部件后，单击右键，在右键菜单中选择“隔离”选项，则除了选中的零部件外，其他零部件均不可见。若要其他零部件再次可见，只需在可见零部件的右键菜单中，选中“撤销隔离”选项即可，如图 4-9 所示。

③ 剖视　剖视图工具可关闭零部件某一区域的可见性，更方便地观察零部件内部结构。剖视图工具位于“视图”选项卡下的“外观”工具面板上，如图 4-10 所示。剖视图工有“1\4 剖视图”“半剖视图”“3\4 剖视图”“退出剖视图”四个选项。下面以“3\4 剖视图”工具为例，简单介绍剖切工具的使用。

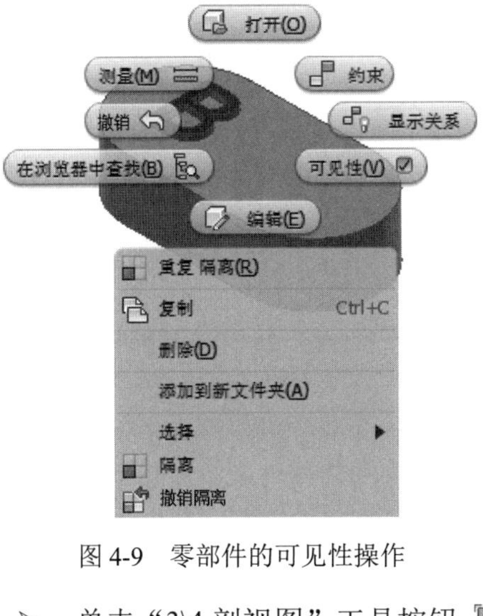

图 4-9　零部件的可见性操作

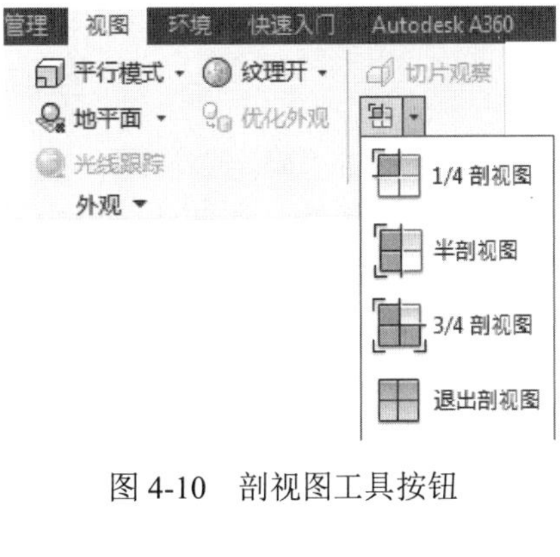

图 4-10　剖视图工具按钮

➢　单击“3\4 剖视图”工具按钮。

➢　在图形区或者浏览区中选择第 1 个剖切面，剖切面既可以是原始坐标平面也可以是工作平面，选择剖切面后弹出小工具栏，如图 4-11（b）所示。

➢　在弹出的小工具栏中选择“继续”按钮。

➢　再选择第 2 个剖切面，单击“确定”按钮，完成剖切。也可在右键菜单中选择“反向剖切”选项，更改剖切位置，如图 4-11（c）、（d）所示。

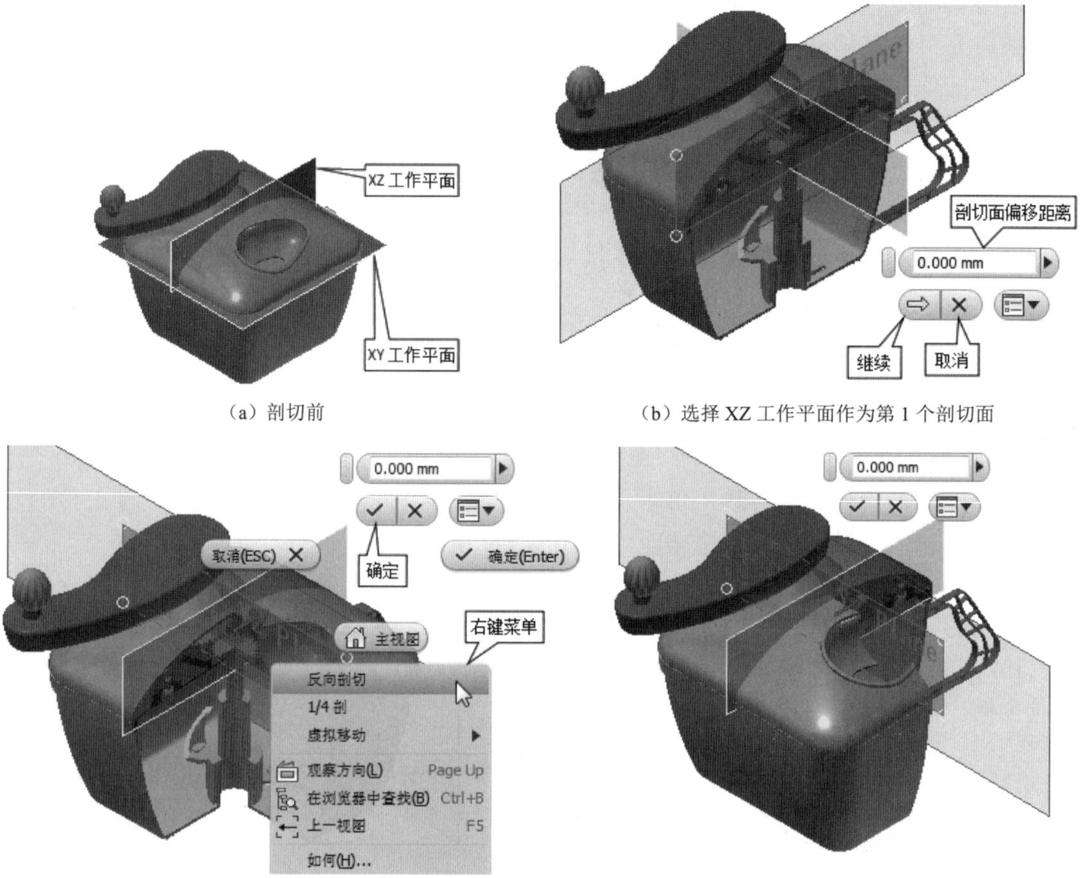

（a）剖切前　（b）选择 XZ 工作平面作为第 1 个剖切面

（c）选择 YZ 工作平面作为第 2 个剖切面　（d）选择反向剖切

图 4-11　3\4 剖视图的创建

➢　最后单击“确定”按钮，完成对部件的剖切观察。

（6）编辑零部件　在部件环境中，如果发现装入的零件满足不了装配要求，这时可直接在部件环境中进行零件的编辑，而不必退出部件环境。方法有两种：一种是在浏览区中需要编辑的零件上单击右键，在右键菜单中选择“编辑”选项，进入部件下的零件编辑环境，此时其他零件不可见；另一种就是可在图形区需要编辑的零件上，直接双击进入编辑环境。部件环境下的零件编辑工作界面与零件环境下的工作界面一样，只是在工具面板区域增加了“返回”工具面板。编辑完成后单击“返回”命令按钮 ，即可退出编辑状态返回部件环境。

3. 零部件的约束

所谓约束零部件就是定义零部件组合在一起的方式，即确定部件中各零部件的位置及其约束关系。零部件之间添加的约束有两种：一种是位置约束，另一种是运动约束。为了保证零部件装配工作的有序进行，通常在指定的零部件之间先添加位置关系约束，再添加运动关系约束。

Inventor 2018 中的“约束”工具位于“装配”选项卡下的“关系”工具面板上，如图 4-12 所示。

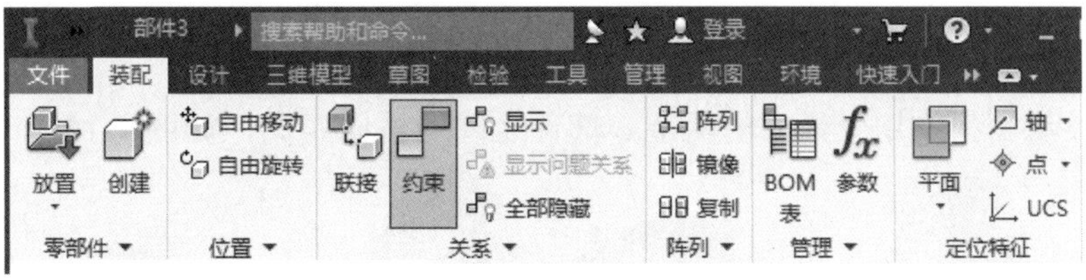

图 4-12　“约束”工具按钮位置

单击“约束”工具按钮，弹出“放置约束”窗口，如图 4-13 所示。在该窗口中有四个选项卡，分别是“部件”“运动”“过渡”“对称”“约束集合”。其中“部件”选项卡是默认选项卡，用来添加位置关系约束；“运动”和“过渡”选项卡用于添加运动关系约束；“约束集合”用于用户坐标系之间的约束。

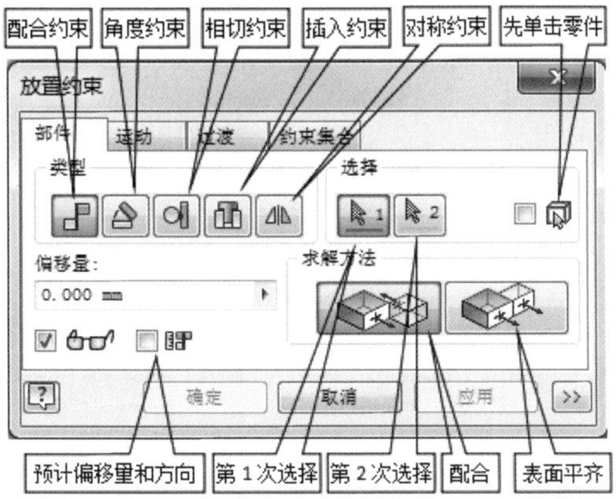

图 4-13　“放置约束”窗口

（1）“部件”选项卡　部件约束分为配合、角度、相切、插入和对称 5 种类型。

① 配合约束　常用于将不同零部件的两个平面以配合（面对面）或表面平齐的方式放置，以及具有回转体特征的两个零部件的轴线重合，也可以用于面、线、点之间的重合约束。打开“放置约束”窗口，默认约束即为配合约束，如图 4-13 所示。窗口中各选项的含义如下。

➢ 第 1 次选择　单击“第 1 次选择”按钮，选择需要应用约束的第 1 个零件上的点、线、面，如图 4-14（b）所示。

➢ 第 2 次选择　单击“第 2 次选择”按钮，选择需要应用约束的第 2 个零件上的点、线、面，如图 4-14（c）所示。

提示： 这两个按钮也可以不用单击，而是直接单击选择零件，第 1 次单击的是第 1 个零件，第 2 次单击的就是第 2 个零件。

➢ 先单击零件　若勾选此选项，在选择的时候，第一步选择几何特征所在的零件，第二步选择几何特征，这个按钮一般在零部件相互靠近或相互部分遮挡时使用。

➢ 配合方式 用于使不同零部件的两个平面以面对面的形式放置，或用于具有回转体特征的两个零部件的轴线重合，如图 4-14（d）所示。

➢ 表面平齐方式 用于使不同零部件的两个平面以表面平齐的形式放置，如图 4-14（e）所示。

➢ 偏移量 指定用于约束的两个零部件之间的法向距离，如图 4-14（f）所示。

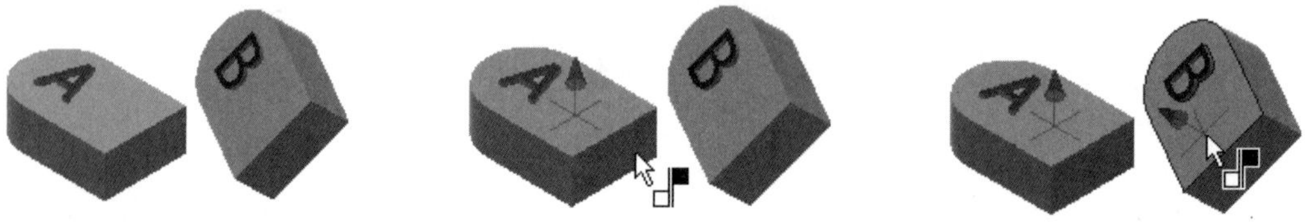

（a）约束前　（b）第 1 次选择 - A 面　（c）第 2 次选择 - B 面

（d）0mm 偏移量的配合方式　（e）表面平齐方式　（f）10mm 偏移量的配合方式

图 4-14　配合约束应用

➢ 显示预览 勾选此选项，便可以在约束前观察约束应用时的结果。

➢ 预计偏移量和方向 勾选此选项，“偏移量”输入栏中将显示添加约束前两个零部件的距离。

提示：若选定的零部件的法向（方向箭头指向）指向同一方向，将类推表面平齐约束，并测量它们之间的偏移距离，如图 4-15（a）、（b）所示；若选定的零部件法向相对，将类推配合约束。

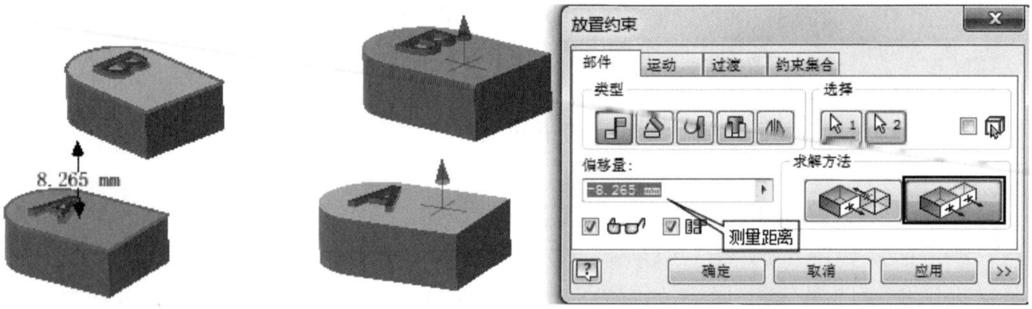

（a）约束前　（b）类推表面平齐方式

图 4-15　预计偏移量和方向的应用

② 角度约束 用来定义线、面之间的角度关系。如图 4-16 所示，即为角度约束窗口。窗口中各选项含义如下。

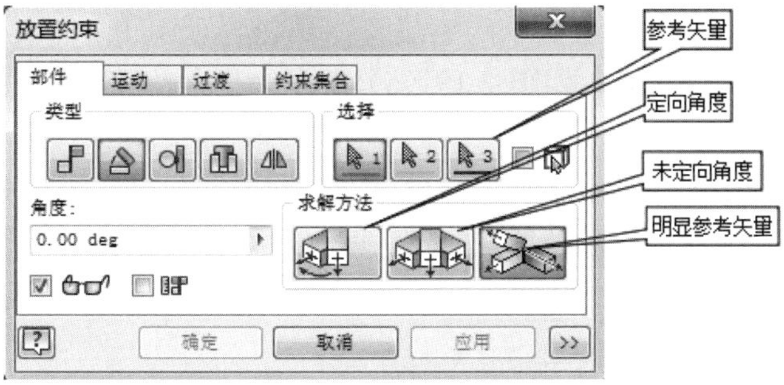

图 4-16　“放置约束”窗口

➢　定向角度　指定义的角度具有方向性，按右手法则判定，不支持用户定义的极限和基准位置，如图 4-17（b）所示。

➢　未定向角度　指定义的角度没有方向性，只有大小，支持用户定义的极限和基准位置，如图 4-17（c）所示。

➢　明显参考矢量　是指通过添加第 3 次选择，来指定 Z 轴矢量方向，从 Z 轴顶端方向看，角度方向为第 1 次选择的面（或线）逆时针旋转至第 2 次选择的面（或者线），如图 4-17（d）所示，图中箭头为 Z 轴方向。

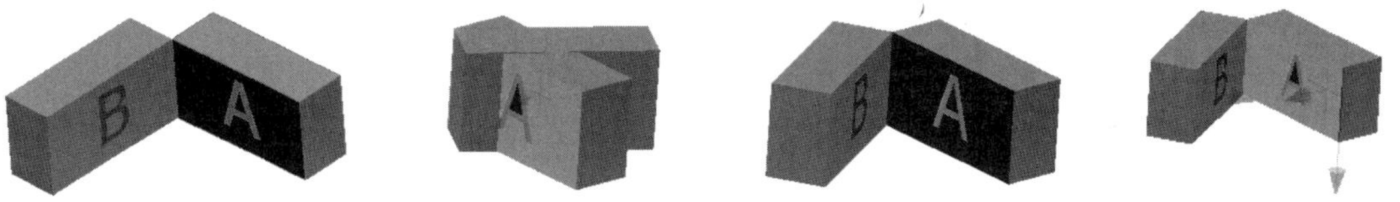

（a）约束前　（b）定向角度 120°　（c）未定向角度 120°　（d）明显参考矢量 120°

图 4-17　角度约束类型

➢　角度　应用约束的线、面之间的角度的大小。

③ 相切约束　用来定义平面、柱面、球面、锥面在切点或者切线处相结合，如图 4-18（a）所示，即为相切约束窗口，窗口中各选项的含义如下。

➢　内切　使被选择的对象按内切方式放置，如图 4-18（c）所示。

➢　外切　使被选择的对象按外切方式放置，如图 4-18（d）所示。

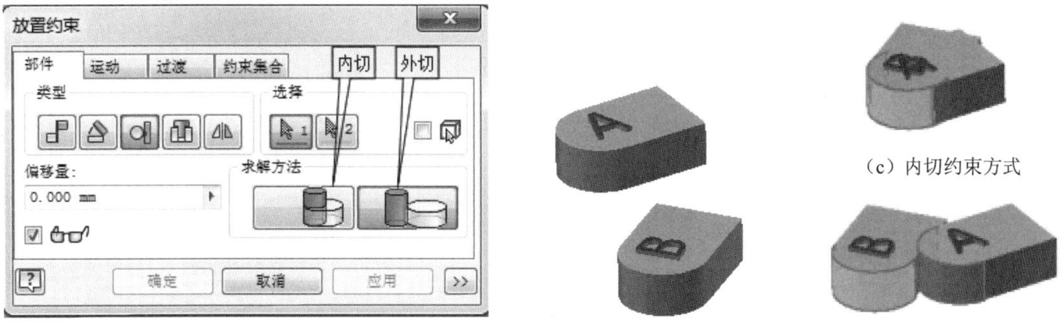

（a）相切约束窗口　（b）约束前　（c）内切约束方式　（d）外切约束方式

图 4-18　相切约束

④ 插入约束 插入约束是个约束集合，其包含了两个零部件之间轴与轴的重合约束及面与面之间的配合约束。如图 4-19（a）所示为插入约束窗口，窗口中各选项的含义如下。

➢ 反向约束 指轴对轴重合约束、面与面重合约束；如图 4-19（c）所示。

➢ 对齐约束 指轴对轴重合约束、面与面平齐约束，如图 4-19（d）所示。

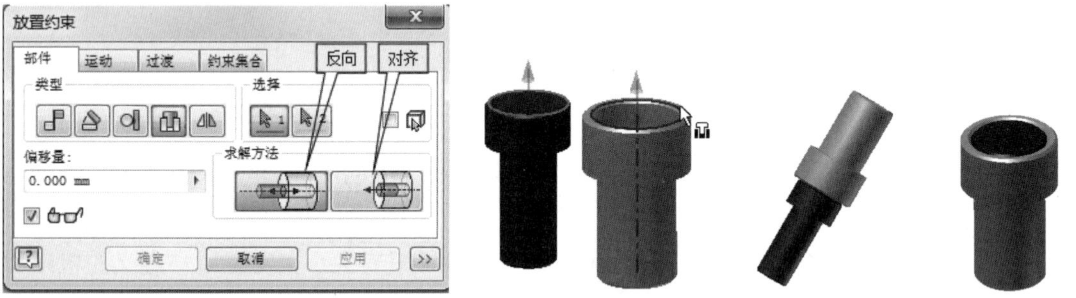

（a）插入约束窗口　（b）约束前　（c）反向约束　（d）对齐约束

图 4-19　插入约束

⑤ 对称约束 对称约束根据选择的对称平面对称地放置两个选择对象。如图 4-20（a）所示为对称约束窗口，窗口中各选项的含义如下。

➢ 反向约束 指两个对象关于对称面，面与面重合方式放置，如图 4-20（c）所示。

➢ 对齐约束 指两个对象关于对称面，面与面平齐方式放置，如图 4-20（d）所示。

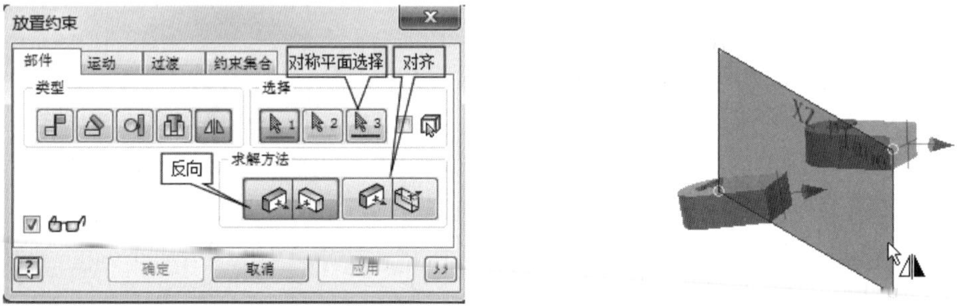

（a）对称约束窗口　（b）约束前

（c）反向约束　（d）对齐约束

图 4-20　对称约束

（2）“运动”选项卡 运动约束用于指定零部件之间的预定运动，其包含“转动”和“转动－平动”两种类型的运动关系，前者用来定义齿轮－齿轮之间运动关系，后者用来定义齿轮－齿条之间的运动关系。如图 4-21 所示为“运动”选项卡，选项卡中各选项的含义如下。

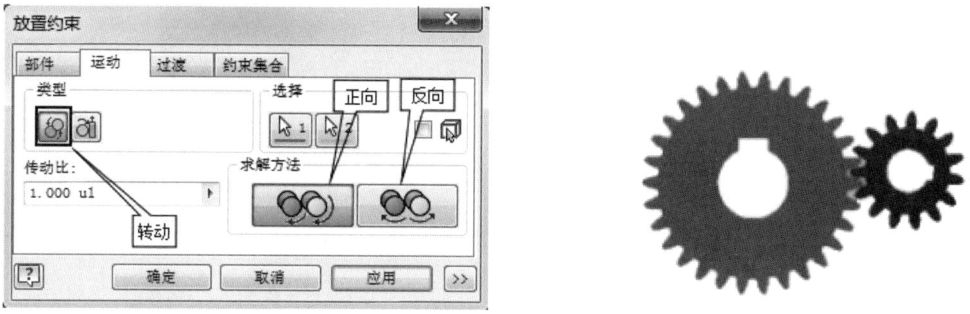

（a）转动

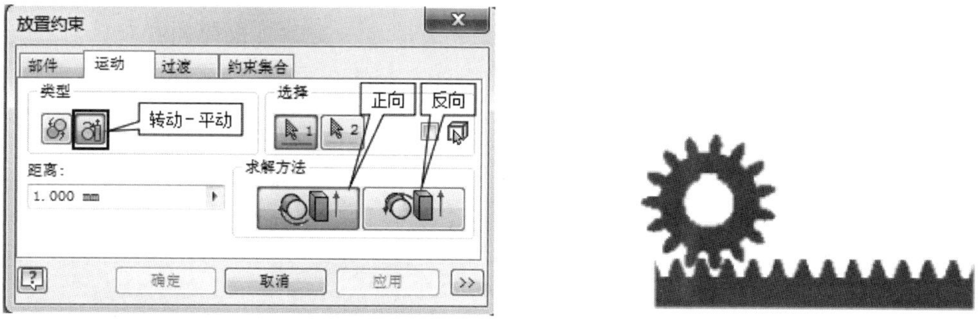

（b）转动－平动

图 4-21 运动关系约束

① 转动  使被选择的第 1 个零件按指定传动比相对另一个零件的转动而转动，通常用于描述轴承、齿轮和皮带轮之间的运动，如图 4-21（a）所示。

② 转动－平动 使被选择的第 1 个零件按指定距离相对另一个零件的转动而平动，通常用于显示平面运动，如描述齿轮与齿条之间的运动，如图 4-21（b）所示。

③ 传动比或距离 指定第 1 次选定的零部件相对于第 2 次选定的零部件的运动。当运动类型为传动比时，即指定第 1 个零件转动一圈时第 2 个零件转动的圈数；当运动类型转动－平动时，即指定第 1 个零件转动一次时第 2 个零件平移了多少距离。

说明 若选择了两个柱面，Inventor 会根据选择柱面的半径自动计算传动比并显示该值。

④ 运动方向 在“转动”和“转动－平动”两种方式下，运动方向有正向和反向两种方式。此项要按照机构的实际运动情况进行设置，如图 4-21 所示的两个齿轮之间进行啮合运动时，应该选择反向运动关系。

（3）“过渡”选项卡 过渡约束用于使不同的零部件的两个表面在运动过程中始终保持接触。通常用来定义凸轮机构的运动关系。“过渡”选项卡如图 4-22（a）所示，如

图 4-22（b）所示为过渡关系约束示例。

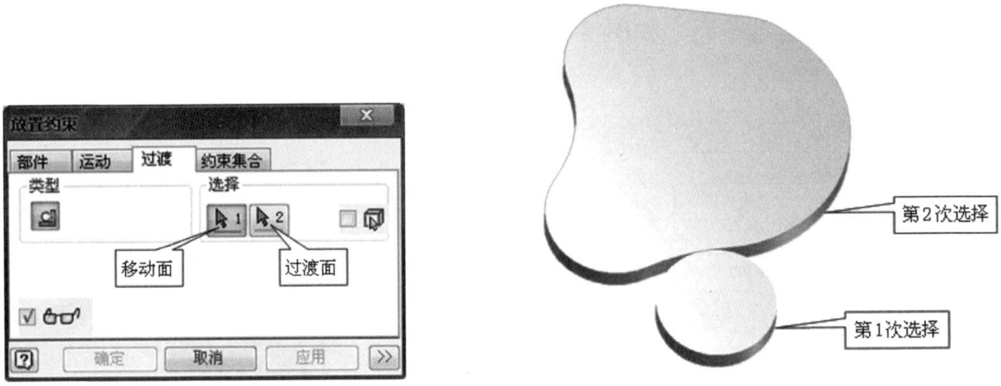

（a）“过渡”选项卡　　（b）过渡关系约束后的效果

图 4-22　过渡关系约束

说明 应用过渡约束进行零部件选择时，要先选择单一面，再选择过渡面。

（4）“约束集合”选项卡　约束集合是将两个 UCS 约束在一起。“约束集合”选项卡如图 4-23 所示。

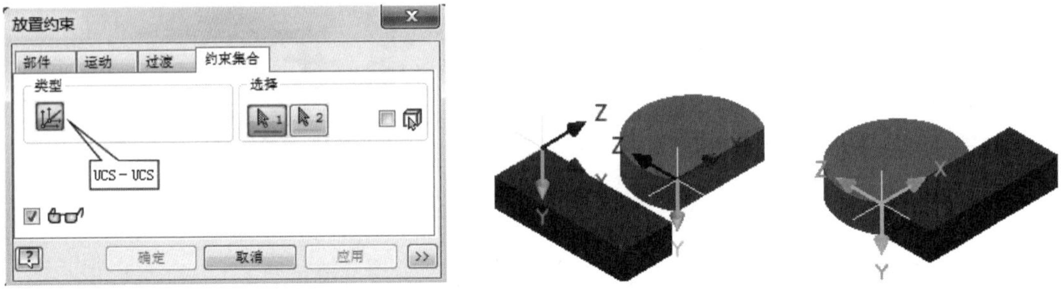

（a）“约束集合”选项卡　　（b）约束前　　（c）约束后

图 4-23　约束集合

4．零部件的连接

连接可以完全定义选定零部件的位置和运动，并完全定义自由度。所有连接都是通过选择零件上的点来进行的，可以选择端点、中点、中心点来定义位置关系。Inventor 2018 的“连接”工具位于“装配”选项卡下的“关系”工具面板上（如图 4-12 所示）。

单击“连接”工具按钮，打开“放置连接”窗口，如图 4-24 所示[①]。该窗口中有“联接”和“限制”两个选项卡，这里只介绍常用的“连接”选项卡，在该选项卡中各选项的含义如下。

（1）类型　Inventor 的连接类型有“自动”“刚性”“旋转”“滑块”“圆柱”“平面”“球”等 7 种，各种类型含义如下。

① 注：本书图中的“联接”应为“连接”。

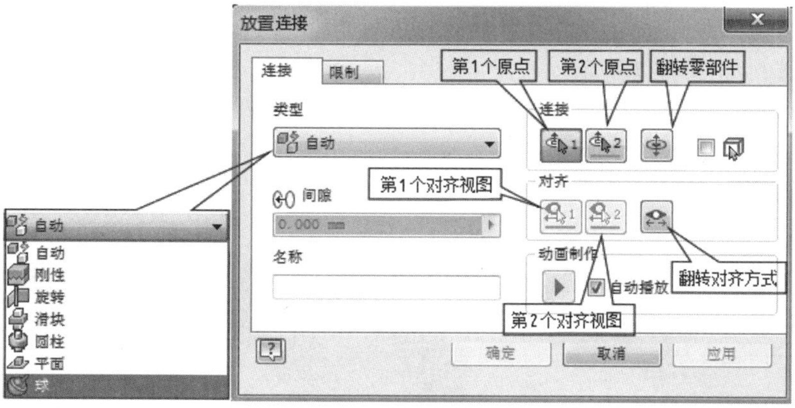

图 4-24　“放置连接”窗口

① 自动　根据在该类型下选择的原点可以确定以下连接类型之一：

- 若选定的两个原点为圆形上的点，则为“旋转”类型；
- 若选定的两个原点是圆柱上的点，则为“圆柱”类型；
- 若选定的两个原点是球体上的点，则为“球”类型；
- 对于所有其他原点选择，则为“刚性”类型。

② 刚性　使用该类型定位零部件时删除了所有自由度。对于不移动的零部件使用刚性连接，螺栓连接即为典型的刚性连接，如图 4-25 所示。

（a）第 1 次选择

（b）第 2 次选择

（c）连接后

图 4-25　刚性连接

③ 旋转　使用该类型定位零部件时可指定一个旋转自由度，铰链和旋转杆即为旋转连接，如图 4-26 所示。

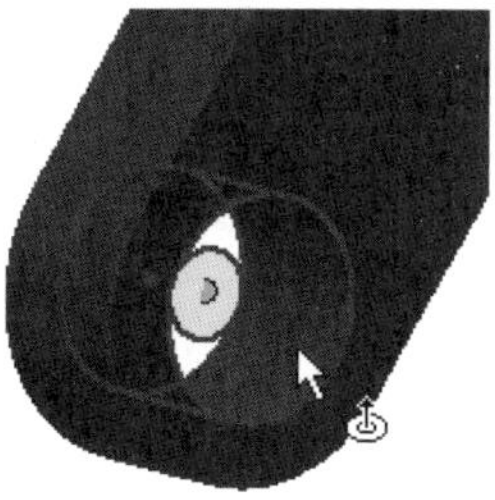

（a）第 1 次选择

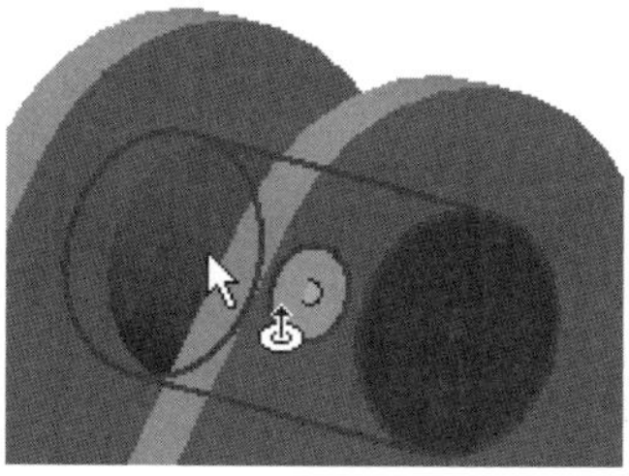

（a）第 2 次选择

（a）连接后

图 4-26　旋转连接

④ 滑块 使用该类型定位零部件时可指定一个平动自由度，沿着轨迹运动的滑块即为滑块连接，如图 4-27 所示。

⑤ 圆柱 使用该类型定位零部件时可指定一个平动自由度和旋转自由度，孔内的轴即为圆柱连接，如图 4-28 所示。

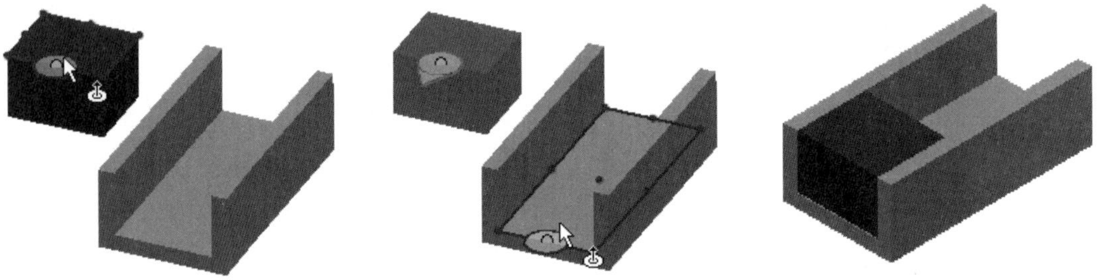

（a）第 1 次选择　　（b）第 2 次选择　　（c）连接后

图 4-27　滑块连接

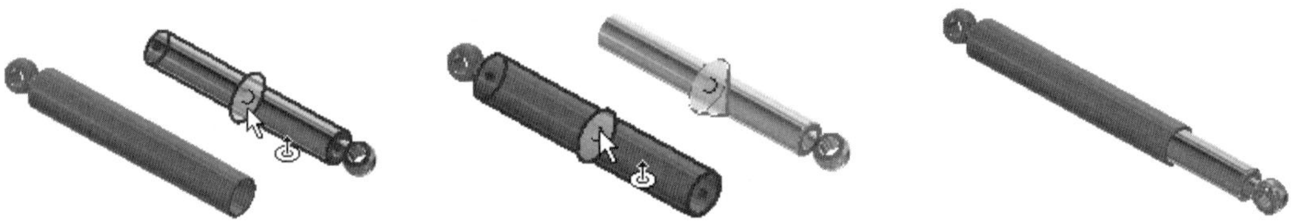

（a）第 1 次选择　　（b）第 2 次选择　　（c）连接后

图 4-28　圆柱连接

⑥ 平面 使用该类型定位零部件时可指定两个平动自由度和一个垂直于线性方向的旋转自由度。使用此连接可以将零部件放置在平面上，并在平面上滑动或旋转，如图 4-29 所示。

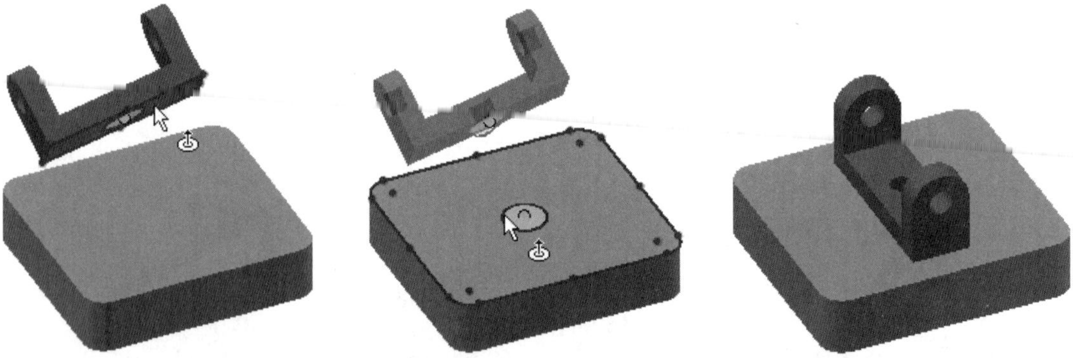

（a）第 1 次选择　　（b）第 2 次选择　　（c）连接后

图 4-29　平面连接

⑦ 球 使用该类型定位零部件时可指定 3 个旋转自由度，球连接和套管连接即为球连接，如图 4-30 所示。

（a）第 1 次选择　（b）第 2 次选择　（c）连接后

图 4-30　球连接

（2）间隙 指定连接的零部件相互之间偏移的距离，相当于约束窗口中的偏移量。当采用球或圆柱类型的连接时，该项不可用。

（3）名称　在浏览区中为连接创建唯一的名称，也可保留为空。

（4）连接　选择连接的零部件。

① 第 1 个原点 　在第 1 个零部件上选择端点、中点和中心点。第 1 个选定的零部件将移向第 2 次选定的零部件。若第 1 个选定的零部件是固定的，Inventor 会自动将固定取消。

② 第 2 个原点 　在第 2 个零部件上选择端点、中点和中心点。

③ 翻转零部件 　翻转零部件的方向。

④ 先单击零件 　与放置约束窗口中的定义相同。

（5）对齐　选择零部件的对齐方向

① 第 1 个对齐视图 　在第 1 个零部件上选择面或边作为方向矢量。

② 第 2 个对齐视图 　在第 2 个零部件上选择面或边作为方向矢量。

③ 反转对齐方式 　反转零部件对齐的方向。

（6）动画制作　单击按钮可在图形区播放移动零部件的连接行为。若勾选“自动播放”选项，可以在执行连接或者更改连接类型时，在图形区预览连接行为。

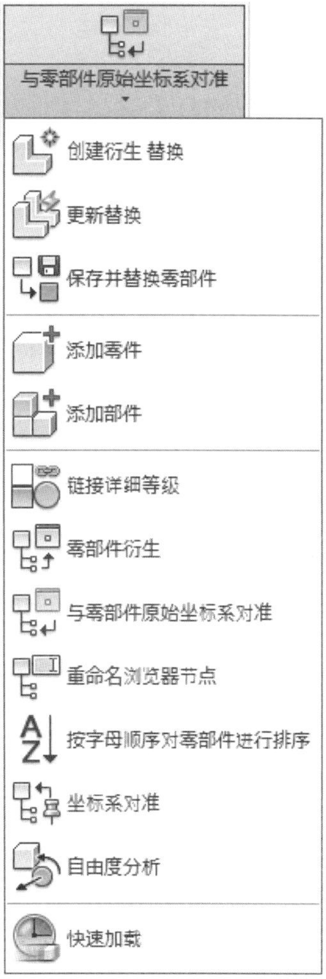

图 4-31　“工具集”面板

5. 工具集

Inventor 在部件环境中还提供了针对装配的其他一些工具，这些工具在功能区的“工具集”面板上，如图 4-31 所示。在这里只选择其中两项做简单介绍。

（1）与零部件原始坐标系对准　该工具提供了快速装配本地文件到装配的方法。单击“与零部件原始坐标系对准”

工具按钮后，根据提示选择已经装入的零部件作为目标零部件，如图 4-32（a）所示，在弹出的“打开”窗口中，选择即将装入的新零部件后单击“打开”按钮，如图 4-32（b）所示。返回到部件环境，新装入的零部件会与目标零部件坐标系重合地装入装配中，并自添加 3 个表面平齐约束，如图 4-32（c）所示。在浏览区展开装入的零部件时，能够看到添加的 3 个重合约束，如图 4-32（d）所示。

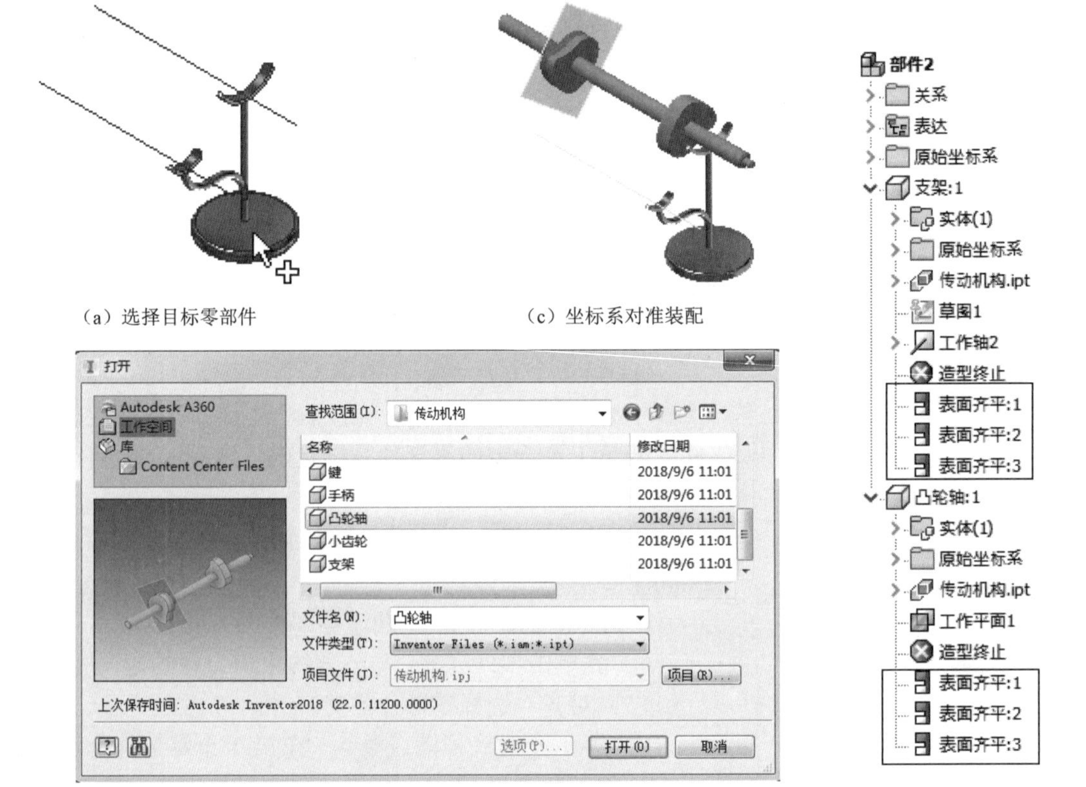

（a）选择目标零部件　（c）坐标系对准装配

（b）在“打开”窗口选择即将装入的零部件　（d）添加的 3 个重合约束

图 4-32　与零部件坐标系对准应用

说明　在实际应用中，参加装配的很多零部件都是在一个原始坐标系中完成的，若两个零部件之间没有相对运动，或者说即使有相对运动也不需要做动画展示，这种情况下可以采用这种方法来进行装配，提高工作效率。

（2）坐标系对准　在图形区先单击需要坐标系对准的零部件，再单击“坐标系对准”工具按钮，即可将零部件与原始坐标系对准，并将零部件移动到结构树的顶部。已经添加约束的零部件不能执行该工具。

与坐标系对准的零部件相当于添加了固定约束，这时可看到在浏览区的零部件名称上添加了固定图标，同时给每个坐标系对准的零部件添加了 3 个表面平齐约束，如图 4-33（b）所示。

说明　执行坐标系对准的零部件，在浏览区的零部件名称上即使通过右键菜单解除固定，但零部件添加的 3 个约束也不会被清除。

若需要对多个已经装入的零部件执行坐标系对准，可在激活“坐标系对准”工具后，在浏览区，从模型树的底部开始，单击零部件名称后按下空格键，这样就可快速地执行坐标系对准工具。

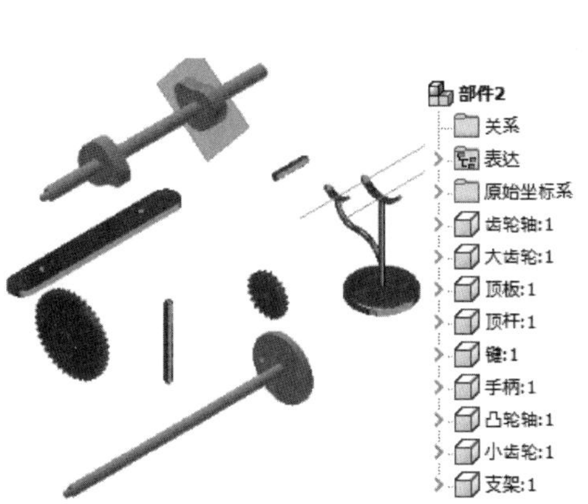

（a）装入的零部件

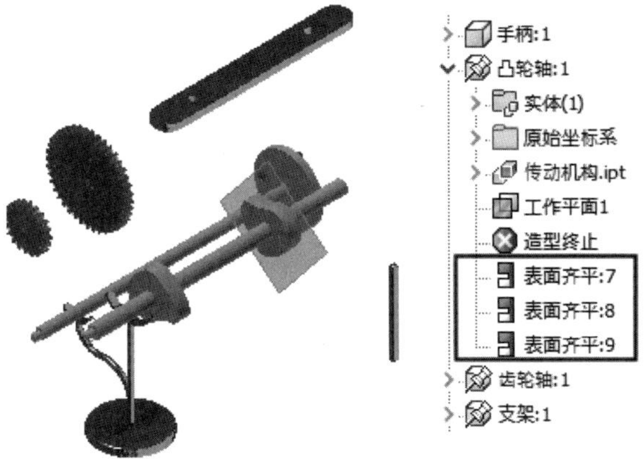

（b）执行坐标系对准的部分零部件

图 4-33 “坐标系对准”工具的应用

另外，也可以对即将装入的多个零部件执行坐标系对准，方法是：在“装入零部件”窗口中，一次选择全部需要执行坐标系对准的零部件，如图 4-34（a）所示。单击“打开”按钮后，在图形区直接右键单击，在右键菜单中选择“在原点处固定放置”选项，即可一次将装入的所有零部件的坐标系对准，如图 4-34（b）所示。

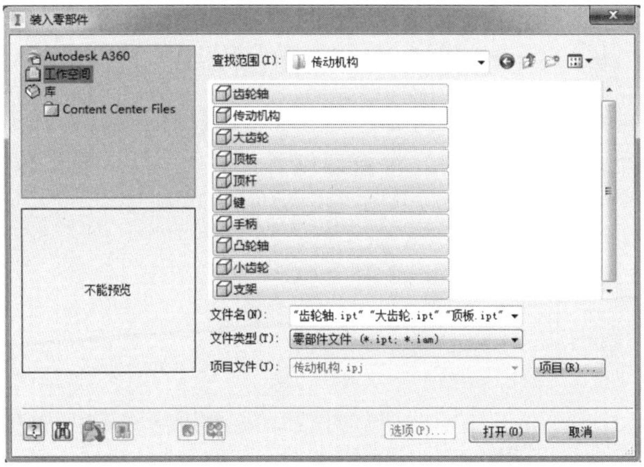

（a）“装入零部件”窗口

（b）在原点处固定放置

图 4-34 快速应用坐标系对准工具

6．约束的编辑与驱动

（1）约束的删除 如果在约束过程中想去掉原来添加的约束，可在浏览区的模型树中，进入该约束所依附的零件，然后在该约束的右键菜单中选择“删除”选项即可，如图 4-35 所示。

（2）约束的编辑　方法同上，区别是在右键菜单中选择“编辑”选项。此时将打开“编辑约束”窗口，该窗口与“放置约束”窗口一样，根据需要编辑约束即可。

（3）约束的抑制　方法同上，区别是在右键菜单中选择“抑制”选项。抑制可使约束保留但不发挥作用，若需要恢复该约束的作用时，可再次在抑制约束的右键菜单中，解除勾选的“抑制”选项即可。

（4）约束的驱动　对于完成约束的部件，可以通过设置驱动约束让部件中的某些机构自动运动，并录制动画，方法是：选择需要驱动的约束，然后在右键菜单中选择“驱动”选项，打开“驱动”窗口，如图 4-36 所示。

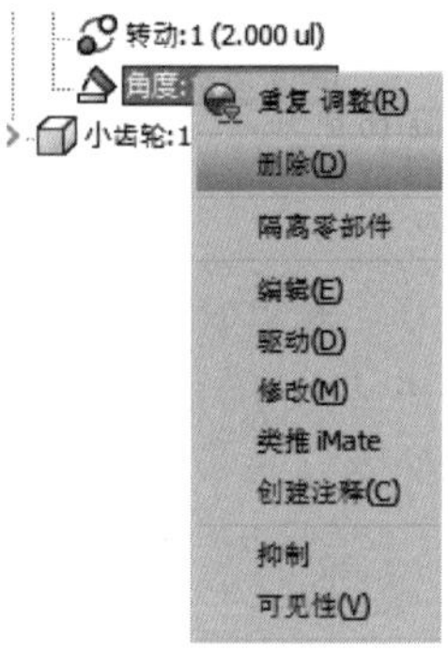

图 4-35　“删除”选项

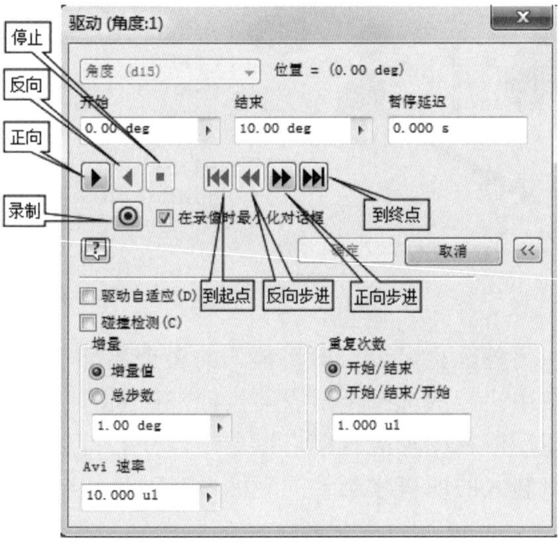

图 4-36　“驱动”窗口

在该窗口中，可以设置驱动参数，单击动画录制按钮◉，根据弹出窗口的提示，选择录制文件的名称、类型及保存路径，然后进行动画录制。将窗口展开后，还可以进行“碰撞检测”“速率”等参数的设置。

任务流程

任务实施流程如图 4-37 所示。

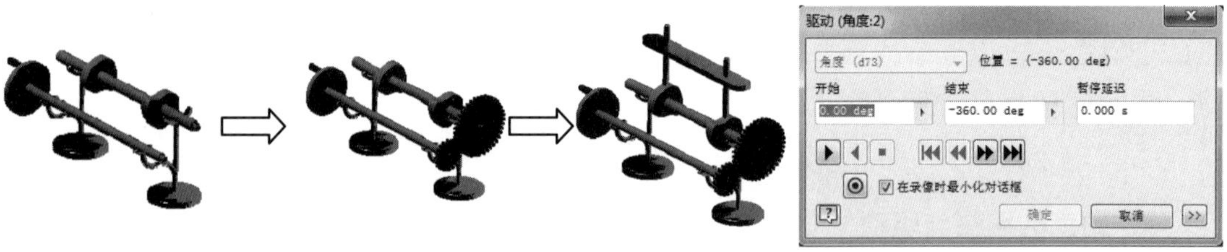

添加位置约束　　添加运动约束　　添加过渡约束　　约束驱动

图 4-37　任务流程

任务实施

Step 01 项目管理　激活资料包中的“第 4 章\任务 1\传动机构\传动机构.ipj”项目文件。

Step 02 新建部件文件　新建一部件文件。

Step 03 装入支架并添加约束　将资料包中“第 4 章\任务 1\传动机构”文件夹中的“支架.ipt”零部件装入两次，并调整视图位置，如图 4-38（a）所示。

为如图 4-38（a）所示的工作轴分别添加重合约束；将如图 4-38（b）所示的两个端面进行表面平齐约束，并设置偏移距离为 135mm；最后将其中一个支架添加固定约束。

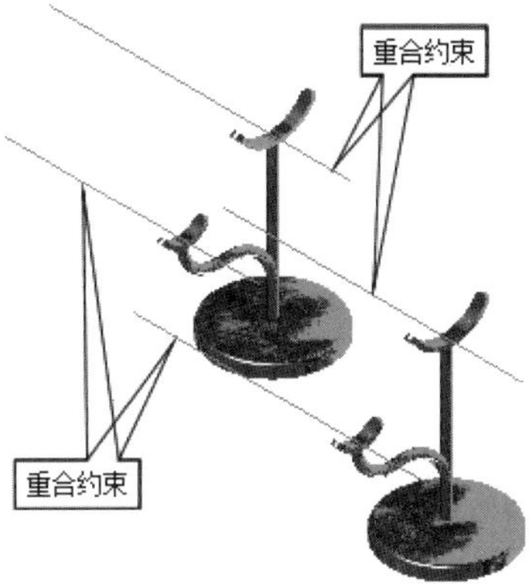

（a）工作轴添加重合约束

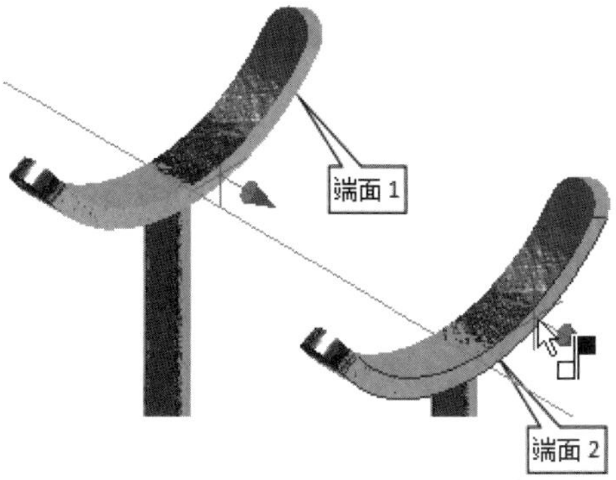

（b）端面添加表面平齐约束

图 4-38　装入支架并添加约束

Step 04 装入凸轮轴并添加约束　装入凸轮轴零部件，如图 4-39（a）所示。在凸轮轴的圆柱面与支架的顶端圆弧面之间添加相切约束，约束方式选择内切，如图 4-39（b）所示；在凸轮轴的圆柱面与支架的工作轴之间添加相切约束，约束方式选择外切，如图 4-39（c）所示；在凸轮轴的凸轮表面与支架的顶部端面之间添加表面平齐约束，偏移量为 20mm（或-20mm），如图 4-39（d）所示。添加上述约束后，拖动凸轮轴，可发现凸轮轴在支架上转动。

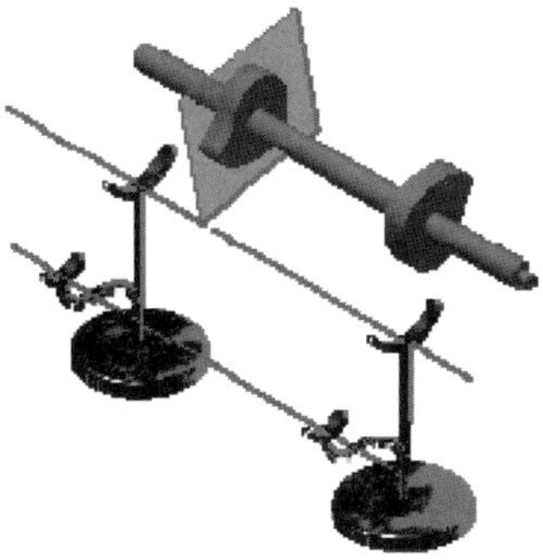
（a）装入凸轮轴

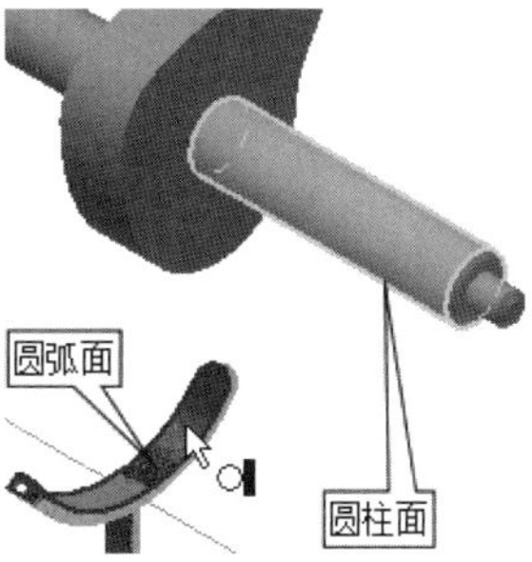

（b）添加内切约束

图 4-39　装入凸轮轴并添加约束

（c）添加外切约束

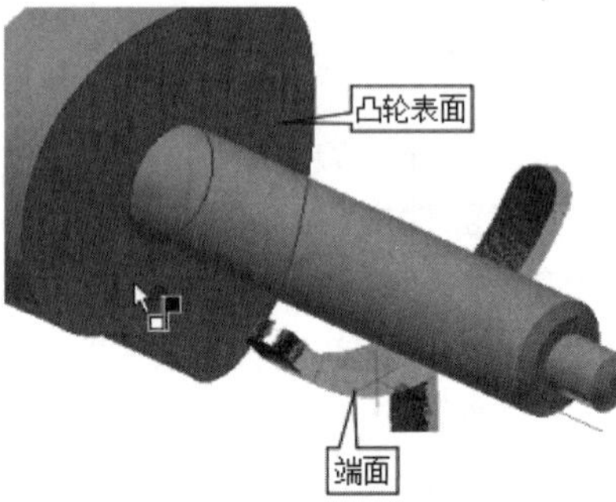

（d）添加表面平齐约束

图 4-39　装入凸轮轴并添加约束（续）

Step 05 装入齿轮轴并添加约束　装入齿轮轴零部件的方法如图 4-40（a）所示。与如图 4-39（b）、（c）所示方法一样，即在齿轮轴与支架之间添加两个相切约束；在齿轮轴的端面与凸轮轴端面之间添加表面平齐约束，如图 4-40（b）所示。添加完上述约束后，拖动齿轮轴，齿轮轴会在支架上转动。

（a）装入齿轮轴

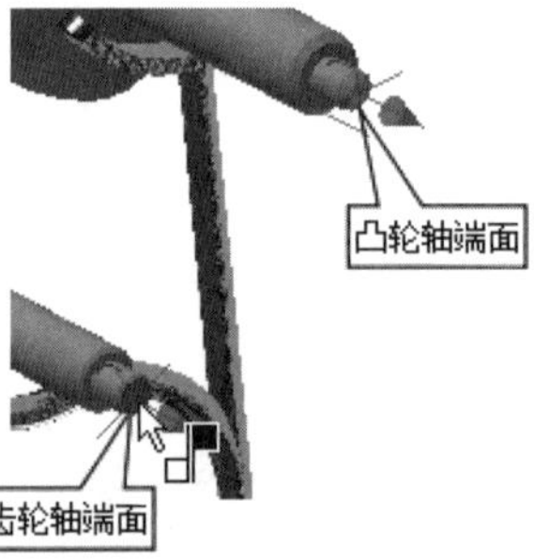

（b）添加表面平齐约束

图 4-40　装入齿轮轴并添加约束

Step 06 装入键并添加约束　装入键零部件两次，如图 4-41（a）所示。在凸轮轴的键槽与键之间添加轴轴配合约束，如图 4-41（b）所示；继续在凸轮轴的键槽与键之间添加插入约束，如图 4-41（c）所示。

（a）装入键

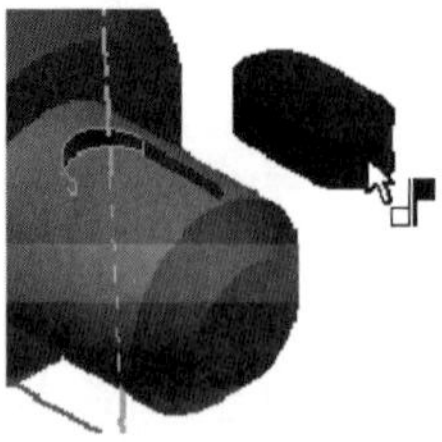

（b）添加配合约束

（c）添加插入约束

图 4-41　装入键并添加约束

同样方法，在齿轮轴的键槽和键之间添加上述两个约束。

Step 07 装入齿轮并添加约束　装入大、小两个齿轮零部件，如图 4-42（a）所示。在小齿轮与齿轮轴之间添加插入约束，如图 4-42（b）所示；在键（齿轮轴上约束的键）的侧面与小齿轮键槽的侧面之间添加配合约束，如图 4-42（c）所示。

重复上述操作，添加大齿轮与凸轮轴之间的插入约束、大齿轮与键之间的配合约束。将视图调整至合适位置，转动大、小两个齿轮，让两个齿轮紧密啮合，且不发生碰撞，如图 4-42（d）所示。分别选择大、小两个齿轮的分度圆，在它们之间添加运动关系约束，运动方向选择相反，如图 4-42（e）所示。

（a）装入大、小齿轮

（b）添加插入约束

（c）添加配合约束

（d）调整齿轮位置

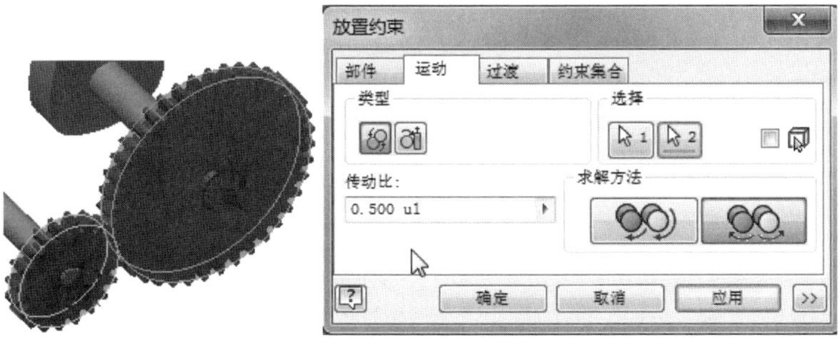

（e）添加运动关系约束

图 4-42　装入大、小齿轮并添加约束

添加完上述约束后，拖动齿轮轴，齿轮轴、凸轮轴及齿轮都会同时在支架上转动。

Step 08 装入手柄并添加约束　由于手柄与齿轮轴之间没有相对运动，因此采用“工具集”面板中的“与零部件原始坐标系对准”工具来装入手柄，如图 4-43（a）所示。

将来需要对手柄进行驱动，这里给手柄添加一个角度约束，在浏览区，展开原始坐标系和手柄下的坐标系，在原始坐标系下的 XZ 工作平面跟手柄坐标系下的 YZ 工作平面之间添加角度约束，并设置定向角度为 0°，如图 4-43（b）所示。

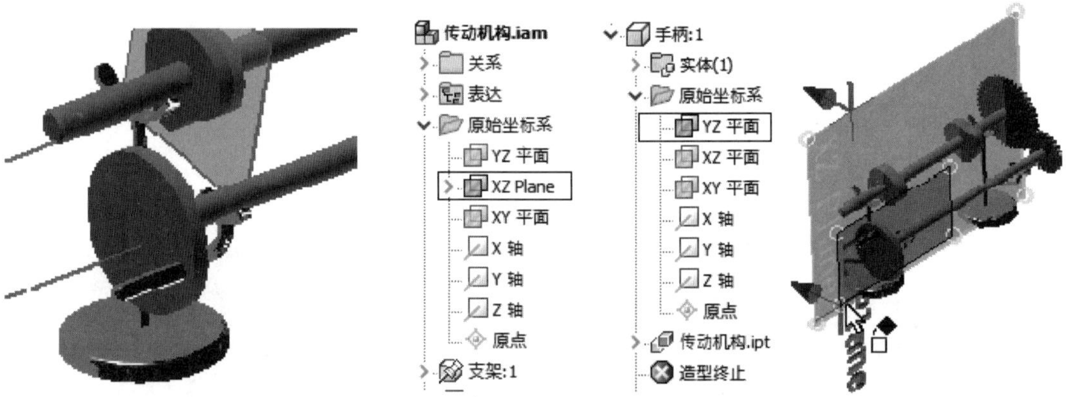

（a）与零部件原始坐标系对准　　（b）添加角度约束

图 4-43　装入手柄并添加约束

Step 09 装入顶板并添加约束　装入顶板零部件，在顶板表面与支架底部端面之间添加配合约束，并设置偏移量为-140mm，如图 4-44（a）所示；在顶板的 XZ 平面与支架的 XZ 平面之间添加配合约束，如图 4-44（b）所示；在顶板的孔轴与凸轮的工作平面之间添加配合约束，如图 4-44（c）所示。

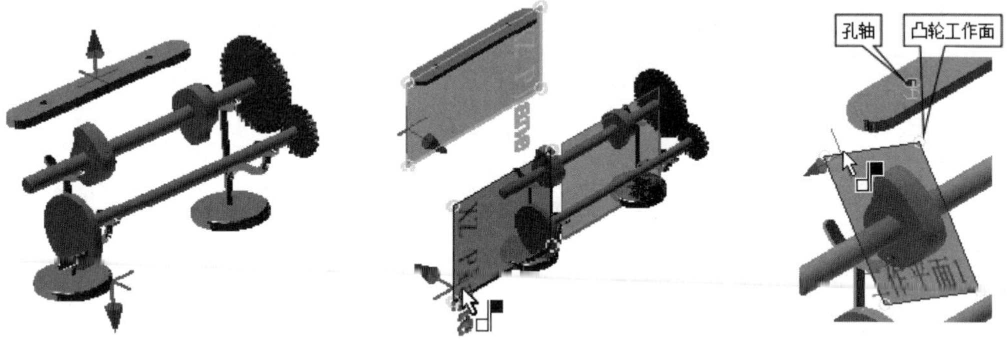

（a）配合约束 1　　（b）配合约束 2　　（c）配合约束 3

图 4-44　装入顶板并添加约束

完成约束后，将支架的工作轴、凸轮的工作平面均设置为不可见。

Step 10 装入顶杆并添加约束　装入顶杆零部件两次，利用连接工具，在顶杆与顶板的孔之间添加圆柱连接，如图 4-45（a）所示。重复操作，再在另一顶杆与顶板的另一孔处添加圆柱连接。添加后，顶杆能够在顶板的孔内上下移动。最后分别在两个顶杆与凸轮轴上的两个凸轮之间添加过渡约束。完成后结果如图 4-45（b）所示。

Step 11 驱动约束　在浏览区找到手柄零部件下的角度约束，并进行驱动，并将驱动过程录制为“传动机构.wmv”文件。

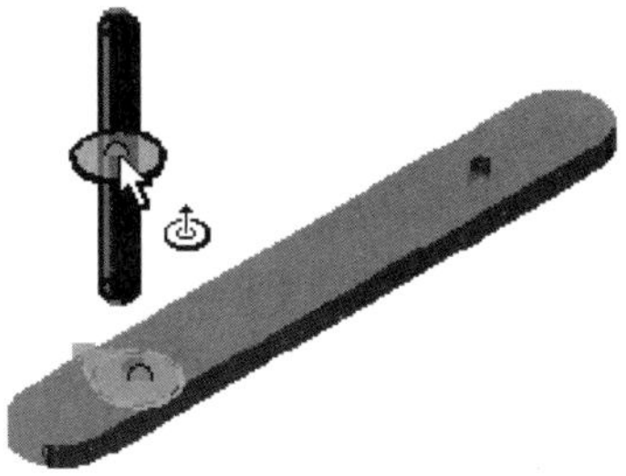

（a）圆柱连接

（b）约束后

图 4-45　装入顶杆并添加约束

Step 12 保存文件　最后将装配文件保存为“传动机构.iam”。

拓展练习 4-1

完成如图 4-46 所示的装配模型。模型的各零部件参见资料包“第 4 章\任务 1\拓展练习”文件夹。

图 4-46　拓展练习 4-1

任务 2　挖掘机臂的装配设计

学习目标

- 熟练掌握利用资源中心调入标准件的方法
- 掌握接触识别器工具的使用方法
- 掌握部件环境下视图表达的方法
- 了解利用自适应进行关联设计的思想
- 能够熟练对挖掘机臂进行装配

任务导入

挖掘机臂装配设计模型如图 4-47 所示，装配模型文件见资料包中的“第 4 章\任务 2\挖掘机臂.iam”文件。

图 4-47　挖掘机臂模型

在本任务中，除了用到上一任务中学到的相关知识外，还需要用到标准件的调用、接触集合工具的使用、柔性设置、干涉检查、阵列工具，以及视图表达和位置表达等相关内容。接下来就来学习在本任务中用到的新知识。

知识准备

1．资源中心

在设计中，经常会用到类似如图 4-48 所示的螺栓、螺母及螺钉等这样的标准件，这些标准件的尺寸、形状均已经标准化，因此没有必要再为其建立模型。Inventor 提供的“资源中心”包含了常用的标准件，可以直接使用。

在“装配”选项卡下的“零部件”工具面板上，单击“放置”工具按钮的下拉箭头，在下拉菜单中，单击“从资源中心装入”工具按钮，如图 4-49 所示。弹出“从资源中心放置”的窗口，如图 4-50 所示，在窗口左侧的浏览区中显示了标准件的类别，选择相应类别后，该类别的零部件以缩略图的形式显示在右侧的列表视图面板中。

图 4-48　标准件

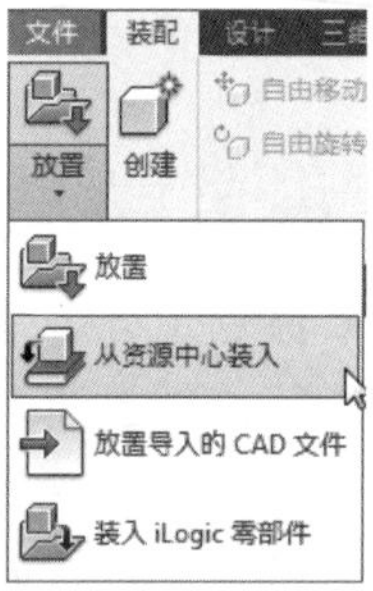

图 4-49　“从资源中心装入”工具

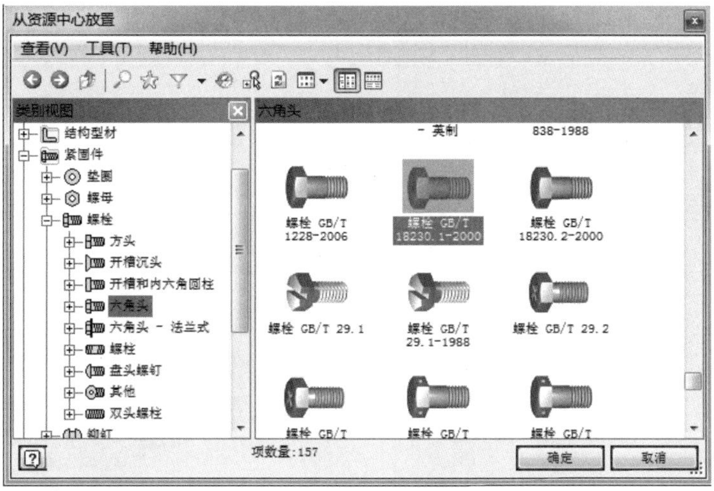

图 4-50　“从资源中心放置”窗口

例如要找到六角头螺栓 GB\T 18230.1-2000，可在浏览区依次点击“螺栓”-“六角头”，然后在右侧列表中即可找到相应标准件。

除了上述方法外，也可以通过单击“工具”菜单栏的“搜索”按钮，在出现的“快速搜索”工具条的搜索文本框中输入“18230.1-2000”，然后单击“立即搜索”按钮，即可快速找到相应标准件，如图 4-51 所示。在“搜索结果”区域选中搜索的标准件，单击“确定”按钮，弹出“螺栓”窗口，如图 4-52 所示。在窗口中选择好螺栓的“公称尺寸”和“公称长度”，单击“确定”按钮，返回到部件环境。在绘图区相应位置单击鼠标即可装入标准件，每单击一次就装入一个标准件，完成装入时只需单击右键，在右键菜单中选择“确定”选项即可，如图 4-53 所示。

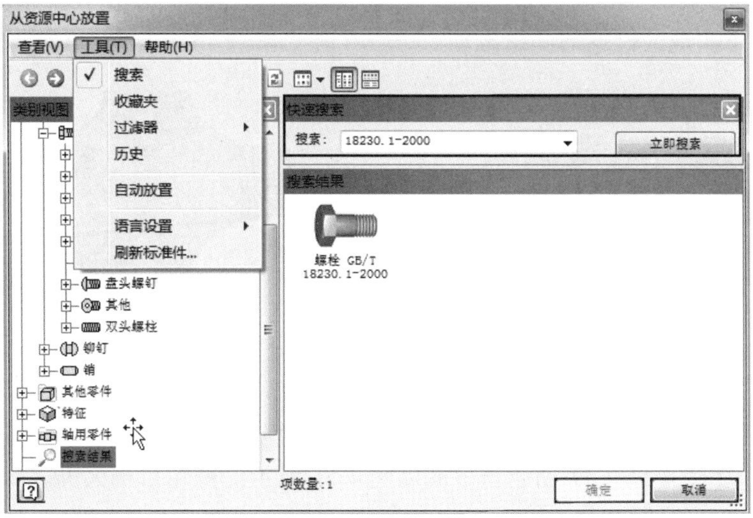

图 4-51　搜索标准件

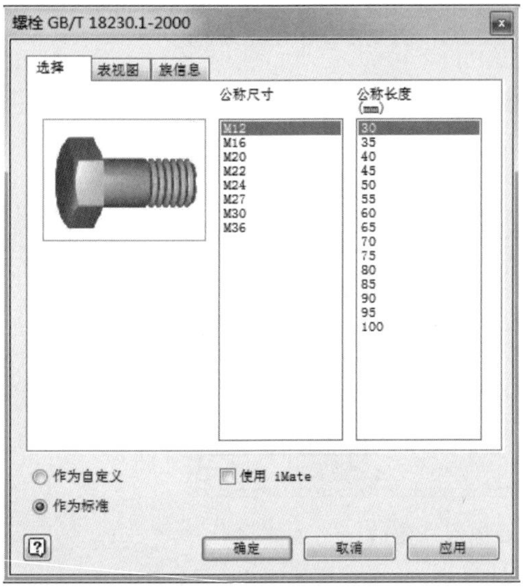

图 4-52　“螺栓”窗口

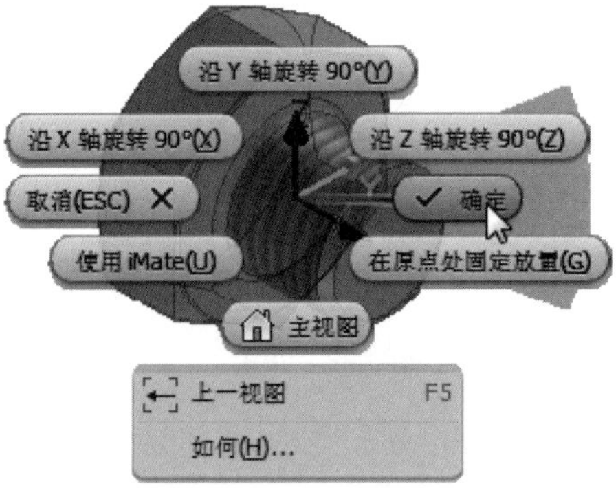

图 4-53　放置标准件

说明　若在如图 4-51 所示的工具菜单中勾选了“自动放置”选项，那么在单击图 4-51 中的“确定”按钮后，就不会弹出如图 4-52 所示的窗口，而是直接返回到绘图区，Inventor 会根据放置螺栓处的孔的大小，自动选择螺栓的“公称尺寸”和“公称长度”，并根据孔的数量来一次放置，如图 4-54 所示。

2．接触集合

接触集合是零部件在装配约束条件下运动时的接触分析，把多个零件加入接触集合，并激活“接触识别器”工具，可以完成一些复杂的运动，如图 4-55 所示的槽轮机构的运动。通过接触集合可实现的槽轮的间歇运动。

图 4-54　自动放置标准件

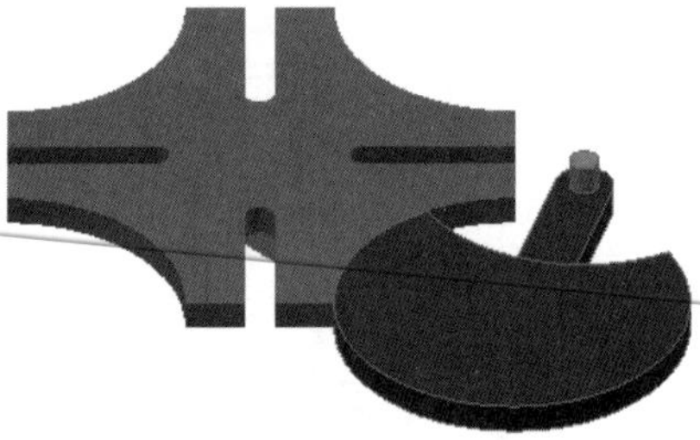

图 4-55　接触集合实例

在装配环境中的“检验”选项卡下“干涉”工具面板上，可以找到“激活接触识别器”工具按钮，如图 4-56（a）所示。下面以图 4-55 所示的槽轮机构为例来介绍接触集合的使用。

第一步：打开资料包中的“第 4 章\任务 2\槽轮机构\槽轮机构.iam”文件，进入装配环境，拖动槽轮与拨盘，它们都可以单独转动。

第二步：进入“检验”选项卡，将接触识别器激活。

第三步：在槽轮零部件上单击鼠标右键，在右键菜单中勾选“接触集合”选项，如图 4-56（b）所示，添加接触集合的零部件，在浏览区的零部件名称前会添加接触集合识别标签，如图 4-56（c）所示。最后在拨盘零部件上也执行同样操作。

（a）“激活接触识别器”工具按钮

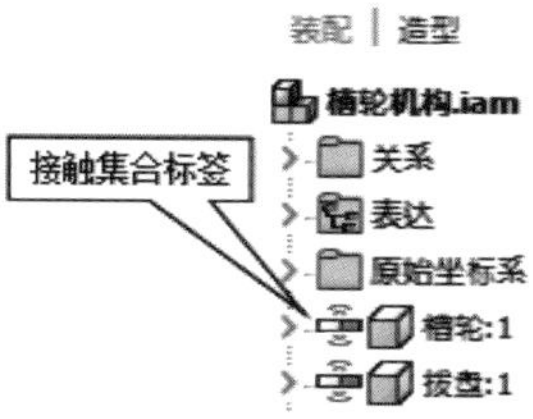

（c）添加接触集合标签

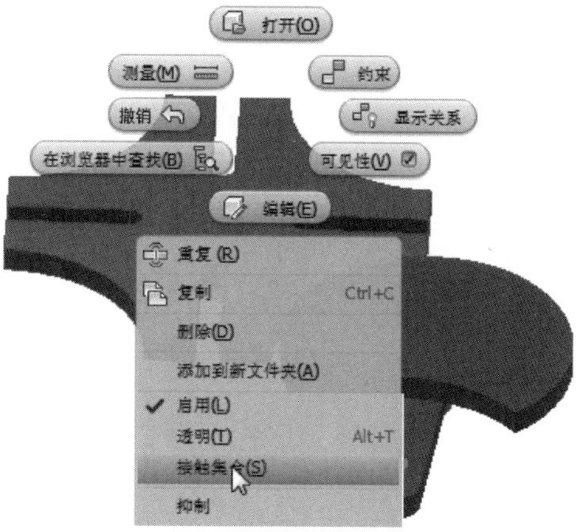

（b）在右键菜单中选择“接触集合”选项

图 4-56 接触集合的应用

完成上述操作后，再拖动拨盘零部件，就可以观察到槽轮的间歇运动情况。

3. 柔性

在设计中往往一个大的装配都是由很多子装配组成的，部件作为子装配装入装配中后，其中未约束的自由度将全部不能使用。例如，图 4-47 中的“杆”与“缸”零部件作为一个子装配装入后，可发现杆在缸内不能滑动。在 Inventor 中可以利用柔性设置来解决上述问题。

在子装配零部件上单击鼠标右键，在右键菜单中勾选“柔性”选项，如图 4-57（a）所示。此时在浏览区中添加“柔性”的子装配零部件名称前会添加柔性标签，如图 4-57（b）所示。完成柔性设置后，再拖动“杆”零部件时，可发现“杆”零部件可以在“缸”零部件内滑动。

4. 阵列

在前面学习创建零件时，学习过阵列特征工具，同样在部件环境下，有时也会出现同一个装配上包含了多个相同零部件的情况，且这些零部件在装配中的位置有一定的规律，这时可以用部件环境下的“阵列”工具来创建这些相同的零部件。

在部件环境中，“阵列”工具面板位于“装配”选项卡下，如图 4-58 所示。在工具面板上有“阵列”“镜像”“复制”3 个工具按钮。

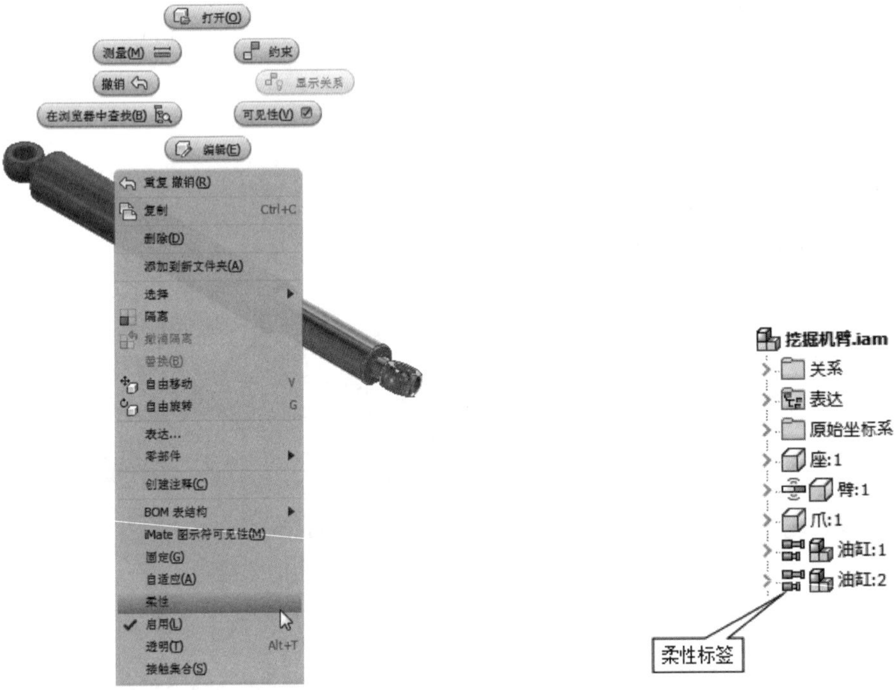

（a）右键菜单勾选柔性　　（b）添加柔性标签

图 4-57　柔性应用

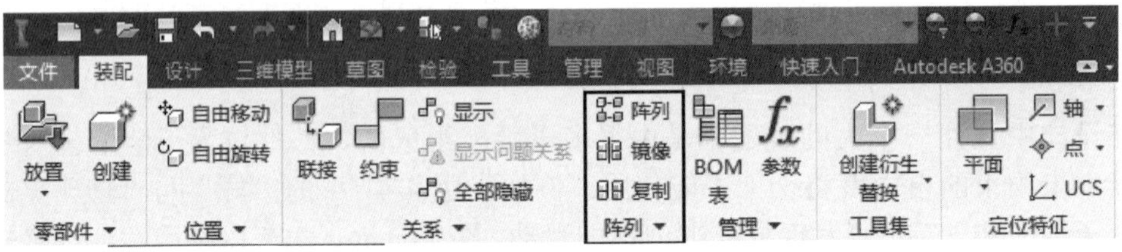

图 4-58　部件环境下的“阵列”工具面板

（1）阵列　单击“阵列”工具按钮，弹出“阵列零部件”窗口，如图 4-59（a）所示。在该窗口中有 3 个选项卡。

① 关联　选择要与部件阵列关联的特征阵列。在“特征阵列选择”区域显示特征阵列名称。零部件将相对于特征阵列的放置位置和间距进行阵列。下面举例说明执行“关联”特征阵列操作的步骤。

第一步：打开资料包中的“第 4 章\任务 2\关联阵列练习.iam”文件。

第二步：打开“阵列零部件”窗口，默认是“关联”选项。

第三步：选择要阵列的“钉”零部件，如图 4-59（b）所示。

第四步：单击窗口中“特征阵列选择”区域的选择器按钮。

第五步：单击“底座”零部件的“环形阵列”特征，如图 4-59（c）所示。

第六步：单击“确定”按钮，完成阵列，结果如图 4-59（d）所示。

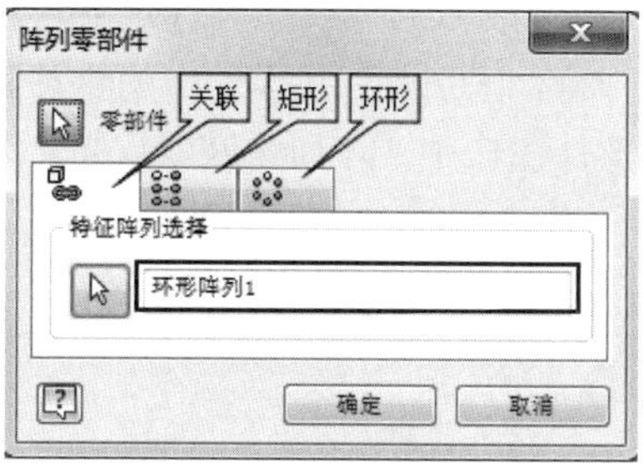

（a）“阵列零部件”窗口

（b）选择要阵列的零部件

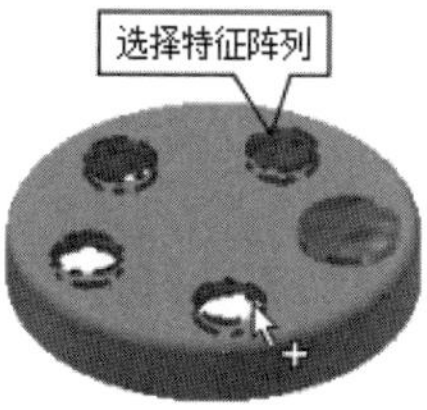

（c）选择关联的特征

（d）关联阵列结果

图 4-59　执行“关联”特征阵列操作的步骤

在零件中若对特征阵列进行修改，装配文件将自动更新部件阵列中零部件的数量和间距。例如，将图 4-60（a）中的底座中的孔的阵列数量由 5 个改为 3 个，返回部件环境，更新后可发现阵列的轴钉数量及间距也发生了变化，如图 4-60（b）所示。

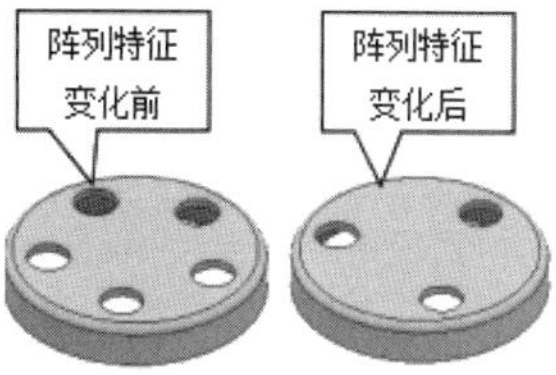

（a）关联特征发生变化

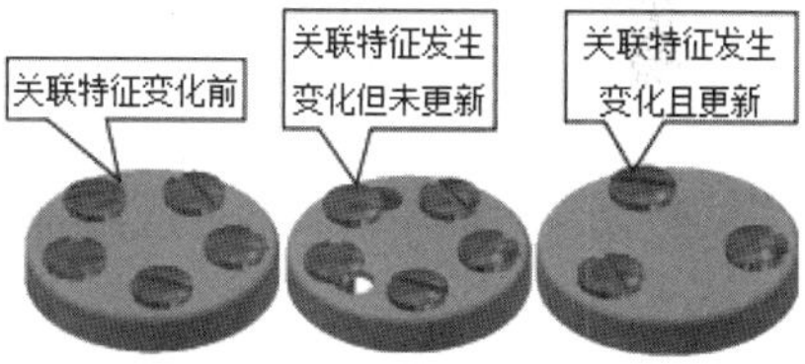

（b）关联阵列结果

图 4-60　修改关联特征阵列示例

② 矩形阵列 通过指定数量和间距，按列和行排列选定零部件，如图 4-61 所示。跟零件中的特征阵列使用方法一样，这里不再赘述。

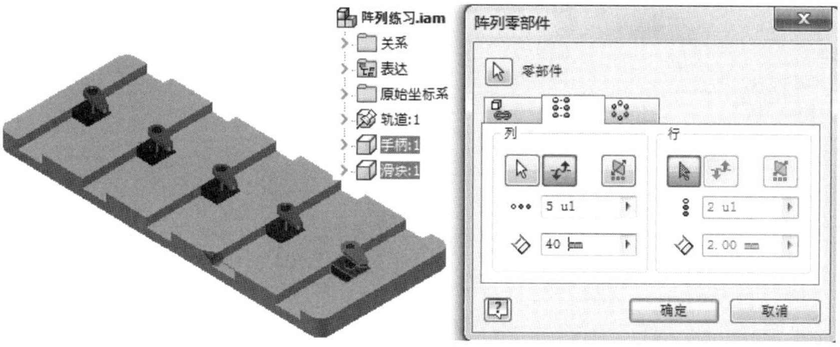

图 4-61　矩形阵列特征阵列的应用

③ 环形阵列 通过指定数量和角度间距，以圆形或弧形阵列排列选定的零部件，如图 4-62 所示。与零件中的特征阵列的使用方法基本一样，区别是：在零件中的特征阵列窗口中，阵列角度默认是“范围”，而在部件中的阵列零部件窗口中，阵列角度默认是“增量”。

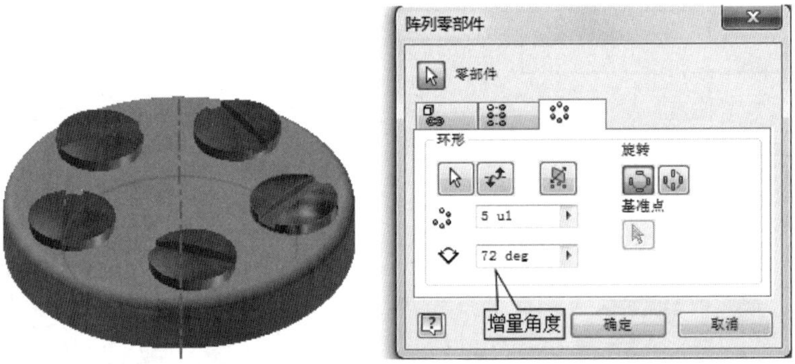

图 4-62　环形阵列特征阵列应用

说明 在上述三种阵列中，拖动任一零部件，阵列的其他零部件都会一起转动。但是从浏览区展开零部件会发现，零部件之间添加的约束，并没有跟随零部件一块阵列。如图 4-63 所示，在各阵列元素下并没有约束。

（2）镜像　在创建零件时，可以用镜像特征创建关于某个平面对称的特征或实体。同样在部件环境中，也可以使用镜像工具创建或重新引用对称的零部件。如图 4-64 所示的智能机器人的左、右臂，就可以采用镜像工具完成。下面举例说明部件环境下镜像工具的使用方法。

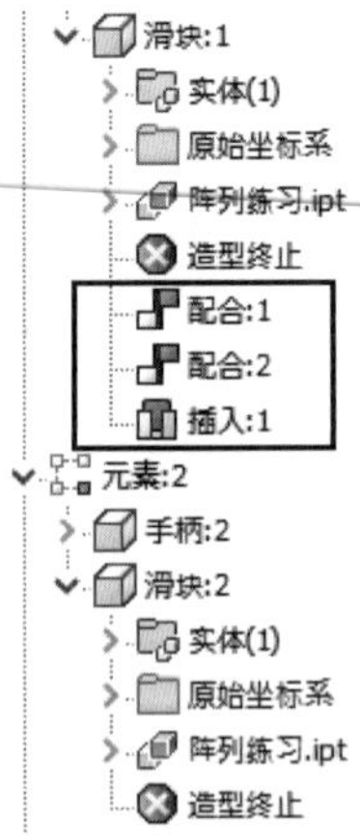

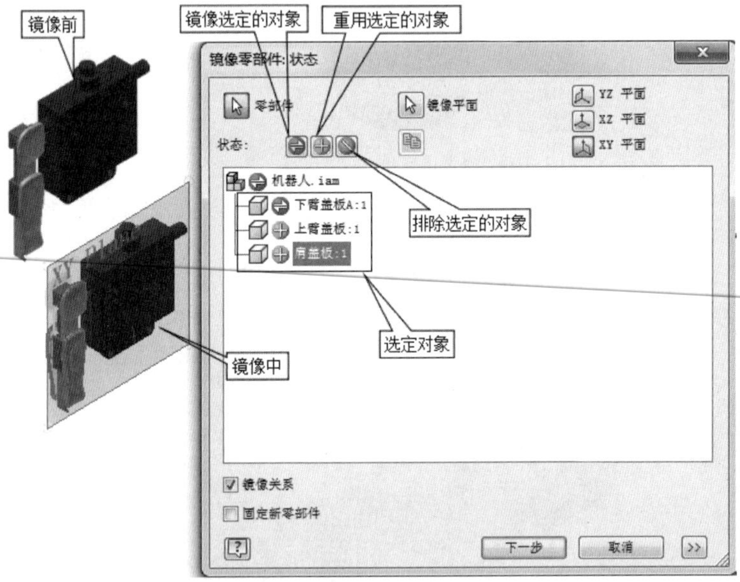

图 4-63　阵列零部件约束比较　　　　图 4-64　“镜像零部件：状态”窗口

选择需要镜像的零部件，然后单击镜像工具按钮，打开“镜像零部件：状态”窗口，如图 4-64 所示。单击零部件的状态按钮可更改零部件的状态。若要更改所有零部件的状态，只需单击窗口顶端的状态按钮即可。各状态按钮含义如下。

① 镜像选定的对象 创建镜像的零部件，并将其保存于另一文件中，该状态是默认选项，该状态按钮绿色显示。

② 重用选定的对象 在当前或新部件文件中添加零部件引用，即重复引用零部件，该状态按钮黄色显示。

③ 排除选定的对象 从镜像操作中排除零部件，该状态按钮灰色显示。

在这里，上臂盖板、肩盖板是重复引用的，下臂盖板 A 是创建的新零部件。更改三个零部件的状态后，选择镜像平面，单击“下一步”按钮，弹出“镜像零部件：文件名”窗口，如图 4-65 所示。在该窗口的列表中，重复引用的零部件并没有被罗列出来，在“新名称”一栏，将创建的新零部件改为“下臂盖板 B.ipt”。最后，单击“确定”按钮，完成镜像操作。

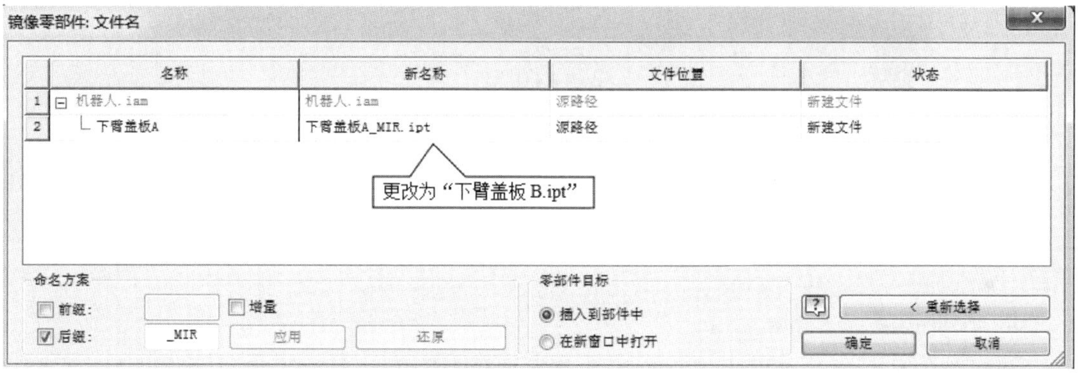

图 4-65　“镜像零部件：文件名”窗口

在 Inventor 中，零部件镜像后，只有在参与镜像的零部件之间，其约束关系才会随着零部件一并镜像，如图 4-66 所示。由于核心部件没有参与镜像，因此会看到镜像后的肩关节少了与核心部件之间的插入约束和角度约束。

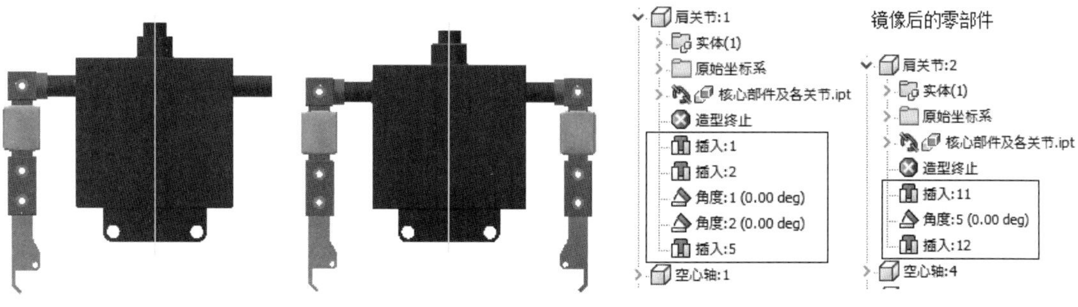

（a）镜像前　　（b）镜像后　　（c）约束对比

图 4-66　镜像零部件

（3）复制　在部件环境中，可以使用复制工具创建或重新引用相同的零部件。复制工具的应用与镜像工具差不多，选择需要复制的零部件后，单击“复制”工具按钮，弹出“复制零部件：状态”窗口，如图 4-67 所示。该窗口与图 4-64 所示的“镜像零部件：状态”

窗口差不多，区别是："复制选定的对象"状态按钮是蓝色，没有了镜像平面选择，单击"下一步"按钮后，弹出与图 4-65 所示相似的"复制零部件：文件名"窗口，这里不再赘述。

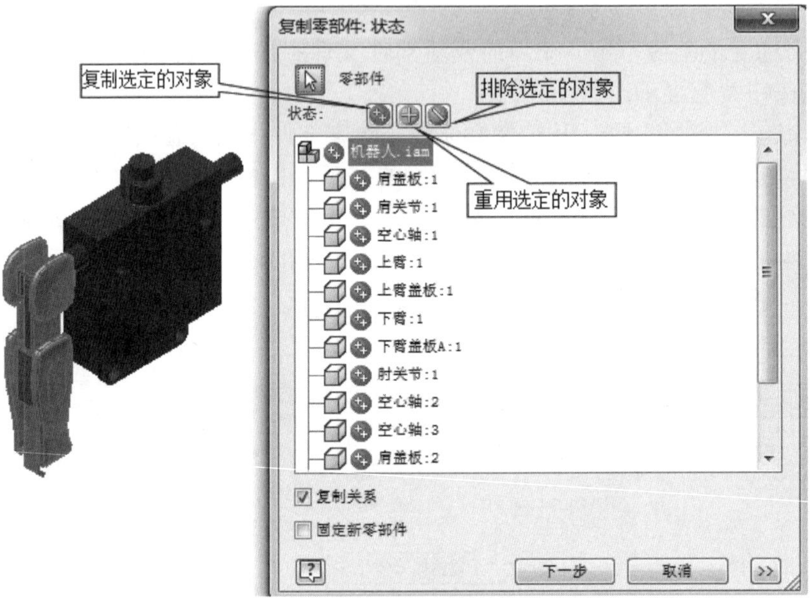

图 4-67　"复制零部件：状态"窗口

5. 干涉检查

将零部件装配后，可用"干涉检查"工具来检查装配结果的正确性。通过干涉检查，可以检查完成装配的零部件之间是否有相互嵌入的区域。

"干涉检查"工具也位于"检验"选项卡下的"干涉"工具面板上（如图 4-56（a）所示）。选择需要干涉检查的零部件，然后单击"干涉检查"工具按钮  ，弹出"正在干涉检查"窗口，该窗口以滚动条的形式显示检查进度，检查时间取决于干涉检查的零部件数量，检查完成后自动关闭，并给出检查结果，若有干涉，干涉区域会红色亮显，同时在窗口中给出干涉区域的数量及干涉部分的总体积，如图 4-68 所示。

图 4-68　干涉检查结果

说明　在 Inventor 中，由于螺纹功能是靠贴图实现的，所以外螺纹保证大径尺寸，内螺纹保证小径尺寸，因此正确的螺纹连接在干涉检查的结果中也会被检测到有干涉。因此在设计中可以不理会螺纹的干涉检查。

6. 视图表达

视图表达功能是用来定义保存当前视图、装配需要的零部件运动位置，或者定义零部件的显示状态的。表达视图功能集成在浏览区上方，其主要有视图、位置及详细等级三个功能，如图 4-69 所示。

（1）视图操作　如果一个产品的零件比较多，往往需要从不同的视角，通过不同的缩放倍数，或适当调整零部件颜色来对零部件进行观察，这就用到视图表达的内容。在图 4-69 中，可看到视图下面已经建立了两个视图，一个是“主要”视图且锁定了，另一个是“默认”视图且是激活的。

① 新建视图　如果需要新建视图，只需要在“视图：默认”标签上单击鼠标右键，在右键菜单中选择“新建”选项，即可新建视图且视图处于激活状态，如图 4-70 所示。在“新建”视图中，可调整四根杆的颜色，并调整视图角度，完成后可分别进入不同视图，从不同角度用不同颜色进行观察，如图 4-71 所示。

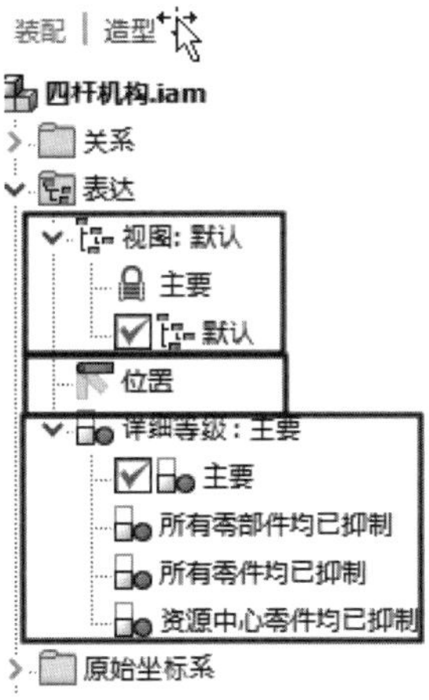

图 4-69　视图表达的内容

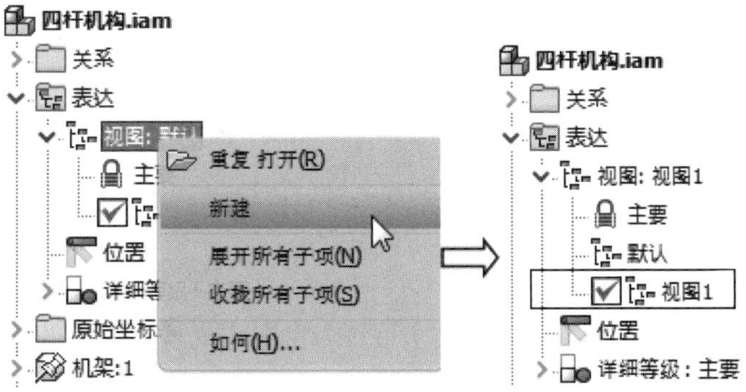

图 4-70　新建视图

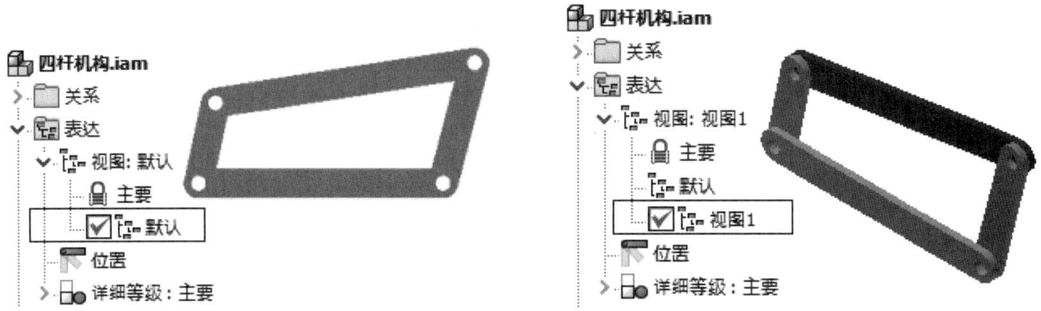

（a）默认视图　　（b）视图 1

图 4-71　视图比较

② 锁定与解锁　在“视图 1”下，调整零部件视角方向、缩放等操作。然后在浏览区“视图 1”上单击右键，在右键菜单中选择“锁定”选项，即可将当前的视图状态进行锁定，

如图 4-72（a）所示。视图锁定后就不能对对视图表达的显示特征进行修改了。在处于激活状态的锁定视图内，新装入的零部件将不显示，但会显示在其他未锁定的视图中。

若需要对锁定的视图进行解锁，只需在锁定的视图名称上单击鼠标右键，在右键菜单中选择“解锁”选项即可，如图 4-72（b）所示。

说明 “主要”视图默认是锁定的且不能解锁；另外在锁定且激活的视图内添加的零部件，除能够显示在其他未锁定的视图内外，也能够在锁定的主要视图内显示。

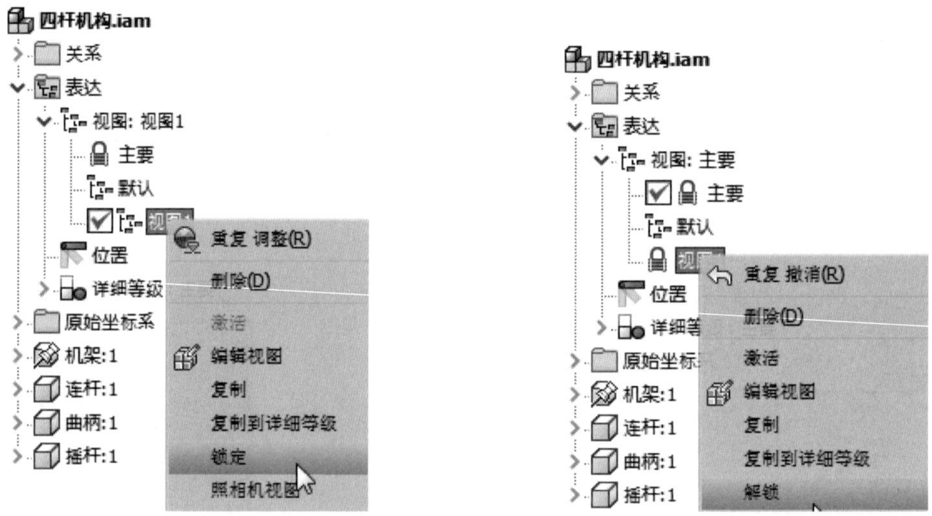

（a）锁定视图　　（b）解锁视图

图 4-72　视图的锁定与解锁

③ 激活　要激活某个视图，使其成为视图当前显示状态，只需在相应视图名称上双击或者在右键菜单中选择“激活”选项即可。在部件中一次只能激活一个视图。

④ 删除　要删除某个视图，只需在浏览区中需要删除的视图名称上，单击右键，在右键菜单中选择“删除”选项，或者在选择要删除的视图后，按 Delete 键。“主要”视图不能删除。

（2）位置视图　位置表达是 Inventor 用来表示零部件在装配中的不同位置的，也可以对零部件的约束值及零部件进行替代，替代后不同的位置就有不同的状态。例如，在机械设计中对运动规律要求比较高的凸轮、四杆机构、机器人等，用一个相对位置关系的表达是不够的，这个时候就需要用多个位置来表达运动关系。它可以记录零部件之间按运动规律在不同位置或不同时刻的零部件之间的相对位置关系。

位置视图的操作比较简单，但是创建位置视图必须有两个以上零部件的不同约束状态（不同位置），现以四杆结构为例说明位置视图的创建方法。

① 建立角度约束　建立摇杆与机架之间的角度约束，角度为 90°，如图 4-73 所示。

② 建立位置视图　在浏览区的视图“表达”下的“位置”上，单击右键，在右键菜单中选择“新建”选项，建立“位置 1”；重复操作，再建立“位置 2”，此时“位置 2”自动激活，如图 4-74（a）所示。

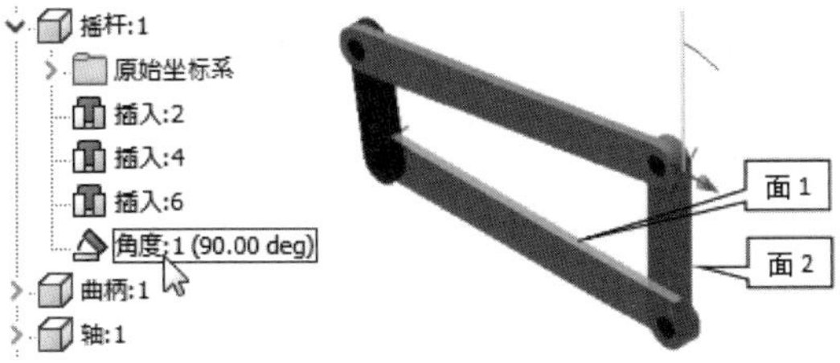

图 4-73　建立角度约束

在“角度:1”约束上，单击鼠标右键，在右键菜单中，选择“替代”选项，如图 4-74（b）所示。弹出“替代对象 - 角度:1”窗口，在窗口中勾选“值”选项，并将角度值改为 45°，如图 4-74（c）所示。重复操作，再将“位置 1”激活，将角度约束的替代值改为 135°。

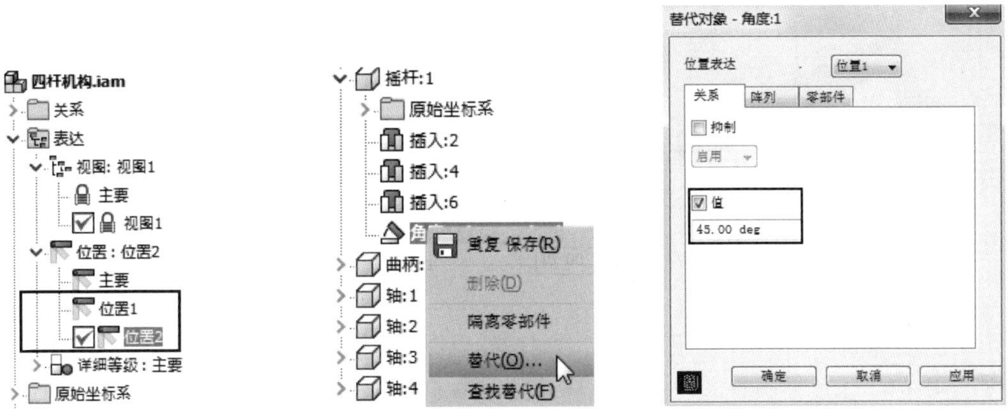

（a）新建位置　（b）在右键菜单中选择“替代”选项　（c）“替代对象 - 角度:1”窗口设置

图 4-74　新建位置并设置

③ 激活位置视图　位置视图的激活与设计视图的激活方法类似，这里不再赘述。激活后的各位置视图如图 4-75 所示。

（a）主要位置　（b）位置 1　（c）位置 2

图 4-75　各位置视图比较

7．自适应关联设计

在设计中，设计的更改有时是无法避免的，并且大多时候的设计过程伴随着反复设计的更改，可以通过数据关联来解决上述问题。在 Inventor 中有很多方法可以解决装配之间的数据关联，如衍生对象、公用 Excel 数据、自适应等方法。这里主要学习用自适应的方法进行数据关联设计。

自适应是进行关联设计的有力工具，例如在设计四杆机构上的轴时，可以在装配环境下用自适应技术完成轴的设计。当杆的尺寸发生变化的时候，轴能够自动适应这种变化，继续保持与杆的关联关系。

利用自适应进行关联设计时，应满足以下两个条件：一是零部件中的部分几何尺寸没有被完全确定；二是零部件中尚未确定的几何尺寸可由其他零部件或某种位置关系来确定。

下面以四杆机构中轴的设计为例，简单介绍装配环境下自适应方法的使用。

（1）打开资料包中“第 4 章\任务 2\四杆机构\四杆机构.iam”文件，如图 4-76 所示。

（2）单击“零部件”工具面板上的“创建”工具按钮，如图 4-77 所示。弹出“创建在位零部件”窗口，参数设置如图 4-78 所示。

图 4-76　四杆机构

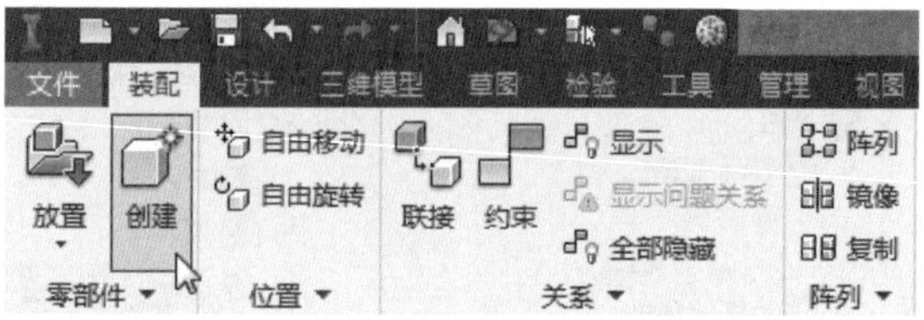

图 4-77　“创建工具”按钮位置

（3）单击“确定”按钮后，关闭窗口并返回到部件环境，根据提示，为即将创建零件的基础特征选择草图平面，这里选择曲柄的侧面，如图 4-79 所示。单击选择面后，进入零件环境，这时其他的零部件都不可见，浏览区除了新增加的轴零部件，其他部分都添加了灰色背景。当移动鼠标至其他零部件上时，图形区会以红色细线显示该零部件的轮廓，如图 4-80 所示。

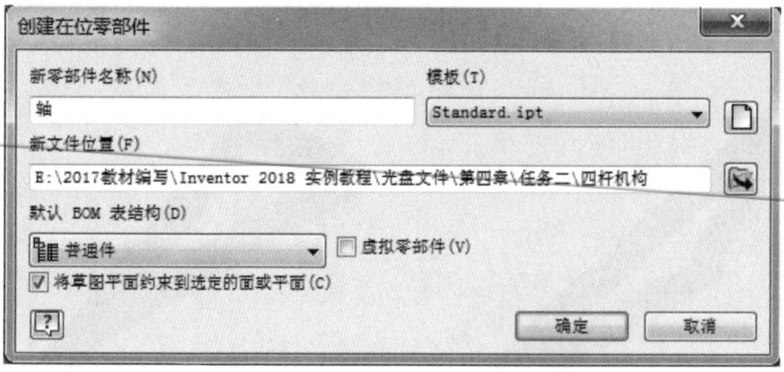

图 4-78　“创建在位零部件”窗口

图 4-79　为基础特征选择草图平面

（4）在浏览区新增加的轴零件下的 XY 平面上新建草图，如图 4-81 所示。在草图中，投影机架、曲柄零部件的侧面，并标注两条轮廓线之间的距离，如图 4-82 所示。在标注尺寸时，弹出“创建线性尺寸”提示窗口，提示创建的尺寸是联动尺寸，如图 4-83 所示。单击“接受”按钮，将投影线改为构造线并退出草图环境。

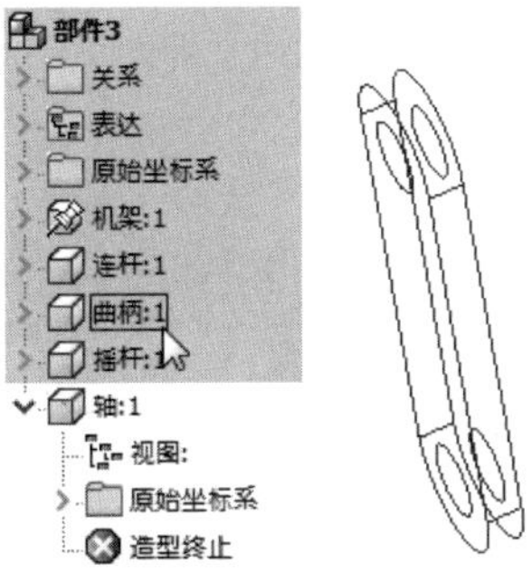

图 4-80 零件环境

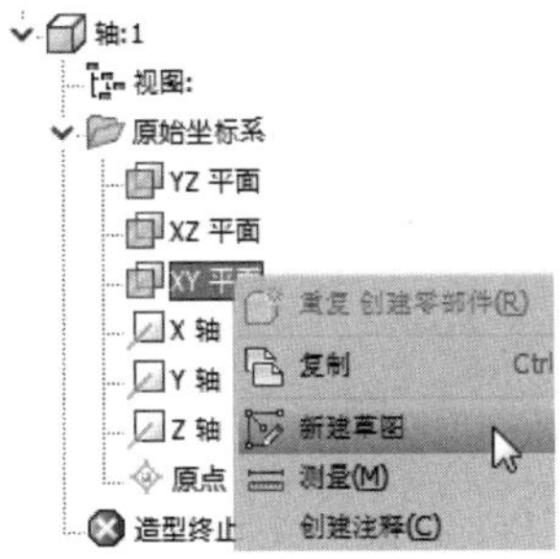

图 4-81 新建草图

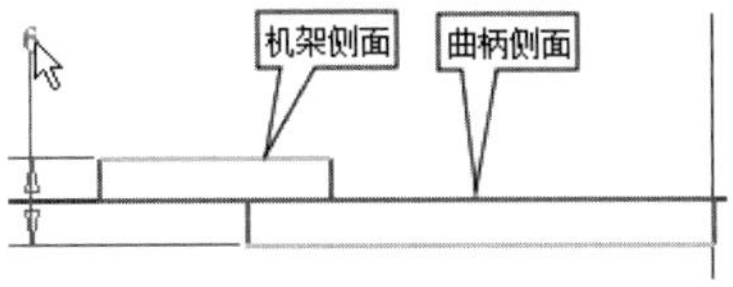

图 4-82 投影侧面并标注尺寸

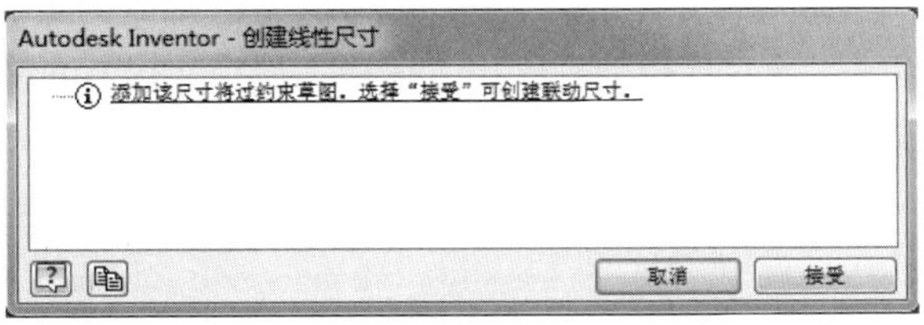

图 4-83 “创建线性尺寸”提示窗口

（5）在图形区的右键菜单中选择“尺寸显示”－“表达式”选项，将尺寸以表达式形式显示后，可看到前面标注的尺寸，其模型参数名称是 d0，如图 4-84 所示。

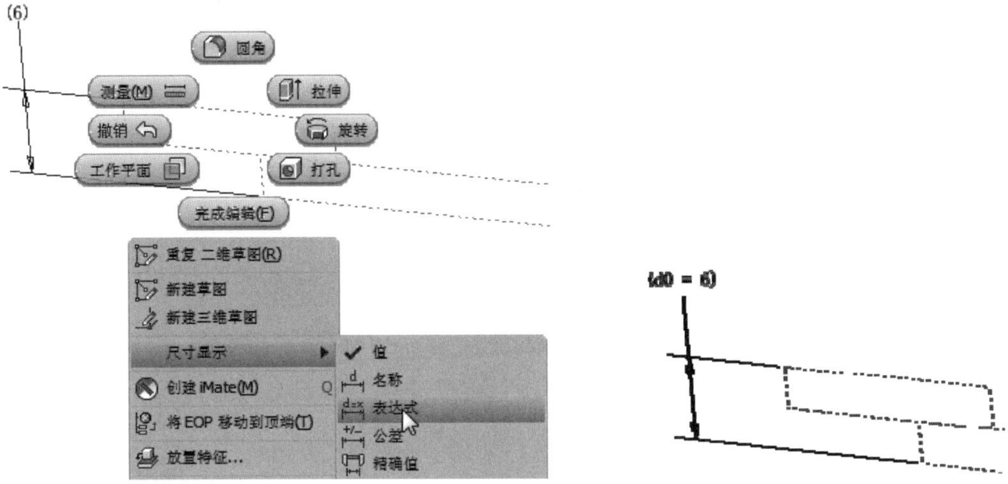

图 4-84 更改尺寸显示方式

（6）再在轴零件下的 XZ 平面上新建草图，并投影曲柄零部件的轴孔，如图 4-85 所示，退出草图环境。

（7）将上一步投影的轴孔拉伸为实体，拉伸距离输入 d0，如图 4-86 所示。完成拉伸后，在浏览区可看到在新增加的轴零部件下，其草图、拉伸等名称上面都添加了自适应标签 ，并在草图 1 下自动添加了两个自适应参考，表示该草图是参考机架和曲柄两个零部件，如图 4-87 所示。单击“返回”工具面板上的“返回”工具按钮，返回到部件环境。将轴零部件下的草图不可见。

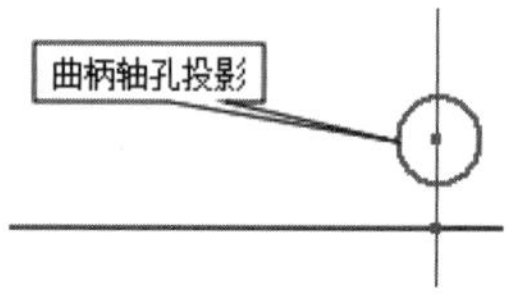

图 4-85　投影轴孔

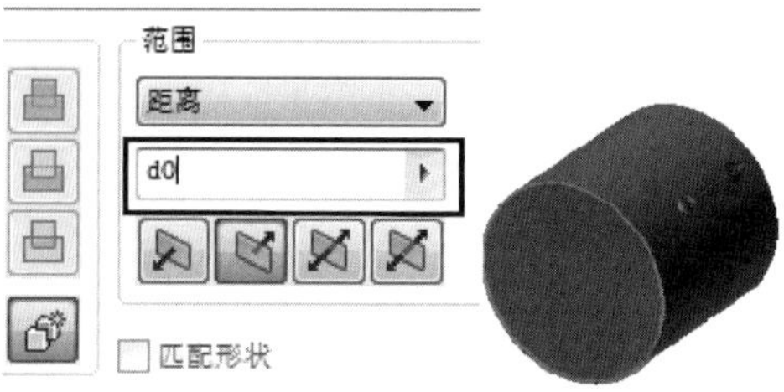

图 4-86　拉伸实体

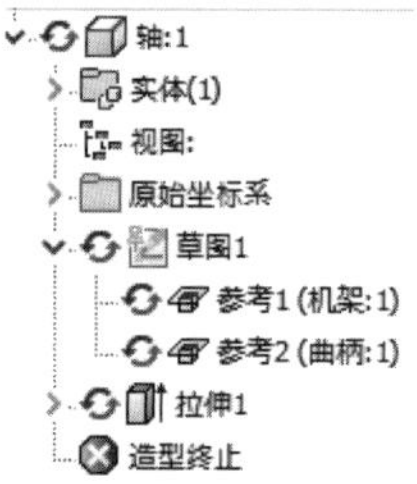

图 4-87　浏览区显示

（8）单击“保存”按钮，弹出提示窗口，提示需要解锁当前设计视图，如图 4-88 所示。单击“确定”按钮，弹出“保存”窗口，提示是否保存文件，如图 4-89 所示。单击“确定”按钮，完成对零部件的保存。

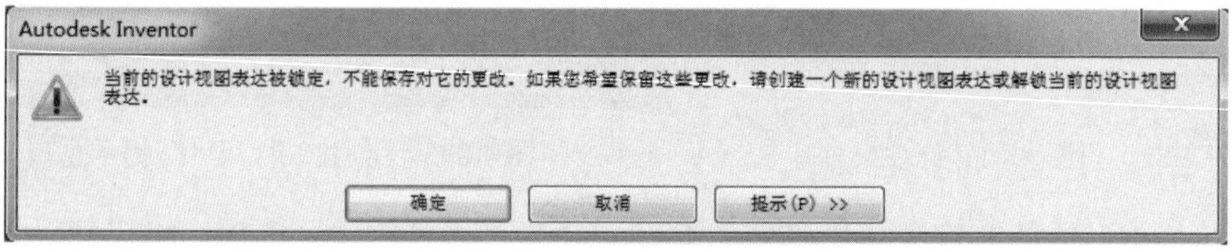

图 4-88　提示窗口

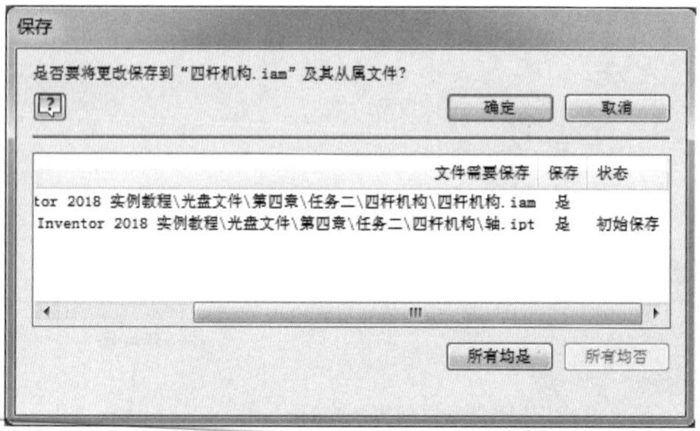

图 4-89　“保存”窗口

（9）将新创建的轴零部件再装入 3 次，如图 4-90 所示。将新装入的 3 个轴零部件的自适应草图不可见。

（10）打开原来的“四杆机构.ipt”文件，将杆的轴孔的直径参数和杆的厚度参数进行修改，然后返回到部件环境，更新后，可发现轴的直径和厚度也随着发生了变化。

图 4-90　装入轴零部件

任务流程

任务流程如图 4-91 所示。

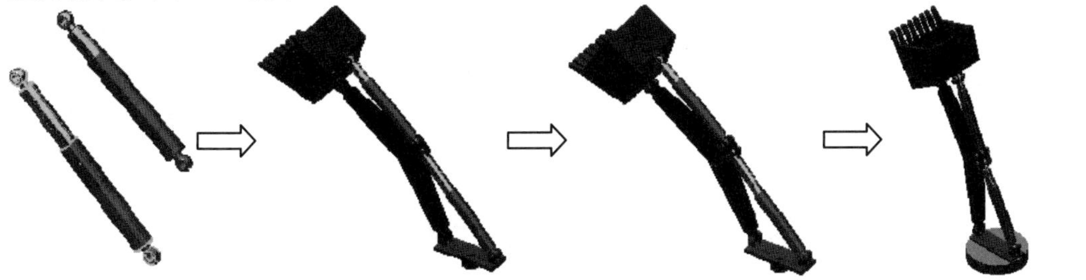

装入油缸并设置柔性　　装入并约束其他零部件　　装入紧固件并约束　　利用自适应方法制作底盘

图 4-91　任务流程

任务实施

Step 01 项目管理　激活资料包中的“\第 4 章\任务 2\传动机构\挖掘机臂.ipj”文件。

Step 02 新建部件文件　新建一部件文件。

Step 03 装入油缸子装配　装入两个“油缸”子装配零部件，并在其右键菜单中勾选“柔性”选项，如图 4-92 所示。

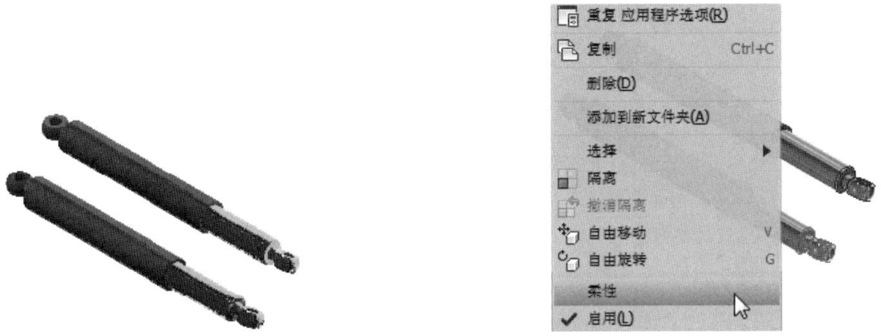

（a）装入油缸子装配　　（b）勾选“柔性”选项

图 4-92　装入油缸子装配

Step 04 装入座零部件　装入“座”零部件，并将其固定，在“油缸”1 与“座”之间添加插入约束，如图 4-93 所示。

Step 05 装入臂零部件　装入“臂”零部件，并先后在“臂”与“座”之间、“臂”与“油缸”2 之间及“臂”与“油缸”1 之间添加三个插入约束；在“臂”与“座”之间插入角度约束，如图 4-94 所示。

Step 06 装入爪零部件　装入“爪”零部件，并先后在“臂”与“爪”之间及“爪”与“油缸”2 之间添加两个插入约束；在“爪”与“臂”之间插入角度约束，如图 4-95 所示。

Step 07 装入螺柱紧固件　打开“从资源中心放置”窗口，快速搜索“901”，并在“工具”

菜单中不勾选“自动放置”选项，如图 4-96（a）所示。选择搜索的螺柱，并单击“确定”按钮。

图 4-93　装入“座”并添加约束

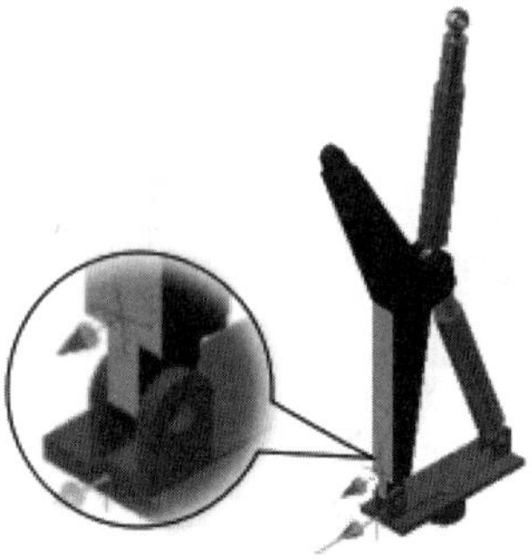

图 4-94　装入“臂”并添加约束

图 4-95　装入“爪”并添加约束

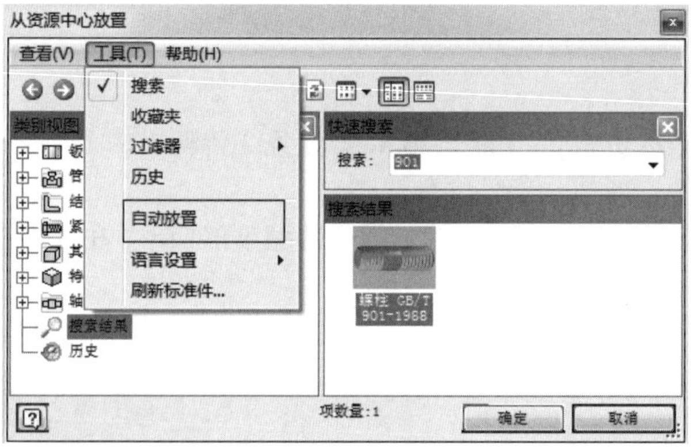

（a）从资源中心放置窗口选择螺柱

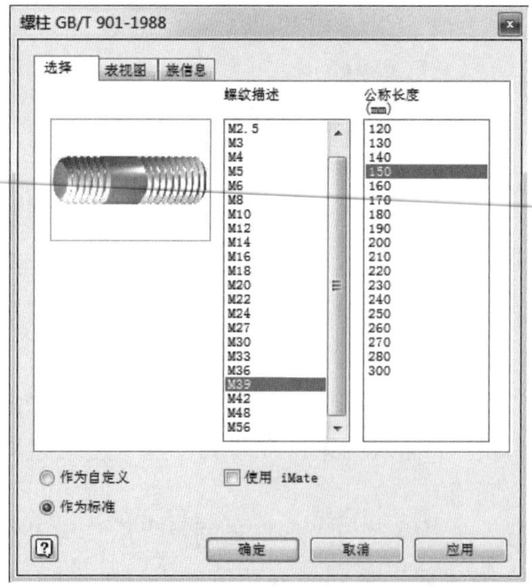

（b）选择螺柱信息

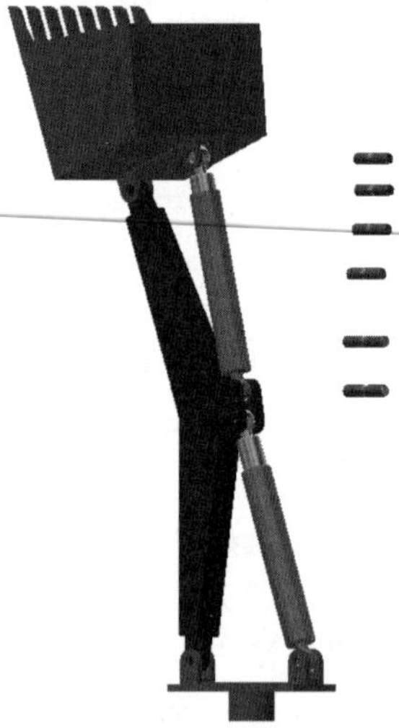

（c）装入 6 个螺柱

图 4-96　从资源中心装入螺柱

在弹出的“螺柱”信息选择窗口中，选择公称长度为 150mm 的 M39 螺柱，如图 4-96（b）所示。单击“确定”按钮，在图形区放置 4 个螺柱。重复操作，再放置 2 个公称长度为 180mm 的 M×39 螺柱，结果如图 4-96（c）所示。

在公称长度为 150mm 的 M×39 螺柱与“座”零部件之间添加轴、轴配合约束，如图 4-97（a）所示；在螺柱端面与“座”零部件之间添加表面平齐约束，偏移量为 40mm，如图 4-97（b）所示。重复操作，约束其他螺柱。在公称长度为 180mm 的 M×39 螺柱与“臂”零部件之间添加表面平齐约束时，偏移量设为 30mm。

（a）添加轴、轴配合约束　　（b）表面平齐约束

图 4-97　螺柱与座之间添加约束

Step 08 装入螺母紧固件　重复上述操作，在“从资源中心放置”窗口中搜索“6173”，放置 M39×3 的螺母 12 个，如图 4-98 所示。

在螺母与“座”零部件之间添加插入约束，如图 4-99（a）所示；重复操作，添加螺母与“座”“臂”“爪”之间的插入约束，完成后结果如图 4-99（b）所示。

Step 09 添加接触集合　激活接触识别器，并给“爪”“臂”“座”3 个零部件添加接触结合。

（a）在“从资源中心放置”窗口选择螺母

图 4-98　从资源中心装入螺母

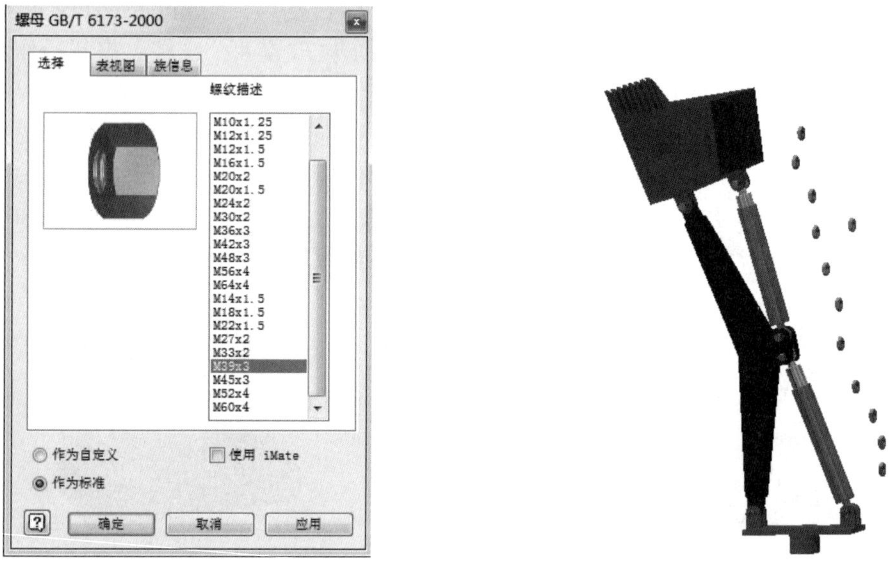

（b）选择螺母信息　　（c）装入 12 个螺母

图 4-98　从资源中心装入螺母（续）

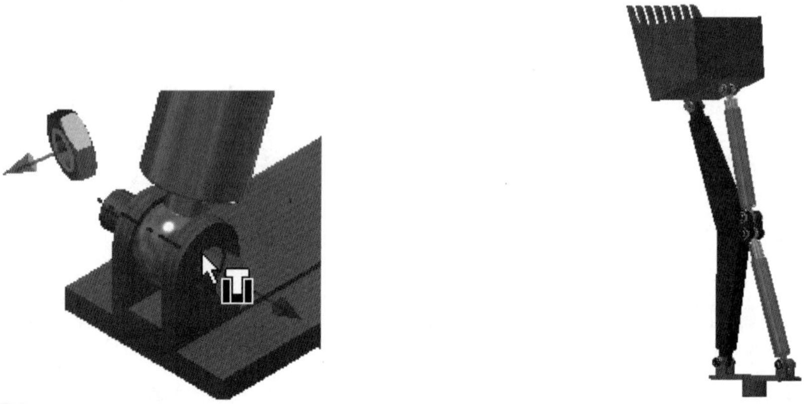

（a）在螺母与座之间添加插入约束　　（b）添加约束后的结果

图 4-99　约束螺母

Step 10 创建底盘零部件　在装配环境中创建“底盘”零件，并选择“座”零部件的底面为创建零件基础特征工作平面，如图 4-100（a）所示。进入零件环境后，在“底盘”零部件的 XY 平面上新建草图，投影“座”零部件的底部轮廓，如图 4-100（b）所示。将矩形投影线改为构造线，绘制一个过矩形角点的同心圆，如图 4-100（c）所示。

退出草图，在 XZ 平面上新建草图，投影“座”零部件的轴轮廓线，并将投影线改为构造线，标注轴的高度，完成后退出草图，将尺寸以表达式样式显示，结果如图 4-100（d）所示。

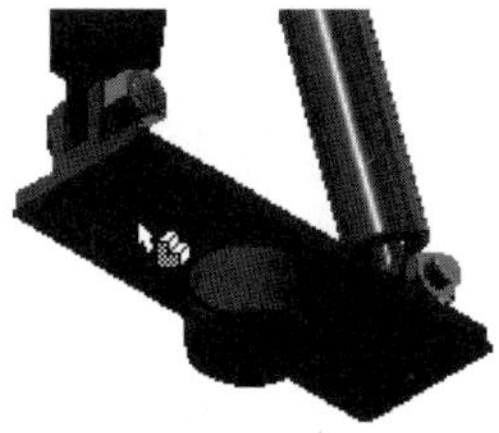

（a）选择基础特征工作平面

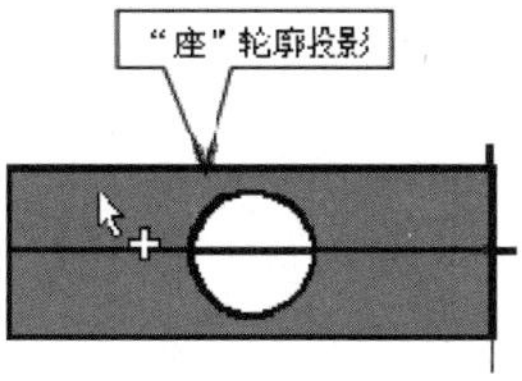

（b）选择投影轮廓

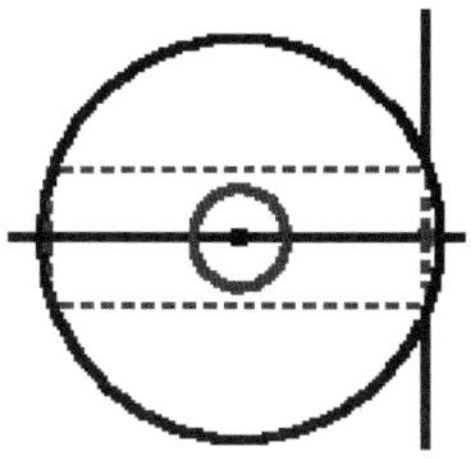

（c）绘制同心圆

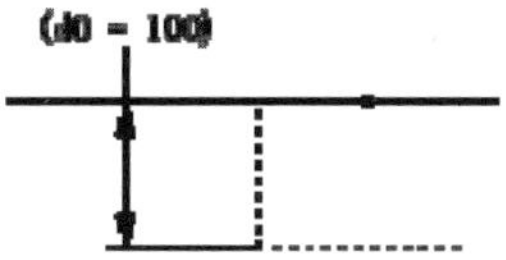

（d）标注联动尺寸

图 4-100　创建底盘零件－创建自适应草图

将图 4-100（c）所示的轮廓拉伸为实体，拉伸距离如图 4-101（a）所示。再在创建的实体表面上新建草图，投影孔，如图 4-101（b）所示。退出草图后，将投影的圆心拉伸，拉伸距离为 10mm，如图 4-101（c）所示。

将创建的实体抽壳，抽壳距离为 10mm，如图 4-101（d）所示。完成后将“底盘”零部件下的草图不可见，并返回到部件环境。

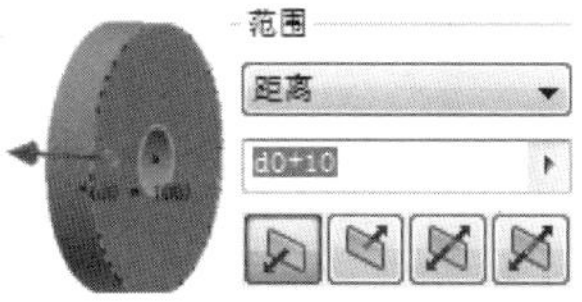

（a）第 1 次拉伸

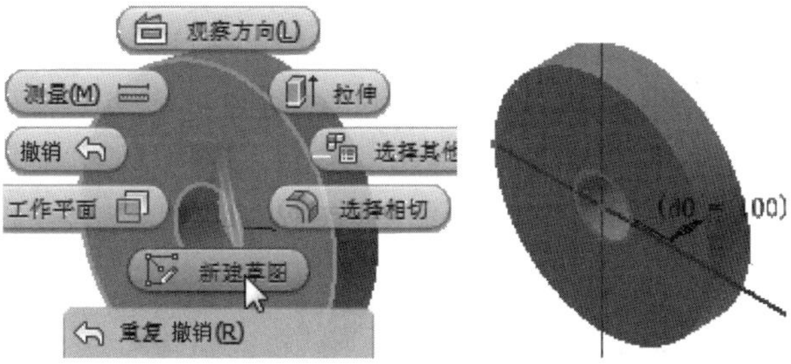

（b）新建草图并投影

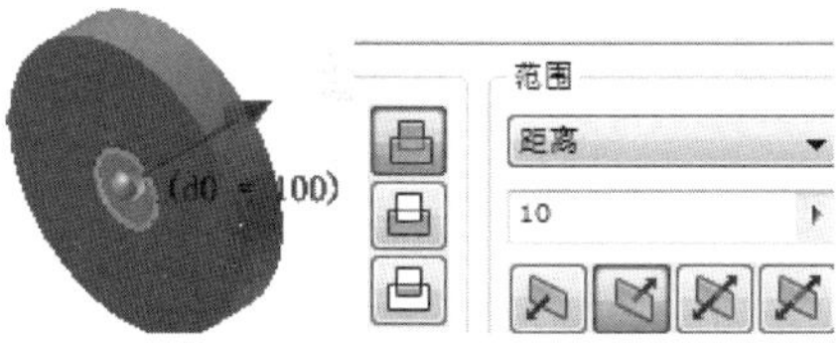

（c）第 2 次拉伸

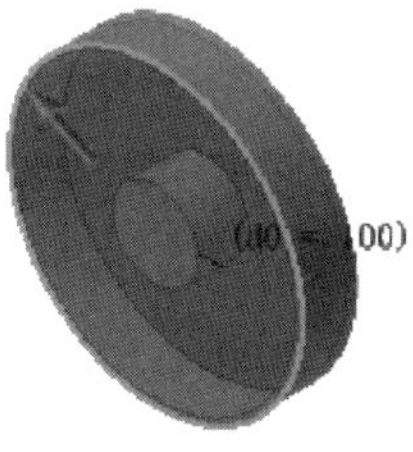

（d）抽壳

图 4-101　创建底盘零件—创建实体

Step 11 干涉检查　选择所有零部件，进行干涉检查，检查结果如图 4-102 所示，只有 12 处螺纹连接有干涉，说明装配正确。

图 4-102　干涉检查

Step 12 建立视图表达　新建视图 1、视图 2，在各视图中调整模型位置，结果如图 4-103 所示。

（a）默认视图　（b）视图 1　（c）视图 2

图 4-103　视图表达

Step 13 建立位置表达　新建位置 1、位置 2，在各位置视图中分别修改两个角度约束的约束角度，结果如图 4-104 所示。

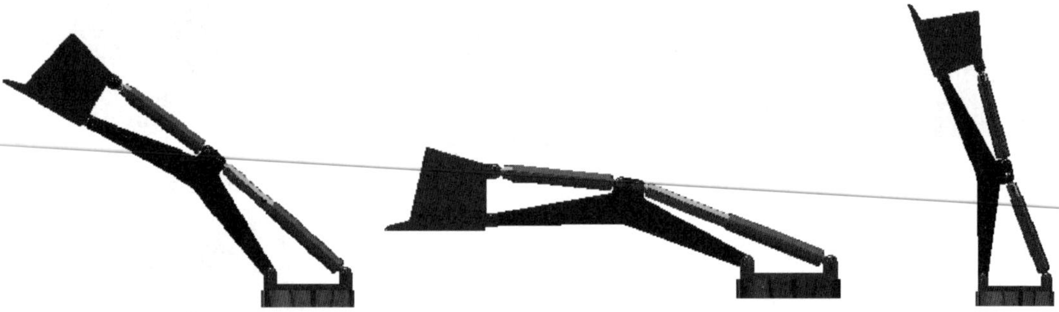

（a）主要　（b）位置 1　（c）位置 2

图 4-104　位置表达

Step 14 自适应关联设计检测　打开“座”零部件，将轴的直径由原来的 150mm 改为 100mm，返回到装配环境，更新后可看到“底盘”零部件的轴孔直径也跟随发生了变化，如图 4-105 所示。

Step 15 保存文件　单击保存工具按钮，弹出提示窗口，如图 4-106 所示。单击“确定”按钮，在弹出的“保存”窗口中，继续单击“确定”按钮，即可将文件保存。

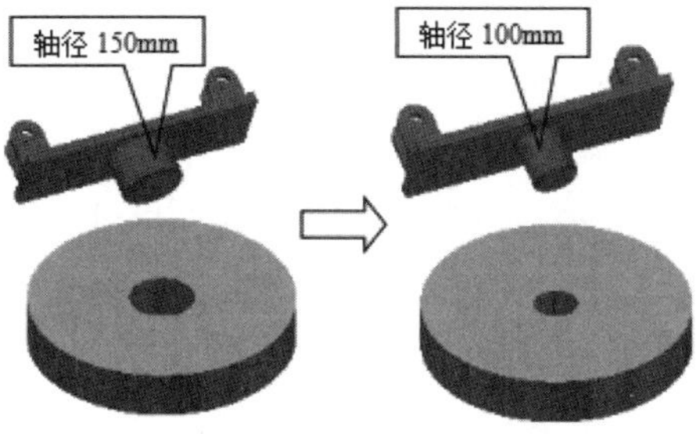

图 4-105 自适应关联设计检测

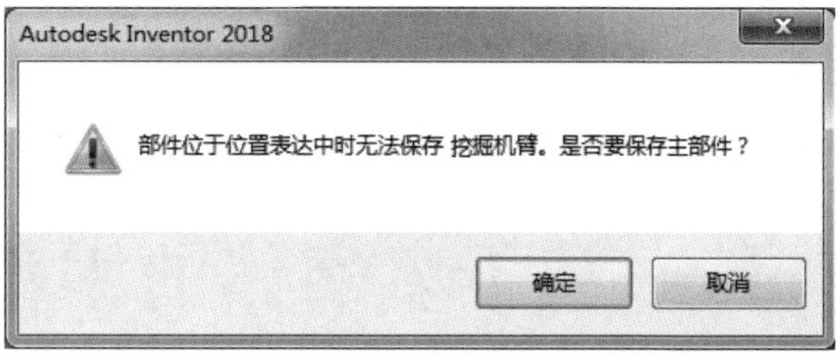

图 4-106 保存提示窗口

拓展练习 4-2

完成如图 4-107 所示的装配模型。模型的各零部件参见资料包“第 4 章\任务 2\拓展练习”文件夹。

图 4-107 拓展练习 4-2

思考与练习 4

1．将如图 4-108（a）所示的凸轮机构进行装配，各零件文件见资料包中“第 4 章\思考与练习\凸轮机构”文件夹。

2．将如图 4-108（b）所示的齿轮箱进行装配，各零件文件见资料包中“第 4 章\思考与练习\齿轮箱”文件夹。

3．用自适应方法创建如图 4-18（c）所示的弹簧，其他零部件文件见资料包“第 4 章\思考与练习\衣服夹”文件夹。

（a）凸轮机构　（b）齿轮箱　（c）衣服夹

图 4-108 思考与练习 4

05 第 5 章 基于多实体的零件设计

在产品设计过程中，一种是由零件开始，然后根据需要将零件进行逐级装配，最后完成整个产品的设计，这种设计方法称之为自下而上的设计方式。而在工业产品设计过程中，还有另一种不同的设计方式，这种方式是由完整的产品概念开始，逐步将设计细化到最终的零件，这种设计称之为自上而下的设计。

在 Inventor 中，自上而下的设计方式有 4 种，分别是基于概念草图的设计、基于模型的设计、基于布局的设计和基于多实体的设计。在本章节中将以吹风机外壳的设计为例，介绍基于多实体的零件设计的基本流程。

任务　吹风机外壳模型设计

学习目标

- 熟悉自上而下的设计思想
- 掌握基于多实体的零件设计方法
- 能够利用多实体设计吹风机外壳模型

任务导入

吹风机外壳模型设计如图 5-1 所示，各模型文件见资料包中“第 5 章\吹风机”文件夹。

在学习吹风机外壳模型设计之前，先来学习在设计时用到的新知识。

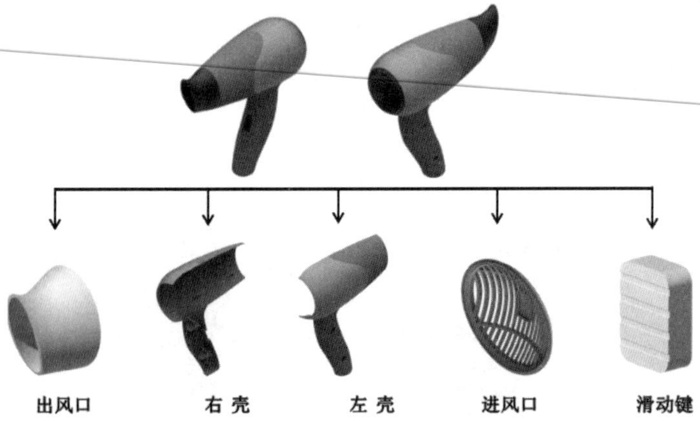

图 5-1　吹风机外壳模型

知识准备

1．多实体的创建与操作

（1）多实体的创建　在 Inventor 中，可以创建多实体的特征有很多，例如拉伸、旋转、分割、阵列等。这些特征在第 3 章中已经详细介绍过，这里不再赘述。

（2）多实体的操作　在 Inventor 中，多实体的操作包含移动、旋转、合并、命名、控制可见性等相关操作。其中多实体的移动、旋转、合并等操作，在第 3 章节已经学习过，不再赘述，下面主要学习多实体的命名和控制可见性操作。

① 多实体的命名　在多实体环境中，根据实体创建的顺序，实体的默认名称是“实体 1”“实体 2”“实体 3”等。但往往在设计中，需要每一个实体都有比较明确的名字。实体名字的修改方法与 Windows 中修改文件名称的方法一样，在浏览区中找到需要修改名称的实体，连续两次单击实体名称，然后输入新实体名称即可，如图 5-2 所示。

② 可见性控制　在设计的过程中，由于很多实体是紧密相连的，或者实体之间的空间非常狭小，这样在继续对每个实体添加新的建模特征时，由于所有实体都是可见的，很难准确选择需要选中的点、线或面，使得设计变得非常困难。Inventor 提供了实体可见性控制，可以很好地解决这个问题。

只要在图形区或者浏览区的某一个实体上，单击鼠标右键，就可以看到如图 5-3 所示的右键菜单。在菜单中控制实体可视性的选项有 3 个：可见性、显示全部和隐藏其他。

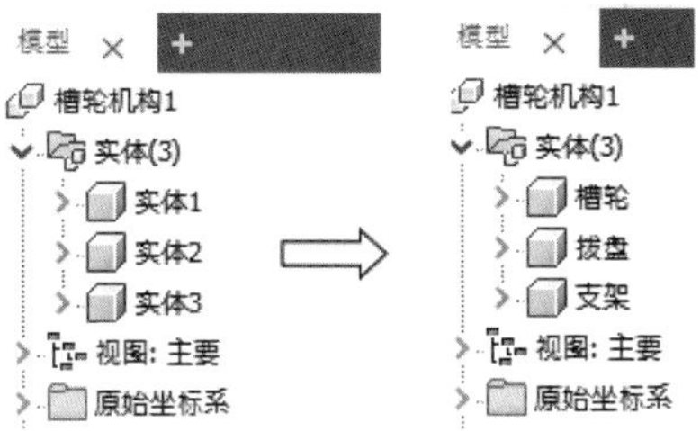

图 5-2　实体命名前后对比

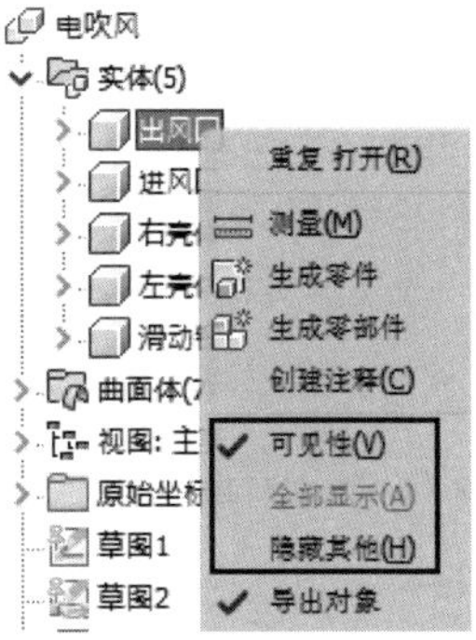

图 5-3　右键菜单

说明　在设置实体可见性时，支持单选和多选，按住 Ctrl 键或 Shift 键可以选中多个实体。

➢　可见性　设置所选零件是否可见。

➢　显示全部　将当前所有零件全部显示，该选项只有在一个或几个实体处于不可见的状态时才会被激活。

➢　隐藏其他　只显示被选择的零件而隐藏其他所有零件，类似于部件设计中的“隔离”工具。在只需要针对某个实体工作时，该功能非常实用。

2．生成零部件

在制作的多实体中包含了多个单一的零件，而在生产加工和安装时所需的工程图纸是需要根据单一零件及由它们组装的部件文件来组织。所以需要将多实体零件生成单一零件和部件文件。

（1）生成零部件　在 Inventor 中，可以通过“生成零部件”工具，将多实体零件一步生成所有的单一零件和完整部件。该工具位于“管理”选项卡下的“布局”工具面板上，如图 5-4 所示。使用该方法不需要对生成的零件重新命名，它会按照多实体零件中实体名称自动进行命名。下面我们举例说明：

图 5-4　“布局”工具面板

① 首先打开资料包中“第 5 章\槽轮机构\槽轮机构.ipt”文件。

② 单击“生成零部件”按钮 ，弹出“生成零部件：选择”窗口，如图 5-5（a）所示。在浏览区选中几个实体，在窗口的列表中就添加相对应的几个实体。

③ 单击“下一步”按钮，弹出“生成零部件:实体”窗口，如图 5-5（b）所示。

④ 单击“确定”按钮，完成零部件的创建，并自动进入部件环境，如图 5-6 所示。将部件保存，这样就一次生成了多个零件。

说明　由多实体生成零件和部件后，必须将部件保存后，才能生成单个零件；修改多实体零件源文件中的参数及特征结构，这些变化都将映射到拆分的实体零件上。反过来，在拆分的实体零件上后期发生的变化则不会映射到源文件上。

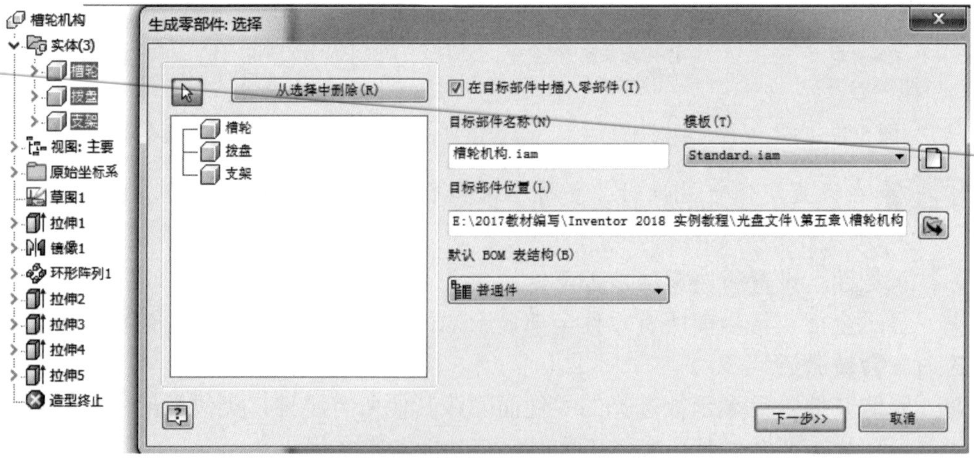

（a）“生成零部件：选择”窗口

图 5-5　生成零部件

（b）生成零部件：实体窗口

图 5-5　生成零部件（续）

图 5-6　生成零部件后自动生成的部件文件

（2）使用零部件　使用由多实体生成的零部件与多实体源文件一般同时存在于一个项目文件中。但设计者有时因为某种原因，会把多实体源文件删除或者不提供给用户，这个时候如果不进行一些设置，由多实体生成的零部件是不能在装配文件中使用的。下面就以删除多实体源文件为例来介绍零部件的使用。

① 打开零部件　打开资料包中“第 5 章\槽轮机构\拨盘.ipt”文件，弹出“读取链接”窗口，在该窗口中提示找不到基础部件，如图 5-7 所示。如果源文件在其他项目中，可以通过“查找”按钮，在其他项目文件中查找。或者可以通过“跳过”按钮，跳过源文件的读取，若一次读取多个零部件，可以选择“全部跳过”按钮。打开零部件后，可看到在浏览区，零部件的名称上有个⑦标签。

为了避免每次打开零部件都会弹出如图 5-7 所示的窗口，可以在打开零部件后，在浏览区的多实体源文件名称上，单击鼠标右键，在右键菜单中选择“断开与基础零部件的关联”选项，如图 5-8（a）所示。断开关联后，可发现在多实体文件名称上添加了断开标签，且零部件名称上的 ⑦ 标签也没有了，如图 5-8（b）所示。设置完后，将文件保存。

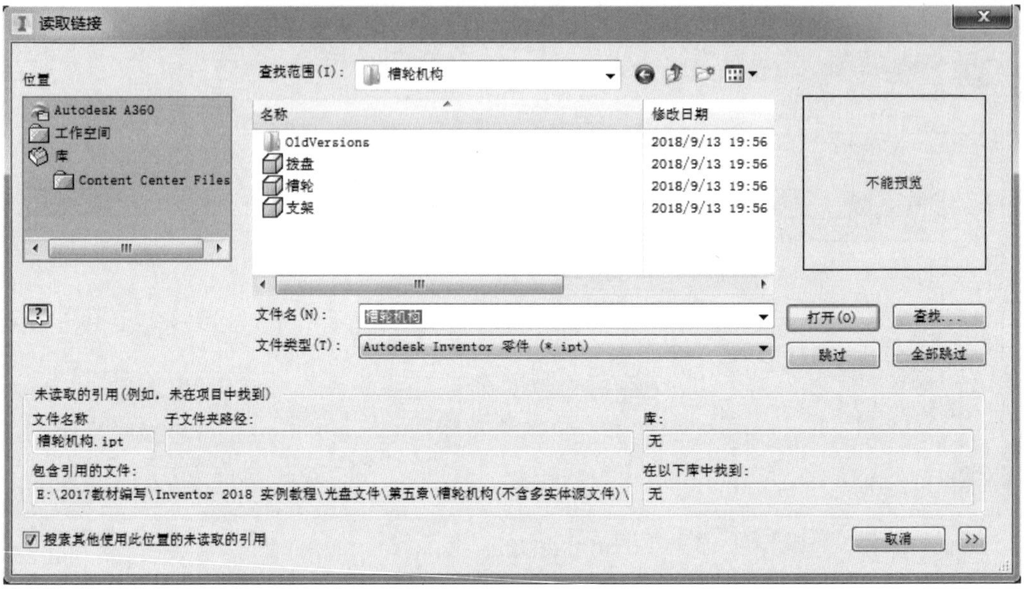

图 5-7 “读取链接”窗口

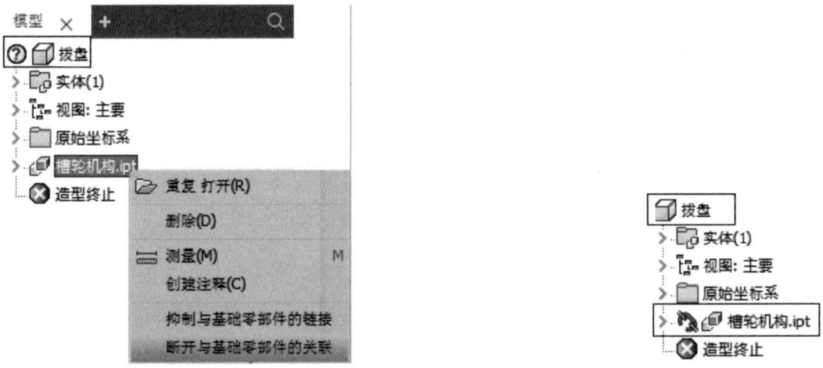

（a）右键菜单　　　　（b）断开关联后

图 5-8 断开与基础部件的关联

② 部件文件下调用零部件　新建一部件文件并装入文件夹中的槽轮零部件，如图 5-9（a）所示。单击“打开”按钮，在部件环境中的图形区，也能够预览槽轮模型，但单击鼠标后，弹出提示窗口，提示不能放置，而且该窗口只有一个“取消”按钮，如图 5-9（b）所示。单击取消按钮后仍然不能放置。

若装入前面已经断开关联的“拨盘.ipt”零部件，发现能够正确装入，这说明断开与基础部件关联的零部件能够正确装入。

（a）“装入零部件”窗口

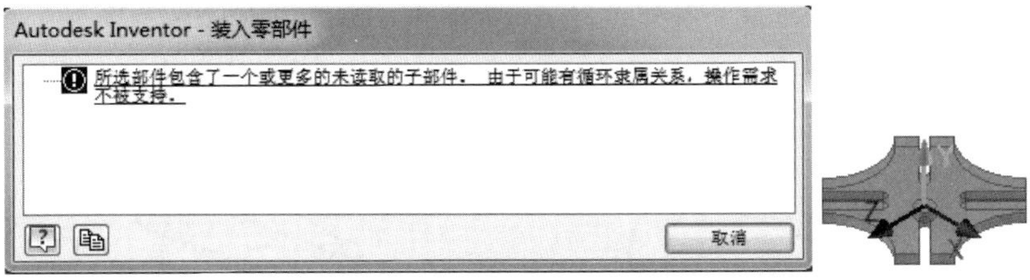

（b）提示窗口

图 5-9　装入零部件

任务流程

任务流程如图 5-10 所示。

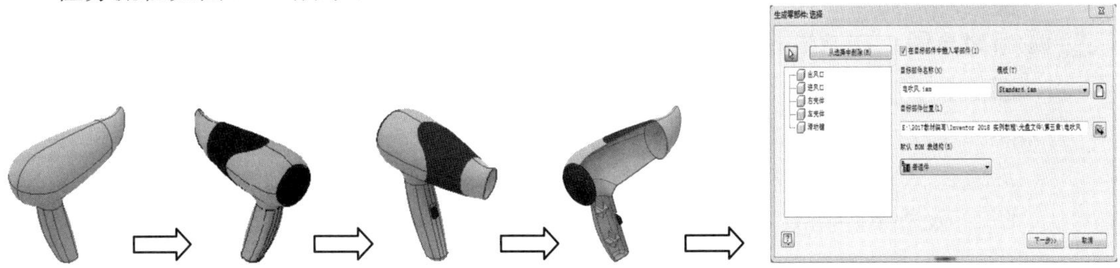

主体设计　分割实体　设计开关　设计止口及凸柱　生成零部件

图 5-10　任务流程

任务实施

Step 01 新建工作平面　首先新建一零件文件。在零件环境中，将 YZ 平面分别偏移 120mm、145mm、160mm，新建工作平面 1、工作平面 2、工作平面 3，如图 5-11 所示。

Step 02 新建草图 分别在 YZ 平面、工作平面 1、工作平面 3 上新建草图。在第 1 个草图中绘制椭圆，在第 2 个草图中绘制圆，在第 3 个草图中绘制一个工作点。完成草图后将工作平面不可见，如图 5-12 所示。

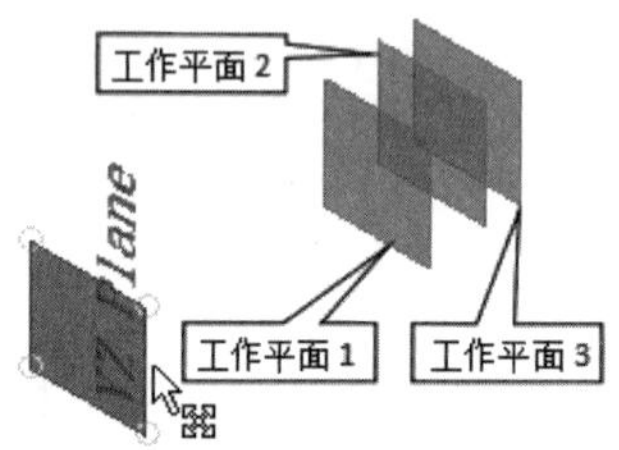

图 5-11 新建工作平面 1、2、3

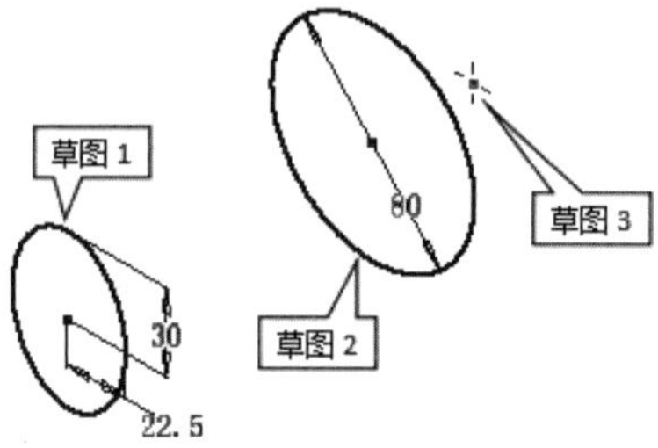

图 5-12 新建草图 1、2、3

继续在 XY 平面上分两次新建草图，在草图中投影椭圆、圆、工作点，并将投影线改为构造线，分别绘制如图 5-13 所示的几何图元。

重复操作，在 XZ 平面上新建草图 6、草图 7，分别绘制如图 5-14 所示的几何图元。完成草图后退出草图环境。

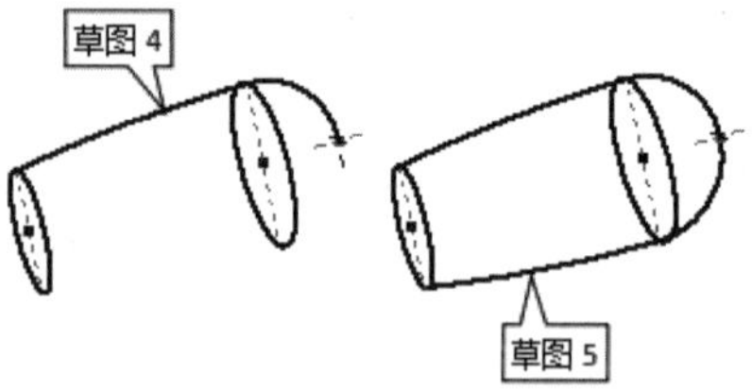

图 5-13 新建草图 4、5

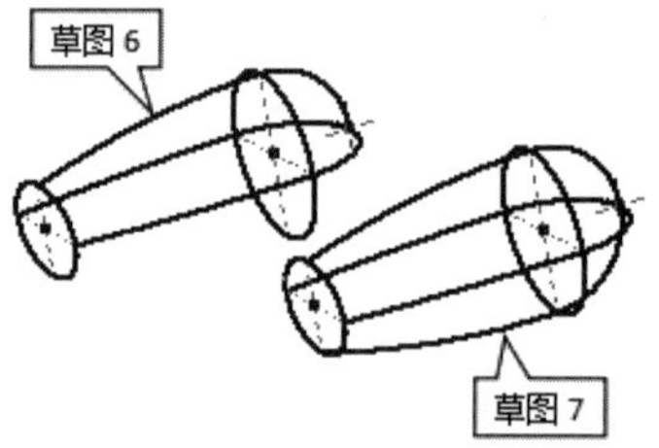

图 5-14 新建草图 6、7

Step 03 放样曲面 以草图 1、2、3 为截面，以草图 4、5、6、7 为轨道，进行放样，输出类型选择曲面，如图 5-15 所示。

Step 04 新建草图 在 XY 平面上新建草图，并投影草图 4、草图 5 的几何图元。绘制如图 5-16 所示的几何图元，圆弧跟投影线相切约束。最后将投影线、R269 的圆弧改为构造线，完成后退出草图。

继续在 XY 平面上新建草图，投影草图 8 中的 R269 圆弧，并将其改为实线，如图 5-16 所示，完成后退出草图。

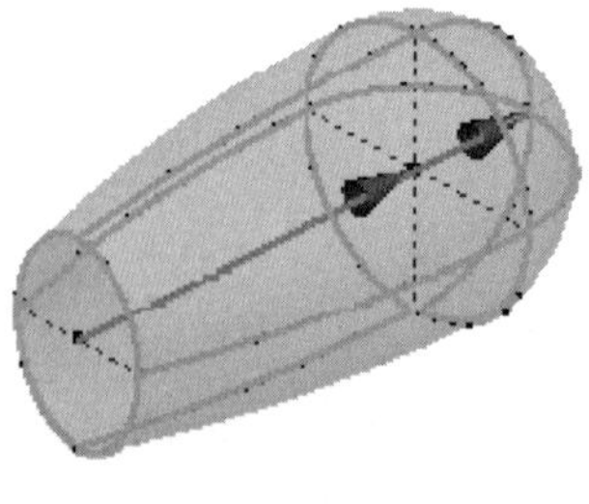

图 5-15 放样曲面 1

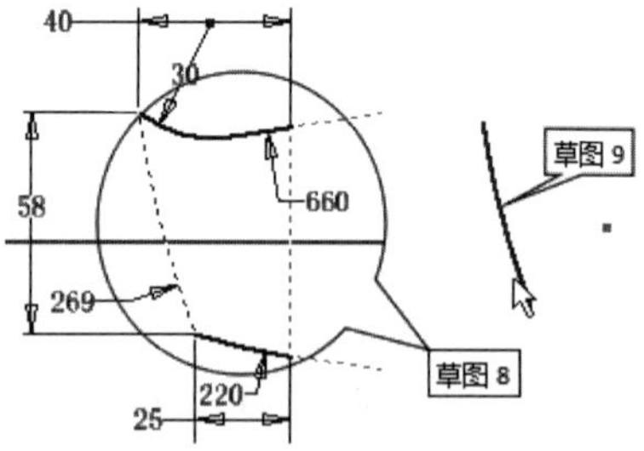

图 5-16 新建草图 8、9

Step 05 拉伸曲面　将草图 9 中投影的直线双向拉伸，输出类型为曲面，如图 5-17 所示。

Step 06 新建草图　在 YZ 平面上新建草图，投影草图 8 中的 R269 圆弧，并将投影线改为构造线。以投影线为长轴绘制椭圆，椭圆短半轴的长度为 11mm，如图 5-18 所示。完成后退出草图。

Step 07 修建曲面　利用草图 10 的椭圆修剪图 5-17 的曲面，修剪后如图 5-19 所示。

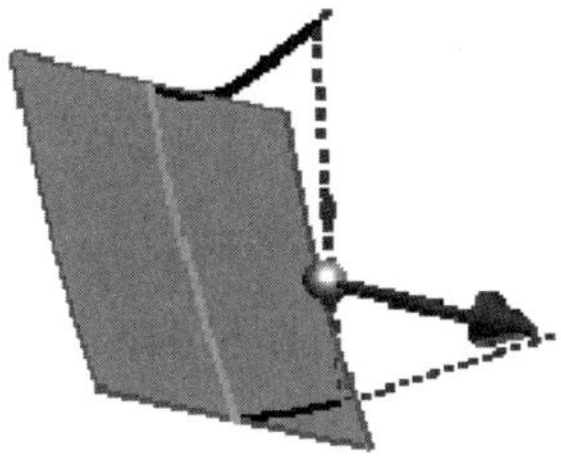

图 5-17　拉伸曲面

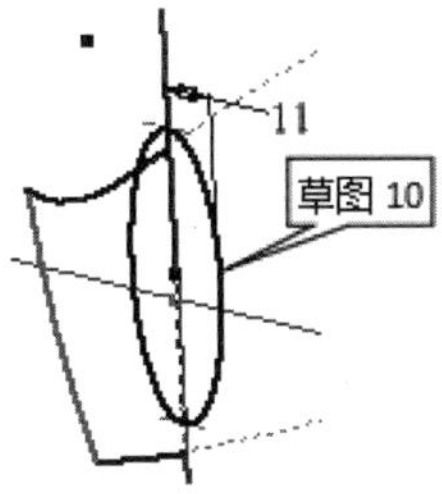

图 5-18　新建草图 10

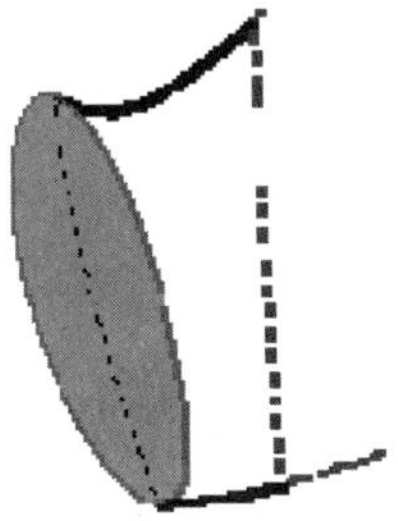

图 5-19　修剪曲面

Step 08 放样曲面　以上一步修剪的曲面的边界为截面 1，以步骤 3 中放样曲面的椭圆边界为截面 2，以草图 10 的几何图元为轨道，进行放样，输出类型为曲面，如图 5-20 所示。

Step 09 新建工作平面　将 XZ 平面分别向下偏移-52mm、106mm、160mm，新建 3 个工作平面，如图 5-21 所示。

Step 10 新建草图　在工作平面 4、5、6 上分别新建草图，绘制如图 5-22 所示的几何图元，完成草图后退出草图环境，并将工作平面不可见。

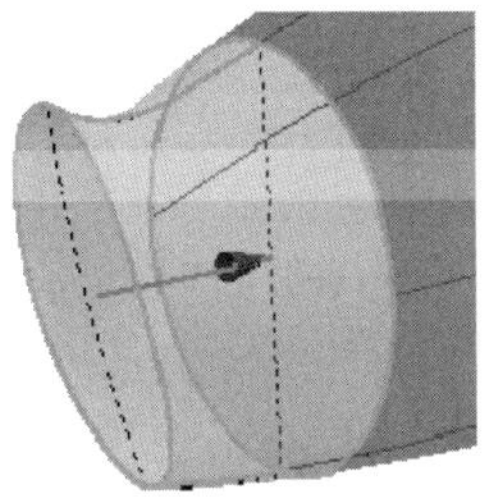

图 5-20　放样曲面 2

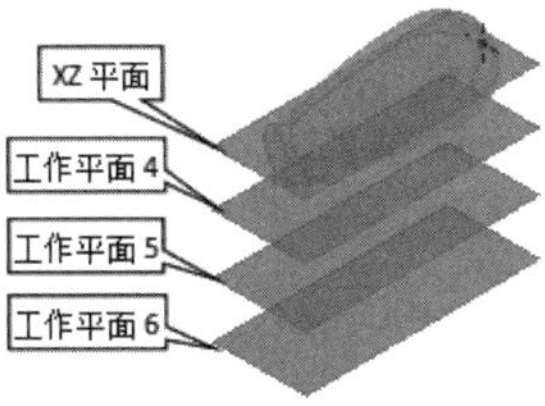

图 5-21　新建工作平面 4、5、6

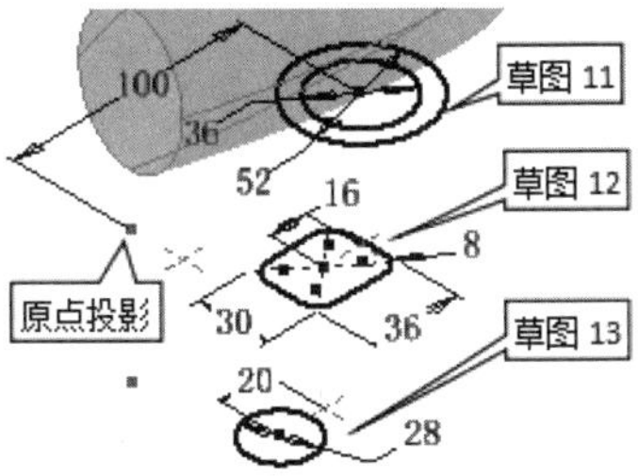

图 5-22　新建草图 11、12、13

Step 11 放样曲面　以草图 12、13 中的几何图元及草图 11 中 Φ36mm 的圆为截面，进行放样，输出类型为曲面，如图 5-23 所示。完成后将草图 11 重新可见。

Step 12 修剪曲面　以草图 11 中 Φ52mm 的圆为修剪工具，将图 5-15 放样的曲面进行修剪，如图 5-24 所示。完成后将草图 11 不可见。

Step 13 面片　在图 5-24 所示的修剪边界、边界 1 之间进行面片操作，并在边界 1 处选择相切条件。在草图 13 所示的圆处重复面片操作，如图 5-25 所示。

Step 14 缝合曲面　将所有曲面缝合成实体。

Step 15 圆角　在手柄底端进行圆角操作，圆角半径为 5mm，如图 5-26 所示。

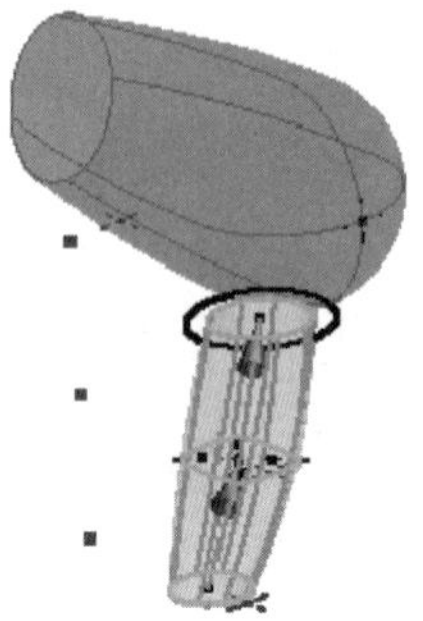

图 5-23　放样曲面 4

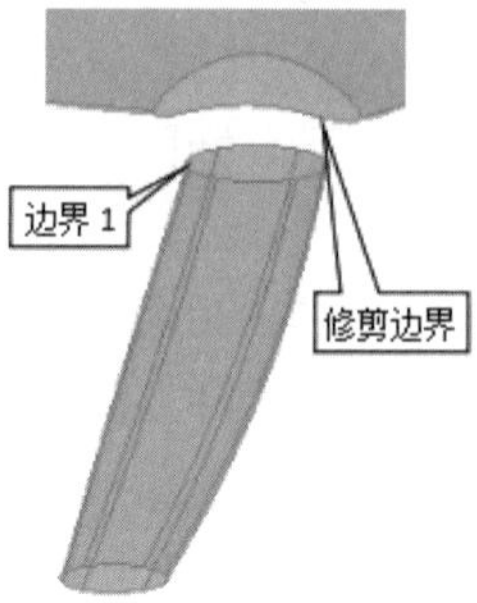

图 5-24　修剪曲面

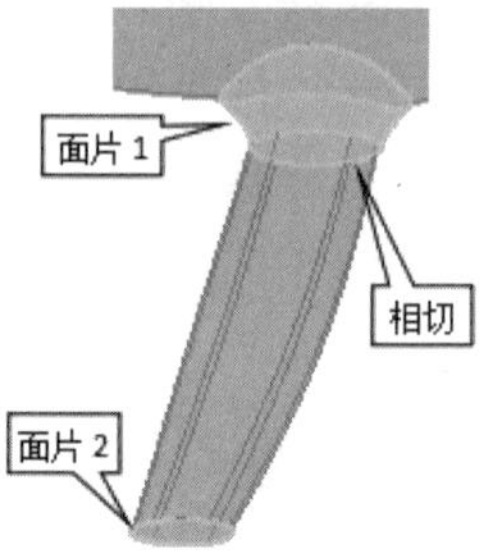

图 5-25　面片

Step 16 新建草图　在 XY 工作平面上新建草图，投影切割边，并将所有的投影线改为构造线，然后绘制如图 5-27 所示图形，完成后退出草图。

Step 17 拉伸　将图 5-27 所示的几何图元双向拉伸，拉伸距离为 10mm，拉伸方式为求差。

Step 18 圆角　在上一步拉伸的特征处进行圆角处理，圆角半径为 2mm，如图 5-28 所示。

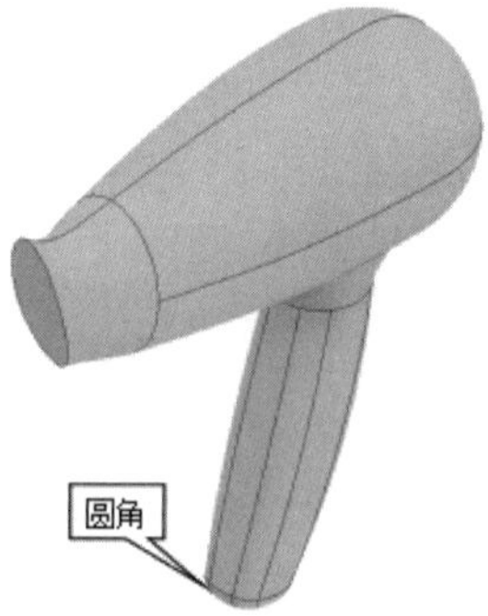

图 5-26　缝合曲面并圆角

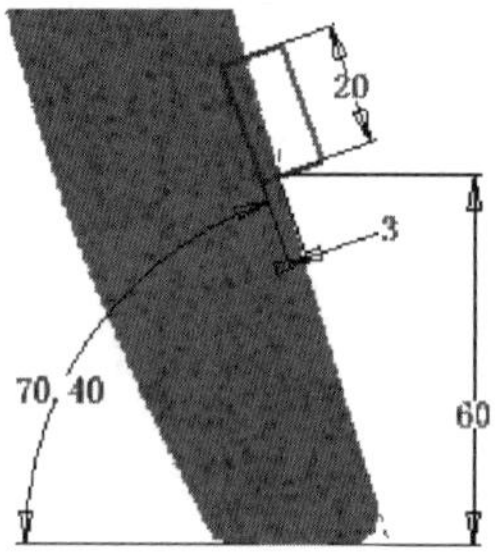

图 5-27　新建草图 14

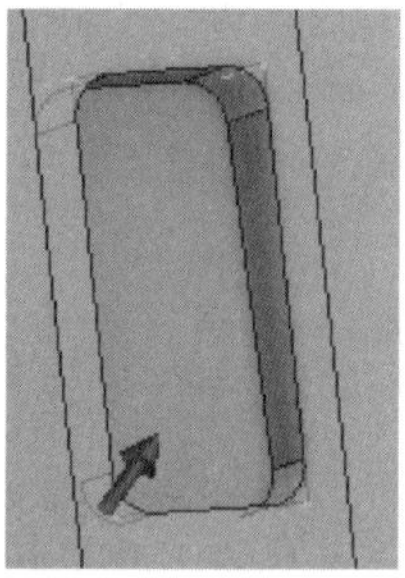

图 5-28　圆角处理

Step 19 抽壳　选择如图 5-29 所示的开口面，将实体抽壳，壁厚为 1.6mm。

Step 20 新建草图　在如图 5-30 所示平面上新建草图，切片观察，投影几何图元，并将部分投影线改为构造线，绘制如图 5-31 所示的图形，完成后退出草图。

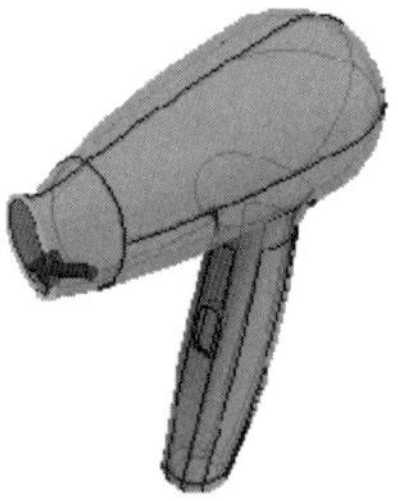

图 5-29　抽壳

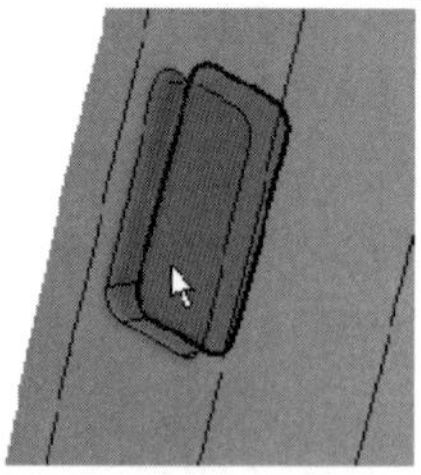

图 5-30　选择草图所依附的平面

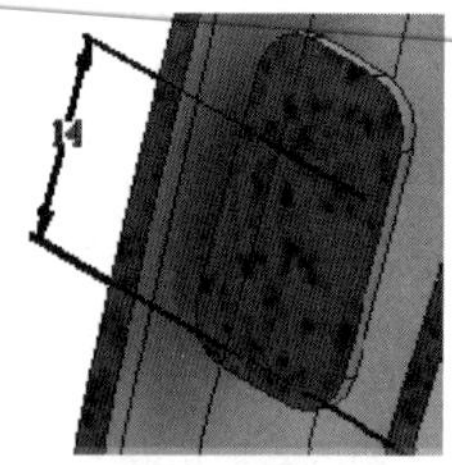

图 5-31　新建草图 15

Step 21 新建实体　将图 5-28 所示的图形拉伸，拉伸距离为 4.2mm，并选择新建实体。

Step 22 圆角　将上一步新建的实体圆角处理，圆角半径为 2mm，如图 5-32 所示。

Step 23 设计防滑槽　在新建实体表面上新建草图，绘制如图 5-33 所示的图形，完成后退出草图。然后将图 5-33 所示的图形进行拉伸，拉伸距离为 0.2mm，拉伸方式为求差，结果如图 5-34 所示。

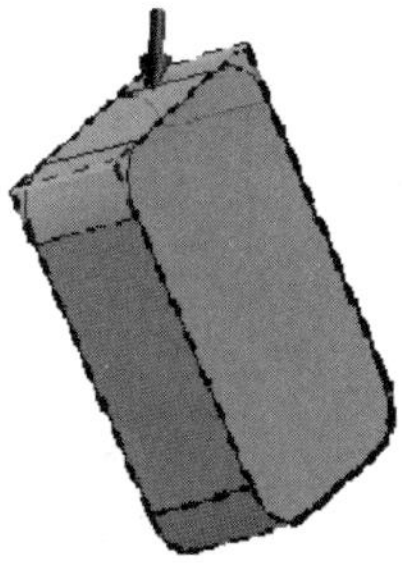

图 5-32　圆角

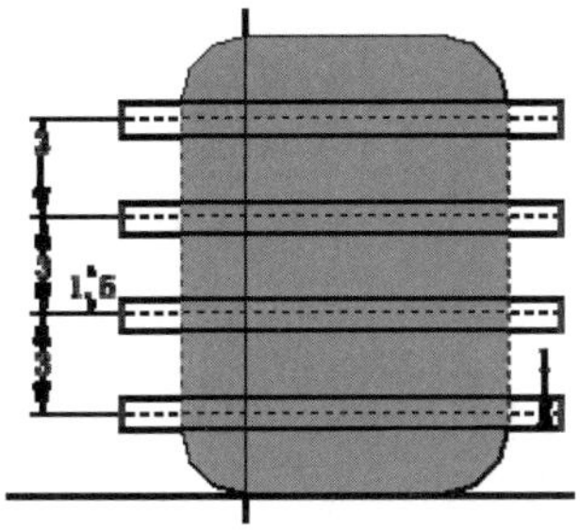

图 5-33　新建草图 16

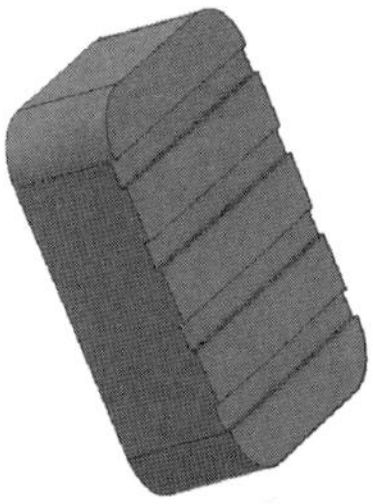

图 5-34　防滑槽

Step 24 分割面　在 XY 平面上新建草图，切片观察，投影切割边，并将投影线改为构造线，绘制如图 5-35 所示的图形，完成草图后退出。以绘制的几何图元为分割工具，将如图 5-36 所示的面进行分割。

Step 25 更改外观特性　利用颜色调整工具，调整分割面的颜色，结果如图 5-37 所示。

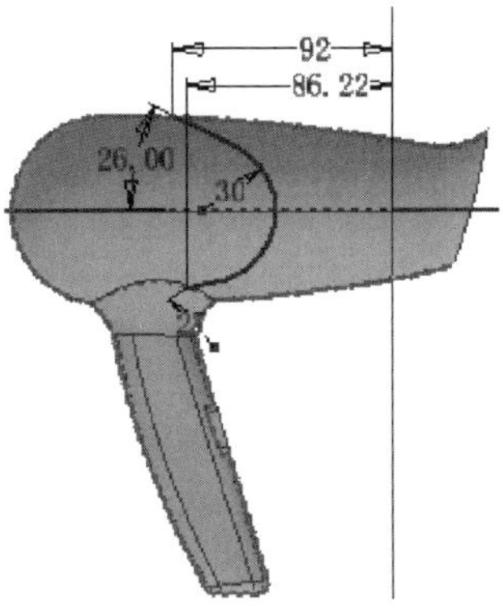

图 5-35　新建草图 17

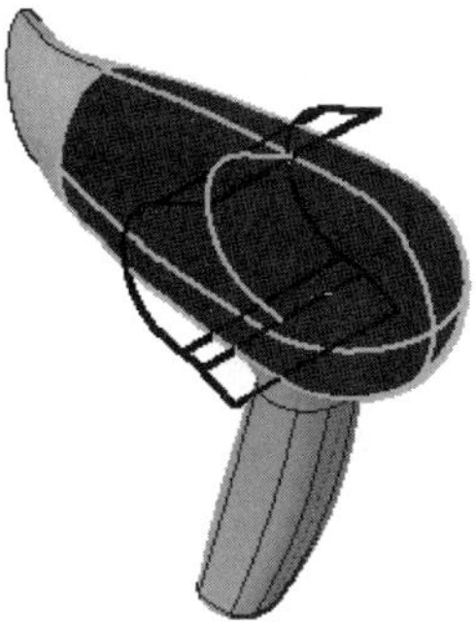

图 5-36　分割面

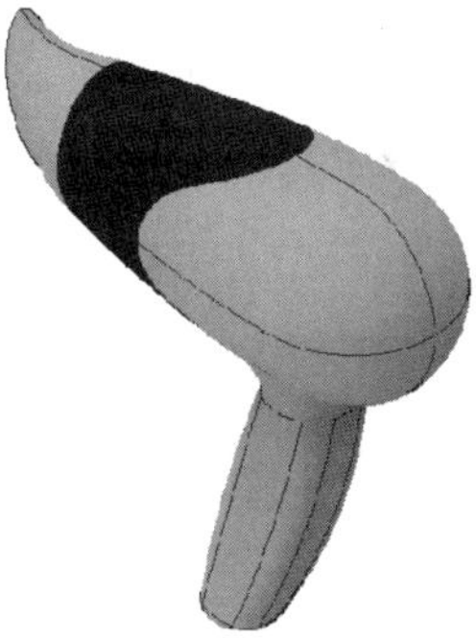

图 5-37　分割后结果

Step 26 分割实体　以 YZ 平面为分割工具，将实体 1 分割为两个实体；以图 5-11 所示的工作平面 2 为分割工具，将实体 3 分割为两个实体；以 XY 平面为分割工具，将实体 6 分割为两个实体，结果如图 5-38 所示。

Step 27 命名实体　将各实体重新命名，如图 5-39 所示。

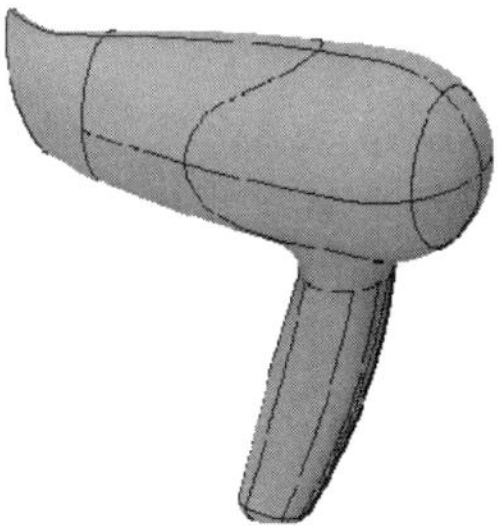

图 5-38　分割实体

图 5-39　重新命名实体

Step 28 设计栅格孔　先将除进风口以外的其他实体不可见，在图 5-11 所示的工作平面 3 上新建草图，绘制如图 5-40 所示图形，完成后退出草图。将上述图形在进风口实体上创建栅格孔，结果如图 5-41 所示。

Step 29 更改外观颜色　利用颜色调整工具，更改各出风口、进风口、开关三个实体的外观颜色，如图 5-42 所示。

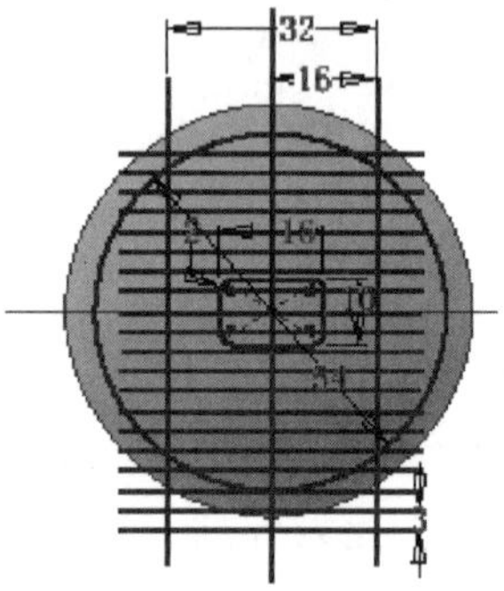

图 5-40　新建草图 18

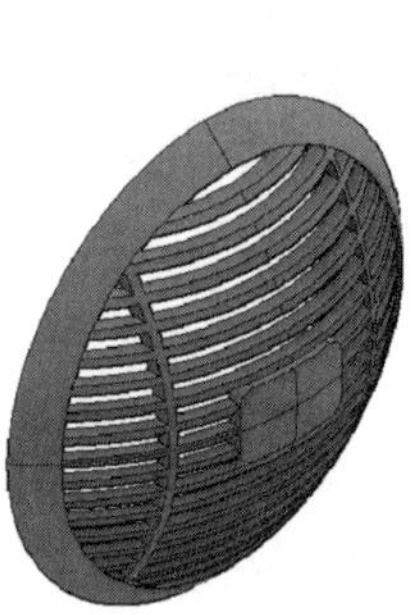

图 5-41　栅格孔

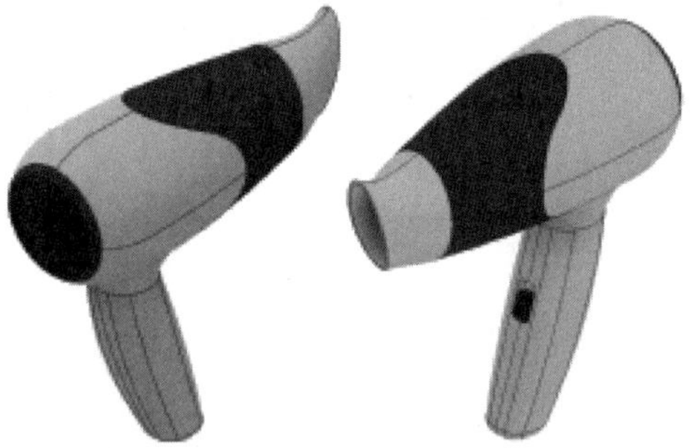

图 5-42　更改实体外观颜色

Step 30 止口　利用止口工具，将各实体进行止口操作。

Step 31 凸柱设计　在 XY 工作平面上新建草图，在草图中放置两个工作点，如图 5-43 所示，完成草图后退出草图环境。在左壳体上创建凸柱，选择螺纹类型，如图 5-44 所示。将草图重新可见，再在右壳体上创建凸柱，选择头类型，结果如图 5-45 所示。

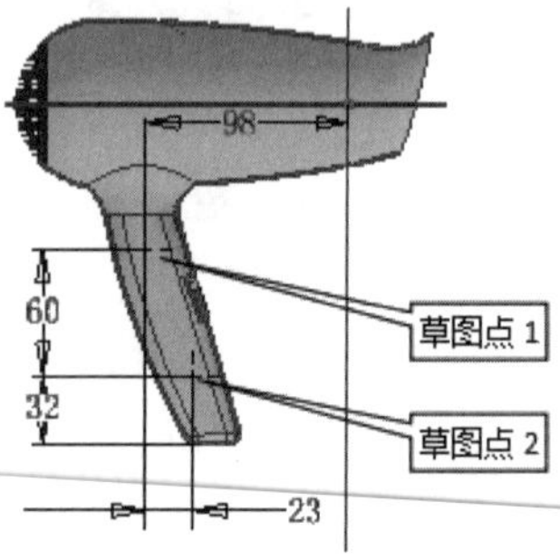

图 5-43　新建草图 19

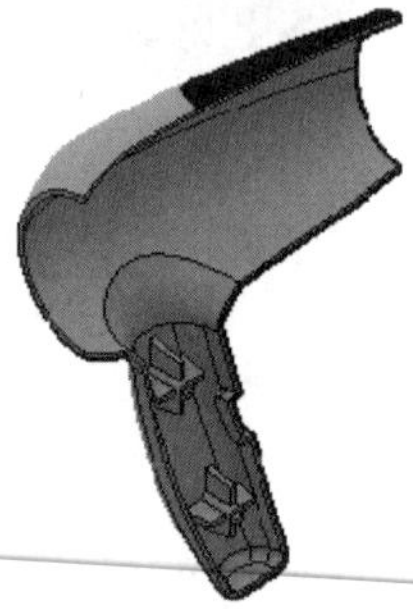

图 5-44　左壳体凸柱

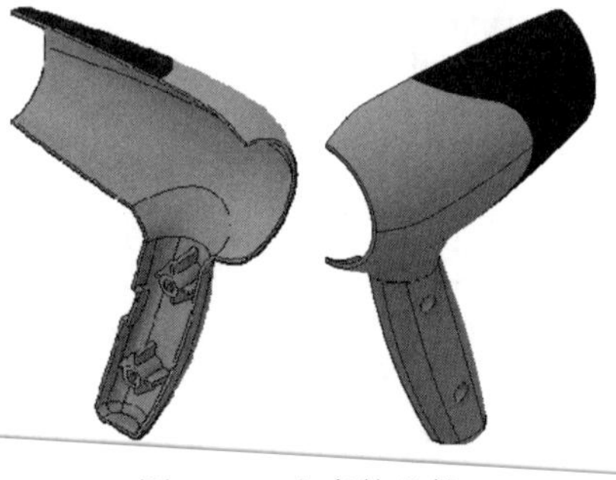

图 5-45　右壳体凸柱

Step 32 生成零部件　首先将多实体零件保存，然后选择所有实体，将其生成零部件并保存部件文件。

思考与练习 5

利用多实体创建如图 5-46 所示的模型，所有模型的图纸及模型文件见资料包“第 5 章\思考与练习”文件夹。

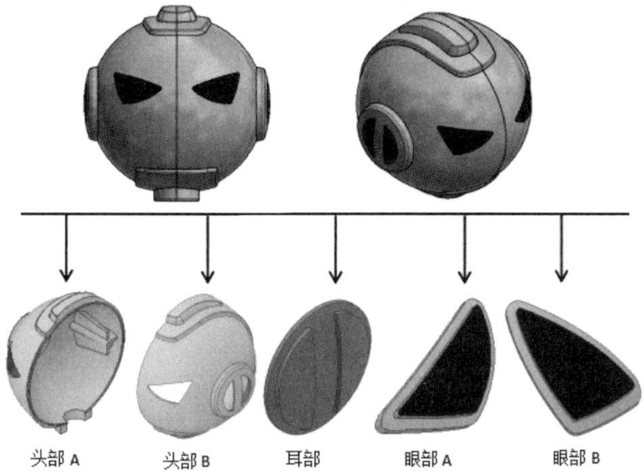

（a）智能机器人头部模型

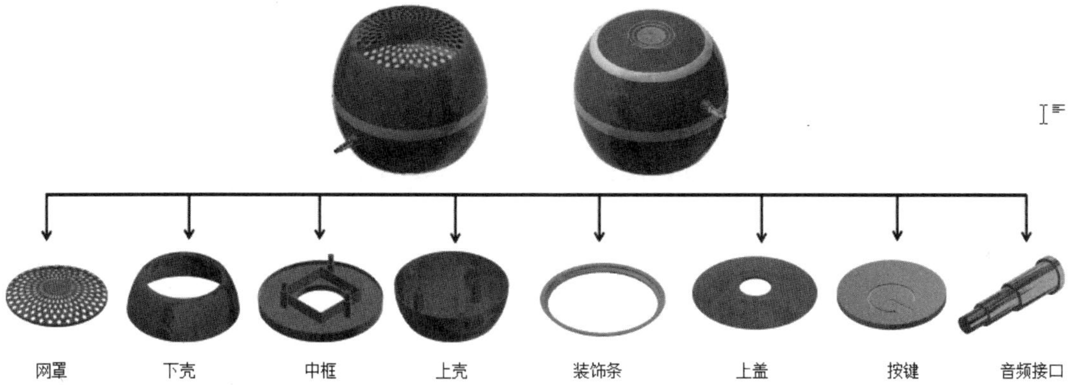

（b）扩音器模型

图 5-46　思考与练习 5

06 第 6 章 表达视图设计

表达视图又称爆炸图，常用于表达部件的装配关系及装配过程。Inventor 提供了专门的模块用来创建表达视图，在该模块下不仅可以完成简单的爆炸图的制作，还可以做一些复杂的装配过程的动作，并且可以将其录制成视频，在脱离 Inventor 的环境下，清晰地表达部件的装拆过程。

在本章中将以曲柄滑块机构的表达视图为例，来介绍表达视图的设计。

任务　曲柄滑块机构的表达视图设计

学习目标

- 了解表达视图设计的基本流程
- 掌握表达视图环境下零件位置调整的基本操作方法
- 掌握为表达视图添加照相机视角的方法
- 能够熟练制作表达视图

任务导入

曲柄滑块机构的表达视图如图 6-1 所示，模型文件见资料包“第 6 章\曲柄滑块机构”文件夹。

在曲柄滑块机构的表达视图制作过程中，首先需要熟悉 Inventor 的表达视图环境及在表达视图环境中分解零部件的操作。下面就进入表达视图环境，学习在本任务中用到的新知识。

图 6-1　曲柄滑块机构表达视图

知识准备

1. 表达视图环境

（1）进入表达视图环境　可以通过新建表达视图文件或者打开已有表达视图文件的方式进入表达视图环境。下面着重介绍第一种情况。

在新建文件的下拉菜单中选择“表达视图”选项，或者在新建文件窗口中双击标准表达视图模板文件“Standard.ipn”，均可创建表达视图文件。创建表达视图文件的同时，打开“插入”窗口，在窗口中选择模型文件，如图 6-2 所示。选择模型文件后，若单击“选项”工具按钮，可弹出“文件打开选项”窗口。在该窗口中，可进行视图表达、位置视图、详细等级等选项的设置。单击“确定”按钮，关闭“文件打开选项”窗口。在“插入”窗口中单击“打开”按钮，即可进入部件环境，如图 6-3 所示。

图 6-2　选择插入模型

（2）功能区面板　在表达视图环境下，功能区面板如图 6-4 所示。在面板中可看到“模型”工具面板上的“插入模型”工具按钮灰色显示。该工具按钮，只有在未插入模型的装配环境下才起作用。后面将着重介绍常用的几个工具。

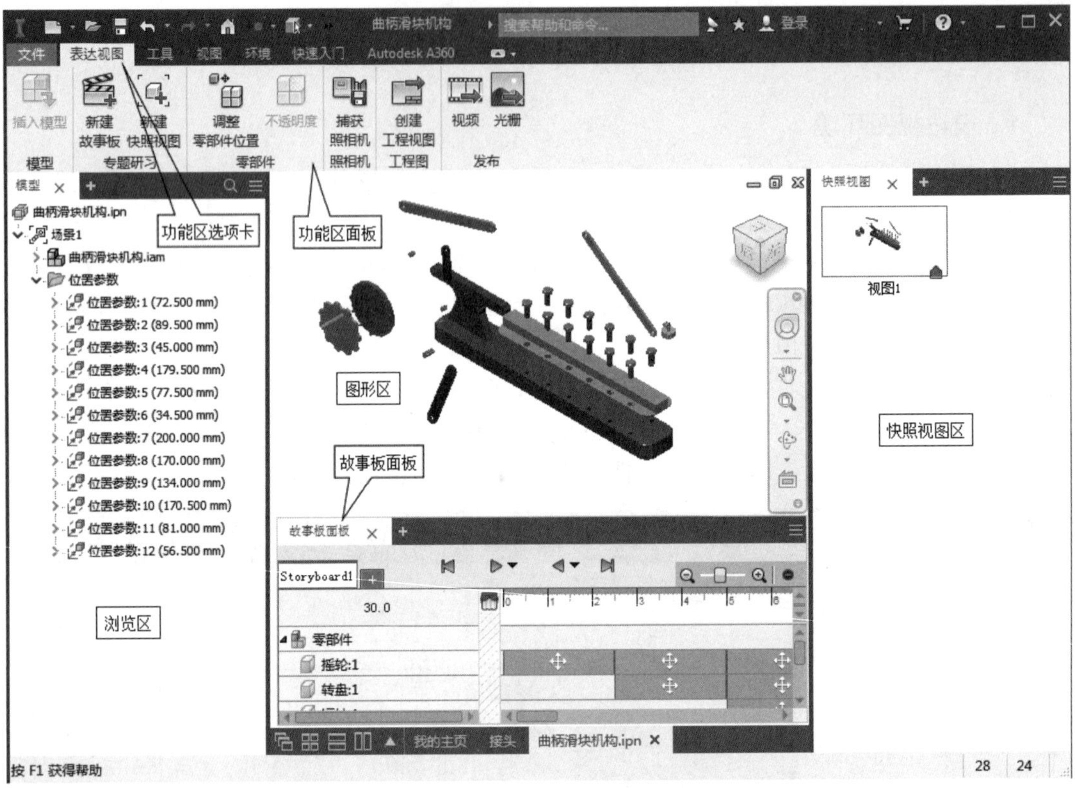

图 6-3　表达视图环境用户界面

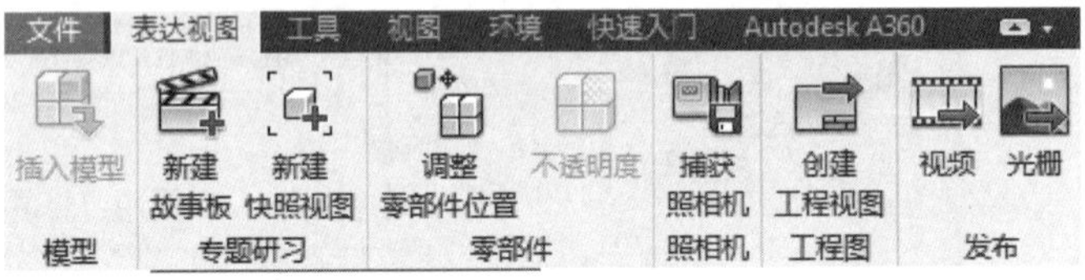

图 6-4　表达视图环境下的功能区面板

2．零部件调整

进入表达视图并插入待拆解的模型后，首先需要对零部件进行调整。在表达视图环境下，零部件的调整包含位置调整和透明度调整两部分。

（1）位置调整　单击“零部件”工具面板上“调整零部件位置”工具按钮，弹出调整零部件位置的小工具栏，如图 6-5 所示。这里选择常用的几个选项介绍。

① 移动　选择该选项后，在待移动的零部件位置出现空间坐标轴操纵器，如图 6-6（a）所示。拖动坐标轴箭头、原点、坐标平面，可在不同方向上对零部件进行位置调整。调整位置的同时，会弹出距离小工具栏，显示移动的距离，如图 6-6（b）所示。也可在距离小工具栏输入数值，进行精确位置调整。

② 旋转　选择该选项后，在待旋转的零部件位置，出现扇形旋转空间坐标轴，如图 6-7（a）所示。拖动扇区可将零部件绕着不同坐标轴进行旋转，并同时弹出角度小工具栏，显示旋转的角度，如图 6-7（b）所示。同样也可在角度小工具栏中输入角度值，进

行精确旋转。

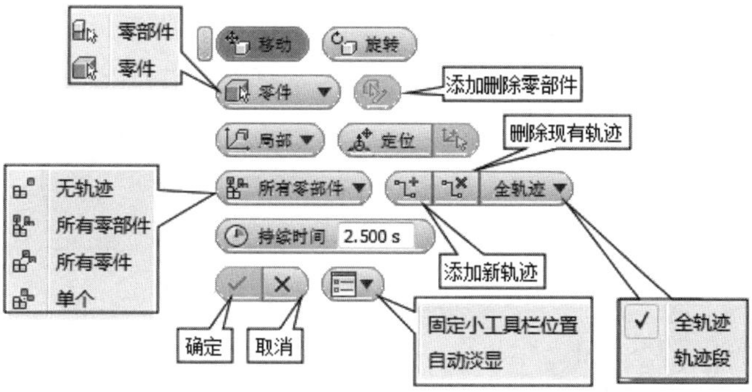

图 6-5　调整零部件位置小工具栏

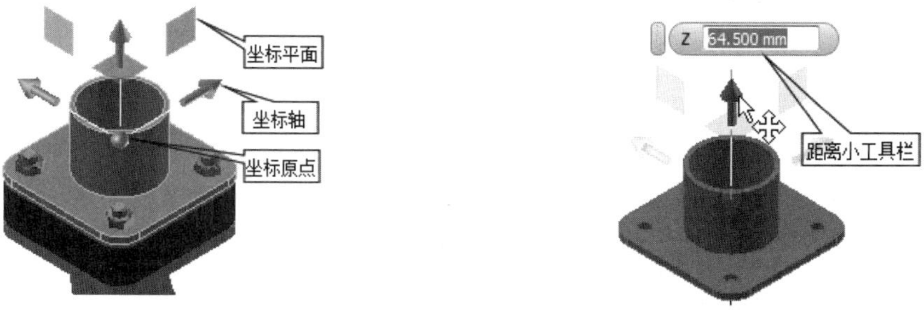

（a）空间坐标轴操纵器　　（b）拖动坐标轴调整位置

图 6-6　移动零部件

（a）扇形选装空间坐标轴　　（b）拖动扇区旋转零部件

图 6-7　旋转零部件

③ 添加删除零部件 仅在已有零部件位置调整的情况下，该按钮才被激活。单击该工具按钮后，选择未参与位置调整的零部件，即可将最近一次的位置调整施加到该零部件；同样，若在按下 Ctrl 键或者 Shift 键的同时，选择参与位置调整的零部件，则会将其最近一次的位置调整取消，如图 6-8 所示。

④ 移动轨迹 通过该选项，可确定是否为零部件创建移动轨迹。对于已经创建移动轨迹的零部件，可在零部件或者轨迹线的右键菜单中，将轨迹线隐藏，如图 6-9（a）所

示。若轨迹线较多时，可在浏览区的“位置参数”选项上，单击鼠标右键，在右键菜单中一次将所有轨迹线隐藏，如图 6-9（b）所示。同样道理也可通过右键菜单将隐藏的轨迹线再现。

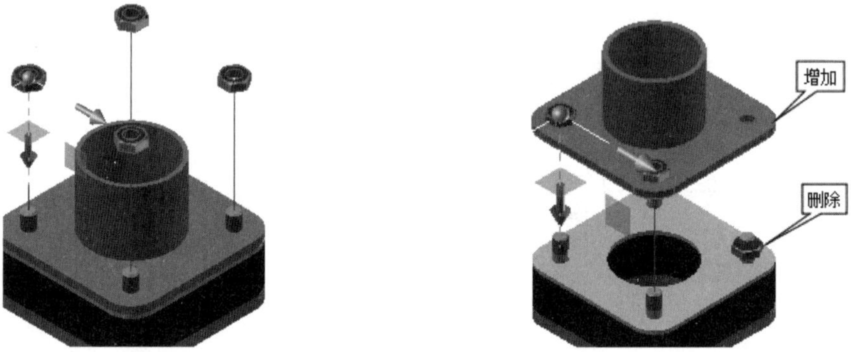

（a）位置调整 4 个螺母　　（b）添加删除零部件

图 6-8　添加删除零部件

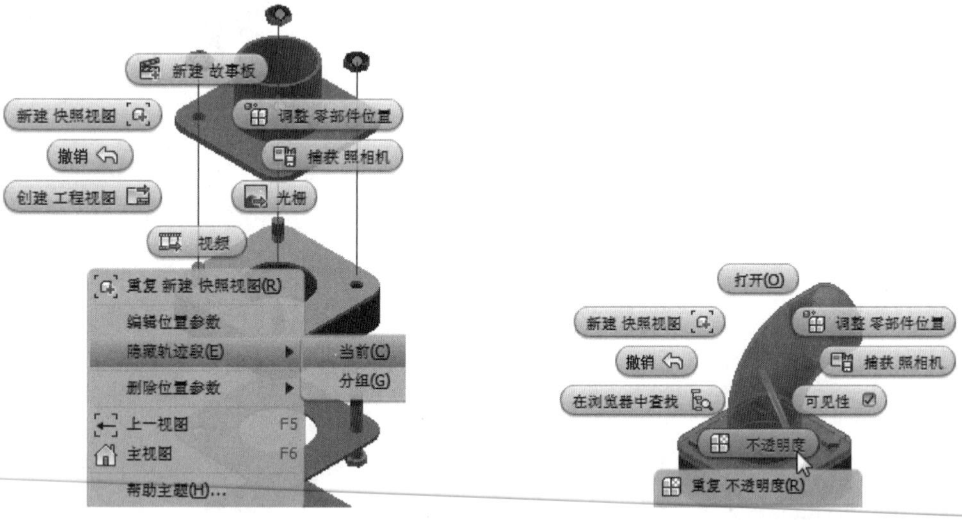

（a）隐藏轨迹段　　（b）隐藏所有轨迹

图 6-9　隐藏轨迹线

⑤ 持续时间　设置零部件位置调整所需用的时间。

（2）透明度调整　在零部件拆装过程中，往往会因为零部件之间相互遮挡，而不方便观察。这种情况除了通过调整视角来解决以外，还可以通过调整零部件的透明度来解决。

只有在选择零部件后，该工具才被激活。单击“不透明度”工具按钮，弹出提示窗口，如图 6-10（a）所示。在提示窗口中单击“断开”按钮，关闭提示窗口，弹出调整透明度的小工具栏。在该小工具栏中，拖动滑块可调整零部件的透明度，数值越小透明度越高，如图 6-10（b）所示。单击“恢复”按钮，可将滑块复位到最左侧。若需要对已经调整透明度的零部件进行修改，可通过右键菜单进行编辑，如图 6-10（c）所示。

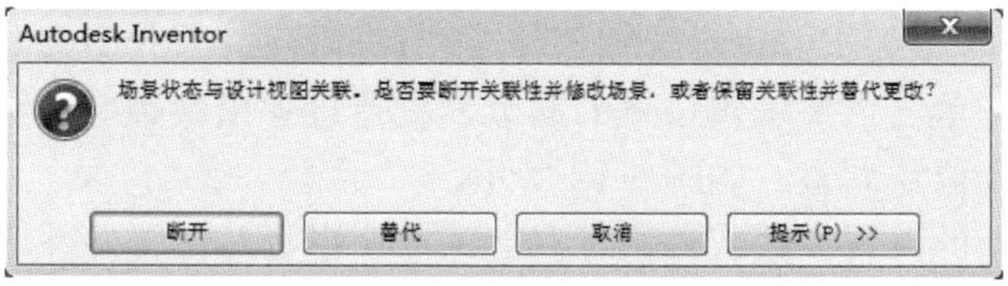

（a）提示窗口

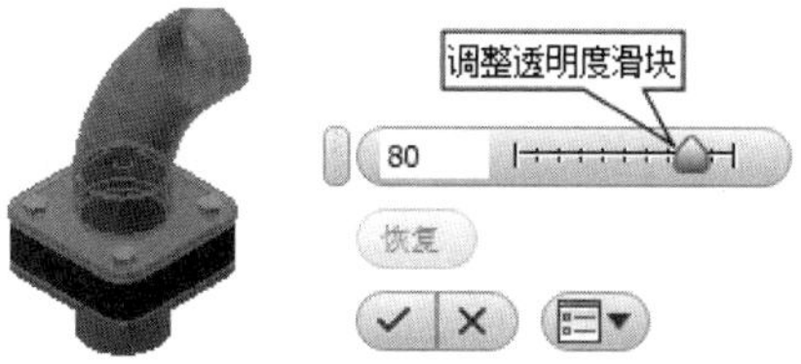

（b）调整透明度小工具栏

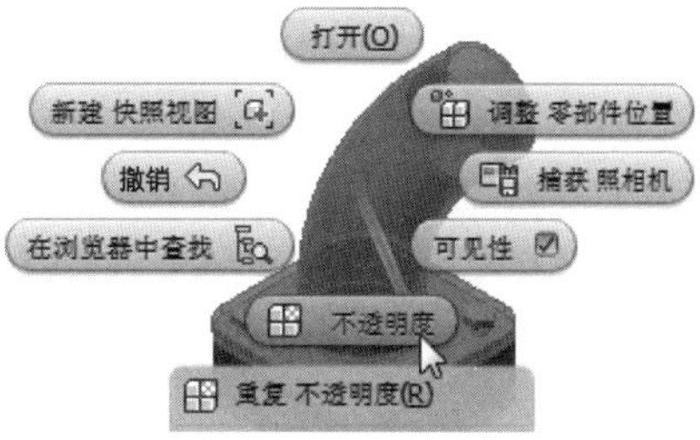

（c）右键菜单

图 6-10　调整零部件透明度

3. 位置参数编辑

在零部件较多的大装配中，有时候零部件的位置调整不可能一步到位，需要后期进行修改，甚至需要将部分位置参数删除，重新调整，这就需要用到位置参数的编辑。

（1）编辑位置参数　编辑位置参数的方法有很多，这里介绍常用的几种。

① 右键菜单　在零部件的运动轨迹线上，单击鼠标右键，在右键菜单中选择“编辑位置参数”选项，如图 6-11（a）所示，在弹出的位置编辑小工具栏和距离小工具栏中进行编辑，如图 6-11（b）所示。

（a）右键菜单的“编辑位置参数”选项

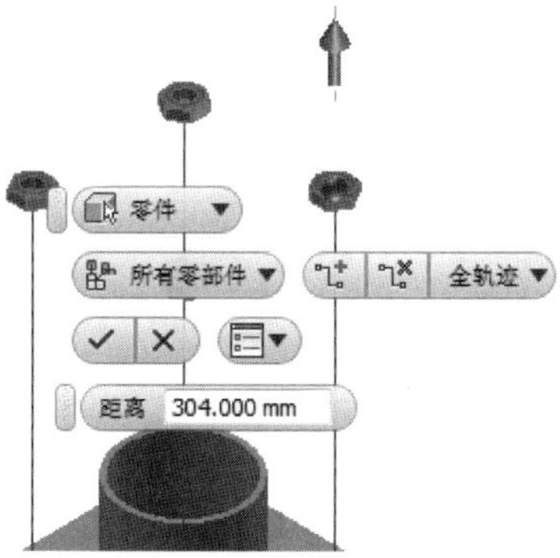

（b）位置编辑小工具栏

图 6-11　右键菜单位置编辑

说明　若在零部件上单击鼠标右键，只能弹出未被激活的位置编辑小工具栏，在选择轨迹线后，工具栏才被激活且弹出距离小工具栏。

② 浏览区位置参数编辑　每一个零部件在位置调整时，其位置参数都会在浏览区以列表的形式呈现出来。单击需要编辑位置的参数，会直接弹出参数文本框，输入需要调整的距离，即可快速进行位置调整，如图 6-12 所示。

若双击需要编辑的位置参数或者通过右键菜单，也可对位置参数进行编辑。

③ 轨迹线端点调整　当将鼠标指向轨迹线时，轨迹线的末端会显示绿色的圆点，拖动该圆点即可动态调整零部件的位置，如图 6-13 所示。

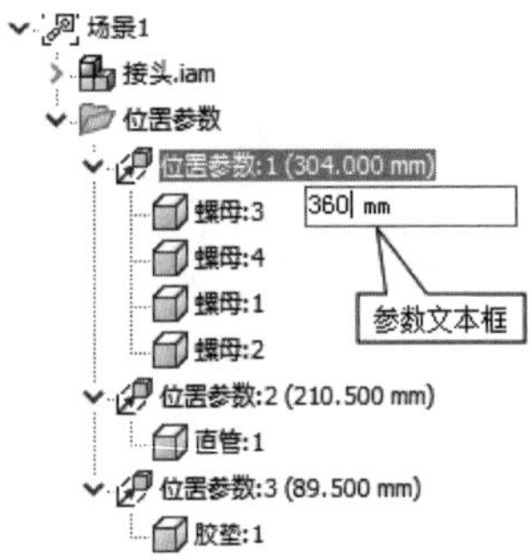

图 6-12　通过参数文本调整位置参数

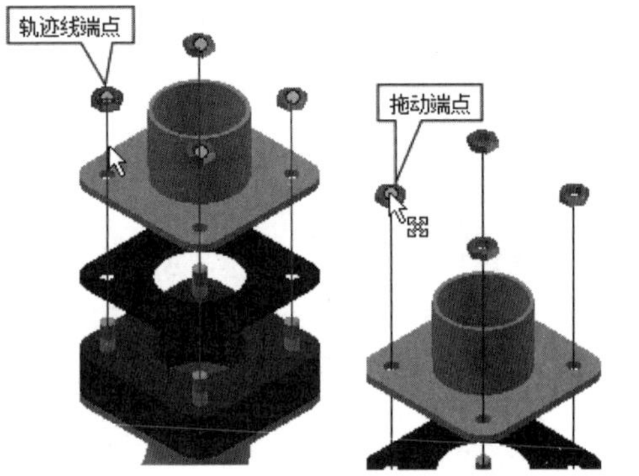

图 6-13　通过轨迹线端点调整位置参数

（2）删除位置参数　删除位置参数也有很多方法，最简单的就是在右键菜单中选择“删除位置参数”选项，如图 6-14 所示。另外，也可以在图形区中选择轨迹线后，按 Delete 键进行删除。

4．故事板

在 Inventor 中，参与位置调整的零部件，其位置调整的持续时间、调整顺序等都可以在故事板中进行编辑。在每一个表达视图文件中，Inventor 都会自动建立一个故事板，用户也可通过“专题研习”工具面板上的“新建故事板”工具增加故事板。

在初始打开的表达视图文件中，故事板面板位于图形区下方，可双击故事板面板的名称栏，将其设置为浮动窗口，如图 6-15 所示。

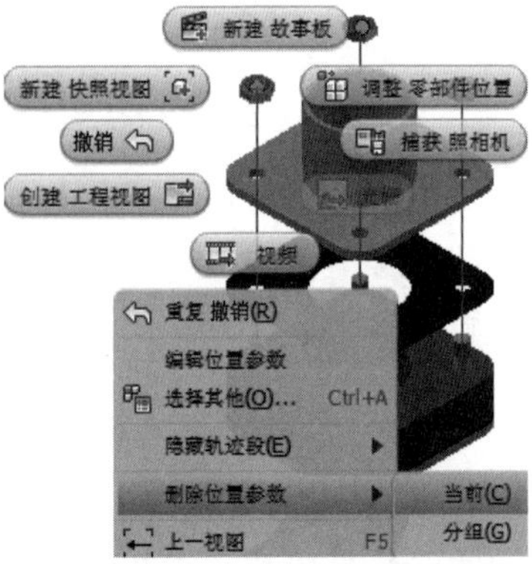

图 6-14　右键菜单的“删除位置参数”选项

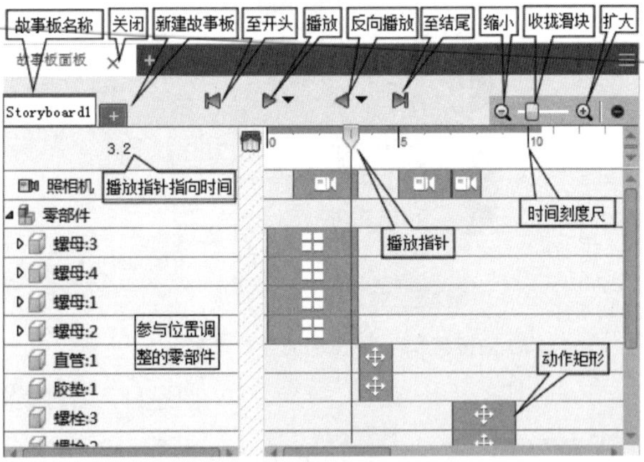

图 6-15　故事板面板

在故事板面板中，可以拖动动作矩形，调整播放顺序，如图 6-16（a）所示。将鼠标放置于动作矩形的边界，当光标变为双箭头形状时，单击并拖动鼠标可调节动作持续时间的长短，如图 6-16（b）所示。同样在动作矩形的右键菜单中，也可以对时间、位置参数等进行相关操作，如图 6-16（c）所示。

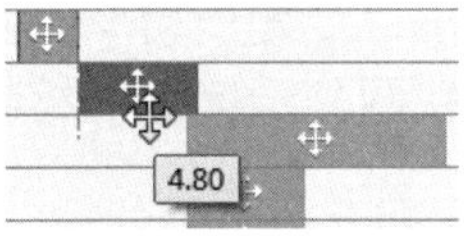

（a）拖动动作矩形调整位置

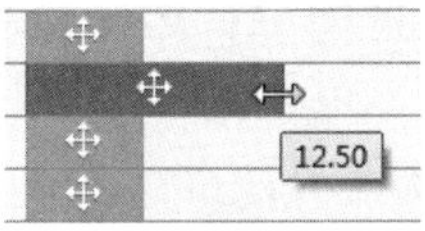

（b）拖动动作矩形边界调整时间

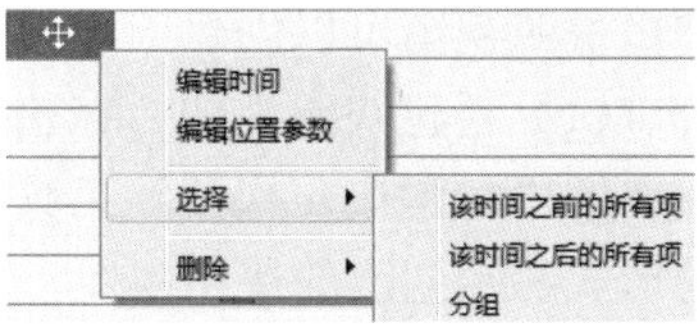

（c）动作矩形右键菜单

图 6-16 动作矩形编辑

下面举例说明对故事板面板的操作。打开资源包中“第 6 章\故事板操作练习.ipn”文件，如图 6-17（a）所示。在故事板面板中，可发现每一个零部件都有 3 个动作矩形，分别是位置移动 1、位置移动 2、角度旋转，而且 3 个动作矩形的持续时间也是一样的。播放以后，发现与实际零件拆分是不一样的，因此需要调整。调整的要求是：螺母旋转脱离螺栓，持续时间 1s；4 个螺母再移动到指定位置，持续时间 2.5s，具体参见资源包中“第 6 章\故事板操作练习（参考）.wmv”文件。

➢ 分别拖动 4 个螺母的角度旋转动作矩形，将其拖动到位置移动 1 动作矩形的时间段内，如图 6-17（b）所示。

➢ 选择 4 个螺母的位置移动 1、角度旋转动作矩形，调整持续时间为 1s，如图 6-17（c）所示。

➢ 选择 4 个螺母的位置移动 2 动作矩形，将其拖动到位置移动 1 动作矩形的后面，如图 6-17（d）所示。

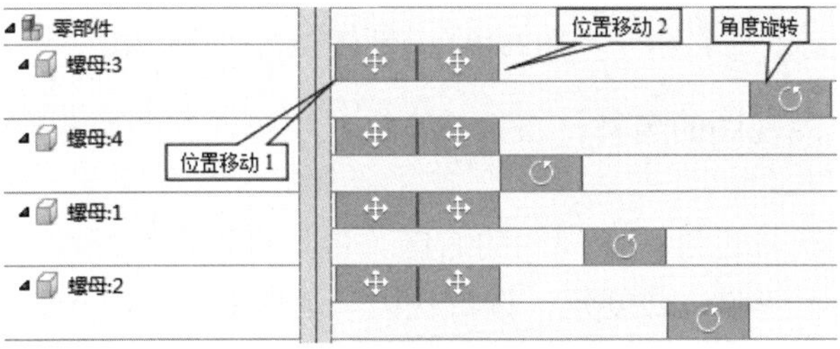

（a）故事板面板初始状态

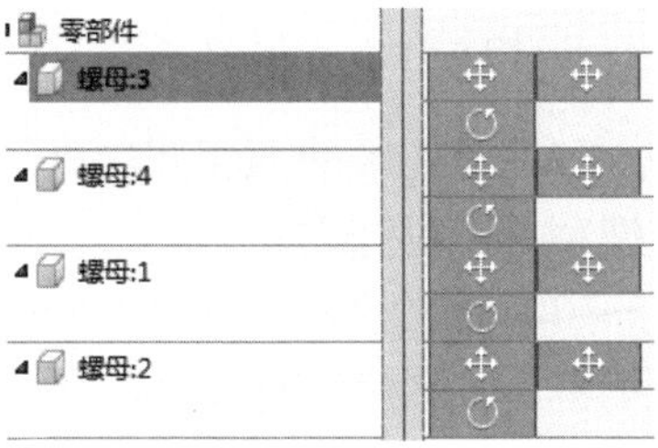

（b）拖动角度旋转动作矩形

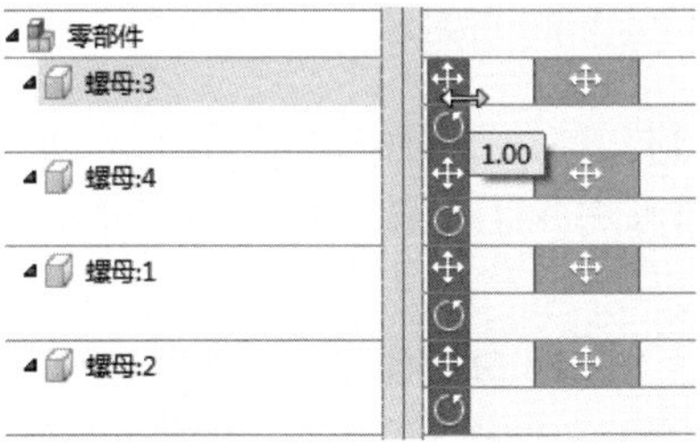

（c）拖动位置移动 1 动作矩形并调整持续时间

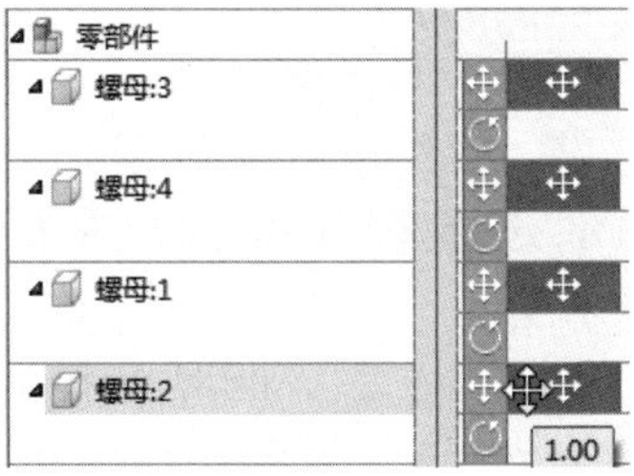

（d）拖动位置移动 2 动作矩形

图 6-17 动作矩形编辑举例

操作完成后，播放动作顺序，可发现满足实际拆分要求。

5．快照视图

快照视图可以对零部件的位置、可见性、透明度、照相机设置、比例大小等进行存储。利用快照视图可以创建工程视图或发布光栅图像。

（1）新建快照视图　在图形区调整视图至合适位置或比例，单击“专题研习”工具面板上的“新建快照视图”工具按钮 ，可创建快照视图。在快照视图显示区会以缩略图的形式显示创建的快照视图，如图 6-18 所示。

如果创建的快照视图与故事板时间轴没有关联，则称之为独立的快照视图，如图 6-18 所示的 View1、View2；若快照视图是故事板时间轴上某一时刻的视图，则称之为关联的快照视图，在视图上有个指针滑块标签加以区别，如图 6-18 所示的 View3，

另外，也可以通过右键菜单新建快照视图：一是在如图 6-11 所示的右键菜单中，选择“新建快照视图”选项；二是在故事板面板中的时间刻度尺上，单击鼠标右键，在右键菜单中选择“新建快照视图”选项，如图 6-19 所示。

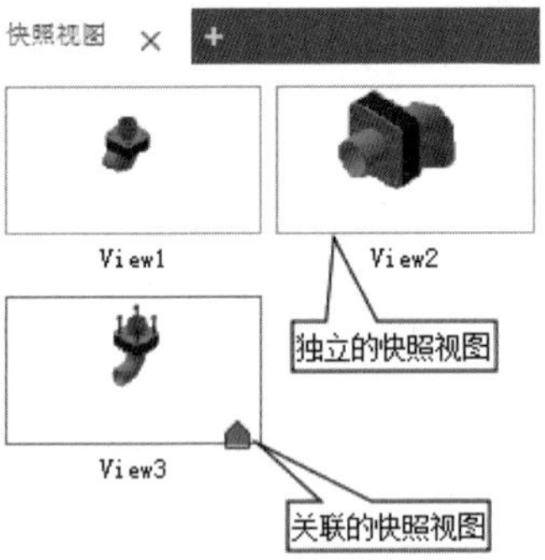

图 6-18　“快照视图”显示形式

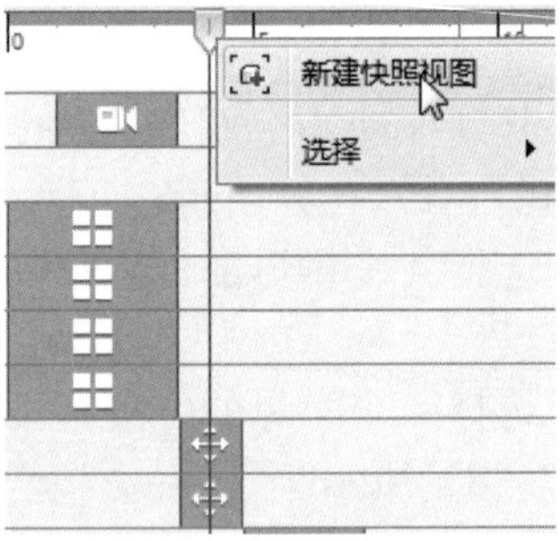

图 6-19　右键菜单创建快照视图

（2）重命名快照视图　既可单击快照视图的名称，直接重命名，也可以在快照视图的右键菜单中进行重命名。

（3）编辑快照视图　双击快照视图或者通过快照视图的右键菜单均可以对快照视图进行编辑。编辑快照视图时，在图形区显示快照，并创建“编辑视图”选项卡，如图 6-20 所示。在这里绍几个常用工具。

① 更新相机 　在图形区调整视图视角或比例，然后单击“更新相机”工具按钮，即可更新快照视图。

② 创建工程视图 　单击该工具按钮，可打开“工程图模板”窗口，如图 6-21（a）所示，选择工程图模板，单击“确定”按钮，即可进入工程图环境创建工程图，如图 6-21（b）所示。

③ 光栅 　单击“光栅”工具按钮，弹出“发布为光栅图像”窗口，在该窗口中可以对发布范围、图像的分辨率、文件名、保存位置、文件格式等进行设置，如图 6-22 所示。设置完成后，单击“确定”按钮完成光栅图像发布。

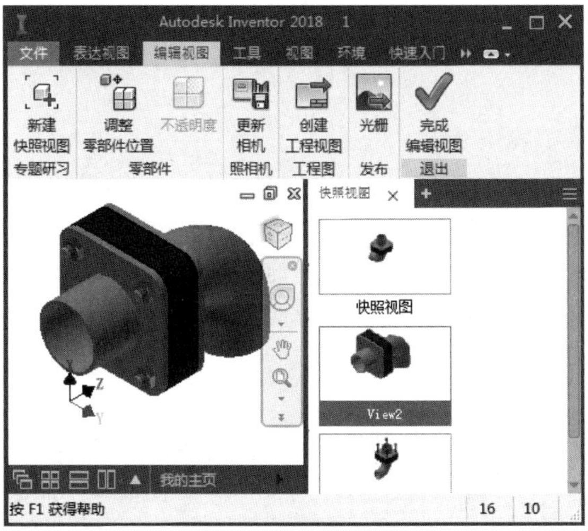

图 6-20 编辑快照视图

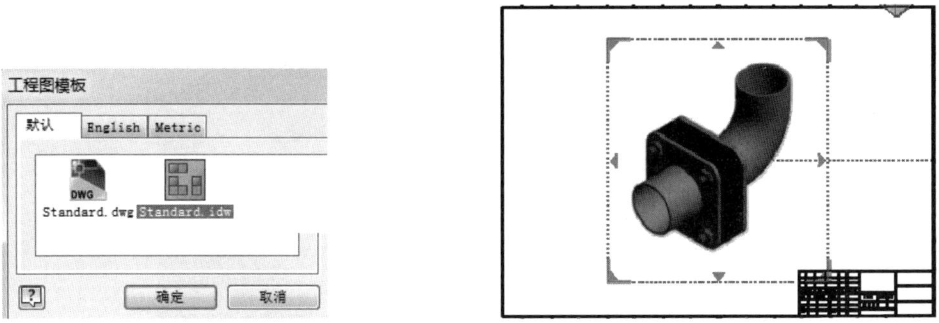

（a）“工程图模板”窗口 （b）工程图环境

图 6-21 创建工程图

图 6-22 “发布为光栅图像”窗口

④ 完成编辑视图 完成视图快照视图编辑后，单击该工具按钮，可退出“编辑视图”环境。

6．照相机设置

在播放装配动画的时候，由于播放视角不能转换，有些动作因被遮挡而不能清楚地被看到，要解决这个问题，就需要对表达视图添加照相机视角。

将视图调整至合适位置或比例后，单击“捕获照相机”工具按钮，或者在如图6-11所示的右键菜单中，选择“捕获照相机”选项，即可将照相机添加到故事板面板中。下面举例说明设置照相机的方法。打开资源包中“第6章\照相机设置练习.ipn”文件，故事板面板如图6-23所示。

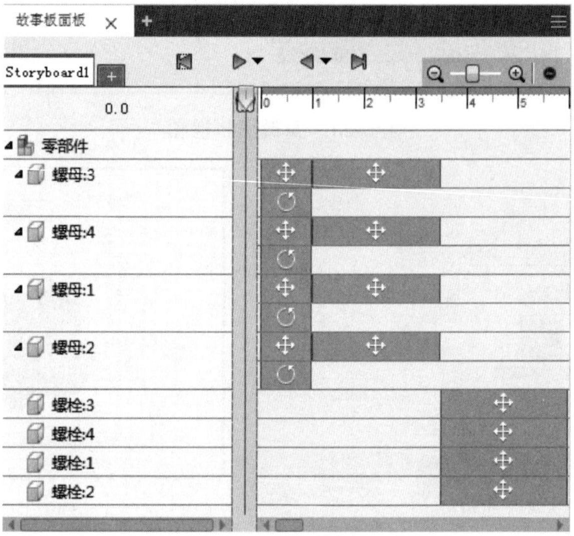

图6-23 照相机设置练习的“故事板面板”

- 将所有动作矩形向后拖动1s，如图6-24（a）所示。
- 将播放指针移至0.5s处，将视图调整位置，捕获照相机1，如图6-24（b）所示。
- 将播放指针移至1s处，放大视图，让螺母4突出显示，捕获照相机2，如图6-24（c）所示。
- 将播放指针移至2.5s处，将视图再调整至照相机1捕获位置，捕获照相机3，如图6-24（d）所示。
- 调整照相机3的动作矩形，将其起始位置调整至2s处，如图6-24（e）所示。
- 将4个螺栓的动作矩形向后拖动1s，将其起始位置拖动至5.5s处，如图6-24（f）所示。
- 将播放指针移至5.5s处，调整视图位置，让4个螺栓处于明显位置，捕获照相机4，并将照相机4的起始位置拖动至4.5s处，如图6-24（g）所示。

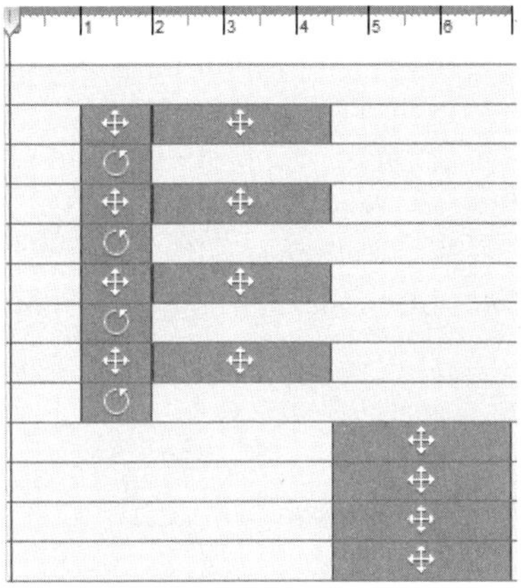

（a）向后拖动所有动作矩形

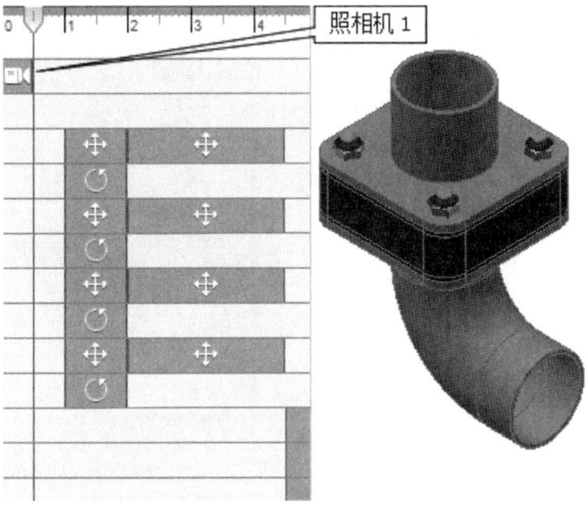

（b）捕获照相机 1

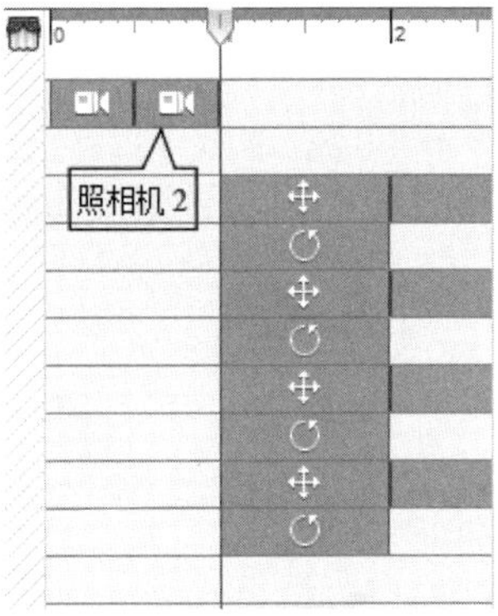

（c）捕获照相机 2

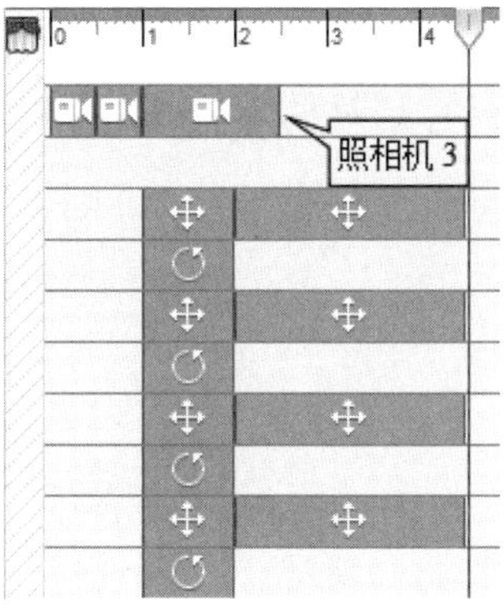

（d）捕获照相机 3

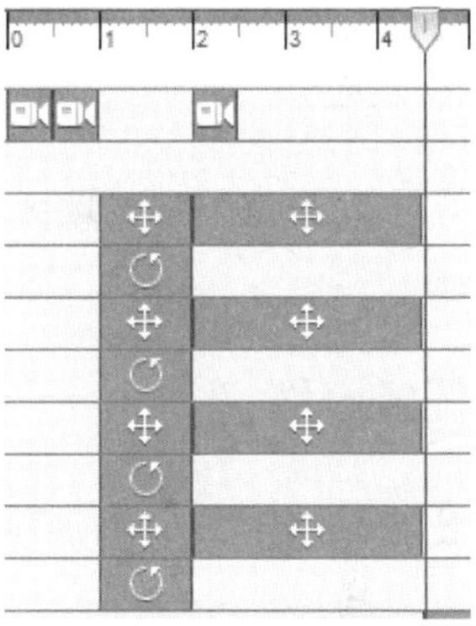

（e）调整照相机 3 的动作矩形

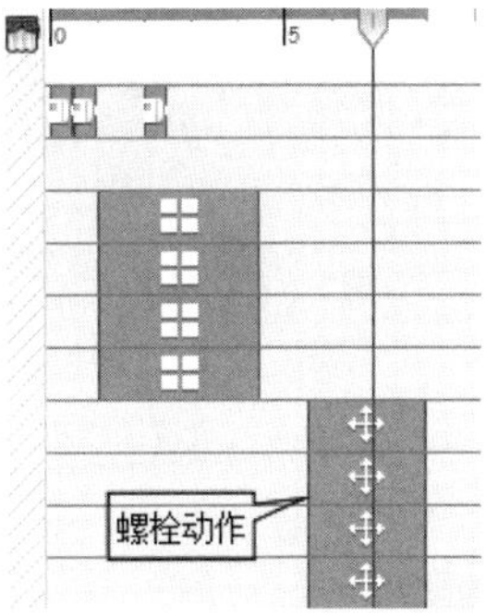

（f）向后拖动螺栓动作矩形

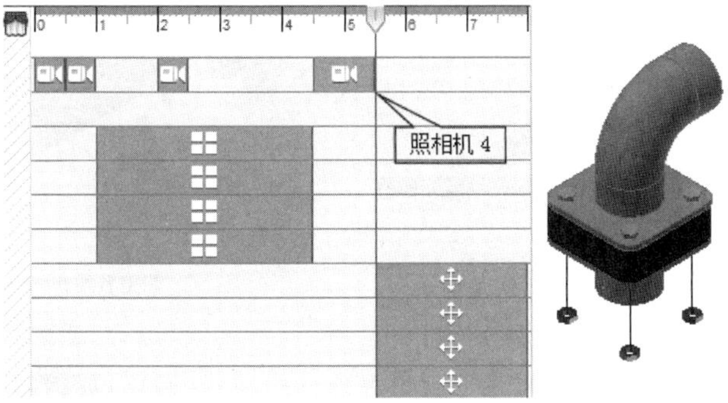

（g）捕获照相机 4

图 6-24　照相机设置举例

7. 发布视频

上述操作完成后，可利用表达视图生成部件的拆、装动画，脱离 Inventor 环境观看拆、装过程。单击“发布”工具面板上的“视频”工具按钮 ，弹出“发布为视频”窗口，如图 6-25 所示。在该窗口中，可对发布范围、动画分辨率大小、文件位置、文件格式等进行设置。

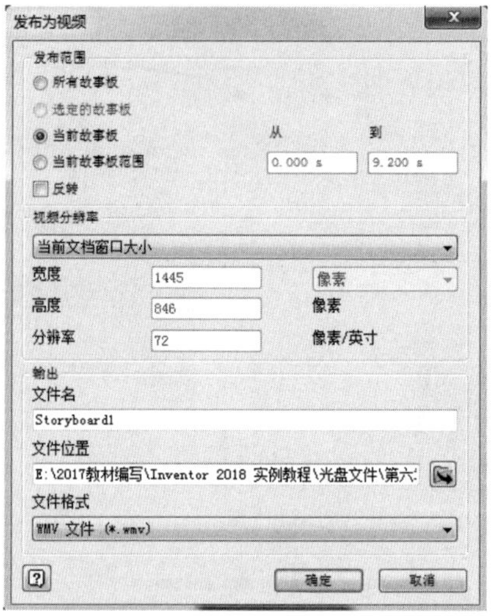

图 6-25 “发布为视频”窗口

在“发布范围”选项区域，若勾选“反转”选项，则表示发布装配动画，否则发布拆分动画。

任务流程

任务流程如图 6-26 所示。

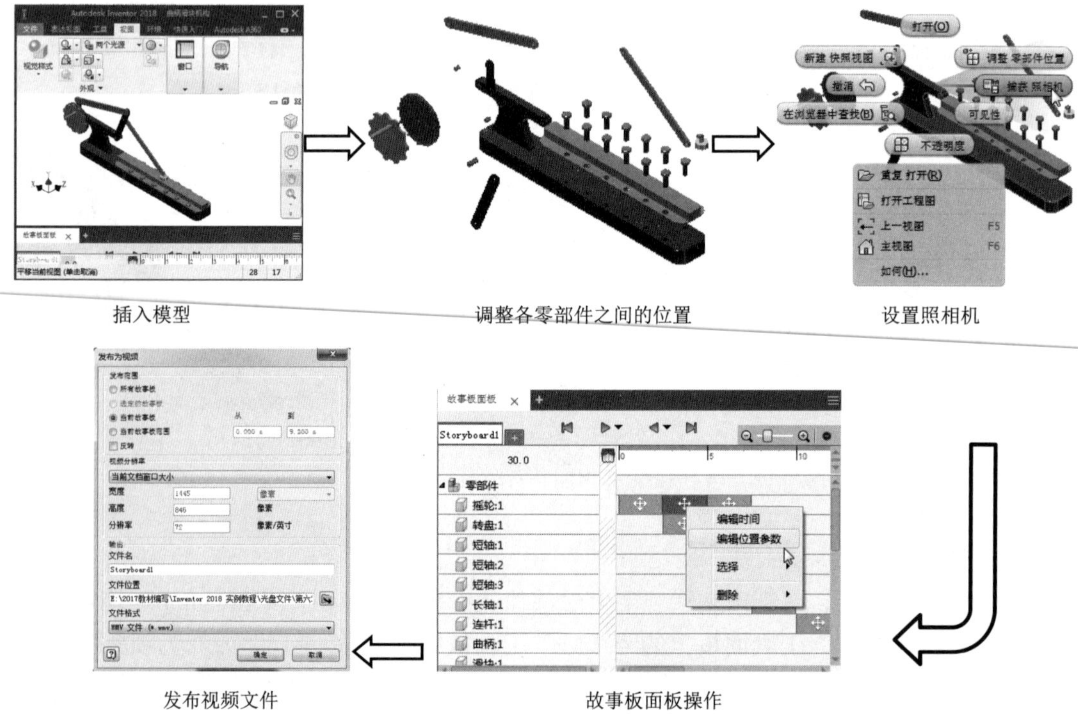

图 6-26 任务流程

任务实施

Step 01 新建表达视图文件　激活资源包中“第 6 章\曲柄滑块机构\曲柄滑块机构.ipj”项目文件，新建表达视图文件，并插入资源包中“第 6 章\曲柄滑块机构\曲柄滑块机构.iam”模型文件。

Step 02 调整转盘零部件　将摇轮零部件在 Z 轴方向调整至合适位置，如图 6-27（a）所示，然后在按住 Shift 键的同时选择转盘，继续在 Z 轴方向上将两个零部件一块进行位置调整，如图 6-27（b）所示。单击“确定”按钮，完成转盘零部件的位置调整。

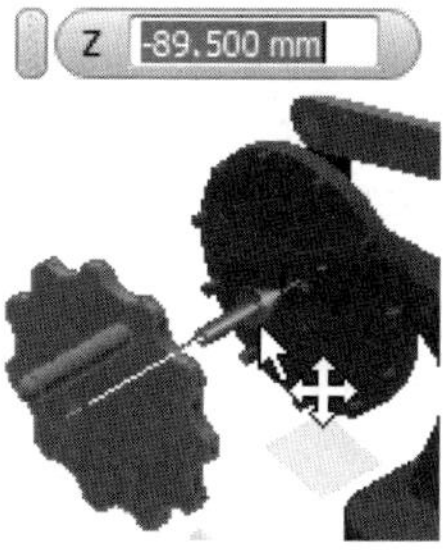

（a）调整摇轮零部件

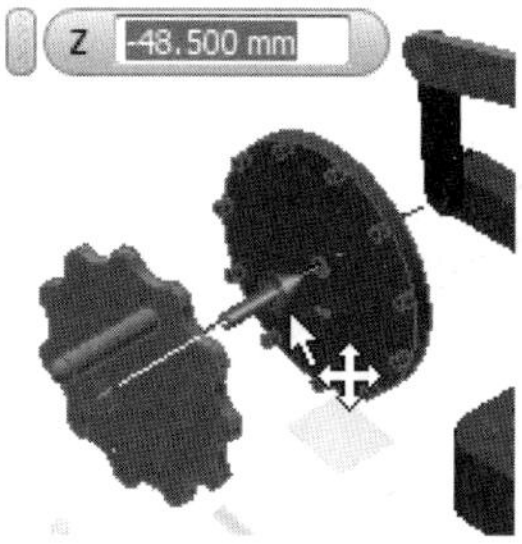

（b）调整摇轮、转盘零部件

图 6-27　调整转盘零部件

Step 03 调整滑动部分零部件　将滑块零件在 Z 轴方向调整至合适位置，如图 6-28（a）所示，然后按住 Shift 键，再选择滑杆，继续在 Z 轴方向上将两个零部件调整至合适位置，如图 6-28（b）所示。

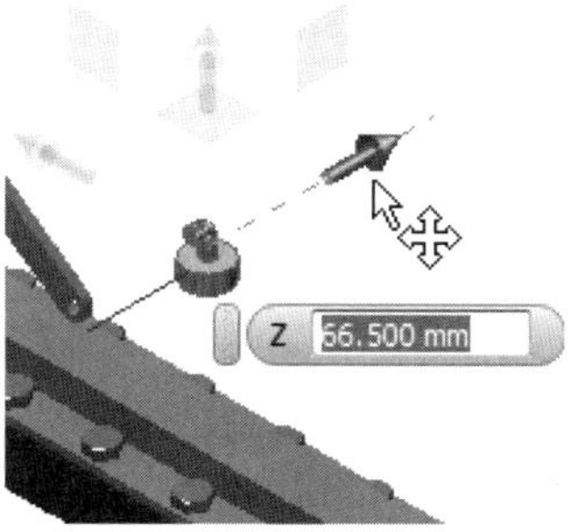

（a）调整滑块零部件

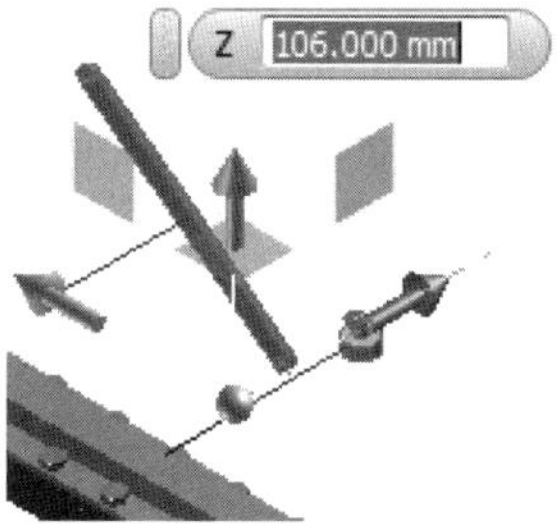

（b）调整滑块、滑杆零部件

图 6-28　调整滑动部分零部件

Step 04 调整轴零部件　将 3 个短轴和 1 个长轴零部件在 Z 轴方向上调整至合适位置，如图 6-29 所示。

Step 05 调整曲柄零部件　将曲柄零部件在 X 轴方向进行位置调整，如图 6-30 所示。

Step 06 调整连杆零部件　将连杆零部件在 Y 轴方向进行位置调整，如图 6-31 所示。

Step 07 调整摇杆零部件　将摇杆零部件先在 X 轴方向上进行位置调整，再在 Z 轴方向上进行位置调整，如图 6-32 所示。

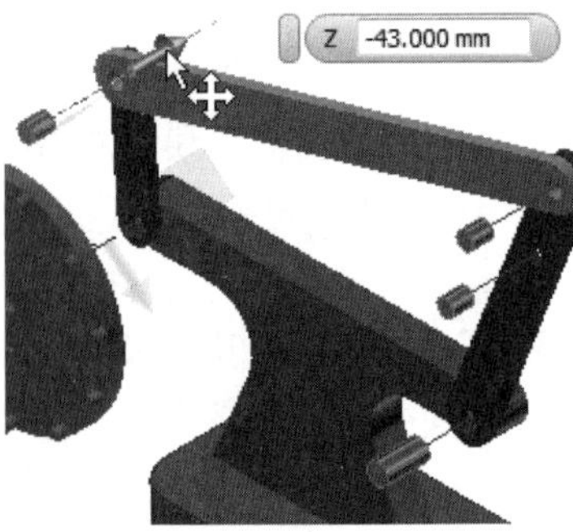

图 6-29　调整轴零部件

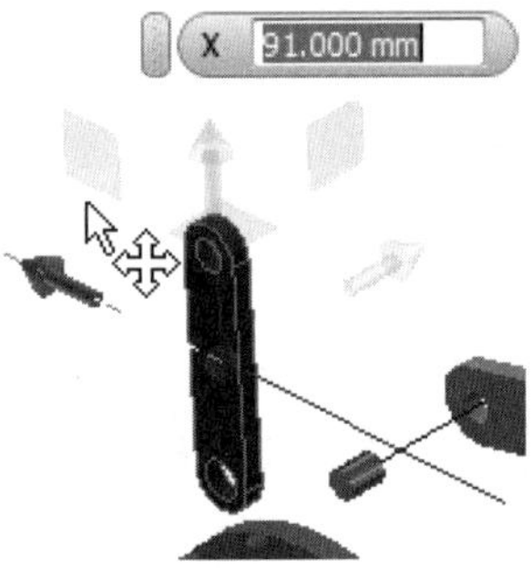

图 6-30　调整曲柄零部件

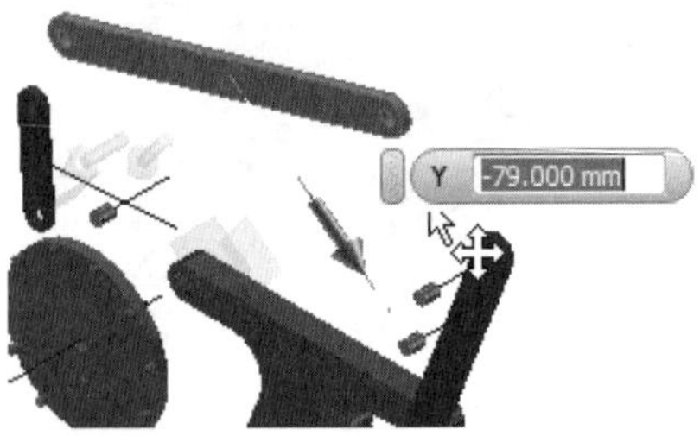

图 6-31　调整连杆零部件

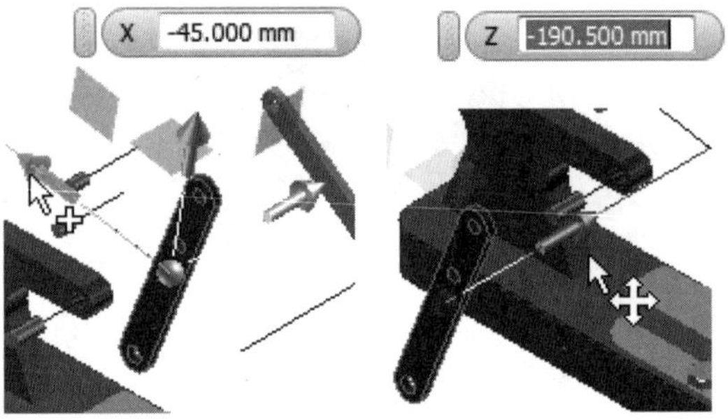

图 6-32　调整摇杆零部件

Step 08 调整螺栓零部件　将所有的螺栓零部件在 X 轴方向上进行位置调整，如图 6-33（a）所示，单击“确定”按钮，完成螺栓零部件的距离位置 1 的调整。再选择一个螺栓，将其绕轴线方向旋转-720°，如图 6-33（b）所示。重复操作，将其他的螺栓也绕轴线旋转-720°。单击“确定”按钮，完成螺栓零部件的角度调整，最后再将所有螺栓在 X 轴方向上进行距离位置 2 调整，如图 6-33（c）所示。

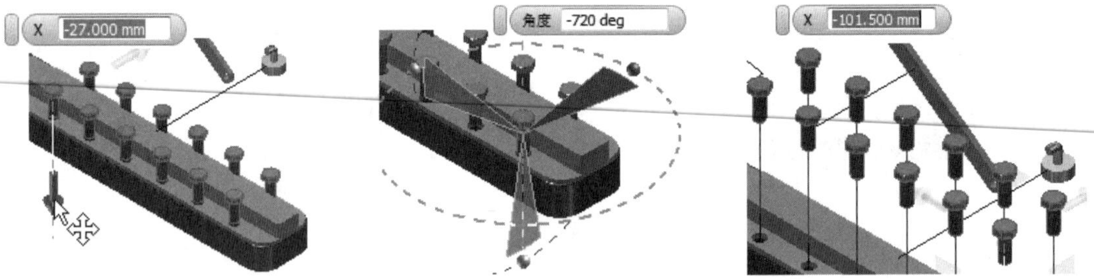

（a）距离位置 1 调整　　（b）旋转角度调整　　（c）距离位置 2 调整

图 6-33　调整螺栓零部件

Step 09 调整滑道零部件　将滑道零部件在 Y 轴方向上进行位置调整，如图 6-34 所示。

Step 10 隐藏轨迹线　将所有零部件的轨迹线隐藏。

Step 11 设置照相机　在故事板面板中，首先将第 1 个动作矩形的初始时间从 0s 调整至 0.5s，然后将播放指针移至 0.5s 处，捕获照相机 1。重复操作，再根据参考动画中的其他位置捕获照相机，这里不再赘述。

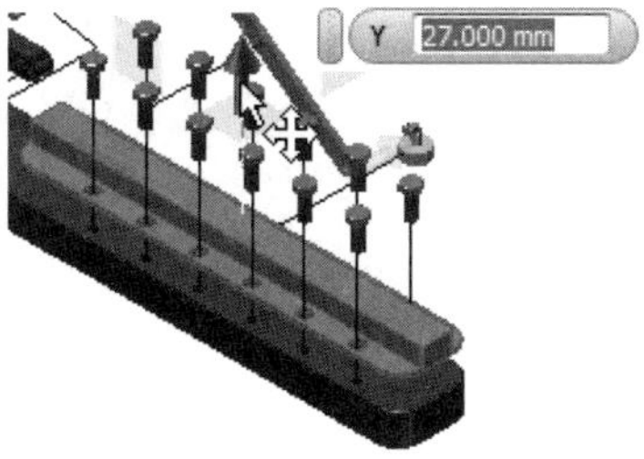

图 6-34　调整滑道零部件

Step 12 故事板面板调整　在故事板面板中，对各零部件的动作顺序及照相机进行调整。
Step 13 录制视频文件　表达视图制作完成后，发布视频文件。
Step 14 保存文件　最后将文件保存为“曲柄滑块机构.ipn”。

思考与练习 6

创建如图 6-35 所示的表达视图，所有模型文件见资料包“第 6 章\思考与练习”文件夹。

（a）机用虎钳　　（b）弯管接头

图 6-35　思考与练习 6

07 第 7 章 工程图设计

【学习目标】

- ◆ 熟悉工程图环境及基本设置
- ◆ 掌握各种视图的创建方法
- ◆ 掌握工程图尺寸的标注方法
- ◆ 掌握各种工程图注释的标注方法

工程图是将设计者的设计意图及设计结果细化的图纸，是设计者与具体生产制造者交流的载体。目前，在国内的加工制造还不能完全达到无图化生产加工的条件下，工程图依然是表达产品信息的主要媒介，是表达零部件信息的重要方式。

Inventor 为用户提供了丰富的工程图处理功能，可以实现二维工程图与三维实体模型之间的关联更新，方便了设计过程中的修改工作。

本章将通过几个实例来分别介绍二维零件图及爆炸图的设计。

任务 1　圆头螺钉的工程图设计

学习目标

- ◆ 熟悉工程图的基本设置方法
- ◆ 掌握基础视图及投影视图的创建方法
- ◆ 掌握工程图尺寸和中心线的标注方法
- ◆ 能够熟练设计圆头螺钉的工程图

任务导入

圆头螺钉的工程图如图 7-1 所示，详细图纸及模型见资料包“第 7 章\任务 1”文件夹。

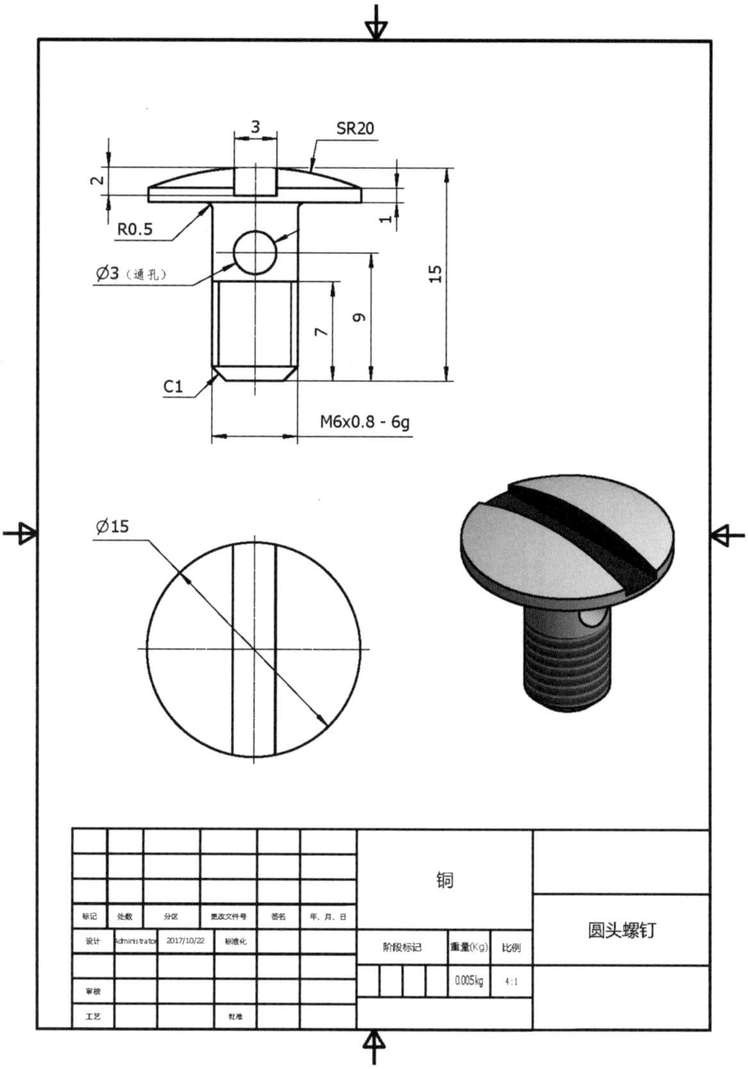

图 7-1　圆头螺钉工程图

在圆头螺钉工程图的创建过程中，需要用到的知识有工程图样式及标准的设置、基础视图、投影视图的创建、工程图的尺寸标注等相关知识。下面就进入工程图环境，学习在本任务中用到的新知识。

知识准备

1. 工程图环境

（1）进入工程图环境　在新建文件窗口，选择“Standard.idw”工程图模板文件，进入工程图环境。方法与前面类似，不再赘述。

（2）工程图界面　进入工程图环境后，常用到的有“放置视图”和“标注”两个选项卡，如图 7-2 所示。

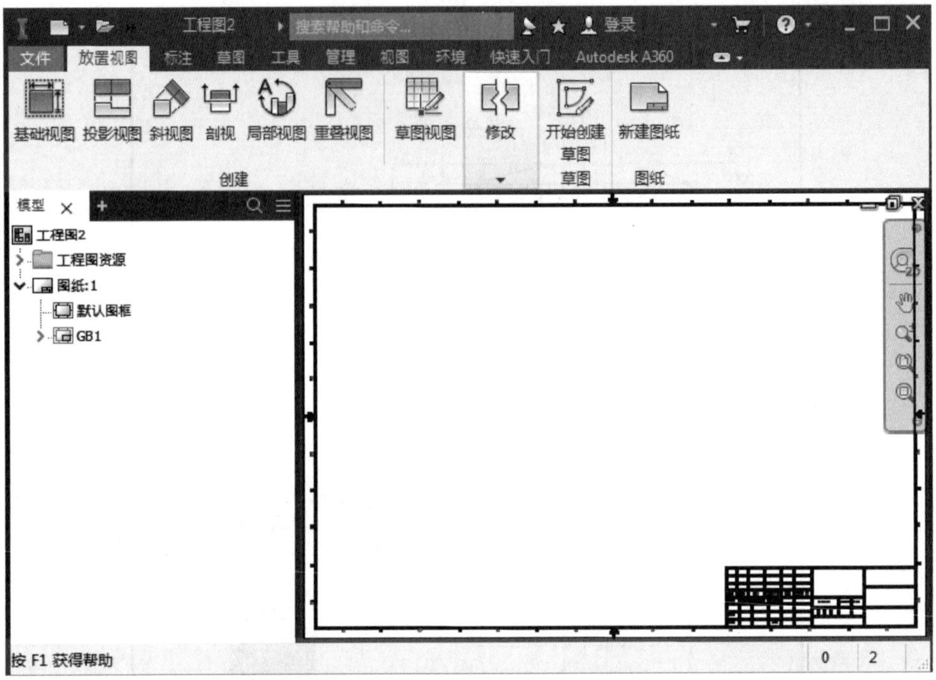

（a）“工程图” － “放置视图”选项卡

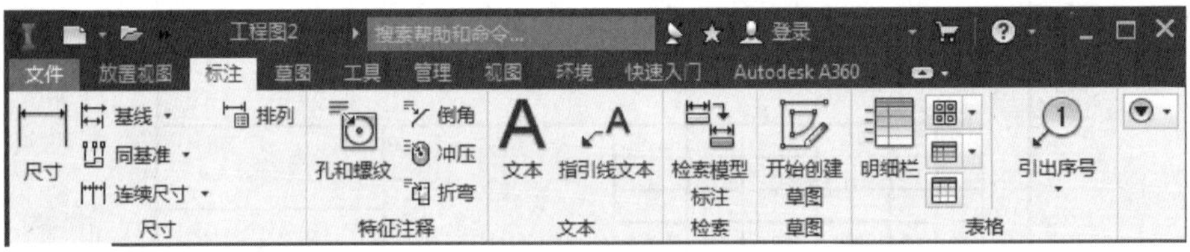

（b）“工程图” － “标注”选项卡

图 7-2　“工程图”界面

2. 工程图样式及标准设置

Inventor 提供的工程图样式与国家标准的工程图样式并不符合，因此需要进行基本样式的设置。若能将设置的标准样式成功地保存到样式库中，需要先对样式库进行设置。

（1）样式库设置　打开如图 7-3 所示的“项目”窗口，窗口中的“使用样式库”选项默认是“只读”，通过右键菜单可将其改为“读－写”，如图 7-3（a）所示。单击“保存”按钮后，弹出“Inventor 项目编辑器”提示窗口，如图 7-3（b）所示。选择“是”按钮，关闭该提示窗口，最后单击“完毕”按钮关闭“项目”窗口。

（2）图纸大小及方向设置　进入工程图环境后，Inventor 默认的图纸大小是 A2 图纸，根据图样要求还需要设置图纸大小。

在浏览区的“图纸”选项上，单击鼠标右键，在右键菜单中选择“编辑图纸”选项，如图 7-4（a）所示。弹出“编辑图纸”窗口，在窗口的“大小”选项中，将图纸设置为“A4”，“方向”设为“纵向”，如图 7-4（b）所示，完成设置后，单击“确定”按钮关闭窗口。

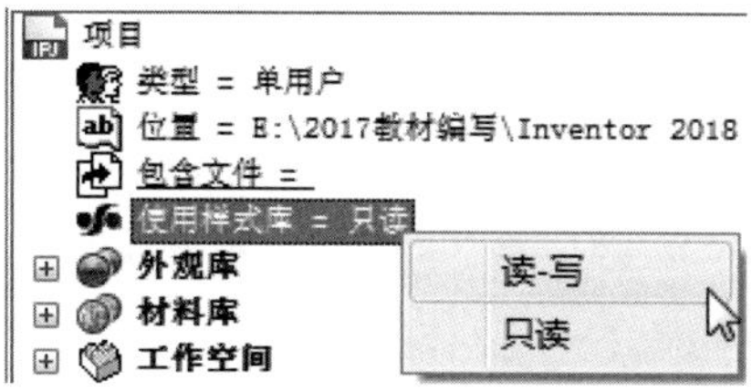

（a）将“样式库”改为“读－写”方式

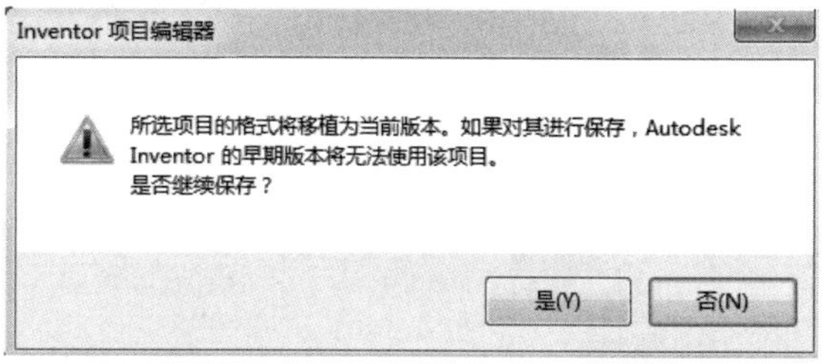

（b）“Inventor 项目编辑器”提示窗口

图 7-3　更改样式库的读写状态

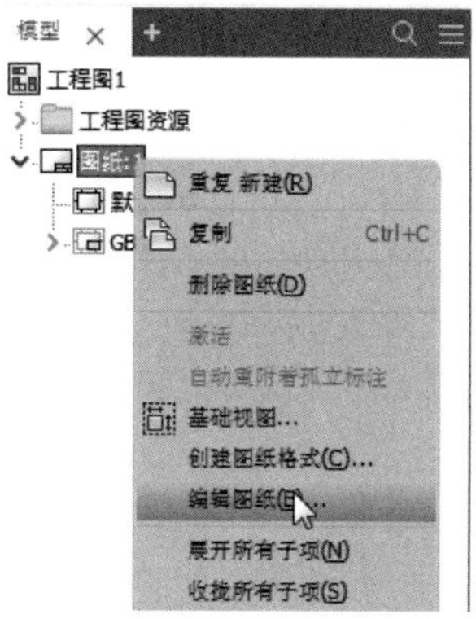

（a）“图纸”编辑右键菜单

（b）“编辑图纸”窗口

图 7-4　更改图纸大小及方向

（3）图纸样式设置　进入“管理”选项卡，在“样式和标准”工具面板上，单击“样式编辑器”工具按钮 ，如图 7-5（a）所示。弹出“样式和标准编辑器”窗口，如图 7-5（b）所示。

① 尺寸样式设置　在窗口左侧的浏览区中，选择“尺寸—默认（GB）”选项。

➢　在“单位”选项卡下，将“线性”选项的“精度”设置为小数点后 3 位；将“角度”选项的“格式”设置为“十进制度数”，“精度”设置为整数，如图 7-6（a）所示。

➢　在“显示”选项卡下，将“A：延伸（E）”选项的数值设置为 2mm，如图 7-6（b）所示。

➢　在“文本”选项卡下，将“基本文本样式（T）”设置为“标签文本”，“公差文本样式”设置为“注释文本”，“直径”“半径”的标注样式设置为水平，如图 7-6（c）所示。

➢　在“注释和指引线”选项卡下，将“指引线样式”设置为水平，如图 7-6（d）所示。

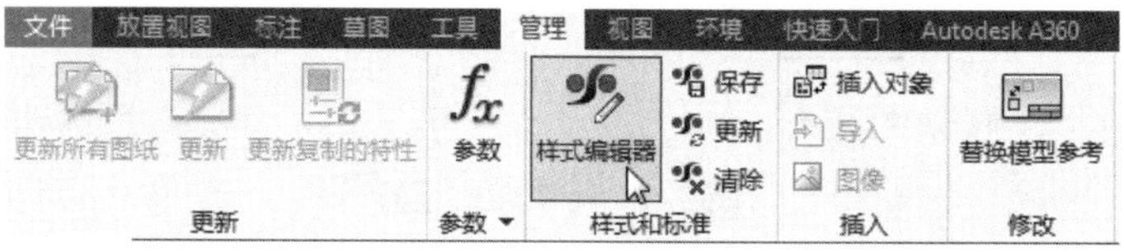

（a）“样式编辑器”工具按钮

图 7-5　样式编辑器

（b）“样式和标准编辑器”窗口

图 7-5　样式编辑器（续）

（a）“单位”选项卡

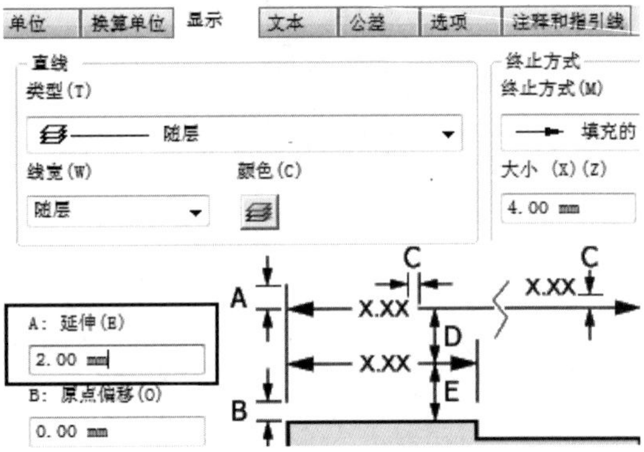

（b）“显示”选项卡

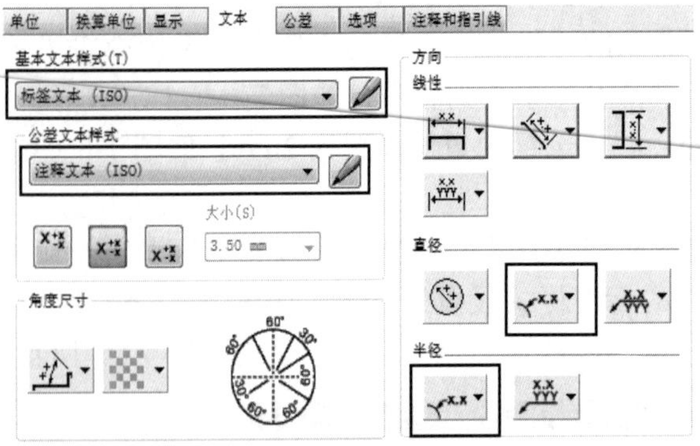

（c）“文本”选项卡

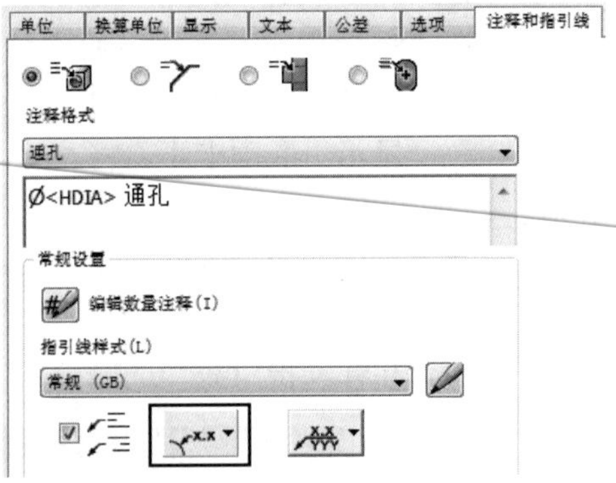

（d）“注释和指引线”选项卡

图 7-6　尺寸样式设置

完成以上设置后，单击窗口上端的“保存”按钮，将以上设置保存。

② 基本标示符号设置　在“样式和标准编辑器”窗口的“标示符号”选项中选择“基

准标示符号（GB）”，在窗口右侧的“符号特性”栏，将“形状（S）”设置为“圆形”，如图 7-7 所示。

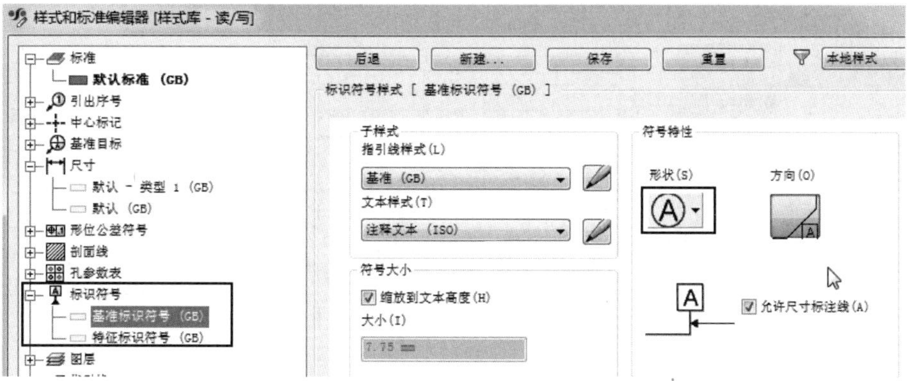

图 7-7　基准标示符号设置

③ 局部视图边界线设置　在“样式和标准编辑器”窗口的浏览区中，选中“图层样式”下的“折线（ISO）选项”，在窗口右侧的“图层”名列中，找到“折线（ISO）”选项，将其线宽改为 0.25mm，如图 7-8（a）所示。单击“保存”按钮，将折线图层线宽设置保存。

在窗口右侧选择“对象默认设置”选项，在窗口右侧的“对象类型”列中选中“局部剖线”选项，将其图层由“可见（ISO）”改为“折线（ISO）”，如图 7-8（b）所示。

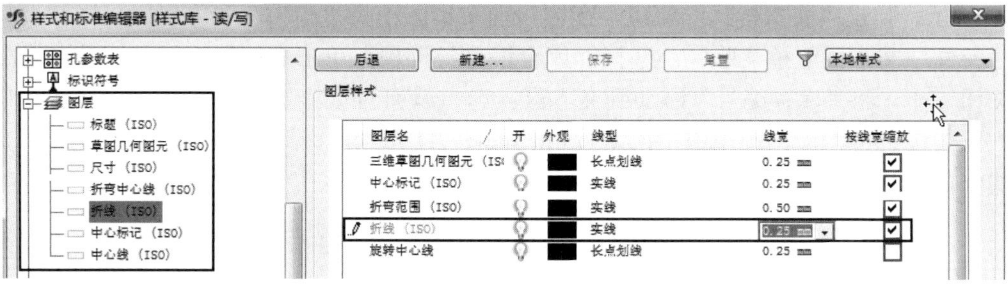

（a）折线图层线宽设置

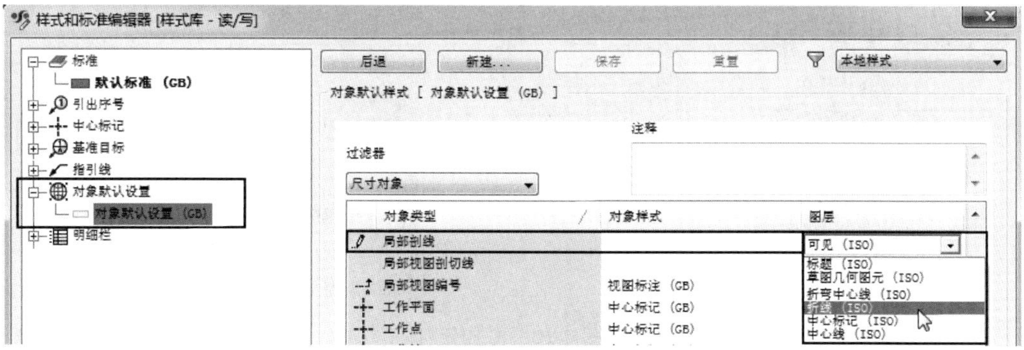

（b）局部剖线图层设置

图 7-8　局部视图边界线设置

完成以上设置后，单击窗口下方的“保存并关闭”按钮，将窗口关闭。

④ 标题栏设置　在工程图环境下的浏览区中，在“GB1”上单击右键，在右键菜单中选择“编辑定义”选项，如图 7-9（a）所示，进入标题栏草图，如图 7-9（b）所示。

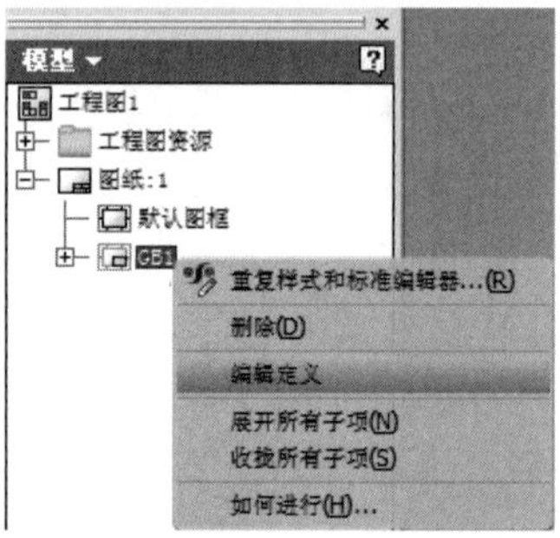

(a)“编辑定义”选项

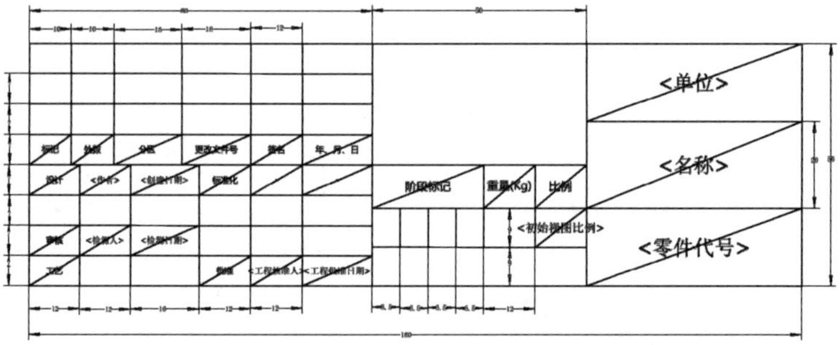

(b) 标题栏草图

图 7-9　编辑标题栏

➢　添加名称　在 Inventor 中，零件名称对应的是“零件代号”。因此先将“名称”删除，再将“零件代号”复制到“名称”栏内。

➢　添加代号　在 Inventor 中，代号没有对应的关联项，这里用“库存编号”进行关联，添加步骤如下。

在原“零件代号”栏上单击鼠标右键，在右键菜单中选择“编辑文本”选项，如图 7-10（a）所示。弹出“文本格式”窗口，在窗口的文本区中将“零件代号”删除；在该窗口中的“特性”文本框下拉菜单中，选择“库存编号”选项，单击右侧的“添加文本参数”工具按钮 ，将“库存编号”添加到文本区；选中添加的“库存编号”，在“字体”栏中选择“仿宋”，字号“大小”设置为 5.00 mm，如图 7-10（b）所示。完成设置后关闭“文本格式”窗口。

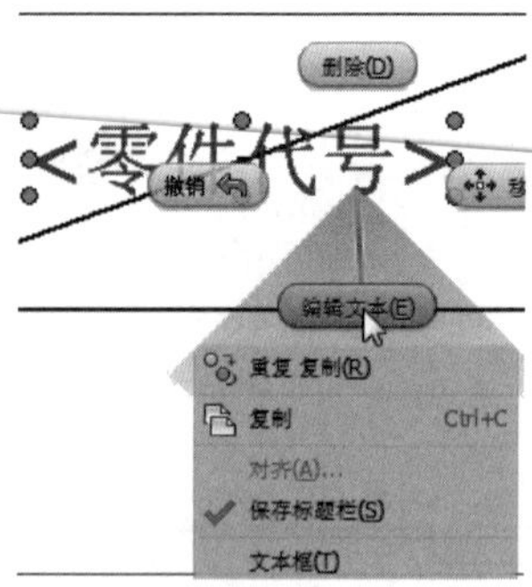

(a) 编辑文本

(b) 添加文本参数

图 7-10　添加代号

➢　添加材料　单击“创建”工具面板的“文本”工具按钮，在“单位”右侧的空白栏处单击，再次打开“文本格式”窗口，在“类型”文本栏中选择“特性－模型”选项，在“特性”文本栏选择“材料”选项，将文本参数添加到文本区，如图 7-11 所示。关闭窗口，将“材料”文本调整到单元格中心。

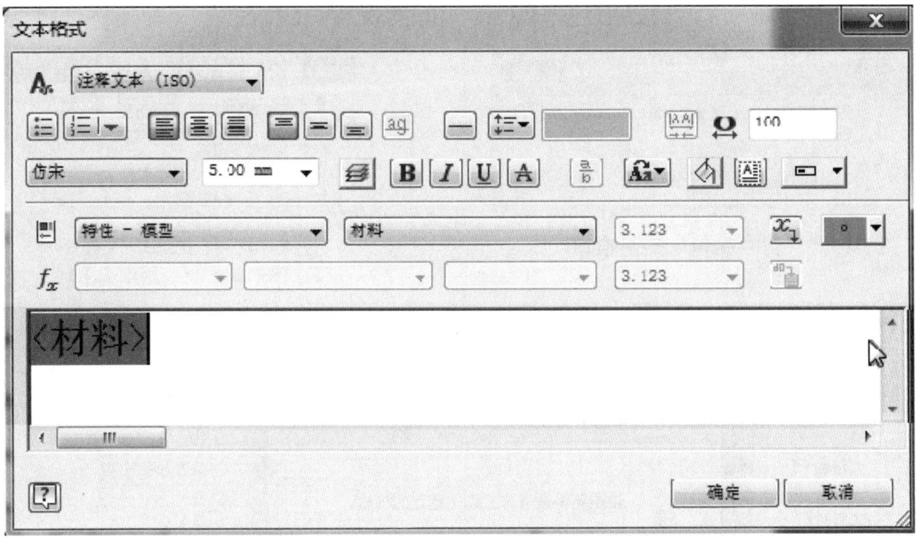

图 7-11　添加材料

➢　添加质量　在“重量”栏下面的单元格中，添加文本，在“类型”文本栏中选择“物理特性－模型”选项，在“特性”文本栏选择“质量”选项，在“拉伸”栏中输入 60。将文本参数添加到文本区，如图 7-12 所示。关闭窗口，将“质量”文本调整到单元格中心。

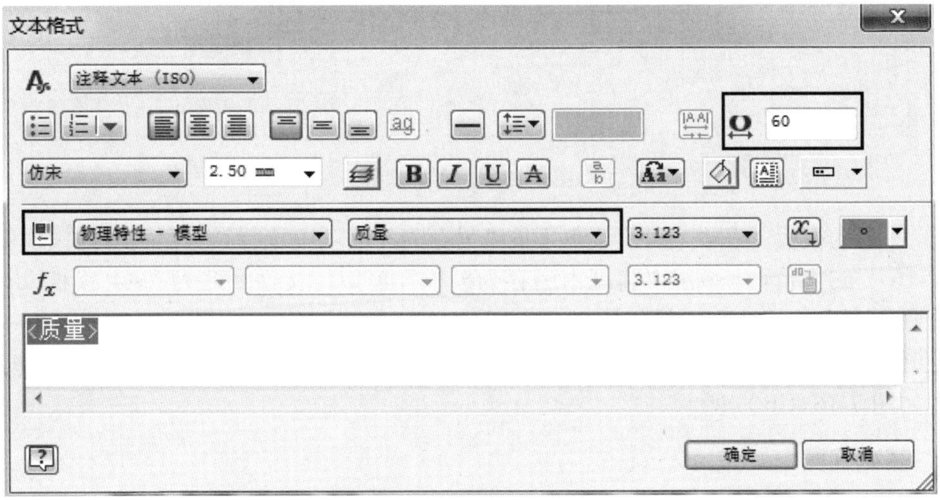

图 7-12　添加质量

完成所有设置后，单击“退出”工具面板上的“完成草图”工具按钮，弹出“保存编辑”提示窗口，如图 7-13 所示，单击“是”按钮，完成标题栏的设置。

⑤ 保存样式库　完成上述设置后，在“管理”功能选项卡下，单击“样式和标准”功能面板上的“保存”按钮，如图 7-14 所示，弹出“将样式保存到样式库中”窗口。

在该窗口中罗列出了设置的选项，单击 所有均是(Y) 按钮，将“是否保存到库？”栏全部修改为“是”，如图 7-15 所示。单击“确定”按钮，弹出“是否要覆盖样式库信息？”窗口，在该窗口中单击“是（Y）”按钮，完成对样式库的保存。

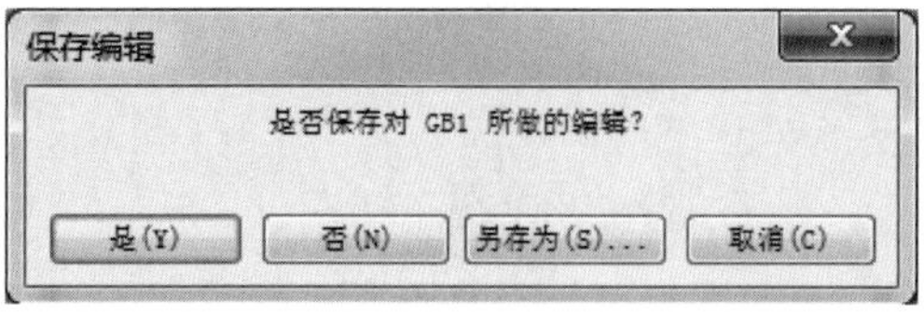

图 7-13 “保存编辑”提示窗口

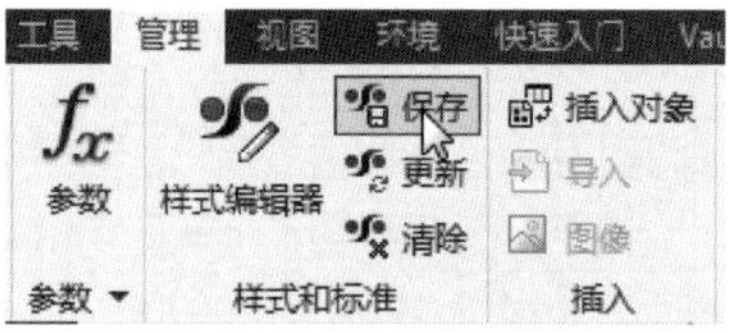

图 7-14 样式编辑保存图标

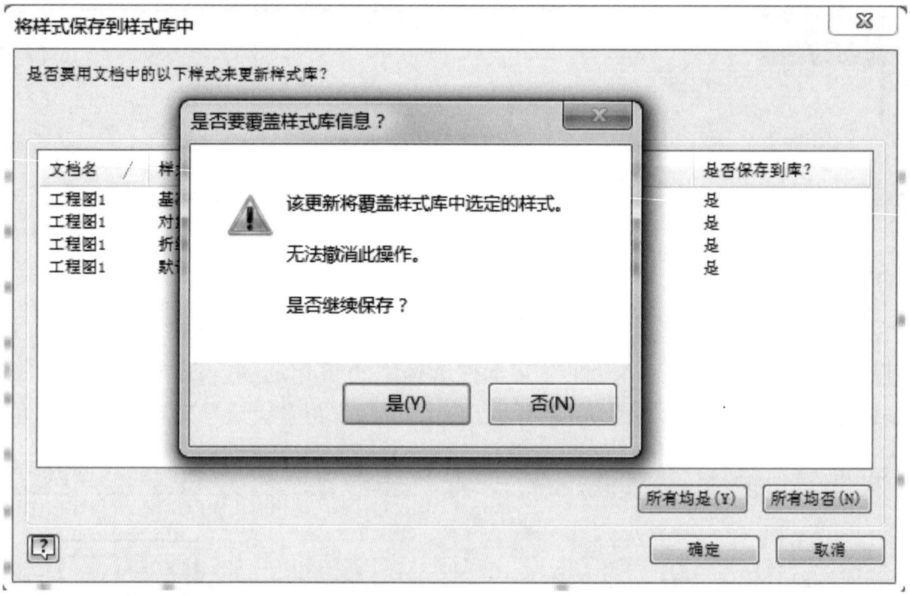

图 7-15 保存样式库

⑥ 保存为模板 在“文件”菜单下的“另存为”选项中选择“保存副本为模板”选项，如图 7-16（a）所示。弹出“将副本另存为模板”窗口，文件命名为“A4 模板.idw”，然后单击“保存”按钮，完成模板的创建。

这时打开“新建文件”窗口，可发现窗口中的工程图选项区中增加了“A4 模板.idw”文件，如图 7-16（b）所示。

3．基础视图

基础视图是工程视图中的第 1 个视图，是其他视图创建的基础。单击“创建”工具面板上“基础视图”工具按钮，弹出“工程视图”窗口及 View Cube，同时会为当前打开的零件模型自动创建基础视图。通过调整 View Cube，为基础视图选择合适的投影方向。此时基础视图位于一绿色的虚线框内，虚线框的 4 个角为绿色的粗实线。将鼠标向右移动，当鼠标移出基础视图的虚线框时，光标变为投影视图图标，并在光标四周产生另一绿色的虚线框。此时单击鼠标可直接创建投影视图，如图 7-17 所示。

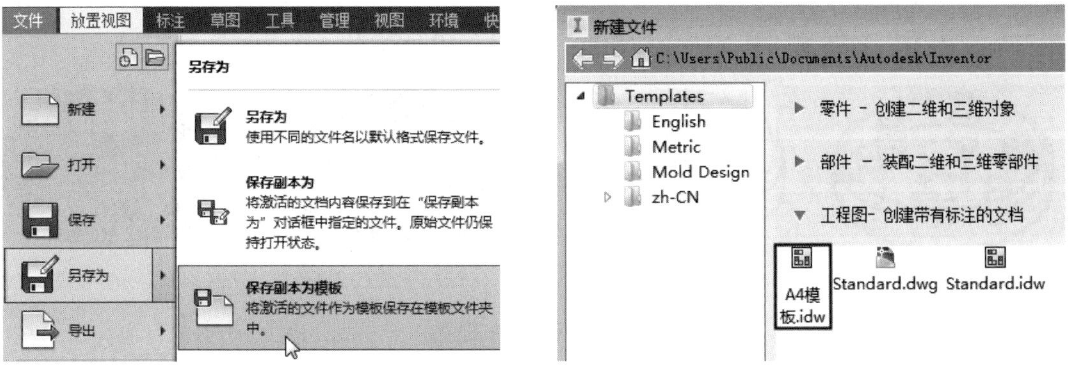

（a）“另存为”选项　　（b）添加模板后的“新建文件”窗口

图 7-16　保存模板

图 7-17　创建基础视图

在工程视图窗口中有 4 个选项卡，下面介绍常用的两个。

（1）“零部件”选项卡　该选项卡是最常用的基本选项卡，如图 7-17 所示。在该选项卡下各选项含义如下。

① 文件　选择用于生成基础视图的零部件文件，可以从列表中选择，也可以单击“打开现有文件”按钮 ，在打开的窗口中找到要创建基础视图的零部件文件。

② 视图　“视图”选项位于“表达”区域，可用来选择视图方向，若选择的源模型是部件文档，除了选择视图方向以外，还可以选择位置视图、详细等级，如图 7-17 所示。

③ 关联　若勾选该选项，当更改了部件环境中关联设计时，工程图中会自动更新。

④ 样式　视图的显示样式，在 Inventor 中提供了 3 种样式：显示隐藏线 、不显示隐藏线 、着色 。前两种只能选择一种，当选择“着色”方式时，必须与前两种之一结合使用，如图 7-18 所示。

⑤ 与基础视图样式一致　若勾选该选项，则从属视图的显示样式、比例与父视图相同。只有在从属视图中，该选项才被激活。

⑥ 光栅视图　勾选该选项，可生成光栅工程图，光栅视图是基于像素的视图，其生成

速度比精确视图要快得多。使用关联菜单，可在光栅视图与精确视图之间进行相互转换。在工程视图中，光栅视图具有绿色的角框，如图 7-19 所示。

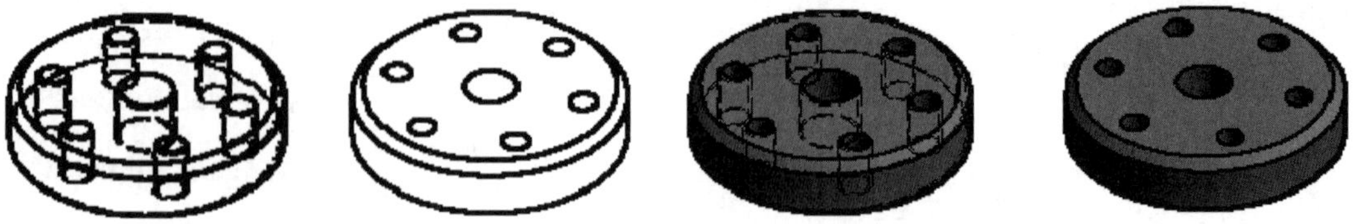

（a）显示隐藏线　（b）不显示隐藏线　（c）显示隐藏线且着色　（d）不显示隐藏线且着色

图 7-18　视图显示样式比较

⑦ 切换视图标签的可见性 　当该标签亮显时，表示标签可见，反之视图标签隐藏，如图 7-20 所示。

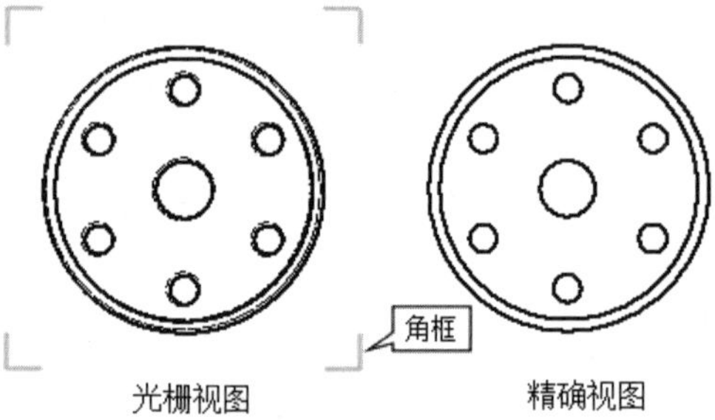

图 7-19　光栅视图与精确视图比较

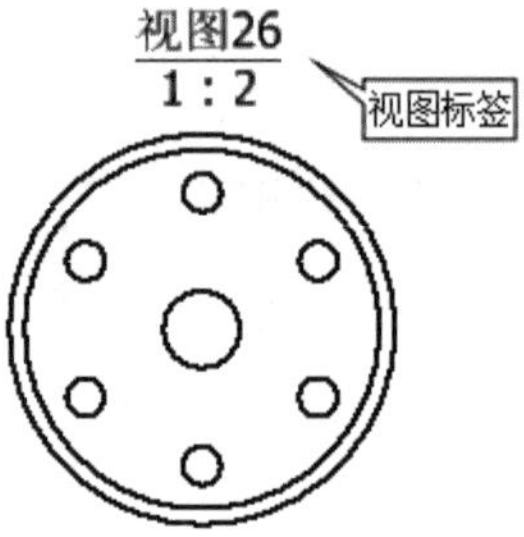

图 7-20　视图标签

⑧ 编辑视图标签 　单击该工具按钮，打开“文本格式”窗口，在窗口中可对视图标签进行编辑。

⑨ 标签　在该文本框中输入视图的标识符号。

⑩ 比例　放置基础视图，设置基础视图相对于模型的比例；编辑从属视图时，设置从属视图相对于父视图的比例。

（2）“显示选项”选项卡　如图 7-21 所示，下面介绍该选项卡下常用的几个选项。

① 螺纹特征　勾选该选项，将在视图中打开螺纹特征的可见性，如图 7-22 所示。

图 7-21　“显示选项”选项卡

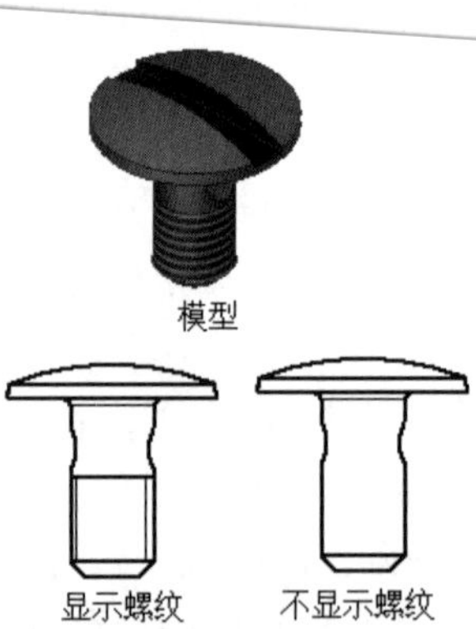

图 7-22　螺纹特征可见性比较

② 相切边　勾选该选项，在视图中将显示模型中的相切边，若勾选断开，相切边将在交点处断开，如图 7-23 所示。

（a）模型　（b）不显示相切边　（c）显示相切边　（d）显示相切边且断开

图 7-23　相切边

③ 与基础视图对齐　设置所选视图与基础视图间的对齐约束，该选项默认是被勾选的。若不勾选，在取消对齐约束的同时，会在基础视图旁边添加视图标签及投影方向箭头，如图 7-24 所示。这时视图可放置在任意位置。

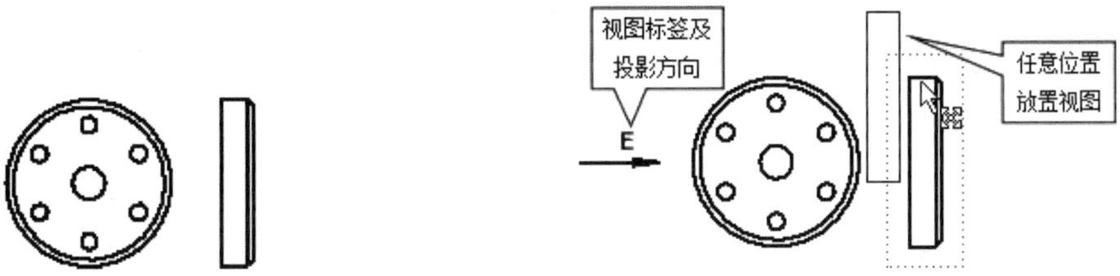

（a）与基础视图对齐　（b）取消与基础视图的对齐

图 7-24　“与基础视图对齐”选项应用

④ 在基础视图中显示投影线　控制投影视图、局部视图边界圆、剖切线及其关联文本的显示，该选项默认是被勾选的。例如，在图 7-25 中，根据制图标准，若单一基本对称面剖切，可以不在基础视图中显示剖切符号，因此可双击剖视图，在弹出的“工程视图”窗口中，将该选项的勾选去掉即可。

（a）在基础视图中显示投影线　（b）在基础视图中不显示投影线

图 7-25　“在基础视图中显示投影线”选项的应用

⑤ 根据基础视图定向　指定基础视图旋转或重定向时从属视图的照相机方向。勾选该选项，从属视图将继承基础视图的新方向，如图 7-26 所示。

⑥ 视图对齐　“视图对齐”下拉菜单中有“居中”和“固定”两个选项，“居中”选项表示使得视图围绕原始位置居中，若修改模型（例如改变拉伸方向），视图将在所有方向上进行调整，以使得视图在原始位置附近保持居中。“固定”选项则使视图在原位置保持不

变，如图 7-27 所示。

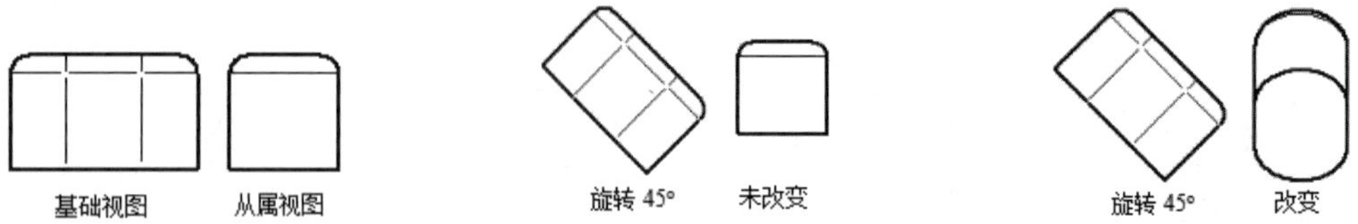

（a）原视图　　（b）未勾选　　（c）勾选

图 7-26　“根据基础视图定向”选项的应用

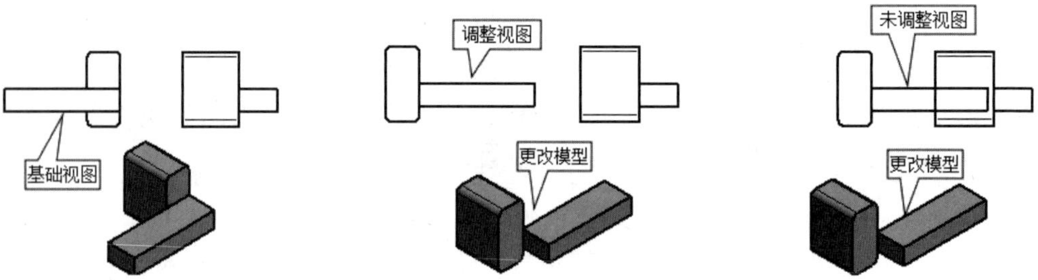

（a）原视模型及视图　　（b）居中　　（c）固定

图 7-27　“视图对齐”选项的应用

4．投影视图

除了在创建基础视图的时候，可直接创建投影视图以外，也可以通过投影视图工具创建投影视图。首先选中父视图，然后单击“创建”工具面板上“投影视图”工具按钮，在需要投影的方向上引导光标，在适当位置单击以确定视图位置。单击鼠标右键，在右键菜单中选择“创建”选项，即可完成投影视图的创建，如图 7-28 所示。

5．视图编辑

在需要编辑的视图上双击，或者在其右键菜单中选择“编辑视图”选项，如图 7-29 所示，即可打开“工程视图”窗口，根据需要进行编辑。从视图的右键菜单中，可看到除了能够编辑视图以外，也可以创建各种视图。

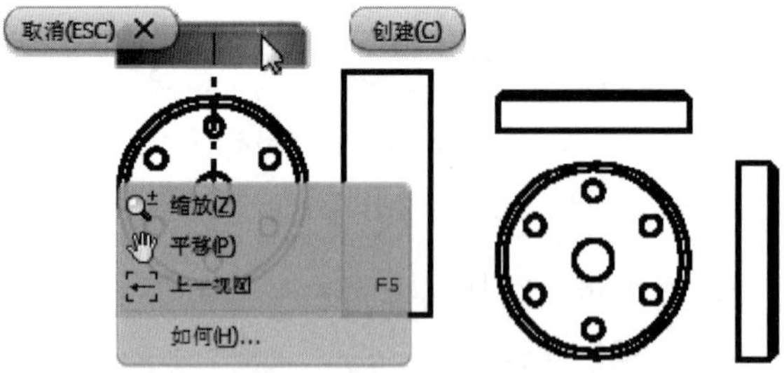

图 7-28　创建投影视图

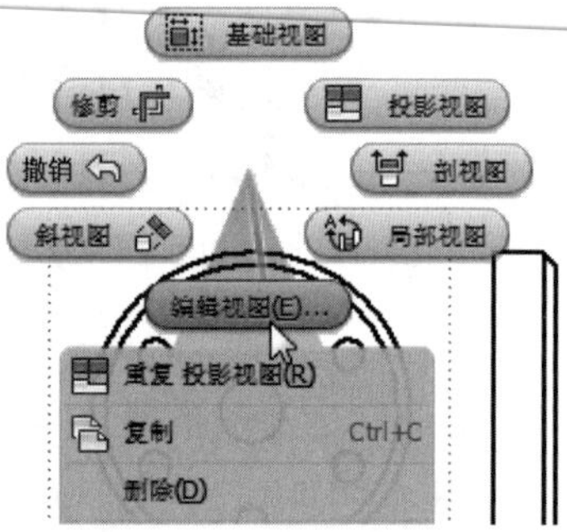

图 7-29　通过右键菜单编辑视图

在工程图中有时为了看图方便，需要将视图进行旋转，方法是：在需要旋转的视图上，单击鼠标右键，在右键菜单中选择“旋转”选项，如图 7-30（a）所示。在弹出的“旋转视图”窗口中，可依据边、绝对角度、相对角度旋转照相机或视图，如图 7-30（b）所示。

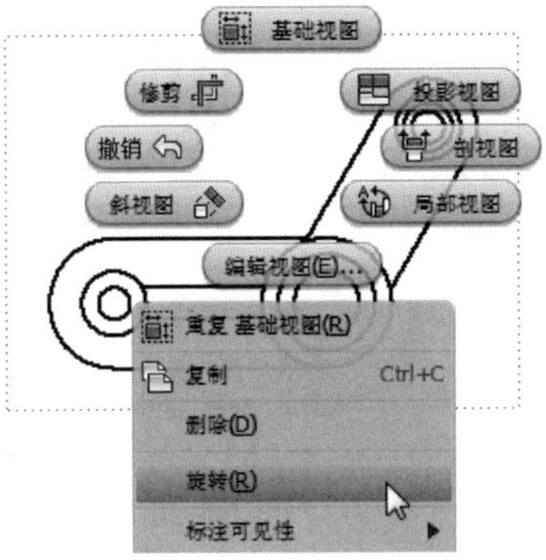

（a）通过视图右键菜单旋转视图

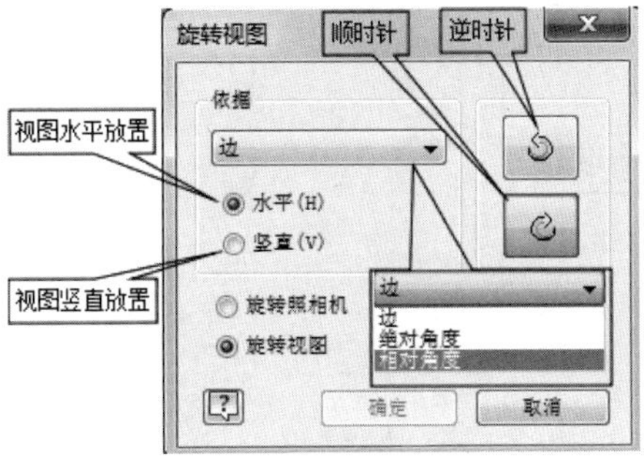

（b）“旋转视图”窗口

图 7-30　旋转视图

使用投影工具创建的正交视图，其视图样式、视图比例默认与父视图保持一致，也可根据需进行更改，方法前面已经介绍，这里不再赘述。

6. 中心线标注

工程图中零件的轴线、对称中心线、孔心等位置，都应标注中心线，如图 7-31（a）所示。Inventor 提供了自动和手动两种方式添加中心线。

（1）自动添加中心线　在要添加中心线的视图上单击鼠标右键，在右键菜单中选择“自动中心线”选项，如图 7-31（b）所示，弹出如图 7-31（c）所示的“自动中心线”窗口，在窗口中可以选择要添加的对象类型、使用范围、应用自动中心线的对象和投影方向等。完成设置后，单击“确定”按钮，完成自动中心线的添加，如图 7-31（d）所示；最后拖动中心线的控制点，调整中心线至合适长度，如图 7-31（e）所示。

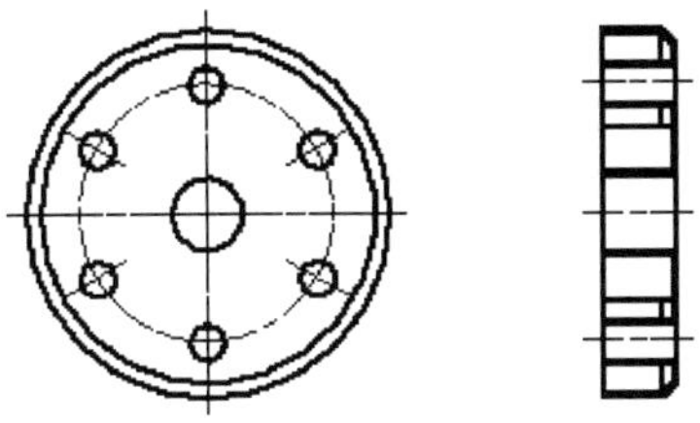

（a）中心线示例

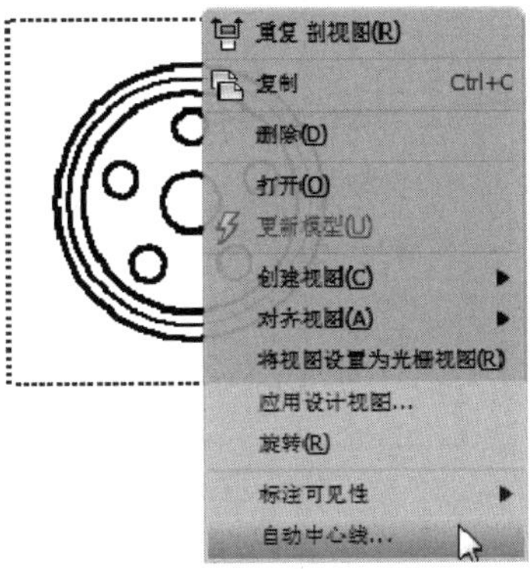

（b）在右键菜单选择“自动中心线”选项

图 7-31　自动中心线的添加过程

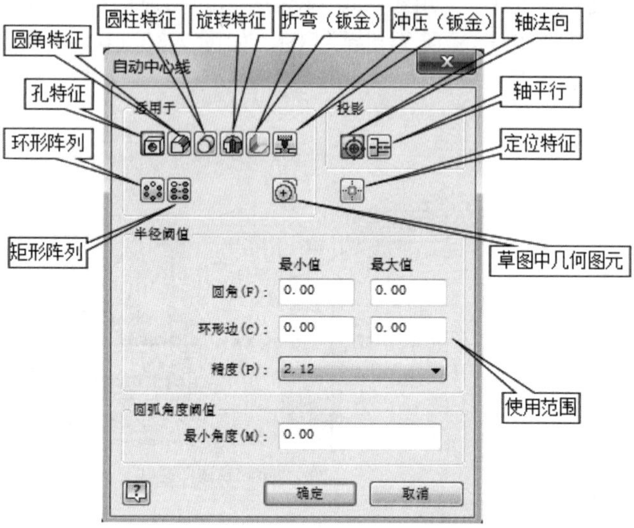

（c）“自动中心线”窗口

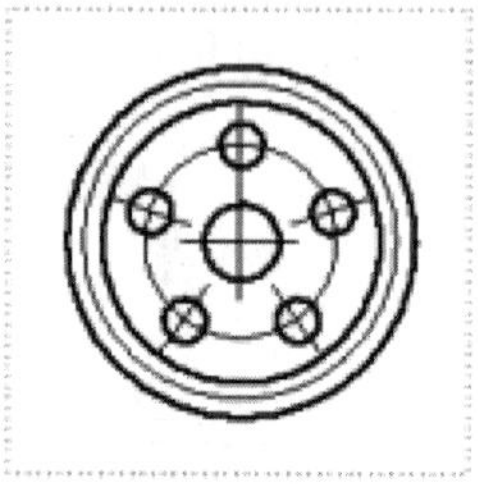

（d）中心线自动添加完成

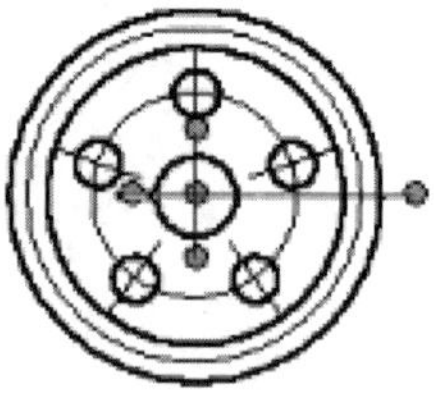

（e）调整中心线

图 7-31　自动中心线的添加过程（续）

（2）手动中心线　Inventor 提供了 4 个工具来手动添加中心线，该工具位于“标注”选项卡下的“符号”工具面板上，如图 7-32 所示。

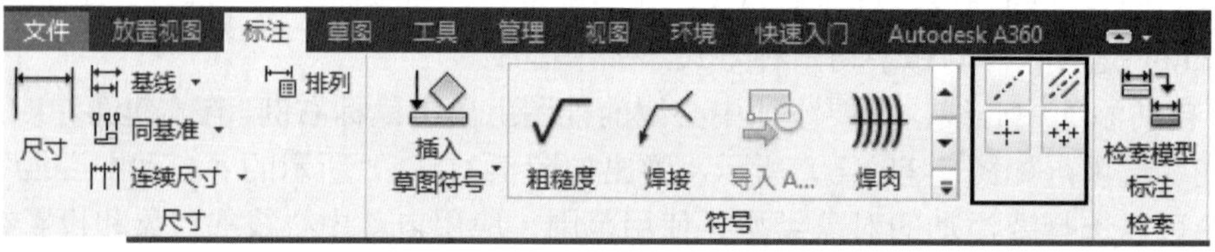

图 7-32　“符号”工具面板

① 中心线　单击“中心线”工具按钮后，在需要注释中心线的位置，用鼠标感应中心线的第 1 个点（绿色）后单击，然后感应第 2 个点后单击，将光标引导到合适位置，单击右键，在弹出的右键菜单中选择“创建”选项，完成中心线的绘制，如图 7-33 所示。

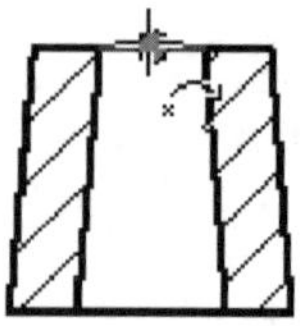

（a）选择第 1 点

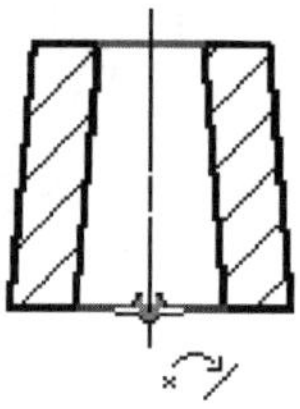

（b）选择第 2 点

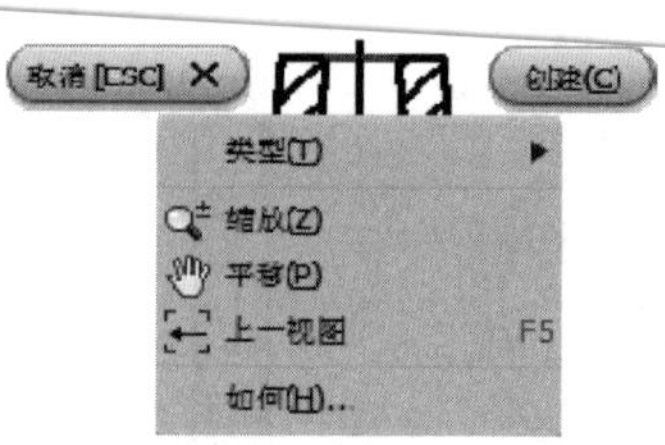

（c）在右键菜单中选择“创建”选项

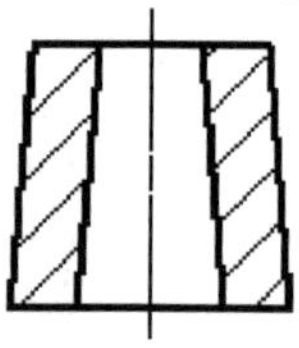

（d）完成中心线创建

图 7-33　中心线的添加过程

② 对称中心线　单击“对称中心线”工具按钮，在视图上先后单击需要对称中心线注释的两条边，完成对称中心线的注释，如图 7-34 所示。

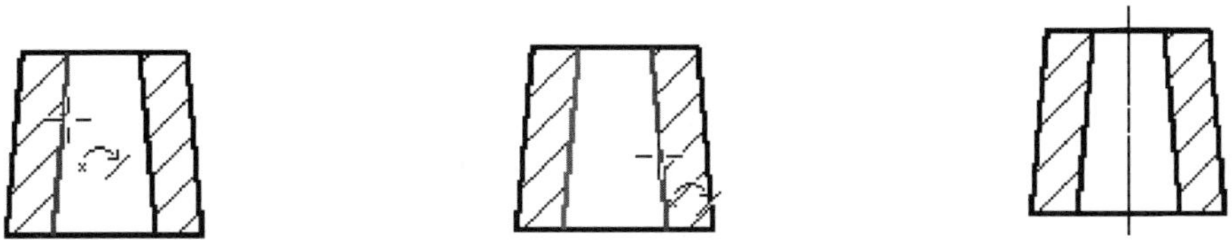

（a）选择第 1 条边　（b）选择第 2 条边　（c）完成创建

图 7-34　对称中心线的添加过程

③ 中心标记 单击“中心标记”工具按钮，在视图上单击需要注释中心标记的圆或者圆弧，即可添加中心标记，如图 7-35 所示。

（a）选择孔　（b）完成中心标记的创建

图 7-35　中心标记的添加过程

④ 中心阵列标记 在单击“中心阵列标记”工具按钮后，先单击阵列中心圆，再依次单击阵列对象，最后单击右键，在弹出的右键菜单中选择“创建”选项，完成中心阵列标记的注释，如图 7-36 所示。

（a）选择圆以指定阵列中心　（b）选择第 1 个孔　（c）依次选择孔

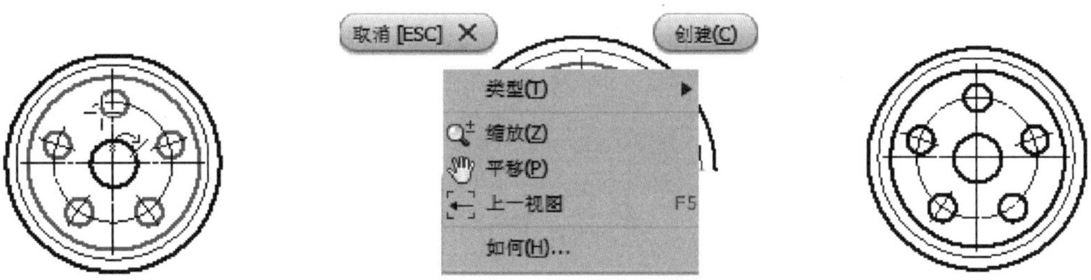

（d）再次选择第 1 次选择的孔　（e）在右键菜单中选择“创建”选项　（f）完成创建

图 7-36　中心阵列标记的添加过程

7．尺寸标注

在 Inventor 中，工程图的尺寸有“模型尺寸”和“工程图尺寸”两种。“模型尺寸”是控制零件特征和大小的，即零件建模时在创建草图和添加特征的过程中所添加的尺寸；“工程图尺寸”是设计人员在工程图中新标注的尺寸。

（1）模型尺寸　“模型尺寸”是与零件模型紧密联系的，其与零件模型双向关联，即更改任何一方，对方都会随之发生改变。在 Inventor 中，模型尺寸一般通过检索的方式获取，该工具位于“标注”选项卡下的“检索”工具面板上，如图 7-32 所示。

单击“检索模型标注”工具按钮 ，弹出“检索模型标注”窗口，如图 7-37（a）所示。选择视图后，激活“选择来源”选项。这时可选择特征或零件来检索模型尺寸，如图 7-37（b）、（c）所示。尺寸添加完后，拖动尺寸可调整其位置。由于模型尺寸的放置形式与零件建模时草图中的尺寸标注形式相一致，因此若采用该方式进行尺寸标注，那么在创建模型时，草图中的尺寸标注就要规范。

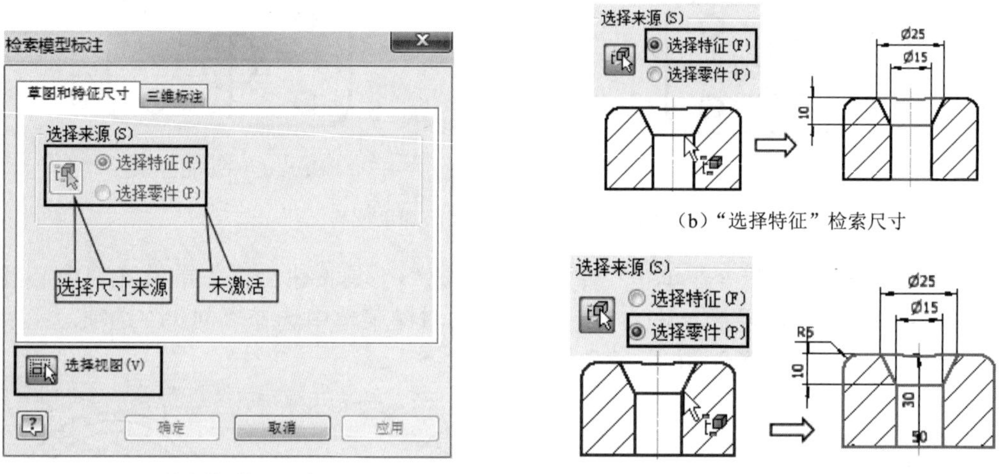

（a）“检索模型标注”窗口

（b）“选择特征”检索尺寸

（c）“选择零件”检索尺寸

图 7-37　检索模型尺寸

（2）工程图尺寸　工程图尺寸是由用户自行添加的，是对模型尺寸的不完整标注的补充。工程图尺寸与模型单向关联，即零件模型尺寸发生变化时，工程图尺寸会自动发生相应的变化，但对工程图尺寸做出修改时，则不会对模型产生影响。

在“标注”选项卡下，Inventor 提供了“尺寸”和“特征注释”两个工具面板，如图 7-38 所示，下面分别介绍。

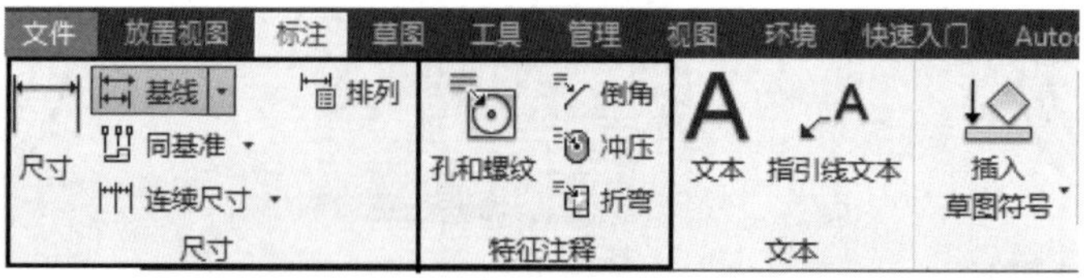

图 7-38　“尺寸”与“特征注释”工具面板

① 尺寸　在该工具面板上提供了“尺寸”“基线”“同基准”“连续尺寸”“排列”几个工具按钮。

➢ 尺寸 “尺寸”工具是最常用的尺寸标注工具，可用来进行线性尺寸标注、圆弧标注、角度标注等。这里以图 7-39（a）所示的尺寸标注为例，介绍捕捉交点的尺寸标注方式。

a．单击“尺寸”标注工具后，选择并单击第 1 条边，如图 7-39（b）所示。

b．单击鼠标右键，在右键菜单中选择“交点”选项，如图 7-39（c）所示。

c．选择并单击第 2 条边，找到第 1 个交点，如图 7-39（d）所示。

d．选择并单击第 3 条边，如图 7-39（e）所示。

e．再次单击鼠标右键，在右键菜单中选择“交点”选项，如图 7-39（f）所示。

f．再次选择并单击第 2 条边，找到第 2 个交点，如图 7-39（g）所示。

g．引导光标至合适位置并单击，以确定标注尺寸的放置位置，如图 7-39（h）所示。

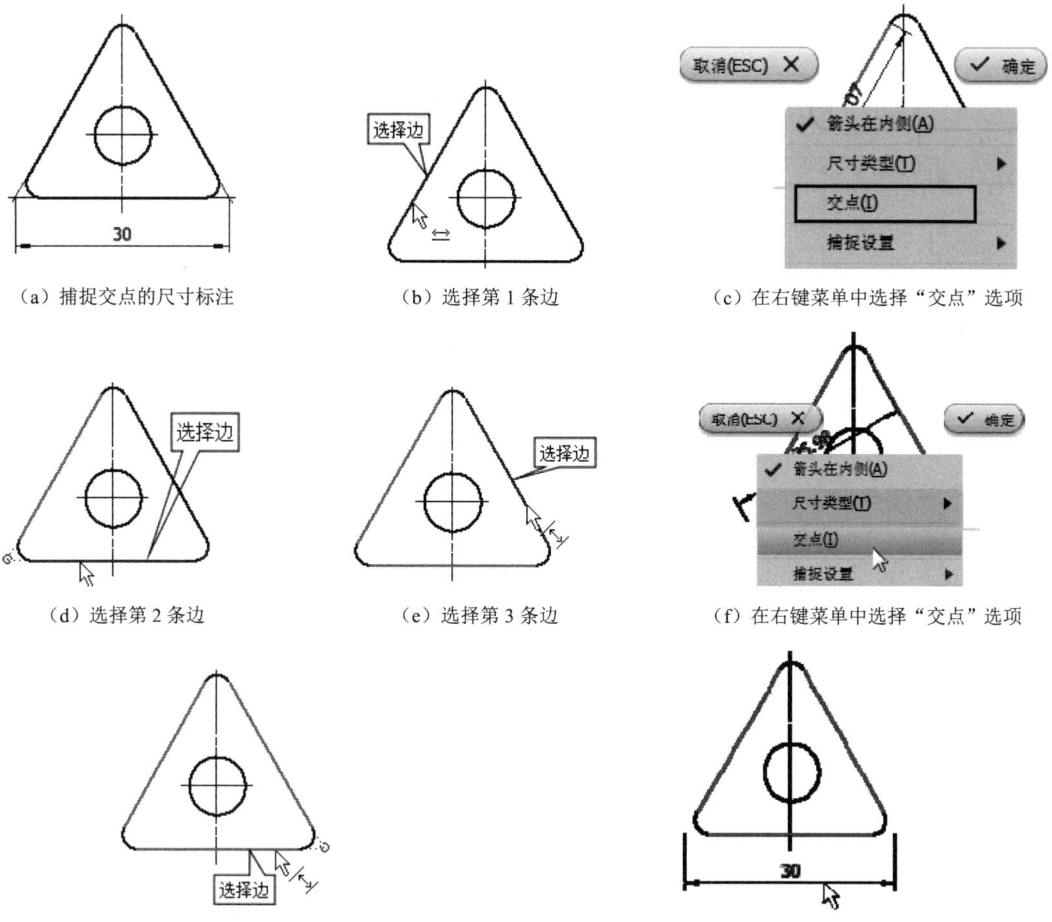

（a）捕捉交点的尺寸标注　（b）选择第 1 条边　（c）在右键菜单中选择“交点”选项

（d）选择第 2 条边　（e）选择第 3 条边　（f）在右键菜单中选择“交点”选项

（g）再次选择第 2 条边　（h）确定标注尺寸的放置位置

图 7-39　捕捉交点的尺寸标注步骤

➢ 基线尺寸 使用该工具可一次创建一个或多个单独的基线尺寸。下面举例介绍标注基线尺寸的步骤。

a．单击“基线尺寸”工具按钮，依次选择创建基线尺寸的边界，其中选择的第 1 条边为基线，如图 7-40（a）所示。

b．单击鼠标右键，在弹出的右键菜单中选择“继续”选项，如图 7-40（b）所示。

c．引导光标至合适位置并单击，指定尺寸放置位置，如图 7-40（c）所示。

d．单击鼠标右键，选择“创建”，完成基线尺寸的标注，如图 7-40（d）所示。

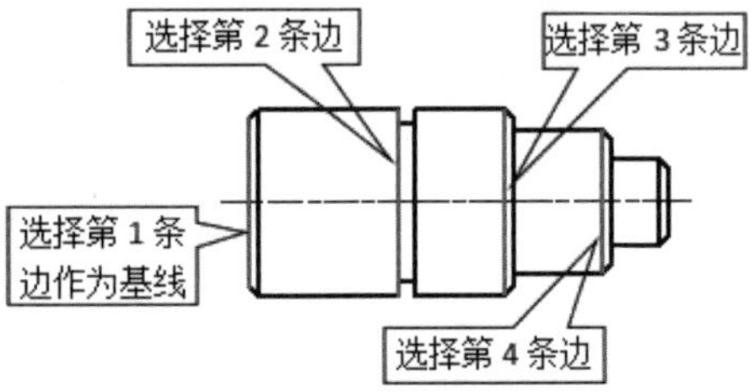

（a）选择尺寸边界

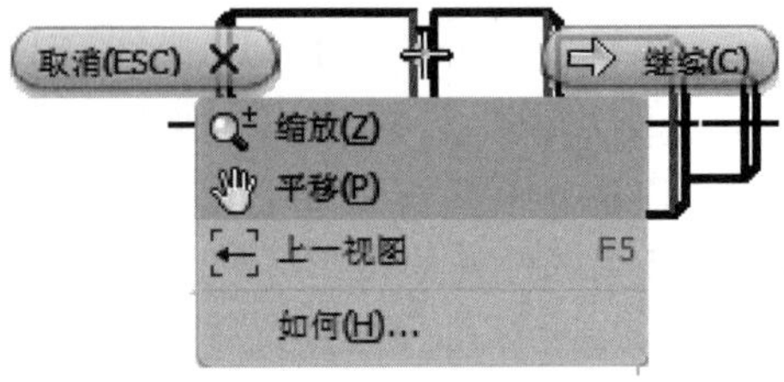

（b）在右键菜单中选择“继续”选项

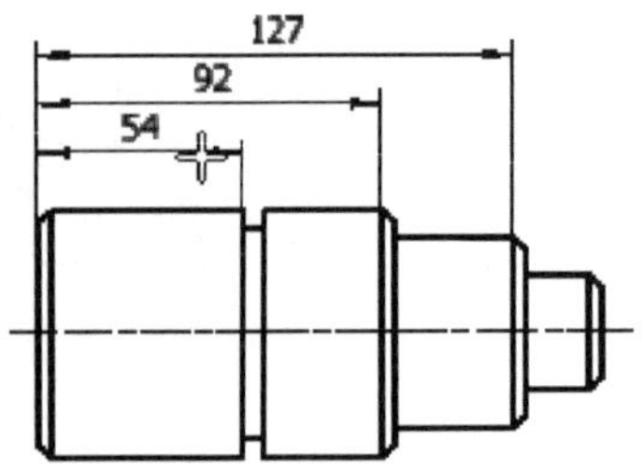

（c）指定尺寸放置位置

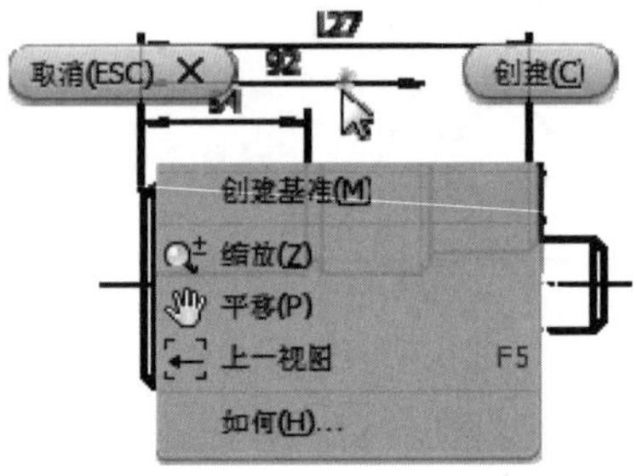

（d）在右键菜单中选择“创建”选项

图 7-40　基线尺寸标注

➢　同基准尺寸 使用该工具可一次创建一个或多个单独的同基准尺寸。下面举例介绍标注同基准尺寸的步骤。

a．单击“同基准尺寸”工具按钮后，根据提示选择视图，如图 7-41（a）所示。

b．指定放置基准符号的位置，单击鼠标以确定，如图 7-41（b）所示。

c．依次选择创建同基准尺寸的边界，如图 7-41（c）所示。

d．单击鼠标右键，在弹出的右键菜单中选择“继续”选项，如图 7-41（d）所示。

e．引导光标至合适位置并单击，指定尺寸放置位置，如图 7-41（e）所示。

f．单击鼠标右键，在弹出的右键菜单中选择“确定”选项，完成同基准尺寸的标注，如图 7-41（f）所示。

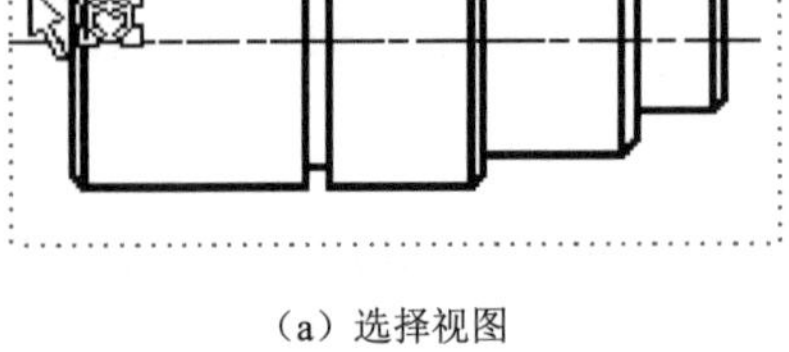

（a）选择视图

（b）放置基准符号

图 7-41　同基准尺寸标注

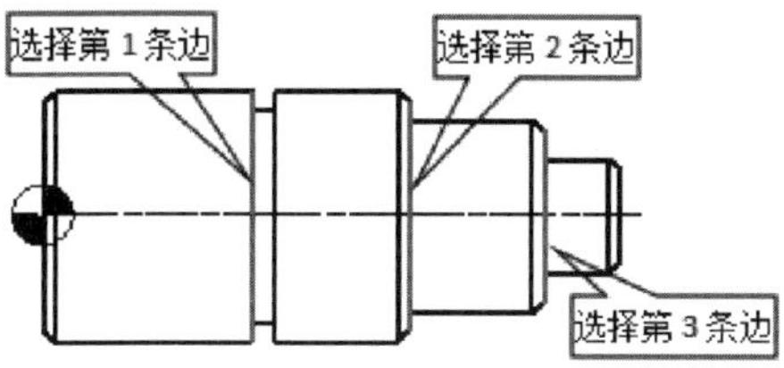

（c）选择基准尺寸边界

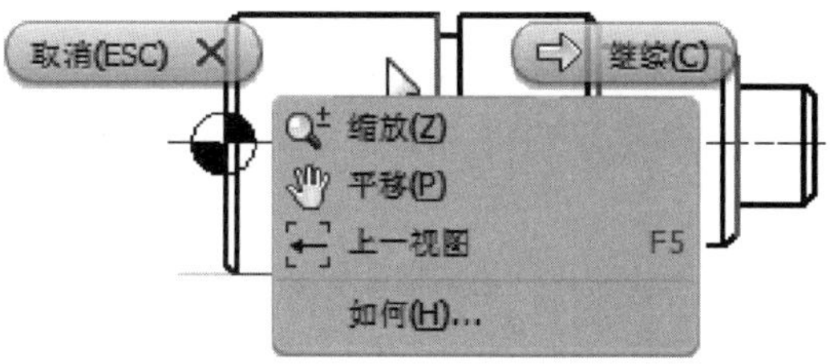

（d）在右键菜单中选择“继续”选项

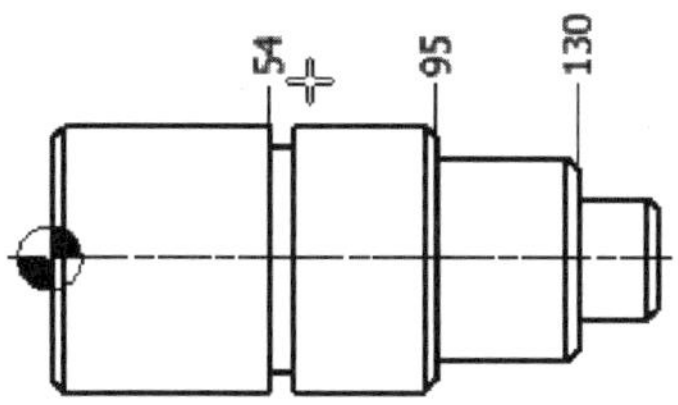

（e）指定尺寸放置位置

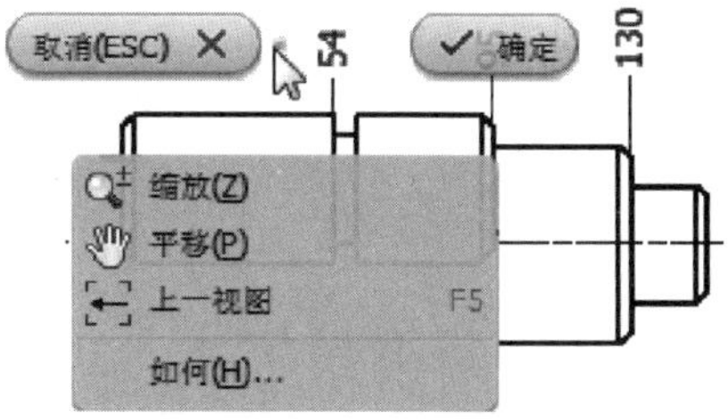

（f）在右键菜单中选择“确定”选项

图 7-41 同基准尺寸标注（续）

➢ 连续尺寸 使用该工具可一次创建一个或多个单独的连续尺寸。下面举例介绍标注连续尺寸的步骤。

a．单击“连续尺寸”工具按钮，依次选择创建连续尺寸标注的尺寸边界，如图 7-42（a）所示。

b．单击鼠标右键，在弹出的右键菜单中选择“继续”选项，如图 7-42（b）所示。

c．引导光标至合适位置并单击，指定尺寸放置位置，如图 7-42（c）所示。

d．单击鼠标右键，在弹出的右键菜单中选择“确定”选项，完成同基准尺寸的标注，如图 7-42（d）所示。

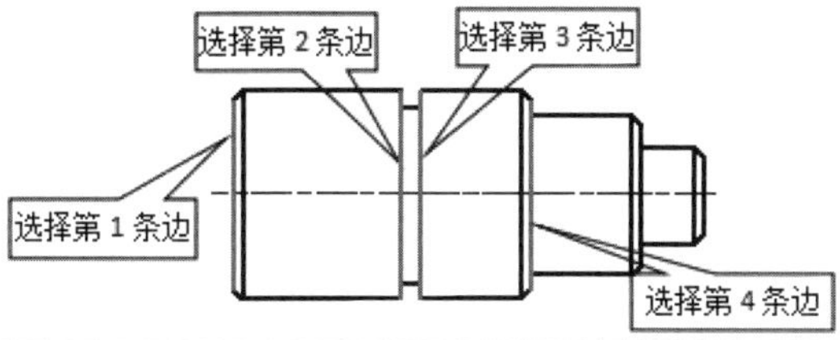

（a）选择尺寸边界

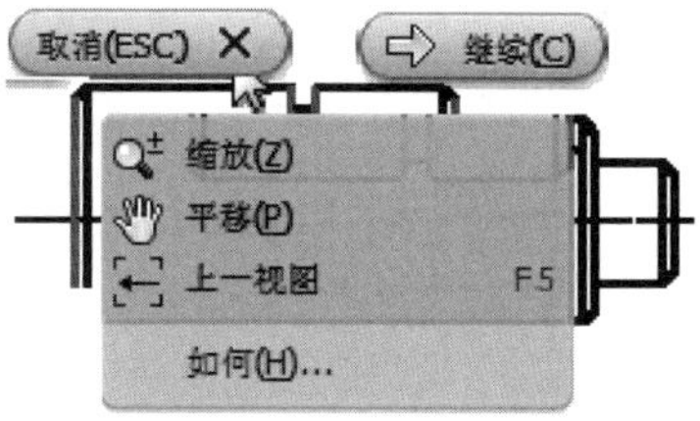

（b）在右键菜单中选择“继续”选项

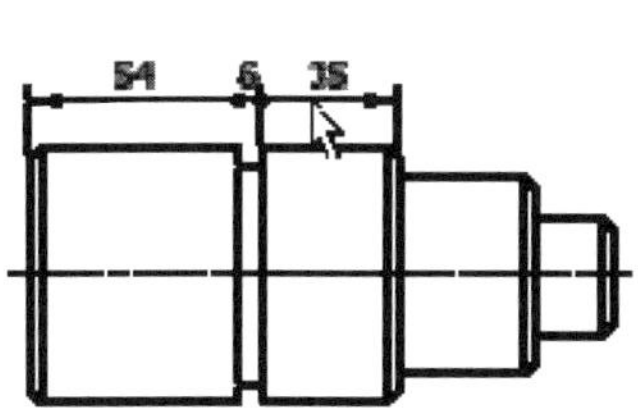

（c）确定尺寸放置位置

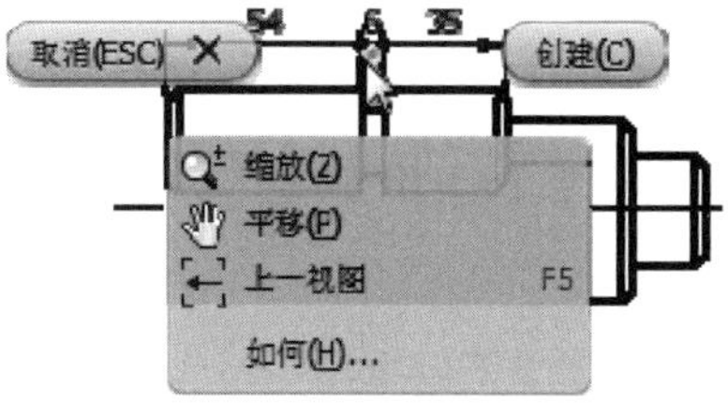

（d）在右键菜单中选择“创建”选项

图 7-42 连续尺寸标注

➢ 排列尺寸 使用该工具可以一次选择多个尺寸进行排列。单击“排列尺寸”工具按钮，选择需要排列的尺寸，如图 7-43（a）所示；然后单击鼠标右键，在右键菜单中选择“确定”选项，如图 7-43（b）所示；尺寸排列后的结果如图 7-43（c）所示。

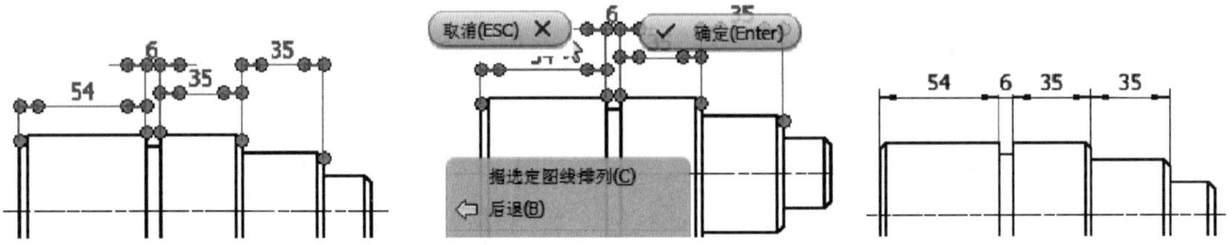

（a）选择要排列的尺寸　（b）在右键菜单中选择“确定”选项　（c）排列结果

图 7-43　尺寸排列

② 特征注释　在该工具面板上提供了孔和螺纹、倒角、冲压、折弯 4 个工具，后两个工具主要用于钣金件，这里不做介绍。

➢ 孔/螺纹注释 添加具有指引线的孔和螺纹注释。单击“孔和螺纹”工具按钮，若选择“孔”，然后引导光标至合适位置单击，完成孔的注释，如图 7-44（a）、（b）所示；若选择“螺纹”，则分两次选择螺纹线，然后引导光标至合适位置单击，完成螺纹的注释，如图 7-44（c）、（d）、（e）所示。

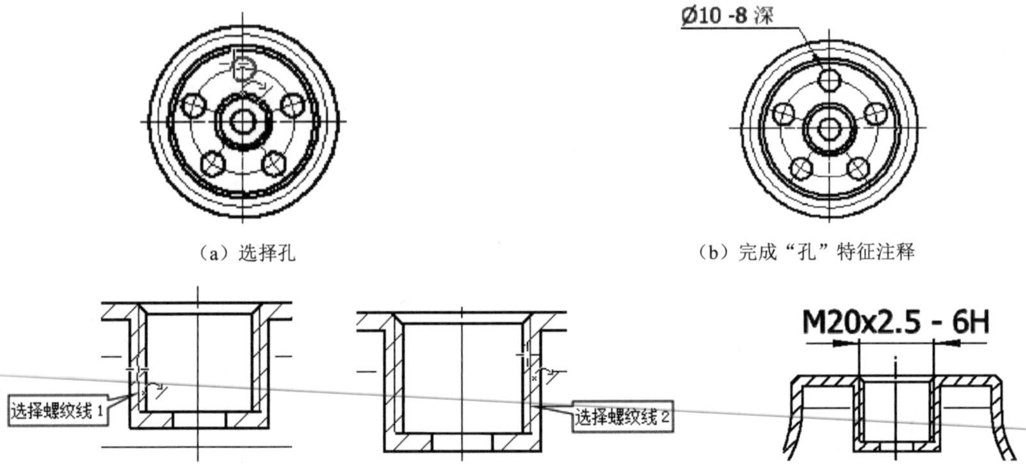

（a）选择孔　（b）完成“孔”特征注释

（c）选择第 1 条螺纹线　（d）选择第 2 条螺纹线　（e）完成“螺纹”特征注释

图 7-44　孔/螺纹特征注释

➢ 倒角 在选定的模型边缘或草图线上放置倒角注释。单击“倒角”工具按钮，分别选择两条倒角边，然后引导光标至合适位置单击，完成倒角的注释，如图 7-45 所示。

8. 尺寸调整与编辑

在工程图中，有时尺寸标注后并不能一次就满足图样要求，往往需要调整和修改。

（1）尺寸调整　尺寸调整有位置调整和样式调整两种。

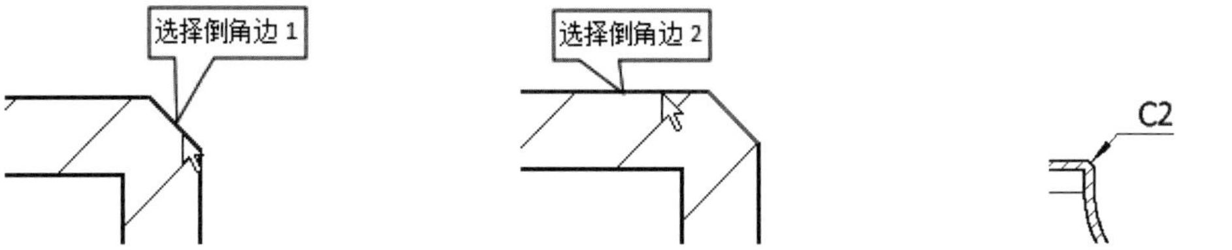

（a）选择倒角边 1　　（b）选择倒角边 2　　（c）完成倒角注释

图 7-45　倒角特征注释

① 位置调整　尺寸的位置调整比较简单，可直接拖动尺寸线、尺寸界线、尺寸数字，进行调整，如图 7-46 所示。当拖动尺寸界线时，尺寸数字会随着尺寸界线的移动发生变化。

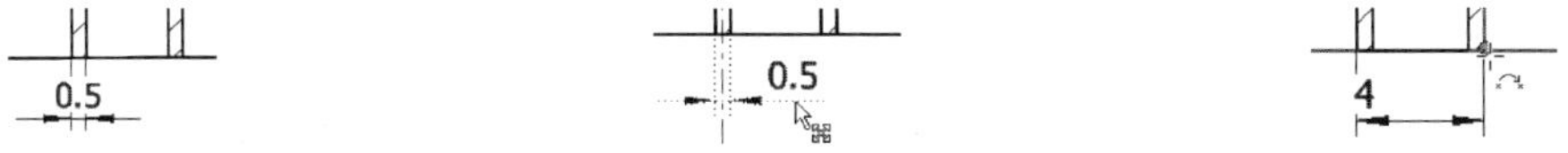

（a）调整前　　（b）拖动尺寸数字　　（c）拖动尺寸界线

图 7-46　调整尺寸位置

② 样式调整　通过尺寸右键的关联菜单，可对其样式进行调整，如图 7-47 所示。

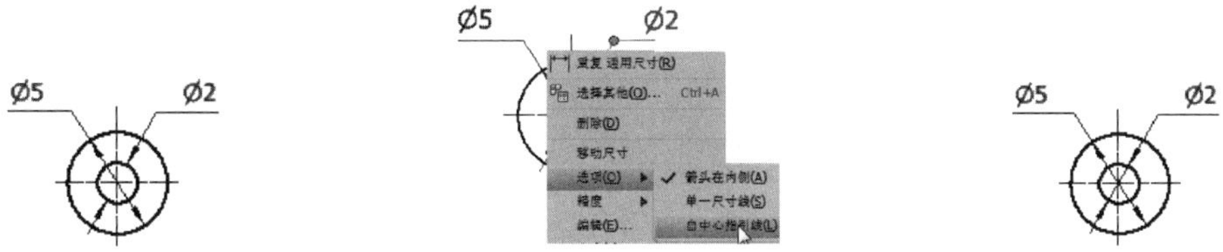

（a）调整前　　（b）右键菜单调整样式　　（c）调整后

图 7-47　调整尺寸样式

（2）尺寸编辑　双击尺寸数字，或者在尺寸的右键菜单中选择“编辑”选项都可打开“编辑尺寸”窗口，如图 7-48（a）、（b）所示。

在“文本”选项卡下，可以编辑或替换尺寸的数值，也可在尺寸数值前、后添加符号；在“精度和公差”选项卡下，可选择公差方式和精度要求，如图 7-48（c）所示。另外也可直接在尺寸标注的右键菜单中进行精度调整，如图 7-48（d）所示。

9．创建草图

在绘制局部剖视图及修剪视图时，都会用到草图，甚至为了更好地表达设计意图或者方便标注尺寸，也需要在视图中补画部分轮廓，如图 7-49 所示。为满足上述要求，Inventor 在工程图环境中提供了“开始创建草图”工具，如图 7-50 所示。利用该工具可以在视图中新建草图并绘制几何图元。这里的草图环境与在第 2 章中学习的草图环境是一样的，不再赘述。

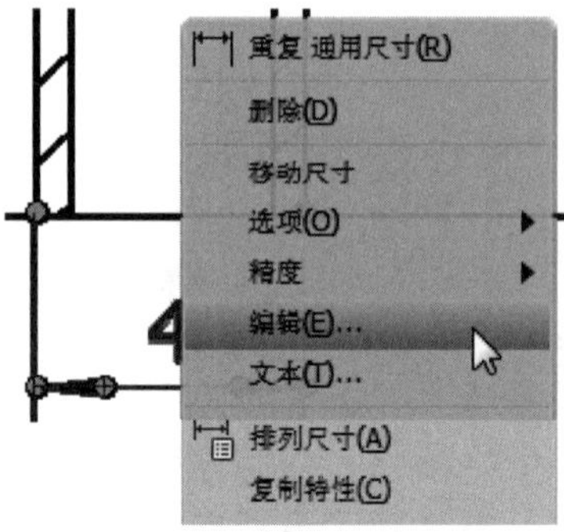

（a）通过尺寸右键菜单编辑尺寸

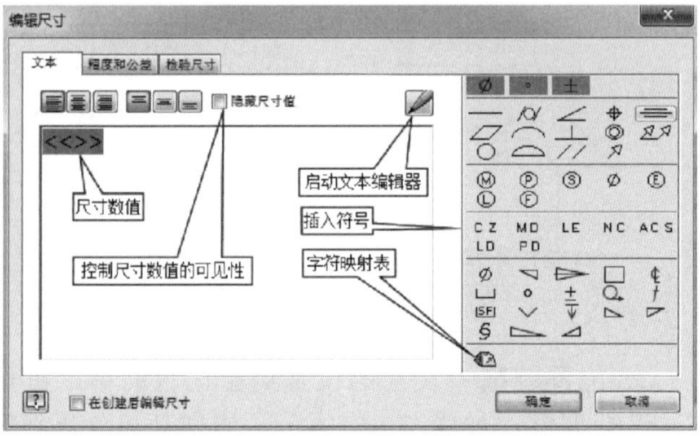

（b）“编辑尺寸”窗口－“文本”选项卡

（c）“编辑尺寸”窗口－“精度和公差”选项

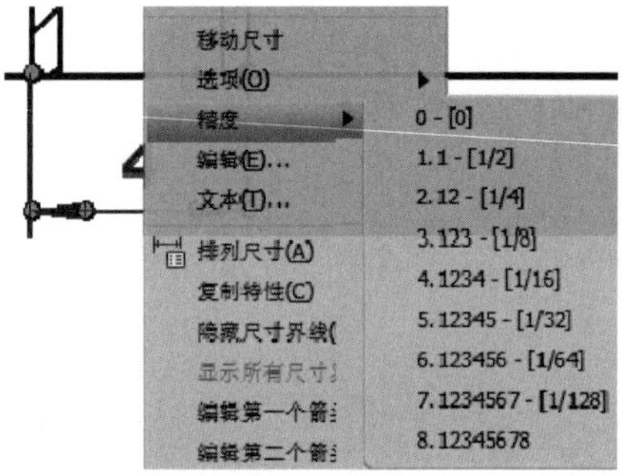

（d）通过右键菜单调整尺寸精度

图 7-48　尺寸编辑

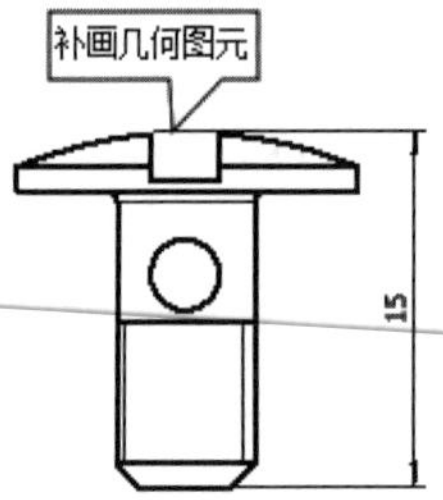

（a）为标注尺寸方便补画几何图元

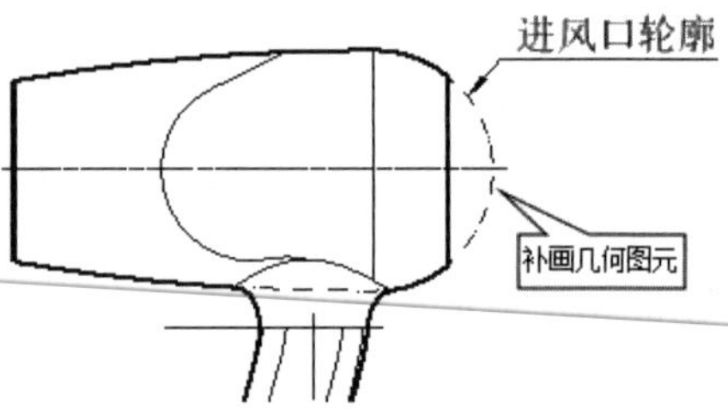

（b）为表达设计意图补画几何图元

图 7-49　补画几何图元

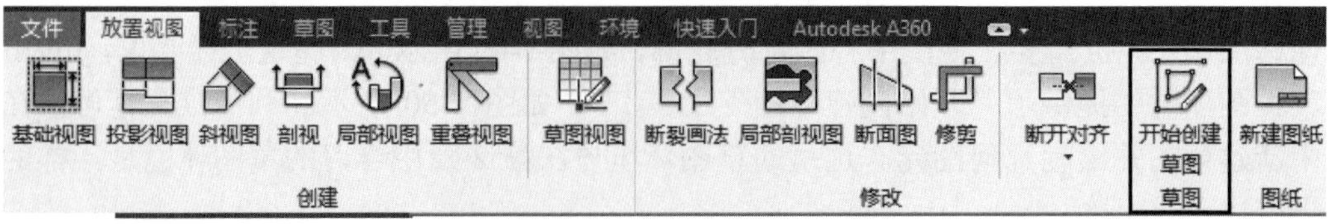

图 7-50　“开始创建草图”工具

任务流程

任务流程如图 7-51 所示。

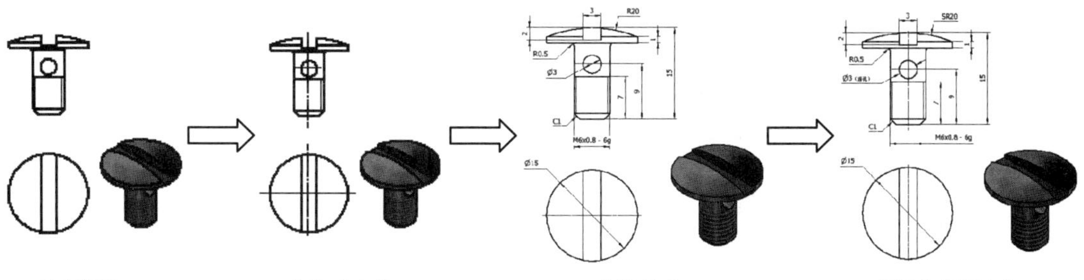

创建视图　　添加中心线　　标注尺寸　　调整与编辑尺寸

图 7-51 任务流程

任务实施

Step 01 新建工程图文件 打开创建的工程图模板文件，新建工程图文件。

Step 02 创建视图 在“工程视图”窗口的“零部件”选项卡中进行如下设置：选择资源包中“第 7 章\任务 1\圆头螺钉.ipt”模型文件，视图样式为“不显示隐藏线”，视图比例为 4 : 1；在“显示选项”选项卡下，勾选“螺纹特征”“相切边”“断开”，完成基础视图与投影视图的创建，如图 7-52（a）所示。设置后关闭“工程视图”窗口，然后编辑轴侧视图，将其改为“着色”显示，结果如图 7-52（b）所示。

（a）创建基础视图和投影视图　　（b）调整轴侧视图的显示样式

图 7-52 创建视图

Step 03 标注中心线 在主视图和俯视图上标注中心线，如图 7-53 所示。

Step 04 补画几何图元 在主视图上创建草图，投影螺钉顶部圆弧，在两段圆弧之间补画新的圆弧，如图 7-54 所示。完成草图后，退出草图环境。

Step 05 标注尺寸 在主视图与俯视图上标注尺寸，如图 7-55 所示。

Step 06 调整与编辑尺寸 在主视图中，将以下尺寸进行调整和编辑。

（1）调整螺纹尺寸和尺寸数值是“1”的标注尺寸的数值位置。

（2）双击孔尺寸 $\Phi3$，打开“编辑尺寸”窗口，在尺寸数值后面输入“(通孔)”。然后启动文本编辑器，在“文本格式”窗口中，选中刚才输入的文字，设置其字体和字号，如图 7-56 所示，完成后关闭窗口。

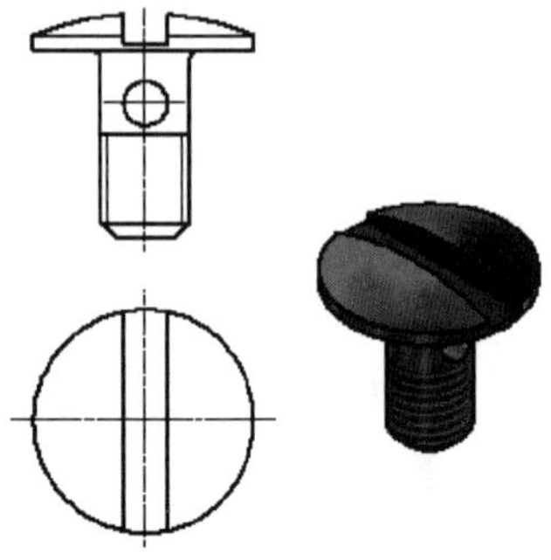

图 7-53　标注中心线

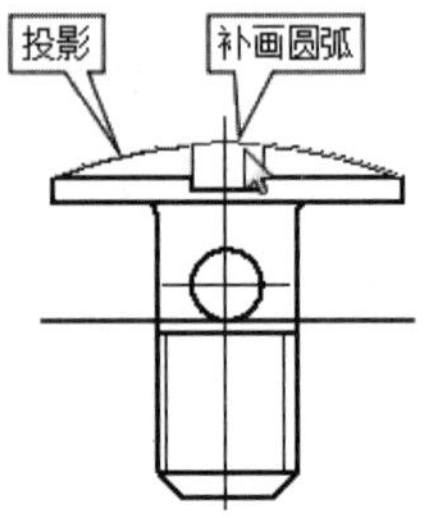

图 7-54　补画几何图元

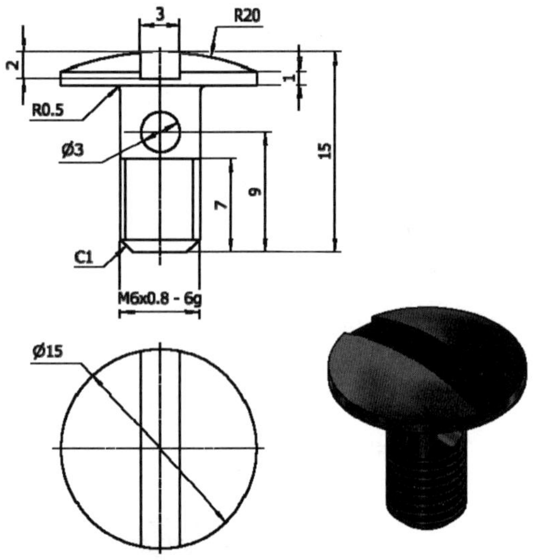

图 7-55　标注尺寸

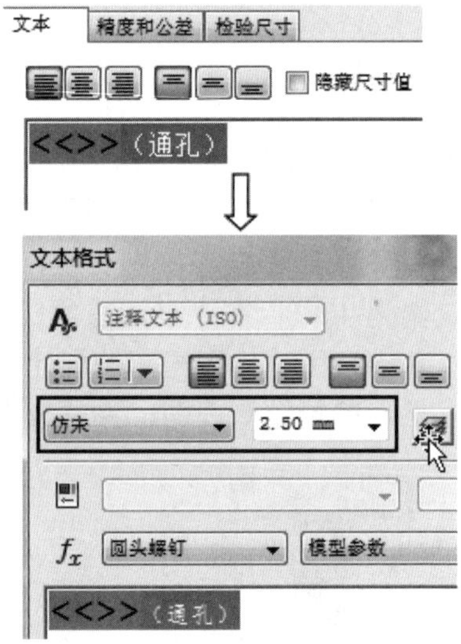

图 7-56　编辑尺寸

（3）编辑 R20 尺寸，将尺寸数值改为“SR20”，表示球半径标注，完成后结果如图 7-57 所示。

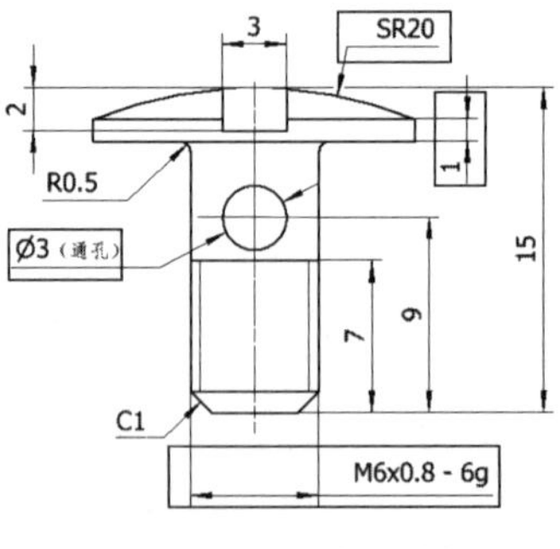

图 7-57　尺寸调整和编辑后

Step 07 保存文件　最后将文件保存为“圆头螺钉.idw”。

✍拓展练习 7-1

完成如图 7-58 所示的工程图设计。模型及详细的工程图参见资料包“第 7 章\任务 1\拓展练习”文件夹。

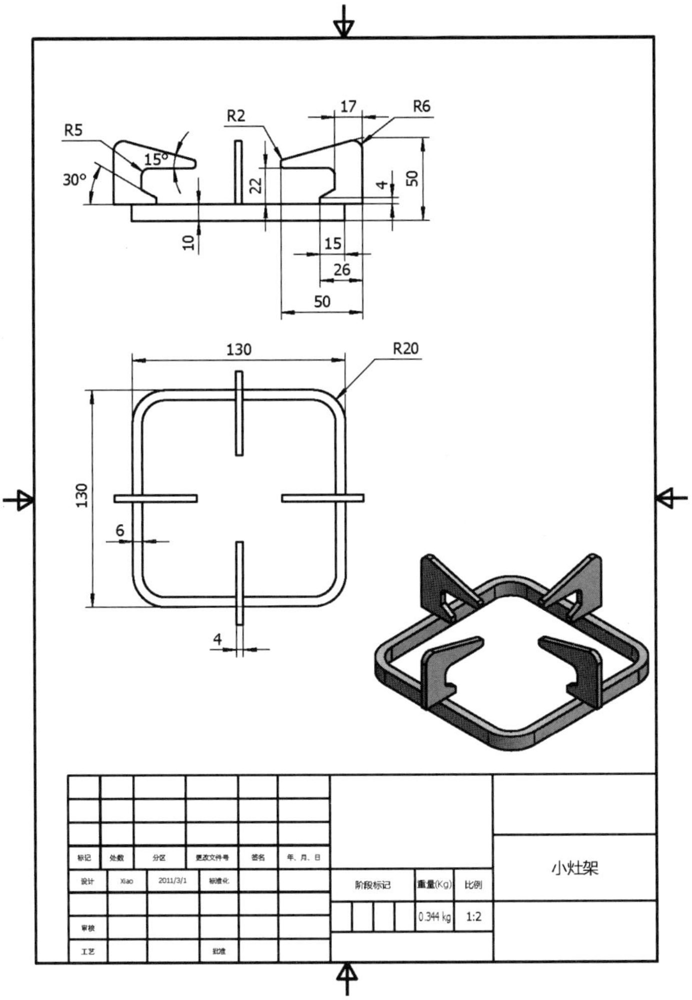

图 7-58　拓展练习 7-1

任务 2　吹风机右壳体的工程图设计

✍学习目标

- ◆ 掌握斜视图、剖视图、局部视图、重叠视图、草图视图的创建方法
- ◆ 掌握局部剖视图、修剪视图的创建方法

- ◆ 掌握工程图中的文本标注方法
- ◆ 能够熟练设计吹风机右壳体的工程图

任务导入

吹风机右壳体的工程图如图 7-59 所示，详细图纸可参见资料包中“第 7 章\任务 2\吹风机右壳体.dwf”文件。

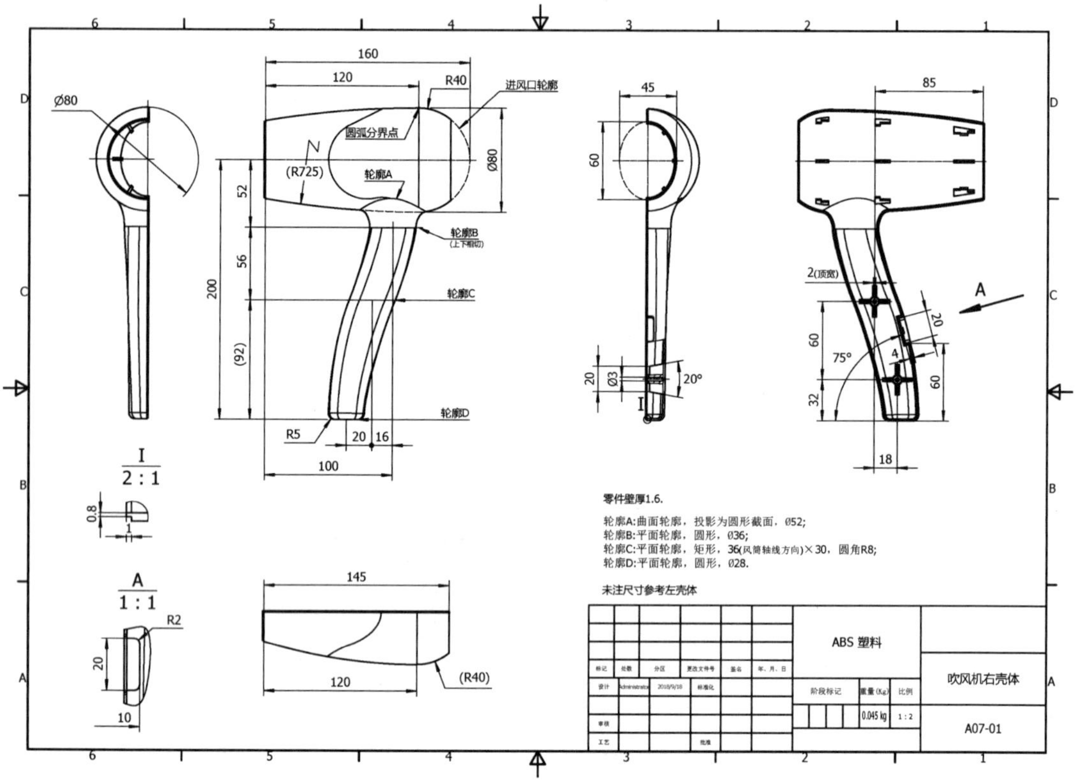

图 7-59　吹风机右壳体工程图

在吹风机右壳体工程图的创建过程中，除了用到前面学习的知识以外，还需要用到斜视图、局部视图、局部剖视图、修剪视图等视图创建工具及文本注释工具。下面就进入工程图环境，来学习在本任务中用到的新知识。

知识准备

1. 斜视图

斜视图一般常用于表达零部件上不平行于基本投影面的结构，适合于表达零部件上的斜表面的实形，也可以用来制作某一方向上的向视图，如图 7-60（f）所示。下面举例说明制作斜视图的步骤。

单击“创建”工具面板上的“斜视图”工具按钮，选择并单击视图，如图 7-60（a）

所示；弹出“斜视图”窗口，在该窗口中可以设置比例、显示方式等，如图 7-60（b）所示；在视图上选择并单击一条边来定义斜视图的投影方向，如图 7-60（c）所示；然后在垂直于或平行于选择边的方向上移动鼠标，以创建不同方向上的斜视图，如图 7-60（d）、（e）所示；在合适位置单击，完成斜视图的创建，如图 7-60（f）所示。

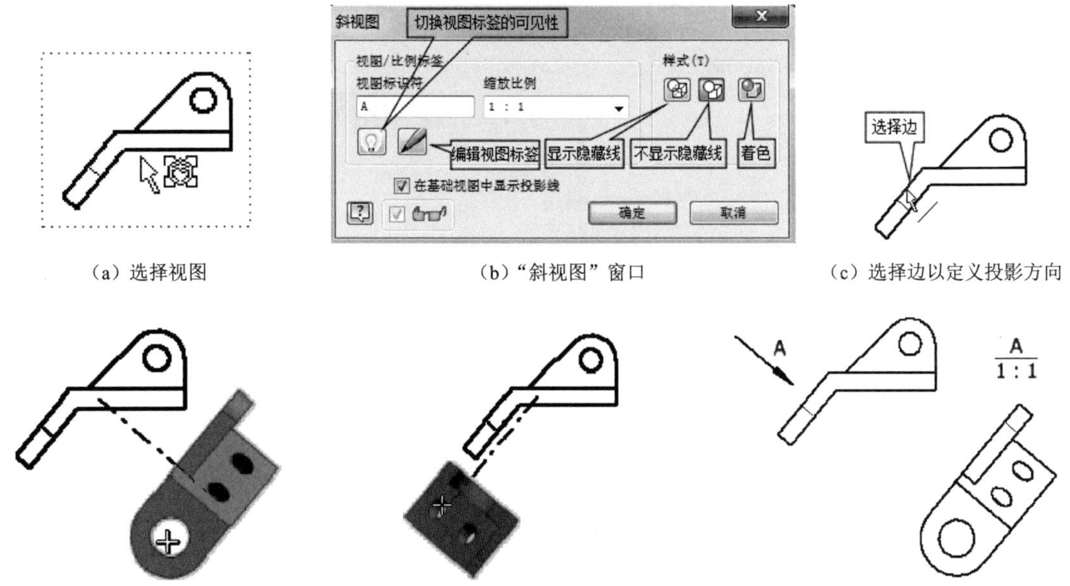

（a）选择视图　（b）“斜视图”窗口　（c）选择边以定义投影方向

（d）垂直于选择边定义视图方向　（e）平行于选择边定义视图方向　（f）完成斜视图创建

图 7-60　创建斜视图

父视图中的投影线及斜视图中的标签，可用鼠标拖动以调整其位置。

2. 剖视图

剖视图用来表达零部件的内部形状结构，如图 7-61（h）所示。在工程图标准中，剖切面有单一剖切面、多个平行剖切面和多个相交剖切面 3 种，分别对应全剖、阶梯剖和旋转剖 3 种，下面分别介绍。

（1）全剖视图　单击“创建”工具面板上的“剖视”工具按钮，在视图区选择并单击视图，如图 7-61（a）所示；用鼠标感应如图 7-61（b）所示边线中点，不要单击鼠标，将鼠标向左水平移动，出现一条过中点的虚线，移动鼠标到合适位置并单击，得到剖切面的第 1 个点，如图 7-61（c）所示；向右移动鼠标，出现剖切线，移动鼠标至合适位置并单击，得到剖切面的第 2 个点，如图 7-61（d）所示；向下引导光标至合适位置，单击右键并在弹出的右键菜单中选择“继续”选项，如图 7-61（e）所示；弹出“剖视图”窗口，保持默认设置，如图 7-61（f）所示；引导光标到合适位置并单击，指定视图位置，如图 7-61（g）所示。

在 Inventor 中创建的剖视图，其剖切线、视图标签默认都是可见的。而在工程图标准中，对于单一对称剖切面，其剖切线、视图标签均可省略，因此这里还需将剖切线、视图标签不可见，结果如图 7-61（h）所示。

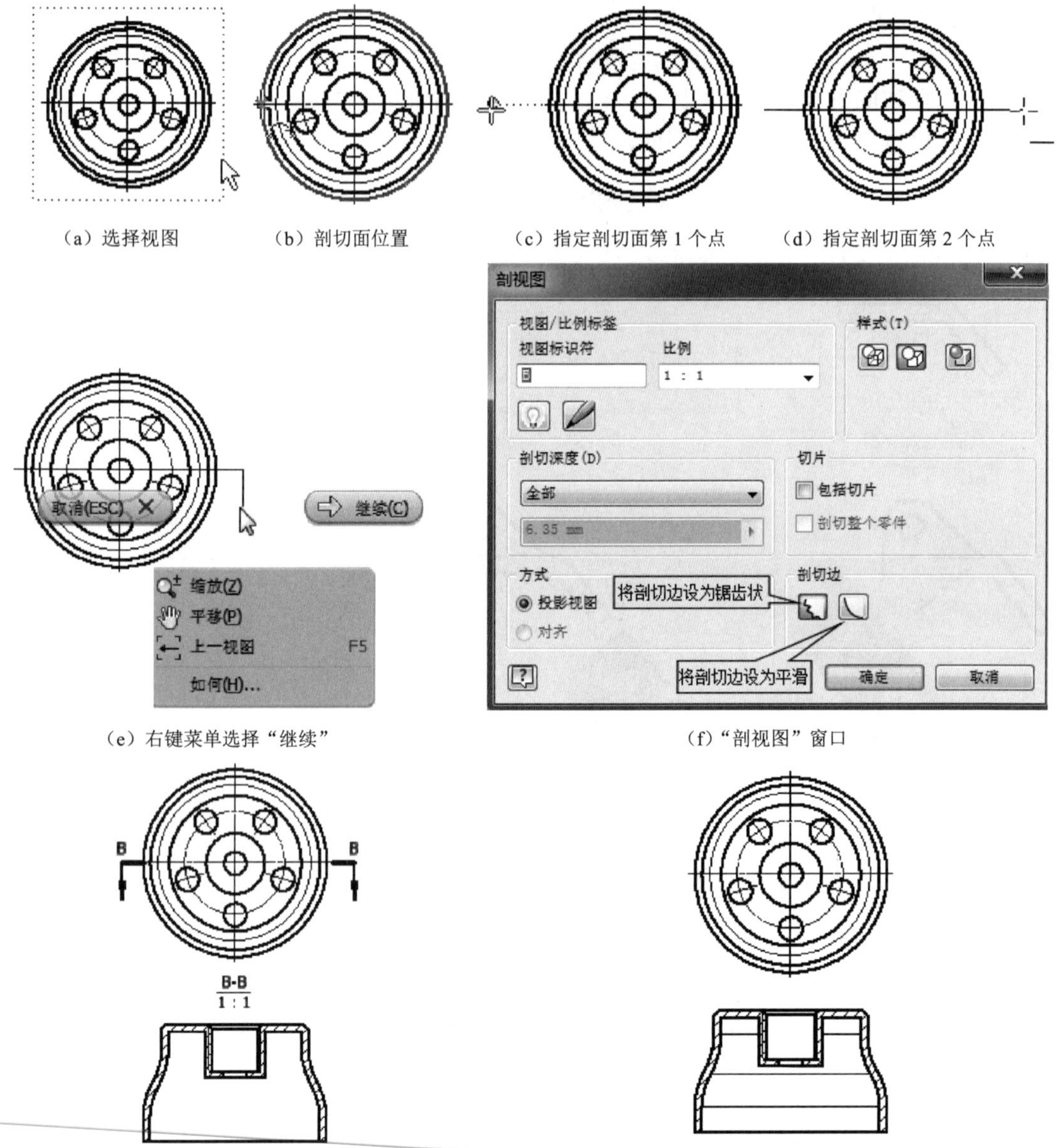

（a）选择视图　（b）剖切面位置　（c）指定剖切面第 1 个点　（d）指定剖切面第 2 个点

（e）右键菜单选择“继续”　（f）“剖视图”窗口

（g）完成剖视图创建　（h）隐藏视图标签和剖切符号的剖视图

图 7-61　创建全剖视图

在工程图中，国家标准对剖切线的方向、疏密、显示都有一定标准，若需修改，则可在剖面线的右键菜单中选择“编辑”选项，如图 7-62（a）所示。在打开的“编辑剖面线图案”窗口中，可对剖面线的形状、比例、倾斜角度等进行修改，如图 7-62（b）所示。同样通过右键菜单也可将剖面线隐藏。

说明　在制图标准中，有些结构是不参与剖切的，例如加强筋等，但是在 Inventor 中，加强筋是参与剖切的。这时可以将剖切线隐藏，在剖视图中绘制关联草图，补画加强筋的轮廓线，重新填充剖面线。

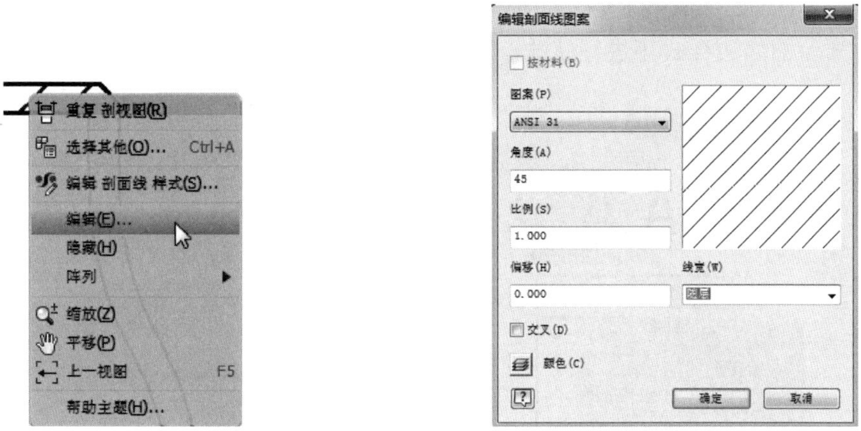

（a）通过右键菜单编辑剖面线　　（b）“编辑剖面线图案”窗口

图 7-62　创建全剖视图

（2）旋转剖视图　操作步骤与全剖视图差不多，区别在于剖切面的引导。旋转剖视图的剖切面引导如图 7-63（a）所示。在如图 7-61（f）所示的“剖视图”窗口中，可看到在“方式”选项中有“投影视图”和“对齐”两种方式，其中“对齐”方式没有激活，但在创建旋转剖视图时，该选项则被激活。

① “投影”表示将剖切的部分在原来位置投影，视图与父视图之间仍然满足投影关系。如图 7-63（b）所示。

② “对齐”表示使剖切部分旋转至与投影面平行后再投影，此时剖切后的结构与原图形不再保持投影关系，如图 7-63（c）所示。在旋转剖时，该方式为默认方式。

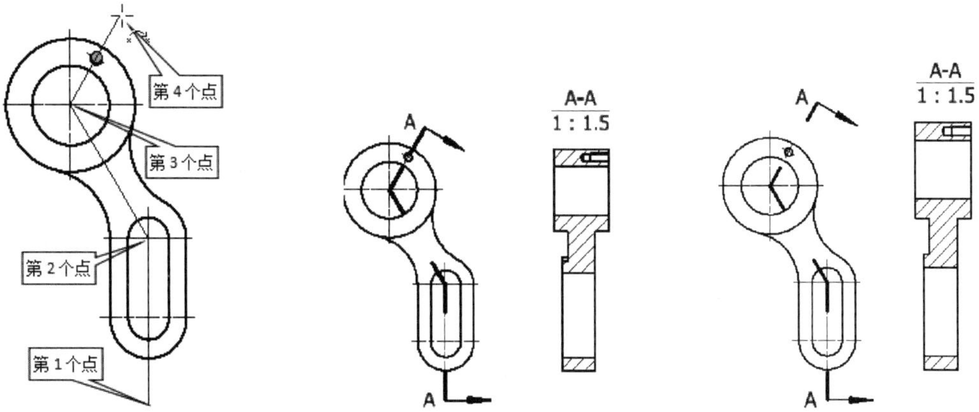

（a）指定旋转剖的剖切面　　（b）“投影”方式剖切　　（c）“对齐”方式剖切

图 7-63　创建旋转剖视图

在工程图中若从属视图与父视图的比例一致，那么从属视图的比例可以不用标注。因此在生成的如图 7-63 所示的剖视图中，还需修改视图标签，将比例删除。

若要更改剖视图的投影方式，请在剖视图上单击鼠标右键，在右键菜单中选择“编辑截面特性”选项，如图 7-64（a）所示。在弹出的“编辑截面特性”窗口中，可对剖视图的投影方式、剖切边样式等进行修改，如图 7-64（b）所示。

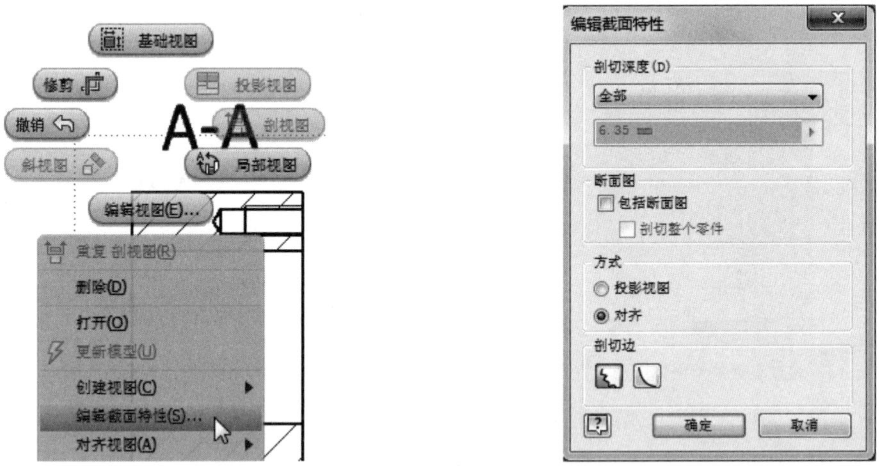

（a）通过右键菜单编辑剖视图　　（b）“编辑截面特性”窗口

图 7-64　编辑剖视图的截面特性

（3）阶梯剖视图　阶梯剖视图的剖切面引导如图 7-65（a）所示。Inventor 创建的阶梯剖视图，在剖切面改变的位置会出现一条可见轮廓线，如图 7-65（b）所示，可利用该轮廓线的右键菜单将其隐藏，如图 7-65（c）所示。

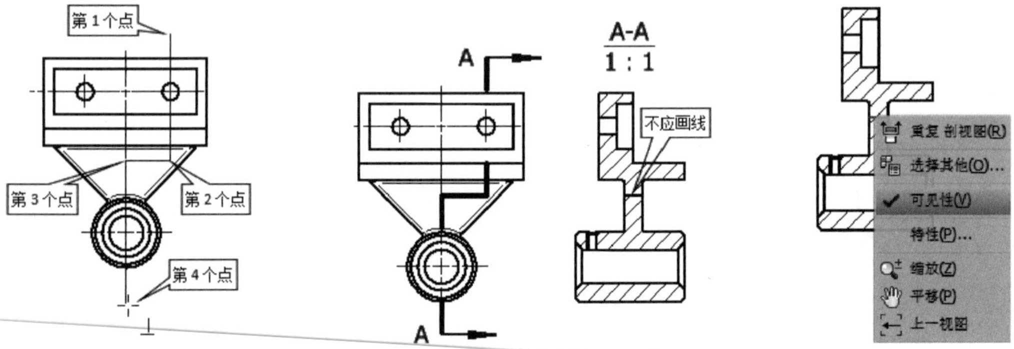

（a）指定阶梯剖的剖切面　　（b）阶梯剖结果　　（c）隐藏轮廓线

图 7-65　创建阶梯剖视图

3. 局部视图

Inventor 中的局部视图就是局部放大视图，它将零部件的部分结构用大于原图形所采用的比例绘出，以更好地表达零部件上尺寸相对较小的结构。局部视图的创建方法如下。

单击“创建”工具面板上的“局部视图”工具按钮，在视图区选择并单击需要局部放大的视图，弹出“局部视图”窗口。在窗口中可将“视图标识符”改为“I”，“缩放比例”改为“2 : 1”，“轮廓形状”选择“圆形”，“镂空形状”选择“平滑”，如图 7-66（a）所示。完成设置后，在视图中需要放大的位置，单击鼠标以指定圆心，向外移动鼠标，再次单击确定半径，继续移动鼠标至合适位置，单击完成局部视图的创建，如图 7-66（b）所示。

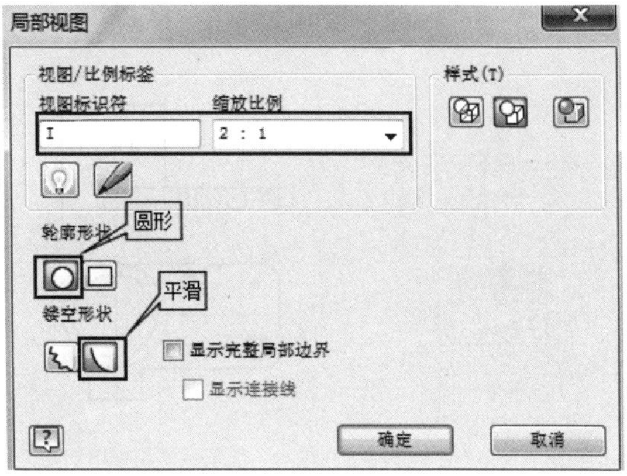

（a）“局部视图”窗口

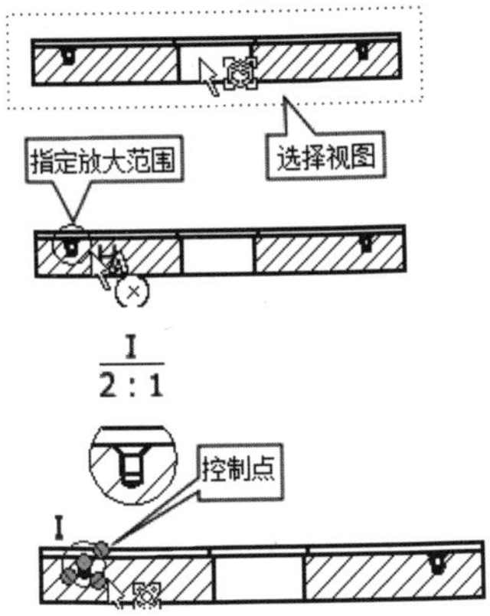

（b）局部视图创建过程

图 7-66　创建局部视图

完成视图创建后，根据需要可在父视图中拖动视图标识符的位置，也可拖动控制点调整放大区域的圆心及半径。

4．局部剖视图

局部剖视图是指用剖切面局部地剖开零部件所得到的视图，用来表达指定区域的内部结构。制作局部剖视图需要如下两步。

（1）绘制草图　在需要局部剖视的视图上新建草图，如图 7-67（a）所示，用样条曲线绘制如图 7-67（b）所示草图，完成草图后退出草图环境。

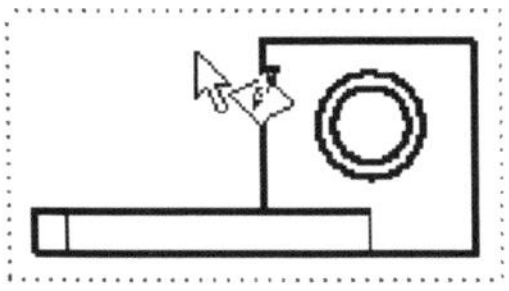

（a）选择视图以创建草图

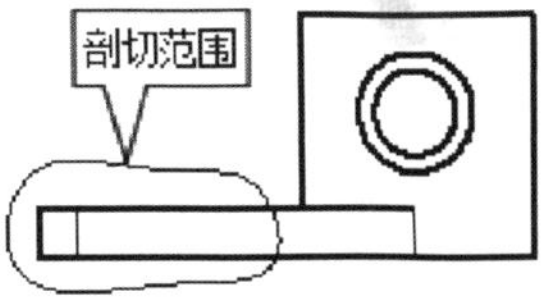

（b）用样条曲线绘制几何图元

图 7-67　绘制草图以指定剖切范围

（2）制作局部剖视图　单击“修改”工具面板上的“局部剖视图”工具按钮，再单击需要局部剖视的视图，绘制的草图加粗亮显，同时弹出“局部剖视图”窗口，如图 7-68（a）、（b）所示。在窗口中的“深度”选项中有 4 种方式可供选择。

① 自点　Inventor 的默认方式。在控制剖切深度的视图上，选取一个点来指定剖切终止面所在的位置。在俯视图中找到一点并单击，以指定剖切面所在位置。最后单击窗口中的“确定”按钮，完成局部剖视图的创建，结果如图 7-68（c）所示。

② 至草图　使用该方式，首先必须在控制剖切深度的视图上有草图几何图元，如图 7-69（a）所示，在创建完局部剖视图后，控制剖切深度的草图自动隐藏，如图 7-69（b）所示。

（a）选择视图并指定剖切深度　（b）“局部剖视图”窗口　（c）完成局部剖视图创建

图 7-68　“自点”方式创建局部剖视图

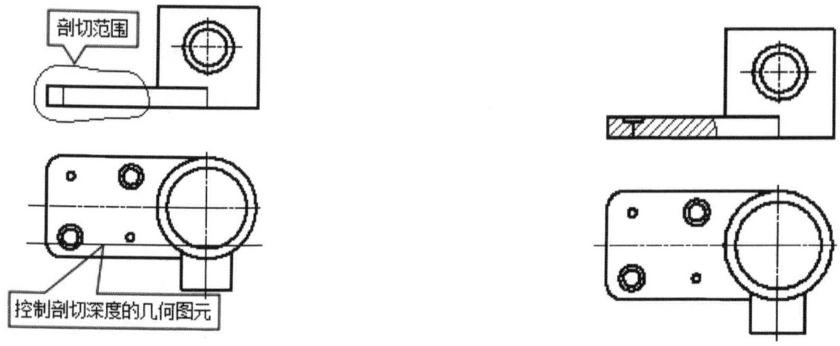

（a）选择视图并指定剖切深度　（b）完成局部剖视图创建

图 7-69　“至草图”方式创建局部剖视图

③ 至孔　在控制剖切深度的视图上，只有选择利用“孔”特征创建的孔，才能使用该项来指定剖切深度。例如，如图 7-68（a）所示，用“拉伸”特征创建的孔，就不能选择“至孔”方式来确定剖切深度。

④ 贯通零件　生成基础视图的源零件模型必须是装配部件，在需要观察内部零部件的时候，可以采用该方式。在图 7-70 中，创建局部剖视图的时候可选择将零件 1 贯通。

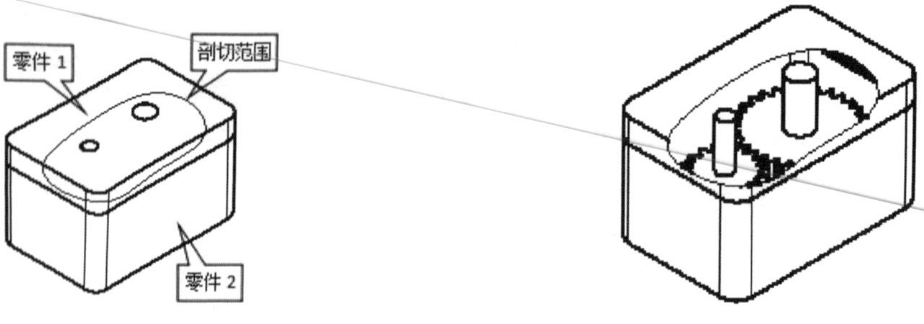

（a）创建局部剖视图前　（b）创建局部剖视图后

图 7-70　“贯通零件”方式创建局部剖视图

由于 Inventor 没有提供专门的半剖视图工具，可以利用“局部剖视图”工具创建半剖视图。读者可自行练习，这里不再赘述。

5. 修剪视图

在创建工程图时，在个别情况下不需要显示整个投影，只需要显示视图的一部分，这时可以用“修改”工具面板上的“修剪”工具，来对工程图的边界进行定制。Inventor 提供了两种修建视图的方法。

（1）直接修剪视图　单击“修剪”工具按钮，选择并单击要修剪的视图。然后单击鼠标右键，在右键菜单中选择修剪视图的形状（圆形或矩形），如图 7-71（b）所示。若选择矩形，则需指定矩形的两个对角点，如图 7-71（c）所示；若选择圆形，则需先后指定圆形的圆心和半径，如图 7-71（d）所示。

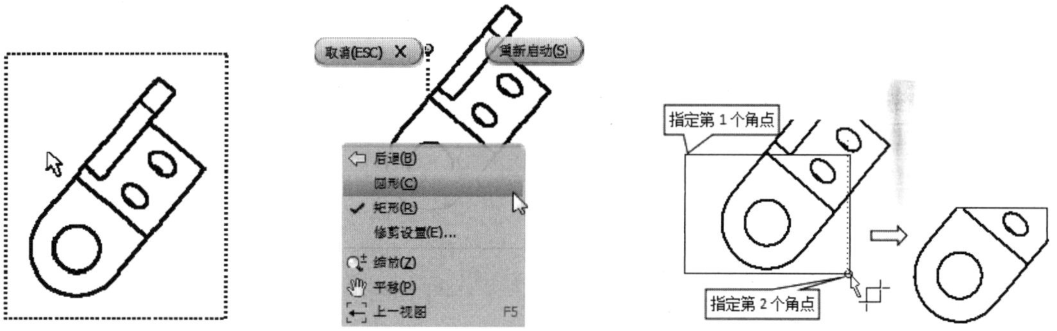

（a）选择视图　（b）通过右键菜单选择形状　（c）用矩形修剪

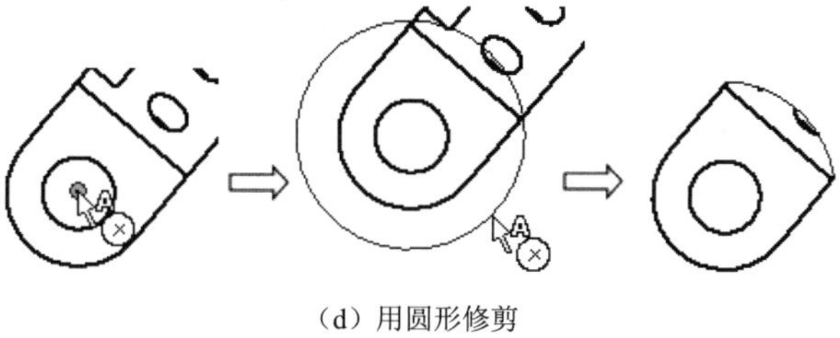

（d）用圆形修剪

图 7-71　修剪视图

（2）利用现有几何图元修剪视图　采用该方式修剪视图，所需要的草图必须包含单个非自交封闭图形，如图 7-72（a）所示。单击“修剪”工具按钮后，将鼠标置于封闭图形上，待图形变为红色后单击，如图 7-72（b）所示。修剪结果如图 7-72（c）所示。

（a）绘制封闭图形　（b）选择封闭图形　（c）修剪结果

图 7-72　用现有几何图元修剪视图

说明 视图的修剪也可通过设置视图图元的可见性来完成，这里不再介绍。

6．视图对齐工具

视图对齐工具位于“修改”工具面板上，Inventor 提供了 4 种视图对齐工具，如图 7-73 所示。

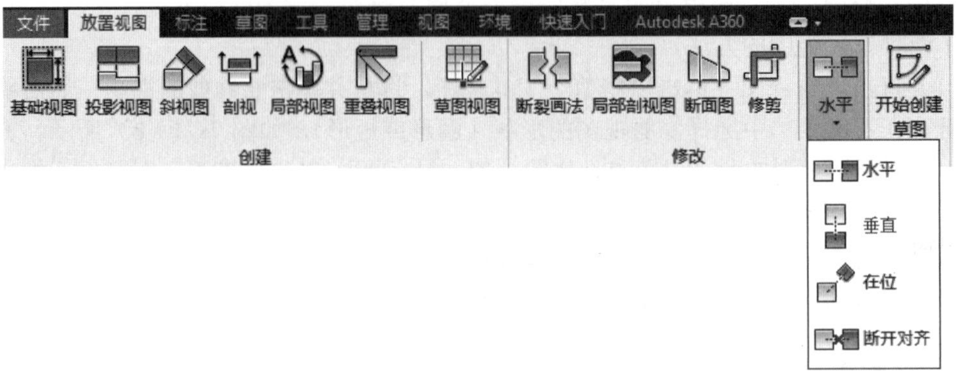

图 7-73　视图对齐工具

（1）水平　使用该工具可在两个工程视图之间创建水平约束关系。执行“水平”工具后，单击视图 1，作为要执行水平约束的视图，再单击视图 2，作为基础视图，如图 7-74（b）、（c）所示。完成水平对齐后，结果如图 7-74（c）所示。

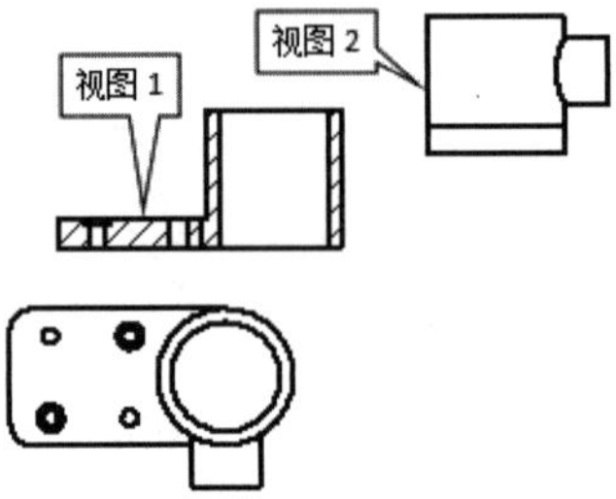

（a）视图对齐前

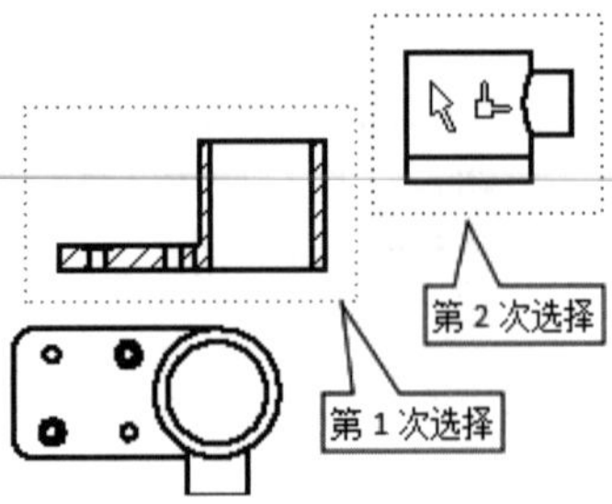

（b）选择视图

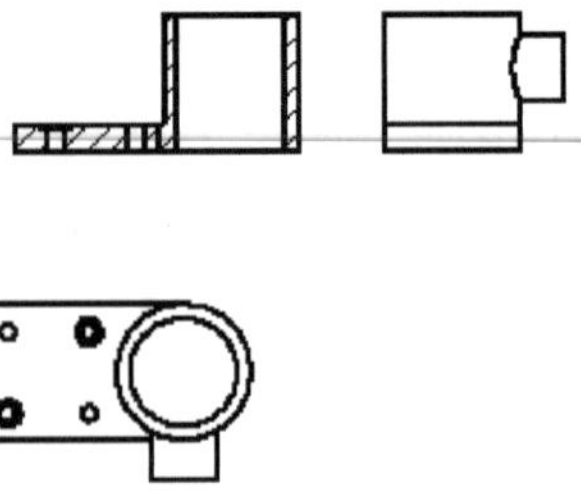

（c）视图对齐后

图 7-74　视图“水平”对齐工具的应用

（2）垂直　使用该工具可在两个工程视图之间创建竖直约束关系。

（3）在位　使用该工具可将两个工程视图在当前位置创建约束关系。

（4）断开对齐 删除两个视图之间的约束关系，在删除两个视图之间的约束关系时，会自动在父视图上添加视图投影方向和视图标识符，如图 7-75 所示。

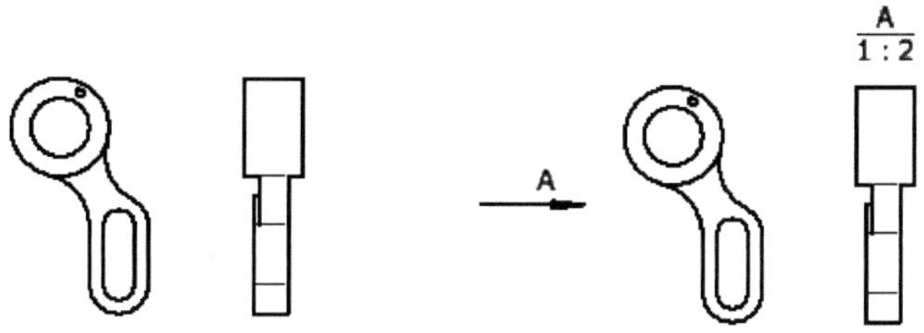

（a）断开对齐前　　（b）断开对齐后

图 7-75 视图“断开对齐”工具的应用

说明 也可通过视图的右键菜单使用视图对齐工具。

7. 文本工具

Inventor 提供了“文本”和“指引线文本”两个文本工具，如图 7-76 所示。

图 7-76 “文本”工具

（1）文本 “文本”工具常用来填写标题栏、书写技术要求等。单击“文本”工具按钮A后，在工程图待添加文本的位置单击并拖动，指定文本的位置与范围，松开鼠标左键的同时打开“文本格式”窗口，此时即可输入文本。

（2）指引线文本 “指引线”文本用来创建带有指引线的注释。单击“指引线文本”工具按钮后，在需要注释的位置单击鼠标，确定指引线箭头位置，引导光标至合适位置，再次单击鼠标，确定指引线折线位置，然后回车，在弹出的“文本格式”窗口中输入文本，最后单击“确定”按钮，完成指引线文本标注，如图 7-77（b）所示。

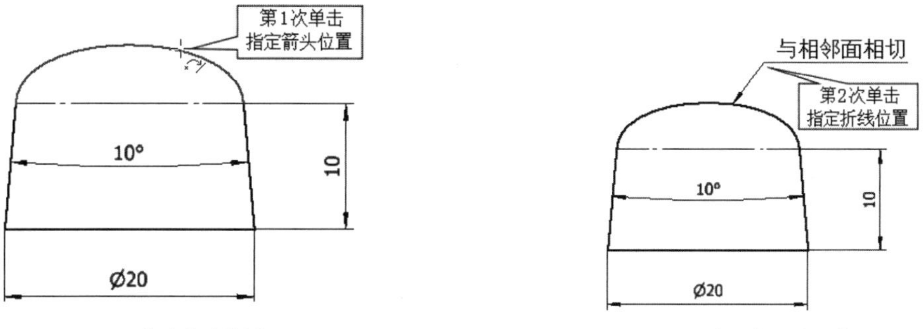

（a）指定箭头位置　　（b）标注指引线文本

图 7-77 指引线文本标注过程

任务流程

任务流程如图 7-78 所示。

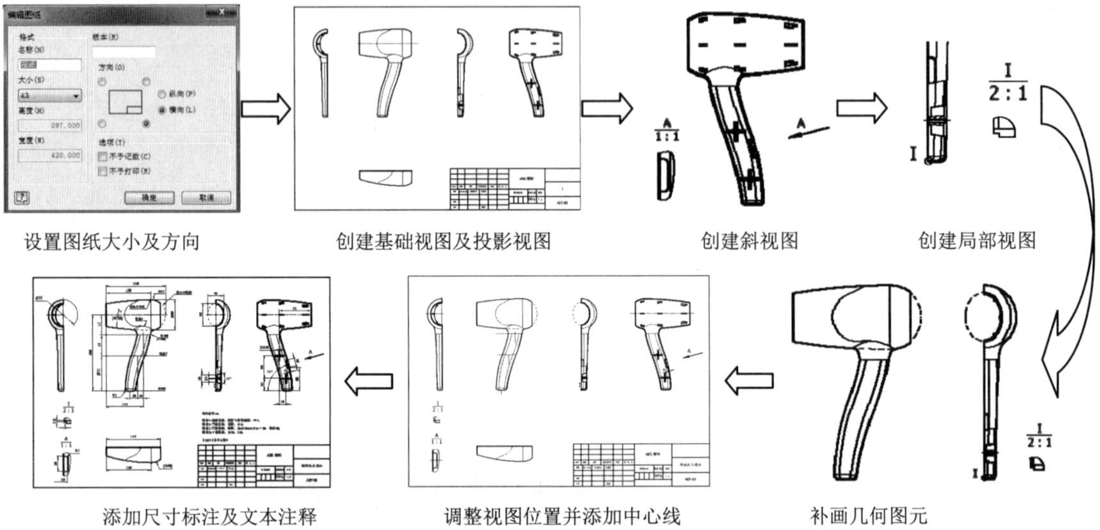

图 7-78　任务流程

任务实施

Step 01 新建工程图文件　打开创建的工程图模板文件，新建工程图文件，并重新设置图纸为 A3、横向，如图 7-79 所示。

Step 02 创建基础视图及投影视图　在“工程视图”窗口的“零部件”选项卡中进行如下设置：选择资源包中的“第 7 章\任务 2\吹风机右壳体.ipt”模型文件，视图样式为“不显示隐藏线”，视图比例为 1 : 2；在“显示选项”选项卡中勾选“相切边”“断开”选项。创建基础视图及投影视图。再以左视图为父视图，继续创建其投影视图，如图 7-80 所示。

图 7-79　设置图纸大小及方向

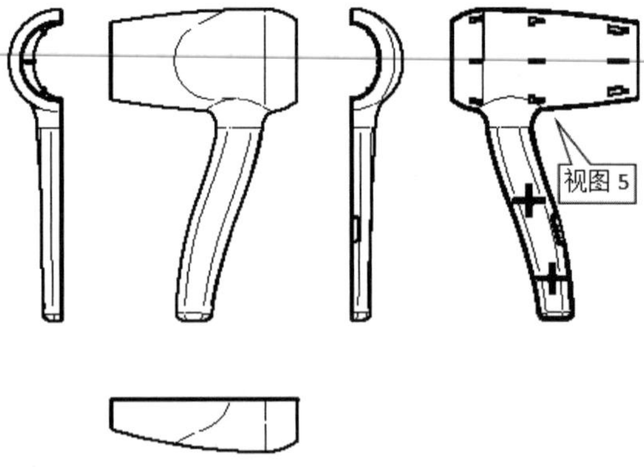

图 7-80　创建基础视图及投影视图

Step 03 创建斜视图 以图 7-80 中的视图 5 为父视图，并选择如图 7-81（a）所示的边为视图方向，创建斜视图，如图 7-81（b）所示。

（a）选择视图方向　　　　（b）创建斜视图

图 7-81　创建斜视图的过程

Step 04 编辑斜视图 选择如图 7-82（a）所示的边，将斜视图进行旋转，结果如图 7-82（b）所示。在斜视图上创建草图，并绘制如图 7-82（c）所示封闭图形。以封闭图形为修剪边界修剪斜视图。更改斜视图的比例为 1 : 1，如图 7-82（d）所示。最后根据图样要求，调整斜视图及其标签位置，如图 7-82（e）所示。

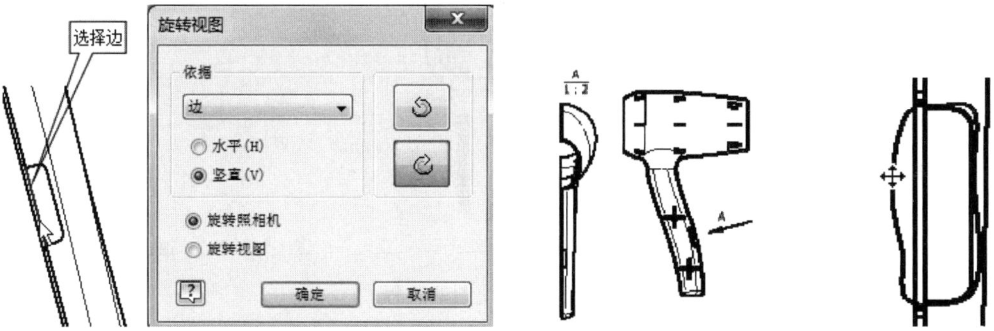

（a）选择旋转依据　　　　（b）旋转后的视图　　　　（c）绘制修剪边界

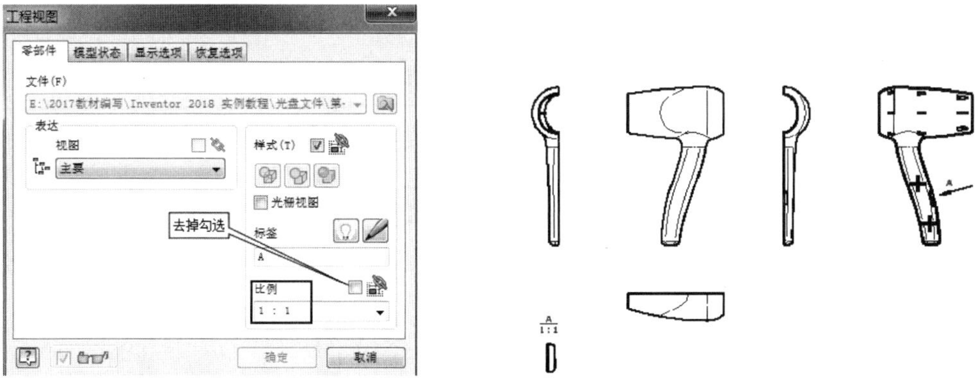

（d）调整视图比例　　　　（e）调整视图位置

图 7-82　编辑斜视图的过程

Step 05 创建局部剖视图 在左视图上新建草图，绘制局部剖视图的边界，剖切深度选择凸柱中心点，如图 7-83（a）所示，结果如图 7-83（b）所示。

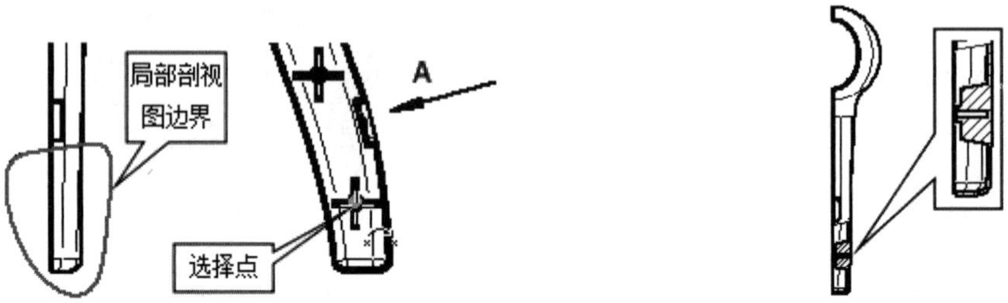

（a）选择局部剖视图的边界及深度　（b）局部剖视图

图 7-83　创建局部剖视图的过程

Step 06 创建局部视图 在局部剖视图的位置，创建局部放大视图，如图 7-84 所示。最后按照图样要求，调整局部视图的位置。

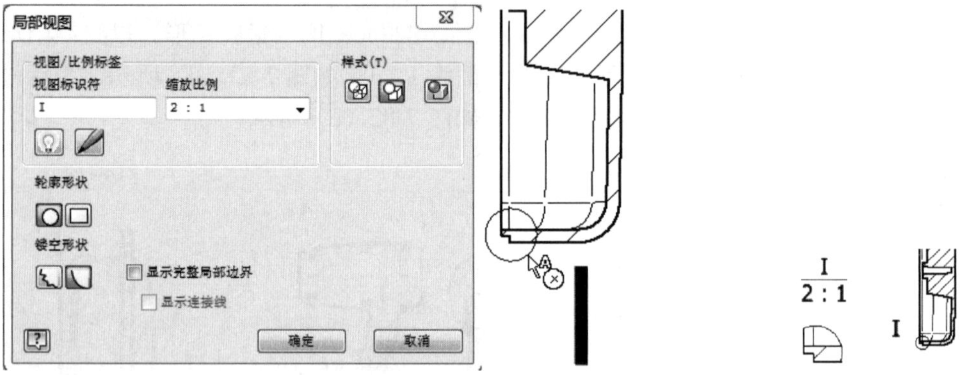

（a）设置局部视图　（b）局部视图

图 7-84　创建局部视图的过程

Step 07 补画视图 根据图样要求，在相应的视图上新建草图，补画部分视图，如图 7-85 所示。

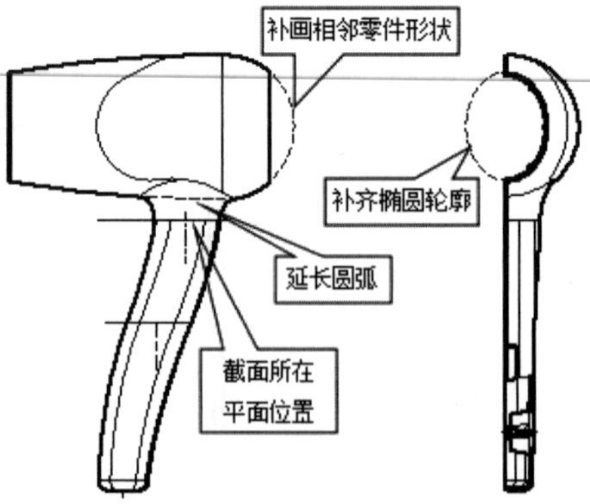

图 7-85　补画视图

Step 08 添加中心线　按照图样要求，添加中心线，如图 7-86 所示。

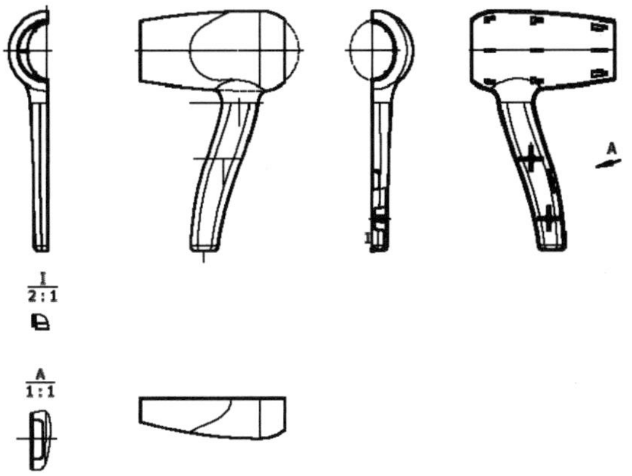

图 7-86　添加中心线

Step 09 标注尺寸　按照图样尺寸要求，标注尺寸，并进行相应调整，结果如图 7-87 所示。

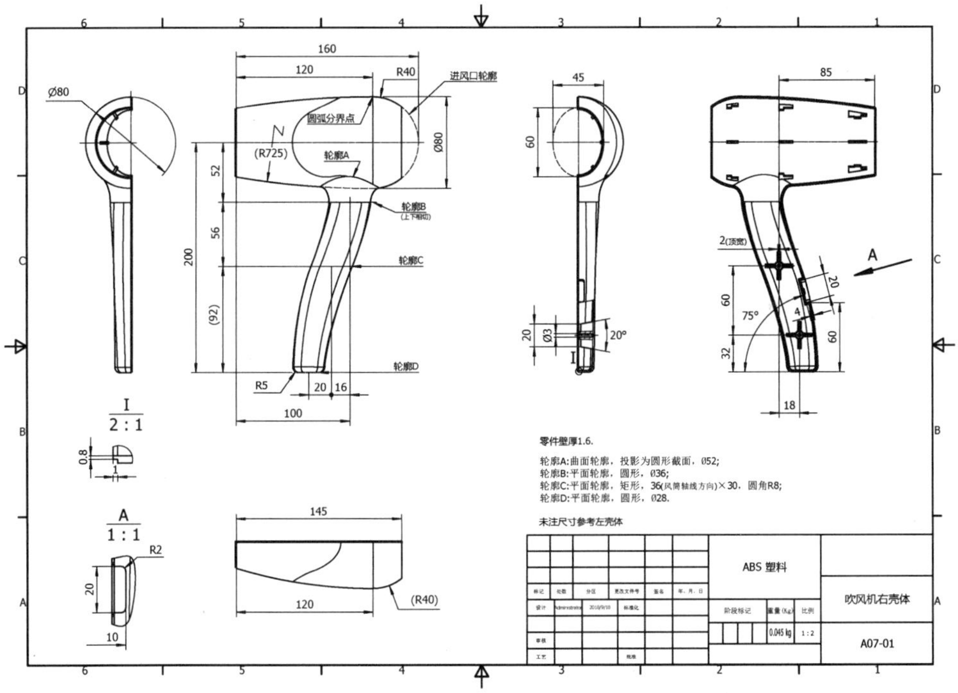

图 7-87　标注尺寸

Step 10 添加文本注释　按照图样尺寸要求，添加文本或指引线文本，结果如图 7-59 所示。

Step 11 保存文件　最后将文件保存为“吹风机右壳体.idw”。

拓展练习 7-2

完成如图 7-88 所示的工程图设计。模型及详细的工程图参见资料包“第 7 章\任务 2\

拓展练习”文件夹。

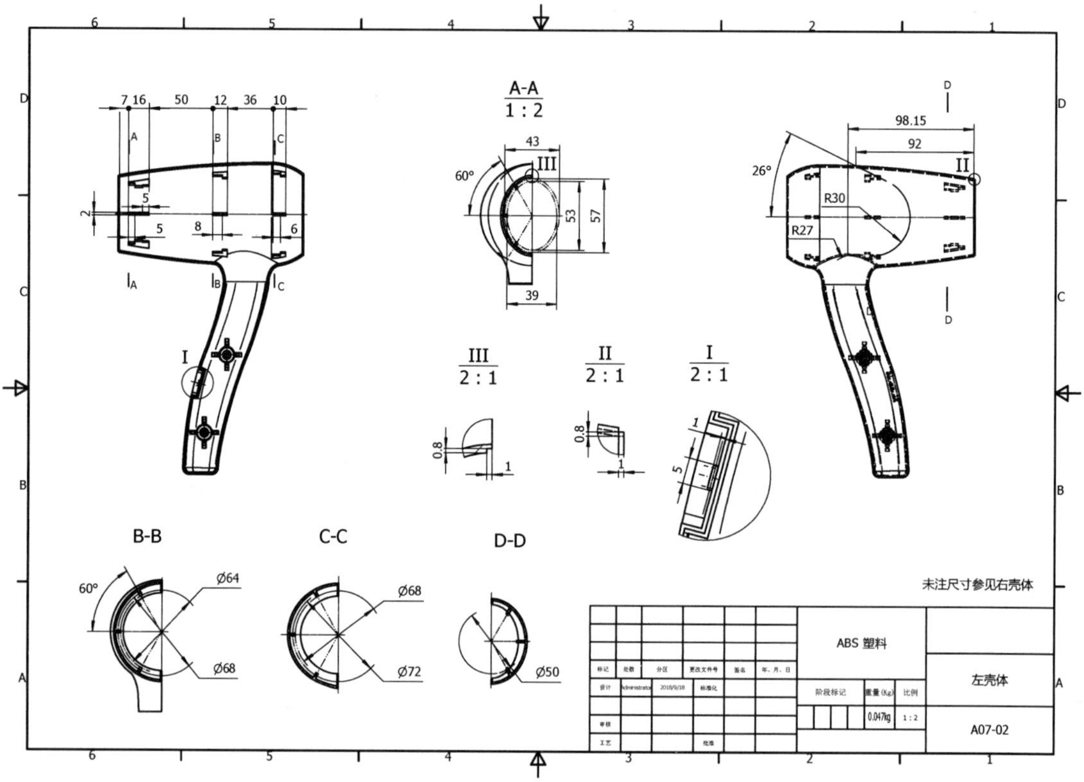

图 7-88　拓展练习 7-2

任务 3　阶梯轴的工程图设计

学习目标

- ◆ 掌握断面图和断裂画法的操作方法
- ◆ 熟悉重叠视图、草图视图的创建方法
- ◆ 掌握常用机械技术要求的添加方法
- ◆ 能够熟练制作阶梯轴的工程图

任务导入

阶梯轴的工程图如图 7-89 所示，其详细图纸可参见资料包中“第 7 章\任务 3\阶梯轴.dwf”文件。

在阶梯轴工程图的创建过程中，除了用到前面介绍的知识以外，还需要用到断裂画法、断面图等视图创建工具及插入符号等标注工具。另外在本任务中，还需学习重叠视图、草图视图的创建方法。

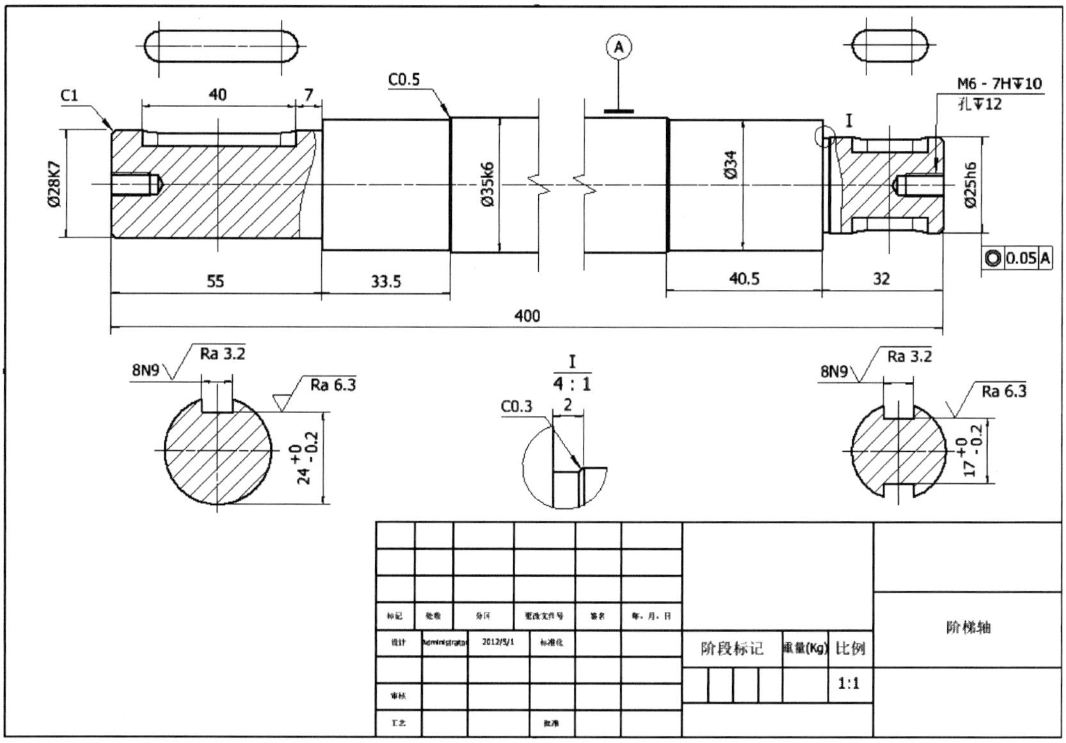

图 7-89　阶梯轴的工程图

知识准备

1. 重叠视图

在创建工程图的过程中，若源文件是部件模型，且有多个位置视图需要在一个工程图中进行表达，这时可用重叠视图工具来实现，如图 7-90（a）所示。下面举例介绍重叠视图的制作步骤。

打开资料包中“第 7 章\任务 3\创建重叠视图练习.idw”文件。选择视图，单击“创建”工具面板上的“重叠视图”工具按钮，弹出“重叠视图”窗口。在窗口中的“位置表达”选项中选择“位置 1”，如图 7-90（b）所示，单击“确定”按钮后，完成“位置 1”的视图表达。重复操作，再完成“位置 2”的视图表达。创建的重叠视图，用短点画线显示，如图 7-90（a）所示。

2. 草图视图

在 Inventor 中。利用“草图视图”工具可以创建不依托三维实体模型的二维工程图。单击“创建”工具面板上的“草图视图”工具按钮，弹出“草图视图”窗口，如图 7-91（a）所示。在窗口中可以进行视图标识符、缩放比例等的设置，单击“确定”按钮后，即可进入草图环境绘制视图。

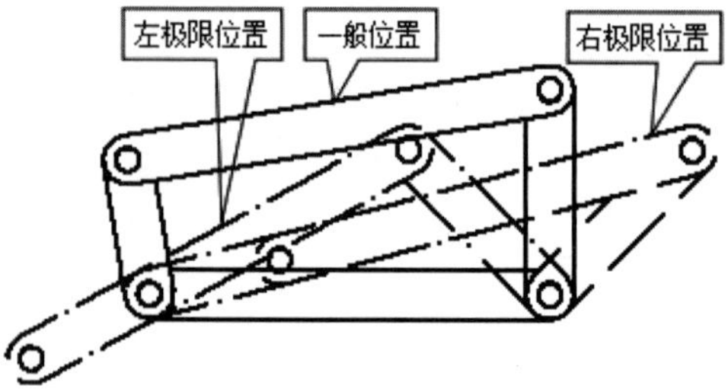

（a）重叠视图示例

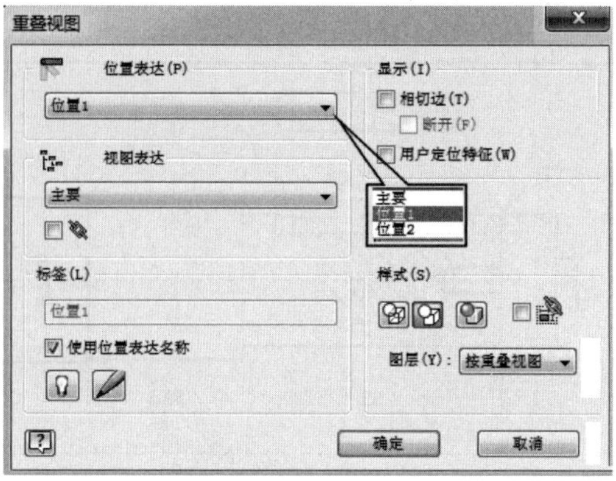

（b）“重叠视图”窗口

图 7-90　创建重叠视图

说明 在如图 7-91（a）所示的窗口中，输入的比例就是在草图视图中绘制图形时使用的比例，也就是 Inventor 接受用户输入数据时使用的换算系数，如图 7-91（b）所示。

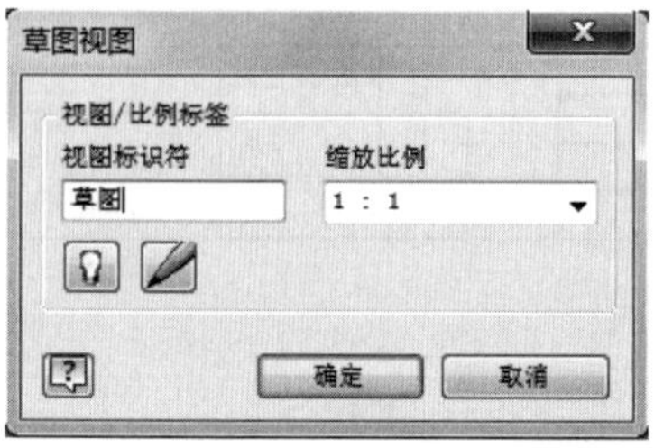

（a）“草图视图”窗口

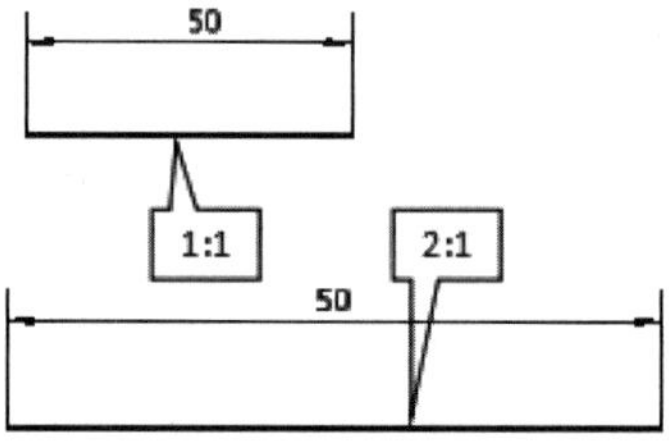

（b）不同比例比较

图 7-91　创建草图视图

3. 断裂画法

当零部件视图超出工程图图幅的长度，而调整比例以适合图幅后，又会使工程视图变得过小，影响其他部分的表达。这种情况下可在工程图中将零件结构相同部分的某一段删除，以符合图幅大小，这种方法就是工程图表达中的“断裂画法”，如图 7-92 所示。

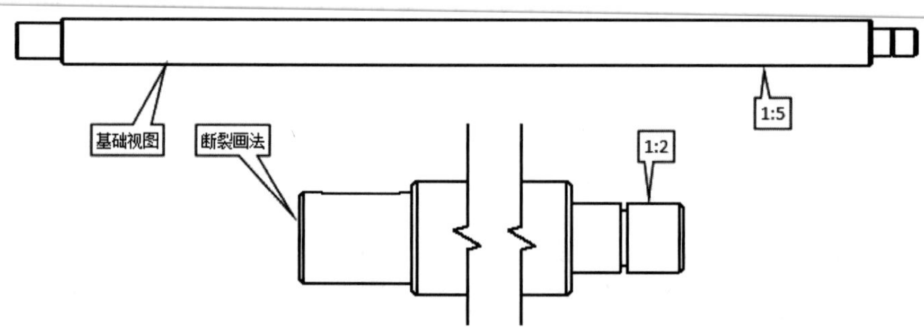

图 7-92　断裂画法示例

单击“修改”工具面板上的“断裂画法”工具按钮，在视图区单击需要断裂画法的视图，弹出“断开”窗口，选择默认设置，如图 7-93（a）所示。在视图上合适的位置单击，指定起始位置，然后移动鼠标到合适位置再次单击，指定结束位置，如图 7-93（b）所示。完成断裂画法后，可根据图幅大小再次调整视图比例，结果如图 7-93（c）所示。

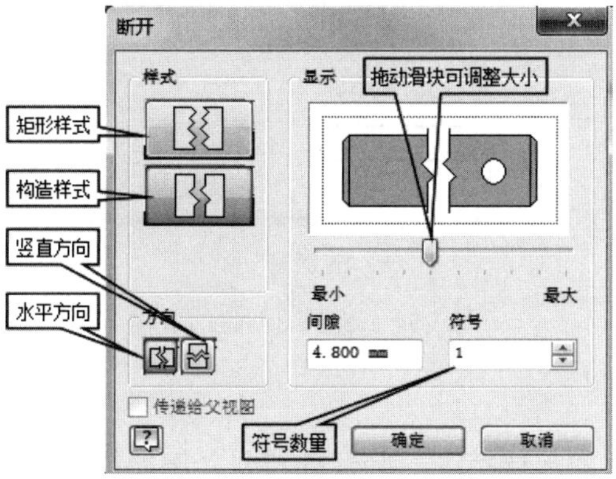

（a）“断开”窗口

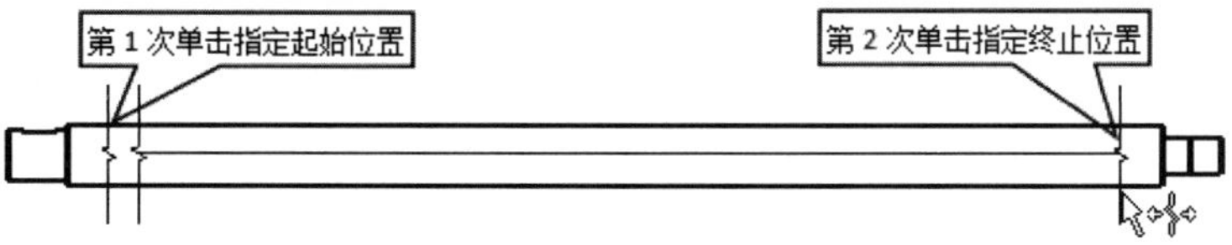

（b）指定断裂符号的位置

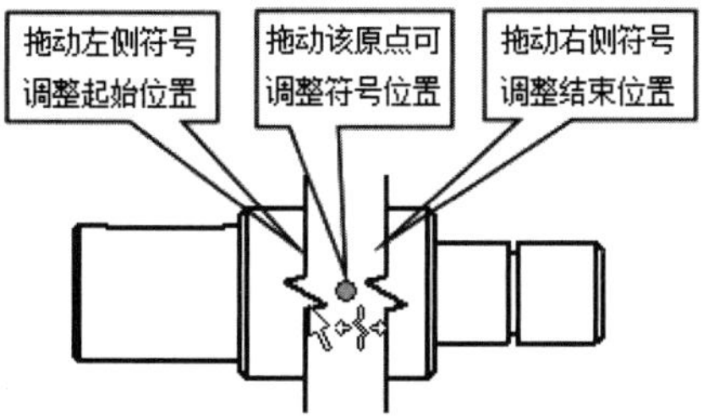

（c）断裂画法符号位置调整

图 7-93　断裂画法制作过程

在断裂画法视图中，将鼠标置于断裂画法符号处，在符号中心会出现绿色的原点，拖动该圆点，可调整断裂符号的位置；拖动左侧符号，可调整断裂画法的起始位置；拖动右侧符号，可调整断裂画法的结束位置。

4. 断面图

创建零件某一点的断面图，是机械工程图中常见的表达方式，特别是在杆类和轴类零件的工程图中。在 Inventor 中制作断面图需要如下三步。

（1）创建草图　选择非目标视图，创建草图。例如，在图 7-94（a）中，若在左视图上创建断面图，就需要在主视图上创建草图，在图示位置绘制三条直线。

（2）制作断面图　单击“修改”工具面板上的“断面图”工具按钮，先单击目标视图，弹出“断面图”窗口。在窗口中勾选“剖切整个零件”选项，再单击绘制的草图，如图 7-94（b）所示。最后单击“确定”按钮，完成断面图的创建，如图 7-94（c）所示。

（a）创建草图　（b）“断面图”窗口　（c）完成断面图创建

图 7-94　断面图创建的过程

5. 插入符号

在机械工程图中，常常需要标注一些标准符号，例如粗糙度、形位公差、基准符号等。这些符号位于“标注”选项卡下的“符号”工具面板上，如图 7-95 所示。在该工具面板上，Inventor 还提供了可供设计者使用的草图符号。

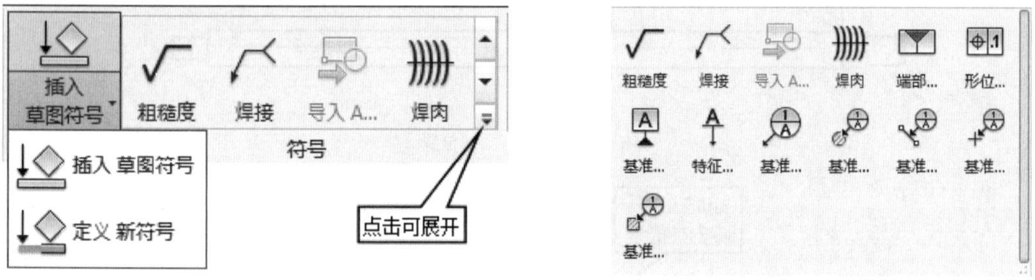

（a）“符号”工具面板　（b）展开后的符号库

图 7-95　符号工具

（1）草图符号　Inventor 提供了定义新符号和插入草图符号两个工具。

① 定义新符号　在制图过程中，有些需要的符号 Inventor 并没有提供，需要用户自己来定义，例如图 7-96（a）所示的视图旋转符号。下面以此为例来介绍该工具的使用。

单击“定义新符号”工具按钮，进入草图环境，绘制旋转符号的几何图形，并修改其线宽。退出草图环境时，弹出“略图符号”窗口，在窗口中输入定义符号的名称，如图 7-96（b）所示。单击“保存”按钮，即可将自定义的符号保存为草图符号。展开浏览区的“工程图资源”选项，在“草图符号”一栏里面就添加了刚才定义的新符号，如图 7-96（c）所示。

② 插入草图符号　单击该工具按钮，弹出“草图符号”窗口，可看到在该窗口中的“本地”选项中已经有了前面自定义的符号。在该窗口中可对符号的比例、旋转角度等进行设置，如图 7-97（a）所示。在定义的符号名称上双击后自动关闭窗口，然后在图形区适当位置单击即可放置草图符号，每单击一次就放置一次，若结束放置可在右键菜单中选

择“取消”选项，如图 7-97（b）所示。

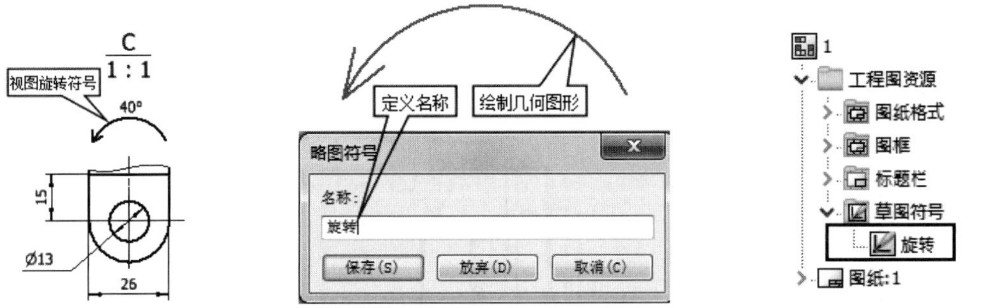

（a）自定义符号示例　（b）绘制几何图形并定义符号名称　（c）浏览区增加的定义符号

图 7-96　定义新符号

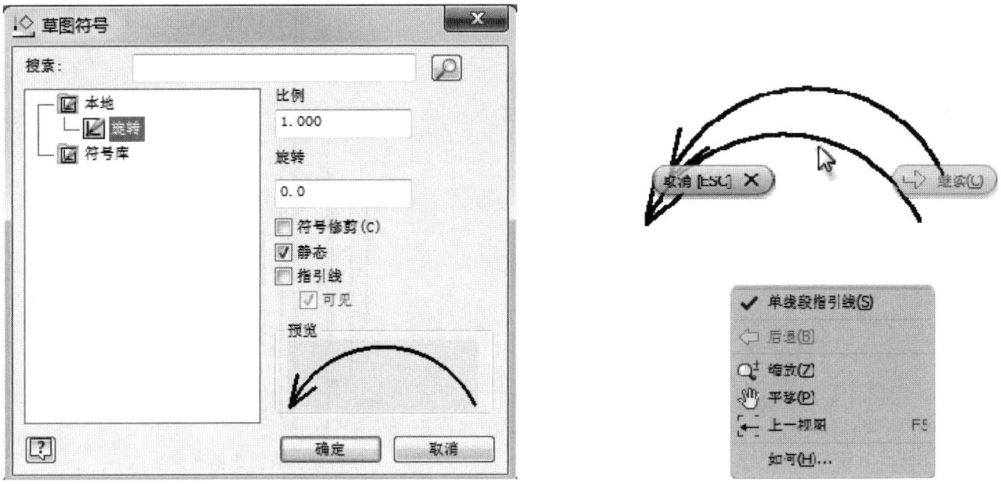

（a）“草图符号”窗口　（b）在右键菜单中的“取消”选项

图 7-97　插入草图符号

另外也可以在如图 7-96（c）所示的浏览区中双击草图符号的名称进行放置。若需对定义的符号进行编辑，可通过定义符号的右键菜单来实现，这里不再赘述。

（2）标准符号　在 Inventor 提供的标准符号库中，只选择几个常用的符号介绍这些符号的标注方法。

① 粗糙度 √　它是描述零件表面的光滑程度的参数。标注时先单击“粗糙度”符号按钮，并选择待标注的几何要素，如图 7-98（a）所示。此时若向外引导光标，会以指引线的形式标注粗糙度，如图 7-98（b）所示。若不需要指引线引出，可在第 1 次单击后，就按下回车键或在右键菜单中选择“继续”选项，如图 7-98（c）所示，弹出“表面粗糙度”窗口，在窗口中按表面粗糙度要求输入数值，如图 7-98（d）所示，然后单击“确定”按钮完成标注，结果如图 7-98（e）所示。在其他待标注的几何要素位置单击，可继续标注。

② 形位公差 ⊕.1　它是描述构成零件几何特征的点、线、面的实际形状或相互位置与理想零件的形状或位置之间差异的参数。其标注方法与表面粗糙度符号标注相似，标注时

先单击“形位公差”符号按钮，在待标注的几何要素处单击，确定指引线箭头位置，再单击两次分别确定指引线的折线位置及方向，最后按下回车键。打开“形位公差符号”窗口，在窗口中按相应要求输入数值，如图 7-99（b）所示，单击“确定”按钮完成标注，如图 7-99（c）所示。

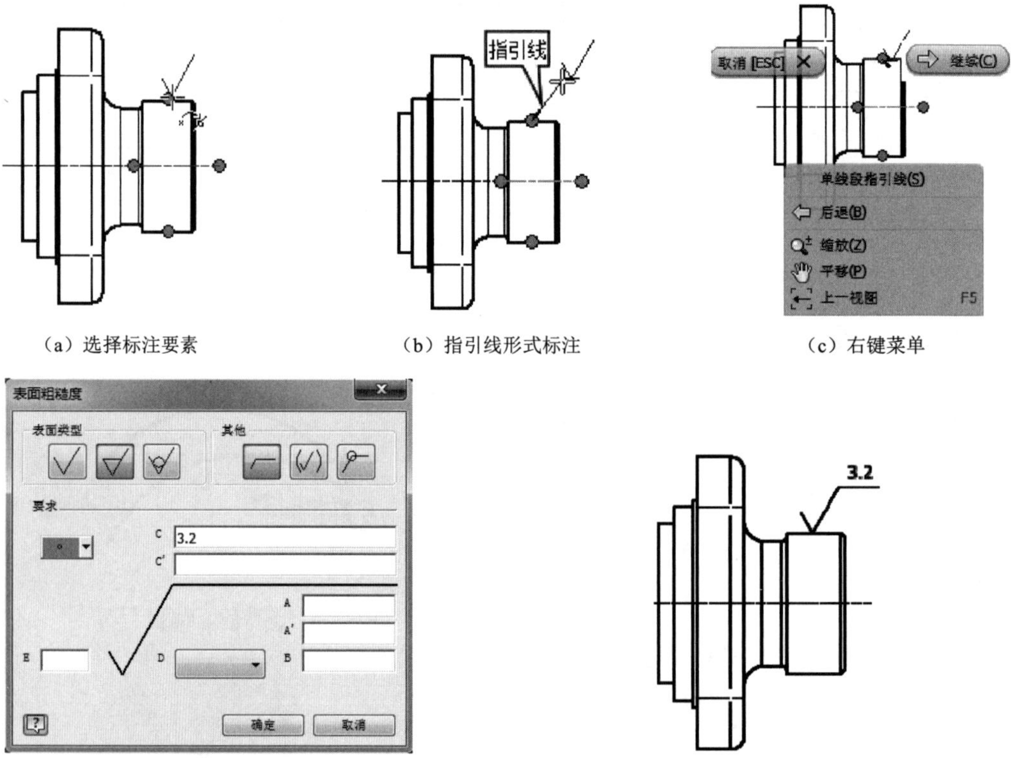

（a）选择标注要素　（b）指引线形式标注　（c）右键菜单

（d）“表面粗糙度”窗口　（e）完成表面粗糙度标注

图 7-98　表面粗糙度标注的过程

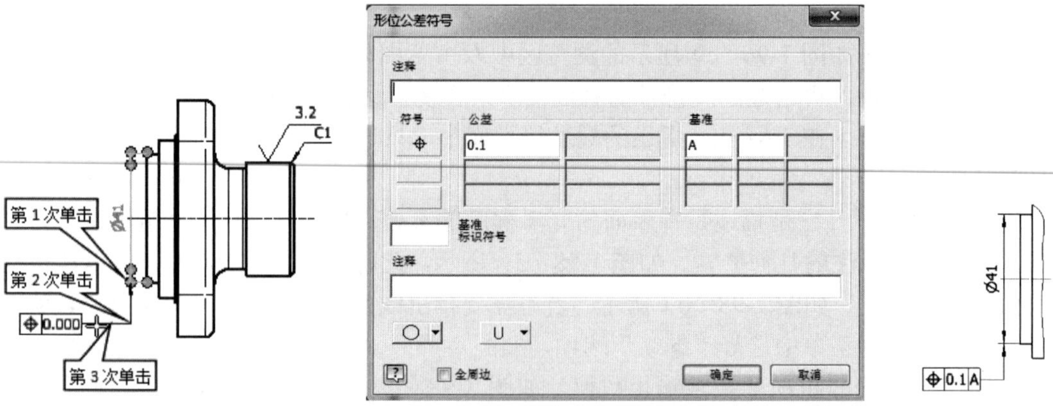

（a）选择标注要素　（b）“形位公差符号”窗口　（c）完成标注

图 7-99　形位公差标注过程

③ 基准标识符号 它是确定形位公差的参考对象。标注时先单击“基准标识”符号按钮，在待标注的几何要素处单击，确定符号位置；引导光标至合适位置再次单击，确定符号方向，如图 7-100（a）所示。在弹出的“文本格式”窗口中，按照相应要求输入基准代号，然后单击“确定”按钮完成标注。拖动基准代号处的圆点，可调整符号位置，如图 7-100（b）所示。

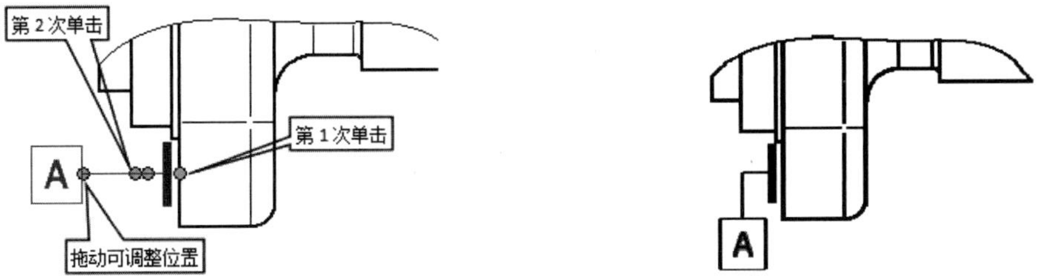

（a）选择标注要素　　（b）调整符号位置

图 7-100　基准标识符号标注

6. 新建图纸

在设计复杂零件工程图的时候，有时可能在一张图纸上已经不能完全表达零件的形状和大小，这个时候就需要通过“新建图纸”工具来添加图纸。

在“放置视图”选项卡下，单击“图纸”工具面板上的“新建图纸”工具按钮，即可在当前工程图文件中添加一张新的图纸。新图纸的图幅、方向默认与第一张图纸一样。

添加新的图纸后，也可以在浏览区的图纸上，单击鼠标右键，在其右键菜单中选择“重复新建图纸”选项，继续添加新的图纸，如图 7-101 所示。同样也可通过右键菜单删除、编辑图纸。

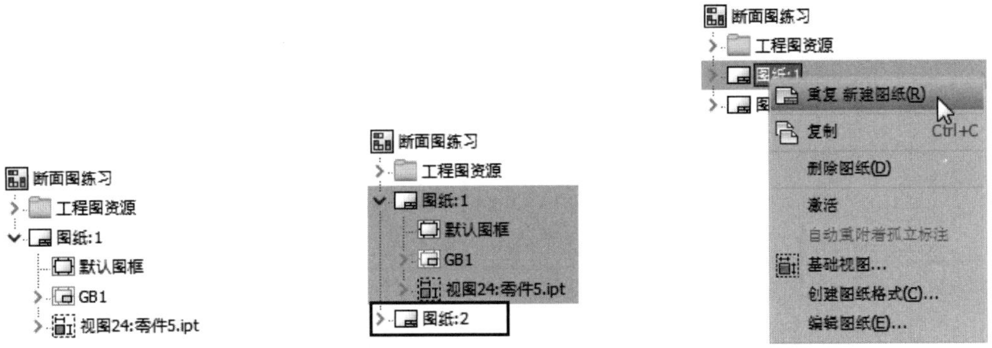

（a）未新建图纸前的浏览区　　（b）新建图纸后的浏览区　　（c）右键菜单

图 7-101　新建图纸

7. 打印图纸

若需对工程图进行打印服务，可通过快速工具条或者“文件”菜单中的“打印”工具，将图纸进行打印。在弹出的“打印工程图”窗口中，可进行相应的设置。建议在“缩放比例”选项栏中选择“最佳比例”选项，如图 7-102 所示。这样 Inventor 就可以根据所连接的打印机的情况，自动地将图纸进行缩放。

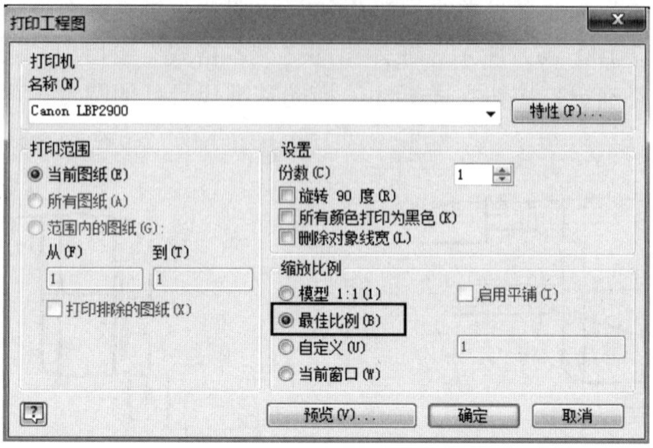

图 7-102　“打印工程图”窗口

任务流程

任务流程如图 7-103 所示。

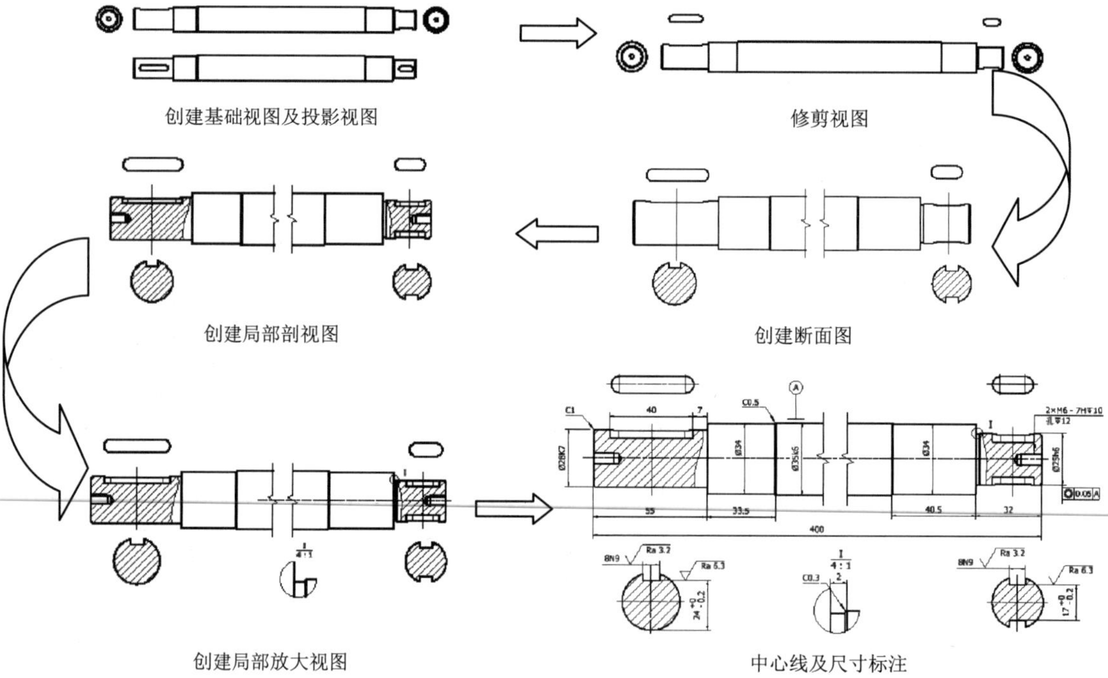

图 7-103　任务流程

任务实施

Step 01 新建工程图文件　打开创建的工程图模板文件，新建工程图文件，并重新设置图纸为 A4、横向。

Step 02 创建基础视图及投影视图　在“工程视图”窗口的“零部件”选项卡中进行如下设置：选择资源包中的“第 7 章\任务 3\轴类零件.ipt”模型文件、视图样式为“不显示隐藏线”、视图比例为 1∶2；在“显示选项”选项卡下，勾选“相切边”“断开”选项。创建基础视图及投影视图，如图 7-104 所示。

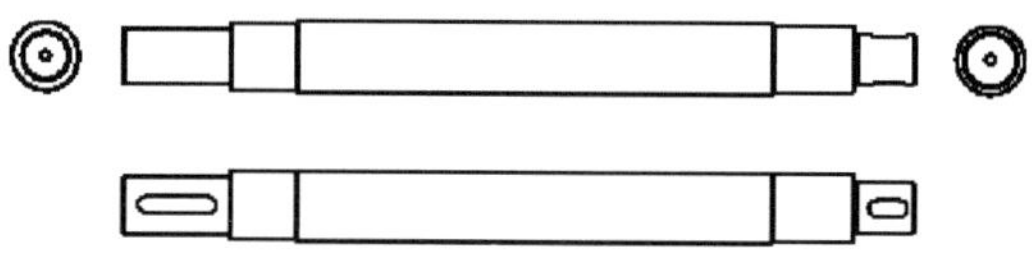

图 7-104　创建基础视图及投影视图

Step 03 视图修剪　用在俯视图左侧键槽处，用框选的方法修剪视图，完成后并通过右键菜单将矩形框隐藏，如图 7-105 所示。

Step 04 投影俯视图并修剪　再次投影俯视图，并按照步骤 3，在其右侧的键槽处修剪并隐藏边框。将两个修剪的视图与主视图断开连接，并隐藏视图标识符，然后进行位置调整，调整后如图 7-106 所示。

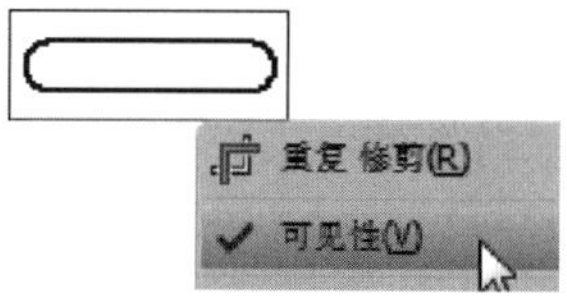

图 7-105　修剪视图后隐藏边框

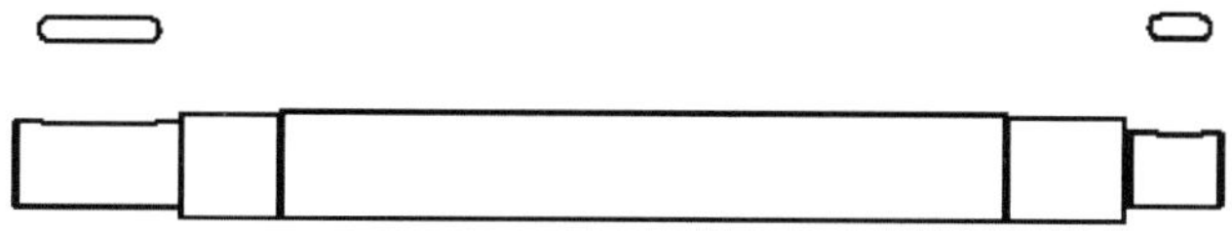

图 7-106　调整视图位置

Step 05 创建断面图　首先在主视图上创建两个草图，即分别在键槽位置各画一条直线，如图 7-107（a）所示，然后分别选择左视图、右视图，创建断面图，如图 7-107（b）所示。

在浏览区将创建断面图的草图 1、草图 2 可见，如图 7-107（c）所示。将左、右两个断面图与主视图断开连接，并隐藏视图标识符，然后调整两个断面视图的位置，结果如图 7-107（d）所示。

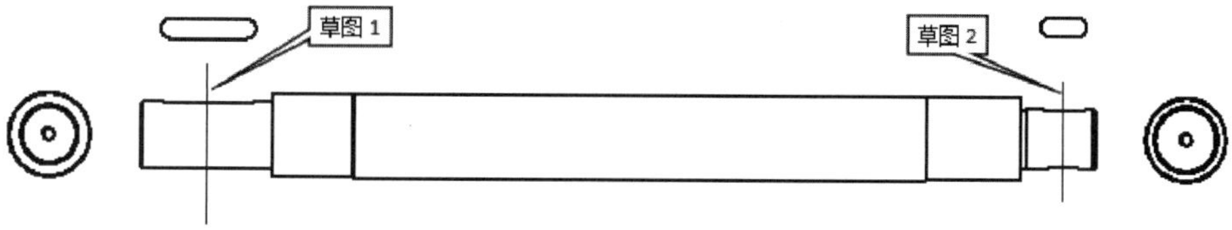

（a）新建草图

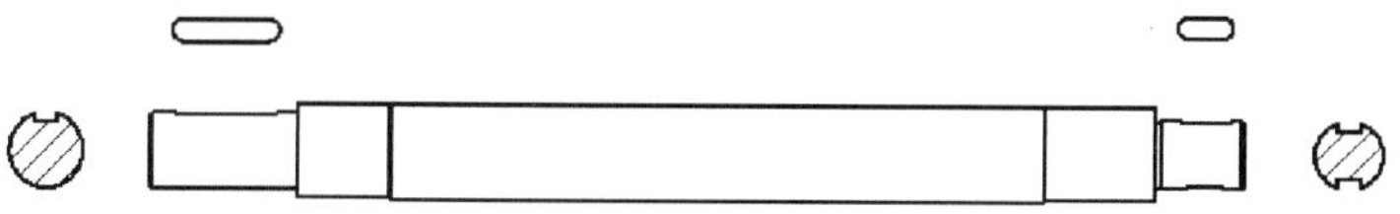

（b）创建断面图

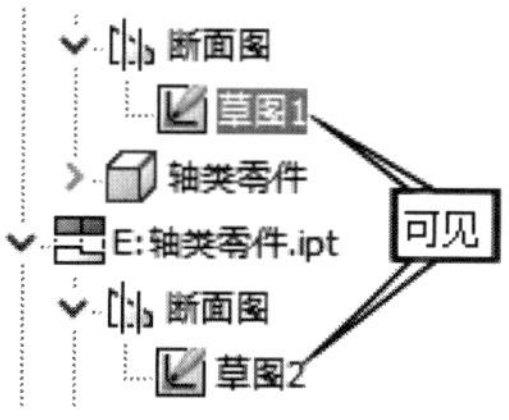

（c）将草图可见

图 7-107　创建断面图

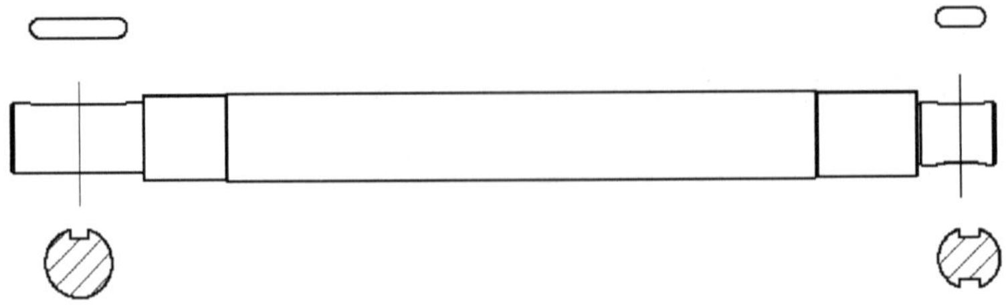

（d）调整断面图位置

图 7-107 创建断面图（续）

Step 06 制作断裂画法 由于轴比较长，需要在主视图上制作断裂画法。完成后编辑主视图，将其视图比例调整为 1∶1。

调整视图比例后，可发现各视图的位置与主视图不再对齐，因此需要重新调整各视图的位置，结果如图 7-108 所示。

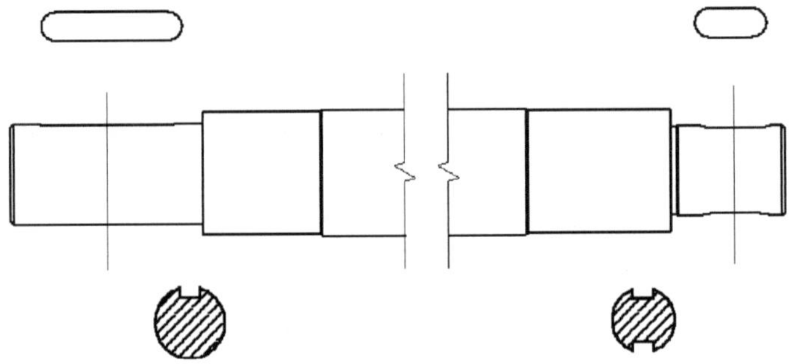

图 7-108 创建断裂视图并调整各视图位置

Step 07 创建局部剖视图 首先在主视图上新建两个草图，分别绘制两个封闭图形。先在轴的左侧创建局部剖视图，剖切深度选择如图 7-109（a）所示的点。重复操作，再在轴的右侧创建局部剖视图，结果如图 7-109（b）所示。

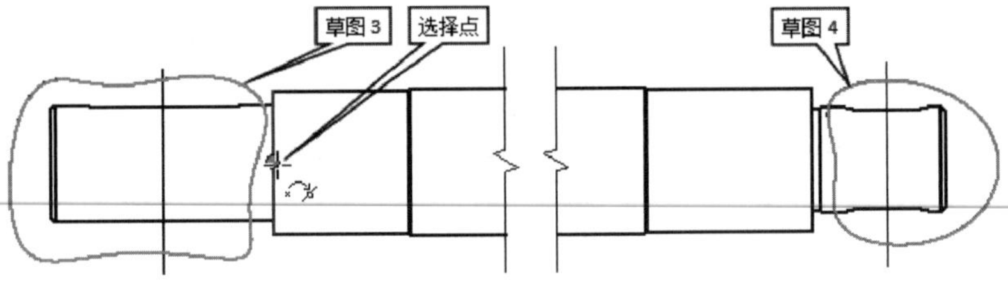

（a）绘制局部剖视图的边界并指定剖切深度

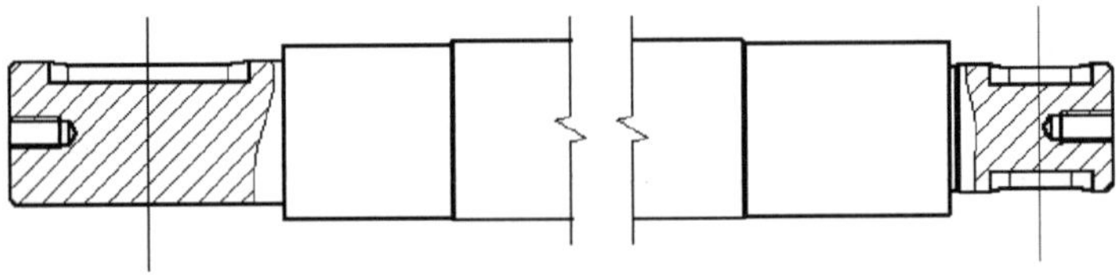

（b）局部剖视结果

图 7-109 创建局部剖视图

Step 08 创建局部视图　在如图 7-110 所示位置创建局部放大视图，根据图样调整视图位置。

Step 09 标注中心线　按照图样要求标注中心线，如图 7-111 所示。

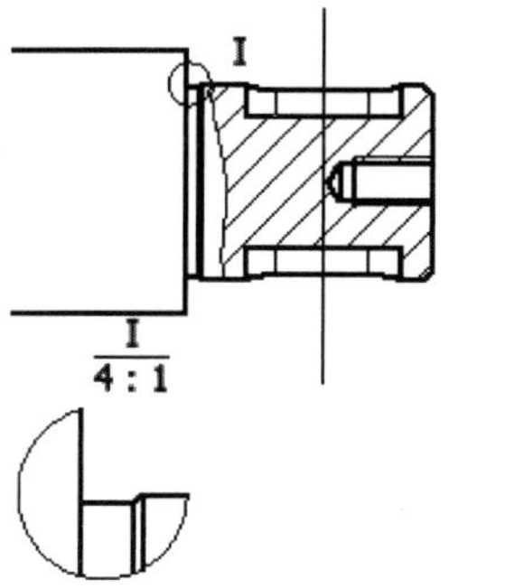

图 7-110　创建局部放大视图

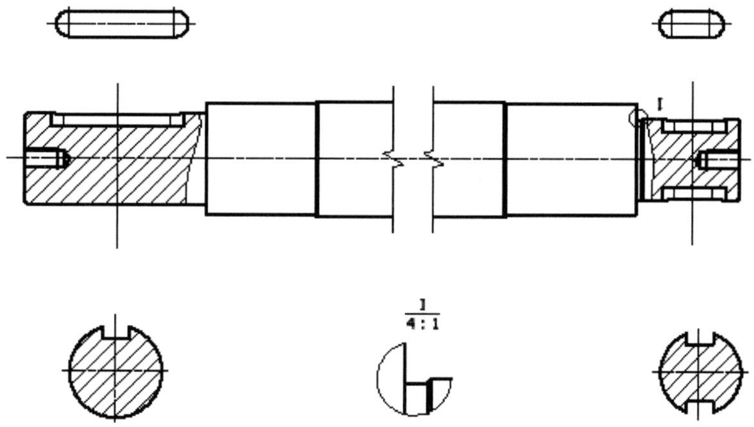

图 7-111　标注中心线

Step 10 添加标注　按照图样要求添加尺寸标注及各种工程图注释，结果如图 7-89 所示。

Step 11 保存文件　最后将文件保存为“阶梯轴.idw”。

拓展练习 7-3

完成如图 7-112 所示的工程图设计，模型及详细的工程图参见资料包“第 7 章\任务 3\拓展练习”文件夹。

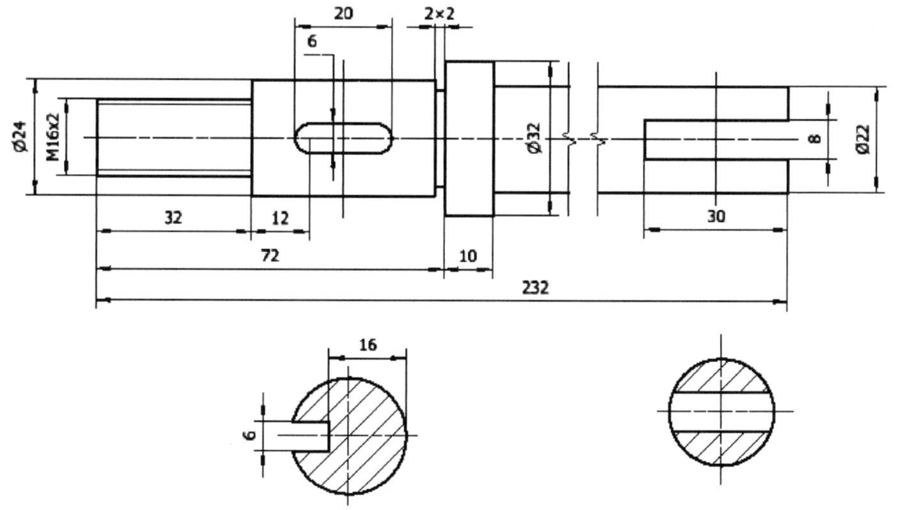

图 7-112　拓展练习 7-3

任务 4　木偶模型的爆炸图设计

学习目标

- 掌握爆炸图的基本设置方法
- 掌握爆炸图中引出序号的创建与编辑方法
- 掌握爆炸图中明细栏的创建与编辑方法
- 能够熟练制作小木偶的爆炸图

任务导入

木偶模型的爆炸图如图 7-113 所示，其详细图纸可参见资料包中“第 7 章\任务 4\木偶\木偶爆炸图.dwf”文件。

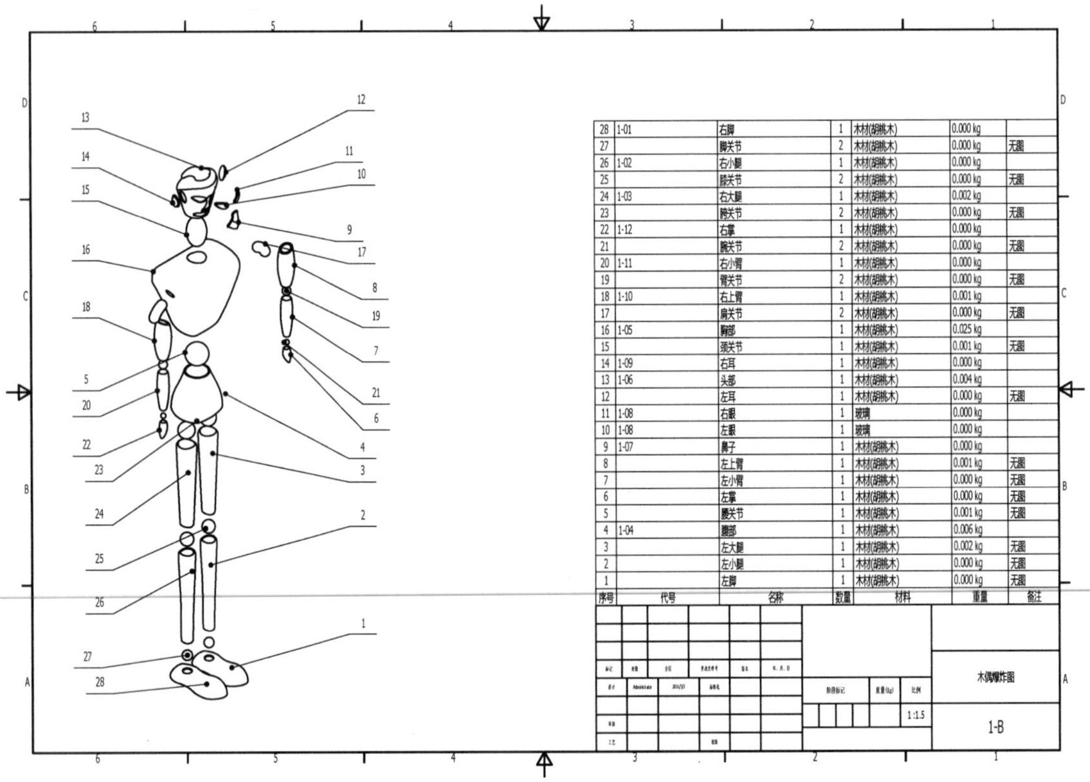

序号	代号	名称	数量	材料	重量	备注
28	1-01	右脚	1	木材(胡桃木)	0.000 kg	
27		脚关节	2	木材(胡桃木)	0.000 kg	无图
26	1-02	右小腿	1	木材(胡桃木)	0.000 kg	
25		膝关节	2	木材(胡桃木)	0.000 kg	无图
24	1-03	右大腿	1	木材(胡桃木)	0.002 kg	
23		胯关节	2	木材(胡桃木)	0.000 kg	无图
22	1-12	右掌	1	木材(胡桃木)	0.000 kg	
21		腕关节	2	木材(胡桃木)	0.000 kg	无图
20	1-11	右小臂	1	木材(胡桃木)	0.000 kg	
19		臂关节	2	木材(胡桃木)	0.000 kg	无图
18	1-10	右上臂	1	木材(胡桃木)	0.001 kg	
17		肩关节	2	木材(胡桃木)	0.000 kg	无图
16	1-05	胸部	1	木材(胡桃木)	0.025 kg	
15		颈关节	1	木材(胡桃木)	0.001 kg	无图
14	1-09	右耳	1	木材(胡桃木)	0.000 kg	
13	1-06	头部	1	木材(胡桃木)	0.004 kg	
12		左耳	1	木材(胡桃木)	0.000 kg	无图
11	1-08	右眼	1	玻璃	0.000 kg	
10	1-08	左眼	1	玻璃	0.000 kg	
9	1-07	鼻子	1	木材(胡桃木)	0.000 kg	
8		左上臂	1	木材(胡桃木)	0.001 kg	无图
7		左小臂	1	木材(胡桃木)	0.000 kg	无图
6		左掌	1	木材(胡桃木)	0.000 kg	无图
5		腰关节	1	木材(胡桃木)	0.001 kg	无图
4	1-04	腹部	1	木材(胡桃木)	0.006 kg	
3		左大腿	1	木材(胡桃木)	0.002 kg	无图
2		左小腿	1	木材(胡桃木)	0.000 kg	无图
1		左脚	1	木材(胡桃木)	0.000 kg	无图

图 7-113　木偶模型的爆炸图

在设计中，爆炸图能准确表达零部件装配的信息。如图 7-113 所示，就是木偶模型的爆炸图。在爆炸图中除了包含各零部件之间装配关系外，还包含了零部件的引出序号、明细栏，下面就来学习相关知识。

知识准备

1．爆炸图样式及标准设置

爆炸图中的样式及标准设置除了在任务 1 中学习的相关内容外，还包括指引线和明细栏的设置两部分内容。在进行设置以前要先将样式库置为“读－写”状态。

（1）指引线箭头形式设置　利用前面建立的模板创建工程图文件，并把图纸设置为 A3、横向。在爆炸图中，指引线的箭头一般是“小点”样式，而在 Inventor 中默认的箭头形状是“填充的”箭头样式，因此需要修改。

打开“样式和标准编辑器”窗口，在左侧窗口中选择“指引线”下的“常规（GB）”选项，在右侧的“箭头（A）”选项中选择“小点”样式，如图 7-114 所示，其他设置保持不变，单击上端的“保存”按钮，将以上设置保存。

图 7-114　指引线箭头设置

（2）明细栏设置　在爆炸图的明细栏中，由于受列宽限制，为了能够将列标题完整地显示在表格中，需要将列标题的文本进行拉伸幅度的调整。这里可单独对列标题新建一个文本样式。

① 新建文本样式　在“样式和标准编辑器”窗口中的“标签文本”上单击鼠标右键，在右键菜单中选择“新建样式”选项，如图 7-115（a）所示。弹出“新建本地样式”窗口，

在该窗口中的“名称”文本框中输入“标题文本”，如图 7-115（b）所示。单击“确定”按钮，完成新建文本样式创建。

选择新创建的“标题文本”，将其“拉伸幅度”设置为“60”，“字体”设置为“仿宋”，“字号”设置为“3.5mm”，如图 7-115（c）所示。单击“保存”按钮，将以上设置保存。

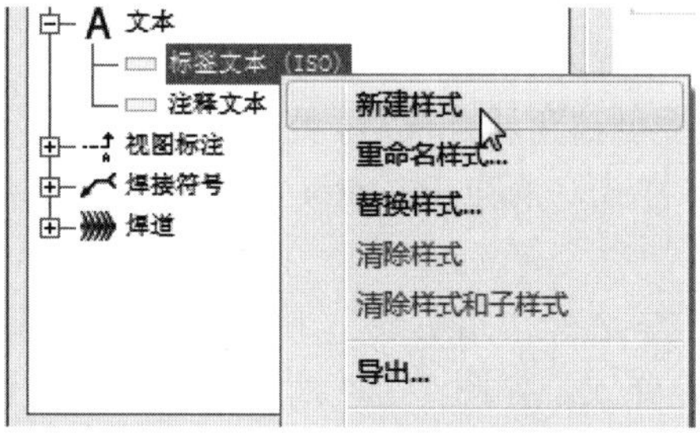

（a）通过右键菜单新建文本样式

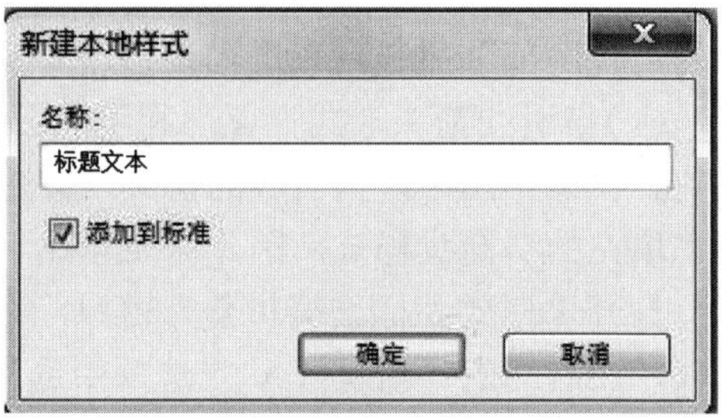

（b）“新建本地样式”窗口

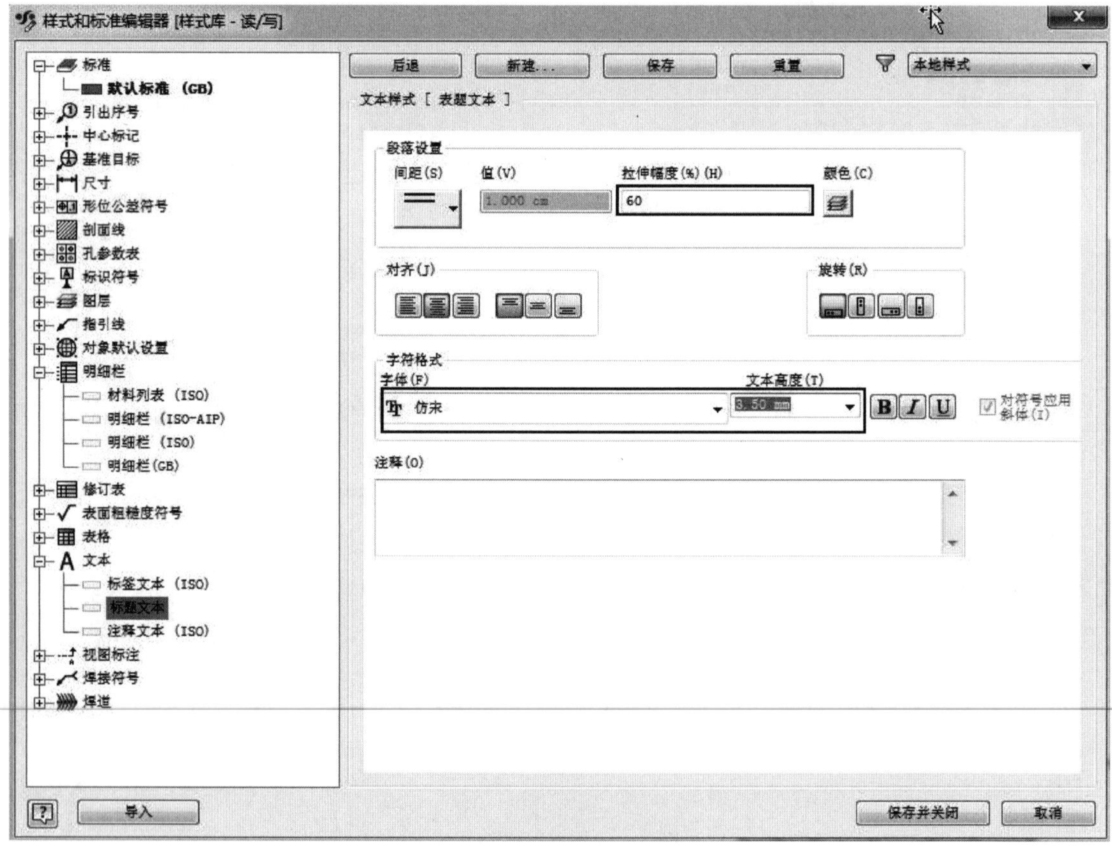

（c）“样式和标准编辑器”窗口

图 7-115 新建文本样式

② 明细栏设置 在“样式和标准编辑器”窗口中，选择“明细栏”下的“明细栏（GB）”，在窗口右侧的“表头和表设置”选项区中，去掉“标题”选项前面的勾选，在“列标题”下拉列表中选择“标题文本”选项，如图 7-116（a）所示。

单击“默认列设置”选项的“列选择器”工具按钮，弹出“明细栏列选择器”窗口，如图 7-116（b）所示。在窗口的右侧“所选特性（E）”选项栏，选择“标准”选项，然后单击中间的“删除”按钮<-删除(R)，将“标准”特性删除；重复操作，将“名称”特性删除。

在左侧“可用的特性（V）”选项栏中选择“零件代号”，单击中间的“添加”按钮 添加(A) ->，将零件代号添加到右侧的“所选特性”选项栏中；重复操作，将“库存编号”“质量”也添加到“所选特性”选项栏。然后通过“所选特性”选项栏下方的“上移”“下移”工具按钮，将所选特性按照如图 7-116（c）所示顺序进行排序。单击“确定”按钮，关闭“明细栏列选择器”窗口。

在“样式和标准编辑器”窗口中，“默认列设置”选项的“列”名称栏，将“库存编号”改为“代号”，“零件代号”改为“名称”，“质量”改为“重量”，“注释”改为“备注”，如图 7-116（d）所示。

将各列的宽度从上到下按照 8mm、40mm、44mm、8mm、38mm、22mm、20mm 进行设置。最后单击窗口下方的“保存并关闭”按钮，完成明细栏的设置。

③ 设置标题栏　前面学习了标题栏的设置，但在爆炸图中，由于参加装配的各零部件材料可能不尽相同，因此在爆炸图中是不显示材料、重量的。因此需将标题栏中的材料和重量两项删除。

④ 保存模板　将设置好的工程图文件保存为模板，名称为“爆炸图.idw”。

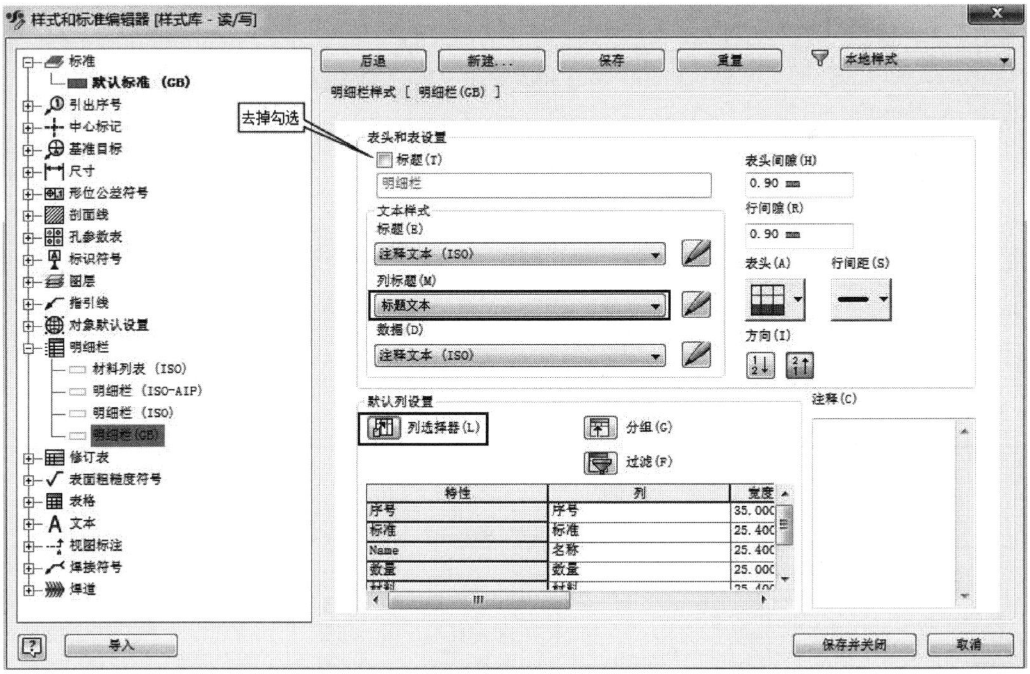

（a）明细栏

图 7-116　明细栏设置

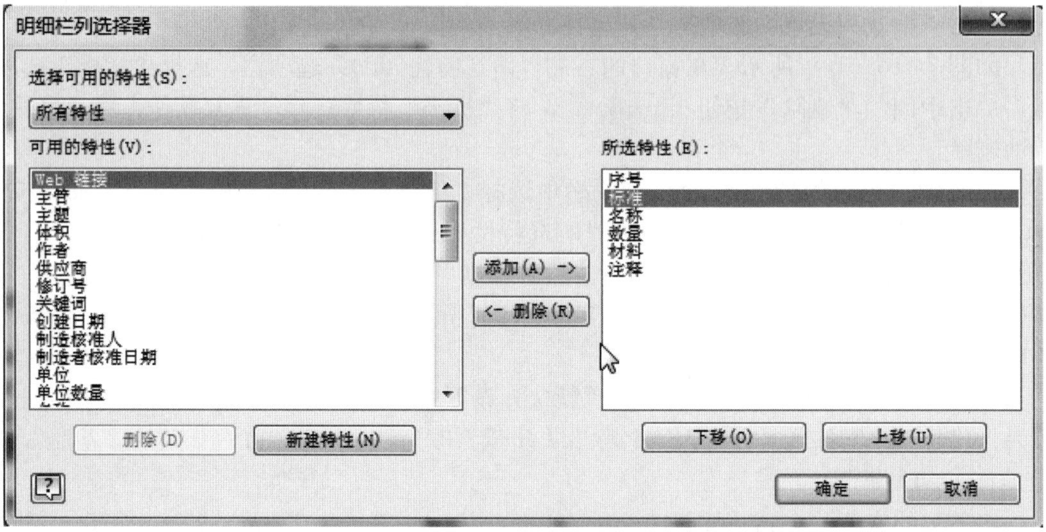

（b）“明细栏列选择器”窗口

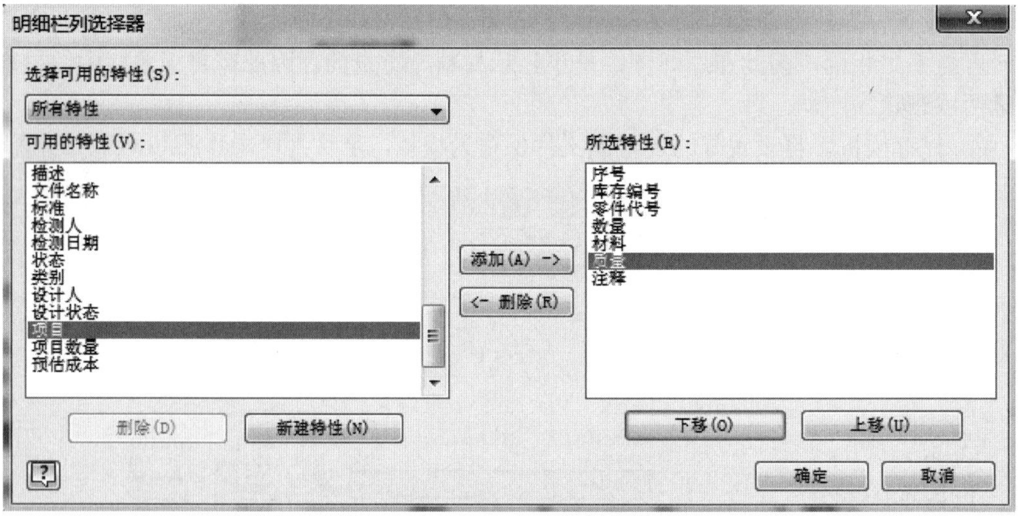

（c）修改后的“明细栏列选择器”窗口

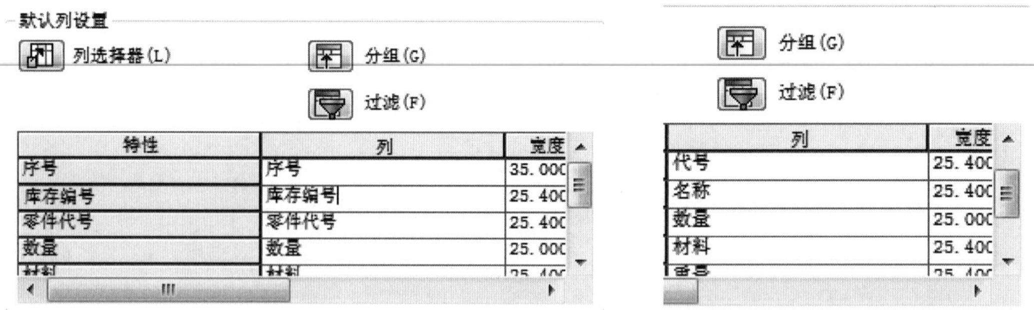

（d）列名称修改前后对比

图 7-116　明细栏设置（续）

2. 引出序号

（1）添加引出序号　引出序号工具位于“标注”选项卡下的“表格”工具面板上。添加引出序号有“手动”和“自动”两种方式，如图 7-117 所示。

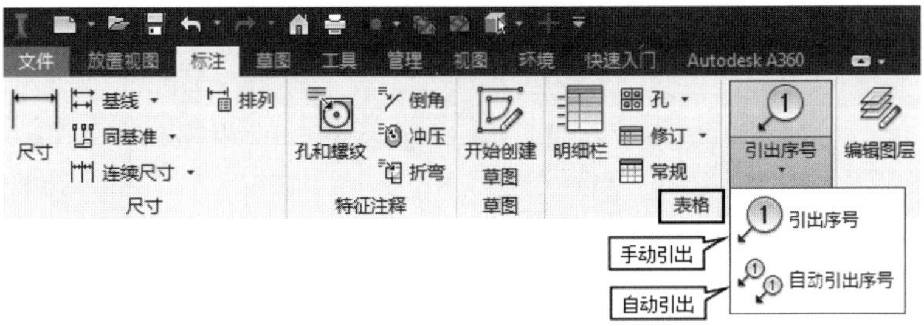

图 7-117　引出序号工具

① 手动引出　采用手动方式添加引出序号，一次只能给一个零部件添加引出序号。下面举例说明手动添加引出序号的步骤。

➢ 单击“引出序号”工具按钮后，在视图区单击待引出序号的零部件，如图 7-118（a）所示。

➢ 弹出“BOM 表特性”窗口，若装配文件中包含多级装配，可在窗口的“BOM 表视图”下拉选项中选择引出序号的级别，这里选择“仅零件”选项，其他设置保持默认，如图 7-118（b）所示。

➢ 单击“确定”按钮，弹出“BOM 表视图已禁用”提示窗口，这里，单击“确定”按钮，启用 BOM 表视图，如图 7-118（c）所示。

➢ 引导光标至适当位置，单击以指定引出序号的控制点，如图 7-118（d）所示。

➢ 指定控制点后单击鼠标右键，在右键菜单中选择“继续”选项，如图 7-118（e）所示。

完成该零部件引出序号的添加后，结果如图 7-118（f）所示。若需继续添加，可继续选择其他零部件；若不需要则按 Esc 键取消即可。

② 自动引出序号　使用该工具可一次将所有零部件一起添加引出序号。下面举例说明自动添加引出序号的步骤。

➢ 单击“自动引出序号”工具按钮，弹出“自动引出序号”窗口，如图 7-119（a）所示。

➢ 选择视图，如图 7-119（b）所示。

➢ 框选已选视图中的所有零部件，如图 7-119（c）所示。

➢ 在窗口中“BOM 表视图”下拉选项选择“仅零件”选项；在“放置”选项区中选择“水平”选项。

➢ 单击“选择放置方式”工具按钮 ，在视图区适当位置单击，以指定引出序号的控制点的位置，并释放引出序号，如图 7-119（d）、（e）所示。

➢ 最后单击“确定”按钮，完成引出序号的自动添加，如图 7-119（f）所示。

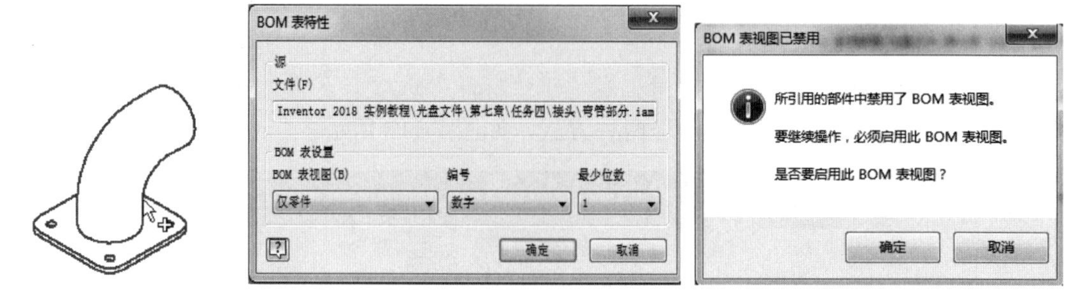

（a）选择零部件　（b）“BOM 表特性”窗口　（c）“BOM 表视图已禁用”窗口

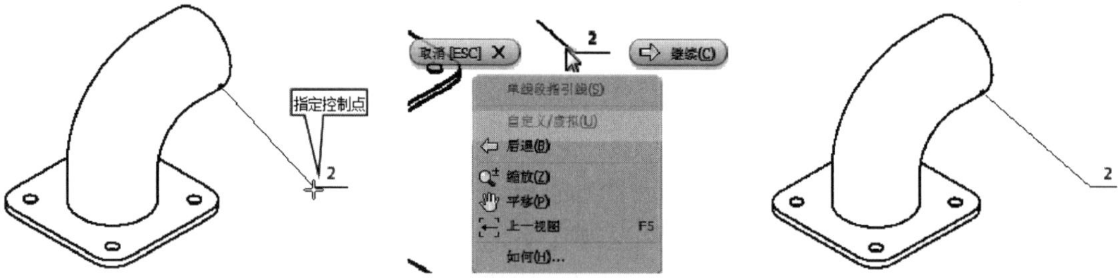

（d）指定控制点　（e）在右键菜单中选择“继续”选项　（f）完成手动引出序号的添加

图 7-118　手动添加引出序号

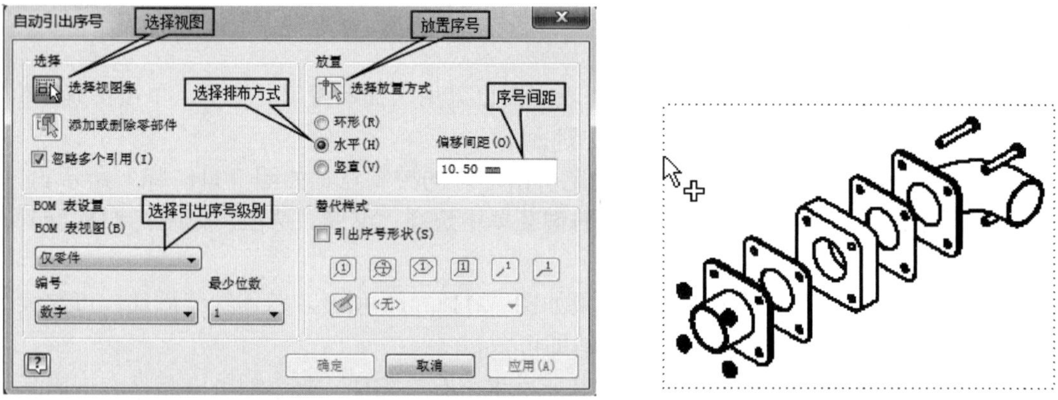

（a）“自动引出序号”窗口　（b）选择视图

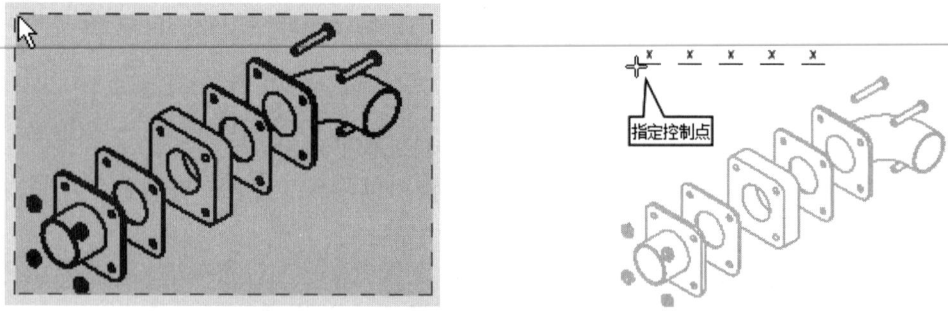

（c）框选零部件　（d）指定引出序号控制点位置

图 7-119　自动添加引出序号

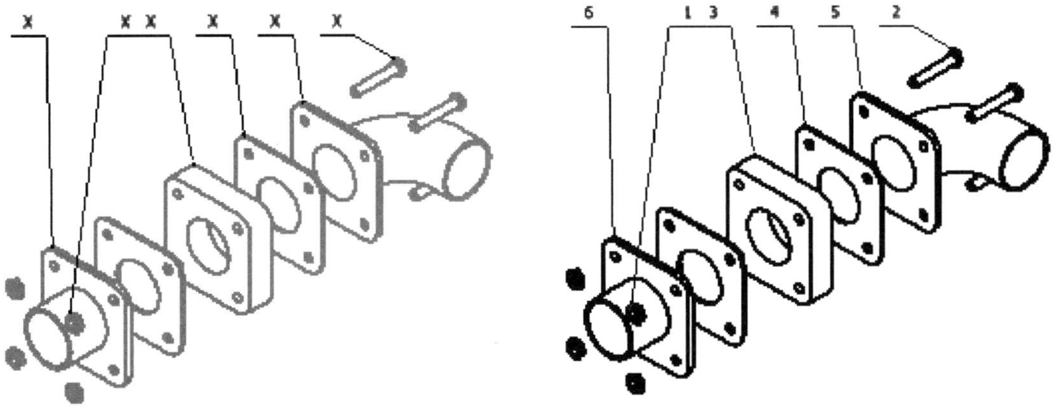

（e）释放引出序号　　（f）完成引出序号的自动添加

图 7-119　自动添加引出序号（续）

（2）调整引出序号　调整引出序号包括引出序号的位置调整和顺序调整两部分。

① 位置调整　将鼠标悬停于引出序号上，会显示 3 个绿色的控制点，拖动控制点可调整引出序号的位置；拖动箭头会调整引出序号在零部件上的指引位置，如图 7-120（a）所示。

若引出序号的位置排布比较乱，可使用对齐工具将其重新排布，方法是：选择需要重新排布的引出序号，单击鼠标右键，在右键菜单中选择“对齐”选项，选择需要对齐的依据，如图 7-120（b）所示；然后在视图区移动鼠标至合适位置单击，重新指定引出序号的控制点位置。

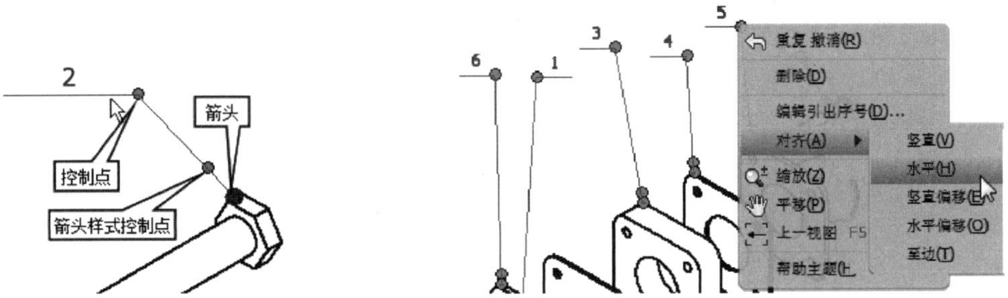

（a）引出序号控制点　　（b）右键菜单中的“对齐”选项

图 7-120　引出序号位置调整

当引出序号的箭头在零部件上发生移动时，箭头的形状会由“小点”变为“大点”。这时可双击引出序号的箭头样式控制点，或者在引出序号的右键菜单中选择“编辑箭头”选项，如图 7-121（a）所示。打开“更改箭头”窗口，在窗口中将箭头样式改回“小点”，如图 7-121（b）所示。

② 顺序调整　按照工程图标准，引出序号应该围绕零部件按照逆时针顺序排列，因此需要对引出序号的顺序进行调整。调整的方法就是按照引出序号的排序顺序，依次选择引出序号，然后在右键菜单中选择“编辑引出序号”选项，如图 7-122（a）所示。在“编辑

引出序号”窗口中，序号会按照选择的顺序从上到下罗列出来，如图 7-122（b）所示。然后从上到下更改序号值，完成后单击“确定”按钮，即可将引出序号重新进行排序。

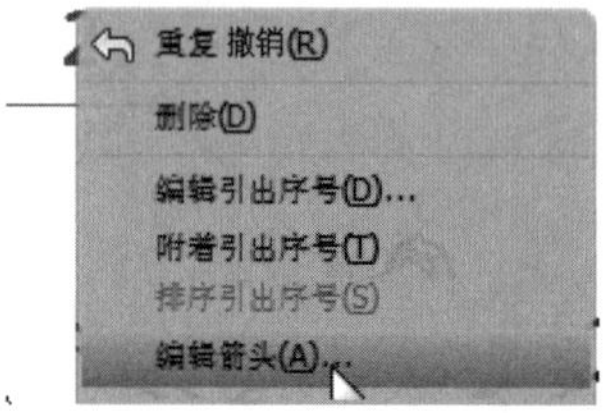

（a）通过右键菜单编辑箭头

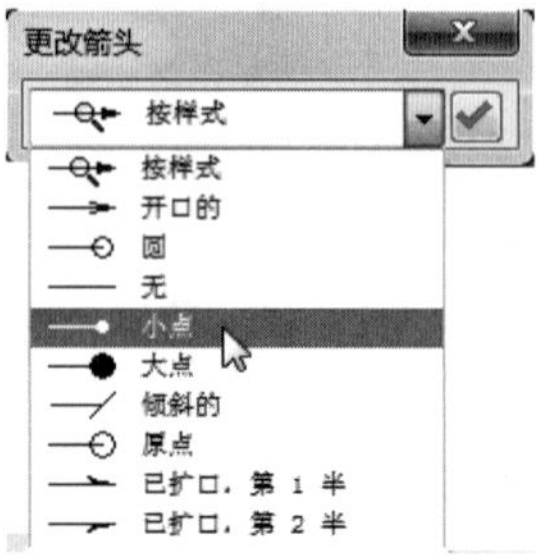

（b）“更改箭头”窗口

图 7-121　更改引出序号箭头

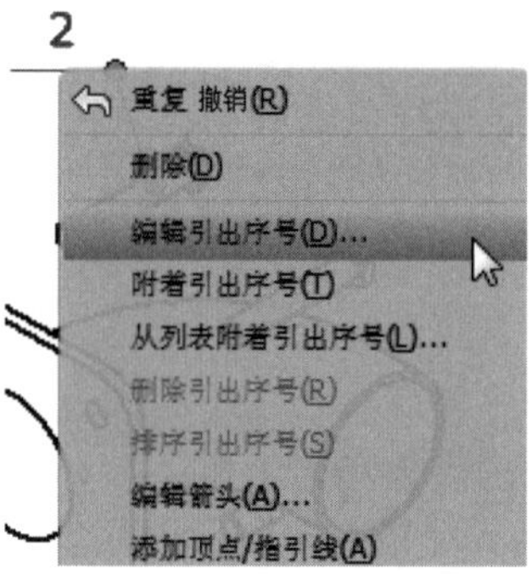

（a）通过右键菜单编辑引出序号

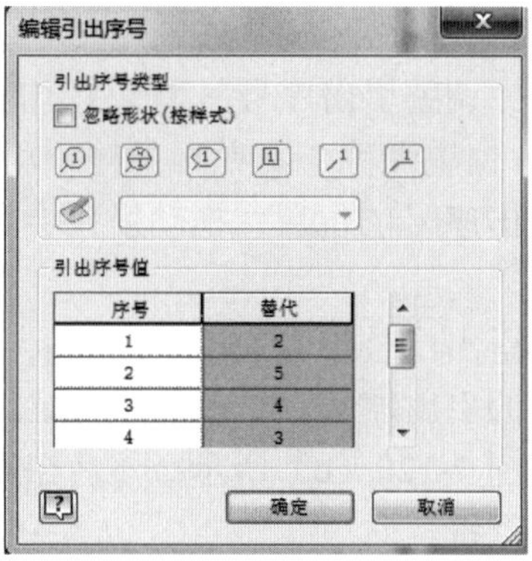

（b）“编辑引出序号”窗口

图 7-122　编辑引出序号

3．明细栏

在 Inventor 的工程图中可以自动生成明细栏，并可将明细栏的信息与零部件的信息相关联。

（1）放置明细栏　单击“表格”工具面板上的“明细栏”工具按钮，弹出“明细栏”窗口，在窗口中的“BOM 表视图”选项栏中选择“仅零件”选项，如图 7-123（a）所示。在视图区选择视图，如图 7-123（b）所示。单击“确定”按钮，在标题栏的右上角位置单击以指定明细栏的放置位置，创建明细栏，结果如图 7-123（d）所示。

（2）编辑明细栏　放置后的明细栏，往往还需要进行位置调整或者编辑，例如 Inventor 在自动生成明细栏时，并没有按照序号进行排序。

将鼠标置于明细栏上时，明细栏四周会出现夹点，如图 7-124 所示。拖动夹点可以调整明细栏的大小；当鼠标置于明细栏的列间、行间，光标变为双箭头形状时，可以调整列宽或行高；当光标变为 形状时，拖动鼠标可调整明细栏的位置。

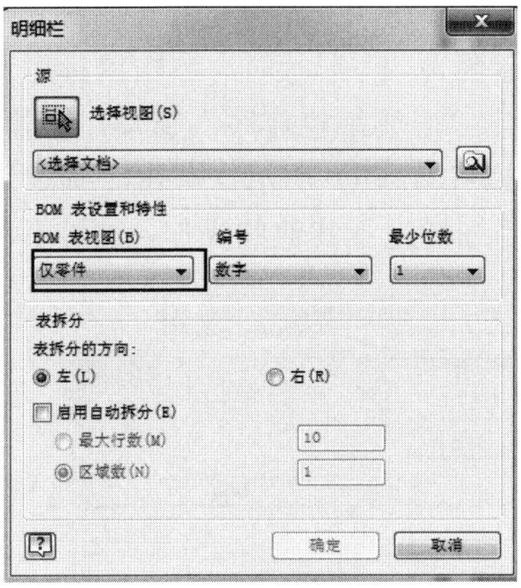

（a）“明细栏” 窗口

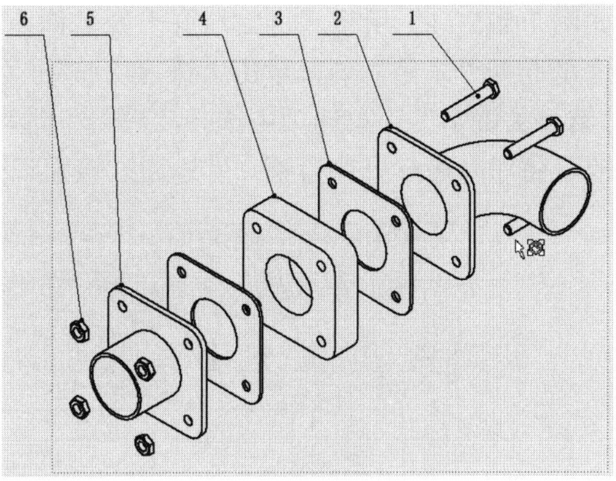

（b）选择视图

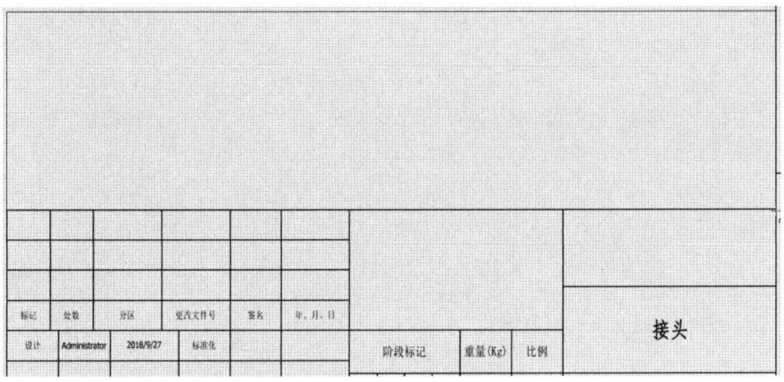

（c）指定明细栏放置位置

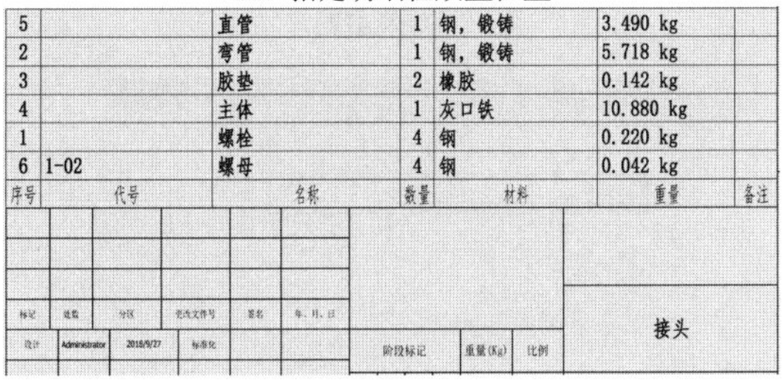

5		直管	1	钢，锻铸	3.490 kg	
2		弯管	1	钢，锻铸	5.718 kg	
3		胶垫	2	橡胶	0.142 kg	
4		主体	1	灰口铁	10.880 kg	
1		螺栓	4	钢	0.220 kg	
6	1-02	螺母	4	钢	0.042 kg	
序号	代号	名称	数量	材料	重量	备注

（d）放置后的明细栏

图 7-123　放置明细栏

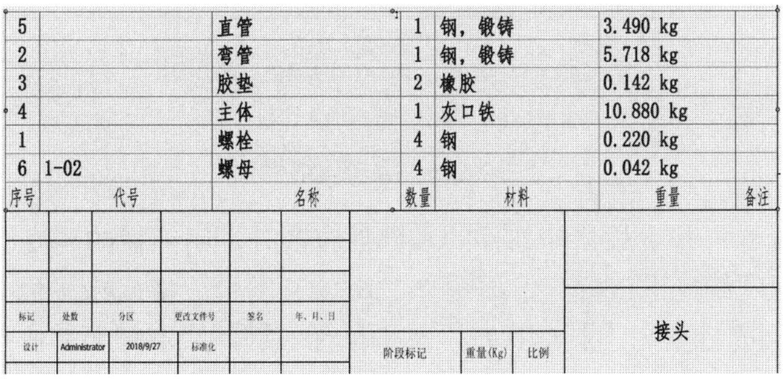

5		直管	1	钢，锻铸	3.490 kg	
2		弯管	1	钢，锻铸	5.718 kg	
3		胶垫	2	橡胶	0.142 kg	
4		主体	1	灰口铁	10.880 kg	
1		螺栓	4	钢	0.220 kg	
6	1-02	螺母	4	钢	0.042 kg	
序号	代号	名称	数量	材料	重量	备注

图 7-124　通过夹点可调整明细栏大小

双击明细栏或者在其右键菜单中选择“编辑明细栏”选项，即可打开“明细栏”窗口，如图 7-125（a）所示。将鼠标置于列名称上时，光标变为 ⬇ 形状时，单击鼠标可选择列。这里选择“序号”列，单击“排序”按钮 ，弹出“对明细栏排序”窗口，在窗口中的“第一关键字”下拉选项中选择“序号”选项，如图 7-125（b）所示。单击“确定”按钮，即可将序号进行升序排列。另外通过该窗口也可对明细栏进行其他的操作，这里不再介绍。

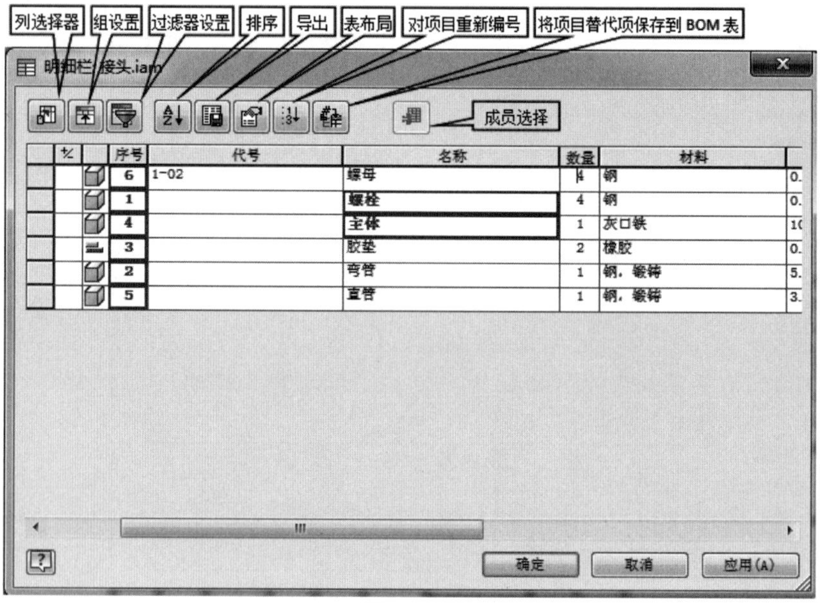

（a）明细栏编辑窗口

（b）“对明细栏排序”窗口

图 7-125　编辑明细栏

（3）拆分明细栏　若组成装配部件的零部件较多时，明细栏的高度会超出图纸范围，这个时候就需要对明细栏进行拆分，如图 7-126（a）所示。将鼠标移至明细栏要拆分的行处（如 31 行），当光标变为 形状时，单击鼠标右键，在右键菜单中选择“表” - “拆分表”选择，如图 7-126（b）所示，即可将明细栏拆分为两部分，将拆分后序号为 31～36 的明细栏移至所需位置。同样也可通过右键菜单将拆分后的明细栏重新合并。

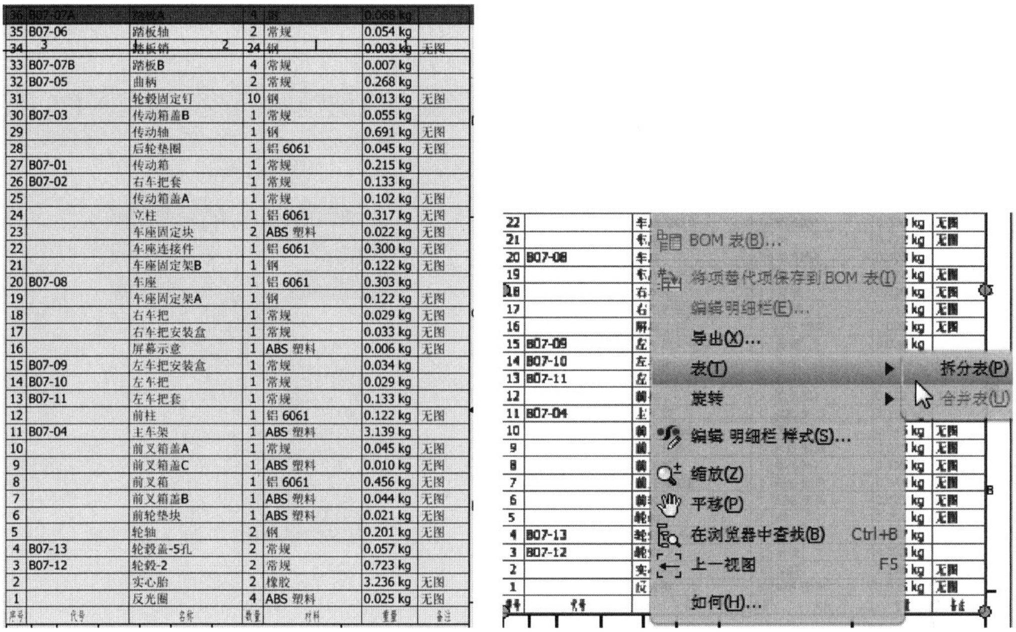

36	B07-07A	踏板A	4	钢	0.068 kg	
35	B07-06	踏板轴	2	常规	0.054 kg	
34		踏板销	24	钢	0.003 kg	无图
33	B07-07B	踏板B	4	常规	0.007 kg	
32	B07-05	曲柄	2	常规	0.268 kg	
31		轮毂固定钉	10	钢	0.013 kg	无图
30	B07-03	传动箱盖B	1	常规	0.055 kg	
29		传动轴	1	钢	0.691 kg	无图
28		后轮垫圈	1	铝 6061	0.045 kg	无图
27	B07-01	传动箱	1	常规	0.215 kg	
26	B07-02	右车把套	1	常规	0.133 kg	
25		传动箱盖A	1	常规	0.102 kg	无图
24		立柱	1	铝 6061	0.317 kg	无图
23		车座固定块	2	ABS 塑料	0.022 kg	无图
22		车座连接件	1	铝 6061	0.300 kg	无图
21		车座固定架B	1	钢	0.122 kg	无图
20	B07-08	车座	1	铝 6061	0.303 kg	
19		车座固定架A	1	钢	0.122 kg	无图
18		右车把	1	常规	0.029 kg	无图
17		右车把安装盒	1	常规	0.033 kg	无图
16		屏幕示意	1	ABS 塑料	0.006 kg	无图
15	B07-09	左车把安装盒	1	常规	0.034 kg	
14	B07-10	左车把	1	常规	0.029 kg	
13	B07-11	左车把套	1	常规	0.133 kg	
12		前柱	1	铝 6061	0.122 kg	无图
11	B07-04	主车架	1	ABS 塑料	3.139 kg	
10		前叉箱盖A	1	常规	0.045 kg	无图
9		前叉箱盖C	1	ABS 塑料	0.010 kg	无图
8		前叉箱	1	铝 6061	0.456 kg	无图
7		前叉箱盖B	1	ABS 塑料	0.044 kg	无图
6		前轮垫块	1	ABS 塑料	0.021 kg	无图
5		轮轴	2	钢	0.201 kg	无图
4	B07-13	轮毂盖-5孔	2	常规	0.057 kg	
3	B07-12	轮毂-2	2	常规	0.723 kg	
2		实心胎	2	橡胶	3.236 kg	无图
1		反光圈	4	ABS 塑料	0.025 kg	无图
序号	代号	名称	数量	材料	重量	备注

（a）明细栏高度超出图纸范围　　（b）通过右键菜单拆分明细栏

图 7-126　拆分明细栏

任务流程

任务流程如图 7-127 所示。

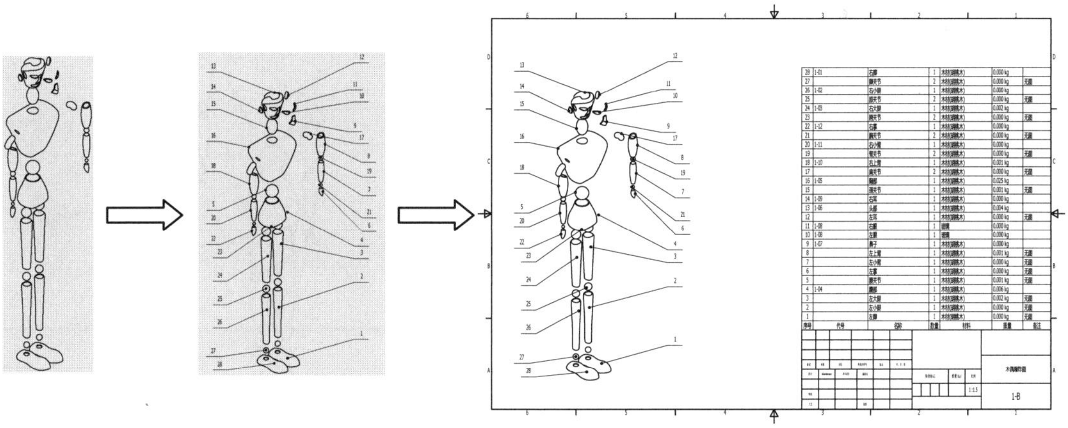

创建基础视图　　添加引出序号　　放置明细栏

图 7-127　任务流程

任务实施

Step 01 新建工程图文件　打开创建的工程图模板文件，新建工程图文件。

Step 02 创建基础视图 模型文件选择资料包中“第 7 章\任务 4\木偶\木偶.ipn”文件。视图比例选择 1：1.5，创建基础视图，如图 7-128 所示。

Step 03 隐藏轨迹线 在视图的右键菜单中，去掉“显示轨迹”前的勾选，如图 7-129 所示。

图 7-128 创建基础视图

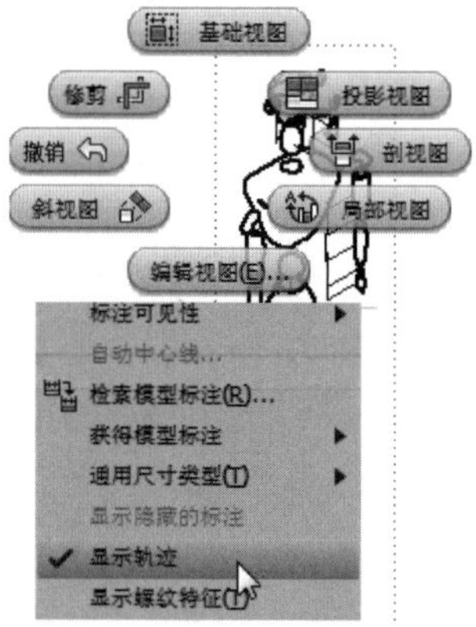

图 7-129 隐藏轨迹线

Step 04 添加引出序号 选择视图并框选所有零部件，自动添加引出序号并环形放置，如图 7-130（a）所示。调整引出序号的位置，将左、右两侧的引出序号分别竖直对齐，最后将引出序号进行排序，结果如图 7-130（b）所示。

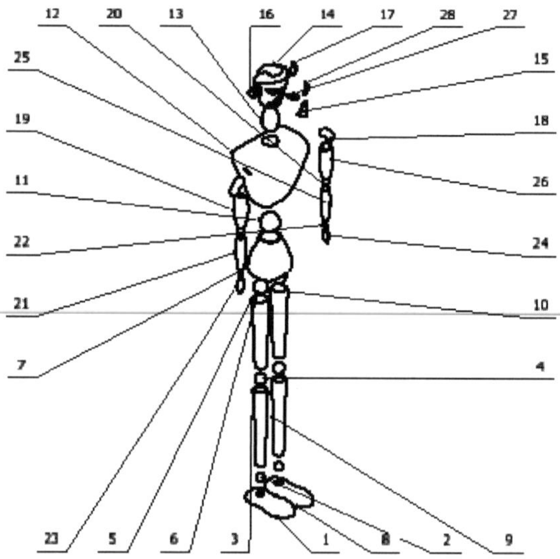

（a）环形放置引出序号

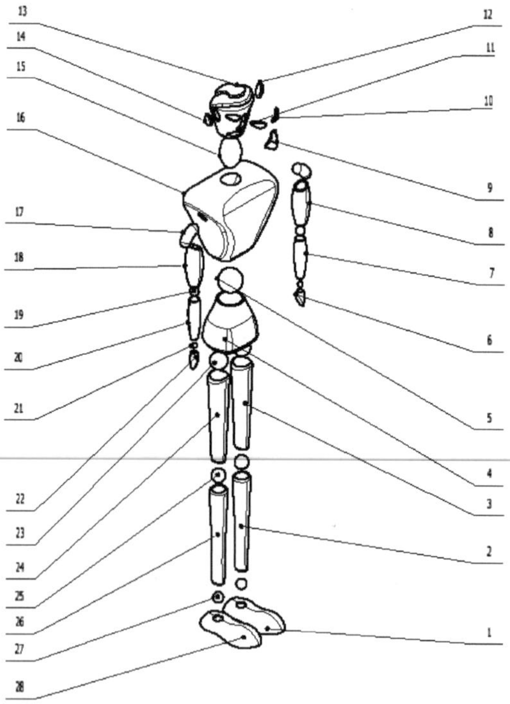

（b）调整引出序号

图 7-130 添加引出序号

Step 05 放置明细栏 放置明细栏，如图 7-131（a）所示，将明细栏序号按照升序进行排序，并在备注栏进行备注，完成后如图 7-131（b）所示。

Step 06 保存文件 完成后将文件保存为“木偶.idw”。

11	1-08	右眼	1	玻璃	0.000 kg	
10	1-08	左眼	1	玻璃	0.000 kg	
8		左上臂	1	木材(胡桃木)	0.001 kg	无图
7		左小臂	1	木材(胡桃木)	0.000 kg	无图
6		左掌	1	木材(胡桃木)	0.000 kg	无图
22	1-12	右掌	1	木材(胡桃木)	0.000 kg	
21		腕关节	2	木材(胡桃木)	0.000 kg	无图
20	1-11	右小臂	1	木材(胡桃木)	0.000 kg	
19		臂关节	2	木材(胡桃木)	0.000 kg	无图
18	1-10	右上臂	1	木材(胡桃木)	0.001 kg	
17		肩关节	2	木材(胡桃木)	0.000 kg	无图
12		左耳	1	木材(胡桃木)	0.000 kg	无图
14	1-09	右耳	1	木材(胡桃木)	0.000 kg	
9	1-07	鼻子	1	木材(胡桃木)	0.000 kg	
13	1-06	头部	1	木材(胡桃木)	0.004 kg	
15		颈关节	1	木材(胡桃木)	0.001 kg	无图
16	1-05	胸部	1	木材(胡桃木)	0.025 kg	
5		腰关节	1	木材(胡桃木)	0.001 kg	无图
3		左大腿	1	木材(胡桃木)	0.002 kg	无图
2		左小腿	1	木材(胡桃木)	0.000 kg	无图
1		左脚	1	木材(胡桃木)	0.000 kg	无图
4	1-04	腹部	1	木材(胡桃木)	0.006 kg	
23		胯关节	2	木材(胡桃木)	0.000 kg	无图
24	1-03	右大腿	1	木材(胡桃木)	0.002 kg	
25		膝关节	2	木材(胡桃木)	0.000 kg	无图
26	1-02	右小腿	1	木材(胡桃木)	0.000 kg	
27		脚关节	2	木材(胡桃木)	0.000 kg	无图
28	1-01	右脚	1	木材(胡桃木)	0.000 kg	
序号	代号	名称	数量	材料	重量	备注

（a）放置明细栏

28	1-01	右脚	1	木材(胡桃木)	0.000 kg	
27		脚关节	2	木材(胡桃木)	0.000 kg	无图
26	1-02	右小腿	1	木材(胡桃木)	0.000 kg	
25		膝关节	2	木材(胡桃木)	0.000 kg	无图
24	1-03	右大腿	1	木材(胡桃木)	0.002 kg	
23		胯关节	2	木材(胡桃木)	0.000 kg	无图
22	1-12	右掌	1	木材(胡桃木)	0.000 kg	
21		腕关节	2	木材(胡桃木)	0.000 kg	无图
20	1-11	右小臂	1	木材(胡桃木)	0.000 kg	
19		臂关节	2	木材(胡桃木)	0.000 kg	无图
18	1-10	右上臂	1	木材(胡桃木)	0.001 kg	
17		肩关节	2	木材(胡桃木)	0.000 kg	无图
16	1-05	胸部	1	木材(胡桃木)	0.025 kg	
15		颈关节	1	木材(胡桃木)	0.001 kg	无图
14	1-09	右耳	1	木材(胡桃木)	0.000 kg	
13	1-06	头部	1	木材(胡桃木)	0.004 kg	
12		左耳	1	木材(胡桃木)	0.000 kg	无图
11	1-08	右眼	1	玻璃	0.000 kg	
10	1-08	左眼	1	玻璃	0.000 kg	
9	1-07	鼻子	1	木材(胡桃木)	0.000 kg	
8		左上臂	1	木材(胡桃木)	0.001 kg	无图
7		左小臂	1	木材(胡桃木)	0.000 kg	无图
6		左掌	1	木材(胡桃木)	0.000 kg	无图
5		腰关节	1	木材(胡桃木)	0.001 kg	无图
4	1-04	腹部	1	木材(胡桃木)	0.006 kg	
3		左大腿	1	木材(胡桃木)	0.002 kg	无图
2		左小腿	1	木材(胡桃木)	0.000 kg	无图
1		左脚	1	木材(胡桃木)	0.000 kg	无图
序号	代号	名称	数量	材料	重量	备注

（b）编辑后的明细栏

图 7-131 放置明细栏

拓展练习 7-4

完成如图 7-132 所示的爆炸图设计，模型及详细的工程图参见资料包“第 7 章\任务 4\拓展练习”文件夹。

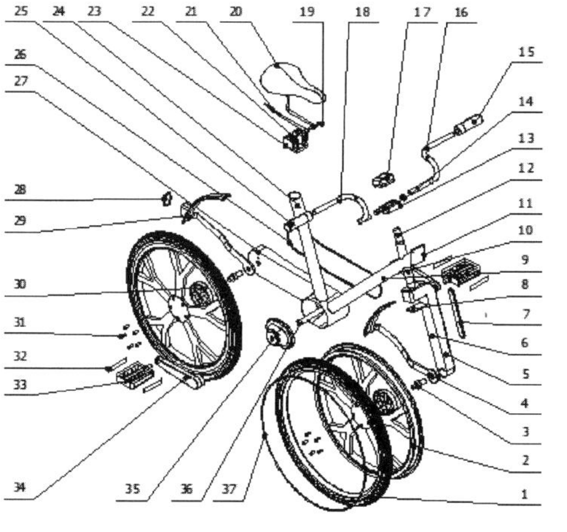

30	A09-14	轮毂盖-5孔	2	铝 6061	0.171 kg	
29	A09-12	后挡泥板	1	ABS 塑料	0.194 kg	
28		尾灯盖	1	ABS 塑料	0.006 kg	无图
27	A09-01	传动箱	1	铝 6061	0.698 kg	
26	A09-02	传动箱盖A	1	铝 6061	0.376 kg	
25		右车把套	1	橡胶	0.124 kg	无图
24		立柱	1	铝 6061	0.394 kg	无图
23		车座固定块	2	ABS 塑料	0.022 kg	无图
22		车座连接件	1	铝 6061	0.300 kg	无图
21		车座固定架B	1	钢	0.122 kg	无图
20	A09-06	车座	1	铝 6061	0.316 kg	
19		车座固定架A	1	钢	0.122 kg	无图
18		右车把	1	铝 6061	0.154 kg	无图
17	A09-08	车把安装盒盖	1	铝 6061	0.053 kg	
16	A09-09	左车把	1	铝 6061	0.154 kg	
15	A09-10	左车把套	1	橡胶	0.124 kg	
14		车把连接件	2	铝 6061	0.013 kg	无图
13	A09-07	车把安装盒	1	铝 6061	0.064 kg	
12		前柱	1	铝 6061	0.145 kg	无图
11		车梁盖	1	ABS 塑料	0.091 kg	无图
10		前柱套管	1	铝 6061	0.098 kg	无图
9		车梁	1	铝 6061	0.588 kg	无图
8		前叉箱盖C	1	ABS 塑料	0.010 kg	无图
7		前叉箱盖A	1	ABS 塑料	0.048 kg	无图
6		前叉箱盖B	1	ABS 塑料	0.044 kg	无图
5		前叉箱	1	铝 6061	0.456 kg	无图
4	A09-11	前挡泥板	1	ABS 塑料	0.154 kg	
3		轮轴	2	钢	0.201 kg	无图
2	A09-13	轮毂-5	2	铝 6061	1.952 kg	
1		实心胎	2	橡胶	3.236 kg	无图
序号	代号	名称	数量	材料	重量	备注

37		反光圈	4	ABS 塑料	0.025 kg	无图
36		传动轴	1	钢	0.691 kg	无图
35	A09-03	传动箱盖B	1	铝 6061	0.149 kg	
34	A09-04	曲柄	2	ABS 塑料	0.284 kg	
33	A09-05	脚蹬	2	ABS 塑料	0.222 kg	
32		脚蹬反光条	4	ABS 塑料	0.005 kg	无图
31		轮毂固定钉	10	钢	0.013 kg	无图
序号	代号	名称	数量	材料	重量	备注

共享单车爆炸图

1:12

A09-B

图 7-132 拓展练习 7-4

思考与练习 7

完成如图 7-133 所示的工程图设计。所有模型及工程图纸见资料包“第 7 章\思考与练习”文件夹。

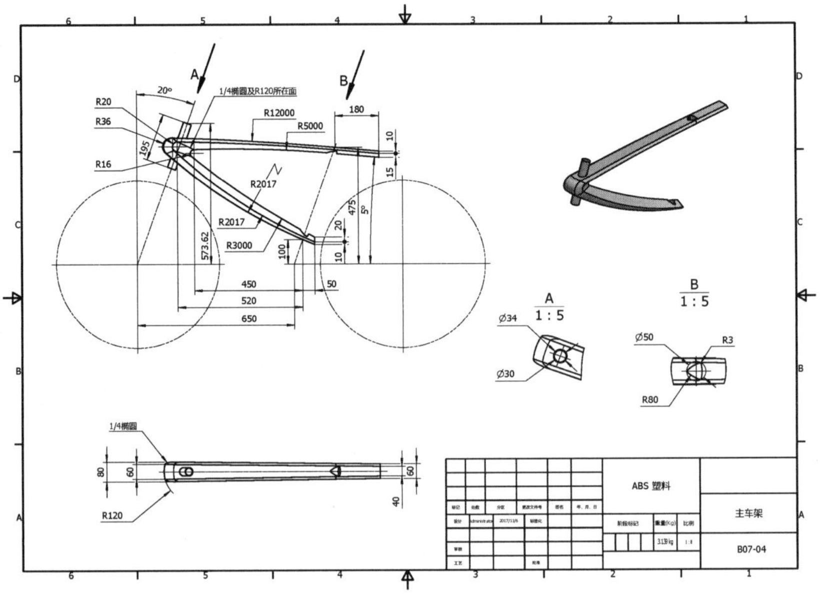

（a）车架工程图

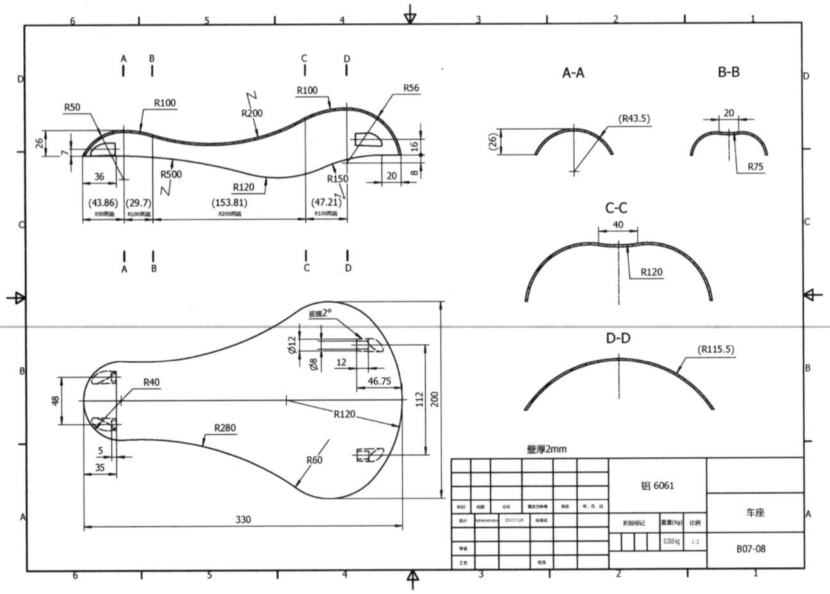

（b）车座工程图

图 7-133　思考与练习 7

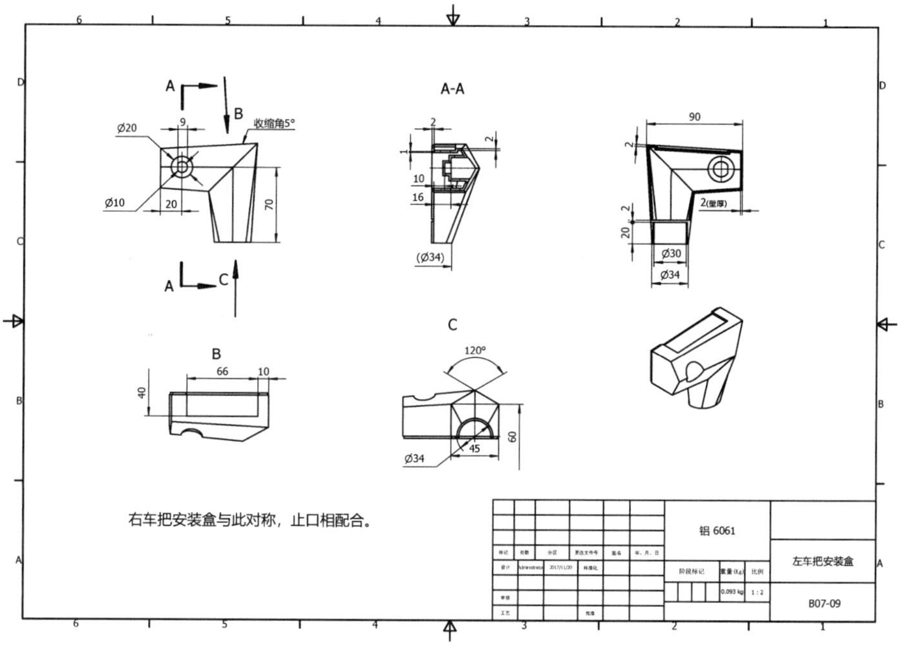

（c）左车把安装盒工程图

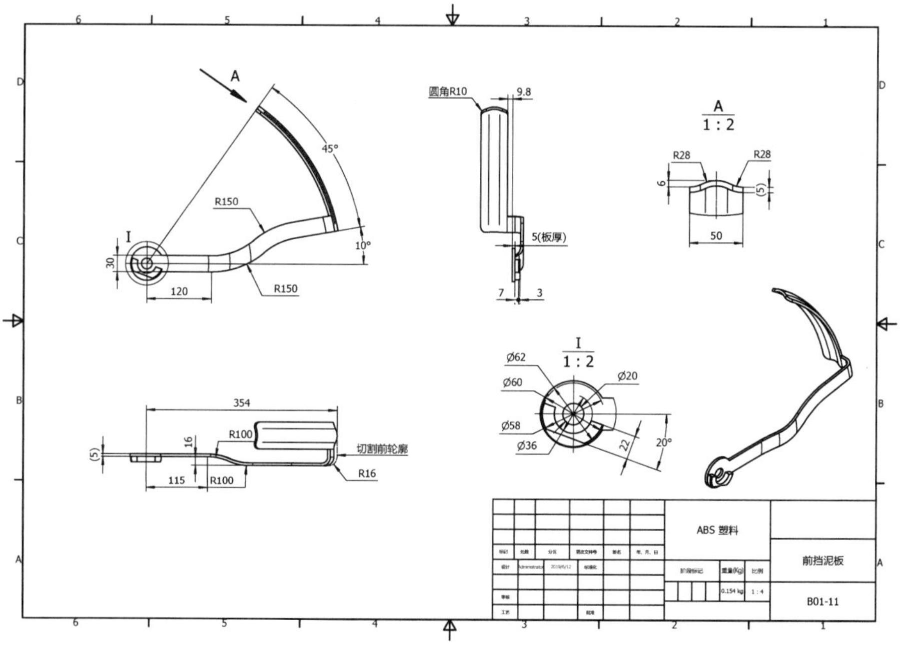

（d）前挡泥板工程图

图 7-133　思考与练习 7（续）

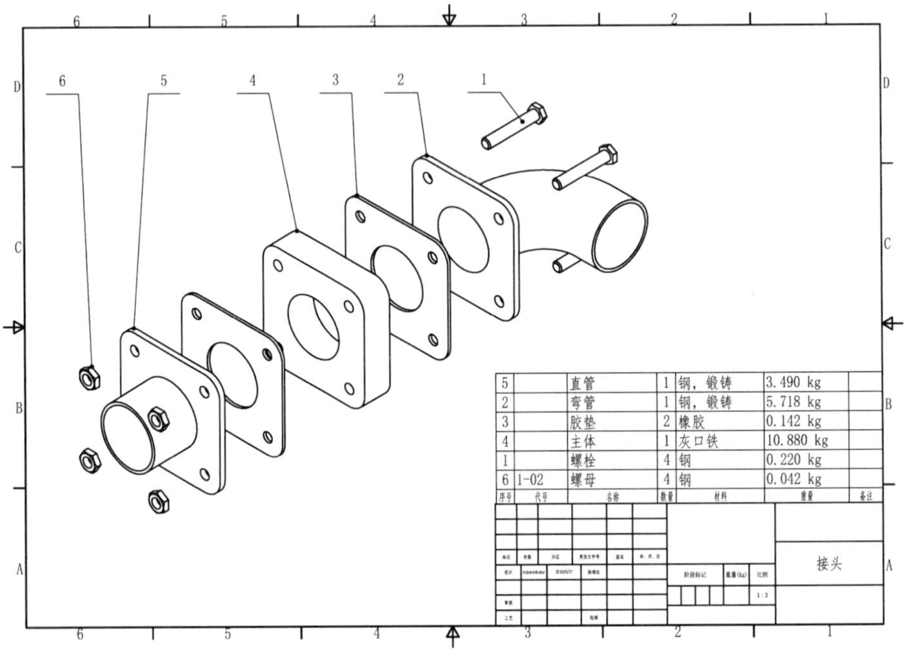

（e）接头爆炸图

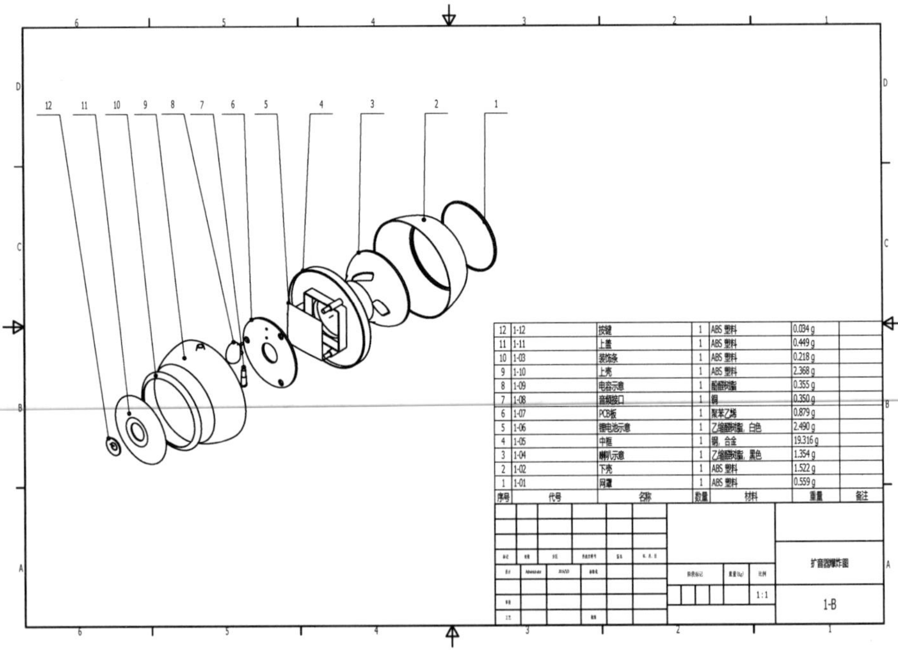

（f）扩音器爆炸图

图 7-133　思考与练习 7（续）

08

第 8 章 效果图与动画渲染

【学习目标】

- 熟悉 Inventor Studio 的环境
- 掌握效果图渲染的设置方法
- 掌握动画时间轴的使用方法
- 掌握常用的几种动画制作方法

在设计过程中，为了达到更好的设计效果，让客户满意，往往需要对设计的产品进行渲染，生成具有真实效果的渲染图片及装配动画效果的多媒体文件。在 Inventor 中可以使用 Inventor Studio 模块来完成这些工作。通过 Inventor Studio 能直接在设计环境中生成较为真实的图像和动画，让客户看到最终的效果。本章将通过两个实例，分别从静态渲染、动画制作两方面进行详细介绍。

任务 1　航拍器的效果图渲染

学习目标

- 熟悉 Inventor Studio 的环境
- 掌握外观及场景样式的设置方法
- 能够对航拍器进行效果图渲染

任务导入

航拍器渲染效果图如图 8-1 所示，其模型文件见资料包中“第 8 章\任务 1\航拍器”文件夹。

图 8-1　航拍器渲染效果图

在航拍器的效果图渲染过程中，首先需要对航拍器的外观及场景样式进行设置，然后才能得到想要的效果。下面就进入 Inventor Studio 环境，来学习在本任务中用到的新知识。

知识准备

1．外观设置

模型的外观设置工具位于“视图”选项卡下的“外观”工具面板上，如图 8-2 所示。工具面板上的各个工具的含义如下。

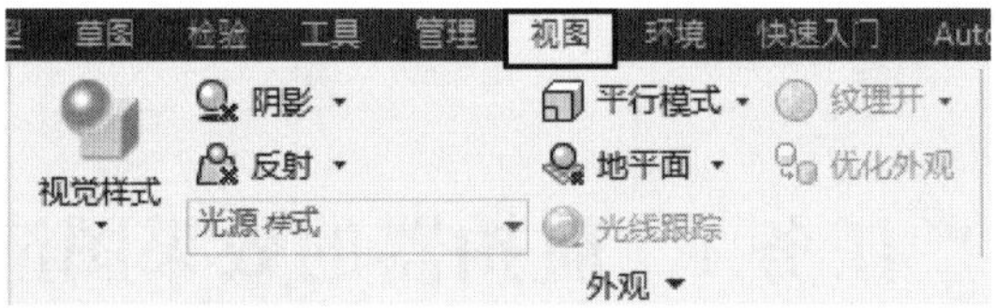

图 8-2　“外观”工具面板

（1）视觉样式　单击“视觉样式”下拉箭头，可看到 Inventor 提供了 11 种视觉样式，各种视觉样式的效果如图 8-3 所示。

（2）阴影　通过“阴影”工具可为模型添加阴影效果，单击“阴影”工具的下拉箭头，可看到 Inventor 提供了 4 种阴影效果，如图 8-4 所示。

① 地面阴影　将模型阴影投射到地平面上。

② 对象阴影　也称自身阴影，根据激活的光源样式的位置，投射和接受模型阴影。

③ 环境光阴影　在拐角处或腔穴中投射阴影，以在视觉上增强形状变化过渡。

④ 所有阴影　包含以上 3 种阴影，即显示所有可见场景对象的阴影效果。

选择阴影效果后，单击“设置”工具按钮，可打开“样式和标准编辑器”窗口，通过窗口中的“阴影”选项可对底面和对象阴影的密度、柔和度、环境光阴影等进行调节，如图 8-5 所示。

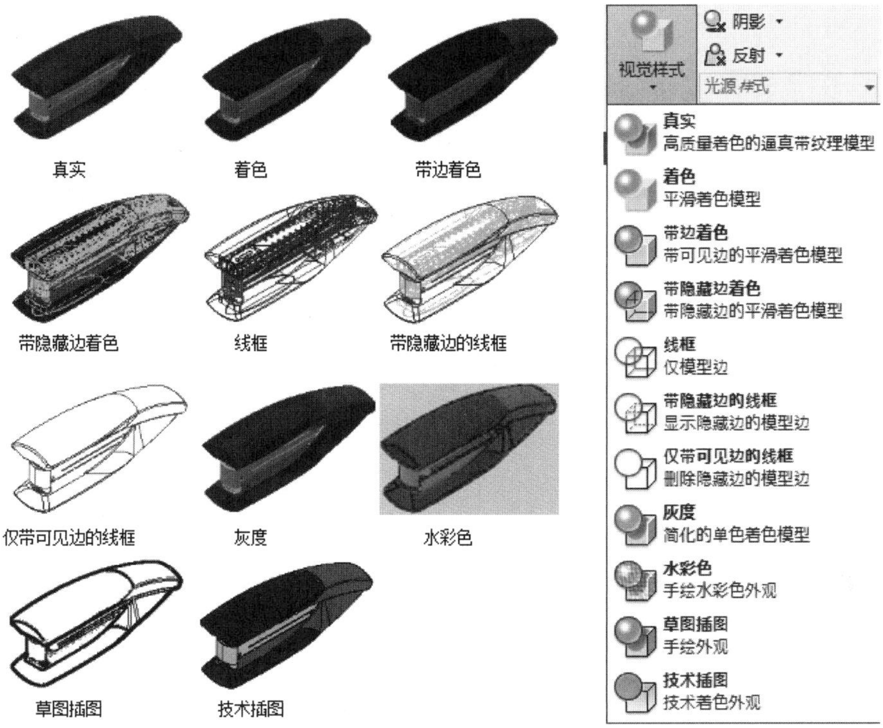

图 8-3　视觉样式

图 8-4　各种阴影效果比较

（3）反射 　在地平面上显示模型反射，使用反射可形成场景的深度和维度感，如图 8-6 所示。单击“设置”工具按钮 ，可打开“地平面设置”窗口，在窗口中可对地平面的位置、高度、颜色、透明度、反射程度等进行设置，如图 8-7 所示。

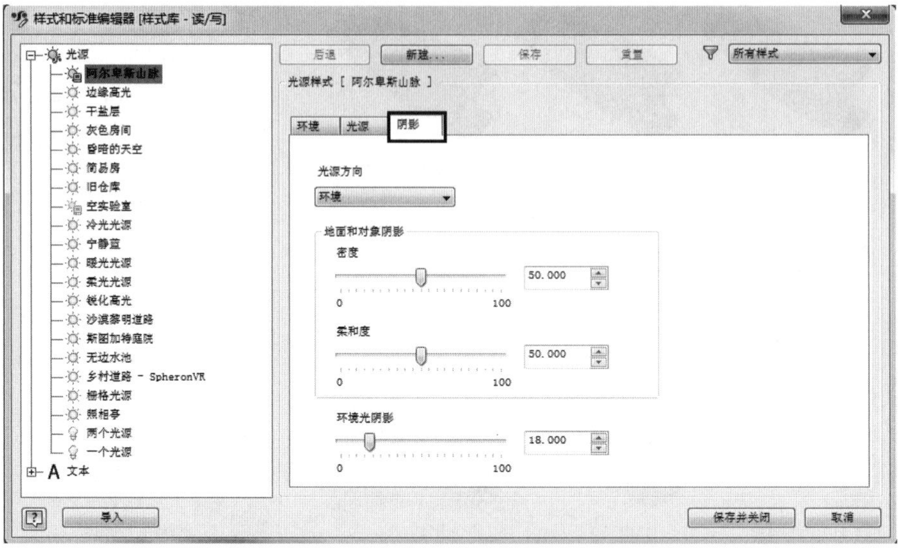

图 8-5 “样式和标准编辑器”窗口中的阴影设置

（a）“反射”工具　（b）无反射效果　（c）有反射效果

图 8-6 反射

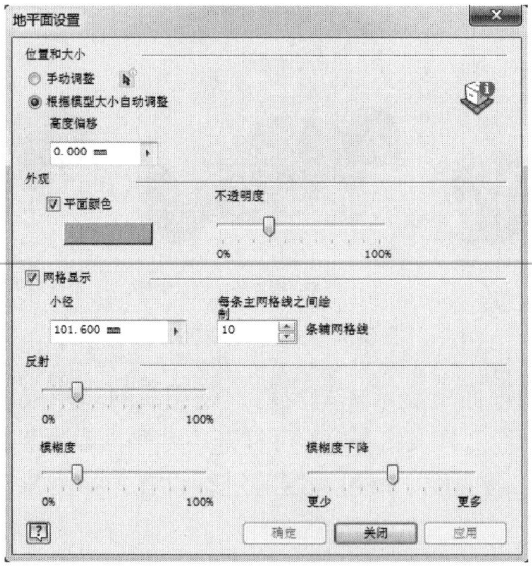

图 8-7 “地平面设置”窗口

（4）光源类型　通过光源类型的下拉菜单可对光源进行选择，如图 8-8 所示，在该图中列举了 4 种光源类型下的效果图。单击“设置”工具按钮，可打开“样式和标准编辑器”窗口，窗口中的“光源”选项可对光源的颜色、亮度等进行设置，如图 8-9 所示。

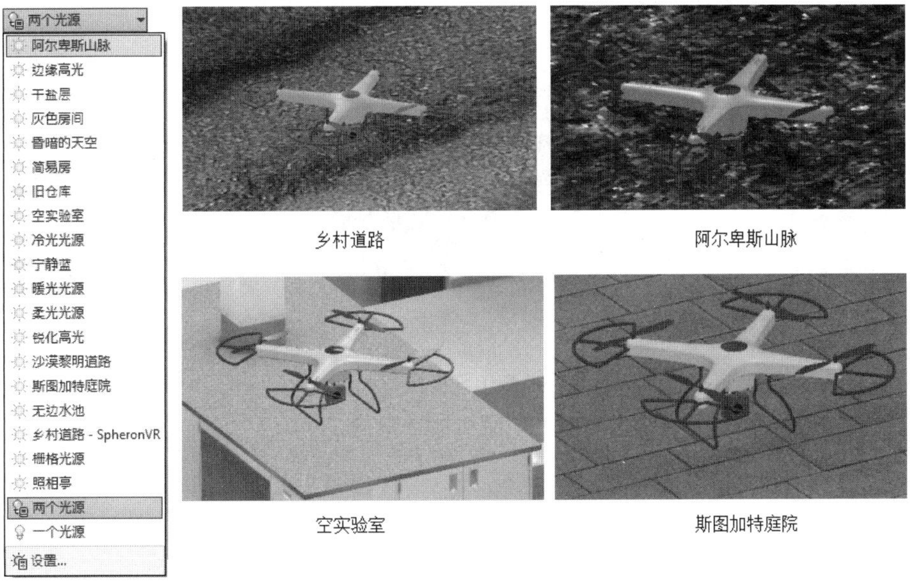

图 8-8　光源类型

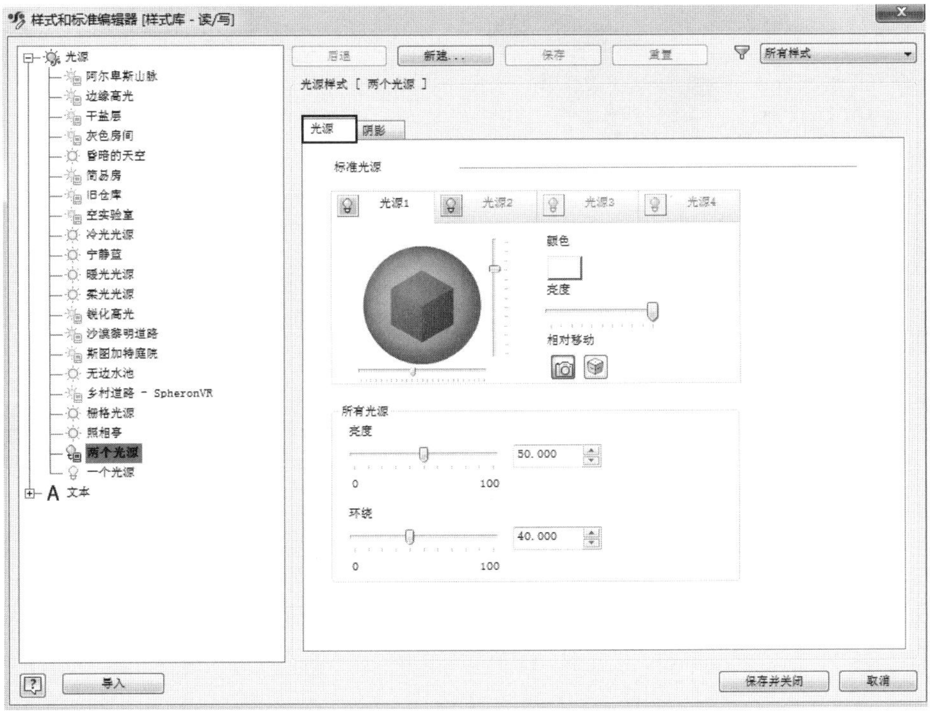

图 8-9　“样式和标准编辑器”窗口中的光源设置

（5）显示模式　Inventor 提供了平行模式和透视模式两种显示模式，如图 8-10（a）所示。

① 平行模式 以平行投影显示模型，在该模式下观看到的模型不像在真实世界中观察到的对象，如图 8-10（b）所示。

② 透视模式 以三点透视显示模型，在该模式下观看到的模型符合现实中近大远小的特点，如图 8-10（c）所示。

（a）显示模式工具　（b）平行模式　（c）透视模式

图 8-10　显示模式

（6）地平面 切换图形场景中的地平面显示。使用地平面可帮助定向模型，并在视觉上形成向上的方向感，如图 8-11 所示。单击“设置”工具按钮 ，也可打开“地平面设置”窗口。

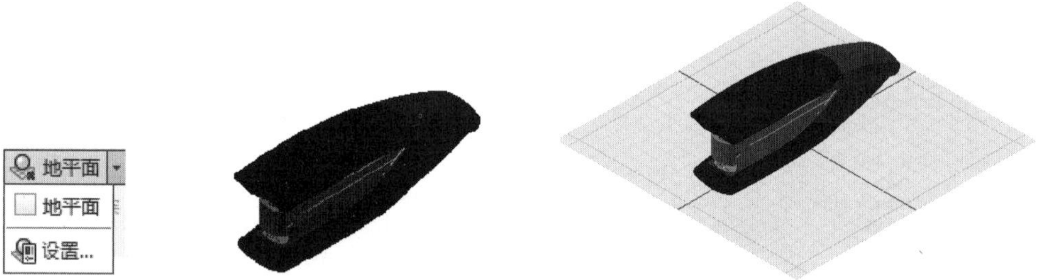

（a）地平面工具　（b）不显示地平面　（c）显示地平面

图 8-11　地平面

（7）纹理 当模型使用某种材质后，通过纹理切换工具，可在对象上显示指定的纹理，增强视觉体验，让图像更加具有真实感，如图 8-12 所示。

（a）纹理控制工具　（b）不显示纹理　（c）显示纹理

图 8-12　纹理

2．场景设置

在“环境”选项卡下，单击“Inventor Studio”工具按钮 ，即可进入 Inventor Studio

环境下的“渲染”选项卡。在该选项卡下，主要有“渲染”“场景”“动画制作”3 个工具面板，如图 8-13 所示。在这里先学习“场景”工具面板的使用。

（a）“Inventor Studio”工具

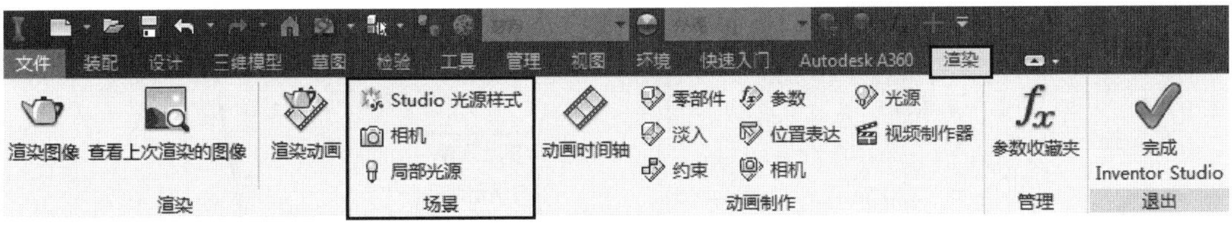

（b）“渲染”选项卡

图 8-13 Inventor Studio 环境下的工具面板

（1）Studio 光源样式 采用光源样式可增强场景的照明度。单击该工具按钮，可打开“Studio 光源样式”窗口，在窗口中可从 Inventor 提供的全局光源、局部光源中进行选择，也可自己新建光源，如图 8-14 所示。为了使得采用的光源样式更据有真实感，可勾选窗口右下角的“显示场景图像”选项。

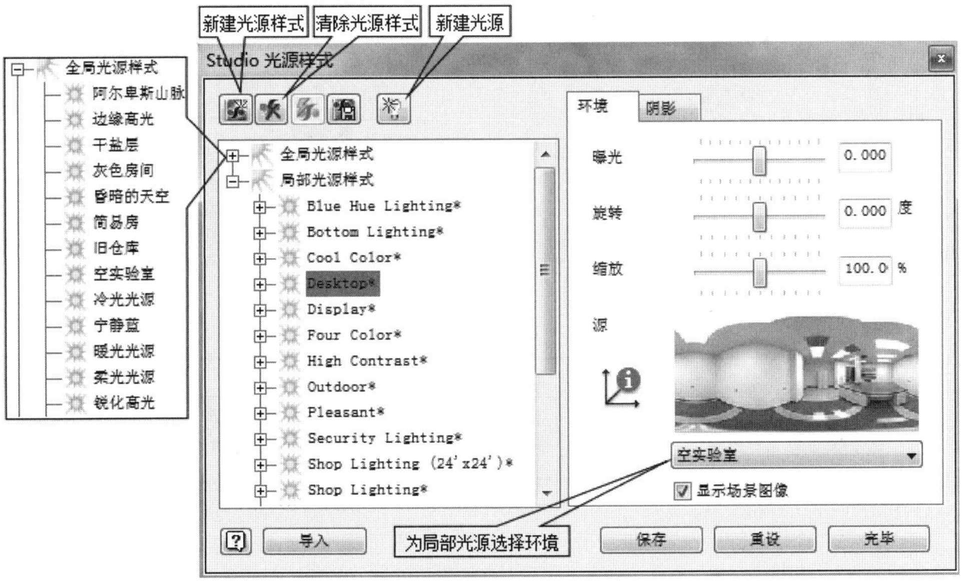

图 8-14 “Studio 光源样式”窗口

（2）相机 添加照相机就是添加一个观察视角。单击“照相机”工具按钮，可打开“照相机”窗口，如图 8-15（a）所示。首先在模型上单击以确定目标，然后向外移动鼠标至适当位置，单击以指定位置，完成照相机的添加，如图 8-15（b）所示。在“照相机”窗口中可对添加的照相机进行缩放、旋转角度等调整。

另外还有一种更简单的添加照相机的方法，就是在视图区调整模型视角，然后在空白处单击鼠标右键，在右键菜单中选择“从视图创建照相机”选项，即可快速添加照相机，如图 8-15（c）所示。

要编辑或删除照相机，只需在浏览区的照相机名称上单击鼠标右键，从右键菜单中选择相应选项即可，如图 8-15（d）所示。

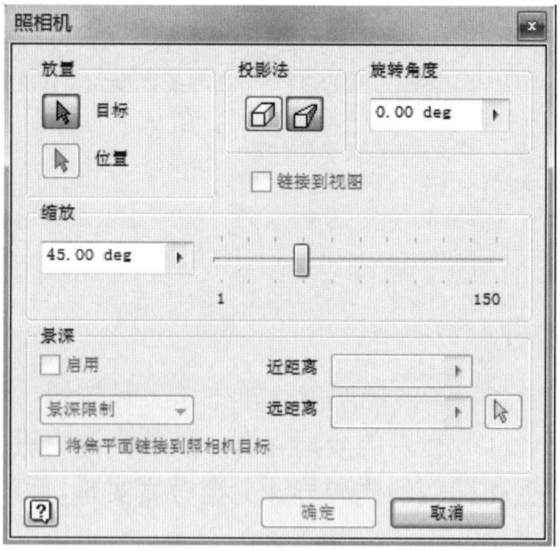

（a）“照相机”窗口

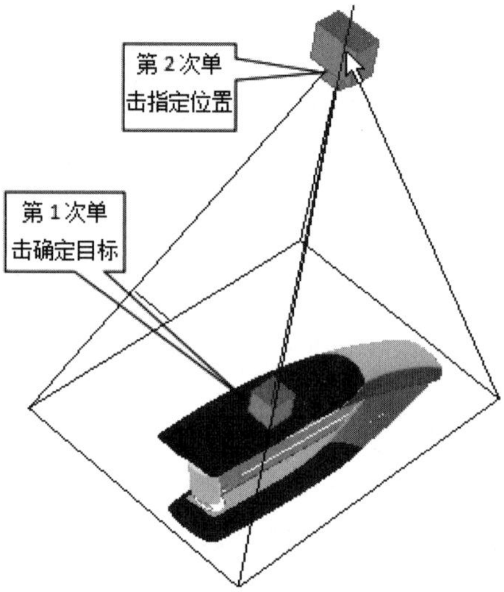

（b）添加照相机

（c）通过右键菜单快速添加照相机

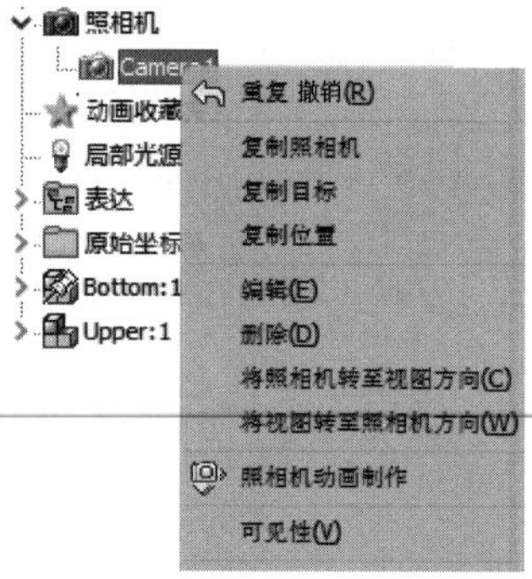

（d）照相机右键菜单

图 8-15 照相机

（3）局部光源 单击“局部光源”工具按钮，可弹出“局部光源”窗口，如图 8-16 所示。添加局部光源的方法与添加照相机的方法类似，这里不再赘述。

（4）表面样式 模型的表面样式设置可通过快速访问工具条的“材料”“外观”“调整”等工具进行设置，在第 3 章节已经介绍过，这里不再赘述。

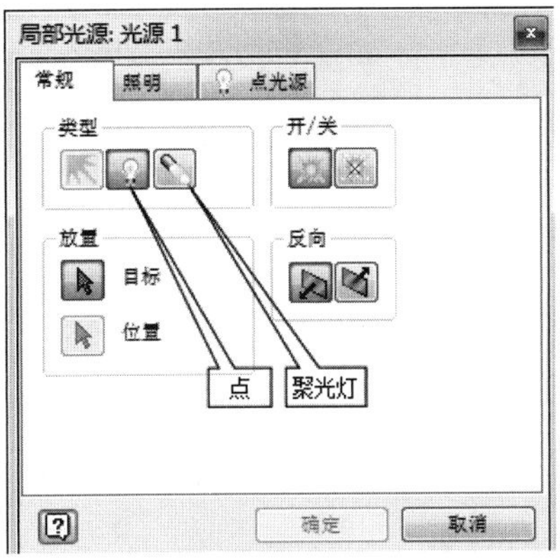

（a）“局部光源”窗口

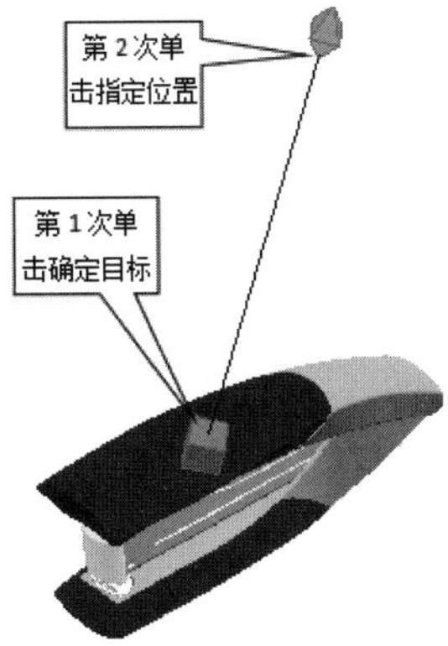

（b）添加局部光源

图 8-16　局部光源

3. 渲染图像

在以上设置完成后，就可对模型进行渲染，从而得到一个逼真的图像。单击“渲染”工具面板上的“渲染图像”工具按钮，弹出“渲染图像”窗口。在该窗口中有 3 个选项卡，各选项卡介绍如下。

（1）常规　在该选项卡下，可以选择输出图像的大小，也可进行照相机、光源样式的选择，如图 8-17（a）所示。

（2）输出　在该选项卡下，勾选“保存渲染的图像”选项，如图 8-17（b）所示。会弹出“保存”窗口，在窗口中选择保存的路径、文件类型，并输入文件名。

（3）渲染器　在该选项卡下，可对渲染时间及渲染的质量进行设置，如图 8-17（c）所示。

完成设置后，将模型调整到合适大小，单击“渲染”按钮，弹出“渲染输出”窗口，开始渲染，如图 8-17（d）所示。

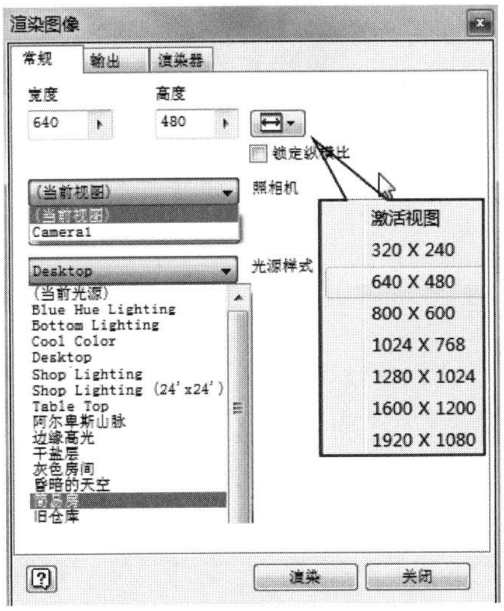

（a）“渲染图像”窗口－“常规”选项卡

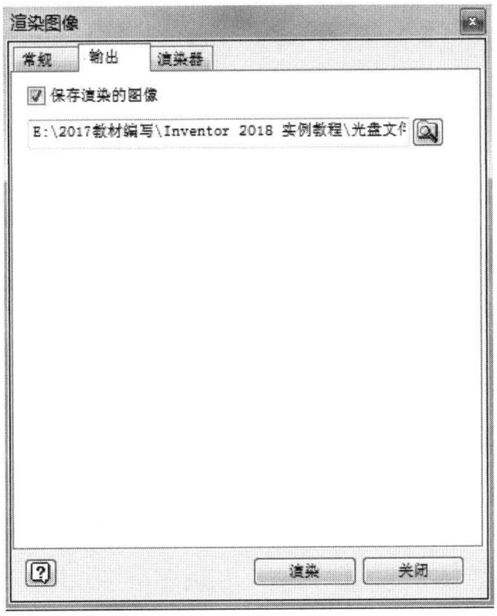

（b）“渲染图像”窗口－“输出”选项卡

图 8-17　渲染图像

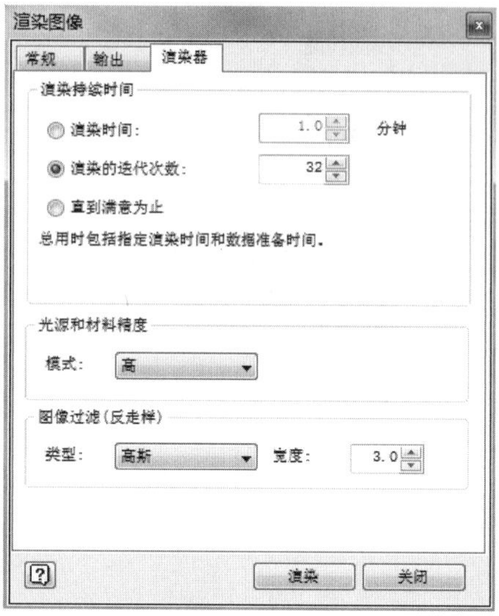

（c）“渲染图像”窗口－“渲染器”选项卡

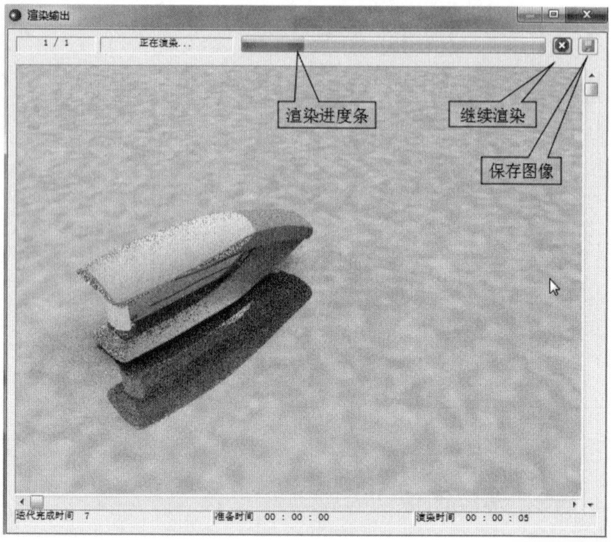

（d）“渲染输出”窗口

图 8-17　渲染图像（续）

任务流程

任务流程如图 8-18 所示。

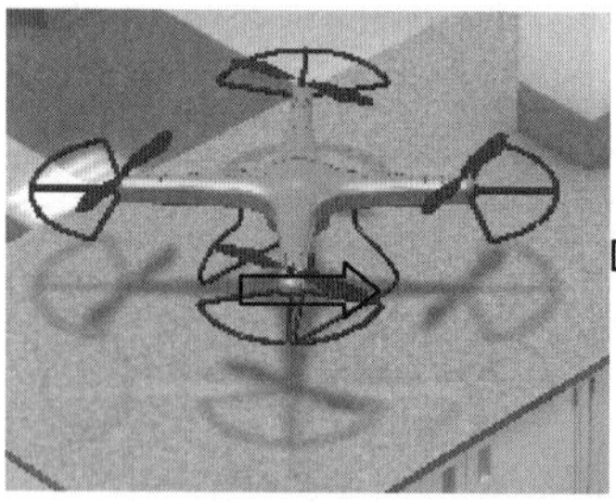

外观设置

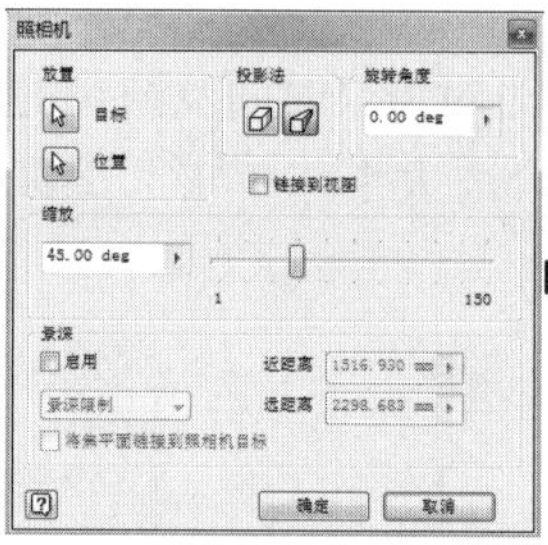

场景设置

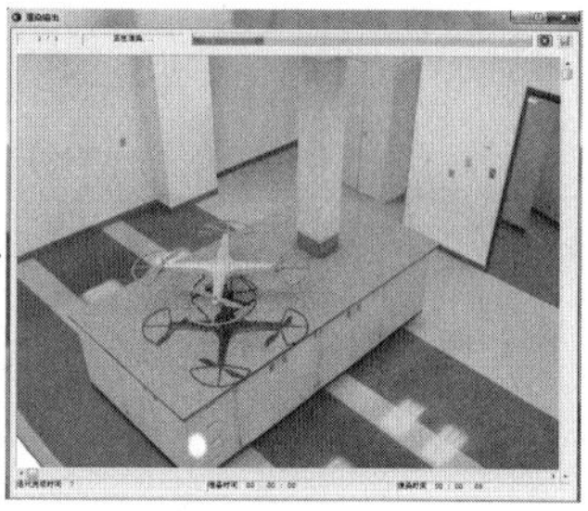

渲染图像

图 8-18　任务流程

任务实施

Step 01 打开模型文件　打开资源包中“第 8 章\任务 1\航拍器\航拍器.iam”文件。

Step 02 外观设置　在“外观”工具面板上选择“透视模式”选项，勾选“地面阴影”选项，勾选“反射”选项；光源样式选择“空实验室”光源，打开“纹理开”工具，完成后调整视图大小，让视图充满整个视图区，如图 8-19 所示。

Step 03 场景设置　进入 Inventor Studio 环境，打开“Studio 光源样式”窗口，在“局部光源样式”选项下选择“空实验室”，并勾选“显示场景图像”选项，如图 8-20 所示，完成后单击“保存”按钮。

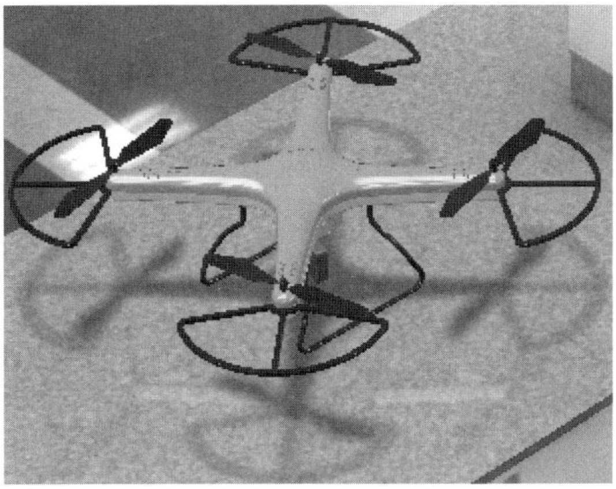

图 8-19　外观设置

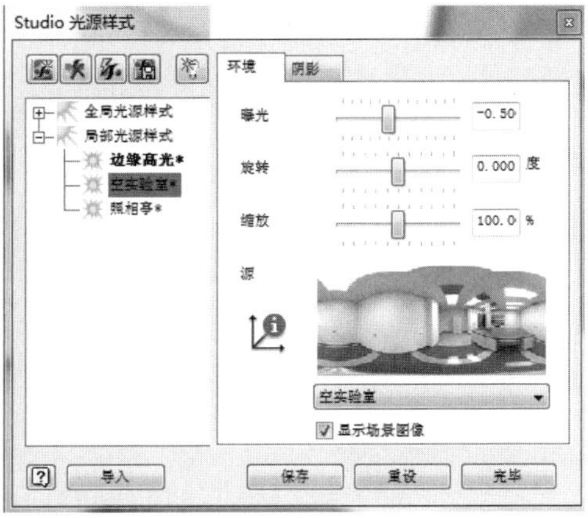

图 8-20　场景设置 - 光源样式设置

Step 04 渲染图像　打开“渲染图像”窗口，在“常规”选项卡下，输出图像大小选择“1280×1024”，照相机选择“当前视图”，光源样式选择“空实验室”，如图 8-21（a）所示。

在“输出”选项卡下，勾选“保存渲染的图像”选项，并在弹出的“保存”窗口中，设置保存路径和保存类型，文件名保存为“航拍器.png”，如图 8-21（b）所示。

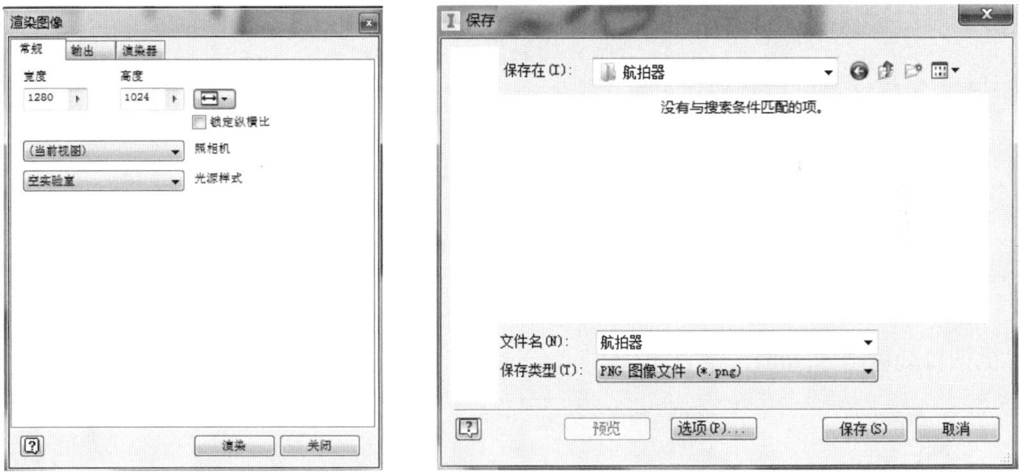

（a）“渲染图像”窗口 - “常规”选项卡　　（b）“保存”窗口

图 8-21　渲染图像

单击“渲染”按钮，开始渲染图像，渲染完成后自动保存到指定位置，关闭“渲染输出”窗口，完成渲染。

拓展练习 8-1

渲染完成如图 8-22 所示的订书机效果图。模型及效果图见资源包“第 8 章\任务 1\拓展练习”文件夹。

图 8-22　拓展练习 8-1

任务 2　机械臂的动画渲染

学习目标

- 掌握动画时间轴的使用方法
- 掌握几种常用的动画制作方法
- 能够熟练对机械臂进行动画渲染

任务导入

机械臂的动画分解动作如图 8-23 所示，详细动画可参见资源包“第 8 章\任务 2\机械臂\机械臂参考动画.wmv”文件。

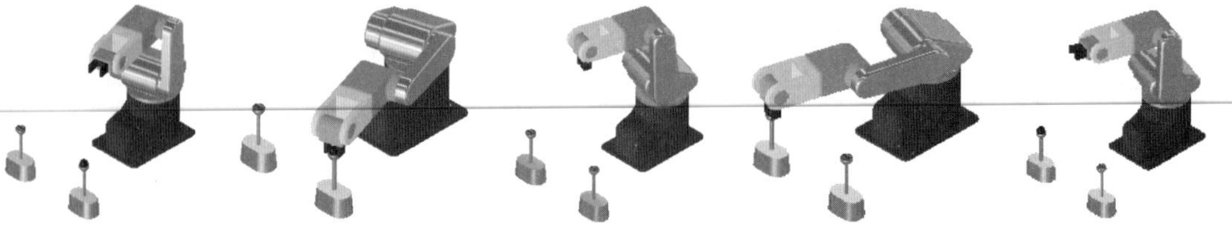

图 8-23　机械臂的动画分解动作

前面学习了模型的效果图渲染，接下来开始学习动画制作。动画制作除了用到前面学习的外观设置、场景设置外，还需要用到动画时间轴、零部件动画、约束动画等。下面就来学习制作动画的相关知识。

知识准备

在 Studio 环境中，制作动画的工具都集中在“动画制作”工具面板上，如图 8-24 所示。下面分别介绍各个工具的使用。

图 8-24 “动画制作”工具面板

1. 动画时间轴

在 Studio 环境下，动画时间轴是制作动画的主要工具。在没有激活动画的情况下，单击“动画时间轴”工具按钮，会弹出“Inventor Studio”警告窗口，该窗口提示目前还没有激活任何动画，如图 8-25 所示。这里单击“确定”按钮，关闭警告窗口。然后在图形区底部弹出“动画时间轴”窗口，如图 8-26 所示。下面介绍一下“动画时间轴”窗口中的几个常用工具。

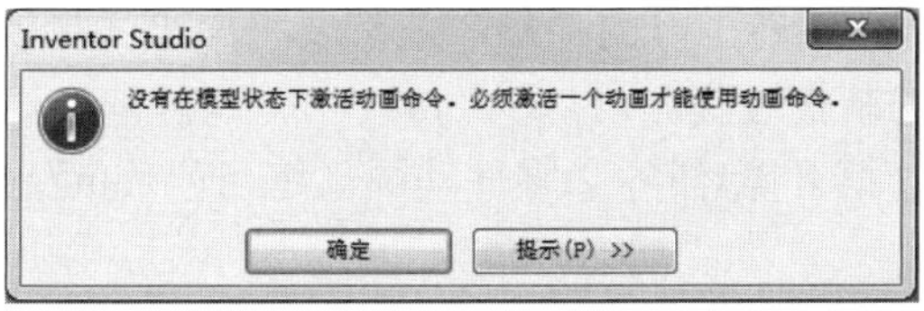

图 8-25 警告窗口

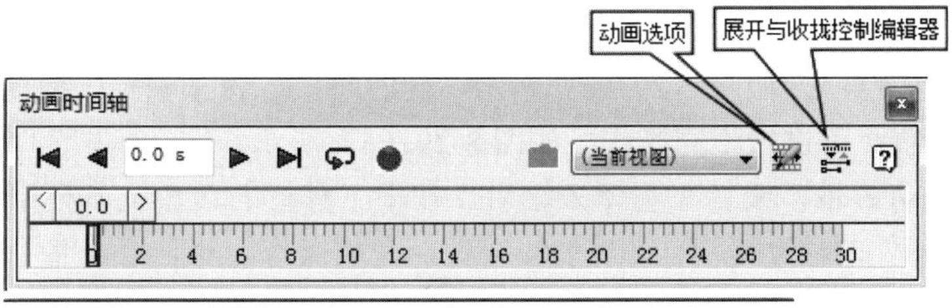

图 8-26 “动画时间轴”窗口

（1）展开与收拢控制编辑器 单击该工具按钮，可将“动画时间轴”窗口展开显示，如图 8-27 所示。该窗口与表达视图中的“故事板”窗口类似，操作方法也几近相同。

（2）动画选项 单击该工具按钮，弹出“动画选项”窗口，在该窗口中，可设置动画的时间长度及速度配置，如图 8-28 所示。

（3）录制动画 该按钮与“渲染”工具面板上的“渲染动画”按钮具有一样的功能，后面将会单独介绍。

（4）添加照相机 只有在添加照相机后，该选项才被激活。

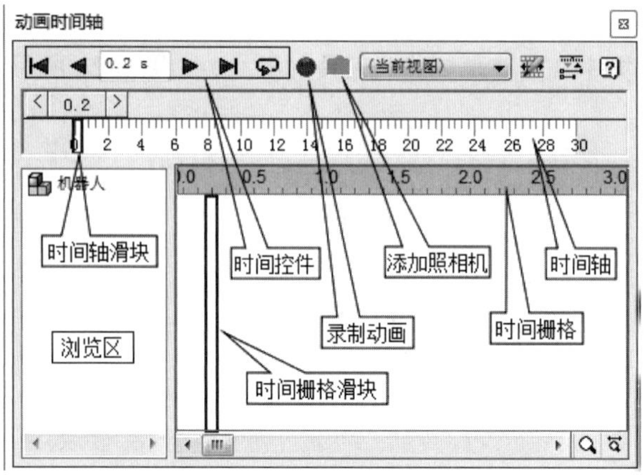

图 8-27　展开后的“动画时间轴”窗口

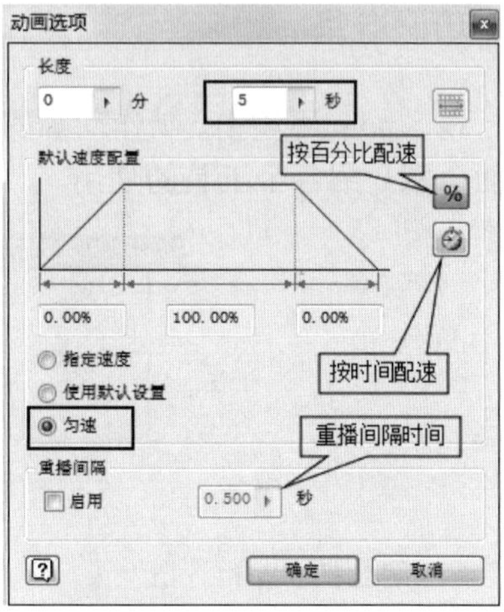

图 8-28　“动画选项”窗口

2．零部件动画

为一个或多个零部件制作移动或旋转动画。在动画制作过程中，装配环境中添加的约束可能会与零部件动画造成冲突，因此需要对冲突的约束进行抑制。例如，在图 8-29（a）中，若制作“板 2”零部件旋转上升的动画，就需要将原来添加的 3 个约束抑制掉。以该动画为例介绍零件动画的制作过程。

（1）打开资源包中“第 8 章\任务 2\零件动画（练习）.iam”文件，把“板 2”的 3 个约束抑制掉。

（2）进入 Studio 环境，单击“零部件”动画制作按钮 ，打开“零部件动画制作”窗口，如图 8-29（b）所示。

（3）选择“板 2”零件，单击“指定位置”工具按钮 ，在选择的零部件处弹出小工具栏和坐标轴操控器，如图 8-29（c）所示。此时将鼠标置于坐标轴操控器的不同位置，光标呈现不同形状，可进行不同操作，如图 8-29（d）所示。

（4）向上拖动 Z 轴，或者在选择 Z 轴后，在小工具栏的 Z 轴文本框中输入精确数值，确定“板 2”零部件的移动距离。单击 按钮，完成操作。此时“零部件动画制作”窗口中的“距离”文本框被激活，也可在该窗口中更改距离值。重复操作，再绕 Z 轴旋转 90°。

（5）在“零部件动画制作”窗口的“时间”选项，选择“指定” ，开始时间为 0s，结束时间为 3s，设置后窗口如图 8-29（e）所示。单击“确定”按钮，完成动画制作。

（6）进入窗口的“加速度”选项卡，如图 8-29（f）所示，可发现该选项卡与“动画选项”窗口中的速度配置部分一致，这里选择“匀速”选项。

（7）展开动画时间轴，可发现在动画时间轴上自动添加了“板 2”的零部件动画制作的矩形滑块，如图 8-29（g）所示。拖动矩形滑块的两端可调整动画播放时间，也可拖动滑块调整其位置，在其右键菜单中还可进行删除、镜像、编辑等相关操作，如图 8-29（h）所示。最后将动画时间轴的时长调整为 3s。

（8）完成设置后，单击“播放”按钮，即可对零部件动画进行播放，具体效果参见资源包中“第 8 章\任务 2\零部件动画.wmv”文件。

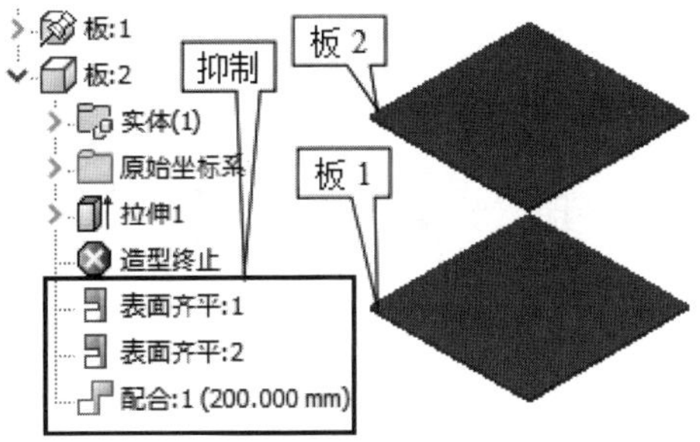

（a）抑制约束

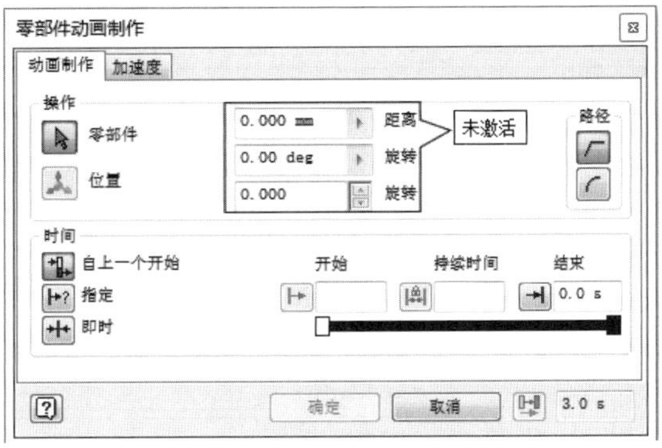

（b）“零部件动画制作”窗口

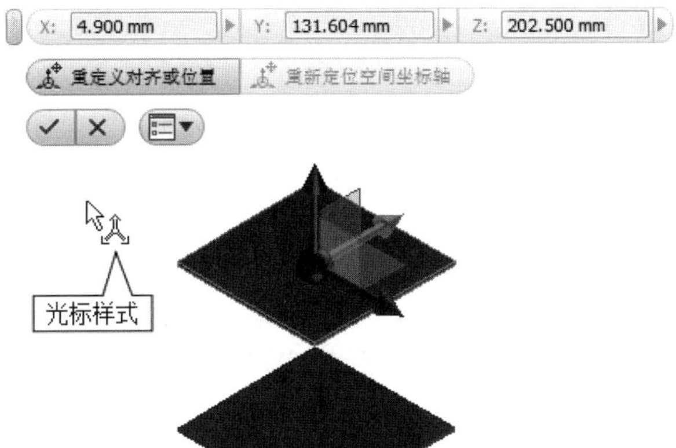

（c）小工具栏和坐标轴操控器

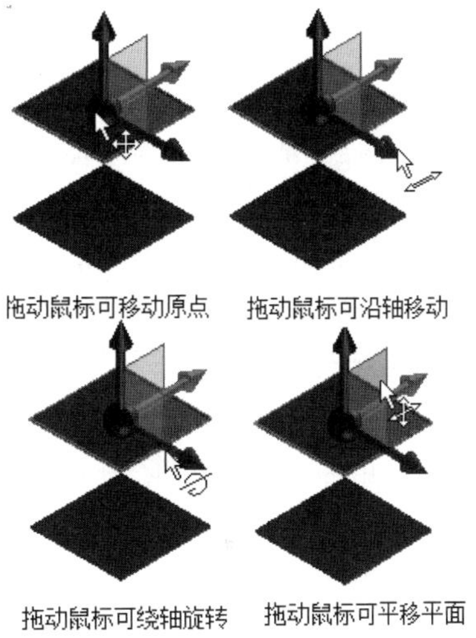

（d）坐标轴操控器的操作形式

（e）“零部件动画制作”窗口－“动画制作”选项卡

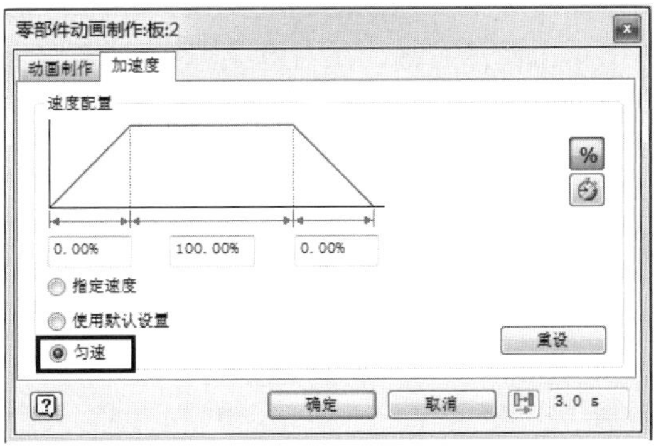

（f）“零部件动画制作”窗口－“加速度”选项卡

图 8-29　零部件动画制作过程

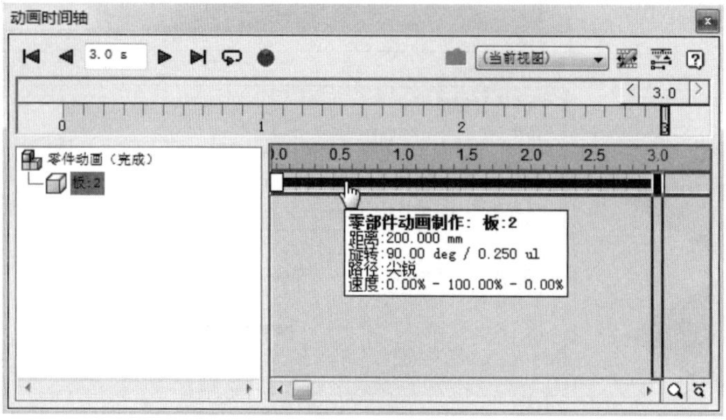

（g）添加动画制作的“动画时间轴”窗口

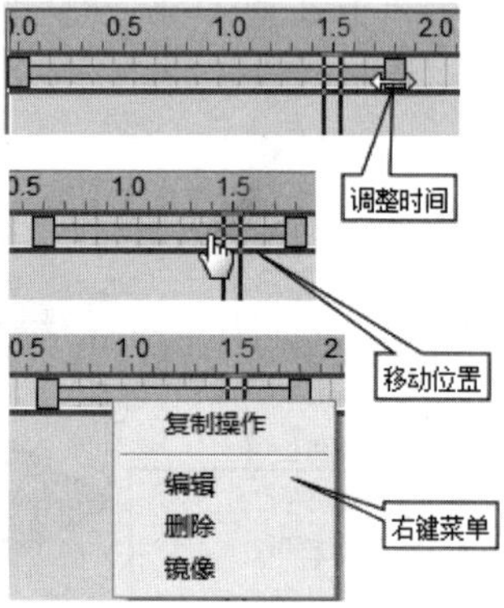

（h）矩形滑块的操作

图 8-29　零部件动画制作过程（续）

3．淡显动画

淡显动画是通过对零部件透明度的控制，使得一个或多个对象在一段时间内改变其本身的透明度的动画效果。打开资源包中“第 8 章\任务 2\淡显动画（练习）.iam”文件，进入 Inventor Studio 环境，单击“淡入动画制作”按钮，即打开“淡显动画制作”窗口，如图 8-30 所示。

这里选择“弹簧”零件，开始的透明度为 100%，表示完全显示。现将动画结束时的透明度设置为 0%，表示完全不可见。动画播放时间从 0s 开始至 5s 结束，单击“确定”按钮后，在时间轴上即可进行播放，效果参见资源包中“第 8 章\任务 2\淡显动画.wmv”文件。

4．约束动画

约束动画与装配环境下的约束相结合，通过改变约束的值或者约束状态来制作动画。单击“约束动画制作”按钮，即打开“约束动画制作”窗口，如图 8-31 所示。然后在浏览器区选择要建立动画的约束，即可建立约束动画。另外也可直接在浏览区中的约束名称上单击鼠标右键，在右键菜单中选择“约束动画制作”选项，如图 8-32 所示。下面举例说明约束动画制作的步骤。

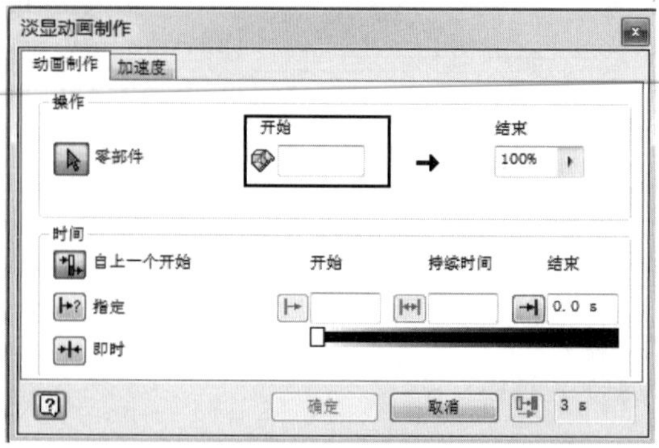

图 8-30　“淡显动画制作”窗口

图 8-31　“约束动画制作”窗口

（1）打开资源包中“第 8 章\任务 2\约束动画（练习）.iam”文件，并进入 Studio 环境。

（2）在浏览区，展开“板 2”零件，在配合约束的右键菜单中，选择“约束动画制作”选项。

（3）在打开的“约束动画制作”窗口中，将结束距离调整为 300mm，时间从 0s 开始至 5s 结束，如图 8-31 所示。单击“确定”按钮，完成动画制作。具体效果参见资源包中“第 8 章\任务 2\约束动画.wmv”文件。

5．参数动画

参数动画是通过改变零件或者装配参数的数值，使模型受参数影响的部分发生变化而产生的动画效果。用于制作动画的参数既可以是模型参数也可以是用户参数，区别是：如果是模型参数，必须将其设置为输出状态，用户参数则不需要。

输出模型参数的方法是：首先退出 Inventor Studio 环境，打开 f_x 参数表，在参数表中，将相应参数的“导出参数”栏勾选即可，如图 8-33 所示，关闭参数表。

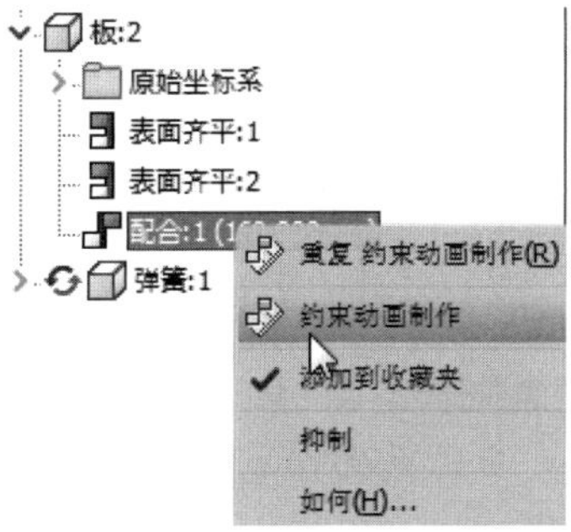

图 8-32　通过右键菜单制作约束动画

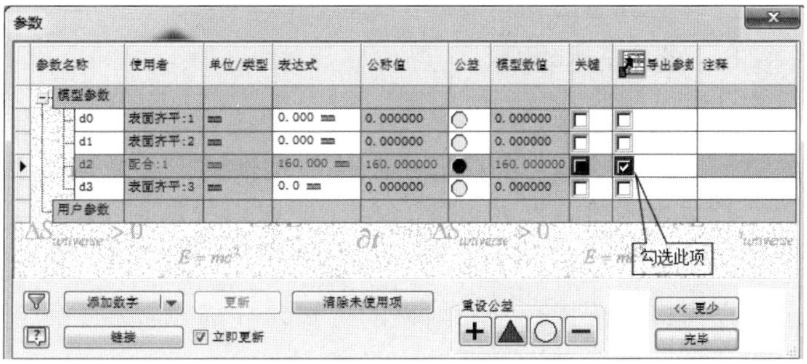

图 8-33　勾选“导出参数”栏

回到 Studio 环境，单击“参数动画制作”工具按钮，弹出提示窗口，如图 8-34 所示，说明在制作参数动画之前没有将参数添加到参数收藏夹。将参数添加到收藏夹的方法是：单击“管理”功能面板上的“参数收藏夹”工具按钮 f_x，弹出“参数收藏夹”窗口，在窗口中将需要添加到收藏夹的参数的“收藏夹”栏勾选，如图 8-35 所示。单击“确定”按钮，关闭窗口。

图 8-34　提示窗口

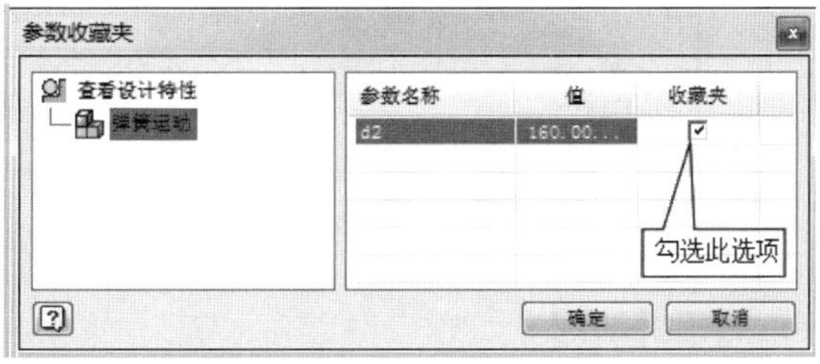

图 8-35　“参数收藏夹”窗口

再次单击“参数动画制作”工具按钮，弹出“参数动画制作”窗口。在浏览区将“动画收藏夹”展开，选择参与动画制作的参数“f_x d2”，然后在窗口中进行相应设置，如图 8-36

所示。单击“确定”按钮后，完成动画设置。具体效果参见资源包中“第 8 章\任务 2\参数动画.wmv”文件。

图 8-36 “参数动画制作”窗口

6. 位置表达动画

位置表达动画是指将装配环境下创建的两个不同的位置表达，作为动画开始与结束的关键帧来制作动画。因此要想制作此类动画，装配环境中必须有两个以上的位置表达。

打开资源包中“第 8 章\任务 2\位置表达动画（练习）.iam”文件，并进入 Studio 环境。单击“位置表达动画制作”按钮 ，即打开“位置表达动画制作”窗口，如图 8-37 所示。在窗口中选择开始和结束的位置，完成设置后关闭窗口。具体效果参见资源包中“第 8 章\任务 2\位置表达动画.wmv”文件。

图 8-37 “位置动画制作”窗口

7. 照相机动画

照相机动画其实就是平常所说的视角动画，是通过对视角变换的控制来进行动画设置，从而生成视角变换的动画效果。要制作该动画必须先创建一个或者多个照相机。这里举例介绍照相机动画的制作步骤。

（1）打开资源包中“第 8 章\任务 2\照相机动画(练习).ipt”文件，并进入 Studio 环境。

（2）调整模型视角，如图 8-38（a）所示，利用右键菜单创建照相机。

（3）调整照相机位置，调整视图方向，在照相机的右键菜单中选择“编辑”选项，弹出“照相机”窗口，然后单击照相机的目标位置，拖动弹出的坐标轴，将照相机的目标定位在模型中央，如图 8-38 所示。

（4）单击“照相机动画制作”按钮 ，即打开“照相机动画制作”窗口，如图 8-38（f）所示。窗口中的照相机选项自动选择了刚刚创建的照相机，若有多个照相机，可通过下拉箭头进行选择。单击“定义”按钮，可打开“照相机”窗口，对照相机进行重新定义，如图 8-38（g）所示，指定时间从 0s 到 5s。

另外也可以直接从动画时间轴中选择照相机后，单击“添加照相机操作”按钮，制作照相机动画，如图 8-38（h）所示。

（5）进入“转盘”选项卡，勾选“转盘”选项后，可对旋转轴、转数进行设置，如图 8-38（i）所示。单击“确定”按钮，完成照相机动画制作。具体效果参见资源包中“第 8 章\任务 2\照相机动画.wmv”文件。

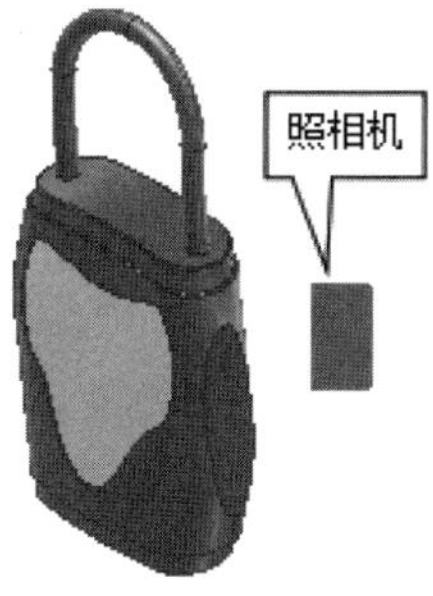

（a）创建照相机

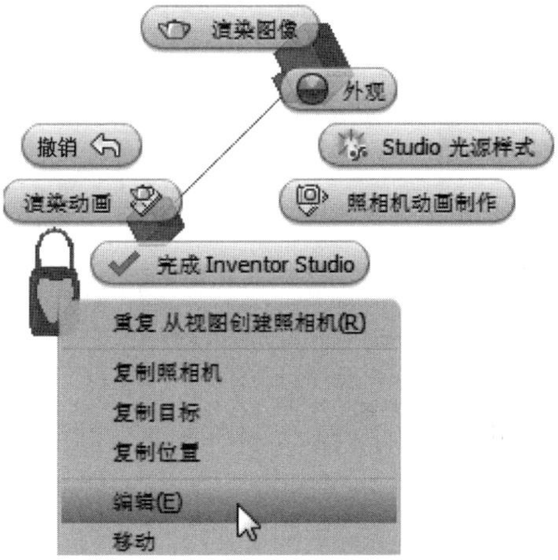

（b）通过右键菜单编辑照相机

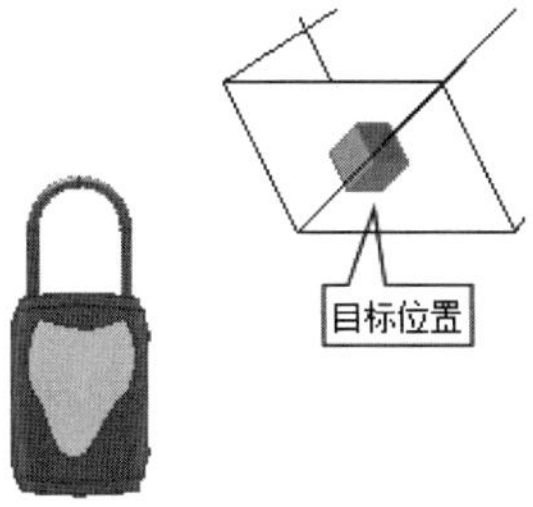

（c）照相机原始目标位置

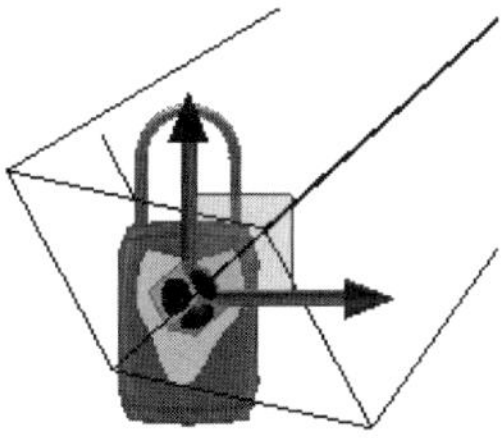

（d）调整照相机目标位置 1

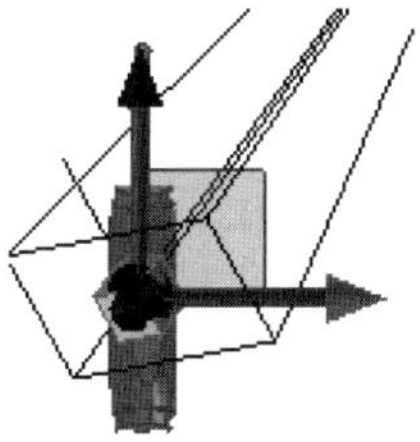

（e）调整照相机目标位置 2

图 8-38　照相机动画制作过程

（f）“照相机动画制作”窗口

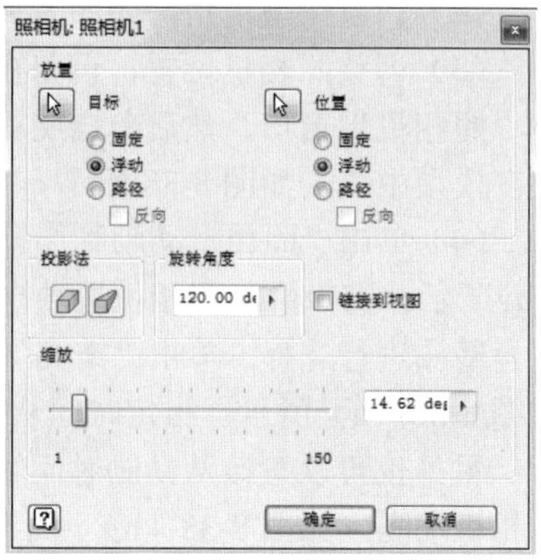

（g）“照相机”重定义窗口

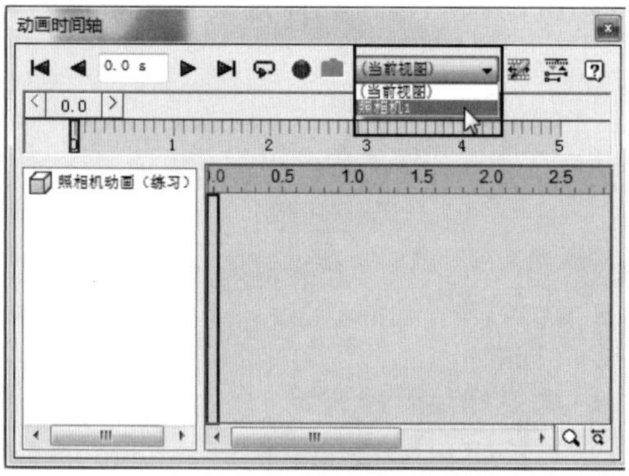

（h）从动画时间轴添加照相机

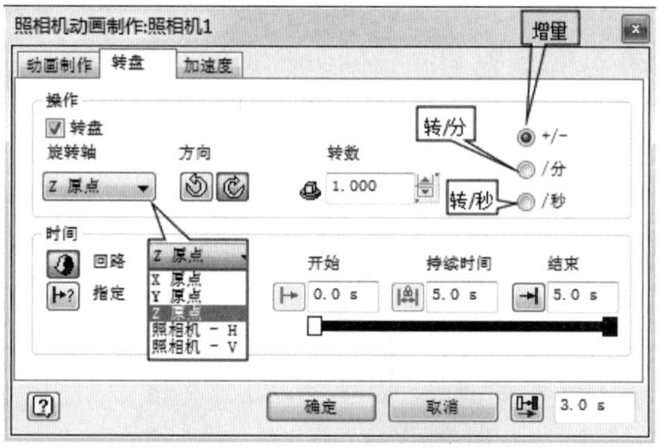

（i）“照相机动画制作”窗口－“转盘”选项卡

图 8-38　照相机动画制作过程（续）

8．光源动画

制作光源动画必须有激活的光源或者局部光源，为选定光源的参数制作一个动画，下面举例说明光源动画的制作步骤。

（1）打开资源包中“第 8 章\任务 2\光源动画（练习）.iam”文件，并进入 Studio 环境。

（2）添加局部光源，如图 8-39（a）所示。

（3）单击“光源动画制作”工具按钮，弹出“光源动画制作”窗口，从浏览区选择刚刚创建的局部光源，并定义时间从 0s 开始至 5s 结束，如图 8-39（b）所示。

（4）单击窗口中“定义”按钮，移动局部光源的位置，如图 8-39（c）所示；在“照明”选项卡中更改灯光颜色，并调整光照强度，如图 8-39（d）所示，完成设置后关闭窗口。

（5）隐藏创建的局部光源，完成光源动画设置。在动画时间轴观看播放效果，具体效果参见资源包中“第 8 章\任务 2\光源动画.wmv”文件。

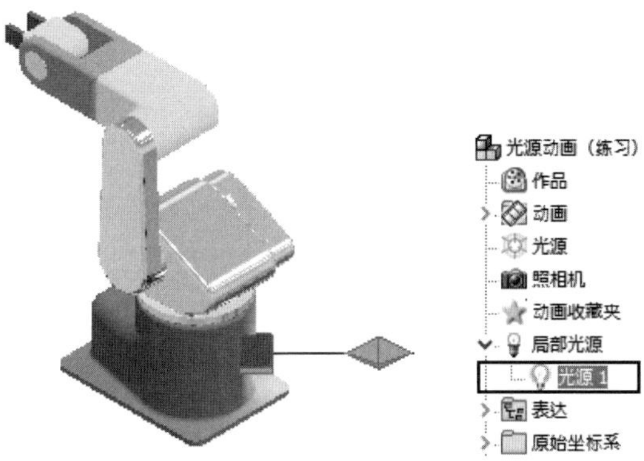

（a）添加光源

（b）“光源动画制作”窗口

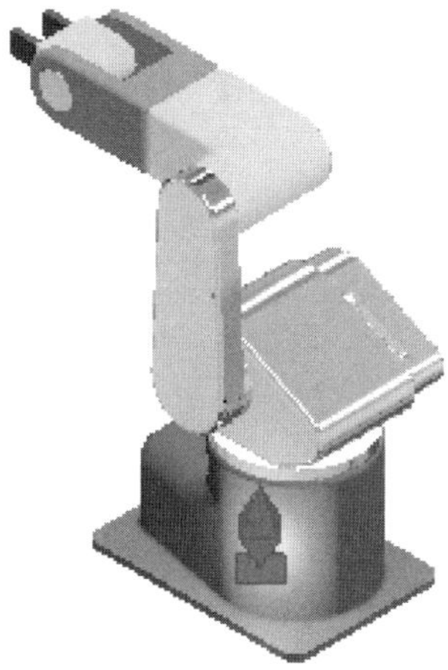

（c）调整光源位置

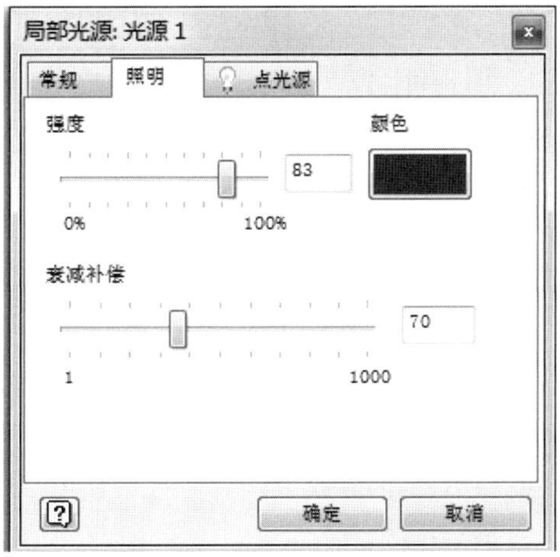

（d）“局部光源”窗口－“照明”选项卡

图 8-39　光源动画制作过程

9．视频制作器

视频制作器是将多个照相机镜头、静止画面和专场集成到当前文档的动画中。使用视频制作器必须要有激活的快照集，否则会弹出如图 8-40 所示的警告窗口。

单击“视频制作器”工具按钮　，打开“视频制作器”窗口，该窗口与动画时间轴类似，操作也几近相同，如图 8-41 所示。在其浏览区有镜头和转场两项，可将镜头和转场拖至时间轴，进行编辑后录制成视频。

10．渲染动画

单击“渲染”工具面板上的“渲染动画”工具按钮　，弹出“渲染动画”窗口，在窗口的“常规”选项卡中可设置输出动画的大小、光源样式等，如图 8-42（a）所示；在“输出”选项卡中可调整输出时间和帧频等，如图 8-42（b）所示。这里需要提醒的是时间范围的最大值不能超过动画时间轴的时长，否则不能渲染。单击“渲染”按钮，弹出“保存”窗口，选择保存路径、文件类型等，如图 8-42（c）所示。单击“保存”按钮，弹出“ASF

导出特性”窗口，按照如图 8-42（d）所示进行设置。单击“确定”按钮，弹出“渲染输出”窗口，开始渲染动画，完成后关闭窗口。

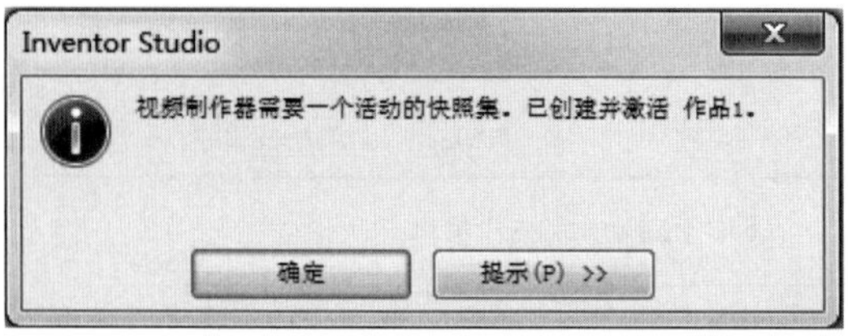

图 8-40　警告窗口

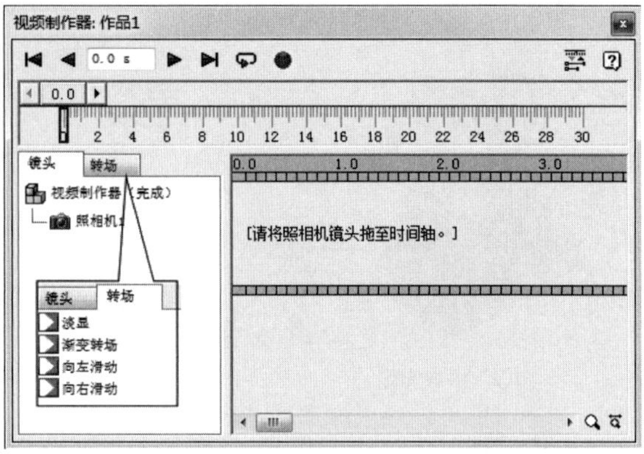

图 8-41　“视频制作器”窗口

（a）参数设置后的“常规”选项卡

（b）参数设置的“输出”选项卡

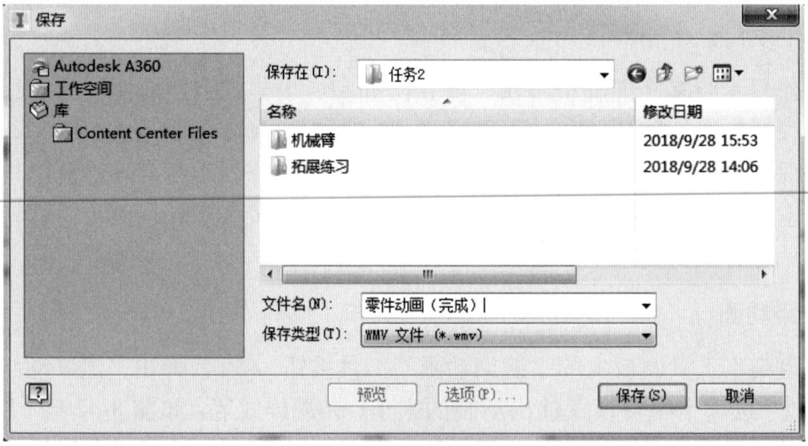

（c）“保存”窗口

图 8-42　录制动画

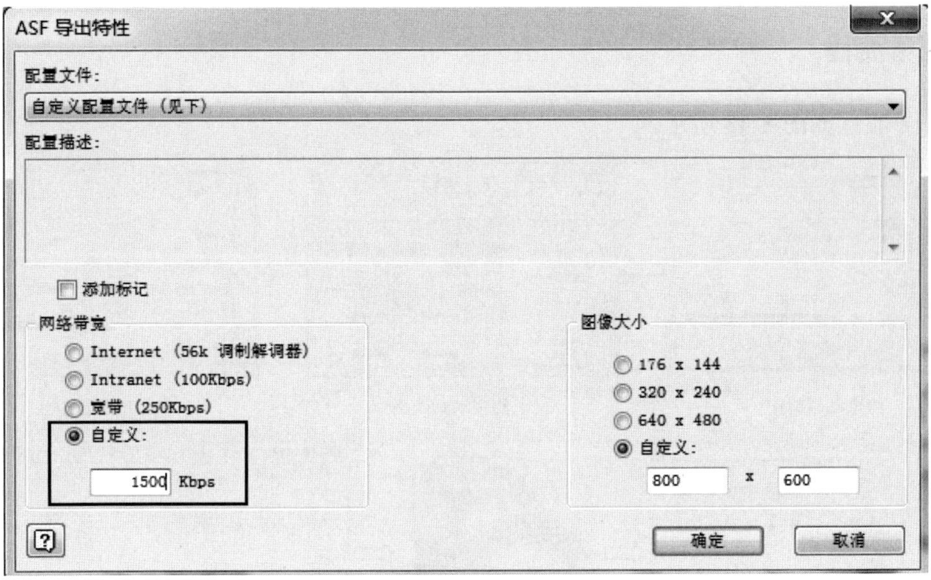

（d）“ASF 导出特性”窗口

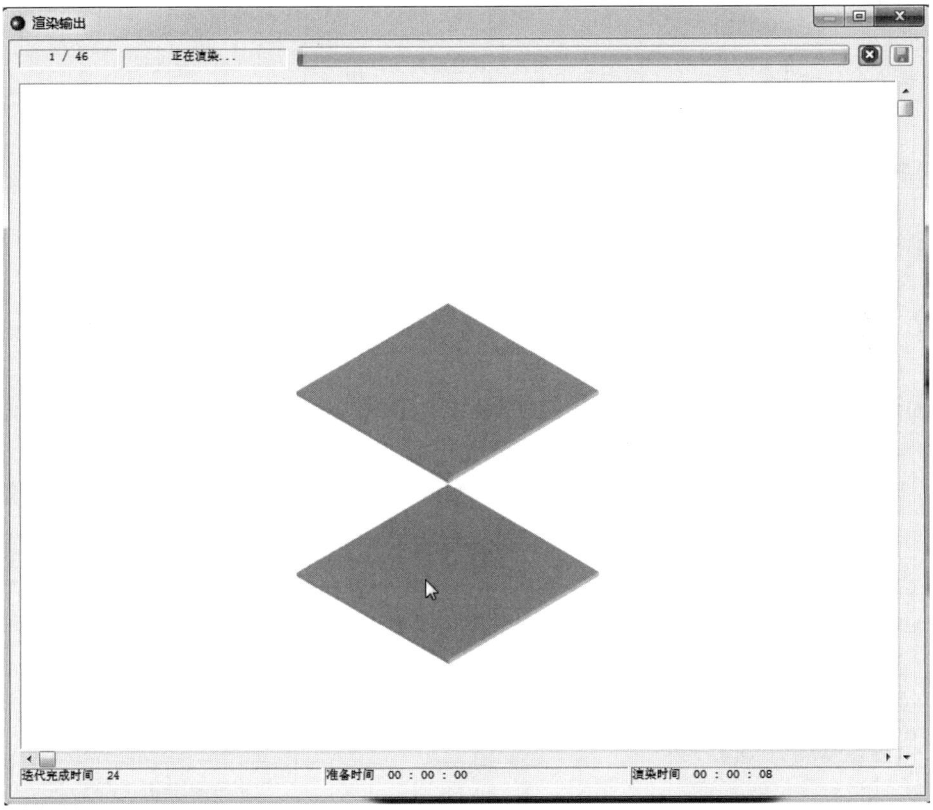

（e）“渲染输出”窗口

图 8-42　录制动画（续）

任务流程

任务流程如图 8-43 所示。

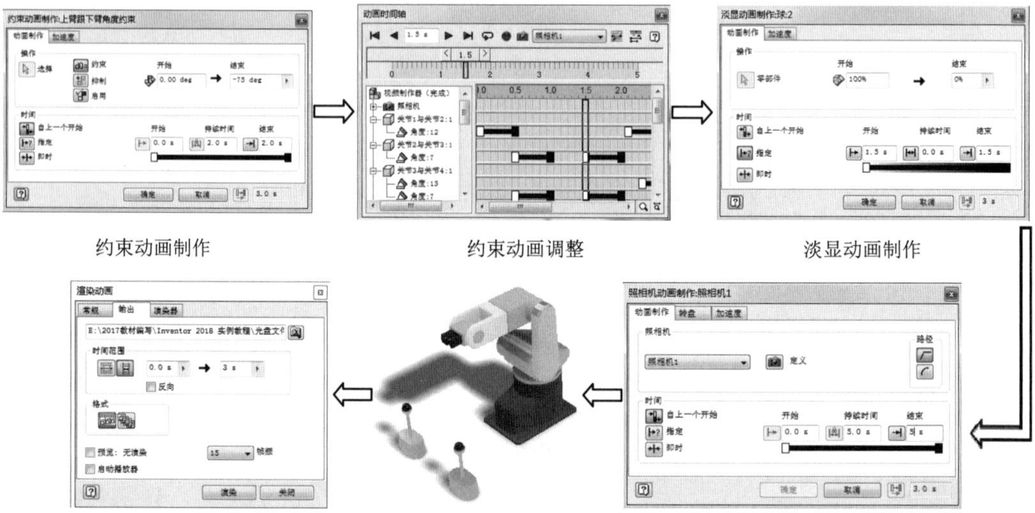

约束动画制作　约束动画调整　淡显动画制作

渲染动画　外观及场景设置　照相机动画制作

图 8-43　任务流程

任务实施

Step 01 打开模型文件　打开资源包中“第 8 章\任务 2\机械臂\机械臂.iam”文件，并进入 Studio 环境。

Step 02 设置动画时间轴　打开动画时间轴，并将时间轴的时长调整为 5s，速度配置选择“匀速”选项。

Step 03 约束动画制作　在浏览区展开“关节 1”零件，将“角度：12”约束添加动画制作，如图 8-44（a）所示。在“约束动画制作”窗口中，将结束角度设置为-17.5°，时间从 0s 开始至 0.5s 结束，如图 8-44（b）所示。完成后可播放动画，观看效果。

（a）右键制作约束动画　（b）“约束动画制作”窗口设置

图 8-44　关节 1 约束动画制作

重复操作，再分别添加其他关节的约束动画，约束角度根据动画进行调节。

说明 这里设置的约束角度并不是最终角度，后期在加入其他约束动画后，需要根据动画要求进行再调整。

Step 04 约束动画调整　在动画时间轴上将各约束动画进行编辑或调整。在抓球、放球环节，尽可能地让两个球重合。完成后动画时间轴如图 8-45 所示。

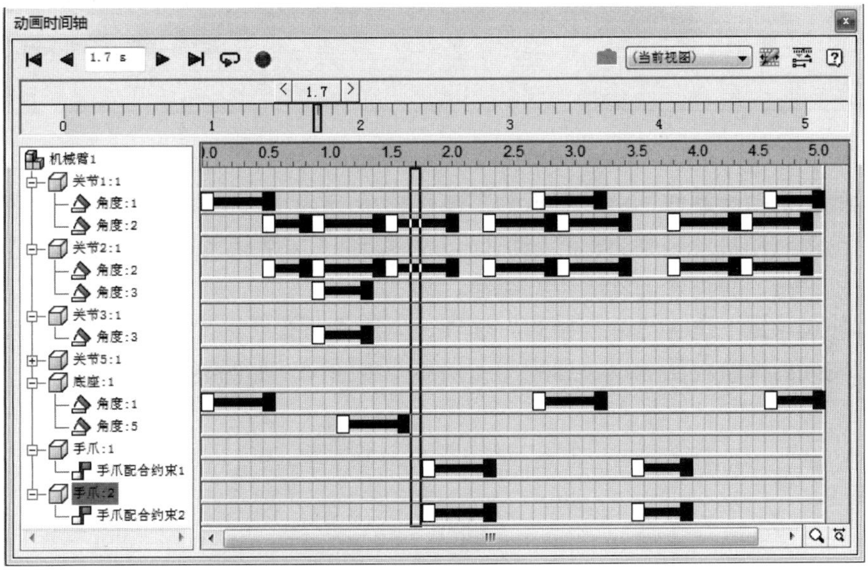

图 8-45　添加约束后的动画时间轴

Step 05 淡显动画制作　首先在动画时间轴中查看抓球、放球的时间，然后在这两个关键时间点和开始添加淡显动画。例如，“球 1”在抓球前是不可见的，在放球时才开始可见，因此其淡显动画设置如图 8-46 所示。

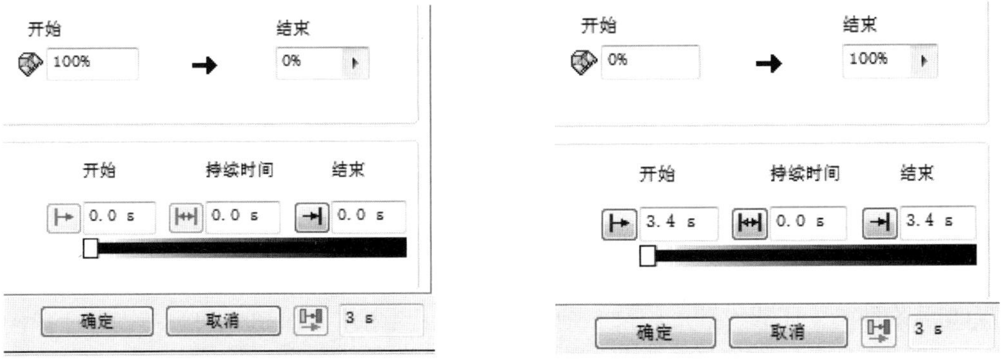

（a）一开始将球不可见　　（b）放球时刻开始可见

图 8-46　“球 1”淡显动画设置

重复操作，完成另外两个小球的淡显动画制作。完成后的动画时间轴如图 8-47 所示。

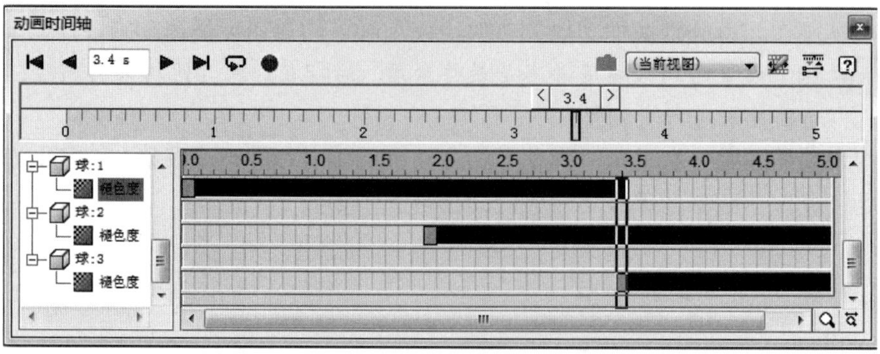

图 8-47　动画时间轴中的淡显动画

Step 06 照相机动画制作　由于手爪的零部件较小，为了能够清晰地看到其抓球、放球过程，可用照相机动画来突出显示抓球、放球瞬间。首先添加一个照相机，然后添加照相机动画，根据参考动画进行调整。

Step 07 外观设置　选择“透视模式”选项，勾选“所有阴影”选项，勾选“反射”选项，完成后调整视图大小，让视图充满整个视图区，如图 8-48 所示。

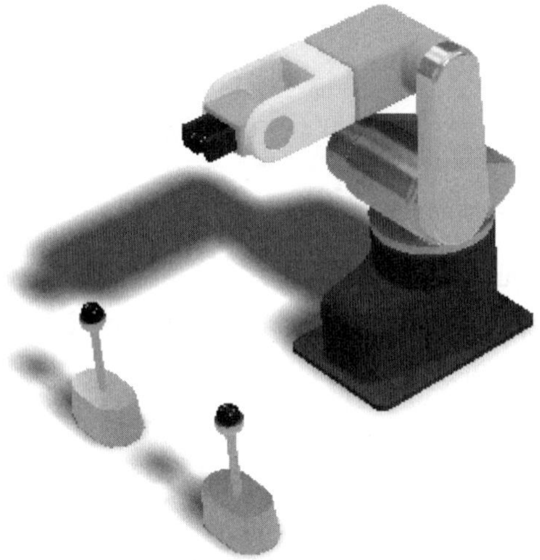

图 8-48　外观设置

Step 08 光源样式设置　打开“Studio 光源样式”窗口，在“全局光源样式”中选择“边缘高光”选项并将其激活，勾选“显示场景图像”选项，如图 8-49 所示。

Step 09 渲染动画　完成设置后将动画渲染。由于这里采用了照相机动画，因此在渲染前，模型会处于一个红色的矩形框中间，如图 8-50 所示。

红色框表示照相机的取景范围，因此框外的部分将不能被渲染。若模型未能全部位于红色框内，可通过修改照相机的缩放角度来进行调整。渲染效果可参见资源包中“第 8 章\任务 2\机械臂\机械臂参考动画.wmv”文件。

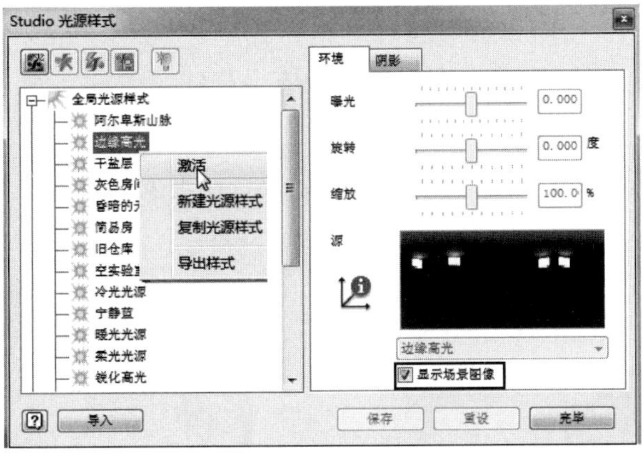

图 8-49　设置光源样式

图 8-50　渲染范围

✍拓展练习 8-2

将智能机器人的展示动画进行渲染，动画分解图如图 8-51 所示。效果参见资源包“第 8 章\任务 2\拓展练习\机器人参考动画.wmv”。

图 8-51　机器人展示动画分解图

思考与练习 8

渲染完成如图 8-52 所示的效果图及展示动画，模型及效果参见资源包“第 8 章\思考与练习”文件夹。

（a）吹风机效果图

（b）机械臂效果图

（c）智能机器人展示动画分解图 1

（d）智能机器人展示动画分解图 2

图 8-52　思考与练习 8

参 考 文 献

[1] Autodesk，Inc．Autodesk Inventor 2011 基础培训教程．北京：电子工业出版社，2011．
[2] Autodesk，Inc．Autodesk Inventor 2011 进阶培训教程．北京：电子工业出版社，2011．
[3] Autodesk，Inc．Autodesk Inventor 2011 高级培训教程．北京：电子工业出版社，2011．
[4] 赵卫东．工业产品设计（Inventor 2012 进阶教程）．上海：同济大学出版社，2012．

反侵权盗版声明